확률과 통계

김원배 지음

KM 경문사

머 리 말

통계학(statistics)은 수량적 비교를 기초로 하여 많은 사실을 통계적으로 관찰하고 처리하는 방법을 연구하는 학문이다. 근대과학으로서의 통계학은 19세기 중반 벨기에의 케틀레(Lambert Adolphe Jacques Quételet,)가 독일의 '국상학'(staatenkunde, 넓은 의미의 국가학)과 영국의 '정치산술'(political arithmetic, 정치사회에 대한 수량적, 경험적 연구방법) 그리고 프랑스의 라플라스(Pierre Simon Laplace)의 확률론(probability theory)을 접목하여 수립한 학문에서 유래하였다고 알려져 있다. 현대 통계학의 역할은 관찰 및 조사로 수집된 자료로부터, 응용수학의 기법을 이용해 자료 수치상의 성질, 자료의 시각적인 도형 표현, 자료의 올바른 분석과 필요한 정보획득을 목표로 자료에 대한 타당하고 유용한 결론유도와 의사결정에 반영, 미래를 예측하고 대비하고자 하는 것에 있다고 해도 지나친 말은 아니다. 더욱이 좀 더 수준 높은 통계적 기법은 실험계획, 데이터의 요약이나 분석을 실시하는데 있어서 그 근거를 제공하여 주기 때문에 사회과학, 경영, 경제, 자연과학, 공학, 의학 등 여러 분야에서 응용하여 실생활에 적용되고 있다. 그러므로 통계학은 실증적인 뿌리를 가지고 있는 것과 동시에 응용분야에 초점이 맞추어져 있으므로 일반적으로는 수학과는 다른 별개의 수리과학으로 인식되고 있다.

이 책은 확률과 통계학의 기본원리를 다루고 있다. 특히, 통계학의 수리적인 접근에 관심이 있는 전공자들을 위한 이론적인 면과 방법론적인 면을 체계적으로 설명하였고 통계적인 사고와 방법의 이해를 위한 기본개념, 확률론과 관련된 기초이론은 물론 고등통계학 과정에서 요구되는 계산능력을 함양할 수 있도록 자세한 풀이와 증명을 수록하여 확률과 통계이론의 이해를 돕고자 하였다. 따라서 저자는 이 책이 통계학에 대한 이론적 고찰이 필요한 수학도나 통계학도 들에게 유용한 전공서가 되기를 희망한다.

책의 집필을 마칠 때마다 느끼는 것은 저서에 대해 항상 뭔가 부족하고 아쉬움이 남는다는 것이다. 이 부분은 독자들의 아낌없는 조언과 고견을 기대하면서 저자가 앞으로 계속 수정, 보완해 나갈 것이다. 끝으로 이 책의 출판을 맡아주신 경문사 여러분들께 감사의 마음을 전한다.

2015년 2월

지은이

目 次

제 1 장

확률의 연산

1.1 확률공간

확률(probability)은 17세기경 프랑스의 철학자이자 수학자인 파스칼(Blaise Pascal)이 도박사 친구인 드 메레(de Mére)로부터 도박의 판돈을 승률에 맞게 분배하는 문제를 페르마와 편지로 의견을 교환하는 과정에서 탄생하였고 이후 확률은 파스칼과 페르마(Pierre de Fermat)가 도박에 관한 문제를 수학적으로 해결하는 과정에서 근대적인 체계를 갖추기 시작하였다. 이렇게 시작된 확률은 17세기에서 18세기에 걸쳐서 스위스의 수학자인 베르누이(Jacob Bernoulli), 프랑스의 수학자인 드 무아브르(de Moivre), 라플라스(Pierre-Simon Laplace)에 의해 체계화되어 현재에 이르렀다. 현대 확률론은 러시아 수학자인 콜모고로프(Andrey Nikolaevich Kolmogorov)가 측도(measure)의 개념을 도입하여 확률의 이론적 배경을 완성함으로서 과거보다 더 추상적이고 공리론적으로 엄밀한 수학적 체계를 갖추게 되었다.

현대 확률론은 어떤 불확실한 현상에 대하여 명확한 수학적 설명을 제공하는 수학의 한 분야이다. 다시 말하면 확률론은 실생활이나 자연계에서 우연하게 일어나는 현상을 수학적인 모델로 표현한 것이다. 예를 들면, 동전을 던지거나, 주사위를 던지거나 아니면 카드게임을 하는 자체는 모두가 우연하게 결과가 나타나는 형태이다. 따라서 우리는 이러한 게임을 할 때, 그 게임의 모든 결과가 어떻게 나타날 것이며, 그 중 특정 결과가 어떻게 나타날 것인지에 관심이 있을 것이다. 확률론은 이러한 과정 및 결과에 대하여 명확한 수학적인 모델과 해석을 제공해 주고 있다. 사실상 확률론에서 나무는 핵심 내상은 특정한 어떤 결과가 미리 결정되지 있지 않은 **비결정론적인 실험**(nondeterministic experiment)을 의미한다. 이러한 확률실험 결과, 나타날 수 있는 모든 가능성을 찾아 이 중에서 어느 특정한 일이 발생할 가능성을 수치로서 나타낸다.

확률론에서는 어떤 현상을 관찰하여 그 결과를 얻는 과정을 **실험**(experiment)이라 한다. 이 경우 실험을 수행하는 것을 **시행**(trial)이라고 한다. 어떤 실험을 수행할 때 즉, 시행의 결과가 실험 도중 어떤 예상치 못한 특별한 상황에 의해서 발생되었을 가능성을 배제하지 않을 수 없다. 다시 말하면, 서로 다른 원인에 의해서도 똑 같은 결과가 나올 수도 있거나, 아니면 똑같은 조건에서도 서로 다른 결과가 나올 수도 있다는 것이다. 이러한 실험결과 즉, 확률실험의 시행결과 얻어진 발생 가능한 모든 결과의 집합은 확률론에서는 중요한 연구대상이다. 일반적으로 어떤 실험이 다음 네가지 조건를 만족하면, 이것을 **통계실험**(statistical experiment) 또는 **확률실험**(random experiment)이라 한다.

(a) 실험은 같은 조건하에서 반복적으로 가능하다.
(b) 실험의 시행으로 발생가능한 모든 결과는 미리 알 수 있다.
(c) 실험에서 어떤 특정 수행으로 인한 정확한 결과는 예측이 불가능하다.
(d) 이러한 실험을 무한히 반복하면 장기적으로 예측가능한 양식이 있다.

통계실험의 전형적인 예는, 공정한 동전[1]을 던졌을 때 나타나는 앞면 또는 뒷면이 나오는 수를 기록하는 것, 어떤 형광등 공장의 특정 생산라인에서 생산되는 형광등을 임의로 몇 개 선택하여 형광등의 수명이 끝날 때까지 시간을 기록는 것, 정육면체 주사위를 계속 던져서 나오는 눈의 수를 기록하는 것, 어떤 볼트공장에서 생산되는 n개의 볼트 중에 항상 $a(a \leqslant n)$개의 불량 볼트가 포함되어 있을 때, 이 중 한 개를 랜덤하게 뽑아서 이것이 불량볼트인지 아닌지를 가려내고 만약 불량품이 아니면 불량품이 나올 때까지 계속 뽑는 것 등이다.

위의 통계실험의 항목 중 (d)를 보통 통계적 정칙성의 원리라고 한다. 이 통계적 정칙성의 원리에 대한 예를 들어 보면, 한 개의 공정한 동전을 한번 던지면 앞면 또는 뒷면 중에 어느 한 가지가 나타나며, 이로부터 앞면 또는 뒷면이 나올 가능성은 모두 반반 즉, $\frac{1}{2}$이다. 그런데 만약 이 동전을 10번 던졌다고 가정했을 때, 이 경우도 앞면과 뒷면이 각각 5번 나타나서 앞면 또는 뒷면이 나올 가능성은 모두 $\frac{1}{2}$이라고 말할 수 있는가? 이에 대한 대답은 한마디로 "아니다"이다. 그러나 던지는 횟수를 10^2번,

[1]확률론이나 통계학 분야에서 사용하는 동전(coin)은 모두 앞면(head)과 뒷면(tail)이 나올 가능성이 같은 동전을 말한다. 이 동전을 보통 공정한 동전 또는 정상인 동전(fair coin, balanced coin)이라 한다. 다시 말하면, 공정한 동전은 던졌을 때 굴러가다가 절대로 똑바로 서지 않고 오직 앞면 아니면 뒷면이 나타나는 동전을 의미한다. 마찬가지로, 정육면체 주사위의 경우에도 던졌을 때 각 면(face)이 나타날 가능성이 모두 같은 공정한 주사위(fair dice)이다. 이책에서는 특별한 언급을 하지 않는 한, 동전이나 정육면체 주사위는 각각 공정한 동전 또는 공정한 주사위를 지칭하는 것으로 한다.

10^3번, 10^4번, $\cdots$을 던지면, 궁극적으로는 앞면과 뒷면이 나오는 횟수는 모두 $\frac{1}{2}$로 가까와진다.

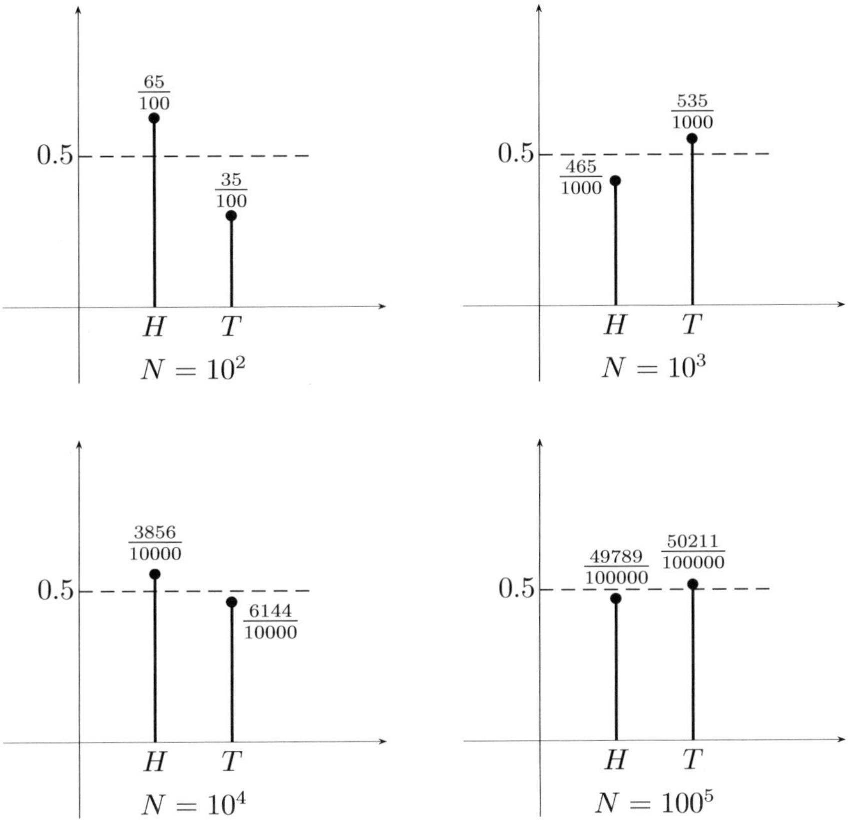

[그림 1-1] 동전을 던진 횟수 N의 증가에 따른 상대도수의 변화

비슷한 논리로 정육면체 주사위를 던지는 경우를 생각해 보자. 이 주사위를 한 번 던졌을 때, 각 면이 나타날 가능성은 각각 $\frac{1}{6}$이다. 만약, "이 주사위를 36번 던졌을 때 각 면이 모두 6번씩 나타날 것인가?" 극히 드물게 각 면이 각각 6번씩 나타날 경우도 있겠지만 일반적으로 이 질문에 대한 대답은 "그렇지 않다"이다. 이것은 주사위의 각각의 눈이 나타날 가능성의 비율이 모두 같지는 않다는 것을 말해 준다. 그러나 이 주사위를 무수히 많이 던지면 던질수록 궁극적으로는 각각의 눈이 나타날 비율은 모두 $\frac{1}{6} \doteqdot 0.167$로 접근한다. 이 현상을 **통계적 정칙성의 원리**(the principle of statistical regularity)라고 하며 통계적 정식성의 원리는 다음과 같이 좀 더 엄밀하게 설명할 수 있다. 먼저 상대도수(relative frequence)는 어떤 특정한 일이 일어날 가능성의 수를 전체발생 가능한 총수로 나눈 것으로 정의한다. 즉, 어떤 통계실험의 시행 중 나타날 수 있는 모든 가능성의 총수가 N이고 이 중에서 A가 발생가능한 수를

$n(A)$라고 하면, A의 상대도수 f_A는 다음과 같다.

$$f_A = \frac{n(A)}{N}$$

위의 상대도수로서 정의한 확률을 보통 **수학적 확률**(mathematical probability)이라고 한다. 이 수학적 확률은 다음 절에서 자세하게 다룰 것이다. 이제 발생가능한 총수 N을 계속 증가시키면 즉, $N \to \infty$이면, 위의 상대도수 f_A는 어떤 실수 $p \in [0,1]$로 접근한다. 즉,

$$\lim_{N\to\infty} f_A = \lim_{N\to\infty} \frac{n(A)}{N} = p \in [0,1]$$

가 성립한다. 위의 식으로부터 통계적 정칙성의 원리는 상대도수의 극한개념으로 이해할 수 있으며 이것을 **통계적 확률**(statistical probability) 또는 **경험적 확률**(empirical probability)이라고도 한다.

定義 1.1 확률실험을 시행하여 나타날 수 있는 모든 가능한 결과를 모아놓은 집합을 **표본공간**(sample space)이라 하고 기호로 Ω로 나타낸다. 또한, 표본공간 Ω를 구성하는 각각의 원소를 **표본점**(sample point)이라 하고 기호로 ω로 나타낸다.

확률론에서는 위의 조건을 만족하는 집합 Ω를 전체집합(universal set)으로 취한다. 물론 표본공간 Ω를 구성하는 모든 표본점은 우연성 또는 어떤 비결정론적인 실험의 시행에서 얻어진 결과를 모아놓은 집합이다.

問題 1 두 개의 동전(fair coin)을 동시에 한 번 던졌을 때 나타나는 표본공간 Ω를 구하여라.

解答 두 개의 동전을 동시에 던져서 일어날 수 있는 모든 결과는 $HH = \omega_1$, $HT = \omega_2$, $TH = \omega_3$, $TT = \omega_4$이므로 표본공간은

$$\Omega = \{HH, HT, TH, TT\} = \{\omega_1, \omega_2, \omega_3, \omega_4\}$$

이다. □

問題 2 한 개의 동전과 한 개의 정육면체 주사위를 동시에 한 번 던졌을 때 나타나는 표본공간 Ω를 구하여라.

解答 한 개의 동전과 한 개의 정육면체 주사위를 동시에 한 번 던졌을 때 나타나는 표본공간 Ω는

$$\Omega = \{H1, H2, H3, H4, H5, H6, T1, T2, T3, T4, T5, T6\}$$

또는

$$\Omega = \{1H, 2H, 3H, 4H, 5H, 6H, 1T, 2T, 3T, 4T, 5T, 6T\}$$

이다. □

定義 1.2 표본공간 Ω가 유한개의 표본점 $\Omega = \{\omega_1, \omega_2, \omega_3, \cdots, \omega_n\}$을 가지면 **유한표본공간**(finite sample space), 가산(countable)인 무한개의 표본점 $\Omega = \{\omega_1, \omega_2, \omega_3, \cdots, \omega_n \cdots\}$을 가지면 **무한표본공간**(infinite sample space)이라 한다. 이때, 유한표본공간과 무한표본공간을 **이산표본공간**(discrete sample space)이라 하고 이산표본공간이 아닌 표본공간을 **연속표본공간**(continuous sample space)이라 한다.

問題 3 한 개의 동전과 한 개의 정육면체 주사위를 던지는 실험을 다음과 같이 진행한다고 한다. 먼저, 동전을 던졌을 때 뒷면이 나오면 그 다음에는 주사위를 던지고, 만약 뒷면이 나오면 그 다음에는 다시 동전을 던진다고 했을 때 표본공간 Ω를 구하고, 첫 번째에 앞면이 나온 사건 A와 주사위를 던졌을 때 홀수일 사건 B를 모두 구하여라.

解答 표본공간 Ω는

$$\Omega = \{T1, T2, T3, T4, T5, T6, HT, HH\}$$

이다. 위의 표본공간 Ω를 살펴보면, 동전을 던졌을 때 첫 번째에 앞면이 나온 사건은

$$A = \{HT, HH\}$$

주사위를 던졌을 때 홀수일 경우의 사건은

$$B = \{T1, T3, T5\}$$

이다. 이때 두 사건 A와 B는 모두 표본공간 Ω의 부분집합이다. □

問題 4 한 개의 동전(fair coin)을 처음으로 뒷면이 나올 때까지 던지는 실험을 계속한다. 이때의 표본공간 Ω를 구하여라.

解答 첫 번째에서 뒷면이 나올 사건은 $A_1 = \{T\} = \{\omega_1\}$이고, 두 번째에서 뒷면이 나올 사건은 $A_2 = \{HT\} = \{\omega_2\}$이고, 세 번째에서 뒷면이 나올 사건은 $A_3 = \{HHT\} = \{\omega_3\}$이다. 이런 식으로 생각하면, 제 n번째에서 뒷면이 나올 사건은

$$A_n = \{HHHH \cdots HT\} = \{\omega_n\}$$

이다. 따라서, 표본공간 Ω는

$$\begin{aligned} \Omega &= \{T, HT, HHT, HHHT, \cdots, HHHHT \cdots HT, \cdots\} \\ &= \{\omega_1, \omega_2, \omega_3, \cdots, \omega_n, \cdots\} \end{aligned}$$

이다. 이 경우, 표본공간 Ω는 가산인 무한히 많은 표본점을 가지는 무한표본공간 즉, 이산표본공간이다. □

定義 1.3 Ω를 임의의 표본공간이라 하자. Ω의 부분집합을 **사건**(event)이라 하고 기호로 A, B, C, $\cdots$ 등으로 나타낸다. 특히, 공집합 ϕ는 **불가능사건**(impossible event) 또는 공사건(null event)이라 하고 표본공간 Ω는 **전사건**(certain event) 또는 확실한 사건(certain event)이라 한다. 그리고 사건 A가 오직 한 개의 표본점 만을 갖는다면, A를 **근원사건**(elementary event)이라 한다.

공리론적 확률론을 연구할 때에는 사건과 사건열 사이의 여러 가지 성질이 중요한 역할을 하고 있다. 사건들 사이의 관계식은 집합의 연산법칙을 기초로 하여 나타낼 수 있다. 이제 Ω를 표본공간, A, B, A_1, A_2, $\cdots$, A_n, $\cdots$을 Ω의 부분집합인 사건열이라 하면 표본공간 Ω상에서 다음 연산법칙이 성립한다.

(1) 사건 A와 B사이에, 사건 A 또는 B가 일어나는 사건을 기호로 $A \cup B$라 정의하고 이러한 사건의 **합사건**이라 한다. 또한 A_1, A_2, $\cdots$, A_n을 n개의 사건이라 하면,

$$\bigcup_{i=1}^{n} A_i = \{\omega \in \Omega : \text{적어도 어느 하나의 } i\ (1 \leqslant i \leqslant n)\text{에 대하여, } \omega \in A_i\},$$

이고 일반적으로는 A_1, A_2, $\cdots$, A_n, $\cdots$ 을 Ω의 사건열(sequence of events)이라 하면,

$$\bigcup_{i=1}^{\infty} A_i = \{\omega \in \Omega : \text{적어도 어느 하나의 } i = 1, 2, 3, \cdots \text{ 에 대하여, } \omega \in A_i\},$$

이다.

(2) 사건 A와 B사이에, 두 사건 A와 B가 동시에 일어난 사건을 기호로 $A \cap B$라 정의하고 이러한 사건을 **교사건**이라 한다. 또한 A_1, A_2, $\cdots$, A_n을 n개의 사건이라 하면,

$$\bigcap_{i=1}^{n} A_i = \{\omega \in \Omega : \text{모든 } i\ (1 \leqslant i \leqslant n)\text{에 대하여, } \omega \in A_i\},$$

이고 일반적으로 A_1, A_2, $\cdots$, A_n, $\cdots$ 을 Ω의 사건열(sequence of events)이라 하면,

$$\bigcap_{i=1}^{\infty} A_i = \{\omega \in \Omega : \text{모든 } i = 1, 2, 3, \cdots \text{ 에 대하여, } \omega \in A_i\}$$

이다.

(3) 사건 A의 **여사건**을 A^c라 정의하고, 이것은 A^c가 일어나면 A는 일어나지 않는 사건을 의미한다. 이 경우 $A^c = \Omega - A$이다.

(4) 사건 A와 B 사이에, 사건 A가 일어날 때마다 사건 B가 일어나면 사건 A는 사건 B의 부분집합이라 하고, 기호로 $A \subseteq B$로 나타낸다.

(5) 사건 A와 B가 같은(equal)사건이다라는 말은 $A \subseteq B$와 $A \supseteq B$인 경우를 말하며, 기호로 $A = B$로 나타낸다.

(6) 두 사건 A와 B 사이에 $A \cap B = \emptyset$이면, A와 B는 **서로배반인 사건**(mutually exclusive event)이라 한다. 이 개념을 좀 더 확장하여 A_1, A_2, $\cdots$, A_n을 n개의 사건이라 할 때, $A_i \cap A_j = \emptyset$ $(i \neq j)$가 성립하면, 사건 A_1, A_2, $\cdots$, A_n를 **서로배반인 사건**이라 한다. 일반적으로 A_1, A_2, $\cdots$, A_n, $\cdots$을 사건열이라 할 때, 모든 $i, i(i \neq i)$에 대하여 $A_i \cap A_j = \emptyset$가 성립하면, A_1, A_2, $\cdots$, A_n, $\cdots$ 또는 간단히 기호로 $\{A_n\}_{n=1}^{\infty}$를 **서로배반인 사건열**(sequence of mutually exclusive events)이라 한다.

또한, Ω를 표본공간, A, B, C를 사건, A_1, A_2, A_3, $\cdots$, A_n, $\cdots$을 사건열이라 하면, 다음과 같은 여러가지 연산법칙이 성립한다.

(7) $A \cup \emptyset = A$, $A \cap \emptyset = \emptyset$.

(8) $A \cup \Omega = \Omega$, $A \cap \Omega = A$.

(9) $A \cup A^c = \Omega$, $A \cap A^c = \emptyset$.

(10) $B \subseteq A$이기 위한 필요충분조건은 $A \cup B = A$.

(11) $B \subseteq A$이기 위한 필요충분조건은 $A \cap B = B$.

(12) (교환법칙) : $A \cup B = B \cup A$, $A \cap B = B \cap A$.

(13) (결합법칙) : $(A \cup B) \cup C = A \cup (B \cup C)$, $\quad (A \cap B) \cap C = A \cap (B \cap C)$.

(14) (분배법칙) : $A \cap (B \cup C) = (A \cap B) \cup (A \cap C)$, $\quad A \cup (B \cap C) = (A \cup B) \cap (A \cup C)$.

(15) (합사건에 대한 De Morgan의 법칙)

$$\left(\bigcup_{i=1}^{n} A_i\right)^c = \bigcap_{i=1}^{n} A_i^c, \qquad \left(\bigcup_{i=1}^{\infty} A_i\right)^c = \bigcap_{i=1}^{\infty} A_i^c.$$

(16) (교사건에 대한 De Morgan의 법칙)

$$\left(\bigcap_{i=1}^{n} A_i\right)^c = \bigcup_{i=1}^{n} A_i^c, \qquad \left(\bigcap_{i=1}^{\infty} A_i\right)^c = \bigcup_{i=1}^{\infty} A_i^c.$$

問題 5 두 개의 정육면체 주사위를 던지는 실험에서 다음을 구하여라.

(1) 두 주사위의 눈의 합이 7인 사건 A.

(2) 두 주사위의 눈이 모두 1이 나타나지 않은 사건 B.

(3) 두 주사위의 눈이 합이 7이면서 두 주사위의 눈이 모두 1이 니오지 않은 사건 C.

解答 두 개의 주사위를 던져서 얻어지는 표본공간은 $\Omega = \{(i,j)\,|\,1 \leqslant i \leqslant 6, 1 \leqslant i \leqslant 6\}$의 형태이다. 그러므로 실제 표본공간 Ω를 구성하는 모든 표본점을 이용하여 나타내면,

$$\Omega = \begin{Bmatrix} (1,1), & (1,2), & (1,3), & (1,4), & (1,5), & (1,6) \\ (2,1), & (2,2), & (2,3), & (2,4), & (2,5), & (2,6) \\ (3,1), & (3,2), & (3,3), & (3,4), & (3,5), & (3,6) \\ (4,1), & (4,2), & (4,3), & (4,4), & (4,5), & (4,6) \\ (5,1), & (5,2), & (5,3), & (5,4), & (5,5), & (5,6) \\ (6,1), & (6,2), & (6,3), & (6,4), & (6,5), & (6,6) \end{Bmatrix}$$

이다.
(1) 두 주사위의 눈의 합이 7인 사건 A는

$$A = \{\,(1,6),(2,5),(3,4),(4,3),(5,2),(6,1)\,\} \subseteq \Omega$$

이다.
(2) 두 주사위의 눈이 모두 1이 나오지 않은 사건 B는

$$B = \begin{Bmatrix} (2,2), & (2,3), & (2,4), & (2,5), & (2,6) \\ (3,2), & (3,3), & (3,4), & (3,5), & (3,6) \\ (4,2), & (4,3), & (4,4), & (4,5), & (4,6) \\ (5,2), & (5,3), & (5,4), & (5,5), & (5,6) \\ (6,2), & (6,3), & (6,4), & (6,5), & (6,6) \end{Bmatrix} \subseteq \Omega$$

이다.
(3) 두 주사위의 눈이 합이 7이고 두 주사위의 눈이 모두 1이 나오지 않은 사건 C는 사건 A와 사건 B의 교집합이므로

$$C \;=\; A \cap B \;=\; \{\,(2,5),(3,4),(4,3),(5,2)\,\}$$

이다. □

지금까지 Ω를 표본공간이라 할 때, Ω의 부분집합을 단순히 사건(event)으로 정의하였다. 이제 사건을 공리론적으로 좀 더 엄밀하게 정의할 수 있다.

定義 1.4 Ω를 표본공간이라 하자. 표본공간 Ω의 부분집합족 $\mathcal{F}$가 다음 조건을 만족하면, $\mathcal{F}$를 **체**(field) 또는 **대수**(algebra)라고 한다.

(1) $\Omega \in \mathcal{F}$, $\emptyset \in \mathcal{F}$,

(2) $A \in \mathcal{F}$이면, $A^c \in \mathcal{F}$,

(3) 모든 $i = 1, 2, 3, \cdots, n$에 대하여 $A_i \in \mathcal{F}$이면, $\bigcup_{i=1}^{n} A_i \in \mathcal{F}$.

Ω를 표본공간이라 할 때, $\mathcal{I} = \{\Omega, \emptyset\}$은 체이다. 이 체를 명백한 체(trivial field)라 한다. 또한, 표본공간 Ω의 모든 부분집합족 즉, 멱집합(powerset) $\mathcal{P}$도 역시 체이고 이것을 이산체(discrete filed)한다. 이로부터 표본공간 Ω의 체 $\mathcal{F}$에 대하여

$$\mathcal{I} \subseteq \mathcal{F} \subseteq \mathcal{P}$$

가 성립한다. $\mathcal{F}$가 표본공간 Ω의 체이면 $\mathcal{F}$는 일반적으로 유한교집합(finite intersection)에 대하여도 닫혀있다. 즉, 모든 $i = 1, 2, 3, \cdots, n$에 대하여 $A_i \in \mathcal{F}$일 때,

$$\bigcap_{i=1}^{n} A_i \in \mathcal{F}$$

이다. 왜냐하면, 임의의 $i = 1, 2, 3, \cdots, n$에 대하여 $A_i \in \mathcal{F}$라 할 때, 체의 정의로부터 각 i에 대하여 $A_i^c \in \mathcal{F}$이므로 $\bigcup_{i=1}^{n} A_i^c \in \mathcal{F}$이고 체 $\mathcal{F}$는 여집합(complement)에 대하여 닫혀있으므로

$$\left(\bigcup_{i=1}^{n} A_i^c \right)^c = \bigcap_{i=1}^{n} A_i \in \mathcal{F}$$

가 성립하기 때문이다. 또한, Ω를 표본공간, $\mathcal{F}$를 체(field)라고 하면 임의의 $A \in \mathcal{F}$에 대하여,

$$\begin{aligned} A \in \mathcal{F} &\Rightarrow A^c \in \mathcal{F} \\ &\Rightarrow (A \cup A^c) = \Omega \in \mathcal{F} \\ &\Rightarrow (A \cap A^c) = \emptyset \in \mathcal{F} \end{aligned}$$

이다. 이로부터 임의의 체는 항상 $\emptyset$과 Ω를 포함하고 있음을 알 수 있다. 이와같은 이유로 체를 정의할 때 다음과 같이 정의하기도 한다.

Ω를 표본공간이라 하고 표본공간 Ω의 부분집합족 $\mathcal{F}$가 다음 조건을 만족하면, $\mathcal{F}$를 **체**(field) 또는 **대수**(algebra)라고 한다.

(1*) $\Omega \in \mathcal{F}$, $\emptyset \in \mathcal{F}$,

(2*) $A \in \mathcal{F}$이면, $A^c \in \mathcal{F}$,

(3*) 모든 $i = 1, 2, 3, \cdots, n$에 대하여 $A_i \in \mathcal{F}$이면, $\bigcap_{i=1}^{n} A_i \in \mathcal{F}$.

問題 6 Ω를 표본공간이라 하고, $A_1, A_2, A_3 \in \Omega$라 하자. 단, 모든 $i, j = 1, 2, 3$에 대하여, $A_i \cap A_j = \emptyset$ $(i \neq j)$이고 $\bigcup_{i=1}^{3} A_i = \Omega$이다. 따라서, 표본공간 Ω는 A_1, A_2, A_3에 의하여 분할된다. 이때, 집합족

$$\mathcal{C} = \{\Omega, \emptyset, A_1, A_2, A_3, A_1^c, A_2^c, A_3^c\}$$

체임을 보여라.

解答 체의 정의를 이용하면

$$\mathcal{C} = \{\Omega, \emptyset, A_1, A_2, A_3, A_1^c, A_2^c, A_3^c\}$$

는 여집합과 유한합집합에 대하여 닫혀 있으므로 체이다. □

문제 6에서 집합족 $\mathcal{C}$를 집합족 $\mathcal{C}^* = \{A_1, A_2, A_3\}$를 포함하고 있는 가장 작은 체라 한다. 일반적으로 설명하면 다음과 같다. $\mathcal{C}$를 임의의 체라고 하자. 이때, $\mathcal{C}$를 포함하는 가장 작은 체를 **$\mathcal{C}$를 포함하는 최소체**(minimal field) 또는 **$\mathcal{C}$에 의해서 생성된 체**라고 한다. 따라서, 이 최소체는 σ-체의 정의로부터 $\mathcal{C}$를 포함하는 모든 체속에 포함되어 있다. 이제 $\mathcal{C}_i$ $(i = 1, 2, 3, \cdots)$를 $\mathcal{C}$를 포함하는 체라고 하면,

$$\mathcal{C}^* = \bigcap_{i=1}^{\infty} \mathcal{C}_i$$

는 $\mathcal{C}$를 포함하는 최소체이다. 그러나 일반적으로 두 개 또는 그 이상의 체들의 합집합은 다시 체가 되지는 않는다.

問題 7 $\mathcal{C}_1 = \{A, A^c, \emptyset, \Omega\}$, $\mathcal{C}_2 = \{B, B^c, \emptyset, \Omega\}$는 모두 체가 됨을 설명하고 $\mathcal{C}_1 \bigcup \mathcal{C}_2$는 체인지 아닌지를 설명하여라.

解答 $\mathcal{C}_1 = \{A, A^c, \emptyset, \Omega\}$, $\mathcal{C}_2 = \{B, B^c, \emptyset, \Omega\}$는 각각 A와 B를 포함하는 최소체이다. 그러나,

$$\mathcal{C}_1 \bigcup \mathcal{C}_2 = \{A, A^c, B, B^c, \emptyset, \Omega\}$$

은 체가 아니다. □

체의 정의에서 만약, 표본공간 Ω의 체 $\mathcal{F}$가 가산합집합(countable union)에 대하여 닫혀있으면 $\mathcal{F}$를 σ-체라 한다.

定義 1.5 표본공간 Ω의 부분집합족 $\mathcal{F}$가 다음 조건을 만족하면, $\mathcal{F}$를 **σ-체**(σ-field) 또는 **σ-대수**(σ-algebra)라고 하고 $\mathcal{F}$의 원소(member)를 **사건**(event)이라 한다.

(1) $\Omega \in \mathcal{F}$, $\emptyset \in \mathcal{F}$,

(2) $A \in \mathcal{F}$이면, $A^c \in \mathcal{F}$,

(3) 모든 $n \geqslant 1$에 대하여 $A_n \in \mathcal{F}$이면, $\bigcup_{n=1}^{\infty} A_n \in \mathcal{F}$

체의 경우와 마찬가지로 Ω를 표본공간이라 할 때, 명백한 체 $\mathcal{I}$와 멱집합 $\mathcal{P}$ 역시 σ-체이다. 또한, 표본공간 Ω의 모든 부분집합족 즉, 멱집합(powerset) $\mathcal{P}$도 역시 체이고 이것을 이산 σ-체(discrete σ-filed)한다. 이로부터 표본공간 Ω의 체 $\mathcal{F}$에 대하여

$$\mathcal{I} \subseteq \mathcal{F} \subseteq \mathcal{P}$$

가 성립한다. 특히, Ω를 표본공간 $A \in \mathcal{F}$를 임의의 사건이라 할 때,

$$\mathcal{A} \;=\; \{\Omega, \emptyset, A, A^c\}$$

는 σ-체이다. 이것을 사건 A를 포함하는 가장 작은 σ-체라 한다. σ-체 $\mathcal{F}$도 가산교집합(countable intersection)에 대하여도 닫혀있다. 즉, 모든 $n \geqslant 1$에 대하여 $A_n \in \mathcal{F}$이면, $A_n^c \in \mathcal{F}$이므로 $\bigcup_{n=1}^{\infty} A_n^c \in \mathcal{F}$이다. 그러므로

$$\left(\bigcup_{n=1}^{\infty} A_n^c\right)^c = \bigcap_{n=1}^{\infty} A_n \in \mathcal{F}$$

이다. 또한, $A \in \mathcal{F}$이면 $A^c \in \mathcal{F}$이므로 $A \cup A^c = \Omega \in \mathcal{F}$이고, $A \in \mathcal{F}$이면 $A^c \in \mathcal{F}$이므로 $A \cap A^c = \emptyset \in \mathcal{F}$이다. 이로부터 다음과 같이 σ-체를 정의할 수 있다.

표본공간 Ω의 부분집합족 $\mathcal{F}$가 다음 조건을 만족하면, $\mathcal{F}$를 **σ-체**(σ-field) 또는 **σ-대수**(σ-algebra)라 한다.

(1) $\Omega \in \mathcal{F}$, $\emptyset \in \mathcal{F}$,

(2) $A \in \mathcal{F}$이면, $A^c \in \mathcal{F}$,

(3) 모든 $n \geqslant 1$에 대하여 $A_n \in \mathcal{F}$이면, $\bigcap_{n=1}^{\infty} A_n \in \mathcal{F}$.

定義 1.6 Ω를 표본공간, $\mathcal{F}$를 Ω의 부분집합족인 σ-체라 하면, 순서쌍 $(\Omega, \mathcal{F})$를 **가측공간**(measurable space)라 한다.

定義 1.7 Ω를 표본공간, $\mathcal{F}$를 Ω의 부분집합족인 σ-체, $\{A_n\}_{n=1}^{\infty}$를 σ-체 $\mathcal{F}$상의 사건열이라 하자. 이때 모든 $m \neq n$에 대하여 $A_m \cap A_n = \emptyset$을 만족하면, 사건열 $\{A_n\}_{n=1}^{\infty}$를 **서로배반인 사건열**(sequence of mutually exclusive events)이라 한다.

이제 가측공간 $(\Omega, \mathcal{F})$위에서 확률측도를 다음과 같이 정의한다.

定義 1.8 $(\Omega, \mathcal{F})$를 가측공간이라 하자. σ-체 $\mathcal{F}$위에서 정의되어 있는 집합함수(set function) P가 다음 조건을 만족하면 P를 **확률측도**(probability measure) 또는 간단히 **확률**(probability)이라 한다.

(1) $P(\emptyset) = 0$, $P(\Omega) = 1$,

(2) 임의의 모든 사건 $A \in \mathcal{F}$에 대하여, $0 \leqslant P(A) \leqslant 1$,

(3) 서로 배반인 사건열 $\{A_n\}_{n=1}^{\infty}$에 대하여,

$$P\left(\bigcup_{n=1}^{\infty} A_n\right) = \sum_{n=1}^{\infty} P(A_n).$$

확률측도 P가 정의 1.8의 (3)번 성질을 만족하면 P는 **가산가법성질**(countable additivity)을 만족한다고 한다. 이제 확률측도 P가 가산가법 성질을 만족한다고 가정하고, 서로배반인 사건열 $\{A_n\}_{n=1}^{\infty}$에서 사건열 $A_{n+1} = A_{n+2} = A_{n+3} = \cdots = \emptyset$로 취하자. 그러면 유한개의 서로배반인 사건에 대하여

$$\begin{aligned} P\left(\bigcup_{i=1}^{n} A_i\right) &= P\left(\bigcup_{i=1}^{\infty} A_i\right) \\ &= \sum_{i=1}^{\infty} P(A_i) \\ &= \sum_{i=1}^{n} P(A_i) \end{aligned}$$

가 성립한다. 이때 확률측도 P는 **유한가법 성질**(finite additivity)을 만족한다고 한다. 이 공식으로부터 확률측도 P가 가산가법 성질을 만족하면 항상 유한가법 성질을 만족한다.

이제 확률공간을 엄밀하게 정의하여 보자.

定義 1.9 Ω를 표본공간, $\mathcal{F}$를 Ω의 부분집합족인 σ-체, P를 $\mathcal{F}$위에서 정의되어 있는 확률이라 하면, 세 순서쌍 $(\Omega, \mathcal{F}, P)$를 **확률측도공간**(probability measure space) 또는 **확률공간**(probability space)이라 한다.

이 책에서는 특별히 언급하지 않는 한 확률측도공간 $(\Omega, \mathcal{F}, P)$를 확률공간으로, 확률측도 P를 단순히 확률로 표기할 것이다. 확률의 정의에서 알 수 있듯이 확률공간 $(\Omega, \mathcal{F}, P)$상에서 어떤 사건열 $\{A_n\}_{n=1}^{\infty}$가 주어지면, 먼저 주어진 사건열을 서로배반인 사건열로 재구성한 다음, 확률측도 P의 가산가법성질(countable additivity)을 이용하여 확률을 구하여야 한다는 사실에 주의하자. 또한 우리가 흔히 부르는 확률

은, 넓은 뜻으로 확률측도를 의미한다. 위의 확률의 정의에서 확률 P를 집합함수(set function)라 부르는 이유는 P의 정의역이 표본공간 Ω, 공변역이 $[0,1]$이고 이때, 확률 P는

$$P : \Omega \longrightarrow [0,1]$$

인 함수로 취급하기 때문이다.

확률에 관한 현대적인 공리는 Laplace가 정의한 고전적 확률이 갖고 있는 한계를 극복하기 위하여 Kolmogorov가 측도개념을 이용하여 확장하였다. 고전적인 확률의 정의는 유한 표본공간 Ω을 구성하고 있는 서로 다른 표본점들에 대한 근원사건이 모두 일어날 가능성이 같은 경우 만을 취급하였다. 즉, 어떤 유한 표본공간 Ω가 N개의 서로 다른 표본점

$$\Omega = \{\omega_1, \omega_2, \omega_3, \cdots, \omega_N\}$$

으로 구성되어 있고 이때, 표본공간을 이루고 있는 각각의 근원사건 $\{\omega_i\}$가 모두 발생 가능성이 같은(equally likely to occur)

$$p_i = P(\{\omega_i\}) = \frac{1}{N}, \quad i = 1, 2, 3, \cdots, N$$

인 조건을 내포하고 있다. 이 표본공간 상에서 어떤 사건 $A \subseteq \Omega$가 주어졌을 때, 사건 A의 확률을

$$P(A) = \frac{n(A)}{N}, \qquad (\text{단, } n(A)\text{는 } A\text{속에 있는 서로 다른 표본점의 개수})$$

로 정의한다. 이것이 Laplace의 고전적 확률의 정의(the definition of a classical probability)이다. 만약, 표본공간이 무한집합이거나 비가산 집합일 경우는 물론 실제로 표본공간을 이루고 있는 근원사건들이 일어날 가능성이 모두 다를 때에는 이와같은 고전적 확률의 정의로는 표본공간 상에서 어떤 사건의 확률을 구할 수 없다. 그러나 표본공간 Ω가 유한이고 이 표본공간을 구성하고 있는 모든 표본점들이 모두 일어날 가능성이 같다고 가정하면, 이 고전적 확률은 위에서 정의한 확률의 공리를 만족한다. 실제로 확률 P는 다음 식을 만족한다.

(1) $P(\emptyset) = \dfrac{n(\emptyset)}{N} = 0, \quad P(\Omega) = \dfrac{n(\Omega)}{N} = \dfrac{N}{N} = 1,$

(2) $0 \leqslant P(A) = \dfrac{n(A)}{N} \leqslant 1,$

(3) $P\left(\bigcup_{i=1}^{n} A_i\right) = \dfrac{n\left(\bigcup_{i=1}^{n} A_i\right)}{N} = \displaystyle\sum_{i=1}^{n} \frac{n(A_i)}{N} = \sum_{i=1}^{n} P(A_i),$

(단, $i \neq j$ 일때 $A_i \cap A_j = \emptyset$).

問題 8 한 개의 동전을 앞면이 나올 때까지 계속 반복하여 던지는 실험을 하였을 때 다음을 구하여라. (단, $P(H) = p$, $P(T) = 1 - p$, $0 < p, q < 1$)

(1) 표본공간 Ω의 확률 즉, $P(\Omega) = 1$임을 밝혀라.

(2) A를 적어도 동전을 n번 던진사건이라고 할 때, $P(A)$를 구하어라.

(3) $p = \frac{1}{n}$ $(n = 1, 2, 3, \cdots)$일 때, $\lim_{n\to\infty} P(A)$를 구하여라.

解答 표본공간은 $\Omega = \{H, TH, TTH, TTTH, \cdots\}$이므로 이산표본공간이다. 또한 각 동전을 던지는 실험은 다음 동전을 던지는 실험결과에 영향을 주지 않는다는 것에 주의하자. 이로부터 제 k번째 사건 $\{TTT\cdots H\}$의 확률은

$$\begin{aligned} p_k &= P(\overbrace{TTT\cdots T}^{k-1}H) \\ &= (1-p)^{k-1}p, \quad k = 1, 2, 3, \cdots \end{aligned}$$

이다. 이 경우 모든 $k = 1, 2, 3, \cdots$에 대하여 $0 \leqslant p_k \leqslant 1$이다.

(1) 표본공간 Ω의 확률은

$$\begin{aligned} P(\Omega) &= \sum_{k=1}^{\infty} p_k \\ &= p\sum_{k=1}^{\infty}(1-p)^{k-1} \\ &= p\frac{1}{1-(1-p)} \\ &= 1 \end{aligned}$$

이다.

(2) A를 적어도 동전을 n번 던진사건이라고 하면, 사건 A의 확률은 다음과 같다.

$$\begin{aligned} P(A) &= \sum_{k=n}^{\infty} p_k \\ &= p\sum_{k=n}^{\infty}(1-p)^{k-1} \\ &= p(1-p)^{n-1}\sum_{k=0}^{\infty}(1-p)^k \\ &= \frac{p(1-p)^{n-1}}{1-(1-p)} \\ &= (1-p)^{n-1}, \quad n = 1, 2, 3, \cdots \end{aligned}$$

(3) $p = \frac{1}{n}$이면,

$$\lim_{n\to\infty} P(A) = \lim_{n\to\infty}\left(1 - \frac{1}{n}\right)^{n-1} = \frac{1}{e}$$

이다. □

1.2 확률 P의 성질

이 절에서는 확률공간 $(\Omega, \mathcal{F}, P)$상에서 확률 P가 갖고 있는 여러가지 성질에 대하여 알아 본다.

定理 1.1 $(\Omega, \mathcal{F}, P)$를 확률공간이라 하면, 즉,

$$P(\emptyset) = 0$$

이다. 즉, 공사건 $\emptyset$의 확률은 0이다.

證明 주어진 사건열을 다음과 같이 만들어 보자. 먼저

$$A_1 = \Omega, \; A_2 = A_3 = \cdots = \emptyset$$

이라 하면 $\{A_i\}_{i=1}^{\infty}$는 서로배반인 사건열이므로

$$\begin{aligned} P(\Omega) &= P\left(\bigcup_{i=1}^{\infty} A_i\right) \\ &= \sum_{i=1}^{\infty} P(A_i) \\ &= P(A_1) + \sum_{i=2}^{\infty} P(A_i) \\ &= P(\Omega) + \sum_{i=2}^{\infty} P(\emptyset) \end{aligned}$$

이고

$$\sum_{i=2}^{\infty} P(\emptyset) = P(\Omega) - P(\Omega) = 0$$

이다. 그런데 $0 \leqslant P(\emptyset) \leqslant 1$이어야 하므로, 좌변과 우변이 등식(equality)이 성립하려면, $P(\emptyset) = 0$임을 알수 있다. ■

위의 정리의 또 다른 증명으로서 다음과 같은 방법이 있다. 공사건 $\emptyset$는

$$\emptyset = \emptyset \cup \emptyset$$

이고 $\emptyset = \emptyset \cap \emptyset$이므로

$$P(\emptyset) = P(\emptyset) + P(\emptyset)$$

이다. 그러므로, $P(\emptyset) = P(\emptyset) - P(\emptyset) = 0$이다.

확률공간상에서 여사건의 확률를 구할 때에는 다음 공식을 이용한다.

定理 1.2 $(\Omega, \mathcal{F}, P)$를 확률공간이라 하자. 임의의 $A \in \mathcal{F}$에 대하여 A^c를 A의 여사건이라 하면,

$$P(A^c) = 1 - P(A)$$

이다.

證明 $A \in \mathcal{F}$를 임의의 사건이라 하자. 이때 $\Omega = A \cup A^c$, $A \cap A^c = \emptyset$가 성립하므로 확률 P의 정의에 의하여,

$$\begin{aligned} 1 &= P(\Omega) \\ &= P(A \cup A^c) \\ &= P(A) + P(A^c) \end{aligned}$$

이므로 $P(A^c) = 1 - P(A)$이다. ■

問題 1 어느 생일파티에 r명의 사람들이 초대받아 참석하였다. 이들 중 적어도 두 사람이 생일이 같을 확률 p_r을 구하여라. 단, 생일파티에 참석한 r명 중에는 윤년에 생일인 사람은 없고 쌍둥이도 없으며 생일은 모두 365일 중 어느 하루라고 가정한다.

解答 먼저 q_r을 생일파티에 참석한 r명의 사람들이 모두 생일이 다른 확률이라 하자. 그러면 이들 중에서 무작위로 한 사람을 선택하면 이 사람의 생일은 365일 중 어느 날이다. 두 번째로 선택한 사람의 생일은 첫 번째 사람의 생일 날을 제외한 364일 중 어느 날, 세 번째로 선택한 사람의 생일은 첫 번째, 두 번째 사람의 생일 날을 제외한 364일 중 어느 날이다 따라서 첫 번째 사람부터 r번째 사람까지 모두 생일이 다를 확률은

$$q_r = \frac{365}{365} \times \frac{364}{365} \times \frac{364}{365} \times \cdots \times \frac{365-(r-1)}{365}$$

이다. 이로부터 생일파티에 참석한 사람들 중에서 적어도 두 사람이 생일이 같을 확률은

$$p_r = 1 - q_r = 1 - \frac{365}{365} \times \frac{364}{365} \times \frac{364}{365} \times \cdots \times \frac{365-(r-1)}{365}$$

이다. □

定理 1.3 $(\Omega, \mathcal{F}, P)$를 확률공간이라 하자. 임의의 두 사건 $A, B \in \mathcal{F}$에 대하여,

$$P(A \cup B) = P(A) + P(B) - P(A \cap B)$$

이다.

證明 $A, B \in \mathcal{F}$를 임의의 사건이라 하면,

$$A = (A \cap B) \cup (A \cap B^c), \quad (A \cap B) \cap (A \cap B^c) = \emptyset$$

이므로

$$P(A) = P(A \cap B) + P(A \cap B^c)$$

이다.

한편 사건 $A \cup B$는

$$A \cup B = (A \cap B^c) \cup B, \quad (A \cap B^c) \cap B = \emptyset$$

로 나타낼 수 있으므로

$$P(A \cup B) = P(A \cap B^c) + P(B)$$

이다. 위의 두 식을 정리하면,

$$P(A \cup B) = P(A) + P(B) - P(A \cap B)$$

를 얻는다. ■

系 1.1 $(\Omega, \mathcal{F}, P)$를 확률공간이라 하자. 임의의 두 사건 $A, B \in \mathcal{F}$사 서로배반이면,

$$P(A \cup B) = P(A) + P(B)$$

이다.

定理 1.4 $(\Omega, \mathcal{F}, P)$를 확률공간이라 하자. 임의의 세 사건 $A, B, C \in \mathcal{F}$에 대하여,

$$\begin{aligned} P(A \cup B \cup C) &= P(A) + P(B) + P(C) - P(A \cap B) - P(A \cap C) \\ &\quad - P(B \cap C) + P(A \cap B \cap C) \end{aligned}$$

가 성립한다.

證明 $A, B, C \in \mathcal{F}$를 임의의 사건이라 하면,

$$\begin{aligned} P(A \cup B \cup C) &= P\big((A \cup B) \cup C\big) \\ &= P(A \cup B) + P(C) - P\big((A \cup B) \cap C\big) \end{aligned}$$

이다. 그런데 $P\big((A \cup B) \cap C\big)$는 합의 법칙에 의하여

$$\begin{aligned} P\big((A \cup B) \cap C\big) &= P\big((A \cap C) \cup (B \cap C)\big) \\ &= P(A \cap C) + P(B \cap C) - P\big((A \cap C) \cap (B \cap C)\big) \end{aligned}$$

이다. 위의 두 식을 정리하면,

$$\begin{aligned}P(A\cup B\cup C) &= P\big((A\cup B)\cup C\big)\\ &= P(A)+P(B)-P(A\cap B)+P(C)-\{P(A\cap C)+P(B\cap C)\\ &\qquad -P\big((A\cap C)\cap(B\cap C)\big)\}\\ &= P(A)+P(B)+P(C)-P(A\cap B)-P(A\cap C)-P(B\cap C)\\ &\quad +P(A\cap B\cap C)\end{aligned}$$

이다. ■

系 1.2 $(\Omega,\mathcal{F},P)$를 확률공간이라 하자. $A,B,C\in\mathcal{F}$가 서로배반인 사건이면,

$$P(A\cup B\cup C) = P(A)+P(B)+P(C)$$

이다.

확률공간 $(\Omega,\mathcal{F},P)$상에서 유한개의 사건 A_1, A_2, A_3, $\cdots$, $A_n\in\mathcal{F}$로 위의 성질을 확장해 보자.

定理 1.5 $(\Omega,\mathcal{F},P)$를 확률공간이라 하자. 임의의 n개의 사건 A_1, A_2, A_3, $\cdots$, $A_n\in\mathcal{F}$에 대하여,

$$\begin{aligned}P\left(\bigcup_{i=1}^{n}A_i\right) &= \sum_{i=1}^{n}P(A_i)-\sum_{1\leqslant i_1<i_2\leqslant n}P(A_{i_1}\cap A_{i_2})\\ &\quad +\sum_{1\leqslant i_1<i_2<i_3\leqslant n}P(A_{i_1}\cap A_{i_2}\cap A_{i_3})\\ &\quad -\cdots+(-1)^{n-2}\sum_{1\leqslant i_1<i_2<\cdots<i_{n-1}\leqslant n}P(A_{i_1}\cap A_{i_2}\cdots\cap A_{i_{n-1}})\\ &\quad +(-1)^{n-1}P\left(\bigcap_{i=1}^{n}A_i\right)\end{aligned}$$

이다.

이 정리로부터 확률공간 $(\Omega,\mathcal{F},P)$상에서 n개의 사건 A_1, A_2, A_3, $\cdots$, $A_n\in\mathcal{F}$이 서로배반인 사건이면, 다음과 같이 확률 P의 유한가법성질

$$P\left(\bigcup_{i=1}^{n}A_i\right) = \sum_{i=1}^{n}P(A_i)$$

가 성립한다. 또한 위의 정리는 다음과 같이 간단히 나타낼 수 있다.

系 1.3 $(\Omega, \mathcal{F}, P)$를 확률공간이라 하고 A_1, A_2, A_3, $\cdots$, $A_n \in \mathcal{F}$을 n개의 사건이라 하자.

$$S_k = \sum_{1 \leqslant i_1 < i_2 < i_3 < \cdots < i_k \leqslant n} P\big(A_{i_1} \cap A_{i_2} \cap A_{i_3} \cap \cdots \cap A_{i_k}\big)$$

라 하면,

$$P\left(\bigcup_{k=1}^{n} A_k\right) = \sum_{k=1}^{n} (-1)^{k-1} S_k$$

이다.

다음 정리는 확률공간상에서 임의의 두 사건 사이에 어떤 포함관계가 있을 때, 이 두 사건에 대한 확률의 대소관계를 설명하여 준다.

定理 1.6 $(\Omega, \mathcal{F}, P)$를 확률공간이라 하자. 임의의 두 사건 $A, B \in \mathcal{F}$에 대하여,

$$A \subseteq B$$

이면,

$$P(B \setminus A) = P(B) - P(A)$$

이다.

證明 $A \subseteq B$이면 $B = A \cup (B \cap A^c)$, $A \cap (B \cap A^c) = \emptyset$이므로 $P(B) = P(A) + P(B \cap A^c)$이다. 이로부터,

$$P(B \cap A^c) = P(B \setminus A) = P(B) - P(A)$$

이다. ■

위의 정리를 이용하면 다음 정리는 쉽게 얻어진다.

定理 1.7 $(\Omega, \mathcal{F}, P)$를 확률공간이라 하자. 임의의 두 사건 $A, B \in \mathcal{F}$에 대하여,

$$A \subseteq B$$

이면,

$$P(A) \leqslant P(B)$$

이다.

證明 $A \subseteq B$이면 $B = A \cup (B \cap A^c)$이므로 $P(B) = P(A) + P(B \cap A^c)$이다. 정리하면, $P(B \cap A^c) = P(B) - P(A)$이다. 그런데, $P(B \cap A^c) \geqslant 0$이므로 $P(A) \leqslant P(B)$이다. ■

定理 1.8 **Boole의 부등식**
$(\Omega, \mathcal{F}, P)$를 확률공간이라 하고 $\{A_n\}_{n=1}^{\infty}$을 $\mathcal{F}$상에서의 사건열이라고 하면,

$$P\left(\bigcup_{n=1}^{\infty} A_n\right) \leqslant \sum_{n=1}^{\infty} P(A_n)$$

이 성립한다.

證明 주어진 사건열 $\{A_n\}_{n=1}^{\infty}$를 다음과 같이 만들자. $B_1 = A_1$, $B_2 = A_2 \cap A_1^c$, $B_3 = A_3 \cap A_2^c \cap A_1^c$, $\cdots$, $B_n = A_n \cap A_{n-1}^c \cap \cdots A_2^c \cap A_1^c$ 라 하면, $\{B_n\}_{n=1}^{\infty}$는 서로배반인 사건열이므로

$$\bigcup_{n=1}^{\infty} A_n = \bigcup_{n=1}^{\infty} B_n$$

이 성립한다. 또한, 모든 $n \geqslant 1$에 대하여,

$$B_n \subseteq A_n$$

이면

$$P(B_n) \leqslant P(A_n)$$

이므로,

$$\begin{aligned} P\left(\bigcup_{n=1}^{\infty} A_n\right) &= P\left(\bigcup_{n=1}^{\infty} B_n\right) \\ &= \sum_{n=1}^{\infty} P(B_n) \\ &\leqslant \sum_{n=1}^{\infty} P(A_n) \end{aligned}$$

이 성립한다. ■

定義 1.10 $(\Omega, \mathcal{F}, P)$를 확률공간이라 하고 $\{A_n\}_{n=1}^{\infty}$을 $\mathcal{F}$상에서의 사건열이라고 하자. 확률 P가 Boole의 부등식

$$P\left(\bigcup_{n=1}^{\infty} A_n\right) \leqslant \sum_{n=1}^{\infty} P(A_n)$$

을 만족하면, P는 **가산부가법 성질**(countable subadditivity)을 갖는다고 한다.

위의 정의에서 등호(equality)가 성립할 때에는 사건열 $\{A_n\}_{n=1}^{\infty}$가 모두 서로배반일 때이다. 한편 Boole의 부등식을 유한개의 사건에 적용하면 다음의 계를 얻는다.

系 1.4 $(\Omega, \mathcal{F}, P)$를 확률공간이라 하고 $A_1,\ A_2,\ \cdots\ A_n$을 $\mathcal{F}$상에서의 n개의 사건이라 하면, 다음 식이 성립한다.

$$P\left(\bigcup_{i=1}^{n} A_i\right) \leqslant \sum_{i=1}^{n} P(A_i)$$

定義 1.11 $(\Omega, \mathcal{F}, P)$를 확률공간이라 하고 $A_1,\ A_2,\ \cdots,\ A_n$을 $\mathcal{F}$상에서의 n개의 사건이라고 하자. 확률 P가 Boole의 부등식

$$P\left(\bigcup_{i=1}^{n} A_i\right) \leqslant \sum_{i=1}^{n} P(A_i)$$

를 만족하면, P는 **유한부가법 성질**(finite subadditivity)을 갖는다고 한다.

問題 2 확률공간 $(\Omega, \mathcal{F}, P)$상의 임의의 두 사건 $A_1,\ A_2 \in \mathcal{F}$에 대하여 다음 부등식

$$P(A_1 \cap A_2) \geqslant 1 - P(A_1^c) - P(A_2^c)$$

이 성립함을 증명하여라.

解答 표본공간 Ω는 $\Omega = (A_1^c \cup A_2^c) \cup (A_1 \cap A_2)$, $(A_1^c \cup A_2^c) \cap (A_1 \cap A_2) = \emptyset$ 으로 나타낼 수 있으므로 P의 유한가법 성질에 의하여 $P(\Omega) = P(A_1^c \cup A_2^c) + P(A_1 \cap A_2)$이고 $1 = P(A_1^c) + P(A_2^c) - P(A_1^c \cap A_2^c) + P(A_1 \cap A_2)$이므로

$$\begin{aligned} P(A_1 \cap A_2) &= 1 - P(A_1^c) - P(A_2^c) + P(A_1^c \cap A_2^c) \\ &\geqslant 1 - P(A_1^c) - P(A_2^c) \end{aligned}$$

가 성립한다. □

問題 3 $(\Omega, \mathcal{F}, P)$를 확률공간이라 하고 $A_1,\ A_2,\ A_3 \in \mathcal{F}$에 대하여 $A_1 \cap A_2 \subseteq A_3$라 하자. 다음 부등식

$$P(A_3^c) \leqslant P(A_1^c) + P(A_2^c)$$

를 증명하여라.

解答 $A_1 \cap A_2 \subseteq A_3$이면 $A_1^c \cup A_2^c \supseteq A_3^c$이므로

$$\begin{aligned} P(A_3^c) &\leqslant P(A_1^c \cup A_2^c) \\ &= P(A_1^c) + P(A_2^c) - P(A_1^c \cap A_2^c) \\ &\leqslant P(A_1^c) + P(A_2^c) \end{aligned}$$

가 성립한다. □

다음 정리는 Bonferroni의 부등식이라 부른다.

定理 1.9 $(\Omega, \mathcal{F}, P)$를 확률공간, $\{A_n\}_{n=1}^{\infty}$를 $\mathcal{F}$상에서의 사건열이라고 하면, 다음 부등식이 성립한다.

$$P\Big(\bigcap_{n=1}^{\infty} A_n\Big) \;\geqslant\; 1 - \sum_{n=1}^{\infty}(1 - P(A_n))$$

證明 De Morgan법칙과 여사건의 성질을 이용하면

$$\bigcap_{i=1}^{\infty} A_i = \Big(\bigcup_{i=1}^{\infty} A_i^c\Big)^c$$

이고 이 식에 확률 P를 부여하면

$$P\Big(\bigcap_{i=1}^{\infty} A_i\Big) = P\Big(\Big(\bigcup_{i=1}^{\infty} A_i^c\Big)^c\Big)$$

이다. 이 식에 Boole 부등식을 적용하면

$$-P\Big(\bigcup_{i=1}^{\infty} A_i\Big) \;\geqslant\; -\sum_{i=1}^{\infty} P(A_i)$$

이므로

$$\begin{aligned} P\Big(\bigcap_{n=1}^{\infty} A_n\Big) &= P\Big(\Big(\bigcup_{n=1}^{\infty} A_n^c\Big)^c\Big) \\ &= 1 - P\Big(\bigcup_{n=1}^{\infty} A_n^c\Big) \\ &\geqslant 1 - \sum_{n=1}^{\infty} P(A_n^c) \\ &\geqslant 1 - \sum_{n=1}^{\infty}(1 - P(A_n)) \end{aligned}$$

이다. ■

系 1.7 $(\Omega, \mathcal{F}, P)$를 확률공간이라 하고 $A_1, A_2, \cdots, A_n$을 $\mathcal{F}$상에서의 n개의 사건이라고 하면, 다음 부등식

$$P\Big(\bigcap_{i=1}^{n} A_i\Big) \;\geqslant\; \sum_{i=1}^{n} P(A_i) - (n-1)$$

이 성립한다.

證明 De Morgan의 법칙과 여사건의 성질을 이용하면

$$\bigcap_{i=1}^{n} A_i = \left(\bigcup_{i=1}^{n} A_i^c\right)^c, \qquad P\left(\bigcap_{i=1}^{n} A_i\right) = P\left(\left(\bigcup_{i=1}^{n} A_i^c\right)^c\right)$$

이고 Boole의 부등식을 적용하면

$$\begin{aligned} P\left(\bigcap_{i=1}^{n} A_i\right) &= P\left(\left(\bigcup_{i=1}^{n} A_i^c\right)^c\right) \\ &= 1 - P\left(\bigcup_{i=1}^{n} A_i^c\right) \\ &\geqslant 1 - \sum_{i=1}^{n} P(A_i^c) \\ &= \sum_{i=1}^{n} P(A_i) - (n-1) \end{aligned}$$

이 성립한다. ■

1.3 경우의 수

이 절에서는 확률을 구할 때 흔히 이용하는 계산 도구로서 **순열**(permutation)과 **조합**(combination)에 대하여 알아 본다. 어떤 일이 발생할 때 순서를 고려해야 할 경우가 있고 또 그렇지 않을 경우 즉, 순서와 무관할 수도 있다. 여기에서는 여러 가지 경우의 수를 구하는 방법으로서 기본적인 순열공식과 조합공식에 대하여 소개한다.

순열(permutation)은 어떤 물건을 순서(order)를 생각하여 나란히 나열하는 방법 즉, 순서를 고려한 정렬방법의 가짓수를 말한다. 좀 더 엄밀하게 설명하면 순열은 서로 다른 n개의 물건 중에서 k개의 물건 또는 n개를 순서를 고려하여 나열하는 방법의 가짓수를 말한다. 예를 들면, 서로 다른 5개의 영어 대문자 A, B, C, D, E 중에서 5개의 문자를 모두 순서를 고려하여 나열할 수 있는 방법의 개수는 $5 \times 4 \times 3 \times 2 \times 1 = 120$가지, 2개의 문자를 순서를 고려하여 나열할 수 있는 방법의 개수는 모두 $5 \times 4 = 20$가지이다. 이에 반해 **조합**(combination)은 순서에 관계없이 물건을 선택할 수 있는 방법의 가짓수이다. 다시 말하면, 조합은 서로 다른 n개의 물건 중에서 r개를 임의로 선택하는 방법의 가짓수이다. 위에서 설명한 문제의 경우, 서로 다른 5개의 대문자 A, B, C, D, E 중에서 2개의 문자를 순서에 관계없이 선택할 수 있는 방법의 개수는 모두 10가지이고 3개의 문자를 순서에 관계없이 선택할 수 있는 방법의 개수는 역시 10가지이다. 순열과 조합 이외에도 여러 가지 유형의 경우의 수를 구하는 공식이 있으나 위에서 언급한 것처럼 이 절에서는 기본공식만 다루기로 한다.

定義 1.12 **합의 법칙**(addition rule)
$(\Omega, \mathcal{F}, P)$를 확률공간이라 하자.

(1) 임의의 두 사건 $A, B \in \mathcal{F}$에 대하여 A가 일어날 가능성이 m가지이고 B가 일어날 가능성이 n가지이면, 사건 A 또는 B가 일어날 수 있는 모든 경우의 수는 $m+n$가지이다.

(2) k개의 사건 A_1, A_2, $\cdots$, $A_k \in \mathcal{F}$에 대하여, A_1이 n_1가지 방법으로 일어나고, A_2가 n_2가지 방법으로 일어나고, $\cdots$, A_k가 n_k가지 방법으로 일어난다면, A_1 또는 A_2 또는 $\cdots$ 또는 A_k가 일어날 수 있는 모든 경우의 수는

$$n_1 + n_2 + n_3 + \cdots + n_k$$

가지이다.

問題 1 K라는 사람이 차량을 이용하여 여행을 하면서 P시(city)에 머물러 있다. 내일 K가 P시를 출발하여 Q시를 경유하여 R시로 이동하려고 한다. 지도 상에서 P도시에서 Q시로 갈 수 있는 도로의 수가 5가지, Q시에서 R시로 갈 수 있는 도로의 수가 7가지로 나와 있는 것을 알았다면, K가 P시에서 Q시로 또는 Q시에서 R시로 이동할 수 있는 모든 경우의 수를 구하여라.

解答 K가 P도시에서 Q도시로 이동하는 사건을 A, Q도시에서 R도시로 이동하는 사건을 B라 하면, 사건 A 또는 B가 일어나는 방법의 모든 경우의 수는 합의 법칙에 의하여 $5+7=12$ 가지이다. □

위의 정리의 특별한 경우로서 다음의 계를 얻는다.

系 1.8 $(\Omega, \mathcal{F}, P)$를 확률공간이라 하고 $A, B \in \mathcal{F}$를 임의의 두 사건이라 하자.
(1)* 사건 A가 일어날 수 있는 방법의 수가 n 가지, 사건 B가 일어날 수 있는 방법의 수가 n가지이면, 사건 A 또는 B가 일어날 수 있는 모든 경우의 수는 $n+n = 2n$가지이다.
(2)* 사건 A_1이 일어날 방법의 수가 n가지, 사건 A_2가 일어날 수 있는 방법의 수가 n가지, $\cdots$, 사건 A_k가 일어날 수 있는 방법의 수가 n가지이면, 사건 A_1 또는 A_2 또는 $\cdots$ A_k가 일어날 수 있는 모든 경우의 수는

$$k \times n \;=\; \overbrace{n + n + \cdots + n}^{k\text{개의 합}}$$

가지이다.

問題 2 K라는 사람이 차량을 이용하여 여행을 하면서 P시(city)에 머물러 있다. 내일 K가 P시를 출발하여 Q시를 경유하여 R시로 다시 R시에서 S시로 이동하려고 한다. 지도 상에서 P시에서 Q시로 갈 수 있는 도로의 수가 8가지, Q시에서 R시로 갈 수 있는 도로의 수가 8가지, R시에서 S시로 갈 수 있는 도로의 수가 8가지로 나와

있는 것을 알았다면, K가 P시에서 Q시로 또는 Q시에서 R시로 또는 R시에서 S시로 이동할 수 있는 모든 경우의 수를 구하여라.

解答 합의 법칙에 의하여 $3 \times 8 = 8 + 8 + 8 = 24$가지이다. □

합의 법칙과 비슷한 방식으로 다음과 같이 곱의 법칙을 정의할 수 있다.

定義 1.13 곱의 법칙(multiplication rule)
$(\Omega, \mathcal{F}, P)$를 확률공간이라 하자.

(1) 임의의 두 사건 $A, B \in \mathcal{F}$에 대하여, A가 일어날 가능성이 모두 m가지, 사건 B가 일어날 가능성이 모두 n가지이면, 사건 A와 B가 일어날 수 있는 가능성의 수는 모두 $m \times n$가지이다.

(2) k개의 사건 A_1, A_2, $\cdots$, $A_k \in \mathcal{F}$에 대하여 A_1이 n_1가지 방법으로 일어나고, A_2가 n_2가지 방법으로 일어나고, $\cdots$, A_k가 n_k가지 방법으로 일어난다면, 사건 A_1, A_2, $\cdot$, A_k가 모두 일어날 수 있는 모든 방법의 수는 모두

$$n_1 \times n_2 \times \cdots \times n_k$$

가지이다.

問題 3 K라는 사람이 차량을 이용하여 여행을 하면서 P시(city)에 머물러 있다. 내일 K가 P시를 출발하여 Q시로, Q시에서 R시로, 다시 R시에서 S시로 이동하려고 한다. 지도 상에서 P시에서 Q시로 갈 수 있는 도로의 수가 3가지, Q시에서 R시로 갈 수 있는 도로의 수가 5가지, R시에서 S시로 갈 수 있는 도로의 수가 6가지로 나와 있는 것을 알았다면, K가 P시에서 출발하여 Q시와 R시를 경유하여 S시로 이동할 수 있는 모든 경우의 수를 구하여라.

解答 곱의 법칙에 의하여 $3 \times 5 \times 6 = 90$가지이다. □

問題 4 동전을 한 번 던지는 실험을 사건 A, 4개의 서로 다른 구슬이 들어 있는 항아리에서 한 개의 구슬을 꺼내는 것을 사건 B라 할 때, 사건 A와 사건 B가 일어날 수 있는 모든 방법의 수를 구하여라.

解答 곱의 법칙에 의하여 모두 $2 \times 4 = 8$가지이다. 실제로 모든 가능성의 경우를 구하면 다음과 같다. 먼저 공정한 동전의 앞면을 H, 뒷면을 T라 하고, 4개의 서로 다른 구슬을 각각 a, b, c, d라 하면, 일어날 수 있는 모든 방법의 수는

$$Ha,\ Hb,\ Hc,\ Hd,\ Ta,\ Tb,\ Tc,\ Td$$

이므로 모두 8가지이다. □

係 1.9 $(\Omega, \mathcal{F}, P)$를 확률공간이라 하자.
(1)* 임의의 두 사건 $A, B \in \mathcal{F}$에 대하여, A가 일어날 수 있는 방법의 수가 n가지이고, B가 일어날 수 있는 방법의 수가 n가지 일 때, 사건 A와 B가 일어날 수 있는 모든 방법의 수는 $n \times n = n^2$가지이다.
(2)* k개의 사건 A_1, A_2, $\cdots$, $A_k \in \mathcal{F}$에 대하여, 사건 A_1이 일어날 방법의 수가 모두 n가지, 사건 A_2가 일어날 수 있는 방법의 수가 모두 n가지, $\cdots$, 사건 A_k가 일어날 수 있는 방법의 수가 모두 n가지 일 때, 사건 A_1, A_2, $\cdots$, A_k가 일어날 수 있는 모든 방법의 총수는

$$n^k = \overbrace{n \times n \times \cdots \times n}^{k\text{개의 곱}}$$

가지이다.

問題 5 35문항의 O, X 문제가 있다. 한 학생이 시험공부를 제대로 못한 관계로 아무생각 없이 답안지에 답을 적으려고 한다. 이 학생이 답을 쓸수 있는 모든 방법의 가지 수를 구하여라. 단, 이 학생은 1번부터 35번까지 빠짐없이 답을 적는다고 한다.

解答 곱의 법칙에 의하여 $2^{35} = \overbrace{2 \times 2 \times \cdots \times 2}^{35\text{개의 곱}}$가지이다. □

定理 1.10 서로 다른 n개의 물건을 처음부터 끝까지 순서를 생각해서 나열할 수 있는 방법의 수는 모두

$$n \times (n-1) \times (n-2) \times \cdots \times 2 \times 1$$

가지이다.

證明 n개의 칸을 가진 긴 상자를 생각해 보자. 첫 번째 칸에는 n개의 물건 중에 어느 것을 집어 넣어도 된다. 다음 두 번째 칸에는 한 개를 제외한 나머지 $n-1$개의 물건 중에 어느 것을 집어 넣어도 된다. 또한, 세 번째 칸에는 앞의 두 개를 제외한 나머지 $n-2$의 물건 중 어느 것을 집어 넣어도 된다. 이런식으로 생각한다면 $n-2$번째 칸에는 나머지 3개 중에 어느 것을 집어 넣어도 되고, 다음 $n-1$번째 칸에는 나머지 2개 중에 어느 하나를, 마지막 n번째 칸에는 나머지 1개를 넣을 수 있다. 이러한 사건은 처음부터 끝까지 모두 동시에 일어나므로 곱의 법칙으로 계산하여야 한다. 따라서, 서로 다른 n개의 물건을 처음부터 끝까지 순서를 생각해서 나열할 수 있는 방법의 수는 모두

$$n \times (n-1) \times (n-2) \times \cdots \times 3 \times 2 \times 1$$

가지이다. ■

위의 정리로부터 서로 다른 n개의 물건을 처음부터 끝까지 순서를 생각해서 나열할 수 있는 방법의 수를 기호로 $n!$ (n factorial)로 나타낸다. 즉,

$$n! = n \times (n-1) \times (n-2) \times \cdots \times 3 \times 2 \times 1$$

이다. 편의상 $0! = 1$로 정의한다. 이상을 정리하면, $n!$은 서로 다른 n개의 물건을 처음부터 끝까지 순서를 생각해서 나열할 수 있는 방법의 가짓수이다. 여기서 만약, 서로 다른 n개의 물건 중에서 r개 만을 순서를 생각하여 나열할 수 있는 방법의 수를 생각해 보자.

定理 1.13 서로 다른 n개의 물건 중에서 r개를 순서를 생각하여 나열할 수 있는 방법의 수는 모두

$$\frac{n!}{(n-r)!}$$

가지이다.

證明 n개의 칸을 가진 긴 상자를 생각해 보자. 첫 번째 칸에는 n개의 물건 중에 어느 것을 넣어도 된다. 그 다음, 두 번째 칸에는 $n-1$개의 물건 중에 어느 것을 넣어도 되고, 세 번째 칸에는 앞의 두 개의 물건을 제외한 나머지 $n-2$개 중 어느 것을 넣어도 된다. 이런 식으로 생각하면 제 r번째 (실제로는 $n-(n-r)$번째) 칸에는 나머지 $n-(r-1)$개 중에 어느 물건을 넣어도 되므로, 곱의 법칙에 의하여 서로 다른 n개의 물건을 중 r개 만 순서를 생각하여 나열할 수 있는 방법의 총수는

$$n \times (n-1) \times (n-2) \times \cdots \times (n-r+1) = \frac{n!}{(n-r)!}$$

가지이다. ■

定義 1.14 서로 다른 n개의 물건 중에서 r개를 순서를 생각하여 나열하는 방법의 수를 **순열**(permutation)이라고 하며, 기호로

$$_nP_r = \frac{n!}{(n-r)!}$$

로 나타낸다.

순열의 정의를 이용하면, 서로 다른 n개의 물건을 처음부터 끝까지 순서를 생각하여 나열할 수 있는 방법의 수는

$$_nP_n = \frac{n!}{0!} = n!$$

이다.

問題 6 다음 다섯 개의 문자 A, B, C, D, E를 모두 순서를 고려하여 나열할 수 있는 방법의 수와 세 개의 문자를 순서를 고려하여 나열할 수 있는 방법의 수를 각각 구하여라.

解答 다섯 개의 문자 A, B, C, D, E를 모두 순서를 고려하여 나열할 수 있는 방법의 수는

$$_5P_5 = 5! = 120$$

가지이고, 세 개의 문자를 순서적으로 나열할 수 있는 방법의 수는

$$_5P_3 = \frac{5!}{3!} = 20$$

가지이다. □

問題 7 운동장에 남학생 4명, 여학생 3명 있다. 다음을 구하여라.

(1) 여학생 3명끼리는 항상 붙여 남학생들과 같이 한 줄로 세우는 방법의 수를 구하여라.

(2) 여학생끼리는 서로 이웃하지 않도록 한 줄로 세우는 방법의 수를 구하여라.

解答 (1) $5! \times 3! = 720$가지이다. (2) $4! \times {}_5P_3 = 1440$가지이다. □

특별한 경우로서, 서로 다른 n개를 물건을 원형으로 배열하는 순열을 원순열(circular permutation)이라고 한다. 일반적으로 서로 다른 n개의 물건을 일렬로 배열하는 경우의 수는

$$_nP_n = n!$$

이지만 이것을 원형으로 배열하면 같은 것이 n개씩 있으므로 서로 다른 n개를 원형으로 배열하는 원순열의 개수는 모두

$$\frac{_nP_n}{n} = \frac{n!}{n} = (n-1)!$$

가지가 있다.

이제 중복순열에 대하여 알아보자. 중복순열은 서로 다른 n개의 물건 중에서 중복을 허용하여 r개를 나열하는 방법의 수를 말한다. 예를 들면, 다음 4개의 숫자 1, 2, 3, 4를 이용, 중복을 허용하여 세 자리수를 만들 수 있는 모든 방법의 수를 구해보자. 먼저 100단위 자리수에는 1, 2, 3, 4중 어느 숫자도 올 수 있으므로 4가지이고, 다음 10단위 자리수에도 1, 2, 3, 4중 어느 숫자도 올 수 있으므로 4가지, 마지막 1단위 자리에도 1, 2, 3, 4중 어느 숫자가 올 수 있으므로 4가지이다. 그러므로 곱의법칙에 의하여 1, 2, 3, 4를 이용, 중복을 허용하여 세자리 수를 만들 수 있는 모든 방법의 수는 $4 \times 4 \times 4 = 4^3$가지이다.

定理 1.14 서로 다른 n개의 물건 중에서 중복을 허용하여 r개를 순서적으로 나열하는 방법의 수를 **중복순열**(permutation with repetition)이라 하고 기호로 ${}_n\Pi_r$로 나타낸다. 이 경우 중복순열의 수는 모두

$$ {}_n\prod_r = n^r $$

가지이다.

問題 8 다음 다섯 개의 숫자 0, 1, 2, 3, 4를 이용하여 세 자리수를 만들려고 한다.

(1) 각 자리의 숫자가 모두 다르게 만드는 방법의 수를 구하여라.

(2) 각 자리에 같은 숫자가 오는 것을 허용할 때, 이 방법의 수를 구하여라.

解答 (1) 100단위 자리에는 숫자 0이 올 수 없으므로 4가지, 다음 10단위 자리와 1단위 자리에는 100단위 자리에서 사용한 수를 제외한 나머지 수를 이용해야 하므로 이것은 네 가지 수에서 두 가지 수를 나열하는 순열이므로 ${}_4P_2$가지이다. 따라서 각 자리의 숫자를 모두 다르게 만드는 방법의 수는 $4 \times {}_4P_2 = 48$가지이다.

(2) 100단위에는 숫자 0이 올 수 없으므로 4가지이다. 그런데 10단위와 1단위에는 100단위에서 사용한 숫자를 사용할 수 있으므로 5^2가지가 있다. 그러므로 각 자리에 같은 숫자가 오는 것을 허용할 때, 세 자리 수를 만들수 있는 방법의 수는 모두 $4 \times 5^2 = 100$가지이다. □

순열에서 순서 관계를 무시하면 조합(combination)이 된다. 즉, 조합은 순열에서 순서를 무시함으로서 얻어지는 방법의 수 이다.

定理 1.15 서로 다른 n개의 물건 중에서 x개를 뽑는 방법의 수를 **조합**(combination)의 수라고 하며, 기호로

$$ \binom{n}{x} = \frac{n!}{x!(n-x)!} $$

로 나타낸다.

證明 순서를 고려하여 서로 다른 n개의 물건 중 x를 나열하는 방법의 수는 모두 ${}_nP_x$가지이다. 그런데 이 경우, 뽑은 x개 속에는 모두 $x!$개의 순서가 있으므로 이 순서를 무시하여야 한다. 따라서,

$$ \begin{aligned} {}_nP_x &= \binom{n}{x} \times x! \\ &= \frac{n!}{(n-x)!} \\ &= \frac{{}_nP_x}{n!} \end{aligned} $$

이다. 다시 말하면, $\binom{n}{x} \times x!$는 서로 다른 n개의 물건 중에서 서로 다른 x개를 선택하는 방법의 가짓수와 1부터 x까지 순서를 생각하여 나열할 수 있는 방법의 가짓수를 곱한 것이므로 결국, 이것은 서로 다른 n개의 물건 중에서 x개를 순서를 생각하여 나열하는 방법의 가짓수 즉, 순열 ${}_nP_x$가 된다. ■

다음 조합공식은 여러 가지 측면에서 유용하다.

(i) $\binom{n}{x} = \binom{n}{n-x}$.

(ii) $\binom{n+1}{x} = \binom{n}{x} + \binom{n}{x-1}$.

問題 9 남학생 4명, 여학생 6 중에서 2명의 대표를 선출한다고 한다.

(1) 적어도 여학생 한 명이 포함되도록 선출하는 방법의 수를 구하여라.

(2) 적어도 남학생, 여학생 한 명이 포함되도록 선출하는 방법의 수를 구하여라.

解答 (1) $\binom{10}{2} - \binom{4}{2} = 43$가지. (2) $\binom{10}{2} - \{\binom{4}{2} + \binom{6}{2}\} = 24$가지. □

다시 순열문제를 생각해 보자. 이미 앞에서 언급한 순열이나 조합은 분명히 물건이 서로 구별이 가능한 경우이었다. 만약 주어진 물건 속에 같은 종류가 여러개 있다고 가정하였을 때, 이들 물건을 뽑는 방법의 수가 어떻게 되는지 예를 들어 구해 보자.

어떤 항아리 속에 모두 5개의 공이 들어 있고 이 중에서 3개가 흰 공, 2개가 검은 공이다. 이제 이 항아리 속에 있는 5개의 공을 모두 순서를 생각하여 나열할 수 있는 방법의 수를 구해보자 이 경우, 흰 공 3개는 같은 색깔이므로 서로 구별이 불가능하고, 마찬가지로 검은 공 2개도 구별이 불가능하다. 여기서 잠시 흰 공 3개를 서로 구별할 수 있도록 다음과 같이 W_1, W_2, W_3로 첨자를 붙이고, 검은 공도 마찬가지로 B_1, B_2와 같이 표시하면, 항아리 속의 5개의 공은 모두 구별이 가능하다. 이로부터 항아리 속에 있는 5개의 서로 다른 공을 순서를 생각하여 나열할 수 있는 방법의 수는 5!가지이다. 그런데, 5!중에서 흰 공 3개를 순서를 생각하여 나열할 수 있는 방법의 수는 3!가지, 검은공 2개를 순서를 생각하여 나열할 수 있는 방법의 수는 2!가지이다. 이 두 방법의 가짓수는 동시에 일어나므로 곱의 법칙에 의하여 $3! \times 2!$이고, 순서를 무시하면 $\frac{5!}{3!2!}$이다. 따라서, 항아리 속의 흰 공 3개와 검은 공 2개를 순서를 생각하여 나열할 수 있는 방법의 수는 모두 $\frac{5!}{3!2!}$가지가 있다. 다시 말하면, 5개 중에 한 종류가 3개, 다른 종류가 2개 있을 때, 이 5개의 공을 순서를 생각하여 나열할 수 있는 모든 방법의 수는

$$\frac{5!}{3!2!} = 10$$

가지인 것을 알 수 있다. 실제로 모든 경우의 수를 순열로 표시하면, 다음과 같다.

$$BBWWW,\ BWBWW,\ WBBWW,\ BWWBW,\ WBWBW,$$
$$WWBBW,\ WWBWB,\ WWWBB,\ WBWWB,\ BWWWB$$

이 사실을 이용하면, 조합은 다음과 같이 같은 종류가 있는 순열로서 재해석을 할 수 있다.

定理 1.16 전체 n개의 물건 중에서 한 종류가 r개, 다른 종류가 $n-r$개 있을 때, n개의 물건을 순서를 생각하여 나열할 수 있는 방법의 수는 모두

$$\frac{n!}{r!(n-r)!} = \binom{n}{r}$$

가지이다.

證明 주어진 n개의 물건이 모두 다른 종류라고 가정하자. 그러면 이 n개의 물건을 순서를 생각하여 나열하는 방법의 수는 $n!$개이다. 그런데, 한 종류가 r개로 모두 같고, 나머지 다른 종류도 $n-r$개로 모두 같으므로 n개를 순서를 생각하여 나열할 수 있는 방법의 수는 모두 $\frac{n!}{r!(n-r)!} = \binom{n}{r}$가지이다. ■

위의 정리를 일반화하면 다음과 같다.

定理 1.17 전체 n개의 물건이 모두 k개의 종류로 분류된다. 즉, 첫 번째 종류가 r_1개, 두 번째 종류가 r_2개, 세 번째 종류가 r_3개, $\cdots$, 제 k번째 종류가 r_k개 있다고 하자. 이때 n개의 물건을 순서를 생각하여 나열할 수 있는 모든 방법의 수는

$$\frac{n!}{r_1!r_2!r_3!\cdots r_k!}$$

가지이다. 단, $r_k = n - \sum_{i=1}^{k-1} r_i$ 이다.

問題 10 a, a, a a, x, x, x, 7, 7을 모두 순서를 생각하여 나열할 수 있는 방법의 수를 구하여라.

解答 $\frac{9!}{4!\,3!\,2!} = 1260$가지. □

問題 11 STATISTICA를 이용하여 만들 수 있는 모든 순열의 수를 구하여라.

解答 $\frac{10!}{2!\,3!\,2!\,2!\,1!} = 75600$가지가 있다. □

이제 조합문제로 돌아가 보자. 먼저 n개의 물건을 두 개의 칸에 차례로 채우는 문제를 생각해 보자. 한 상자가 있는데, 이 상자는 두 개의 칸으로 분할되어 있다. 이

제 서로 다른 n개의 물건 중에서 r개를 선택하여 첫째 칸에 넣고, 다른 칸에 나머지 $n-r$개의 물건을 넣는 방법의 수를 구하려고 한다. 이 경우, 첫째 칸에 r개의 물건을 선택해서 넣는 방법의 수는 $\binom{n}{r}$가지, 다른 칸에는 먼저 뽑은 r개를 제외한 나머지 $n-r$개의 물건을 모두 넣어야 하므로, 그 방법의 수는

$$\binom{n-r}{n-r}$$

가지이다. 따라서 곱의 법칙에 의하여, n개의 물건을 두 개의 칸에 차례로 채우는 방법의 수는 모두

$$\binom{n}{r} \times \binom{n-r}{n-r} = \frac{n!}{r!\,(n-r)!}$$

가지이다. 이 성질을 좀 더 일반화하면 다음과 같다.

定理 1.18 k의 칸으로 분할되어 있는 상자와 n개의 물건이 있다. 이때 n개의 물건 중에 첫째 칸에 r_1개, 둘째 칸에 r_2개, 세째 칸에 r_3개, $\cdots$, 마지막 k번째 칸에 나머지 r_k개를 넣을 수 있는 방법의 수는 모두

$$\frac{n!}{r_1!r_2!r_3!\cdots r_k!}$$

가지이다. 여기서, $n = \sum_{i=1}^{k} r_i$ 이다.

證明 먼저 n개의 물건 중 r_1개를 첫째 칸에 넣는 방법의 수는 $\binom{n}{r_1}$가지, 둘째 칸에는 앞에서 뽑은 r_1개를 제외한 나머지 $n-r_1$개 중에서 r_2개를 넣어야 하므로 $\binom{n-r_1}{r_2}$가지, 세째 칸에는 앞에서 뽑은 r_1+r_2개를 제외한 나머지 $n-r_1-r_2$개 중에서 r_3개를 넣어야 하므로

$$\binom{n-r_1-r_2}{r_3}$$

가지가 있다. 이런 식으로 생각하면, 제 k번째 칸에는 앞에서 뽑은 $r_1+r_2+r_3+\cdots+r_{k-1}$개를 제외한 나머지 r_k개를 넣어야 하므로 그 방법의 수는

$$\binom{n-r_1-r_2-r_3-\cdots-r_{k-1}}{r_k}$$

가지이다. 따라서, 곱의 법칙에 의하여

$$\begin{aligned}&\binom{n}{r_1} \times \binom{n-r_1}{r_2} \times \binom{n-r_1-r_2}{r_3} \times \cdots \times \binom{n-r_1-r_2-r_3-\cdots-r_{k-1}}{r_k}\\ &= \frac{n!}{r_1!\,r_2!\,r_3!\,\cdots\,r_k!}\end{aligned}$$

이다. 단, $n = \sum_{i=1}^{k} r_i$ 이다. ■

이제 서로 다른 n개의 물건 중에서 중복을 허용하여 r개를 선택하는 방법의 수를 구해보자.

定理 1.19 서로 다른 n개의 물건 중에서 중복을 허용하여 r개를 선택하는 방법의 수를 **중복조합**(combination with repetition)라 하고, 기호로

$$_n\mathrm{H}_r = \binom{n+r-1}{r}$$

로 나타낸다.

問題 12 어떤 문방구에서 4종류의 연필을 판매한다고 한다. 이 문방구에서 7자루의 연필을 구입하는 방법의 수를 구하여라.

解答 4종류의 연필 중에서 7자루의 연필을 구입하는 방법의 수는 서로 다른 4개에서 7개를 선택하는 중복조합 $_4\mathrm{H}_7$이므로 실제로 구하면

$$_4\mathrm{H}_7 = \binom{10}{3} = 120$$

가지이다. □

問題 13 $(x+y+z)^4$을 전개할 때 생기는 서로 다른 항의 개수를 구하여라

解答 먼저

$$(x+y+z)^4 = (x+y+z)(x+y+z)(x+y+z)(x+y+z)$$

이므로 $(x+y+z)^4$을 전개할 때 나타나는 서로 다른 항은

$$x^4,\ x^3y,\ x^3z,\ \cdots xyz^2,\ \cdots,\ z^4$$

등으로 모두 4차항이다. 따라서 구하는 항의 개수는 3개의 문자 x, y, z 중에서 4개를 선택하는 중복조합의 수와 같으므로

$$_3\mathrm{H}_4 = \binom{6}{4} = 15$$

가지이다. □

問題 14 한 농부가 사과, 배, 감, 귤의 네 종류의 과일을 섞어서 15개들이 과일상자를 만들려고 할 때, 총 몇가지 방법이 있는가? (단, 사과, 배, 감은 각각 2개 이상, 귤은 3개 이상 과일상자에 넣는다.)

解答 먼저 과일상자에 사과, 배, 감을 각각 2개, 귤을 3개 넣어 9개의 과일을 채워 넣고, 그 다음에 사과, 배, 감, 귤의 네 종류의 과일에서 선택하여 상자에 넣으면 된

다. 그러므로 구하고자 하는 방법의 수는 모두

$${}_4\mathrm{H}_6 = 84$$

가지이다. □

위에서 설명한 조합 $\binom{n}{x}$는 종종 **이항계수**(binomial coefficient)라 부른다. 이제 이항계수와 관련된 여러가지 공식에 대하여 알아 보자.

定理 1.20 **이항정리**(binomial theorem)
a와 b를 임의의 실수, n을 음아닌 정수라 하면, 다음 식이 성립한다.

$$\begin{aligned}(a+b)^n &= \sum_{x=0}^{n}\binom{n}{x}a^{n-x}\,b^x \\ &= \binom{n}{0}a^n+\binom{n}{1}a^{n-1}b+\binom{n}{2}a^{n-2}b^2+\binom{n}{3}a^{n-3}b^3+\cdots+\binom{n}{n}b^n\end{aligned}$$

證明 수학적 귀납법으로 증명하여 본다. 먼저, $n=1$이면 이항정리의 우변은

$$\binom{n}{0}x+\binom{n}{1}y = x+y$$

이 성립한다. 주어진 이항정리가 음이 아닌 모든 정수 n에 대하여 성립한다고 가정하면 $n+1$일 때에도 위의 이항정리가 성립함을 보이면 된다. 이제 이항정리의 양변에 $(a+b)$를 곱하면

$$\begin{aligned}(a+b)^{n+1} &= (a+b)\,(a+b)^n \\ &= (a+b)\sum_{x=0}^{n}\binom{n}{x}a^{n-x}\,b^x \\ &= \sum_{x=0}^{n}\binom{n}{x}a^{n+1-x}\,b^x+\sum_{x=0}^{n}\binom{n}{x}a^{n-x}\,b^{x+1} \\ &= \sum_{x=0}^{n}\binom{n}{x}a^{n+1-x}\,b^x+\sum_{x=0}^{n}\binom{n}{x}a^{n-x}\,b^{x+1} && (x^*=x+1\text{로 치환}) \\ &= \sum_{x=0}^{n}\binom{n}{x}a^{n+1-x}\,b^x+\sum_{x^*=1}^{n+1}\binom{n}{x^*-1}a^{n-(x^*-1)}\,b^{x^*} \\ &= \sum_{x=0}^{n}\binom{n}{x}a^{n+1-x}\,b^x+\sum_{x=1}^{n+1}\binom{n}{x-1}a^{n-(x-1)}\,b^{x} && (x=x^*\text{로 다시 치환})\end{aligned}$$

이다. 위의 마지막 식에서 첫 째항을 분리하고, 두 번째항의 $(n+1)$번째 항도 따로 분리하면

$$\begin{aligned}(a+b)^{n+1} &= \binom{n}{0}a^{n+1} + \sum_{x=1}^{n}\binom{n}{x}a^{n+1-x}\,b^x + \sum_{x=1}^{n+1}\binom{n}{x-1}a^{n-(x-1)}\,b^x + \binom{n}{n}b^{n+1} \\ &= \binom{n}{0}a^{n+1} + \sum_{x=1}^{n}\left[\binom{n}{x} + \binom{n}{x-1}\right]a^{(n+1)-x}\,b^x + \binom{n}{n}b^{n+1} \\ &= \binom{n}{0}a^{n+1} + \sum_{x=1}^{n}\binom{n+1}{x}a^{(n+1)-x}\,b^x + \binom{n}{n}b^{n+1} \\ &= \sum_{x=0}^{n+1}\binom{n+1}{x}a^{(n+1)-x}\,b^x\end{aligned}$$

이다. 따라서 음이 아닌 모든 정수 n에 대하여 이항정리가 성립한다. ■

이항계수 공식을 일반화하면 다음과 같다. 먼저, 이항정리에서 이항계수 $\binom{n}{x}$를

$$\binom{n}{x} = \binom{n}{n,\, n-x} = \frac{n!}{x!\,(n-x)!}$$

로 정의하고 삼항계수를

$$\binom{n}{x_1, x_2, x_3} = \frac{n!}{x_1!\,x_2!\,x_3!} \qquad (\text{단, } x_1 + x_2 + x_3 = n)$$

으로 정의하면 일반적으로 다항계수는 다음과 같이 확장할 수 있다.

$$\binom{n}{x_1, x_2, x_3, \cdots, x_k} = \frac{n!}{x_1!\,x_2!\,x_3!\,\cdots\,x_k!} \qquad (\text{단, } x_1 + x_2 + x_3 + \cdots + x_k = n)$$

이제 이 공식을 이용하여 삼항정리와 다항정리를 유도할 수 있다.

定理 1.21 **삼항정리**(trinomial theorem)

a_1, a_2, a_3를 임의의 실수, n을 음아닌 정수라 하면, 다음 식이 성립한다.

$$\begin{aligned}(a_1 + a_2 + a_3)^n &= \sum_{\substack{x_1, x_2, x_3 \\ x_1+x_2+x_3=n}} \binom{n}{x_1, x_2, x_3} a_1^{x_1}\, a_2^{x_2}\, a_3^{x_3} \\ &= \sum_{\substack{x_1, x_2, x_3 \\ x_1+x_2+x_3=n}} \frac{n!}{x_1!x_2!x_3!}\, a_1^{x_1}\, a_2^{x_2}\, a_3^{x_3}\end{aligned}$$

問題 15 x, y, z를 임의의 실수라 할 때, 식 $(x+y+z)^4$를 전개하여라.
解答 삼항정리를 이용하며 각 항을 구하고 정리하면

$$\begin{aligned}(x+y+z)^4 = x^4+y^4+z^4+4(x^3y+xy^3+x^3z+xz^3+y^3z+yz^3)\\ +6(x^2y^2+x^2z^2+y^2z^2)+12(x^2yz+xy^2z+xyz^2)\end{aligned}$$

이다. □

삼항정리를 일반화하면 다항정리를 얻는다.

定理 1.22 **다항정리**(multinomial theorem)
a_1, a_2, a_3, $\cdots$, a_n을 임의의 실수, n을 음아닌 정수라 하면, 다음 식이 성립한다.

$$\begin{aligned}&(a_1+a_2+a_3+\ \cdots\ +a_k)^n\\ &= \sum_{\substack{x_1,x_2,x_3,\cdots,x_k\\ x_1+x_2+x_3+\cdots+x_k=n}} \binom{n}{x_1,x_2,x_3,\cdots,x_k} a_1^{x_1}\ a_2^{x_2}\ a_3^{x_3},\cdots a_n^{x_k}\\ &= \sum_{\substack{x_1,x_2,x_3\\ x_1+x_2+x_3+\cdots+x_k=n}} \frac{n!}{x_1!x_2!x_3!\cdots x_k!}\ a_1^{x_1}\ a_2^{x_2}\ a_3^{x_3},\cdots,a_k^{x_k}\end{aligned}$$

이제 이항정리와 관련된 몇가지 공식을 살펴 보자.

定理 1.23 이항정리로부터 다음 식이 성립한다.

(1) $2^n = \sum_{x=0}^{n}\binom{n}{x} = \binom{n}{0}+\binom{n}{1}+\binom{n}{2}+\binom{n}{3}+\cdots+\binom{n}{n}.$

(2) $0 = \sum_{x=0}^{n}\binom{n}{x}(-1)^x = \binom{n}{0}-\binom{n}{1}+\binom{n}{2}-\binom{n}{3}+\cdots+(-1)^n\binom{n}{n}.$

(3) $n\,2^{n-1} = \sum_{x=1}^{n}x\binom{n}{x} = \binom{n}{1}+2\binom{n}{2}+3\binom{n}{3}+4\binom{n}{4}+\cdots+n\binom{n}{n}.$

(4) $$\begin{aligned}\frac{2^{n+1}-1}{n+1} &= \sum_{x=0}^{n}\frac{1}{x+1}\binom{n}{x}\\ &= \binom{n}{0}+\frac{1}{2}\binom{n}{1}+\frac{1}{3}\binom{n}{2}+\frac{1}{4}\binom{n}{3}+\cdots+\frac{1}{n+1}\binom{n}{n}.\end{aligned}$$

證明 (1) 이항정리 $(a+b)^n = \sum_{x=0}^{n} \binom{n}{x} a^{n-x} b^x$에서 $a=1$과 $b=1$을 각각 대입하면 $2^n = \sum_{x=0}^{n} \binom{n}{x}$ 를 얻는다.

(2) 이항정리 $(a+b)^n = \sum_{x=0}^{n} \binom{n}{x} a^{n-x} b^x$에서 $a=1$과 $b=-1$을 각각 대입하면 위의 공식 $\sum_{x=0}^{n} \binom{n}{x}(-1)^x = 0$이 얻어진다.

(3) 이 공식을 증명하기 위하여 실변수 t의 함수 $(1+t)^n$를 생각해 보자. 이 함수를 이항정리를 이용하여 전개하면

$$\begin{aligned}(1+t)^n &= \binom{n}{0} + \binom{n}{1}t + \binom{n}{2}t^2 + \binom{n}{3}t^3 + \cdots + \binom{n}{n}t^n \\ &= \sum_{x=0}^{n} \binom{n}{x} t^x\end{aligned}$$

이고, 이 식의 양 변을 실변수 t에 관하여 미분하면,

$$\begin{aligned}n(1+t)^{n-1} &= \binom{n}{1} + 2\binom{n}{2}t + 3\binom{n}{3}t^2 + \cdots + n\binom{n}{n}t^{n-1} \\ &= \sum_{x=1}^{n} x\binom{n}{x} t^{x-1}\end{aligned}$$

이다. 이 식에 상수 $t=1$을 대입하면,

$$n\,2^{n-1} = \sum_{x=1}^{n} x\binom{n}{x} = \binom{n}{1} + 2\binom{n}{2} + 3\binom{n}{3} + 4\binom{n}{4} + \cdots + n\binom{n}{n}$$

를 얻는다.

(4) 실변수 t에 관한 함수 $(1+t)^n = \sum_{x=0}^{n} \binom{n}{x} t^x$의 양변을 적분하면,

$$\begin{aligned}\frac{(1+t)^{n+1} + C}{n+1} &= \binom{n}{0}t + \frac{1}{2}\binom{n}{1}t^2 + \frac{1}{3}\binom{n}{2}t^3 + \frac{1}{4}\binom{n}{3}t^4 + \cdots + \frac{1}{n+1}\binom{n}{n}t^{n+1} \\ &= \sum_{x=0}^{n} \frac{1}{x+1}\binom{n}{x} t^{x+1}, \quad (C\text{는 적분상수})\end{aligned}$$

이고 이 식에 $t=0$을 대입하면, $C=-1$이므로

$$\begin{aligned}\frac{(1+t)^{n+1} - 1}{n+1} &= \binom{n}{0}t + \frac{1}{2}\binom{n}{1}t^2 + \frac{1}{3}\binom{n}{2}t^3 + \frac{1}{4}\binom{n}{3}t^4 + \cdots + \frac{1}{n+1}\binom{n}{n}t^{n+1} \\ &= \sum_{x=0}^{n} \frac{1}{x+1}\binom{n}{x} t^{x+1}\end{aligned}$$

이다. 여기에 다시 $t = 1$를 대입하면,

$$\begin{aligned}\frac{2^{n+1}-1}{n+1} &= \binom{n}{0} + \frac{1}{2}\binom{n}{1} + \frac{1}{3}\binom{n}{2} + \frac{1}{4}\binom{n}{3} + \cdots + \frac{1}{n+1}\binom{n}{n} \\ &= \sum_{x=0}^{n} \frac{1}{x+1}\binom{n}{x}\end{aligned}$$

이다. ■

定理 1.24 다음 식은 이항정리로부터 얻어진다.

$$\begin{aligned}(1)\ \binom{2n}{k} &= \sum_{x=0}^{k} \binom{n}{x}\binom{n}{k-x} \\ &= \left\{\binom{n}{0}\binom{n}{k} + \binom{n}{1}\binom{n}{k-1} + \binom{n}{2}\binom{n}{k-2} + \cdots + \binom{n}{k}\binom{n}{0}\right\}.\end{aligned}$$

$$\begin{aligned}(2)\ \binom{m+n}{k} &= \sum_{x=0}^{k} \binom{m}{x}\binom{n}{k-x} \\ &= \left\{\binom{m}{0}\binom{n}{k} + \binom{m}{1}\binom{n}{k-1} + \binom{m}{2}\binom{n}{k-2} + \cdots + \binom{m}{k}\binom{n}{0}\right\}.\end{aligned}$$

證明 (1) 변수 t에 관한 두 함수 $(1+t)^n$과 $(1+t)^n$을 각각 이항전개하여 나타내면

$$\begin{aligned}(1+t)^n &= \sum_{x=0}^{n} \binom{n}{x} t^x \\ &= \binom{n}{0} + \binom{n}{1}t + \binom{n}{2}t^2 + \binom{n}{3}t^3 + \cdots + \binom{n}{k}t^k + \cdots + \binom{n}{n}t^n\end{aligned}$$

이고

$$\begin{aligned}(1+t)^n &= \sum_{x=0}^{n} \binom{n}{x} t^x \\ &= \binom{n}{0} + \binom{n}{1}t + \binom{n}{2}t^2 + \binom{n}{3}t^3 + \cdots + \binom{n}{k}t^k + \cdots + \binom{n}{n}t^n\end{aligned}$$

이다. 여기서 두 함수를 변변 곱하면, 좌변의 항은

$$\begin{aligned}(1+t)^{2n} &= \sum_{x=0}^{2n} \binom{2n}{x} t^x \\ &= \binom{2n}{0} + \binom{2n}{1}t + \binom{2n}{2}t^2 + \binom{2n}{3}t^3 + \cdots + \binom{2n}{k}t^k \cdots + \binom{2n}{2n}t^{2n}\end{aligned}$$

이고, 우변의 항은

$$\left\{\binom{n}{0}+\binom{n}{1}t+\binom{n}{2}t^2+\cdots+\binom{n}{k}t^k+\cdots+\binom{n}{n}t^n\right\}$$
$$\times\left\{\binom{n}{0}+\binom{n}{1}t+\binom{n}{2}t^2+\cdots+\binom{n}{k}t^k+\cdots+\binom{n}{n}t^n\right\}$$

이다. 여기서, 좌변과 우변의 t^k의 계수를 서로 비교하면,

$$\begin{aligned}\binom{2n}{k} &= \left\{\binom{n}{0}\binom{n}{k}+\binom{n}{1}\binom{n}{k-1}+\binom{n}{2}\binom{n}{k-2}+\cdots+\binom{n}{k}\binom{n}{0}\right\}\\ &= \sum_{x=0}^{k}\binom{n}{x}\binom{n}{k-x}\end{aligned}$$

이다.

(2) 실변수 t의 함수 $(1+t)^m$과 $(1+t)^n$을 각각 이항전개 하면

$$\begin{aligned}(1+t)^m &= \sum_{x=0}^{m}\binom{m}{x}t^x\\ &= \binom{m}{0}+\binom{m}{1}t+\binom{m}{2}t^2+\binom{m}{3}t^3+\cdots+\binom{m}{k}t^k+\cdots+\binom{m}{m}t^m\end{aligned}$$

이고

$$\begin{aligned}(1+t)^n &= \sum_{x=0}^{n}\binom{n}{x}t^x\\ &= \binom{n}{0}+\binom{n}{1}t+\binom{n}{2}t^2+\binom{n}{3}t^3+\cdots+\binom{n}{k}t^k+\cdots+\binom{n}{n}t^n\end{aligned}$$

이다. 여기서 두 함수를 변변 곱하면, 좌변의 항은

$$\begin{aligned}(1+t)^{m+n} &= \sum_{x=0}^{m+n}\binom{m+n}{x}t^x\\ &= \binom{m+n}{0}+\binom{m+n}{1}t+\binom{m+n}{2}t^2+\binom{m+n}{3}t^3+\cdots\\ &\qquad +\binom{m+n}{k}t^k+\cdots+\binom{m+n}{m+n}t^{m+n}\end{aligned}$$

이고, 우변의 항은

$$\left\{\binom{m}{0}+\binom{m}{1}t+\binom{m}{2}t^2+\cdots+\binom{m}{k}t^k+\cdots+\binom{m}{n}t^m\right\}$$
$$\times\left\{\binom{n}{0}+\binom{n}{1}t+\binom{n}{2}t^2+\cdots+\binom{n}{k}t^k+\cdots+\binom{n}{n}t^n\right\}$$

이다. 위의 좌변의 항과 우변의 항에서 t^k의 계수를 서로 비교하면,

$$\begin{aligned}\binom{m+n}{k} &= \left\{\binom{m}{0}\binom{n}{k}+\binom{m}{1}\binom{n}{k-1}+\binom{m}{2}\binom{n}{k-2}+\cdots\right.\\ &\qquad \left.+\binom{m}{k-1}\binom{n}{1}+\binom{m}{k}\binom{n}{0}\right\}\\ &= \sum_{x=0}^{k}\binom{m}{x}\binom{n}{k-x}\end{aligned}$$

를 얻는다. ∎

위의 정리 (1)의 특별한 경우로서 $k=n$이면,

$$\binom{2n}{n} = \sum_{x=0}^{n}\binom{n}{x}^2$$

이다.

1.4 조건부확률

확률공간 $(\Omega, \mathcal{F}, P)$상에서 어떤 두 사건 $A, B \in \mathcal{F}$가 주었을 때, 한 사건이 먼저 일어날 확률이 다른 사건이 일어날 확률에 어떻게 영향을 주는지 생각해 보자. 동전을 계속 던져서 앞면 또는 뒷면이 나오는 수를 세거나, 정육면체 주사위를 던지는 시행에서 나오는 눈의 수를 기록하는 행위는 다음 번 주사위를 던지는 시행결과에 전혀 영향을 주지 않는다. 여기서 정육면체 주사위의 경우, 이 주사위를 한 번 던지는 시행에서 나온 눈이 짝수가 나오고 그 다음 시행에서 소수(prime number)가 포함되어 있을 확률은 달라진다. 이 경우, 먼저 두사위를 한 번 던져 짝수가 나오고 그 다음에 소수가 포함되어 있을 확률을 구하는 것이므로 소수가 나올 사건의 확률은 앞서 나온 사건의 확률에 영향을 받기 때문이다. 그러므로 이 문제의 경우, 짝수가 나올 사건을 A로, 소수가 나올 사건을 B로 생각하면 $P(A)=\frac{1}{2}$이고 $P(A\cap B)=\frac{1}{6}$이다. 그러므로 구하는 확률은

$$\frac{P(A\cap B)}{P(A)} = \frac{1}{3}$$

이다.

다른 조건부확률의 예를 들어 보자. 어느 대학의 동아리 회원 11명 중에 여학생이 5명 포함되어 있다고 한다. 또한 전체 11명 중에서 안경을 쓴 여학생은 2명이 있다. 이제 이 중에서 임의로 여학생 한 명을 뽑았을 때, 이 학생이 안경을 쓴 학생일 확률을 구해 보자. 먼저, 뽑힌 뽑힌 학생이 여학생일 사건을 A, 안경을 쓴 여학생일 사건을 B라고 하면 $P(A)=\frac{5}{11}$이고 $P(A\cap B)=\frac{2}{11}$이므로 여학생 중 한 명을 뽑을 때 그

학생이 안경을 쓴 여학생일 확률 즉, 사건 A가 일어났을 때 사건 B의 조건부확률은

$$\frac{P(A\cap B)}{P(A)} = \frac{2}{5}$$

이다.

定義 1.15 $(\Omega, \mathcal{F}, P)$를 확률공간, $A, B \in \mathcal{F}$라 하자. 사건 A가 주어졌을 때 사건 B의 **조건부확률**(the conditional probability of an event B, given an event A) $P(B|A)$를 다음과 같이 정의한다.

$$P(B\,|\,A) = \frac{P(A\cap B)}{P(A)}, \quad (P(A) > 0)$$

확률공간 $(\Omega, \mathcal{F}, P)$상에서 어떤 사건 $A \in \mathcal{F}$이 주어졌을 때, 위에서 정의한 조건부확률 $P(\cdot\,|\,A)$는 원래의 확률의 정의를 만족한다. 이것을 밝혀보자. 먼저,

(1) $$P(\emptyset\,|\,A) = \frac{P(\emptyset\cap A)}{P(A)} = \frac{P(\emptyset)}{P(A)} = 0, \qquad P(\Omega\,|\,A) = \frac{P(\Omega\cap A)}{P(A)} = \frac{P(A)}{P(A)} = 1,$$

(2) 임의의 사건 $B \in \mathcal{F}$에 대하여,

$$0 \leqslant P(B\,|\,A) = \frac{P(B\cap A)}{P(A)} \leqslant 1$$

이 성립하고

(3) 마지막으로 조건부확률 $P(\cdot\,|\,A)$가 가산가법 성질을 만족함을 보이자. 사건열 $\{B_n\}_{n=1}^{\infty}$가 서로배반인 사건열이라고 하면,

$$\begin{aligned} P\Big(\bigcup_{n=1}^{\infty} B_n\,\Big|\,A\Big) &= \frac{P\Big((\bigcup_{n=1}^{\infty} B_n)\cap A\Big)}{P(A)} \\ &= \frac{P\Big(\bigcup_{n=1}^{\infty}(B_n\cap A)\Big)}{P(A)} \\ &= \sum_{n=1}^{\infty}\frac{P(B_n\cap A)}{P(A)} \\ &= \sum_{n=1}^{\infty} P(B_n\,|\,A) \end{aligned}$$

가 성립한다. 이로부터 조건부확률 $P(\cdot\,|\,A)$는 확률의 정의를 만족한다는 것을 말해 준다.

問題 1 두 명의 자녀로 구성된 한 가정을 생각해 보자. 이 가정에서 적어도 한 명의 남자를 뽑았을 때 그 다음에도 남자가 뽑힐 확률을 구하여라. 단, 자녀 중에 남자가 생일이 더 빠른 것으로 가정한다.

解答 남자를 b, 여자를 g로 나타내면 표본공간은

$$\Omega = \{\,(b,b),(b,g),(g,b),(g,g)\}$$

이다. 여기서 표본공간을 구성하는 각 표본점은 발생가능성이 모두 같다(equally likely to occur)고 가정한다. 이제 A를 이들 중 적어도 한 명이 남자일 사건, 두 번째도 뽑은 사람이 남자일 사건이라 하면

$$\begin{aligned} P(B\,|A) &= \frac{P(A\cap B)}{P(A)} \\ &= \frac{P(\{b,b\})}{P(\{\,(b,b),(b,g),(g,b)\})} \\ &= \frac{\frac{1}{4}}{\frac{3}{4}} = \frac{1}{3} \end{aligned}$$

이다. □

問題 2 두 개의 동전을 차례로 던지는 실험에서 다음 확률을 구하여라.

(1) 첫 번째 동전이 앞면이 나왔을 때, 두 번째 동전도 앞면이 나올 확률.

(2) 첫 번째 동전이 적어도 앞면이 한 번 나왔다고 했을 때, 두 번째에도 앞면이 나올 확률.

解答 표본공간은

$$\Omega = \{HH, HT, TH, TT\}$$

이다. 이제 A를 첫 번째 동전이 앞면이 나올 사건, B를 두 번째 동전이 앞면이 나올 사건이라 하자.

(1) 첫 번째 동전이 앞면이 나왔을 때, 두 번째 동전도 앞면이 나올 확률은 조건부확률이므로

$$P(B\,|\,A) = \frac{P(A\cap B)}{P(A)} = \frac{\frac{1}{4}}{\frac{2}{4}} = \frac{1}{2}$$

이다.

(2) 첫 번째에 적어도 앞 면이 한 번 나왔다고 했을 때, 두 번째에도 앞면이 나올 확

률 역시 조건부확률이므로

$$P(B\,|\,A\cup B) = \frac{P(A\cap B)}{P(A\cup B)} = \frac{\frac{1}{4}}{\frac{3}{4}} = \frac{1}{3}$$

이다. □

확률공간상에서 $P(A) > 0,$인 어떤 사건 A가 주어졌을 때, 조건부확률 $P(\cdot\,|\,A)$는 원래의 확률 P가 갖고 있는 모든 성질을 만족한다. 예를 들면, 사건 B과 C가 서로 배반사건, 즉 $B\cap C=\emptyset$이면,

$$\begin{aligned}
P(B\cup C\,|\,A) &= \frac{P\big((B\cup C)\cap A\big)}{P(A)} \\
&= \frac{P\big((B\cap A)\cup(C\cap A)\big)}{P(A)} \\
&= \frac{P(B\cap A)+P(C\cap A)}{P(A)} \\
&= \frac{P(B\cap A)}{P(A)} + \frac{P(C\cap A)}{P(A)} \\
&= P(B\,|\,A)+P(C\,|\,A)
\end{aligned}$$

가 성립하고, 여사건의 조건부확률과 합사건의 조건부확률에 대하여 다음이 성립한다.

$$\begin{aligned}
P(\emptyset\,|\,A) &= 0 \\
P(B^c\,|\,A) &= 1-P(B\,|\,A) \\
P(B\cup C\,|\,A) &= P(B\,|\,A)+P(C\,|\,A)-P(B\cap C\,|\,A) \\
P(B\cup C\cup D\,|\,A) &= P(B\,|\,A)+P(C\,|\,A)+P(D\,|\,A)-P(B\cap C\,|\,A) \\
&\quad -P(B\cap D\,|\,A)-P(C\cap D\,|\,A)+P(B\cap C\cap D\,|\,A).
\end{aligned}$$

일반적으로 두 사건 A와 B의 교사건 $A\cap B$는 조건부확률로 나타낼 수 있다.

定理 1.25 확률의 곱셈정리(multiplication theorem)
$(\Omega,\mathcal{F},P)$를 확률공간이라 하자. 임의의 두 사건 $A,B\in\mathcal{F}$에 대하여,

$$\begin{aligned}
P(A\cap B) &= P(A)P(B\,|\,A), \quad (P(A)>0) \\
&= P(B)P(A\,|\,B), \quad (P(B)>0)
\end{aligned}$$

가 성립한다.

證明 조건부확률의 정의로부터 두 사건 $A, B \in \mathcal{F}$에 대하여,

$$P(B\,|\,A) = \frac{P(A \cap B)}{P(A)}, \quad (P(A) > 0)$$
$$P(A\,|\,B) = \frac{P(B \cap A)}{P(B)}, \quad (P(B) > 0)$$

가 성립하므로 이 식을 정리하면 결과를 얻는다. ■

系 1.10 $(\Omega, \mathcal{F}, P)$를 확률공간, A_1, A_2, A_3, $\cdots$, A_n을 n개의 사건이라 하자. 이때 $P(A_1 \cap A_2 \cap A_3 \cap \cdots A_{n-1}) > 0$이면,

$$P\left(\bigcap_{i=1}^{n} A_i\right) = P(A_1)\,P(A_2\,|\,A_1)\,P(A_3\,|\,A_1 \cap A_2) \times \cdots \\ \cdots \times P(A_n\,|\,A_1 \cap A_2 \cap \cdots A_{n-1})$$

이 성립한다.

證明 A_1, A_2, A_3, $\cdots$, A_n을 n개의 사건이라 하면,

$$A_1 \supseteq (A_1 \cap A_2) \supseteq \cdots \supseteq (A_1 \cap A_2 \cap \cdots \cap A_n)$$

이므로

$$P(A_1) \geqslant P(A_1 \cap A_2) \geqslant \cdots \geqslant P(A_1 \cap A_2 \cap \cdots A_n) > 0$$

임을 알 수 있다. 또한 정리 1.25를 반복 적용하면

$$\begin{aligned} P\left(\bigcap_{i=1}^{n} A_i\right) &= P(A_1 \cap A_2 \cap A_3 \cap \cdots \cap A_{n-1})\,P(A_n\,|\,A_1 \cap A_3 \cap \cdots \cap A_{n-1}) \\ &= P(A_1 \cap A_2 \cap \cdots \cap A_{n-2})P(A_{n-1}\,|\,A_1 \cap A_2 \cap \cdots \cap A_{n-2}) \times \\ &\quad \cdots \times P(A_n\,|\,A_1 \cap A_3 \cap \cdots \cap A_{n-1}) \\ &\;\vdots \qquad\qquad\qquad \vdots \\ &= P(A_1)\,P(A_2\,|\,A_1)\,P(A_3\,|\,A_1 \cap A_2) \cdots P(A_n\,|\,A_1 \cap A_2 \cap \cdots \cap A_{n-1}) \end{aligned}$$

을 얻는다. ■

問題 3 어떤 공장에서 머리핀을 생산하는데 100개 중 10개가 불량핀이라고 한다. 어느 검사원이 불량률을 조사하기 위하여 비복원 추출로 하나씩 검사해 나간다고 하자.

(1) 첫 번째 핀과 두 번째 핀이 모두 불량일 확률을 구하여라.

(2) 첫 번째 핀은 불량이고 두 번째 핀은 정상일 확률을 구하여라.

(3) 첫 번째, 두 번째 핀이 모두 정상일 확률을 구하여라.

解答 사건 A와 B를 각각

$$A = \{\text{첫 번째 핀이 불량}\}, \quad B = \{\text{두 번째 핀이 불량}\}$$

이라고 하자.
(1) 첫 번째 핀과 두 번째 핀이 모두 불량일 확률은

$$P(A \cap B) = P(A)\, P(B \mid A) = \frac{10}{100} \times \frac{9}{99} = \frac{1}{110}$$

이다.
(2) 첫 번째 핀은 불량핀, 두 번째 핀은 정상일 확률은

$$P(A \cap B^c) = P(A)\, P(B^c \mid A) = \frac{10}{100} \times \frac{90}{99} = \frac{1}{11}$$

이다.
(3) 첫 번째, 두 번째 핀이 모두 정상일 확률은

$$P(A^c \cap B^c) = P(A^c)\, P(B^c \mid A^c) = \frac{90}{100} \times \frac{89}{99} = \frac{89}{990}$$

이다. □

定理 1.25 $(\Omega, \mathcal{F}, P)$를 확률공간이라 하자. 사건열 $\{B_i\}_{i=1}^{\infty}$가 다음 세 가지 조건을 만족하면, 사건열 $\{B_i\}_{i=1}^{\infty}$를 표본공간 Ω의 **분할**(partition)이라 한다.

(1) 모든 $i \geqslant 1$에 대하여, $P(B_i) > 0$,

(2) 모든 $i, j\ (i \neq j)$에 대하여, $B_i \cap B_j = \emptyset$,

(3) $\Omega = \bigcup_{i=1}^{\infty} B_i$

표본공간 Ω가 어떤 사건열 $\{B_i\}_{i=1}^{\infty}$로 분할이 되면, 이 분할된 사건 위에서 일어나는 다른 사건은 적절하게 분할된 사건의 확률과 조건부확률의 곱의 합으로 나타낼 수 있다.

定理 1.26 **전확률법칙**(the law of total probability)
$(\Omega, \mathcal{F}, P)$를 확률공간, 사건열 $\{B_n\}_{n=1}^{\infty}$를 표본공간 Ω의 분할이라 하자. 임의의 사건 $A \in \mathcal{F}$에 대하여 다음 식이 성립한다.

$$P(A) = \sum_{n=1}^{\infty} P(B_n)\, P(A \mid B_n) \tag{1.1}$$

證明 임의의 사건 $A \in \mathcal{F}$에 대하여,

$$\begin{aligned} A &= A \bigcap \Omega \\ &= A \bigcap \left(\bigcup_{n=1}^{\infty} B_n \right) \\ &= \bigcup_{n=1}^{\infty} (A \cap B_n) \end{aligned}$$

이다. 그런데 모든 $m, n\,(m \neq n)$에 대하여 $B_m \cap B_n = \emptyset$이므로 $(A \cap B_n) \cap (A \cap B_m) = \emptyset$인 것을 알 수 있다. 그러므로,

$$\begin{aligned} P(A) &= \sum_{n=1}^{\infty} P(A \cap B_n) \\ &= \sum_{n=1}^{\infty} P(B_n)\, P(A \,|\, B_n) \end{aligned}$$

을 얻는다. ■

問題 4 한 항아리에 a개의 흰 공과, b개의 파란공이 들어 있다. 이 항아리에서 한 개의 공을 임의로 추출하여 색깔을 확인하고 흰 색이면 파란색 공을, 파란색이면 흰 색공을 다시 항아리에 한 개 집어 넣는다고 한다. (단, 추출된 공은 제외한다.)

(1) 두 번째 공이 파란색일 확률을 구하여라.
(2) 두 번째 공이 흰색일 확률을 구하여라.

解答 B_i를 i번째 추출한 공이 파란색일 사건, W_i를 i번째 추출한 공이 흰색일 사건이라 하자.
(1) 두 번째 공이 파란색일 확률은 전확률 법칙에 의하여,

$$\begin{aligned} P(B_2) &= P(W_1)P(B_2 \,|\, W_1) + P(B_1)P(B_2 \,|\, B_1) \\ &= \frac{a}{a+b}\frac{b+1}{a+b} + \frac{b}{a+b}\frac{b-1}{a+b} \\ &= \frac{(b+1)a + (b-1)b}{(a+b)^2} \end{aligned}$$

이다.
(2) 두 번째 공이 흰색일 확률은 두 번째 공이 파란색 일 사건의 여사건 즉,

$$W_2 = B_2^c$$

이므로

$$P(W_2) = P(B_2^c)$$

이다. 그러므로

$$\begin{aligned} P(W_2) &= 1 - P(B_2) \\ &= 1 - \frac{(b+1)a + (b-1)b}{(a+b)^2} \\ &= \frac{(a+1)b + (a-1)a}{(a+b)^2} \end{aligned}$$

이다. □

다음은 조건부확률에 관한 전확률법칙이다.

系 1.11 **조건부확률에 관한 전확률법칙**(the law of total probability on the conditional probability)
$(\Omega, \mathcal{F}, P)$를 확률공간, 사건열 $\{B_n\}_{n=1}^{\infty}$를 표본공간 Ω의 분할(partition), 임의의 사건 $A \in \mathcal{F}$에 대하여 $P(A) > 0$라 하자. 그러면, 임의의 사건 $B \in \mathcal{F}$에 대하여 다음 식이 성립한다.

$$P(B \mid A) \;=\; \sum_{n=1}^{\infty} P(B_n \mid A)\, P(B \mid A \cap B_n)$$

證明 사건 A가 주어졌을 때 사건 B의 조건부확률을 $P(B \mid A)$라 하면,

$$\begin{aligned} P(B \mid A) &= \frac{P(A \cap B)}{P(A)} \\ &= \frac{P(\Omega \cap A \cap B)}{P(A)} \\ &= \frac{1}{P(A)} P\left(\bigcup_{n=1}^{\infty} B_n \cap (A \cap B)\right) \\ &= \frac{1}{P(A)} \sum_{n=1}^{\infty} P(B_n \cap A \cap B) \\ &= \sum_{n=1}^{\infty} \frac{P(B_n \cap A \cap B)}{P(A)} \\ &= \sum_{n=1}^{\infty} \frac{P(B_n \cap A)}{P(A)} \frac{P(B_n \cap A \cap B)}{P(B_n \cap A)} \\ &= \sum_{n=1}^{\infty} P(B_n \mid A)\, P(B \mid A \cap B_n) \end{aligned}$$

이다. ■

定理 1.27 **Bayes의 정리**(Bayes' theorem)
$(\Omega, \mathcal{F}, P)$를 확률공간, 사건열 $\{B_n\}_{n=1}^{\infty}$를 표본공간 Ω의 분할(partition)이라 하자. 임의의 사건 $A \in \mathcal{F}$에 대하여 $P(A) > 0$ 이면, 모든 $k = 1, 2, 3, \cdots$ 에 대하여,

$$P(B_k \mid A) = \frac{P(B_k)\, P(A \mid B_k)}{\displaystyle\sum_{n=1}^{\infty} P(B_n)\, P(A \mid B_n)}$$

이다.

證明 조건부확률의 정의로부터 모든 $k = 1, 2, 3, \cdots$ 에 대하여,

$$\begin{aligned} P(B_k \mid A) &= \frac{P(A \cap B_k)}{P(A)} \\ &= \frac{P(B_k)\, P(A \mid B_k)}{P(A)} \end{aligned}$$

이다. 위의 식에서 분모 $P(A)$는 전확률법칙에 의해서,

$$P(A) = \sum_{n=1}^{\infty} P(B_n)\, P(A \mid B_n)$$

와 같이 나타낼 수 있다. 그러므로 모든 $k = 1, 2, 3, \cdots$ 에 대하여,

$$P(B_k \mid A) = \frac{P(B_k)\, P(A \mid B_k)}{\displaystyle\sum_{n=1}^{\infty} P(B_n)\, P(A \mid B_n)}$$

가 성립한다. ■

Bayes의 정리에서 보통 $P(B_k)$를 B_k의 **사전확률**(prior probability), $P(B_k \mid A)$를 B_k의 **사후확률**(posterior probability), $P(A \mid B_k)$를 B_k의 **우도확률**(likelihood probability)이라 한다.

問題 5 어느 자동차 부품공장의 한 생산라인에서 P, Q, R, S인 4대의 기계가 같은 부품을 생산하고 있다. 그런데 전체 부품 중 기계 P와 Q의 생산률은 각각 20%, 기계 R와 S의 생산률은 각각 30%를 차지한다. 한편 기계 P, Q, R, S,의 불량률은 각각 6%, 5%, 8%, 8%로 알려져 있다고 한다. 이제 이 생산라인에서 한 개의 부품을 임의로 추출하였을 때,

(1) 이 부품이 불량품일 확률을 구하여라.

(2) (1)에서 추출된 부품이 불량품이었을 때, 이 부품이 기계 Q에서 생산되었을 확률을 구하여라.

解答 A를 임의로 추출한 부품이 불량품일 사건, B_n $(n = 1, 2, 3, 4)$을 추출된 부품이 각각 기계 P, Q, R, S에서 생산된 사건이라 하자.
(1) 전확률 법칙을 적용하면,

$$\begin{aligned} P(A) &= \sum_{n=1}^{4} P(B_n)\, P(A \mid B_n) \\ &= \frac{20}{100}\frac{6}{100} + \frac{20}{100}\frac{5}{100} + \frac{30}{100}\frac{8}{100} + \frac{30}{100}\frac{8}{100} \\ &= \frac{7}{100} \end{aligned}$$

이다.
(2) Bayes의 정리에 의하여,

$$P(B_2 \mid A) \;=\; \frac{P(B_2)\, P(A \mid B_2)}{P(A)} \;=\; \frac{\frac{20}{100}\frac{5}{100}}{\frac{7}{100}} \;=\; \frac{1}{7}$$

이다. □

1.5 독립사건

두 명의 사격선수가 사격장에서 사격 연습을 하고 있다. 먼저 첫 번째 사격선수가 한 발 사격하고 다음에 두 번째 선수가 한 발 사격한다고 하고 차례로 번갈아 각각 10발씩 발사한다고 하자. 이 경우, 각 선수가 사격을 하는 행위는 하나의 사건으로 취급할 수 있고, 이 사건은 다음 선수가 사격을 하는 어떤 행위에 영향을 주지 않으므로 서로 독립이라고 해석할 수 있다.

확률공간 $(\Omega, \mathcal{F}, P)$상에서 두 사건 $A \in \mathcal{F}$와 $B \in \mathcal{F}$가 주어졌을 때, 어떤 사건 A가 일어날 확률이 다른 사건 B가 일어날 확률에 전혀 영향을 주지 않을 때, A와 B는 서로 독립사건이라 한다. 이제 표본공간 $(\Omega, \mathcal{F}, P)$상에서 두 사건 A와 B가 주어졌을 때, 이 두 사건 A와 B 사이의 독립에 대하여 알아 보자.

定義 1.16 $(\Omega, \mathcal{F}, P)$를 확률공간, $A \in \mathcal{F}$와 $B \in \mathcal{F}$를 두 사건이라 하자. 이때

$$P(A \cap B) \;=\; P(A)\, P(B), \quad (\, P(A) > 0,\; P(B) > 0\,)$$

가 성립하면, 두 사건 A와 B는 서로 독립(mutually independent) 또는 **독립**(independent)이라 한다. 독립이 아니면 종속(dependent)이라 한다.

종속사건의 전형적인 예는 앞에서 설명한 조건부확률의 경우이다. 조건부확률은 먼저 일어날 사건의 확률이 뒤에 일어날 사건의 확률에 영향을 주므로, 이 두 사건의 확률은 서로 종속관계가 있다. 여기서 다시 조건부확률에 대하여 생각해 보자. 만약,

확률공간 $(\Omega, \mathcal{F}, P)$상에서 두 사건 A와 B가 독립이면, 다음 조건부확률은

$$P(A \mid B) \;=\; P(A), \quad (P(B) > 0)$$

이고

$$P(B \mid A) \;=\; P(B), \quad (P(A) > 0)$$

가 된다. 이 식으로부터 A와 B가 독립인 사건이면, 먼저 일어난 사건의 확률이 다음 사건이 일어날 확률에 전혀 영향을 주지 않는다는 것을 알 수 있다. 또한, A를 확률공간 $(\Omega, \mathcal{F}, P)$의 임의의 사건이라 하고 $P(A) = 0$이라 하면, 다른 임의의 사건 B에 대하여 항상

$$0 \leqslant P(A \cap B) \;\leqslant\; P(A) \;=\; 0$$

이 성립한다.

定理 1.28 $(\Omega, \mathcal{F}, P)$를 확률공간, 두 사건 $A \in \mathcal{F}$와 $B \in \mathcal{F}$가 독립이면, 다음이 성립한다.

(1) A와 B^c는 독립사건이다.

(2) A^c와 B는 독립사건이다.

(3) A^c와 B^c는 독립사건이다.

證明 (1) $A \cap B^c = A - (A \cap B)$이고 $(A \cap B) \subseteq A$이므로

$$\begin{aligned} P(A \cap B^c) &= P\big(A - (A \cap B)\big) \\ &= P(A) - P(A \cap B) \end{aligned}$$

이다. 그런데 두 사건 A와 B가 독립이므로

$$\begin{aligned} P(A \cap B^c) &= P(A) - P(A)\,P(B) \\ &= P(A)\big(1 - P(B)\big) \\ &= P(A)\,P(B^c) \end{aligned}$$

이다. 이로부터 두 사건 A와 B^c는 독립이다.
(2) $A^c \cap B = B - (A \cap B)$이고 $(A \cap B) \subseteq B$이므로

$$\begin{aligned} P(A^c \cap B) &= P\big(B - (A \cap B)\big) \\ &= P(B) - P(A \cap B) \\ &= P(B) - P(A)\,P(B) \\ &= \big(1 - P(A)\big)\,P(B) \\ &= P(A^c)\,P(B) \end{aligned}$$

이다. 이로부터 두 사건 A^c와 B는 독립이다.
(3) De Morgan의 법칙에 의해서 $A^c \cap B^c = (A \cup B)^c$ 이고 확률의 합사건법칙을 이용하여 다음과 같다.

$$
\begin{aligned}
P(A^c \cap B^c) &= P\big((A \cup B)^c\big) \\
&= 1 - P(A \cup B) \\
&= 1 - \big\{P(A) + P(B) - P(A \cap B)\big\} \\
&= 1 - P(A) - P(B) + P(A)\,P(B) \\
&= \big(1 - P(A)\big) - \big(P(B) - P(A)\,P(B)\big) \\
&= \big(1 - P(A)\big)\big(1 - P(B)\big) \\
&= P(A^c)\,P(B^c)
\end{aligned}
$$

이로부터 두 사건 A와 B^c는 독립이면, 두 여사건 A^c와 B^c도 독립이다. ■

問題 1 세 명의 자녀가 있는 부부만이 참석할 수 있는 어떤 파티가 있다. 이 파티에서 한 사회자가 게임을 진행하려고 한다. 이 사회자가 게임을 시키기 위하여 랜덤하게 한 부부를 선택했을 때, 이때 선택된 부부가 두 명의 같은 성(gender)을 가진 자녀가 있을 사건을 A, 적어도 두 명의 아들이 있을 사건을 B라 할 때, 사건 A와 B는 독립인지 아닌지를 판별하여라.

解答 먼저 파티에 참석한 참석한 부부들의 자녀의 성별을 b는 남자, g는 여자로 나타낸다면 표본공간은

$$\Omega = \{bbb, bbg, bgb, gbb, ggb, gbg, bgg, ggg\}$$

이고 이 경우, 각 표본점은 일어날 가능성이 모두 같은 근원사건이다. 이로부터 두 사건 A와 B는 각각

$$A = \{bbg, bgb, gbb, bgg, gbg, ggb\}\,, \qquad B = \{bbb, bbg, bgb, gbb\}$$

이므로 $P(A) = \frac{3}{4}$이고 $P(B) = \frac{1}{2}$이다. 한편 $A \cap B$는

$$A \cap B = \{bbg, bgb, gbb\}$$

이고 이로부터 $P(A \cap B) = \frac{3}{8}$이다. 그러므로 $P(A \cap B) = P(A)\,P(B)$가 성립하므로 이 두 사건은 독립이다. □

問題 2 어떤 볼트 공장에서 한 시간당 1000개의 볼트를 생산하는데 그 중 5개가 불량볼트이다. 한 검사원이 시간당 불량률을 다시 조사하기 위하여 두 개의 볼트를 임의의 추출한다고 했을 때 다음 각 물음에 답하여라.

(1) 처음 추출한 볼트를 시험하고 다시 원래로 복원시킨 다음 두 번째 볼트를 추출한다고 하자. 이때 A_i를 $i(=1,2)$번째 추출한 볼트가 불량품일 사건이라 하면, A_1과 A_2는 독립인 사건인가?

(2) (1)에서 만약, 이 김사원이 처음 추출한 볼트를 시험하고 다시 원래로 복원하지 않고 두 번째 볼트를 추출한다면, A_1과 A_2는 독립인 사건인가?

解答 (1) 이 경우는 복원추출(sampling with replacement)의 전형적인 예이므로 첫 번째 볼트를 추출하는 사건의 확률은 다음에 볼트를 추출할 확률에 영향을 주지 않는다. 따라서

$$P(A_1 \cap A_2) = P(A_1)\,P(A_2) = \frac{5}{1000} \times \frac{5}{1000} = \frac{1}{40000}$$

이므로 독립사건이다.

(2) 이때는 비복원추출(sampling without replacement)의 경우이므로 첫 번째 추출한 볼트가 불량볼트이면, 이 볼트를 제외하므로 다음 볼트를 추출한 사건의 확률에 영향을 미친다. 따라서 종속사건이며

$$P(A_1 \cap A_2) = P(A_1)\,P(A_2 \mid A_1) = \frac{5}{1000} \times \frac{4}{999} = \frac{1}{49950}$$

이다. □

확률공간 $(\Omega, \mathcal{F}, P)$상에서 두 사건의 독립관계는 다음과 같이 n개의 사건으로 확장할 수 있다. 먼저 다음 정의를 살펴보자.

定義 1.17 $(\Omega, \mathcal{F}, P)$를 확률공간, A_1, A_2, $\cdots$, $A_n \in \mathcal{F}$을 n개의 사건이라 하자. 모든 $i, j\ (i \neq j)$에 대하여,

$$P(A_i \cap A_j) \;=\; P(A_i)\,P(A_j)$$

가 성립하면, A_1, A_2, $\cdots$, $A_n \in \mathcal{F}$을 **쌍마다 독립사건**(pairwise independent event)이라 한다.

定義 1.18 $(\Omega, \mathcal{F}, P)$를 확률공간, A_1, A_2, $\cdots$, $A_n \in \mathcal{F}$을 n개의 사건이라 하자. 서로 다른 i_1, i_2, i_3, $\cdots$, i_j와 모든 $j = 2$, 3, $\cdots$, n에 대하여,

$$P(A_{i_1} \cap A_{i_2} \cap \cdots \cap A_{i_j}) \;=\; P(A_{i_1})\,P(A_{i_2}) \cdots P(A_{i_j})$$

가 성립하면, A_1, A_2, $\cdots$, $A_n \in \mathcal{F}$을 **서로 독립사건**(mutually independent event) 또는 **독립사건**(independentevent)이라 한다.

問題 3 어떤 항아리 속에 aaa, abb, bab, bba라고 표시를 한 4개의 공(ball)이 들어 있다. 이제 이 항아리를 잘 흔들어 그 속에서 한 개의 공을 무작위로 꺼낸다고 하자.

여기서 A, B, C,를 각각 꺼낸 공의 첫 글자가 a인 사건, 두 번째 글자가 a인 사건, 세 번째 글자가 a인 사건이라 할 때, 세 사건 A, B, C의 독립을 판별하여라. 즉, 세 사건 A, B, C는 쌍마다 독립사건인가 아니면 서로 독립사건인지 판별하여라.

解答 명백히

$$P(A) = P(B) = P(C) = \frac{2}{4} = \frac{1}{2}$$

이고 또한

$$P(A \cap B) = P(B \cap C) = P(C \cap A) = \frac{1}{4}$$

이므로 A, B, C는 쌍마다 독립인 사건이다. 세 사건 A, B, C의 교사건 $A \cap B \cap C$는 첫 번째, 두 번째, 세 번째에 모두 a라는 표시가 있을 사건이므로

$$P(A \cap B \cap C) = \frac{1}{4}$$

이다. 그런데

$$\frac{1}{4} = P(A \cap B \cap C) \neq P(A)\,P(B)\,P(C) = \frac{1}{8}$$

이므로 A, B, C는 서로 독립사건이 아니다. □

定理 1.29 $(\Omega, \mathcal{F}, P)$를 확률공간, A_1, A_2, $\cdots$, $A_n \in \mathcal{F}$을 n개의 서로 독립인 사건이라 하면, 다음이 성립한다.

$$P\left(\bigcup_{i=1}^{n} A_i\right) = 1 - \prod_{i=1}^{n}\big(1 - P(A_i)\big) = \sum_{i=1}^{n} P(A_i) \prod_{j=1}^{i-1}\big(1 - P(A_j)\big)$$

證明 여사건의 확률을 이용하면,

$$\begin{aligned} P\left(\bigcup_{i=1}^{n} A_i\right) &= P\left(\left(\bigcap_{i=1}^{n} A_i^c\right)^c\right) \\ &= 1 - P\left(\bigcap_{i=1}^{n} A_i^c\right) \\ &= 1 - \prod_{i=1}^{n} P(A_i^c) \\ &= 1 - \prod_{i=1}^{n}\big(1 - P(A_i)\big) \end{aligned}$$

이고 사건 B_i를

$$B_i = A_i \bigcap \left(\bigcup_{j=1}^{i-1} A_j\right)^c, \quad i = 1, 2, 3 \cdots, n$$

라 하면, $\{B_j\}_{j=1}^n$은 서로 배반인 사건이고 이때 $P\Big(\bigcup_{i=1}^n A_i\Big) = P\Big(\bigcup_{i=1}^n B_i\Big)$이다. 따라서

$$\begin{aligned} P\Big(\bigcup_{i=1}^n A_i\Big) &= \sum_{i=1}^n P(A_i)P(\bigcup_{j=1}^{i-1} A_j)^c \\ &= \sum_{i=1}^n P(A_i)P(\bigcap_{j=1}^{i-1} A_j^c) \\ &= \sum_{i=1}^n P(A_i)\prod_{j=1}^{i-1}\big(1 - P(A_j)\big) \end{aligned}$$

가 성립한다. ■

練習問題

1. 임의의 집합 $A = \{1, 2, 3, 4\}$에 대하여 A의 집합족 중의 하나를 다음과 같이 정의한다.

$$\begin{aligned}\mathcal{I} \;=\; &\{\emptyset, \{1\}, \{2,\}, \{3,\}, \{4\}, \{1,2\}, \{1,3\}, \{1,4\},\\ &\{2,3\}, \{2,4\}, \{1,2,3\}, \{1,3,4,\}, \{2,3,4\}\}\end{aligned}$$

$\mathcal{I}$가 체(filed)의 정의를 만족하는지 확인하여라.

2. 세 사건 A_1, A_2, A_3 사이에 $A_1 \subseteq A_2 \subseteq A_3$ 인 관계가 성립하고 $P(A_1) = \frac{1}{4}$, $P(A_2) = \frac{5}{12}$, $P(A_3) = \frac{7}{12}$이다. 다음 확률을 모두 구하여라.

(1) $P(A_1^c \cap A_2)$, (2) $P(A_1^c \cap A_3)$, (3) $P(A_2^c \cap A_3)$,

(4) $P(A_1 \cap A_2^c \cap A_3^c)$, (5) $P(A_1^c \cap A_2^c \cap A_3)$,

3. $(\Omega, \mathcal{F}, P)$를 확률공간, A, B, C를 임의의 사건이라 하고

$$P(A) = 0.6\,, \quad P(B) = 0.4\,, \quad P(C) = 0.7$$

이라 할 때 다음을 구하여라.

(1) $P(B^c)$, (2) $P(A \cup C^c)$, (3) $P(B \cap C)$, (4) $P(A^c \cap B^c)$, (5) $P(A^c \cap B^c)$
(6) $P(A \cup B \cup C^c)$, (7) $P(A \cap C) \cup P(A^c \cap C)$

4. 동전을 3회 던졌을 때 나오는 모든 표본점과 표본공간을 구하여라.

5. 1부터 1000까지의 자연수 전체의 집합에서 한 개의 자연수를 랜덤하게 뽑을 때, 뽑힌 자연수가 3으로 나누어 떨어질 확률을 구하여라.

6. 3통의 편지와 이에 대응하는 수신인을 쓴 편지봉투가 있다. 지금 무작위로 편지를 1통식 편지봉투에 넣을 때 적어도 한통은 올바르게 넣어질 확률을 구하여라.

7. 항아리 A에 흰 공 1개, 검은 공 5개, 항아리 B에 검은 공이 4개 들어있다. 항아리 A에서 3개의 공을 꺼내어 항아리 B에 넣고, 다음에 항아리 B에서 3개의 공을 꺼내어 항아리 A에 다시 넣을 때, 항아리 A에 흰 공이 남아있을 확률을 구하여라.

8. A, B, C 세 사람이 있다. C에게 주사위를 계속해서 3회 던지게 하여 그 중 적어도 1회 1의 눈이 나오면, A가 이기는 것으로 하고 그렇지 않을 경우에는 B가 이기는 것으로 승부를 결정한다고 한다. 이때, 다음 확률을 구하여라.

(1) 3번째에 처음으로 1의 눈이 나올 확률.

(2) A가 이길 확률.

9. 어떤 상자속에 당첨될 복권이 a개, 당첨이 안될 복권이 b개 들어 있다고 한다. 이제, 두 사람이 차례로 하나씩 복권을 뽑을 때, 처음에 하나를 뽑은 사람과, 두 번째에 하나를 뽑은 사람 중 누가 더 당첨될 확률이 큰지를 비교하여라.

10. m개의 흰 공과 n개의 검은 공이 들어있는 항아리가 았다. 이 항아리에서 무작위로 1개의 공을 꺼내어, 이것과 같은 색깔의 공 r개를 원래의 항아리에 넣었다. 다

시, 이 항아리에서 1개의 공을 꺼냈을 때, 이 공이 흰 공이었다면, 첫 번째에 꺼낸 공도 흰 공일 확률을 구하여라.

11. 동전을 3회 던지는 시행에서, 2회만 앞면일 사건을 A, 적어도 2회가 앞면일 사건을 B라 하면, A 또는 B가 일어날 확률을 구하여라.

12. 다음 식을 증명하여라.

(1) $\binom{n}{0}^2 + \binom{n}{1}^2 + \cdots + \binom{n}{n}^2 = \binom{2n}{n}$.

(2) $\binom{n}{0}\binom{n}{1} + \binom{n}{1}\binom{n}{2} + \cdots + \binom{n}{n-1}\binom{n}{n} = \dfrac{(2n)!}{(n-1)!\,(n+1)!}$.

13. 다음 등식을 증명하여라.

$$\binom{m+r}{m}\binom{n}{m+r} = \binom{n}{m}\binom{n-m}{r}.$$

14. 한 개의 주사위를 6의 눈이 나올 때까지 계속 던지는 사건을 A라 한다면, $P(A) = 1$ 임을 증명하여라.

15. 항아리 속에 1부터 8까지 번호를 매긴 공이 8개 들어 있다. 이 항아리 속에서 4개의 공을 랜덤하게 뽑았을 때, 가장 작은 숫자가 3일 확률을 구하여라.

16. 어떤 상자 속에 100개의 볼트가 넣어져 있다. 품질관리자가 이 상자 속에서 불량품을 가려내기 위하여 비복원추출로 하나씩 추출하여 검사한다고 한다. 먼저 A를 첫 번째 추출한 볼트가 불량품일 사건, B를 두 번째 추출한 볼트가 불량품일 사건이라 할 때, 다음 확률을 구하여라.

(1) $P(A \cap B)$, $P(A \cap B^c)$, $P(A^c \cap B)$, $P(A^c \cap B^c)$.

(2) C를 세 번째 추출한 볼트가 불량품일 사건이라 할 때, $P(C \mid A \cap B)$, $P(C \mid A \cap B^c)$, $P(A \cap B \cap C)$.

17. 두 개의 공정한 동전을 n번 독립적으로 계속 던진다. 이때 A를 정확히 1번 앞면이 나올 사건, B를 적어도 한 번 앞면이 나올 사건이라 하자.

(1) 첫 번째 시행결과 두 사건 A와 B는 독립성을 판정하여라.

(2) 첫 번째 시행에서의 사건 A와 두 번째 시행에서의 사건 B는 독립성를 판정하여라.

18. A와 B 두 사람이 생존게임(survival game)을 하고 있다. 지금 A와 B가 우연히 마주쳐 서로 권총을 겨누고 있다고 한다. A가 첫 발로 B를 맞출 확률은 0.6, 두 번째 발로 맞출 확률은 0.8이다. 또한, B가 첫 발로 A를 맞출 확률은 0.4, 두 번째 발로 맞출 확률은 0.5이다. 먼저, B가 다음에 A순으로 1발씩 각자가 2발까지 발사한다고 할 때

(1) A만이 살아남을 확률을 구하여라.

(2) A와 B가 모두 살아있을 확률을 구하여라.

19. $(\Omega, \mathcal{F}, P)$를 확률공간, $A, B, C \in \mathcal{F}$라 할 때, 다음 식을 증명하여라. 단, $P(A) > 0$이다.
   (1) $P(B \cap C^c|A) = P(B|A) - P(B \cap C|A)$.
   (2) $P(B \cap C|A) = P(B|A)\, P(C|A \cap B)$.
   (3) $C \subseteq B$이고 $P(B|A) = 0$이면, $P(C|A) = 0$.
   (4) $B \cap A = C \cap A = \emptyset$이면 $P(B \cup C|A) = P(B|A) + P(C|A)$.

20. 어떤 항아리 속에 10개의 흰 구슬, 5개의 노란 구슬, 10개의 검은 구슬이 들어 있다. 이 항아리에서 임의로 한 개의 구슬을 꺼냈을 때, 그것이 검은 구슬이 아니라는 것을 알았다. 그것이 노란 구슬일 확률을 구하여라.

21. 한 개의 동전을 두 번 던졌을 때의 표본공간을 Ω라 하자. 이때 표본공간을 이루는 4개의 사건이 모두 일어날 가능성이 같다고 하면, 첫 번째에 던져서 H가 나왔다는 조건하에 두 번째 던졌을 때 또 H가 나올 조건부확률을 구하여라.

22. 항아리에 빨간 공 8개, 흰 공 4개가 있다. 비복원추출로 항아리에서 2개의 공을 꺼낸다. 이때 항아리 속의 각각의 공이 뽑힐 확률이 모두 같다면, 뽑은 2개의 공이 모두 빨간 공일 확률을 구하여라.

23. 주머니 A에는 흰 공 2개, 빨간 공 4개, 주머니 B에는 흰 공 1개, 빨간 공 1개가 들어 있다. 주머니 A에서 랜덤하게 한 개의 공을 뽑아 주머니 B에 넣은 다음, 다시 주머니 B에서 1개의 공을 뽑는다.
   (1) 주머니 B에서 나온 공이 흰 공일 확률은?
   (2) 주머니 B로부터 나온 공이 흰 공이었다면, 옮겨진 공이 흰 공일 조건부 확률은?

24. 첫 번째 카드는 양면이 빨간 색, 두 번째 카드는 양면이 검은 색, 세 번째 카드는 한면은 빨간 색 다른 한면은 검은 색이고 이 세 장의 카드는 모두 모양과 크기가 같다고 한다. 이 세 장의 카드를 골고루 섞은 후 한 장을 뽑아 바닥에 놓는다. 이때 이 카드의 윗면이 빨간 색이고 다른 면이 검은 색일 확률은 구하여라.

25. 검은 공 3, 흰 공 7개가 들어 있는 주머니에서 한 개의 공을 무작위로 추출한다. 이때 꺼낸 공의 색깔을 확인하고 꺼낸 공과 같은 색깔의 공을 2개 더 추가하여 다시 주머니에 넣는다. 처음부터 세 번째까지 시행에서 검은 공이 추출되었을 확률을 구하여라.

26. 흰 공 3개와 검은 공 5개가 들어 있는 주머니에서 비복원추출로 4개의 공을 차례로 하나씩 뽑는 시행을 생각해 보자.
   (a) 같은 색깔의 공이 연속적으로 나오지 않고 교대로 나올 확률을 구하여라.
   (b) 세 뻰째 공이 처음으로 검은 공일 확률을 구하여라.

27. 빨간 공 3개, 검은 공 7개가 들어 있는 첫 번째 주머니와 빨간 공 6개, 검은 공 4개가 들어 있는 두 번째 주머니에서 하나의 주머니를 먼저 선택한 다음, 선택한 주머니에서 한 개의 공을 추출하는 시행을 생각해 보자.
   (a) 그 공이 빨간 공일 확률을 구하여라.

(b) 그 공이 빨간 공이었다면 이 빨간 공이 두 번째 주머니에서 나왔을 확률을 구하여라.

28. $P(A^c) = \alpha$, $P(B^c) = \beta$일 때, $P(A \cap B) \geqslant 1 - \alpha - \beta$일을 증명하여라.

29. 두 개의 주사위를 던지는 실험에서 A는 두 주사위의 모두 같은 눈이 나올 사건, B는 두 주사위의 눈의 합이 7부터 10까지인 사건, C는 두 주사위의 눈의 합이 2, 7 또는 8인 사건이라 할 때, A, B, C는 서로 독립사건인가를 확인하여라.

30. 한 개의 동전을 두 번 던지는 실험을 생각해 보자. A를 첫 번째 시행에서 앞면이 나타날 사건, B를 두 번째 시행에서 앞면이 나타날 사건, C를 정확히 한 번 앞면이 나타날 사건이라 하였을 때,

(a) A, B, C는 쌍마다 독립인 사건인가?

(b) A, B, C는 서로 독립인 사건인가?

31. 어떤 항아리에 검은 공 4개, 녹색 공 3개, 흰 공 5개가 들어 있다. 이 항아리에서 3개의 공을 비복원추출 하였을 때, 녹색 공, 흰 공, 검은 공의 순서대로 추출될 확률을 구하여라. 또한, 복원추출 하였을 때, 녹색 공, 흰 공, 검은 공의 순서대로 추출될 확률도 구하여라.

32. 항아리 A에는 흰 공 4개, 빨간 공 3개, 항아리 B에는 흰 공 2개, 빨간 공 3개가 들어 있다. 항아리 A에서 무작위로 한 개의 공을 추출하여 항아리 B에 넣은 다음, 항아리 B에서 한 개의 공을 무작위로 추출한다.

(a) 항아리 B에서 나온 공이 흰 공일 확률을 구하여라.

(b) 항아리 B에서 나온 공이 흰 공이었을 때, 옮겨진 공이 흰 공일 조건부확률을 구하여라.

33. 어떤 항아리에 빨간 공 5, 흰 공 4개가 들어 있다. 이 항아리에서 한 개의 공을 무작위로 뽑아 색깔을 확인한 후 다른 색깔의 공 3개와 함께 다시 항아리에 넣은 다음 다시 공을 한 개 추출한다.

(a) 두 번째 뽑은 공이 빨간 공일 확률을 구하여라.

(b) 뽑은 두 공이 모구 같은 색깔일 확률을 구하여라.

(c) 두 번째 공이 빨간 공이라고 할 때, 첫 번째 뽑은 공이 흰 공이었을 확률을 구하여라.

34. 어떤 상자에 111, 221, 212, 122인 네 장의 복권이 들어 있다. 한 장을 무작위로 뽑아 A_i, $(i = 1, 2, 3,)$를 i번째 위치에 숫자 2가 있을 사건이라 하면, A_1, A_2, A_3가 서로 독립인지 종속인지를 확인하여라.

제 2 장

확률분포와 기댓값

2.1 확률변수

확률변수(random variable)는 확률공간 상에서 발생하는 사건에 수치가 부여된 변수를 말한다. 다시 말하면, 확률실험이나 우연성을 수반하는 현상을 관찰한 결과, 어떤 변수가 하나의 실수값을 취할 때, 이 변수는 여러 가지 값을 취할 가능성이 있다는 뜻에서는 하나의 변수이지만 어떤 값을 어느 정도의 가능성으로 취하는가는 확률공간 상에서 발생한 사건에 의해서 그 값이 결정된다. 이러한 유형의 변수를 통상적으로 확률변수라 부르는 것이다. 확률론에서 확률변수를 수학적으로 엄밀하게 정의할 수 있지만 여기에서는 통계이론에 적합한 수준으로 설명하고자 한다. 일반적으로 확률변수는 표본공간 Ω상에서 정의되어 있는 함수가 임의의 사건 $A \subseteq \Omega$에 대하여, 사건 A의 값을 실수의 집합 $\mathbb{R}$ 또는 $\mathbb{R}$의 부분집합으로 사상하는 함수이다. 직관적으로 생각하면 표본공간 Ω의 임의의 사건 A에 대한 함수값이 실수가 나올 수는 없다. 왜냐하면, 이 함수의 정의역은 실수의 집합이 아니라 사건들로 이루어진 집합이기 때문이다. 그러므로 이 정의역에 속에 있는 집합 즉, 사건을 취해서 함수값이 실수가 나오게 하려면 이 함수에 대한 특별한 조건이 필요하다.

定義 2.1 Ω를 표본공간, $\mathcal{F}$를 Ω의 σ-체라 하자. 확률공간 Ω상에서 정의되어 있는 함수 $X : \Omega \to \mathbb{R}$가 모든 표본점 $\omega \in \Omega$에 대하여 $X(\omega) = x$, $\forall x \in \mathbb{R}$를 만족하면, X를 **확률변수**(random variable)라 한다.

이 책에서는 확률변수를 대문자 X, Y, Z 등으로 정의하고 나타내고, 확률변수가 취하는 실수값은 소문자 x, y, z 등으로 나타내기로 한다.

참고로 확률변수를 조금 더 엄밀하게 정의하기 위해서는 Borelσ-체를 이용한다. 먼저 Borelσ-체에 대하여 알아 보자. 임의의 실수 $x \in \mathbb{R}$에 대하여, $(-\infty, x)$ 형태의 모든 구간족 $\mathcal{C}$를 생각해 보자. 이러한 종류의 무한구간들은 모두 실수 전체의 집합 $\mathbb{R}$의 부분집합임은 명백하다. 그러나 이러한 유형의 구간들은 유한교집합에 대해서는 그 연산이 닫혀 있으나, 여집합 또는 가산교집합에 대해서는 일반적으로 그 연산이 닫혀 있지 않다. 여기서 $\mathcal{C}$를 포함하는 최소 σ-체(minimal σ-field containing $\mathcal{C}$)를 $\mathcal{B}$라 하자. 이때, 집합족 $\mathcal{B}$는 $[x, \infty)$ 형태의 구간을 포함한다. 왜냐하면, 이 구간은 (x, ∞)의 여집합이기 때문이다. 또한 집합족 $\mathcal{B}$는 다음과 같은 형태의 구간을 모두 포함하고 있다.

$$
\begin{aligned}
(-\infty, x] &= \bigcap_{n=1}^{\infty} (-\infty, x + \frac{1}{n}) \\
(x, \infty) &= (-\infty, x]^c \\
(x, y) &= (-\infty, y) \cap (x, \infty), \quad < y \\
(x, y], &\quad [x, y), \quad \forall x, y \in \mathbb{R}
\end{aligned}
$$

더욱이 단집합(singleton set)도 집합족 $\mathcal{B}$의 원소이다. 왜냐하면, 임의의 $x \in \mathbb{R}$에 대하여

$$\{x\} = (-\infty, x] \bigcap [x, \infty)$$

이기 때문이다. 이 집합족 $\mathcal{B}$를 **Borel σ-체**라 부르고 $\mathcal{B}$의 원소인 집합 B를 **Borel 집합**(Borel set)이라 한다. 이 경우, 순서쌍 $(\mathbb{R}, \mathcal{B})$를 Borel가측공간(Borel measurable space)이라 한다. 따라서 표본공간 Ω의 부분집합인 사건과 Borel σ-체 $\mathcal{B}$를 이용하면 다음과 같이 확률변수를 엄밀하게 정의할 수 있다.

定義 2.2 Ω를 표본공간, $\mathbb{R}$을 실수 전체의 집합이라 하고, $(\Omega, \mathcal{F})$를 가측공간, $(\mathbb{R}, \mathcal{B})$를 Borel가측공간이라 하자. 확률공간 Ω상에서 정의되어 있는 함수 $X : \Omega \to \mathbb{R}$가 모든 모든 $A \in \mathcal{B}$에 대하여

$$B = X^{-1}(A) = \{\omega \in \Omega \,|\, X(\omega) \in A\} \in \mathcal{F}$$

이면, $X : \Omega \to \mathbb{R}$를 **확률변수**(random variable)라 한다.

問題 1 한 개의 동전을 세 번 던지는 실험을 생각해 보자.

(1) 동전을 3번 던졌을 때 나타난 앞면의 수를 X라 할 때, X의 값을 구하여라.

(2) 동전을 3번 던졌을 때 두 번째까지 나온 앞면의 수를 확률변수 Y라 할 경우, Y의 값을 구하여라.

解答 한 개의 동전을 세 번 던지는 실험에서 나타난 표본공간 Ω는 다음과 같다.

$$\Omega = \{HHH, HHT, HTH, THH, HTT, THT, TTH, TTT\}.$$

이 표본공간을 구성하고 있는 8개의 표본점을 다음과 같이 나타내자.

$$\omega_1 = HHH,\ \omega_2 = HHT,\ \omega_3 = HTH,\ \omega_4 = THH,$$
$$\omega_5 = HTT,\ \omega_6 = THT,\ \omega_7 = TTH,\ \omega_8 = TTT$$

(1) X는 동전을 3번 던졌을 때 나타난 앞면의 수이므로

$$X(\omega_1) = 3,\ X(\omega_2) = 2,\ X(\omega_3) = 2,\ X(\omega_4) = 2,$$
$$X(\omega_5) = 1,\ X(\omega_6) = 1,\ X(\omega_7) = 1,\ X(\omega_8) = 0$$

이다. 따라서, X가 취하는 실수값은 0, 1, 2, 3이므로 X는 확률변수이다.

(2) Y는 동전을 3번 던졌을 때, 두 번째까지 나온 앞면의 수이므로

$$Y(\omega_1) = 2,\ Y(\omega_2) = 2,\ Y(\omega_3) = 1,\ Y(\omega_4) = 1,$$
$$Y(\omega_5) = 1,\ Y(\omega_6) = 1,\ Y(\omega_7) = 0,\ Y(\omega_8) = 0$$

이다. 그러므로 Y가 취하는 실수값은 0, 1, 2이고 Y는 확률변수이다. □

위의 문제에서 알 수 있듯이 똑같은 표본공간 상에서 확률변수를 서로 다르게 정의하면, 그 결과도 전혀 다르게 나오는 것을 알 수 있다. 따라서, 임의의 표본공간 상에서 확률변수를 정의할 수있는 방법은 여러 가지가 있다는 사실에 주의하자. 지금까지 살펴본 바와 같이 확률변수는 표본공간상의 각 사건에 대하여 실수를 대응시키는 규칙이므로, 여기에 대응되는 실수의 집합에 대하여 특별히 주의를 기울일 필요가 있다. 즉, 이 실수의 집합을 $A \subseteq \mathbb{R}$이라 하면 확률변수는

$$B \ = \ \{\omega \in \Omega \,|\, X(\omega) \in A\}$$

이므로 B는 표본공간 Ω의 부분집합으로서의 사건이다. 여기서 다음과 같이 사건 $\{\omega \in \Omega \,|\, X(\omega) \in A\}$를

$$B \ = \ \{X \in A\} \ = \ \{\omega \in \Omega \,|\, X(\omega) \in A\}$$

로 정의하고, 여기에 확률 P를 부여하면

$$\begin{aligned} P(B) &= P\{X \in A\} \\ &= P\big(\{\omega \in \Omega \,|\, X(\omega) \in A\}\big) \end{aligned}$$

로 나타낼 수 있다. 여기서 다시 $P\{X \in A\}$를 기호 $P_X(A)$로

$$P_X(A) = P(B) = P\{X \in A\}$$

나타낼 수 있는데, 확률 $P_X(A)$를 **A 상에서의 확률변수 X의 확률분포**라고 한다. 이때 확률분포 $P_X(A)$는 확률의 정의를 만족한다. 실제로 사건 A의 형태는 임의의 실수 x에 대하여 $(-\infty, x]$ 형태의 무한구간을 취하고, 위에서 정의한 방법을 이용하면 다음과 같이 나타낼 수 있다.

$$\begin{aligned} B &= \{X \leqslant x\} = \{\omega \in \Omega \,|\, X(\omega) \in (-\infty, x]\} \\ &= \{-\infty < X \leqslant x\} \\ &= \{\omega \in \Omega \,|\, -\infty < X(\omega) \leqslant x\}\,. \end{aligned}$$

또한 $a,\ b \in \mathbb{R}$ $(a < b)$를 임의의 상수라 하면,

$$\begin{aligned} \{a < X < b\} &= \{X \in (a,b)\} = \{\omega \in \Omega \,|\, X(\omega) \in (a,b)\}, \\ \{a \leqslant X < b\} &= \{X \in [a,b)\} = \{\omega \in \Omega \,|\, X(\omega) \in [a,b)\}, \\ \{a < X \leqslant b\} &= \{X \in (a,b]\} = \{\omega \in \Omega \,|\, X(\omega) \in (a,b]\}, \\ \{a \leqslant X \leqslant b\} &= \{X \in [a,b]\} = \{\omega \in \Omega \,|\, X(\omega) \in [a,b]\} \end{aligned}$$

와 같은 형태의 사건도 정의할 수 있다.

2.2 이산확률분포

확률공간 상에서 이산확률변수를 다음과 같이 정의한다.

定義 2.3 확률변수 X가 취하는 값을 모아 놓은 집합이 가산집합이면 즉, 유한집합 $\{x_1, x_2, x_3, \cdots, x_n\}$이거나 무한집합 $\{x_1, x_2, x_3, \cdots, x_n, \cdots\}$이면, X를 **이산확률변수**(discrete random variable)라 한다.

定義 2.4 X를 이산확률변수라 하고 X가 취하는 값을 $\{x_1, x_2, x_3, \cdots\}$이라 하자. 이때

$$p(x_i) = P\{X = x_i\}, \quad i = 1, 2, 3, \cdots$$

을 만족하는 함수 $p(x_i)$를 **이산확률분포**(discrete probability distribution)라 한다. 여기서 각 점 x_i, $i = 1, 2, 3, \cdots$를 이산확률변수 X의 **질량점**(mass point)이라 한다.

직관적으로 말하면, 이산확률분포는 확률변수 X가 취하는 각 질량점에서의 확률이다.

定義 2.5 이산확률변수 X의 확률분포를

$$p(x_i) \;=\; P\{X = x_i\}, \quad i = 1, 2, 3, \cdots$$

이라 할 때, $p(x_i)$가 다음 조건

(1) 모든 가산집합의 원소 x_i에 대하여 $p(x_i) \geqslant 0,\ i = 1, 2, 3, \cdots$.

(2) $\sum_{i=1}^{\infty} p(x_i) = 1$

을 만족하면 $p(x_i)$를 **이산확률질량함수**(discrete probability mass function)라고 한다.

問題 1 확률변수 X를 3개의 동전을 동시에 한 번 던졌을 때 나온 앞면의 수라고 할 때, X의 확률분포 $p(x)$를 구하여라. 또한, $p(x)$는 이산확률질량함수인지 확인하여라.

解答 3개의 동전을 동시에 한 번 던졌을 때의 표본공간 Ω와 확률변수가 취하는 값을 구하면

$$\Omega = \{HHH, HHT, HTH, THH, HTT, THT, TTH, TTT\},$$

$$X(HHH) = 3,\ X(HHT) = 2,\ X(HTH) = 2,\ X(THH) = 2,$$

$$X(HTT) = 1,\ X(THT) = 1,\ X(TTH) = 1,\ X(TTT) = 0$$

이므로 X는 실수 x=0,1,2,3을 취한다. 이때, 각 질량점에서 확률변수 X의 확률분포를 구하면,

$X = 0$을 취할 확률은 $p(0) = P\{X = 0\} = \frac{1}{8} \geqslant 0$,

$X = 1$을 취할 확률은 $p(1) = P\{X = 1\} = \frac{3}{8} \geqslant 0$,

$X = 2$을 취할 확률은 $p(2) = P\{X = 2\} = \frac{3}{8} \geqslant 0$,

$X = 3$을 취할 확률은 $p(3) = P\{X = 3\} = \frac{1}{8} \geqslant 0$.

이다. 이로부터 모든 질량점에서의 확률분포를 표(table)로 나타내면

x	0	1	2	3
$P\{X = x\}$	$\frac{1}{8}$	$\frac{3}{8}$	$\frac{3}{8}$	$\frac{1}{8}$

이고, $p(x)$의 합은

$$\sum_{x=0}^{3} P\{X = x\} \;=\; \sum_{x=0}^{3} p(x) \;=\; \frac{1}{8} + \frac{3}{8} + \frac{3}{8} + \frac{1}{8} = 1$$

이므로 $p(x)$는 이산확률질량함수이다. □

참고로 문제 1에서 이산확률변수 X의 확률분포를 막대그래프(bar graph)와 히스토그램(histogram)으로 나타내면 다음과 같다.

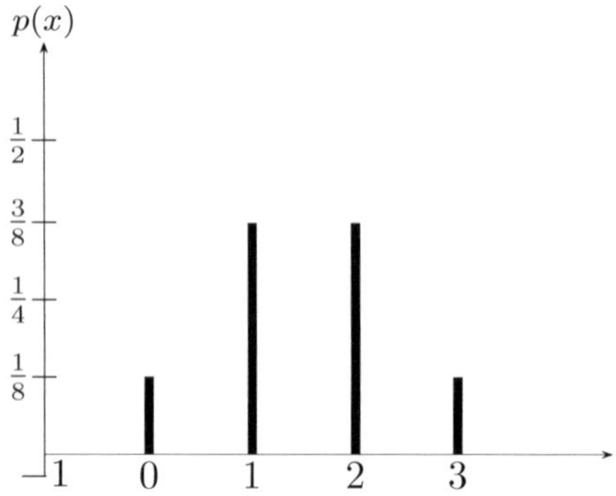

[그림 2-1] 막대그래프

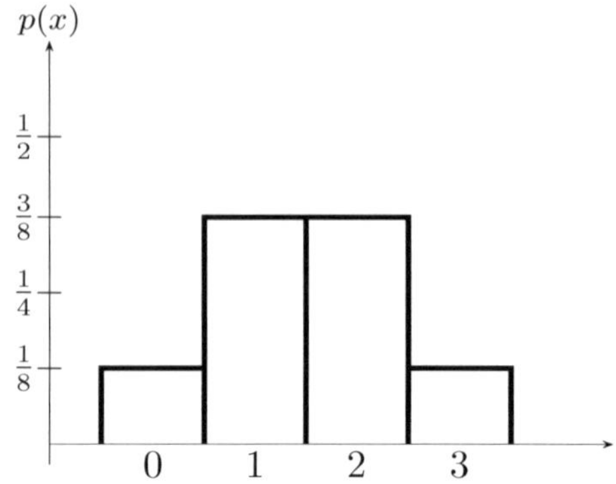

[그림 2-2] 히스토그램

定義 2.6 X를 이산확률변수라 하고 $p(x)$를 X의 확률질량함수라 하자. 이때 X의 **누적분포함수**(cumulative distribution function) 또는 **분포함수**(distribution function) $F(x)$를 다음과 같이 정의한다. 모든 $x \in \mathbb{R}$에 대하여,

$$\begin{aligned} F(x) &= P\{X \leqslant x\} \\ &= \sum_{\text{all } u \leqslant x} P\{X = u\} = \sum_{\text{all } u \leqslant x} p(u). \end{aligned}$$

이 책에서는 확률변수 X가 이산확률질량함수를 가지면 기호로 $X \sim p(x)$로, 누적분포함수를 가지면 $X \sim F(x)$로 나타내기로 한다. 위의 정의에서 이산확률변수 X가 유한개의 실수값 $x_1, x_2, x_3, \cdots, x_n$을 취하는 경우, X의 누적분포함수 $F(x)$는 다음과 같다.

$$F(x) = \begin{cases} 0, & -\infty < x < x_1 \\ p(x_1), & x_1 \leqslant x < x_2 \\ p(x_1) + p(x_2), & x_2 \leqslant x < x_3 \\ p(x_1) + p(x_2) + p(x_3), & x_3 \leqslant x < x_4 \\ \qquad \vdots & \qquad \vdots \\ p(x_1) + p(x_2) + p(x_3) + \cdots + p(x_n), & x_n \leqslant x < \infty \end{cases}$$

問題 1 앞의 문제 1번에서 확률변수 X의 누적분포함수 $F(x)$를 구하여라.

解答 확률변수 X가 취하는 모든 질량점에서의 확률분포표(table of probability distribution)는 다음과 같다.

x	0	1	2	3
$P\{X=x\}$	$\frac{1}{8}$	$\frac{3}{8}$	$\frac{3}{8}$	$\frac{1}{8}$

이 표를 참고하여 누적분포함수 $F(x)$를 구해 보자. 먼저 $P\{X=0\}=P\{X=3\}=\frac{1}{8}$, $P\{X=1\}=P\{X=2\}=\frac{3}{8}$이다. 또한, $0 \leqslant x < 1$일 때

$$F(x) = P\{X \leqslant x\} = P\{X<0\}+P\{X=0\}+P\{0<X\leqslant x\} = P\{X=0\} = \frac{1}{8}$$

이고 $1 \leqslant x < 2$일 때

$$\begin{aligned} F(x) &= P\{X \leqslant x\} = P\{X<0\}+P\{X=0\}+P\{0<X<1\} \\ &\quad +P\{X=1\}+P\{1<X\leqslant x\} \\ &= P\{X=0\}+P\{X=1\} = \frac{1}{2} \end{aligned}$$

이고 $2 \leqslant x < 3$일 때

$$\begin{aligned} F(x) &= P\{X \leqslant x\} = P\{X<0\}+P\{X=0\}+P\{0<X<1\}+P\{X=1\} \\ &\quad +P\{1<X<2\}+P\{X=2\}+P\{2<X\leqslant x\} \\ &= P\{X=0\}+P\{X=1\}+P\{X=2\} = \frac{7}{8} \end{aligned}$$

이고 $x \geqslant 3$일 때,

$$\begin{aligned} F(x) &= P\{X \leqslant x\} = P\{X<0\}+P\{X=0\}+P\{0<X<1\}+P\{X=1\} \\ &\quad +P\{1<X<2\}+P\{X=2\}+P\{2<X<3\} \\ &\quad +P\{X=3\}+P\{X>3\} \\ &= P\{X=0\}+P\{X=1\}+P\{X=2\}+P\{X=3\} = 1 \end{aligned}$$

이다. 따라서 X의 누적분포함수 $F(x)$는 다음과 같다.

$$F(x) = \begin{cases} 0, & x<0 \\ \frac{1}{8}, & 0 \leqslant x < 1 \\ \frac{1}{2}, & 1 \leqslant x < 2 \\ \frac{7}{8}, & 2 \leqslant x < 3 \\ 1, & x \geqslant 3 \end{cases}$$

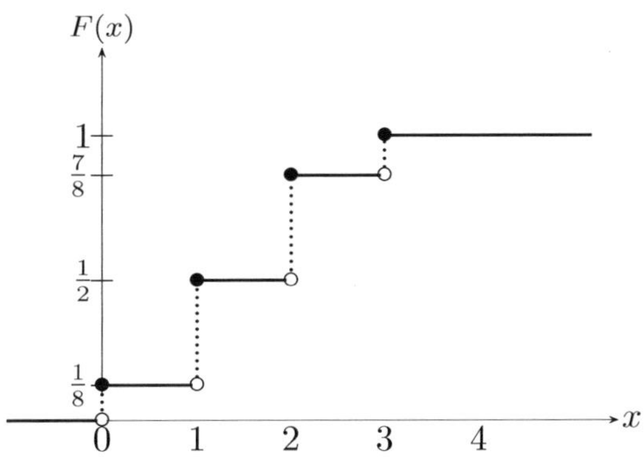

[그림 2-3] 누적분포함수 $F(x)$의 그래프 □

問題 2 어떤 확률공간 상에서 이산확률변수 X의 확률분포가 다음과 같을 때, 확률 $P\{|X+1|>1\}$을 구하여라.

x	-3	-2	0	1	2
$P\{X=x\}$	$\frac{2}{9}$	$\frac{1}{9}$	p	$\frac{2}{9}$	p^2

解答 확률질량함수의 정의에 의하여

$$\frac{2}{9}+\frac{1}{9}+p+\frac{2}{9}+p^2=1$$

이므로 정리하여 p에 대한 방정식 $p^2+p-\frac{4}{9}=0$을 해(solution)를 구하면 $\frac{1}{3}$ 또는 $-\frac{4}{3}$이다. 그런데 $p \geqslant 0$이므로 구하는 확률은 $\frac{1}{3}$뿐이다. 이로부터 $P\{X=0\}=\frac{1}{3}$, $P\{X=1\}=\frac{1}{9}$이고

$$\begin{aligned} P\{|X+1|>1\} &= P\{X<-2\}+P\{X>0\} \\ &= P\{X=-3\}+P\{X=1\}+P\{X=2\} \\ &= \frac{2}{9}+\frac{2}{9}+\frac{1}{9} = \frac{5}{9} \end{aligned}$$

이다. □

$F(x)$를 이산확률변수 X의 누적분포함수라 하면, $F(x)$는 그래프는 일반적으로 계단함수(step function)의 형태이고 $F(x)$는 다음과 같은 성질을 갖는다. 이 정리의 증명은 측도(measure)를 이용해야 하므로 증명없이 소개한다.

定理 2.1 이산확률변수 X의 누적분포함수 $F(x)$는 다음 성질을 만족한다.

(1) $\lim_{x\to-\infty} F(x)=0$, $\lim_{x\to\infty} F(x)=1$. 즉, 모든 $x\in\mathbb{R}$에 대하여 $0\leqslant F(x)\leqslant 1$이다.

(2) $F(x)$는 비감소함수(nondecreasing function)이다. 즉, 모든 x_1, $x_2\in\mathbb{R}$에 대하여 $x_1<x_2$이면 $F(x_1)\leqslant F(x_2)$이다.

(3) $F(x)$는 우향연속(right-hand continuous)이다. 즉, 모든 $x\in\mathbb{R}$에 대하여 $\lim_{h\to 0} F(x+h)=F(x+)=F(x)$이다.

이산확률변수 X의 확률질량함수 $p(x)$와 누적분포함수 $F(x)$ 사이에는 다음과 같은 관계식이 성립한다.

$$p(x) = F(x)-\lim_{h\to 0} F(x-h), \quad (\text{단, } h>0)$$

定義 2.7 $p(x)$를 이산확률변수 X의 이산확률질량함수라 하자. 이산확률변수 X의 **기댓값**(expected value, expectation) 또는 **평균**(mean) $E(X)$를 다음과 같이 정의한다.

$$E(X) = \sum_{\text{all } x} xP\{X = x\} = \sum_{\text{all } x} x\,p(x)$$

확률변수 X의 기댓값의 기호로서, 편의에 따라 $\mu_X = \mu = E(X)$ 등을 사용하기로 한다.

問題 3 한 개의 동전을 두 번 던지는 실험에서 확률변수 X를 앞면이 나온 수라 하였을 때, X의 누적분포함수 $F(x)$와 기댓값 $E(X)$를 구하여라.

解答 표본공간은 $\Omega = \{HH, HT, TH, TT\}$이므로 확률변수 X가 취하는 질량점은 0, 1, 2이다. 각 질량점에서의 X의 확률분포는 $P\{HH\} = \frac{1}{4}$, $P\{HT\} = \frac{1}{4}$, $P\{TH\} = \frac{1}{4}$, $P\{TT\} = \frac{1}{4}$이므로

x	0	1	2
$P\{X = x\}$	$\frac{1}{4}$	$\frac{1}{2}$	$\frac{1}{4}$

이로부터 X의 누적분포함수 $F(x)$는

$$F(x) = \begin{cases} 0, & -\infty < x < 0 \\ \frac{1}{4}, & 0 \leqslant x < 1 \\ \frac{1}{2}, & 1 \leqslant x < 2 \\ 1, & 2 \leqslant x < +\infty \end{cases}$$

이고 X의 기댓값 $E(X)$는

$$E(X) = \sum_{x=0}^{2} xP\{X = x\} = 0 \times \frac{1}{4} + 1 \times \frac{1}{2} + 2 \times \frac{1}{4} = 1$$

이다. □

2.3 연속확률분포

이산확률변수 X의 이산확률분포를 알면, 이 확률분포를 이용하여 적절한 확률모형과 확률적 특성을 쉽게 파악할 수있다. 그러나 실제로 여러가지 상황에서는 이산확률변수로서 나타낼 수 없는 경우도 많다. 따라서, 이산확률변수로는 설명할 수 없을 때에는 연속확률변수(continuous random variable)를 이용하여 나타내면 된다. 직

관적으로 말하면, 연속확률변수는 연속적인 실수값을 취하는 확률변수를 일컫는다. 연속확률변수에 대한 누적분포함수와 확률밀도함수의 개념은 앞에서 설명한 이산확률변수의 경우와 유사하게 설명할 수 있다.

定義 2.8 확률변수 X의 확률밀도함수(probability density function)라 부르는 함수 $f(x)$가 존재하여 X의 분포함수 $F(x)$가

$$F(x) = P\{X \leqslant x\} = \int_{-\infty}^{x} f(t)\,dt$$

와 같이 나타낼 수 있으면 X를 **연속확률변수**라 한다.

분포함수는 또한 누적분포함수(cumulative distribution function)라고 부르기도 한다. 확률변수 X가 연속확률밀도함수 $f(x)$를 가지면 기호로 $X \sim f(x)$로, 분포함수를 가지면 $X \sim F(x)$로 쓰기로 한다.

연속확률변수 X의 확률분포는 절대연속(absolutely continuous)이다. 이것은 분포함수 $F(x)$가 존재하고 연속이라는 뜻이다. 특별하게 말하지 않는 한, 이 책에서 사용하는 연속확률분포는 위의 정의를 만족하는 확률분포를 의미한다. 연속확률변수 X의 분포함수를 종종 기호로 $F_X(x)$로 나타내기로 한다.

定義 2.9 연속확률변수 X의 **연속확률밀도함수**(continuous probability density function) $f(x)$는 다음 두 가지 조건을 만족한다.

(1) 모든 $x \in \mathbb{R}$에 대하여, $f(x) \geqslant 0$

(2) $\displaystyle\int_{-\infty}^{+\infty} f(x)\,dx = 1$

이 책에서는 연속확률밀도함수를 나타내는 기호로 $f_X(x)$를 쓰기로 한다. 연속확률변수는 이산확률변수와는 다른 몇가지 특징이 있다. 첫 번째 성질은 정의 2.7의 양변을 x에 관해 미분하면, 미적분학의 기본정리(fundamental theorem of calculus)에 의해서

$$\frac{d}{dx}F(x) = \frac{d}{dx}\int_{-\infty}^{x} f(t)\,dt = f(x)$$

이다. 이것은 어떤 연속확률변수 X의 연속확률밀도함수 $f(x)$는 분포함수 $F(x)$를 미분함으로서 얻어질 수 있다는 것을 말해 준다. 역으로, 연속확률변수 X의 연속확률밀도함수 $f(x)$가 주어지면 X의 분포함수 $F(x)$는 적분으로 정의됨을 알 수 있다. 두 번째 성질은 이산확률변수X의 분포함수를 $F(x)$라 하면, 분포함수의 성질에 의하여 $\lim_{x\to\infty} F(x) = 1$이므로 이 성질을 연속확률변수 X의 분포함수에 적용하면

$$\lim_{x\to\infty} F(x) = \lim_{x\to\infty}\int_{-\infty}^{x} f(t)\,dt = \int_{-\infty}^{+\infty} f(t)\,dt = 1$$

이 성립한다. 세 번째 성질은 다음 정리에서 알아 보자.

定理 2.2 연속확률변수 X의 분포함수를 $F(x)$, 연속확률밀도함수를 $f(x)$라고 하자. 임의의 두 실수 a, $b \in \mathbb{R}$ $(a < b)$에 대하여, 다음이 성립한다.

$$P\{a < X \leqslant b\} \;=\; F(b) - F(a) \;=\; \int_a^b f(x)\,dx$$

證明 a와 $b \in \mathbb{R}$ $(a < b)$를 임의의 두 실수라고 하면, X의 분포함수의 정의에 의해서,

$$P\{a < X \leqslant b\} = P\{X \leqslant b\} - P\{X \leqslant a\} = F(b) - F(a)$$

이므로

$$\begin{aligned} P\{a < X \leqslant b\} &= F(b) - F(a) \\ &= \int_{-\infty}^{b} f(x)\,dx - \int_{-\infty}^{a} f(x)\,dx \\ &= \int_{-\infty}^{b} f(x)\,dx + \int_{a}^{-\infty} f(x)\,dx \\ &= \int_a^b f(x)\,dx \end{aligned}$$

이다. ■

위의 정리의 결과를 이용하면 연속확률변수가 갖는 두 번째 성질은 다음 정리와 같다.

定理 2.3 연속확률변수 X의 확률밀도함수를 $f(x)$라 하고 c를 임의의 실수라 하면, 연속확률변수 X가 실수 c를 취할 확률은 영(zero)이다. 즉, $P\{X = c\} = 0$이 성립한다.

證明 c를 임의의 실수라 하고 $\Delta x > 0$를 c 근방의 실수라 하자. 그러면

$$P\{c < X \leqslant c + \Delta x\} \;=\; \int_c^{c+\Delta x} f(x)\,dx$$

이므로

$$\begin{aligned} \lim_{\Delta x \to 0} P\{c < X \leqslant c + \Delta x\} &= \lim_{\Delta x \to 0} \int_c^{c+\Delta x} f(x)\,dx \\ &= \int_c^c f(x)\,dx \;=\; 0 \end{aligned}$$

이다. 따라서 $P\{X = c\} = 0$이다. ■

위의 정리에서 $\Delta x > 0$를 c와 충분히 가까운 실수이면 다음 근사식이 성립한다.

$$P\{c < X \leqslant c + \Delta x\} = \int_c^{c+\Delta x} f(x)\,dx \approx f(c)\,\Delta x\,.$$

또한 위의 정리를 다음과 같이 실구간에 적용하면 다음과 샅은 연속확률변수만의 특징이 있다. X를 연속확률변수라 하고 $a,\ b \in \mathbb{R}$ $(a < b)$를 임의의 두 실수라고 하면,

$$\begin{aligned} P\{a < X \leqslant b\} &= P\{a < X < b\} + P\{X = b\} \\ &= P\{a < X < b\} \end{aligned}$$

이고

$$\begin{aligned} P\{a \leqslant X < b\} &= P\{a < X < b\} + P\{X = a\} \\ &= P\{a < X < b\} \end{aligned}$$

이고

$$\begin{aligned} P\{a \leqslant X \leqslant b\} &= P\{a < X < b\} + P\{X = a\} + P\{X = b\} \\ &= P\{a < X < b\} \end{aligned}$$

이다. 이로부터

$$\begin{aligned} P\{a \leqslant X \leqslant b\} &= P\{a \leqslant X < b\} = P\{a < X \leqslant b\} = P\{a < X < b\} \\ &= \int_a^b f(x)\,dx \\ &= F(b) - F(a) = P\{X \leqslant b\} - P\{X \leqslant a\} \end{aligned}$$

가 성립한다.

定義 2.10 연속확률변수 X의 연속확률밀도함수를 $f(x)$라 하면, 연속확률변수 X의 **기댓값**(expected value, expectation) 또는 **평균**(mean) $E(X)$를 다음과 같이 정의한다.

$$E(X) = \int_{-\infty}^{+\infty} x f(x)\,dx\,.$$

확률변수 X의 기댓값 $E(X)$는 종종 μ, μ_X 등으로 나타내기도 한다.

問題 1 연속확률변수 X의 확률밀도함수가 다음과 같다.

$$f(x) = \begin{cases} 2e^{-2x}, & x > 0 \\ 0, & x \leqslant 0 \end{cases}$$

X의 기댓값 $E(X)$를 구하고 $P\{|X-\frac{1}{2}|>\frac{1}{4}\}$을 구하여라.

解答 기댓값의 정의를 이용하여 구하면

$$
\begin{aligned}
E(X) &= \int_{-\infty}^{+\infty} xf(x)\,dx = \int_0^{+\infty} x(2e^{2x})\,dx \\
&= 2\int_0^{+\infty} xe^{2x}\,dx \\
&= 2\left[-\frac{xe^{-2x}}{2} - \frac{e^{-2x}}{4}\right]_0^{+\infty} = \frac{1}{2}
\end{aligned}
$$

이고 $P\{|X-\frac{1}{2}|>\frac{1}{4}\}$는 다음과 같다.

$$
\begin{aligned}
P\{\,|X-\frac{1}{2}|>\frac{1}{4}\,\} &= \int_{\{\,x\in\mathbb{R}\,|\,|x-\frac{1}{2}|>\frac{1}{4}\,\}} 2e^{-2x}\,dx \\
&= 2\int_{\{\,x\in\mathbb{R}\,|\,0<x<\frac{1}{4}\,\}} e^{-2x}\,dx + 2\int_{\{\,x\in\mathbb{R}\,|\,\frac{3}{4}<x<+\infty\,\}} e^{-2x}\,dx \\
&= 2\int_0^{\frac{1}{4}} e^{-2x}\,dx + 2\int_{\frac{3}{4}}^{+\infty} e^{-2x}\,dx \\
&= 1-e^{-1/2}+e^{-3/2}
\end{aligned}
$$

□

定理 2.4 X를 누적분포함수 $F(x)$를 가지는 음이 아닌 확률변수이면 다음이 성립한다.

$$E(X) = \int_0^{+\infty} \big(1-F(x)\big)\,dx$$

證明 X가 음이 아닌 연속확률변수이고 $f(x)$를 X의 확률밀도함수라 하자. $E(X) < +\infty$이면

$$
\begin{aligned}
E(X) &= \int_0^{+\infty} xf(x)\,dx \\
&= \lim_{n\to\infty}\int_0^n xf(x)\,dx
\end{aligned}
$$

이다. 이 식에 부분적분법(integration by parts)를 이용하면

$$
\begin{aligned}
\int_0^n xf(x)\,dx &= nF(n) - \int_0^n F(x)\,dx \\
&= -n\big(1-F(n)\big) + \int_0^n \big(1-F(x)\big)\,dx
\end{aligned}
$$

이다. 위의 첫 번째 식은

$$\begin{aligned} n\big(1-F(n)\big) &= n\int_n^{+\infty} f(x)\,dx \\ &\leqslant \int_n^{+\infty} xf(x)\,dx \end{aligned}$$

이고 $E(X) < +\infty$이므로

$$\lim_{n\to\infty}\big\{n\big(1-F(n)\big)\big\} \leqslant \lim_{n\to\infty}\int_n^{+\infty} xf(x)\,dx = 0$$

이다. 따라서,

$$\begin{aligned} E(X) &= \lim_{n\to\infty}\int_0^{n} xf(x)\,dx \\ &= \lim_{n\to\infty}\int_0^{n} \big(1-F(x)\big)\,dx \\ &= \int_0^{+\infty} \big(1-F(x)\big)\,dx \end{aligned}$$

이다. ■

위의 정리에서 X가 음이 아닌 정수값을 가지는 이산확률변수이면 적분기호 대신 합의 기호를 이용하여 나타내면 된다. 일반적으로 X가 임의의 연속확률변수이면 위의 정리의 결과는

$$E(X) = \int_0^{+\infty}\big(1-F(x)\big)\,dx - \int_{-\infty}^{0} F(x)\,dx$$

로 나타낼 수 있다.

2.4 기댓값과 그 성질

앞절에서는 이산형이나 연속형 확률변수 X 자체에 대한 기댓값만을 구하였다. 이 절에서는 이산형 또는 연속형 확률변수 X에 대한 기댓값의 성질을 다음과 같이 확장하여 그 값을 구해 본다. $u(x)$를 임의의 연속인 실수치함수라 하고, X를 연속확률밀도함수 $f(x)$를 갖는 확률변수라 하면 X를 연속함수 u로 사상하여 얻어진 새로운 확률변수 $Y = u(X)$는 변환된 공간에서 역시 확률변수가 되고 이 공간상에서 $Y = u(X)$에 대한 기댓값을 구하는 문제이다. 이에 대한 증명은 다소 어려우므로 증명없이 정의로서 소개한다.

定義 2.11 X를 임의의 확률변수라 하자. 확률변수 X를 연속인 실수치함수 u로 사상한 함수를 $u(X)$라 하면, $Y = u(X)$는 확률변수이고 이때 Y의 **기댓값**(**평균**)을 다음과 같이 정의한다.

$$
\begin{aligned}
E(Y) &= E\big(u(X)\big) \\
&= \begin{cases} \displaystyle\sum_x u(x)p(x), & \big(p(x)\text{는 이산확률변수 } X\text{의 확률질량함수}\big) \\ \displaystyle\int_{-\infty}^{+\infty} u(x)\,f(x)\,dx, & \big(f(x)\text{는 연속확률변수 } X\text{의 확률밀도함수}\big) \end{cases}
\end{aligned}
$$

위의 정의에 의하면 확률변수 X의 기댓값 $E(X)$는 연속인 실수치함수가 $u(x) = x$인 경우임을 알 수 있다. 또한 기댓값은 다음과 같은 성질을 갖는다.

定理 2.5 X를 임의의 확률변수, u를 연속인 실수치함수라 하면, X의 기댓값에 대하여 다음이 성립한다.

(1) 임의의 상수 c에 대하여, $E(c) = c$이다.

(2) 임의의 상수 c와 연속인 실수치함수 $u(x)$에 대하여,

$$E\big(c\,u(X)\big) = c\,E\big(u(X)\big)$$

이다.

(3) (**선형성질**) 임의의 상수 c_1과 c_2와 연속인 실수치함수 $u(x)$와 $v(x)$에 대하여,

$$E\big(c_1u(X) + c_2v(X)\big) = c_1E\big(u(X)\big) + c_2E\big(v(X)\big)$$

이다.

(4) 연속인 두 실수치함수 $u(x)$와 $v(x)$사이에 $u(x) \leqslant v(x)$이면,

$$E\big(u(X)\big) \leqslant E\big(v(X)\big)$$

이다.

證明 확률변수 X가 연속형일 경우로 증명한다. $f(x)$를 연속확률변수 X의 확률밀도함수라 하면,

(1) $E(c) = \int_{-\infty}^{+\infty} cf(x)\,dx = c\int_{-\infty}^{+\infty} f(x)\,dx = c \times 1 = c.$

(2) $E\big(c\,u(X)\big) = \int_{-\infty}^{+\infty} c\,u(x)f(x)\,dx = c\int_{-\infty}^{+\infty} u(x)f(x)\,dx = cE\big(u(X)\big).$

(3) 임의의 두 상수 c_1, c_2에 대하여,

$$\begin{aligned} E\big(c_1u(X)+c_2v(X)\big) &= \int_{-\infty}^{+\infty}\big(c_1u(x)+c_2v(x)\big)f(x)\,dx \\ &= \int_{-\infty}^{+\infty}c_1u(x)f(x)\,dx+\int_{-\infty}^{+\infty}c_2v(x)f(x)\,dx \\ &= c_1\int_{-\infty}^{+\infty}u(x)f(x)\,dx+c_2\int_{-\infty}^{+\infty}v(x)f(x)\,dx \\ &= c_1E\big(u(X)\big)+c_2E\big(v(X)\big) \end{aligned}$$

가 성립하므로 기댓값은 선형성질(linear property)을 갖는다.

(4) 연속인 두 실수치 함수 $u(x)$와 $v(x)$사이에 $u(x) \leqslant v(x)$이면, $v(x)-u(x) \geqslant 0$이므로 $E\big(v(X)-u(X)\big) \geqslant 0$, 즉,

$$E\big(v(X)\big)-E\big(u(X)\big) \;\geqslant\; 0$$

이므로 정리하면

$$E\big(u(X)\big) \;\leqslant\; E\big(v(X)\big)$$

이다. ■

이 정리로부터 임의의 두 상수 a와 b에 대하여,

$$E(aX+b) \;=\; aE(X)+b$$

가 성립하고, 연속인 실수치함수 $u(x)$를 $u(x)=(x-\mu)^2$으로 취하면 분산(variance)이 얻어진다. 분산은 자료들이 평균으로부터 얼마만큼 떨어져 있는지를 설명해 주는 산포의 측도(measure of dispersion)이다. 따라서, 분산이 크면 클수록 관찰점들이 평균으로부터 멀리 떨어져 있음을 말해주며, 반대로 분산이 작으면 관찰점들이 평균으로부터 가까운 거리에 있음을 시사해 준다. 분산의 정의는 다음과 같다.

定義 2.12 확률변수 X의 기댓값을 $\mu=E(X)$라 하자. 이때 확률변수 X의 **분산**(variance)을 다음과 같이 정의한다.

$$\begin{aligned} \sigma^2 &= \mathrm{Var}(X) \\ &= E\big\{\big(X-E(X)\big)^2\big\} \\ &= E\big((X-\mu)^2\big) \\ &= \begin{cases} \displaystyle\sum_x (x-\mu)^2 p(x), & (p(x)\text{는 이산확률변수 } X\text{의 이산확률질량함수}) \\ \displaystyle\int_{-\infty}^{+\infty}(x-\mu)^2 f(x)\,dx, & (f(x)\text{는 연속확률변수 } X\text{의 연속확률밀도함수}) \end{cases} \end{aligned}$$

분산의 제곱근을 표준편차로 정의하며 이것은 다음과 같다.

定義 2.13 확률변수 X의 기댓값을 $\mu = E(X)$라 하자. 이때 확률변수 X의 표준편차(standard deviation)를 다음과 같이 정의한다.

$$\begin{aligned}
\sigma &= \sqrt{\sigma^2} = \sqrt{\mathrm{Var}(X)} \\
&= \sqrt{E\{(X - E(X))^2\}} \\
&= \begin{cases} \sqrt{\sum_x (x-\mu)^2\, p(x)}, & (p(x)\text{는 이산확률변수 } X\text{의 이산확률질량함수}) \\ \sqrt{\int_{-\infty}^{+\infty} (x-\mu)^2 f(x)\, dx}, & (f(x)\text{는 연속확률변수 } X\text{의 연속확률밀도함수}) \end{cases}
\end{aligned}$$

분산은 다음과 같이 일반적으로 정의할 수 있다. 이것은 정리로서 소개한다.

定理 2.6 임의의 확률변수 X의 확률밀도함수를 $f(x)$, 분포함수를 $F(x)$, 평균을 $\mu = E(X)$라 하면, 분산 $\mathrm{Var}(X)$는 다음과 같다.

$$\mathrm{Var}(X) = \int_0^{+\infty} 2x\{1 - F(x) + F(-x)\}\, dx - \mu^2 .$$

證明 먼저 $E(X^2)$부터 구하면

$$\begin{aligned}
E(X^2) &= \int_{-\infty}^{+\infty} x^2 f(x)\, dx + \int_{-\infty}^{0} x^2 f(x)\, dx \\
&= \int_0^{+\infty} \int_0^{x} 2t f(x)\, dt dx - \int_{-\infty}^{0} \int_x^{0} 2t f(x)\, dt dx \\
&= \int_0^{+\infty} 2t \int_t^{+\infty} f(x)\, dx dt - \int_{-\infty}^{0} 2t \int_{-\infty}^{t} f(x)\, dx dt \\
&= \int_0^{+\infty} 2t\big(1 - F(t)\big)\, dt - \int_{-\infty}^{0} 2t F(t)\, dt \\
&= \int_0^{+\infty} 2t\big(1 - F(t)\big)\, dt + \int_0^{+\infty} 2t F(-t)\, dt
\end{aligned}$$

이다. 마지막 식의 첫 번째 적분의 피적분함수 t의 범위는 $0 \leqslant u \leqslant x < +\infty$이고 두 번째 적분의 피적분함수 t의 범위는 $0 < x \leqslant t < 0$이다. 또한 마지막 식에서 변수 t를 x로 치환하여 정리하면

$$\mathrm{Var}(X) = \int_0^{+\infty} 2x\{1 - F(x) + F(-x)\}\, dx - \mu^2$$

이 성립한다. ■

분산의 정의로부터 다음 정리는 쉽게 증명할 수 있다.

定理 2.7 X를 임의의 확률변수라 하면, X의 분산 $\text{Var}(X)$는

$$\text{Var}(X) = E(X^2) - [E(X)]^2$$

이다.

證明 분산의 정의를 이용하여 계산하면, 다음과 같다.

$$\begin{aligned}\text{Var}(X) &= E\{(X-\mu)^2\} \\ &= E(X^2 - 2X\mu - \mu^2) \\ &= E(X^2) - 2\mu E(X) - \mu^2 \\ &= E(X^2) - \mu^2 \\ &= E(X^2) - \{E(X)\}^2 .\end{aligned}$$

■

분산과 관련된 여러 가지 성질에 대하여 알아보자.

定理 2.8 확률변수 X의 평균을 $\mu = E(X)$, 분산을 $\text{Var}(X)$라 하면, 다음이 성립한다.

(1) 임의의 상수 c에 대하여,

$$\text{Var}(c) = 0 .$$

(2) 임의의 상수 c에 대하여,

$$\text{Var}(cX) = c^2\text{Var}(X) .$$

(3) 임의의 상수 a와 b에 대하여,

$$\text{Var}(aX \pm b) = a^2\text{Var}(X) .$$

(4) 임의의 상수 c에 대하여,

$$\text{Var}(X) \leqslant E\big\{(X-c)^2\big\} .$$

證明 (1) 상수 $X = c$의 기댓값은 $E(c) = c$ 이므로 $X = C$의 분산은 다음과 같다.

$$\text{Var}(c) = E[(X-c)^2] = E[(c-c)^2] = 0$$

(2) 기댓값의 성질 $E(cX) = cE(X)$ 를 이용하면, Var(cX)는 다음과 같다.

$$\begin{aligned}\text{Var}(cX) &= E[\{cX - E(cX)\}^2] = E[\{cX - cE(X)\}^2]\\ &= E[\{c(X - E(X))\}^2] = E[c^2\{X - E(X)\}^2]\\ &= c^2E[\{X - E(X)\}^2]\\ &= c^2\text{Var}(X)\,.\end{aligned}$$

(3) (2)번과 비슷한 방법으로 증명하면,

$$\begin{aligned}\text{Var}(aX + b) &= E[\{(aX \pm b) - E(aX \pm b)\}^2]\\ &= E[\{(aX \pm b) - (aE(X) \pm b)\}^2]\\ &= E[\{aX \pm b - aE(X) \mp b\}^2]\\ &= E[\{(aX - aE(X))\}^2]\\ &= E[a^2\{X - E(X)\}^2]\\ &= a^2E[\{X - E(X)\}^2]\\ &= a^2\text{Var}(X)\,.\end{aligned}$$

(4) 분산의 정의를 이용하면,

$$\begin{aligned}\text{Var}(X) &= E\{(X - \mu)^2\}\\ &= E\{(X - c + c - \mu)^2\}\\ &= E\{(X - c)^2\} + 2(c - \mu)\,E(X - c) + (c - \mu)^2\\ &= E\{(X - \mu)^2\} - (c - \mu)^2\\ &\leqslant E\{(X - c)^2\}\end{aligned}$$

이다. ■

위의 (3)번 성질에 의해면, 분산은 상수값에 의하여 평행이동 하여도 그 값은 불변이다. 특히, 주의해야 할 것은 확률변수 X가 오직 하나의 상수값 c만을 가지면 즉, $P\{X = c\} = 1$이면 $E(X) = c$ 이므로, Var$(X) = 0$이다.

이제 분산의 개념을 더욱 더 확장하여 보자. 이것은 제 r차 중심적률(r^{th} central moment) 공식을 유도해 준다. 이에 대한 정의는 다음과 같다.

定義 2.14 확률변수 X의 **원점주위의 제 r차 적률** ν_r을 다음과 같이 정의한다.

$$\nu_r = E(X^r) = \begin{cases} \displaystyle\sum_x x^r p(x), & (p(x)\text{는 이산확률변수 } X\text{의 이산확률질량함수}) \\ \displaystyle\int_{-\infty}^{+\infty} x^r f(x)\,dx, & (f(x)\text{는 연속확률변수 } X\text{의 연속확률밀도함수}) \end{cases}$$

定義 2.15 확률변수 X의 평균을 $\mu = E(X)$라 하자. 확률변수 X의 **평균 $\mu = E(X)$ 주위의 제 r차 중심적률** μ_r을 다음과 같이 정의한다.

$$\begin{aligned} \mu_r &= E[\{X - E(X)\}^r] \\ &= E[(X-\mu)^r] \\ &= \begin{cases} \displaystyle\sum_x (x-\mu)^r p(x), & (p(x)\text{는 이산확률변수 } X\text{의 이산확률질량함수}) \\ \displaystyle\int_{-\infty}^{+\infty} (x-\mu)^r f(x)\,dx, & (f(x)\text{는 연속확률변수 } X\text{의 연속확률밀도함수}) \end{cases} \end{aligned}$$

이 정의에서 알 수 있듯이 분산은 제 r차 중심적률에서, $r = 2$인 특별한 경우이고, 제 1차 중심적률은 항상

$$\mu_1 = E[X - E(X)] = E(X) - E(X) = 0$$

이다. 고차 적률의 전형적인 예로서 평균 주위의 3차 적률, 평균 주위의 4차 적률을 응용한 **왜도**(skewness)와 **첨도**(kurtosis)가 있다. 이것은 각각 분포의 대칭이나 비대칭, 분포곡선의 뾰족한 정도를 알려주는 측도이다.

定義 2.16 확률변수 X의 평균을 $\mu = E(X)$, 분산을 $\sigma^2 = \text{Var}(X)$라 하고 평균 주위의 3차 적률 $\mu_3 = E(X-\mu)^3 < +\infty$라 하자. 이때

$$\alpha_3 = E\left(\frac{X-\mu}{\sigma}\right)^3 = \frac{\mu_3}{\sigma^3}$$

를 확률변수 X의 분포의 **왜도**(skewness) 또는 **비대칭도**라 하고 이 α_3의 값을 분포의 꼬리부분(tail of distribution)이 치우쳐진 정도를 나타내는 측도로 사용한다. 여기서, $\alpha_3 > 0$이면 분포의 꼬리부분이 오른쪽으로 치우쳐져(skewed to the right) 있고, $\alpha_3 \doteqdot 0$이면 분포는 좌우 완전히 대칭(symmetric), $\alpha_3 < 0$이면 분포의 꼬리부분이 왼쪽으로 치우쳐져(skewed to the left) 있다.

定義 2.17 확률변수 X의 평균을 $\mu = E(X)$, 분산을 $\sigma^2 = \mathrm{Var}(X)$라 하고 평균 주위의 4차 적률 $\mu_4 = E(X-\mu)^4 < +\infty$라 하자. 이때

$$\alpha_4 = E\left(\frac{X-\mu}{\sigma}\right)^4 = \frac{\mu_4}{\sigma^4}$$

를 확률변수 X의 분포의 **점도**(kurtosis)라 하고 이 α_4의 값을 분포의 형태가 뾰족한 정도를 나타내는 측도로 사용한다. 여기서, $\alpha_4 > 3$이면 분포곡선의 형태를 급첨(leptokurtic), $\alpha_4 = 3$이면 분포곡선의 형태를 중첨(mesokurtic), $\alpha_4 < 3$이면 분포곡선의 형태를 완첨(platykurtic)이라 한다.

확률변수 X의 확률밀도함수가 평균 $\mu = E(X)$를 중심으로 완전히 대칭이면, 평균 μ 주위의 홀수차(odd degree) 중심적률은 항상 영(zero)이다. 이것을 증명해 보자. 먼저 대칭분포(symmetric distribution)를 정의한 후에 증명한다.

定義 2.18 $f(x)$를 확률변수 X의 확률밀도함수라 하고 c를 임의의 상수라 하자. 이때 모든 x에 대하여,

$$f(c-x) = f(c+x)$$

를 만족하면, $f(x)$는 **상수 c에 대하여 대칭**(symmetric about to c)이라고 한다.

이 정의를 이용하여 이제 위에서 언급한 사실을 증명하여 보자.

定理 2.9 k를 홀수인 양(positive)의 정수라 하자. 확률변수 X의 확률밀도함수가 평균 $\mu = E(X)$를 중심으로 완전히 대칭이면, 평균 $\mu = E(X)$ 주위의 홀수차 중심적률 μ_k는 항상 영(zero)이다.

證明 k를 홀수인 양의 정수라 하고, 확률변수 X가 연속일 경우로 증명하여 보자. X의 평균 μ 주위의 제 k차 중심적률의 정의에 의하여

$$\begin{aligned}\mu_k &= E\{(X-\mu)^k\} \\ &= \int_{-\infty}^{+\infty} (x-\mu)^k f(x)\,dx\end{aligned}$$

이고 여기서 $t = x - \mu$로 치환하면

$$\begin{aligned}\mu_k &= \int_{-\infty}^{+\infty} t^k f(\mu+t)\,dt \\ &= \int_{-\infty}^{0} t^k f(\mu+t)\,dt + \int_{0}^{+\infty} t^k f(\mu+t)\,dt\end{aligned}$$

이다. 위의 첫 번째 적분변수는 $x = -t$로, 두 번째 적분변수는 $x = t$로 치환하면

$$
\begin{aligned}
\mu_k &= \int_{+\infty}^{0} (-x)^k f(\mu - x)\,(-dx) + \int_{0}^{+\infty} x^k f(\mu + x)\,dx \\
&= -\int_{0}^{+\infty} -(x^k) f(\mu - x)\,(-dx) + \int_{0}^{+\infty} x^k f(\mu + x)\,dx \\
&= -\int_{0}^{+\infty} x^k f(\mu - x)\,dx + \int_{0}^{+\infty} x^k f(\mu + x)\,dx \\
&= \int_{0}^{+\infty} x^k [-f(\mu - x) + f(\mu + x)]\,dx \\
&= \int_{0}^{+\infty} 0\,dx \;=\; 0\,.
\end{aligned}
$$

■

2.5 적률모함수

적률모함수(moment generating function)는 지수함수의 기댓값이고 그 정의는 다음과 같다.

定義 2.19 확률변수 X의 **적률모함수** $M_X(t)$를 다음과 같이 정의한다.

$$
M_X(t) = E(e^{tX}) = \begin{cases} \displaystyle\sum_{x=0}^{\infty} e^{tx} p(x), & (\, p(x)\text{는 } X\text{의 이산확률질량함수}\,) \\ \displaystyle\int_{-\infty}^{+\infty} e^{tx} f(x)\,dx, & (\, f(x)\text{는 } X\text{의 연속확률밀도함수}\,) \end{cases}
$$

여기서, 임의의 실수 $h > 0$에 대하여, $E[|e^{tX}|] < \infty$, $(|t| < h)$일 때이다.

적률모함수가 갖는 여러가지 성질은 연속형으로 쉽게 증명할 수 있다. 그러면 적률모함수와 관련된 몇가지 사실을 증명해 보자.

定理 2.10 확률변수 X의 적률모함수가 존재하면,

$$
E(X^r) \;=\; \frac{d^r}{dt^r} M_X(t)\bigg|_{t=0} \;=\; M_X^{(r)}(0), \quad r = 1, 2, 3, \cdots
$$

이고 다음 식이 성립한다.

$$
M_X(t) \;=\; \sum_{r=0}^{\infty} \frac{E(X^r)}{r!} t^r
$$

證明 $f(x)$를 연속확률변수 X의 확률밀도함수라 하자. X의 적률모함수 $M_X(t)$는

$$\begin{aligned} M_X(t) &= E(e^{tX}) \\ &= \int_{-\infty}^{+\infty} e^{tx} f(x)\, dx \end{aligned}$$

이다. 이 식의 양변을 t에 관해 r번 미분하면,

$$\begin{aligned} M_X^{(r)}(t) &= E(X^r e^{tX}) \\ &= \int_{-\infty}^{+\infty} x^r e^{tx} f(x)\, dx, \quad r = 1, 2, 3 \cdots \end{aligned}$$

이고, 여기에 $t = 0$을 대입하면,

$$\begin{aligned} E(X^r) &= \int_{-\infty}^{+\infty} x^r f(x)\, dx \\ &= M_X^{(r)}(0) \end{aligned}$$

이 얻어진다. 또한,

$$\begin{aligned} M_X(t) &= E(e^{tX}) \\ &= \int_{-\infty}^{+\infty} e^{tx} f(x)\, dx \\ &= \int_{-\infty}^{+\infty} \sum_{r=0}^{\infty} \frac{(tx)^r}{r!} f(x)\, dx \\ &= \sum_{r=0}^{\infty} \frac{1}{r!} \left(\int_{-\infty}^{+\infty} x^r f(x)\, dx \right) \\ &= \sum_{r=0}^{\infty} \frac{E(X^r)}{r!} t^r \end{aligned}$$

이 성립한다. ■

다음은 두 확률변수 사이에 1차 함수관계가 있을 때 적률모함수를 구하는 방법이다. 이 공식은 추후 정규분포의 적률모함수를 구할 때 이용하게 될 것이다.

定理 2.11 X와 Y를 임의의 두 확률변수, X의 적률모함수를 $M_X(t)$, a $(a \neq 0)$와 b를 임의의 상수라 하고, 이 두 확률변수 사이에

$$Y = aX + b$$

인 관계가 성립하면, Y의 적률모함수는 다음과 같다.

$$M_Y(t) = e^{bt} M_X(at)$$

證明 확률변수 $Y = aX + b$의 적률모함수의 정의로 부터

$$\begin{aligned} M_Y(t) &= E(e^{tY}) \\ &= E(e^{t(aX+b)}) \\ &= E(e^{atX+bt}) \\ &= E(e^{bt}e^{(at)X}) \\ &= e^{bt}E(e^{(at)X}) \\ &= e^{bt}M_X(at) \end{aligned}$$

이다. ■

예를 들면, X의 기댓값을 $\mu = E(X)$, 적률모함수를 $M_X(t)$라 하면, $X - \mu$의 적률모함수는

$$M_{X-\mu}(t) = e^{-\mu t}M_X(t)$$

이다.

問題 1 연속확률변수 X의 확률밀도함수 $f(x)$는 다음과 같다.

$$f(x) = \begin{cases} \mu e^{-\mu x}, & 0 < x < \infty,\ \mu > 0 \\ 0, & -\infty < x < 0\,. \end{cases}$$

확률변수 X의 적률모함수 $M_X(t)$를 구하고, 이를 이용하여 X의 평균과 분산을 모두 구하여라.

풀이 적률모함수의 정의에 의하여,

$$\begin{aligned} M_X(t) &= \int_{-\infty}^{+\infty} e^{tx} f(x)\,dx \\ &= \int_{-\infty}^{0} e^{tx}\,0\ dx + \int_{0}^{+\infty} e^{tx}\,\mu e^{-\mu x}\,dx \\ &= \mu\int_{0}^{+\infty} e^{-(\mu-t)x}\,dx, \quad (\mu - t > 0) \\ &= -\frac{\mu}{\mu-t}\,e^{-(\mu-t)x}\bigg|_{0}^{+\infty}, \quad (t < \mu) \\ &= \frac{\mu}{\mu-t}, \quad (t < \mu) \end{aligned}$$

이다. 더욱이 이 적률모함수를 r번 미분하면

$$M_X^{(r)}(t) = \mu r!(\mu - t)^{-r-1}$$

이므로, 제 r차 적률은

$$E[X^r] = M_X^{(r)}(0) = \frac{r!}{\mu^r}$$

이다. 따라서, 평균은

$$E(X) = \frac{1}{\mu}$$

이고 분산은

$$\begin{aligned} \text{Var}(X) &= E(X^2) - [E(X)]^2 \\ &= \frac{2!}{\mu^2} - \left(\frac{1}{\mu}\right)^2 \\ &= \frac{1}{\mu^2} \end{aligned}$$

이다. □

다음은 이산확률분포의 적률모함수를 구하는 문제이다.

問題 2 이산확률변수 X의 확률질량함수가 다음과 같이 정의되어 있다고 하자.

$$p(x) = \begin{cases} \left(\frac{1}{2}\right)^{x+1}, & x = 0, 1, 2, \cdots \\ 0, & \text{기타의 경우} \end{cases}$$

확률변수 X의 적률모함수 $M_X(t)$를 구하고, 이를 이용하여 평균을 구하여라.

解答 적률모함수의 정의를 이용하면,

$$\begin{aligned} M_X(t) &= \sum_{x=0}^{\infty} e^{tx} p(x) \\ &= \sum_{x=0}^{\infty} e^{tx} \left(\frac{1}{2}\right)^{x+1} \\ &= \frac{1}{2} \sum_{x=0}^{\infty} \left(\frac{e^t}{2}\right)^x \\ &= \frac{1}{2} \frac{1}{1 - \frac{e^t}{2}} \\ &= \frac{1}{2 - e^t}, \quad (t < \ln 2) \end{aligned}$$

이다. 평균을 구하기 위하여 먼저, 적률모함수를 한 번 미분하면, $M_X'(t) = e^t(2 - e^t)^{-2}$이고, 이 식에 $t = 0$를 대입하면 $E(X) = M_X'(0) = 1$이다. □

위의 문제의 경우, 급수의 합은 기하급수(등비급수)의 합을 구하는 다음 공식을 이용한다. 즉, $-1 < xt < 1$을 만족하는 모든 실수 x에 대하여,

$$1 + x + x^2 + x^3 + \cdots + x^n + \cdots = \frac{1}{1-x}$$

을 이용한다. 이 공식의 증명은, 함수

$$f(x) = \frac{1}{1-x}$$

의 Maclaurin 급수식

$$f(x) = \sum_{n=0}^{\infty} \frac{f^{(n)}(0)}{n!} x^n$$

을 이용하면 된다.

다음은 적률모함수의 유일성에 관한 문제이다. 이 정리의 증명은 생략한다.

定理 2.12 확률변수 X와 Y의 분포함수를 각각 $F_X(x)$와 $F_Y(x)$라 하고, 또한 적률모함수를 각각 $M_X(t)$와 $M_Y(t)$라 하자. 이때, $F_X(x) = F_Y(x)$이기 위한 필요충분조건은 $M_X(t) = M_Y(t)$, $(\forall |t| < h, h > 0)$이다.

2.6 팩토리얼 적률과 팩토리얼 적률모함수

음아닌(nonnegative) 정수값을 취하는 확률변수의 도함수를 취급 할 때에 유용한 도구가 팩토리얼 적률이다. 이 정의는 다음과 같다.

定義 2.20 확률변수 X의 **제 r차 팩토리얼적률**(factorial moment)은

$$E\big(X(X-1)(X-2)\cdots(X-r+1)\big)$$

로, 확률변수 X의 **팩토리얼 적률모함수**(factorial moment generating function) $L_X(t)$는

$$L_X(t) \;=\; E(t^X)$$

로 정의한다.

여기서 기댓값 $E(|t^X|)$은 모든 $|t-1| < h$ $(h > 0)$에 대하여 존재한다고 가정한다. 그러나 실제로는 주어진 문제에 따라 t의 범위는 유동적임에 주의해야 한다.

팩토리얼 적률모함수는 다른용어로 **확률모함수**(probability generating function)라고도 한다. 이 정의로부터 적률모함수 $M_X(t)$와 팩토리얼 적률모함수 사이에 다음 식이

성립한다.

$$\begin{aligned} L_X(t) &= E(t^X) \\ &= E(e^{X\ln t}) = M_X(\ln t) \end{aligned}$$

定理 2.13 $L_X(t)$를 확률변수 X의 팩토리얼 적률모함수라고 하면, 다음이 성립한다.

$$\begin{aligned} \frac{d^r}{dt^r}L_X(t)\bigg|_{t=1} &= L_X^{(r)}(1) \\ &= E\big(X(X-1)(X-2)\cdots(X-r+1)\big) \end{aligned}$$

證明 팩토리얼 적률모함수의 정의에 의하여 $L_X(t)=E[t^X]$를 차례로 미분하면,

$$\begin{aligned} L'_X(t) &= E(Xt^{X-1}) \longrightarrow L'_X(1) = E(X) \\ L''_X(t) &= E\big(X(X-1)t^{X-2}\big) \longrightarrow L''_X(1) = E\big(X(X-1)\big) \\ &\vdots \\ L_X^{(r)}(t) &= E\big(X(X-1)(X-2)\cdots(X-r+1)t^{X-r}\big) \longrightarrow \\ &\qquad L_X^{(r)}(1) = E\big(X(X-1)(X-2)\cdots(X-r+1)\big) \end{aligned}$$

이다. ■

위의 팩토리얼적률을 이용하면 다음과 같은 결과를 얻는다.

$$\begin{aligned} E[X(X-1)] &= E[X^2-X] \\ &= E(X^2)-E(X) \\ &= L''_X(1) \end{aligned}$$

이므로

$$\begin{aligned} E(X^2) &= E(X)+E[X(X-1)] \\ &= L'_X(1)+L''_X(1) \end{aligned}$$

이고, 따라서 분산 Var(X)는

$$\begin{aligned} \mathrm{Var}(X) &= E(X^2)-[E(X)]^2 \\ &= E(X)+E[X(X-1)]-[E(X)]^2 \\ &= L'_X(1)+L''_X(1)-(L'_X(1))^2 \end{aligned}$$

으로부터 유도할 수 있다.

問題 1 2.5의 문제 2에서 확률변수 X의 팩토리얼 적률모함수를 구하여라.

解答 먼저 팩토리얼 적률모함수를 구하면

$$\begin{aligned} L_X(t) &= M_X(\ln t) \\ &= \frac{1}{2-e^{\ln t}} \\ &= \frac{1}{2-t} \quad (t<2) \end{aligned}$$

이다. 이 함수를 r번 미분하면,

$$L_X^{(r)}(t) = r!(2-t)^{-r-1}$$

이고

$$\begin{aligned} E(X) &= L'_X(1) = 1!(2-1)^{-2} = 1 \\ E[X(X-1)] &= L''_X(1) = 2!(2-1)^{-3} = 2 \end{aligned}$$

로부터,

$$E(X^2) = E(X) + E[X(X-1)] = 1+2 = 3$$

이다. 그러므로 $\mathrm{Var}(X) = 3 - 1^2 = 2$이다. □

2.7 Chebyshev의 부등식

이 절에서는 통계학과 확률론에서 많이 사용되는 부등식으로서 Chebyshev의 부등식, Markov의 부등식에 관해서 알아본다.

定理 2.14 X를 확률변수 $u(x) \geqslant 0$를 연속인 실수치 함수라 하면, 임의의 모든 상수 $c > 0$에 대하여, 다음 부등식이 성립한다.

$$P\{u(X) \geqslant c\} \leqslant \frac{E[u(X)]}{c}.$$

證明 확률변수 X가 연속이고 연속확률밀도함수 $f(x)$를 갖는 경우로 증명한다. 먼

저 $A = \{x \mid u(x) \geqslant c\}$라 하면, $A^c = \{x \mid u(x) < c\}$이므로

$$\begin{aligned}
E[u(X)] &= \int_{-\infty}^{\infty} u(x)f(x)\,dx \\
&= \int_{A\cup A^c} u(x)f(x)\,dx \\
&= \int_A u(x)f(x)\,dx + \int_{A^c} u(x)f(x)\,dx \\
&\geqslant \int_A u(x)f(x)\,dx \\
&\geqslant \int_A cf(x)\,dx \\
&= c\,P\{X \in A\} \\
&= c\,P\{u(X) \geqslant c\}
\end{aligned}$$

이다. 따라서, 위의 부등식을 정리하면

$$P\{u(X) \geqslant c\} \leqslant \frac{E[u(X)]}{c}.$$

이다. ■

위의 정리에서 음아닌 함수 $u(x)$가 $u(x) = |x|^r$, $(r > 0)$이면, Markov의 부등식

$$\begin{aligned}
P\{|X| \geqslant c\} &= P\{|X|^r \geqslant c^r\} \\
&\leqslant \frac{E[|X|^r]}{c^r}, \ (c > 0)
\end{aligned}$$

을 얻는다.

Markov의 부등식에서 $r = 2$인 경우는 Chebyshev의 부등식이라 부르고 이 부등식은 다음과 같다.

定理 2.15 확률변수 X의 평균을 $\mu = E(X)$, 분산을 $\sigma^2 = \text{Var}(X)$이라 하자. 모든 $k > 0$에 대하여, 다음 부등식이 성립한다.

$$P[|X - \mu| \geqslant k\sigma] \leqslant \frac{1}{k^2}.$$

證明 Markov의 부등식에서 음이 아닌 실함수 $u(x)$와 양의 상수 c를 각각

$$u(x) = (x - \mu)^2, \quad c = k^2\sigma^2$$

으로 두면,

$$\begin{aligned} P[|X-\mu| \geqslant k\sigma] &\leqslant P[(X-\mu)^2 \geqslant k^2\sigma^2] \\ &\leqslant \frac{E[(X-\mu)^2]}{k^2\sigma^2} \\ &\leqslant \frac{\sigma^2}{k^2\sigma^2} \\ &\leqslant \frac{1}{k^2} \end{aligned}$$

이 성립한다. ■

Chebychev의 부등식을 변형하면 다음과 같은 여러가지 형태의 부등식이 얻어진다.

$$P[|X-\mu| \geqslant k\sigma] = 1 - P[|X-\mu| < k\sigma] \leqslant \frac{1}{k^2}$$

이므로

$$P[|X-\mu| < k\sigma] \geqslant 1 - \frac{1}{k^2}$$

이 성립하며, 또한 위의 부등식에서 $\epsilon = k\sigma$로 치환하면,

$$P[|X-\mu| < \epsilon] \geqslant 1 - \frac{\sigma^2}{\epsilon^2}$$

이고, 따라서

$$P[|X-\mu| \geqslant \epsilon] \leqslant \frac{\sigma^2}{\epsilon^2}$$

가 성립함을 알 수 있다.

Chebyshev의 부등식에서 알 수 있는 또 하나의 사실은 양의 상수 k가 2일 경우이다. 실제로 $k=2$를 대입하면

$$P[|X-\mu| \geqslant 2\sigma] \leqslant \frac{1}{2^2} = 0.25$$

이므로 이 부등식으로부터 X의 확률분포는 평균 μ로부터 표준편차의 2배 내에 있을 확률이 적어도 0.75이상이라는 것이다. 더욱이 평균 μ와 표준편차 σ로 주어진 확률부등식

$$P[\,|X-\mu\,| \geqslant k\sigma\,]$$

는 확률변수 X의 확률밀도함수 $f_X(x)$나 확률질량함수 $p_X(x)$로 계산할 수 있다. 그런데 Chebyshev의 부등식은 $f_X(x)$ 또는 $p_X(x)$를 모를 경우에도 위의 확률부등식에 대한 하한값(lower bound)이 결정될 수 있음을 보여준다. 이러한 성질은 추정과 가설검정에서 많이 이용한다.

확률변수 X의 분산이 영(zero)이면 이 확률분포는 오직 하나의 실수 값에 집중되어 있다. 이 사실을 증명하여 보자.

定理 2.16 확률변수 X의 평균을 $\mu = E(X)$, 분산을 $\sigma^2 = \text{Var}(X)$라 하자. 이 경우, $\sigma^2 = \text{Var}(X) = 0$이면 $P\{X = \mu\} = 1$이다.

證明 임의의 실수 x를 관찰값이라 하자. $x \neq \mu$이면, $|x-\mu| \geqslant \frac{1}{i}$, $\forall i \geqslant 1$이다. 따라서,

$$\{X \neq \mu\} = \bigcup_{i=1}^{\infty}\left\{|X-\mu| \geqslant \frac{1}{i}\right\}$$

이고, 이 식에 확률 P를 부여한 다음, Boole의 부등식과 Chebyshev의 부등식을 이용하면,

$$\begin{aligned} P\{X \neq \mu\} &= P\left\{\bigcup_{i=1}^{\infty}\left\{|X-\mu| \geqslant \frac{1}{i}\right\}\right\} \\ &\leqslant \sum_{i=1}^{\infty} P\left\{|X-\mu| \geqslant \frac{1}{i}\right\} \\ &\leqslant \sum_{i=1}^{\infty} i^2\sigma^2 = 0 \end{aligned}$$

이다. 따라서, $P\{X \neq \mu\} = 0$이므로 $P\{X = \mu\} = 1$이다. ■

위의 정리에서와 같이 분산이 0인 분포를 퇴화분포(degenerate distribution)라 한다.

定理 2.17 **단측 Chebyshev의 부등식**(one-sided Chebyshev's inequality)
확률변수 X의 평균을 $\mu = E(X) = 0$, 분산을 $\sigma^2 = \text{Var}(X) < +\infty$라 하자. 모든 상수 $a > 0$에 대하여 다음 부등식이 성립한다.

$$P\{X \geqslant a\} \leqslant \frac{\sigma^2}{\sigma^2 + a^2}$$

證明 x의 함수인 $g(x) = (x+c)^2$ $(c > 0)$이라 하고 $x > a > 0$이면 $g(x) \geqslant (a+c)^2$이다. 따라서 앞의 정리 2.13에 의하여 모든 $c > 0$와 $a > 0$에 대하여

$$\begin{aligned} P\{X \geqslant a\} &\leqslant P\{g(X) \geqslant (a+c)^2\} \\ &\leqslant \frac{E\big(g(X)\big)}{(a+c)^2} \\ &= \frac{E\big((X+c)^2\big)}{(a+c)^2} \end{aligned}$$

이다. 위의 식의 마지막 항을 정리하면

$$\begin{aligned}\frac{E\big((X+c)^2\big)}{(a+c)^2} &= \frac{E\big(E(X^2)+2c\,E(X)+c^2\big)}{(a+c)^2}\\ &= \frac{\sigma^2+c^2}{(a+c)^2}\end{aligned}$$

이고, 이 식이 최소가 되는 c의 값을 미분으로 구하면 $c=\frac{\sigma^2}{a}$이므로 이 값을 대입하면 정리의 결과를 얻는다. ■

위의 정리를 일반화하면 다음과 같다. 확률변수 X의 평균을 $\mu = E(X) = \mu$, 분산을 $\sigma^2 = \mathrm{Var}(X) < +\infty$라 하면, 모든 상수 $a > 0$에 대하여 다음 부등식이 성립한다.

$$\begin{aligned}P\{X \geqslant \mu + a\} &\leqslant \frac{\sigma^2}{\sigma^2+a^2},\\ P\{X \geqslant \mu - a\} &\leqslant \frac{\sigma^2}{\sigma^2+a^2}.\end{aligned}$$

이 식의 증명은 연습문제로 남겨 놓는다. Chebyshev의 부등식과 함께 확률론에서 자주 나오는 부등식이 Jensen의 부등식이다. 이 Jensen의 부등식은 볼록집합(convex set)과 볼록함수(convex function)와 밀접하게 관련되어 있다.

定義 2.21 (1) α를 $0 < \alpha < 1$인 실수라 하고 A를 공집합이 아닌 집합이라하자. 모든 $x, y \in A$에 대하여, x와 y을 연결하는 선분 $z = \alpha x + (1-\alpha)y$가 집합 A내에 포함되면 즉,

$$z = \alpha x + (1-\alpha)y \in A$$

이면 집합 A를 **볼록집합**(convex set)이라 한다.

(2) α를 $0 < \alpha < 1$인 실수라 하고, $g(x)$를 정의역이 폐구간 $[a, b]$인 연속인 실수치함수라 하자. 모든 $x, y \in [a, b]$에 대하여, 함수 $g(x)$가 조건

$$g\big(\alpha x + (1-\alpha)y\big) \leqslant \alpha g(x) + (1-\alpha)g(y)$$

을 만족하면 $g(x)$를 **볼록함수**(convex function)이라 한다.

직관적으로 말하면, 볼록함수는 폐구간 $[a, b]$내의 두 점 x와 y에서의 함수값을 각각 $g(x)$와 $g(y)$라 하였을 때, 임의의 점 $x_0 \in [a, b]$에서, $g(x)$와 $g(y)$를 연결하는 선분상의 함수값이, 폐구간 $[a, b]$내의 두 점 x와 y를 연결하는 선분상의 함수값보다 크거나 같을 때를 의미한다. 이제 Jensen의 부등식을 증명해 보자.

定理 2.18 확률변수 X의 평균을 $E(X)$라 하자. 이때, 함수 $g(x)$가 연속이고 볼록함수이면, 다음 식이 성립한다.

$$g\big(E(X)\big) \leqslant E\big(g(X)\big)$$

證明 $g(x)$가 연속이고 볼록함수이므로, 점 $(E(X), g(E(X)))$을 지나는 적당한 직선 $l(x) = a + bx$는 $l(x) = a + bx \leqslant g(x)$와 $l(E(X)) = g(E(X))$을 만족한다. 따라서,

$$E\big(l(X)\big) = E(a + bX) = a + bE(X) = l\,E(X)$$

이므로

$$g(E(X)) = l\big(E(X)\big) = E(l(X)) \leqslant E[g(X)]$$

이다. ■

Jensen의 부등식의 예를 들어 보자. 먼저 $f(x) = x^2$은 $\mathbb{R}$상에서 연속이고

$$E(X^2) = E\big(f(X)\big) \geqslant f\big(E(X)\big) = \big(E(X)\big)^2$$

이 성립한다. 즉, $\text{Var}(X) = E(X^2) - \big(E(X)\big)^2 \geqslant 0$인 것을 알 수 있다. 또한, 지수함수 $f(x) = e^{-x}$도 $\mathbb{R}$상에서 연속이고 볼록함수이므로 Jensen의 부등식을 이용하면

$$E\big(f(x)\big) = E(e^X) = \geqslant f\big(E(X)\big) = e^{E(X)}$$

이므로

$$E(X) \leqslant \ln\big(E(e^X)\big)$$

이다.

2.8 이산형 특수 확률분포

이 절에서는 확률론은 물론 통계학의 거의 모든 분야에서 자주 나타나는 중요한 유형의 이산확률분포에 대하여 자세하게 알아 보고 앞 절에서 설명한 기댓값, 분산 그리고 적률모함수를 구하여 본다.

2.8.1 이항분포

어느 설문조사에서 응답을 "YES"또는 "NO"로 표기하는 것, 바둑알을 흰 돌 또는 검은 돌로 구분하는 것, 어떤 시험문제의 정답을 O 또는 X로 표기하는 것, 한 개의 동전을 던지는 실험에서 나오는 앞면 또는 뒷면, 또한 어느 부품 제조공장의 생산라인에서 생산되는 부품을 정상품(good product)과 불량품(defective product)으로 구분하는 것, 정육면체 주사위를 한 번 던졌을 때 나오는 눈을 짝수와 홀수로 구분하는

것 등등 이러한 모든 실험의 결과는 오직 두 가지로만 나타난다. 이와 같이 랜덤하게 시행한 결과가 오직 두 가지 형태로만 나타날 때의 확률분포를 구해 보고 이러한 시행을 계속 반복하였을 때 나타나는 확률분포에 대하여도 알아 본다.

定義 2.22 어떤 실험을 시행한 결과가 오직 두 가지 형태로 나타나면, 이러한 시행을 **베르누이 시행**(Bernoulli trial)이라 한다.

일반적으로, 베르누이 시행에서 나타나는 이 두 가지 결과를 하나는 **성공**(success)으로, 다른 하나는 **실패**(failure)로 구분한다. 이 경우, 성공한 사건을 E, 실패한 사건을 E^c로 나타내어 다음과 같이 확률을 부여하자. 즉, p와 q를 각각

$$p = P(E), \quad q = P(E^c) = 1 - p$$

로 나타내면, p와 q를 각각 **성공확률**(probability of success), **실패확률**(probability of failure)이라 한다.

定義 2.23 $(\Omega, \mathcal{F}, P)$를 확률공간, $E \subseteq \Omega$를 임의의 사건이라 하고 베르누이 시행에서 얻은 성공확률과 실패확률을 각각 $p = P(E)$와 $q = P(E^c)$라 하자. 이제 0과 1을 이용하여 확률변수 X를

$$X(\omega) = \begin{cases} 1, & \omega \in E \\ 0, & \omega \in E^c \end{cases} \tag{2.1}$$

로 정의하면, 이 확률변수 X를 **베르누이 확률변수**(Bernoulli random variable)라 한다.

이 정의로부터 $P\{X(\omega) = 1\} = p$이고 $P\{X(\omega) = 0\} = q = 1 - p$임을 알 수 있다. 베르누이 확률변수 X의 확률질량함수는 다음과 같다.

定義 2.24 X를 베르누이 확률변수라 하면,

$$f(x; p) = p^x q^{1-x}, \quad x = 0, 1 \tag{2.2}$$

를 **성공확률 p를 갖는 베르누이 분포**(Bernoulli distribution)라 한다. 확률변수 X가 성공확률 p를 갖는 베르누이 분포에 따를 때, 기호 $X \sim \text{BERN}(p)$라 쓰기로 한다.

명백히, 베르누이 분포에서 $f(0) = q = P\{X = 0\}$이고 $f(1) = p = P\{X = 1\}$이다. 이제 베르누이 분포의 평균, 분산과 적률모함수를 구해보자.

定理 2.19 $X \sim \mathrm{BERN}(p)$라 하면, X의 기댓값과 분산은 각각

$$E(X) = p, \tag{2.3}$$
$$\mathrm{Var}(X) = pq \tag{2.4}$$

이다.

證明 먼저 평균(기댓값)을 구하면,

$$\begin{aligned} E(X) &= \sum_{x=0}^{1} xp^x q^{1-x} \\ &= 0 \cdot 1 \cdot q + 1 \cdot p \cdot 1 \\ &= p \end{aligned}$$

이다. 분산을 구하기 전에 먼저 원점에 대한 X의 제 2차 모멘트는 구하면

$$\begin{aligned} E(X^2) &= \sum_{x=0}^{1} x^2 p^x q^{1-x} \\ &= 0^2 \cdot 1 \cdot q + 1^2 \cdot p \cdot 1 \\ &= p \end{aligned}$$

이다. 따라서 X의 분산은

$$\begin{aligned} \mathrm{Var}(X) &= E(X^2) - [E(X)]^2 \\ &= p - p^2 \\ &= p(1-p) \\ &= pq \end{aligned}$$

이다. ■

베르누이 분포의 적률모함수를 구해 보자.

定理 2.20 $X \sim \mathrm{BERN}(p)$라 하면, X의 적률모함수는

$$M_X(t) = q + pe^t \tag{2.5}$$

이다.

證明 적률모함수의 정의로 부터 X의 적률모함수를 구하면,

$$\begin{aligned} M_X(t) &= E(e^{tX}) \\ &= \sum_{x=0}^{1} e^{tx} f(x;p) \\ &= \sum_{x=0}^{1} e^{tx}\, p^x q^{1-x} \\ &= 1 \cdot 1 \cdot q + e^t \cdot p \cdot 1 \\ &= q + pe^t \end{aligned}$$

이다. ■

이항분포는 베르누이 시행을 n회 독립적으로 반복 시행하였을 때 나타나는 분포이다. 이항분포는 다음과 같이 얻어진다.

定理 2.21 Y를 베르누이 확률변수라하자. 먼저 1회의 베르누이 시행결과 나타난 성공확률을 p, 실패확률을 $q = 1 - p$라 하자. 이때 베르누이 시행을 n회 독립적으로 반복하였을 때 성공이 나타나는 횟수를 확률변수 X라 하면, n회의 베르누이 시행 중, 성공이 정확히 x번 나올 확률은

$$f(x;n,p) = \binom{n}{x} p^x q^{n-x}, \qquad x = 0, 1, 2, \cdots, n,\ q = 1 - p \tag{2.6}$$

이다. 이 확률분포를 **이항분포**(binomial distribution)라 한다. 확률변수 X가 시행횟수 n과 성공확률 p를 갖는 이항분포에 따를 때, 기호 $X \sim \mathrm{BIN}(n, p)$로 쓰기로 한다.

이항분포는 복원추출(sampling with repetition)의 전형적인 예이다. 복원추출이란 랜덤하게 추출한 물건을 다시 원래의 위치에 되돌려 놓고 다시 추출하는 방식을 말한다. 이제 비교적 간단한 예를 들어 이항분포가 어떻게 만들어지는지 살펴보자. 어떤 항아리 속에 3개의 빨간 공과 2개의 파란 공이 들어 있다고 하자. 이 항아리속에서 복원추출로 한 개의 공을 꺼낼 때 그것이 빨간 공일 확률은 $\frac{3}{5}$이다. 이 경우 항아리 속에서 복원추출로 한 개의 공을 추출하는 것은 베르누이 시행이다. 왜냐하면, 이미 항아리 속에는 두 가지 빨간 공과 파란 공으로 나뉘어져 있기 때문이다. 또한, 항아리 속에서 한 개의 공을 추출하였을 때, 빨간 공의 개수를 확률변수 X로 정의하면, X는 베르누이 확률변수이다. 이제 이 항아리 속에서 복원추출로 4회 뽑았을 때 그 중 2개가 빨간 공일 확률을 구해 보자. 여기서 추출된 공이 빨간 공일 사건을 R로, 파란 공일 사건을 B로 표시하면, 4회의 복원추출 중에 2개가 빨간 공일 사건일 모든

경우의 수는 다음과 같이

$$RRBB,\quad RBRB,\quad RBBR,\quad BBRR,\quad BRRB,\quad BRBR$$

모두 6가지이다. 따라서, 위의 각 경우에 대한 사건의 확률을 계산하면

$$\begin{aligned}
RRBB &\longrightarrow \frac{3}{5}\frac{3}{5}\frac{2}{5}\frac{2}{5} \longrightarrow \left(\frac{3}{5}\right)^2\left(\frac{2}{5}\right)^2,\\
RBRB &\longrightarrow \frac{3}{5}\frac{2}{5}\frac{3}{5}\frac{2}{5} \longrightarrow \left(\frac{3}{5}\right)^2\left(\frac{2}{5}\right)^2,\\
RBBR &\longrightarrow \frac{3}{5}\frac{2}{5}\frac{2}{5}\frac{3}{5} \longrightarrow \left(\frac{3}{5}\right)^2\left(\frac{2}{5}\right)^2,\\
BBRR &\longrightarrow \frac{2}{5}\frac{2}{5}\frac{3}{5}\frac{3}{5} \longrightarrow \left(\frac{3}{5}\right)^2\left(\frac{2}{5}\right)^2,\\
BRRB &\longrightarrow \frac{2}{5}\frac{3}{5}\frac{3}{5}\frac{2}{5} \longrightarrow \left(\frac{3}{5}\right)^2\left(\frac{2}{5}\right)^2,\\
BRBR &\longrightarrow \frac{2}{5}\frac{3}{5}\frac{2}{5}\frac{3}{5} \longrightarrow \left(\frac{3}{5}\right)^2\left(\frac{2}{5}\right)^2
\end{aligned}$$

이다. 이로부터 항아리 속에서 복원추출로 4회 추출하였을 때 그 중 2개가 빨간 공일 확률은 모두 같은 확률 $\left(\frac{3}{5}\right)^2\left(\frac{2}{5}\right)^2$이며, 이러한 확률의 모든 경우의 수는 6가지가 있다. 따라서, 4회의 복원추출 중에 2개가 빨간 공일 사건의 확률은

$$6\left(\frac{3}{5}\right)^2\left(\frac{2}{5}\right)^2$$

이다. 여기서 상수 6의 의미는, 항아리 속에서 복원추출로 4회 추출하였을 때 그 중 2개가 빨간 공일 경우의 수 즉, $\binom{4}{2} = 6$을 의미한다. 정리하면, 다음과 같이 이항분포로 나타낼 수 있다.

$$\begin{aligned}
P\{X = 2\} &= 6\left(\frac{3}{5}\right)^2\left(\frac{2}{5}\right)^2\\
&= \binom{4}{2}\left(\frac{3}{5}\right)^2\left(1 - \frac{3}{5}\right)^{4-2}.
\end{aligned}$$

위에서 설명한 예를 기초로 하여, 이항분포를 다음과 같은 방법으로 좀더 엄밀하게 유도할 수 있다. 먼저 X_i $(i = 1, 2, 3, \cdots, n)$를 베르누이 확률변수라 하고,

$$X_i = \begin{cases} 1, & i\text{-번째 시행에서 성공}(S)\text{이 나온 경우} \\ 0, & i\text{-번째 시행에서 실패}(F)\text{가 나온 경우} \end{cases}$$

라 정의하자. 이제 확률변수 X를

$$\begin{aligned} X &= X_1 + X_2 + X_3 + \cdots + X_n \\ &= \sum_{i=1}^{n} X_i \end{aligned}$$

으로 정의하면, X가 취할 수 있는 모든 값은 0, 1, 2, $\cdots$, n이다. 이 경우, 각 시행의 결과는 다른 시행의 결과에 영향을 주지 않으므로 독립인 것은 명백한 사실이다. 이제 모든 $X \subseteq \{0, 1, 2, \cdots, n\}$에 대하여,

$$p_X(x) = P\{n\text{회의 시행 중 성공이 꼭 } x\text{회 일어날 사건}\}$$

이라 하면, n회의 시행 중 정확히 x회의 성공이 나올 경우의 수는 $\binom{n}{x}$이다. 또한, 각 시행결과 나타나는 사건의 확률은 모두 독립적이므로, 확률의 독립성에 의하여

$$\begin{aligned} P\{\overbrace{SS\cdots S}^{x\text{회}}\overbrace{FF\cdots F}^{(n-x)\text{회}}\} &= \overbrace{P(S)P(S)\cdots P(S)}^{x\text{개의 항}}\overbrace{P(F)P(F)\cdots P(F)}^{(n-x)\text{개의 항}} \\ &= \overbrace{p \times p \times \cdots p}^{x\text{회의 성공}} \times \overbrace{(1-p)\times(1-p)\cdots(1-p)}^{(n-x)\text{회의 실패}} \\ &= p^x(1-p)^{n-x} \end{aligned}$$

이다. 따라서,

$$p_X(x) = f(x; n, p) = \begin{cases} \binom{n}{x} p^x (1-p)^{n-x}, & x = 0, 1, 2, 3, \cdots, n \\ 0, & \text{그 외의 경우} \end{cases}$$

가 성립한다.

이항분포의 평균과 분산을 구해보자.

定理 2.22 $X \sim \mathrm{BIN}(n, p)$라고 하면, X의 기댓값과 분산은 각각

$$E(X) = np, \tag{2.7}$$
$$\mathrm{Var}(X) = npq \tag{2.8}$$

이다.

證明 X의 평균 $E(X)$는 다음과 같다.

$$\begin{aligned}
E(X) &= \sum_{x=0}^{n} x\binom{n}{x}p^x q^{n-x} \\
&= \sum_{x=0}^{n} x\frac{n!}{x!(n-x)!}p^x q^{n-x} \\
&= \sum_{x=1}^{n} \frac{n!}{(x-1)!(n-x)!}\, p^x q^{n-x} \\
&= np\sum_{x=1}^{n} \frac{(n-1)!}{(x-1)!((n-1)-(x-1))!}\, p^{x-1} q^{(n-1)-(x-1)} \\
&= np\sum_{y=0}^{n-1} \frac{(n-1)!}{y!((n-1)-y)!}\, p^{y} q^{(n-1)-y} \qquad (y = x-1\text{로 치환}) \\
&= np\sum_{y=0}^{n-1} \binom{n-1}{y}\, p^{y} q^{(n-1)-y} \\
&= np\,(p+q)^{n-1} \\
&= np\,.
\end{aligned}$$

분산을 계산하기 위하여 먼저 $E(X^2)$를 구하면,

$$\begin{aligned}
E(X^2) &= \sum_{x=0}^{n} x^2\binom{n}{x}p^x q^{n-x} \\
&= \sum_{x=0}^{n}\{(x-1)+1\}x\binom{n}{x}p^x q^{n-x} \\
&= \sum_{x=0}^{n}(x-1)x\binom{n}{x}p^x q^{n-x} + \sum_{x=0}^{n} x\binom{n}{x}p^x q^{n-x} \\
&= \sum_{x=2}^{n} \frac{n!}{(x-2)!(n-x)!}\, p^x q^{n-x} + E(X) \\
&= n(n-1)p^2\sum_{x=2}^{n} \frac{(n-2)!}{(x-2)!((n-2)-(x-2))!}\, p^{x-2} q^{(n-2)-(x-2)} + np \\
&= n(n-1)p^2\sum_{y=0}^{n-2} \frac{(n-2)!}{y!((n-2)-y)!}\, p^{y} q^{(n-2)-y} + np \\
&\qquad\qquad (y = x-2\text{로 치환}) \\
&= n(n-1)p^2\,(p+q)^{n-2} + np \\
&= n^2p^2 - np^2 + np
\end{aligned}$$

이므로 $\mathrm{Var}(X) = E(X^2) - (E(X))^2 = n^2p^2 - np^2 + np - (np)^2 = npq$ 이다. ■

이항분포 $X \sim \mathrm{BIN}(n,p)$에서 시행횟수가 $n = 1$이면,

$$f(x;1,p) = P\{X = x\} = \binom{1}{x} p^x q^{1-x}, \quad x = 0, 1, \quad q = 1 - p,$$

이므로, 베르누이 분포가 된다.

이제 이항분포의 적률모함수를 구해 보자.

定理 2.23 $X \sim \mathrm{BIN}(n,p)$라고 하면, X의 적률모함수는

$$M_X(t) = (q + pe^t)^n \tag{2.9}$$

이다.

證明 적률모함수의 정의에 의하여

$$\begin{aligned} M_X(t) &= E(e^{tX}) \\ &= \sum_{x=0}^{n} e^{tx} \binom{n}{x} p^x q^{n-x} \\ &= \sum_{x=0}^{n} \binom{n}{x} (pe^t)^x q^{n-x} \\ &= (q + pe^t)^n \end{aligned}$$

이다. ■

여기서 흥미있는 한 가지 사실은 $X \sim \mathrm{BIN}(n;p)$이면, 확률변수 $Y = n - X$는 성공확률 $1-p$를 갖는 이항분포에 따른다. 즉, $Y = n - X \sim \mathrm{BIN}(n;1-p)$가 성립한다.

2.8.2 Poisson 분포

포아송분포의 확률질량함수는 지수함수의 MacLaurin 급수식으로부터 유도할 수 있다. 먼저 연속인 실수치 지수함수 $g(\lambda) = e^\lambda$ $(\lambda > 0)$의 MacLaurin 급수식은

$$\begin{aligned} g(\lambda) &= e^\lambda \\ &= \sum_{x=0}^{\infty} \frac{\lambda^x}{x!} \end{aligned}$$

이므로

$$\sum_{x=0}^{\infty} e^{-\lambda} \frac{\lambda^x}{x!} = 1$$

이 성립한다. 또한, 함수

$$f(x;\lambda) \;=\; e^{-\lambda}\frac{\lambda^x}{x!}$$

는 이산확률질량함수의 두 가지 조건을 만족한다.

$\lambda > 0$일 때 모든 $x = 0, 1, 2, \cdots$에 대하여, $e^{-\lambda}\frac{\lambda^x}{x!} \geqslant 0$이고 $\sum_{x=0}^{\infty} e^{-\lambda}\frac{\lambda^x}{x!} \;=\; 1.$

따라서 다음과 같이 포아송분포를 정의할 수 있다.

定義 2.25 이산형 확률변수 X가 확률질량함수

$$f(x;\lambda) = \frac{e^{-\lambda}\lambda^x}{x!}, \quad x = 0, 1, 2, 3\cdots$$

를 가지면 확률변수 X는 **모수(parameter)** $\lambda > 0$**를 갖는 포아송(Poisson)분포**에 따른다고 한다. 확률변수 X가 모수 $\lambda > 0$를 갖는 포아송분포에 따를때, 기호 $X \sim \text{POIS}(\lambda)$로 쓰기로 한다.

이제 포아송분포의 평균과 분산을 구하면 다음과 같다.

定理 2.24 $X \sim \text{POIS}(\lambda)$이면, X의 평균과 분산은 각각

$$E(X) \;=\; \lambda, \tag{2.10}$$

$$\text{Var}(X) \;=\; \lambda \tag{2.11}$$

이다.

證明 먼저, 평균 $E(X)$는

$$\begin{aligned} E(X) &= \sum_{x=0}^{\infty} x\frac{e^{-\lambda}\lambda^x}{x!} \\ &= \sum_{x=1}^{\infty} \frac{e^{-\lambda}\lambda^x}{(x-1)!} \\ &= e^{-\lambda}\sum_{y=0}^{\infty}\frac{\lambda^{y+1}}{y!} && (y = x-1\text{로 치환}) \\ &= \lambda e^{-\lambda}\sum_{y=0}^{\infty}\frac{\lambda^y}{y!} \\ &= \lambda\, e^{-\lambda}\, e^{\lambda} \\ &= \lambda \end{aligned}$$

이다. 분산을 구하기 전에 다음 식 $E(X^2)$을 먼저 계산하면,

$$\begin{aligned}
E(X^2) &= \sum_{x=0}^{\infty} x^2 \frac{e^{-\lambda}\lambda^x}{x!} \\
&= \sum_{x=0}^{\infty}(x-1+1)x\,\frac{e^{-\lambda}\lambda^x}{x!} \\
&= \sum_{x=0}^{\infty}(x-1)x\,\frac{e^{-\lambda}\lambda^x}{x!} + \sum_{x=0}^{\infty} x\frac{\lambda^x}{x!}\,e^{-\lambda} \\
&= \sum_{x=2}^{\infty}\frac{e^{-\lambda}\lambda^x}{(x-2)!} + E(X) \\
&= e^{-\lambda}\sum_{y=0}^{\infty}\frac{\lambda^{y+2}}{y!} + \lambda \qquad (y = x-2\text{로 치환}) \\
&= \lambda^2 e^{-\lambda}\sum_{y=0}^{\infty}\frac{\lambda^y}{y!} + \lambda \\
&= \lambda^2 e^{-\lambda}e^{\lambda} + \lambda \\
&= \lambda^2 + \lambda
\end{aligned}$$

이다. 따라서, 분산은

$$\begin{aligned}
\mathrm{Var}(X) &= E(X^2) - (E(X))^2 \\
&= \lambda^2 + \lambda - (\lambda)^2 \\
&= \lambda
\end{aligned}$$

이다. ■

이항분포에 적당한 조건을 추가하면 이항분포는 다음과 같이 Poisson분포로 근사시킬 수가 있다.

定理 2.25 확률변수 X가 이항분포에 따른다고 하자. 즉, $X \sim B(n,p)$라 하자. 이때 $np = \lambda$라 하고 $p \to 0$, $n \to \infty$이면, 이항분포는 모수 $\lambda > 0$를 갖는 포아송 분포로 수렴한다. 즉, 다음 식이 성립한다.

$$\lim_{n\to\infty}\binom{n}{x}p^x(1-p)^{n-x} = \frac{e^{-\lambda}\lambda^x}{x!}, \quad x = 0,1,2,3,\cdots$$

證明 $\lambda = np$ 라고 하면,

$$\begin{aligned}
&\binom{n}{x} p^x (1-p)^{n-x} \\
&= \frac{n!}{x!(n-x)!}\left(\frac{\lambda}{n}\right)^x \left(1-\frac{\lambda}{n}\right)^{n-x} \\
&= \frac{\lambda^x}{x!}\left(\frac{n}{n}\right)\left(\frac{n-1}{n}\right)\cdots\left(\frac{n-x+1}{n}\right)\left(1-\frac{\lambda}{n}\right)^n \left(1-\frac{\lambda}{n}\right)^{-x} \\
&\xrightarrow{n\to\infty \text{이면}} \frac{\lambda^x}{x!}\cdot 1\cdot 1\cdots 1\cdot e^{-\lambda}\cdot 1^{-x} = e^{-\lambda}\frac{\lambda^x}{x!}
\end{aligned}$$

이다. ■

위의 정리에서 알 수 있드시 이항분포에서 시행횟수 n이 충분히 크고 성공확률 p가 충분히 작을 때, 그러나 실제로는 확률이 0에 아주 가까울 때에는 이항분포 대신 포아송분포를 근사적으로 사용할 수 있다.

이제 포아송분포의 적률모함수를 구해 보자.

定理 2.26 $X \sim \text{POIS}(\lambda)$이면, X의 적률모함수는

$$M_X(t) = e^{\lambda(e^t-1)} \tag{2.12}$$

이다.

證明 적률모함수의 정의에 의하여,

$$\begin{aligned}
M_X(t) &= \sum_{x=0}^{\infty} e^{tx}\frac{e^{-\lambda}\lambda^x}{x!} \\
&= e^{-\lambda}\sum_{x=0}^{\infty}\frac{(\lambda e^t)^x}{x!} \\
&= e^{-\lambda} e^{\lambda e^t} \\
&= e^{\lambda(e^t-1)}
\end{aligned}$$

■

2.8.3 기하분포

베르누이 시행에서 처음으로 성공 S(success)가 일어날 때까지 시행횟수를 X라 하면, X의 확률분포는 기하분포가 된다. 다음 정의를 살펴보자.

定義 2.26 베르누이 시행에서 처음으로 성공 S(success)가 일어날 때까지 시행 횟수를 X라 하면, x번째까지 사건 $\{X = x\}$의 확률분포는

$$p \quad \text{또는} \quad qp \quad \text{또는} \quad qqp \quad \text{또는} \quad qqqp \quad \text{또는} \quad qqqqp \quad \cdots \quad \overbrace{qq\cdots q}^{(x-1)\text{-번}}p$$

이다. 따라서, 이 수열의 제 x번째 항은

$$f(x;p) \;=\; pq^{x-1}, \qquad x = 1, 2, 3, \cdots, \quad 0 < p < 1, \; q = 1 - p$$

가 되므로, 이 확률분포를 **기하분포**(geometric distribution)라 한다. 확률변수 X가 기하분포에 따를 때, 기호 $X \sim \text{GEO}(p)$를 쓰기로 한다.

실제로 기하분포

$$f(x;p) \;=\; pq^{x-1}, \qquad x = 1, 2, 3, \cdots, \quad 0 < p < 1, \; q = 1 - p$$

가 확률질량함수의 조건을 만족하는지 살펴보자. 먼저 모든 $x = 1, 2, 3, \cdots$에 대하여

$$f(x;p) \;=\; pq^{x-1} > 0$$

이고

$$\sum_{x=1}^{\infty} pq^{x-1} \;=\; p\frac{1}{1-q} \;=\; 1$$

임을 알 수 있다.

이제 기하분포의 평균과 분산을 계산하기 전에, 다음 몇가지 공식을 살펴보자.

(무한급수 공식)

(1) 다음 식은 기하급수를 미분한 결과이다.

$$\frac{1}{1-q} = 1 + q + q^2 + q^3 + \cdots \Longrightarrow \frac{d}{dq}\left(\frac{1}{1-q}\right) \;=\; \frac{1}{(1-q)^2} \;=\; 1 + 2q + 3q^2 + 4q^3 + \cdots$$

(2) (1)에서 결과를 다시 한 번 미분하면 다음과 공식을 얻는다.

$$\frac{d}{dq}\frac{1}{(1-q)^2} \;=\; \frac{d}{dq}\left(1 + 2q + 3q^2 + 4q^3 + \cdots\right)$$

$$\Longrightarrow \frac{2}{(1-q)^3} \;=\; 2 + 2\cdot 3q + 3\cdot 4q^2 + 4\cdot 5q^3 + \cdots$$

이 식의 양변에 다시 q를 곱하면, 다음 공식을 얻는다.

$$\frac{2q}{(1-q)^3} = 2q + 2\cdot 3q^2 + 3\cdot 4q^3 + 4\cdot 5q^4 + \cdots$$

위의 무한급수 공식을 이용하여 기하분포의 평균과 분산을 구해 보자.

定理 2.27 $X \sim \mathrm{GEO}(p)$이면, X의 평균과 분산은 각각 다음과 같다.

$$E(X) = \frac{1}{p}, \quad \mathsf{Var}(X) = \frac{q}{p^2} \tag{2.13}$$

證明 먼저 평균 $E(X)$는 다음과 같다.

$$\begin{aligned} E(X) &= \sum_{x=1}^{\infty} x\, pq^{x-1} \\ &= p\,\frac{1}{(1-q)^2} \\ &= \frac{p}{p^2} \\ &= \frac{1}{p} \end{aligned}$$

또한 분산을 계산하기 위하여 먼저 $E(X^2)$을 구하면,

$$\begin{aligned} E(X^2) &= \sum_{x=1}^{\infty}(x-1+1)x\, pq^{x-1} \\ &= \sum_{x=1}^{\infty}(x-1)x\, pq^{x-1} + \sum_{x=1}^{\infty} x\, pq^{x-1} \\ &= p\frac{2q}{(1-q)^3} + \frac{1}{p} \\ &= \frac{2q}{p^2} + \frac{1}{p} \end{aligned}$$

이다. 따라서, 분산은 다음과 같다.

$$\begin{aligned} \mathsf{Var}(X) &= E(X^2) - (E(X))^2 \\ &= \frac{2q}{p^2} + \frac{1}{p} - \left(\frac{1}{p}\right)^2 \\ &= \frac{q}{p^2}\,. \end{aligned}$$

■

기하분포의 특징으로는 무기억성 성질(memoryless property)이 있다.

定理 2.28 $X \sim \text{GEO}(p)$이면, 모든 $x, y \in \mathbb{R}$에 대하여 다음 식이 성립한다.

$$P\{X > x + l \mid X > l\} = P\{X > x\}. \tag{2.14}$$

證明 먼저 $X \sim \text{GEO}(p)$의 분포함수 $F(x)$를 구하면

$$\begin{aligned} F(x) &= P\{X \leqslant x\} \\ &= \sum_{i=1}^{x} pq^{i-1} \\ &= 1 - q^x, \quad x = 1, 2, 3, \cdots \end{aligned}$$

이다. 이로부터 $P\{X > x\} = q^x$, $(x = 1.2.3.\cdots)$이다. 따라서 조건부확률의 정의와 모든 $x, y \in \mathbb{R}$에 대하여 다음이 성립한다.

$$\begin{aligned} P\{X > x + l \mid X > l\} &= \frac{P\{X > x + l\}}{P\{X > l\}} \\ &= \frac{(1-p)^{x+l}}{(1-p)^l} \\ &= (1-p)^x \\ &= P\{X > x\}. \end{aligned}$$

■

2.8.4 초기하분포

초기하분포는 다음 확률계산으로부터 얻어진다.

定義 2.27 어떤 유한모집단이 총 N-개의 품목으로 구성되어 있는데 이 중에서 M-개가 A-종류, 나머지 $(N-M)$-개는 B-종류로 분류된다고 한다. 이제 이 유한모집단으로부터 비복원추출로 n-개의 품목을 뽑았다고 했을 때, A-종류에서 뽑힌 품목의 개수를 확률변수 X로 정의하면, X의 확률분포는 다음과 같다.

$$h(x; n, M, N) = \frac{\binom{M}{x}\binom{N-M}{n-x}}{\binom{N}{n}}, \qquad x = 0, 1, 2, 3, \cdots, n \tag{2.15}$$

위의 확률분포를 **초기하분포**(hypergeometric distribution)라 한다. 확률변수 X가 초기하분포에 따를 때, 기호를 $X \sim \text{HYP}(n; M, N)$으로 쓰기로 한다.

일반적으로 초기하분포는 비복원추출의 전형적인 결과로 나타난다. 초기하분포의 평균과 분산을 유도하면 다음과 같다.

定理 2.29 $X \sim \text{HYP}(n; M, N)$이면, X의 평균은

$$E(X) \;=\; \frac{nM}{N} \tag{2.16}$$

이고, X의 분산은

$$\text{Var}(X) \;=\; \frac{nM}{N}\frac{N-n}{N-1}\left(1-\frac{M}{N}\right) \tag{2.17}$$

이다.

證明 평균 $E(X)$는

$$\begin{aligned}
E(X) &= \sum_{x=0}^{n} x\,\frac{\binom{M}{x}\binom{N-M}{n-x}}{\binom{N}{n}} \\
&= \sum_{x=0}^{n} x\,\frac{\frac{M!}{x!(M-x)!}}{\frac{N!}{n!(N-n)!}}\binom{N-M}{n-x} \\
&= \sum_{x=1}^{n} \frac{\frac{M(M-1)!}{(x-1)!((M-1)-(x-1))!}}{\frac{N}{n}\frac{(N-1)!}{(n-1)!((N-1)-(n-1))!}}\binom{(N-1)-(M-1)}{(n-1)-(x-1)} \\
&= \frac{nM}{N}\sum_{y=0}^{n-1}\frac{\binom{M-1}{y}\binom{(N-1)-(M-1)}{(n-1)-y}}{\binom{N-1}{n-1}} \\
&= \frac{nM}{N}\frac{\binom{(M-1)+(N-1)-(M-1)}{y+(n-1)-y}}{\binom{N-1}{n-1}} \\
&= \frac{nM}{N}\frac{\binom{N-1}{n-1}}{\binom{N-1}{n-1}} \\
&= \frac{nM}{N}
\end{aligned}$$

이다.

이제, 위에서 유도한 평균공식

$$E(X) \;=\; \frac{nM}{N}$$

의 성질을 이용하면

$$E\big(X(X-1)\big) = \frac{nM}{N}\frac{(n-1)(M-1)}{N-1}$$

이고, 분산은

$$
\begin{aligned}
\mathrm{Var}(X) &= E\big(X - E(X)\big)^2 \\
&= E(X^2) - (E(X))^2 \\
&= E(X(X-1+1)) - (E(X))^2 \\
&= E[X(X-1)] + E(X) - (E(X))^2 \\
&= \frac{nM}{N}\frac{(n-1)(M-1)}{N-1} + \frac{nM}{N} - \left(\frac{nM}{N}\right)^2 \\
&= \frac{nM}{N}\left[\frac{(n-1)(M-1)}{N-1} + 1 - \frac{nM}{N}\right] \\
&= \frac{nM}{N}\left[\frac{(n-1)(M-1)}{N-1} + \frac{N-nM}{N}\right] \\
&= \frac{nM}{N}\left[\frac{N(n-1)(M-1) + (N-1)(N-nM)}{N(N-1)}\right] \\
&= \frac{nM}{N}\frac{N(N-n) - M(N-n)}{N(N-1)} \\
&= \frac{nM}{N}\frac{N-n}{N(N-1)}(N-M) \\
&= \frac{nM}{N}\frac{N-n}{N-1}\left(1 - \frac{M}{N}\right)
\end{aligned}
$$

이다. ■

(이항전개 공식)

(i) $\binom{2n}{n} = \sum_{k=0}^{n}\binom{n}{k}\binom{n}{n-k}$

(ii) $\binom{m+n}{k} = \sum_{r=0}^{k}\binom{n}{r}\binom{m}{k-r}$.

다음과 같은 방법을 이용하면 초기하분포를 이항분포로 근사시킬 수가 있다.

定理 2.30 $X \sim \mathrm{HYP}(n; N, M)$이라 하자. $N \to \infty, M \to \infty$, $\frac{M}{N} \to p$이면, 다음 식이 성립한다.

$$
\lim_{\substack{N\to\infty \\ M\to\infty \\ \frac{M}{N}\to p}} \frac{\binom{M}{x}\binom{N-M}{n-x}}{\binom{N}{n}} = \binom{n}{x}p^x(1-p)^{n-x}, \quad x = 0, 1, 2, \cdots, n.
$$

證明 초기하분포의 정의에 의해서

$$
\begin{aligned}
& \frac{\binom{M}{x}\binom{N-M}{n-x}}{\binom{N}{n}} \\
= & \frac{\frac{M!}{x!(M-x)!}\cdot\frac{(N-M)!}{(n-x)!(N-M+x-n)!}}{\frac{N!}{n!(N-m)!}} \\
= & \frac{\frac{M(M-1)(M-2)\cdots(M-x+1)}{x!}\,\frac{(N-M)(N-M-1)(n-M-2)\cdots(N-M-n+x+1)}{(n-x)!}}{\frac{N(N-1)(N-2)\cdots(N-n+1)}{n!}} \\
= & \frac{n!M^x\left[1(1-\frac{1}{M})(1-\frac{2}{M})\cdots(1-\frac{(x-1)}{M})\right](N-M)^{n-x}}{x!(n-x)!N^n\left[1(1-\frac{1}{N})(1-\frac{2}{N})\cdots(1-\frac{x-1}{N})\right]}\times \\
& \left[1(1-\frac{1}{N-M})(1-\frac{2}{N-M})\cdots(1-\frac{n-x-1}{N-M})\right] \\
= & \frac{n!}{x!(n-x)!}M^xN^{-n}N^{n-x}(1-\frac{M}{N})^{n-x}\times \\
& \left[1(1-\frac{1}{M})(1-\frac{2}{M})\cdots(1-\frac{(x-1)}{M})\right]\times \\
& \left[1(1-\frac{1}{N(1-\frac{M}{N})})(1-\frac{2}{N(1-\frac{M}{N})})\cdots(1-\frac{n-x-1}{N(1-\frac{M}{N})})\right] \\
= & \frac{n!}{x!(n-x)!}\left(\frac{M}{N}\right)^x(1-\frac{M}{N})^{n-x}\times \\
& \left[1(1-\frac{1}{M})(1-\frac{2}{M})\cdots(1-\frac{(x-1)}{M})\right]\times \\
& \left[1(1-\frac{1}{N(1-\frac{M}{N})})(1-\frac{2}{N(1-\frac{M}{N})})\cdots(1-\frac{n-x-1}{N(1-\frac{M}{N})})\right] \\
\xrightarrow{M,\,N\,\rightarrow\,\infty} & \binom{n}{x}p^x(1-p)^{n-x},\ \ x=0,1,2,3,\cdots,n,\ \ 0<p<1
\end{aligned}
$$

이다. ■

2.8.5 이산균등분포

한 개의 주사위를 던질때 1부터 6까지 각각의 숫자가 나올 확률은 모두 $\frac{1}{6}$이다. 이때, 주사위를 던졌을 때 나타나는 숫자를 확률변수 X라 한다면, X는 1부터 6까지 똑같은 이산값을 취한다. 다시 말하면, 질량점의 개수의 역수(reciprocal)를 확률질량함수로 정의한 경우이다. 이와같은 확률분포를 **이산균등분포**(discrete uniform distribution)라 한다. 따라서, 다음과 같이 이산균등분포를 정의할 수 있다.

定義 2.28 이산확률변수 X의 확률질량함수가 다음과 같으면,

$$f(x) = \begin{cases} \dfrac{1}{N+1}, & x = 0, 1, 2, 3 \cdots, N \\ 0, & x < 0,\ x > N \end{cases} \tag{2.18}$$

X는 **이산균등분포**(discrete uniform distribution)에 따른다고 한다. 확률변수 X가 이산균등분포에 따를 때, 기호 $X \sim \mathrm{DU}(N)$을 사용하기로 한다.

이산균등분포의 평균과 분산을 구해 보자.

定理 2.31 $X \sim \mathrm{DU}(N)$이면, X의 평균과 분산은 다음과 같다.

$$E(X) = \frac{N}{2}, \qquad \mathrm{Var}(X) = \frac{N(N+2)}{12}. \tag{2.19}$$

證明 평균 $E(X)$는

$$E(X) = \sum_{x=0}^{N} x f(x) = \sum_{x=0}^{N} x \frac{1}{N+1} = \frac{1}{N+1} \frac{N(N+1)}{2} = \frac{N}{2}$$

이고, 분산 $\mathrm{Var}(X)$는 다음과 같다.

$$\begin{aligned} \mathrm{Var}(X) &= E(X^2) - (E(X))^2 \\ &= \sum_{x=0}^{N} x^2 \frac{1}{(N+1)} - \left(\frac{N}{2}\right)^2 \\ &= \frac{1}{(N+1)} \left\{ \frac{N(N+1)(2N+1)}{6} \right\} - \frac{N^2}{4} \\ &= \frac{N(2N+1)}{6} - \frac{N^2}{4} = \frac{N(N+2)}{12}. \end{aligned}$$

■

2.8.6 음의 이항분포

음의 이항분포는 다음과 같은 과정으로 얻어진다. 성공확률 p를 갖는 베르누이 시행을 독립적으로 계속 반복한다. 여기서 r번의 성공을 얻기 위하여 요구되는 시행의 횟수를 확률변수 X라고 정의하자. 그러면 정확히 r번의 성공이 x회의 시행에서 발생했다고 하면 즉, 사건 $\{X = x\}$가 발생하려면 $x - 1$회의 시행까지 정확하게 $r - 1$번

의 성공이 발생해야 한다. 따라서 이때 확률분포는 이항분포

$$\binom{x-1}{r-1}p^{r-1}(1-p)^{x-r}, \quad x = r, r+1, r+2, r+3, \cdots$$

에 따른다. 그 다음의 시행인 x회에서 성공 p가 한 번 더 나오면 그 확률분포는

$$\begin{aligned} f(x;r,p) &= \binom{x-1}{r-1}p^{r-1}(1-p)^{x-r} \times p \\ &= \binom{x-1}{r-1}p^{r}(1-p)^{x-r}, \quad x = r, r+1, r+2, r+3, \cdots \end{aligned}$$

이다. 실제로

$$f(x;r,p) = \binom{x-1}{r-1}p^{r}(1-p)^{x-r}, \quad x = r, r+1, r+2, r+3, \cdots$$

가 확률질량함수인 사실은 다음과 같이 증명할 수 있다. 먼저 다음 두 가지 공식을 이용하자. 함수 $f(q) = (1-q)^{-r}\ (r > 0)$을 Maclaurin 급수로 전개하면

$$(1-q)^{-r} = \sum_{i=0}^{\infty}\binom{i+r-1}{r-1}q^{i}$$

이고 또한, $\alpha > 0$일 때

$$\begin{aligned} \binom{-\alpha}{n} &= (-1)^{n}\binom{\alpha+n-1}{n} \\ &= (-1)^{n}\binom{n+\alpha-1}{\alpha-1} \end{aligned}$$

이다. 이로부터

$$\begin{aligned} f(x;r,p) &= \sum_{x=r}^{\infty}\binom{x-1}{r-1}p^{r}q^{x-r} \qquad (x^{*}x-r) \\ &= \sum_{x^{*}=0}^{\infty}\binom{x^{*}+r-1}{r-1}p^{r}q^{x^{*}} \\ &= p^{r}(1-q)^{-r} \\ &= p^{r}p^{-r} \\ &= 1 \end{aligned}$$

인 것을 알 수 있다.

定義 2.29 이산확률변수 X의 확률질량함수가 다음과 같으면,

$$f(x;r,p) = \binom{x-1}{r-1}p^r(1-p)^{x-r}, \quad x=r,r+1,r+2,r+3,\cdots \quad (2.20)$$

X는 **음의 이항분포**(negative binomial distribution)에 따른다고 한다. 확률변수 X가 음의 이항분포에 따를 때, 기호 $X \sim \mathrm{NB}(r,p)$를 사용하기로 한다.

定理 2.32 $X \sim \mathrm{NB}(r,p)$이면, X의 평균, 분산과 적률모함수은 각각 다음과 같다.

$$E(X) = \frac{r}{p}, \quad \mathrm{Var}(X) = \frac{rq}{p^2}, \quad M_X(t) = \frac{p^r e^{rt}}{(1-qe^t)^r} \ (q=1-p)$$

證明 적률모함수를 유도해보고 이 적률모함수로부터 평균과 분산을 구한다. 먼저 적률모함수는 다음과 같다.

$$\begin{aligned} M_X(t) &= \sum_{x=r}^{\infty} e^{tx}\binom{x-1}{r-1}p^r q^{x-r} \qquad (x^* = x-r) \\ &= \sum_{x^*=0}^{\infty} e^{t(x^*+r)}\binom{x^*+r-1}{r-1}p^r q^{x^*} \\ &= p^r e^{rt}\sum_{x^*=0}^{\infty}\binom{x^*+r-1}{r-1}(qe^t)^{x^*} \\ &= p^r e^{rt}(1-qe^t)^{-r} \\ &= \frac{p^r e^{rt}}{(1-qe^t)^r} \end{aligned}$$

이다. 이 식의 양변을 t에 관해 한 번 미분하면,

$$\begin{aligned} M_X'(t) &= p^r\,\frac{e^{rt}r(1-qe^t)^r - e^{rt}r(1-qe^t)^{r-1}(-qe^t)}{(1-qe^t)^{2r}} \\ &= p^r r\,\frac{e^{rt} + e^{rt}qe^t(1-qe^t)^{-1}}{(1-qe^t)^r} \\ &= p^r r\,\frac{e^{rt}(1-qe^t+qe^t)}{(1-qe^t)^{r+1}} \\ &= p^r r\,\frac{e^{rt}}{(1-re^t)^{r+1}} \end{aligned}$$

이고, 한 번 더 미분하면

$$M_X''(t) = p^r r \, \frac{e^{rt} r(1-qe^t)^{r+1} + e^{rt}(r+1)(1-qe^t)^r (qe^t)}{(1-qe^t)^{2r+2}}$$

이고 이때,

$$\begin{aligned} M_X''(0) &= M''(t)\Big|_{t=0} \\ &= p^r r \, \left. \frac{e^{rt} r(1-qe^t)^{r+1} + e^{rt}(r+1)(1-qe^t)^r (qe^t)}{(1-qe^t)^{2r+2}} \right|_{t=0} \\ &= p^r r \, \frac{r(1-q)^{r+1} + (r+1)(1-q)^r q}{(1-q)^{2r+2}} \\ &= r \, \frac{rp + (r+1)q}{p^2} \end{aligned}$$

을 얻는다. 이로부터 평균 $E(X)$는

$$\begin{aligned} E(X) &= M_X'(t)\Big|_{t=0} \\ &= \left. \frac{p^r r e^{rt}(1-qe^t)^r + p^r e^{rt} r(1-qe^t)^{r-1} qe^t}{(1-qe^t)^{2r}} \right|_{t=0} \\ &= \frac{p^r r(1-q)^r + p^r r(1-q)^{r-1} q}{(1-q)^{2r}} \\ &= r\,(1+\frac{q}{p}) \\ &= \frac{r}{p} \end{aligned}$$

이고 분산 Var(X)는 다음과 같다.

$$\begin{aligned} \text{Var}(X) &= M_X''(0) - \{M_X'(0)\}^2 \\ &= r\,\frac{(rp+rq+q)}{p^2} - \left(\frac{r}{p}\right)^2 \\ &= r\frac{(r+q)}{p^2} - \frac{r^2}{p^2} \\ &= \frac{rq}{p^2}, \qquad (q = 1-p) \end{aligned}$$

■

2.9 연속형 특수 확률분포

이 절에서는 앞 절에서와 마찬가지로 중요한 유형의 연속확률분포에 대하여 자세히 알아 보고 기댓값, 분산 그리고 적률모함수를 구하여 본다.

2.9.1 직사각형분포

定義 2.30 확률변수 X의 확률밀도함수 $f(x;a,b)$가

$$f(x;a,b) = \begin{cases} \dfrac{1}{b-a}, & a < x < b \\ 0, & x \leqslant a, x \geqslant b \end{cases} \tag{2.21}$$

와 같이 정의되는 확률분포를 **직사각형분포**(rectangular distribution) 또는 **연속균등분포**(continuous uniform distribution)라 한다. 확률변수 X가 연속직사각형 분포에 따를때, 기호 $X \sim \text{UNIF}(a,b)$로 쓰기로 한다.

定理 2.33 $X \sim \text{UNIF}(a,b)$이면, X의 평균과 분산은 다음과 같다.

$$E(X) = \frac{a+b}{2}, \tag{2.22}$$

$$\text{Var}(X) = \frac{(b-a)^2}{12}. \tag{2.23}$$

證明 평균 $E(X)$는

$$\begin{aligned} E(X) &= \int_a^b x\frac{1}{b-a}\,dx \\ &= \frac{1}{b-a}\frac{b^2-a^2}{2} \\ &= \frac{a+b}{2} \end{aligned}$$

이고, 분산 $\text{Var}(X)$는

$$\begin{aligned} \text{Var}(X) &= E(X^2) - (E(X))^2 \\ &= \int_{-\infty}^{+\infty} x^2\,\frac{1}{b-a}\,dx - \left(\frac{a+b}{2}\right)^2 \\ &= \frac{1}{b-a}\int_a^b x^2\,dx - \left(\frac{a+b}{2}\right)^2 \\ &= \frac{a^2+ab+b^2}{3} - \frac{(a+b)^2}{4} \\ &= \frac{(b-a)^2}{12} \end{aligned}$$

이다. ■

2.9.2 지수분포

임의의 양의 실수 λ와 $x > 0$에 대하여 다음 지수함수의 값은 $e^{-\lambda x} > 0$이다. 또한 이 지수함수를 양의 실구간 $(0, +\infty)$상에서 적분하면

$$\int_0^{+\infty} e^{-\lambda x}\, dx \;=\; \frac{1}{\lambda}$$

이다. 이 결과를 이용하면 다음과 같이 지수분포를 정의할 수 다.

定義 2.31 확률변수 X의 확률밀도함수 $f(x;\lambda)$가

$$f(x;\lambda) = \begin{cases} \lambda e^{-\lambda x}, & x \geqslant 0, \lambda > 0 \\ 0, & x < 0 \end{cases} \tag{2.24}$$

와 같이 정의되는 확률분포를 **모수 λ를 갖는 지수분포**(exponential distribution)라 한다. 확률변수 X가 모수 λ를 갖는 지수분포에 따를 때, 기호 $X \sim \mathrm{EXP}(\lambda)$를 쓰기로 한다.

지수분포의 평균과 분산을 구해 보자.

定理 2.34 $X \sim \mathrm{EXP}(\lambda)$이면, X의 평균과 분산은 각각 다음과 같다.

$$E(X) \;=\; \frac{1}{\lambda}, \tag{2.25}$$

$$\mathrm{Var}(X) \;=\; \frac{1}{\lambda^2}. \tag{2.26}$$

證明 부분적분법을 이용하여 먼저 평균을 구하면,

$$\begin{aligned} E(X) &= \int_0^{+\infty} x\lambda e^{-\lambda x}\, dx \\ &= \Big[-x\, e^{-\lambda x}\Big]_0^{+\infty} - \int_0^{+\infty} (-e^{-\lambda x})\, dx \\ &= \int_0^{+\infty} e^{-\lambda x}\, dx \\ &= \Big[-\frac{1}{\lambda} e^{-\lambda x}\Big]_0^{+\infty} \\ &= \frac{1}{\lambda} \end{aligned}$$

이다. 또한 분산을 구하기 위하여 부분적분법과 로피탈(L'Hôspital)의 법칙을 적용하

면,

$$\begin{aligned}
\mathrm{Var}(X) &= E(X^2) - (E(X))^2 \\
&= \int_0^{+\infty} x^2\,\lambda\,e^{-\lambda x}\,dx - \left(\frac{1}{\lambda}\right)^2 \\
&= \Big[-x^2\,e^{-\lambda x}\Big]_0^{+\infty} + \int_0^{+\infty} 2xe^{-\lambda x}\,dx - \frac{1}{\lambda^2} \\
&= \frac{2}{\lambda}\int_0^{+\infty} x\lambda e^{-\lambda x}\,dx - \frac{1}{\lambda^2} \\
&= \frac{2}{\lambda}\frac{1}{\lambda} - \frac{1}{\lambda^2} \\
&= \frac{1}{\lambda^2}
\end{aligned}$$

이다. ■

모수 λ를 갖는 지수분포의 적률모함수를 구해 보자.

定理 2.35 $X \sim \mathrm{EXP}(\lambda)$이면, X의 적률모함수는 다음과 같다.

$$M_X(t) = (1 - \frac{t}{\lambda})^{-1}, \qquad (t < \lambda) \tag{2.27}$$

이다.

證明 적률모함수의 정의로 부터

$$\begin{aligned}
M_X(t) &= \int_0^{+\infty} e^{tx}\lambda e^{-\lambda x}\,dx \\
&= \int_0^{+\infty} \lambda e^{-(\lambda-t)x}\,dx
\end{aligned}$$

이다. 그런데, 여기서 위의 적분값이 존재하려면 피적분함수인 지수함수의 지수성분이 $\lambda - t > 0$ 인 조건을 만족해야 하므로,

$$\begin{aligned}
M_X(t) &= \lambda\int_0^{+\infty} e^{-(\lambda-t)x}\,dx \\
&= \lambda\left(-\frac{1}{\lambda - t}\right)\Big[e^{-(\lambda-t)x}\Big]_0^{+\infty} \\
&= \frac{\lambda}{\lambda - t} \\
&= (1 - \frac{t}{\lambda})^{-1}, \qquad (t < \lambda)
\end{aligned}$$

이다. ■

2.9.3 Gamma 분포

감마분포(gamma distribution)를 정의하기 전에 감마함수(gamma function)에 대하여 고찰해 보자. **감마함수**는

$$\Gamma(\alpha) \;=\; \int_0^{+\infty} x^{\alpha-1}\,e^{-x}\,dx, \qquad (\alpha > 0) \tag{2.28}$$

와 같이 이상적분형태로 정의된 함수이며, 종종 **제 2종의 오일러적분**(Euler's integral of the second kind)이라 부르기도 한다. 이제 감마함수에 대한 특징을 살펴보자. 먼저 다음 감마함수

$$\Gamma(\alpha) = \int_0^{+\infty} x^{\alpha-1}\,e^{-x}\,dx, \qquad (\alpha > 0)$$

을 부분적분법으로 한 번 계산하면,

$$\begin{aligned}\Gamma(\alpha) &= \Big[-x^{\alpha-1}\,e^{-x}\Big]_0^{+\infty} + \int_0^{+\infty}(\alpha-1)x^{\alpha-2}\,e^{-x}\,dx \\ &= (\alpha-1)\int_0^{+\infty} x^{\alpha-2}\,e^{-x}\,dx \\ &= (\alpha-1)\Gamma(\alpha-1)\end{aligned} \tag{2.29}$$

이다. 이런 식으로, 부분적분법을 계속 반복하면,

$$\Gamma(\alpha) \;=\; (\alpha-1)(\alpha-2)(\alpha-3)\Gamma(\alpha-3) \tag{2.30}$$

이다. 감마함수에서 $\alpha = 1$이면,

$$\begin{aligned}\Gamma(1) &= \int_0^{+\infty} e^{-x}\,dx \\ &= \Big[-e^{-x}\Big]_0^{+\infty} \\ &= 1\end{aligned} \tag{2.31}$$

이다. 특히, α가 양의 정수 n일 경우에는,

$$\begin{aligned}\Gamma(n) &= (n-1)(n-2)(n-3)\cdots 3\cdot 2\cdot 1\cdot \Gamma(1) \\ &= (n-1)(n-2)(n-3)\cdots 3\cdot 2\cdot 1 \\ &= (n-1)!\end{aligned} \tag{2.32}$$

이다. 사실상 감마함수값을 일일이 수작업으로 계산하여 그 값을 구하는 것은 매우 번거롭고 힘든 일이므로 필요에 따라 미리 계산해 놓은 **감마함수표**(tables of gamma functions)를 이용하면 편리하다(부록 참조). 특별한 경우로서, 감마함수값 중 가장 많이 이용하는 값이 바로 $\Gamma(\frac{1}{2})$의 값이다. 이 감마함수값을 유도 해 보자.

定理 2.36 (1) 감마함수

$$\Gamma(\alpha) \;=\; \int_0^{+\infty} x^{\alpha-1}\, e^{-x}\, dx \quad (\alpha > 0)$$

에서 $\alpha = \frac{1}{2}$이면, $\Gamma(\frac{1}{2}) = \sqrt{\pi}$이다.

(2) Stirling의 공식 : 충분히 큰 양의 정수 n에 대하여 근사적으로 다음 식이 성립한다.

$$n! \;\doteqdot\; \sqrt{2\pi n}\, n^n e^{-n}$$

證明 (1) 감마함수의 정의에 의하여,

$$\begin{aligned}\Gamma(\tfrac{1}{2}) \;&=\; \int_0^{+\infty} x^{\frac{1}{2}-1}\, e^{-x}\, dx \\ &=\; \int_0^{+\infty} \frac{1}{\sqrt{x}}\, e^{-x}\, dx\end{aligned}$$

이다. 위의 식에서 $t = \sqrt{x}$로 치환하자. 이때

$$\begin{cases} x \to 0\text{이면} \quad t \to 0, \\ x \to +\infty\text{이면} \quad t \to +\infty \end{cases}$$

이므로

$$\begin{aligned}\Gamma(\tfrac{1}{2}) \;&=\; \int_0^{+\infty} \frac{1}{t}\, e^{-t^2}\, 2t\, dt \\ &=\; 2\int_0^{+\infty} e^{-t^2}\, dt\end{aligned}$$

이다. 이 식의 양변을 제곱하면,

$$\begin{aligned}\left\{\Gamma(\tfrac{1}{2})\right\}^2 \;&=\; \left(2\int_0^{+\infty} e^{-t^2}\, dt\right)^2 \\ &=\; \left(2\int_0^{+\infty} e^{-t^2}\, dt\right)\left(2\int_0^{+\infty} e^{-s^2}\, ds\right) \\ &=\; 4\int_0^{+\infty}\int_0^{+\infty} e^{-t^2-s^2}\, dtds\end{aligned}$$

이다. 여기서 다시 극좌표 $t = r\cos\theta$, $s = r\sin\theta$ $(0 < r < +\infty, 0 \leqslant \theta \leqslant \frac{\pi}{2})$를 이용하여 변수변환을 하면,

$$\begin{aligned}
\left\{\Gamma(\tfrac{1}{2})\right\}^2 &= 4\int_0^{\frac{\pi}{2}}\int_0^{+\infty} e^{-r^2}\, r dr d\theta \\
&= 4\int_0^{\frac{\pi}{2}}\left[-\frac{1}{2}e^{-r^2}\right]_0^{+\infty} d\theta \\
&= 2\int_0^{\frac{\pi}{2}} d\theta \\
&= \pi
\end{aligned}$$

이므로 $\Gamma(\frac{1}{2}) = \pm\sqrt{\pi}$이다. 그런데 $\int_0^{+\infty} e^{-x^2} dx$에서 피적분함수는 모든 $x \in (0, +\infty)$에 대하여, $e^{-x^2} > 0$ 이므로 $\int_0^{+\infty} e^{-x^2}\, dx > 0$ 이어야 한다. 그러므로 $\Gamma(\frac{1}{2}) = \sqrt{\pi}$이다.
(2) 감마함수 $\Gamma(\alpha) = \int_0^{+\infty} x^{\alpha-1} e^{x}\, dx$에서 n을 $n = \alpha - 1$로 치환하자. 이때

$$\begin{aligned}
\Gamma(n+1) &= \int_0^{\infty} x^n e^{-x}\, dx \\
&= \int_0^{+\infty} e^{n\ln x} e^{-x}\, dx \\
&= \int_0^{+\infty} e^{-x+n\ln x}\, dx
\end{aligned}$$

이고, 고정된 n에 대하여 피적분함수인 지수함수의 지수성분 $-x + n\ln x$는 $x = n$에서 극댓값을 가진다. 이제 다시 x를 $x = n + u$라 하면

$$\begin{aligned}
\Gamma(n+1) &= e^{-n}\int_{-n}^{\infty} e^{n\ln(n+u)-u}\, du \\
&= e^{-n}\int_0^{+\infty} \exp\Bigl\{n\ln\Bigl(n(1+\frac{u}{n})\Bigr) - u\Bigr\}\, du \\
&= n^n e^{-n}\int_0^{+\infty} \exp\Bigl\{n\ln(1+\frac{u}{n}) - u\Bigr\}\, du
\end{aligned}$$

이다. 이제 피적분함수인 자연대수함수 $\ln(1+\frac{u}{n})$에 대한 MacLaurin의 급수식

$$\ln\Bigl(1+\frac{u}{n}\Bigr) = \frac{u}{n} - \frac{1}{2}\frac{u^2}{n^2} + \frac{1}{3}\frac{u^3}{n^3} - \frac{1}{4}\frac{u^4}{n^4} + \cdots$$

을 이용하고 다시 u를 $u = \sqrt{n}v$라 하면, $du = \sqrt{n}\, dv$이므로

$$\begin{aligned}
\Gamma(n+1) &= n^n e^{-n}\int_{-n}^{\infty} \exp\Bigl\{n\Bigl(\frac{u}{n} - \frac{1}{2}\frac{u^2}{n^2} + \frac{1}{3}\frac{u^3}{n^3} - \frac{1}{4}\frac{u^4}{n^4} + \cdots\Bigr) - u\Bigr\}\, du \\
&= n^n e^{-n}\sqrt{n}\int_{-n}^{+\infty} \exp\Bigl\{-\frac{1}{2}\frac{(\sqrt{n}v)^2}{n} + \frac{1}{3}\frac{(\sqrt{n}v)^3}{n^2} - \frac{1}{4}\frac{(\sqrt{n}v)^4}{n^3} + \cdots\Bigr\}\, dv \\
&= n^n e^{-n}\sqrt{n}\int_{-n}^{+\infty} \exp\Bigl\{-\frac{1}{2}v^2 + \frac{1}{3}\frac{v^3}{\sqrt{n}} - \frac{1}{4}\frac{v^4}{n} + \cdots\Bigr\}\, dv
\end{aligned}$$

이다. 여기서 양의 정수 n이 충분히 크면 위의 이상적분은 근사적으로

$$\begin{aligned}\Gamma(n+1) &\doteqdot ne^{-n}\sqrt{n}\int_{-\infty}^{+\infty} e^{-\frac{1}{2}v^2}\,dv \\ &= n^n e^{-n}\sqrt{n}\sqrt{2\pi} \\ &= \sqrt{2\pi n}\,n^n e^{-n}\end{aligned}$$

이다. ■

이제 감마함수로부터 **감마분포**를 유도해 보자. 감마함수

$$\Gamma(\alpha) = \int_0^{+\infty} t^{\alpha-1}\,e^{-t}\,dt$$

에서 $t = \beta x$ $(\beta > 0)$로 치환하면, $t \to 0$이면 $x \to 0$이고, $t \to +\infty$이면 $x \to +\infty$이므로

$$\Gamma(\alpha) = \int_0^{+\infty} (\beta x)^{\alpha-1} e^{-\beta x}\,\beta\,dx\,.$$

이로부터

$$\int_0^{+\infty} \frac{\beta^\alpha}{\Gamma(\alpha)} x^{\alpha-1} e^{-\beta x}\,dx = 1$$

이므로 다음과 같이

$$f(x;\beta,\alpha) = \begin{cases} \dfrac{\beta^\alpha}{\Gamma(\alpha)} x^{\alpha-1}\,e^{-\beta x}, & 0 < x < +\infty, \quad \alpha > 0,\ \beta > 0 \\ 0, & x < 0 \end{cases}$$

감마분포의 확률밀도함수 $f(x;\beta,\alpha)$를 얻을 수 있다.

定義 2.32 연속확률변수 X의 확률밀도함수 $f(x;\beta,\alpha)$가

$$f(x;\beta,\alpha) = \begin{cases} \dfrac{\beta^\alpha}{\Gamma(\alpha)} x^{\alpha-1}\,e^{-\beta x}, & 0 < x < +\infty, \quad \alpha > 0,\ \beta > 0 \\ 0, & x < 0 \end{cases} \tag{2.33}$$

이면, X는 **감마분포**(gamma distribution)에 따른다고 한다. 확률변수 X가 감마분포에 따를 때, 기호 $X \sim \mathrm{GAM}(\beta,\alpha)$를 쓰기로 한다.

이제 감마분포의 평균과 분산을 구해 보자.

定理 2.37 $X \sim \mathrm{GAM}(\beta,\alpha)$이면, X의 평균과 분산은 각각 다음과 같다.

$$E(X) = \frac{\alpha}{\beta}, \qquad \mathrm{Var}(X) = \frac{\alpha}{\beta^2}\,. \tag{2.34}$$

證明 먼저 평균 $E(X)$를 구하면

$$\begin{aligned} E(X) &= \int_0^{+\infty} x \frac{\beta^\alpha}{\Gamma(\alpha)} x^{\alpha-1} e^{-\beta x}\, dx \\ &= \frac{\beta^\alpha}{\Gamma(\alpha)} \int_0^{+\infty} \frac{t^\alpha}{\beta^\alpha} e^{-t} \frac{1}{\beta}\, dt & (t = \beta x\text{로 치환}) \\ &= \frac{\beta^\alpha}{\beta^{\alpha+1}\Gamma(\alpha)} \int_0^{+\infty} t^{(\alpha+1)-1} e^{-t}\, dt \\ &= \frac{1}{\beta\Gamma(\alpha)} \Gamma(\alpha+1) \\ &= \frac{\alpha}{\beta} \end{aligned}$$

이고 분산은

$$\begin{aligned} \mathrm{Var}(X) &= E(X^2) - (E(X))^2 \\ &= \int_0^{+\infty} x^2 \frac{\beta^\alpha}{\Gamma(\alpha)} x^{\alpha-1} e^{-\beta x}\, dx - \left(\frac{\alpha}{\beta}\right)^2 \\ &= \frac{\beta^\alpha}{\Gamma(\alpha)} \int_0^{+\infty} x^{\alpha+1} e^{-\beta x}\, dx - \left(\frac{\alpha}{\beta}\right)^2 \\ &= \frac{\beta^\alpha}{\Gamma(\alpha)} \int_0^{+\infty} \frac{t^{\alpha+1}}{\beta^{\alpha+1}} e^{-t} \frac{1}{\beta}\, dt - \left(\frac{\alpha}{\beta}\right)^2 & (t = \beta x\text{로 치환}) \\ &= \frac{\beta^\alpha}{\beta^{\alpha+2}\Gamma(\alpha)} \int_0^{+\infty} t^{(\alpha+2)-1} e^{-t}\, dt - \left(\frac{\alpha}{\beta}\right)^2 \\ &= \frac{1}{\beta^2\Gamma(\alpha)} \Gamma(\alpha+2) - \left(\frac{\alpha}{\beta}\right)^2 \\ &= \frac{(\alpha+1)\alpha}{\beta^2} - \frac{\alpha^2}{\beta^2} \\ &= \frac{\alpha}{\beta^2} \end{aligned}$$

이다. ■

감마분포의 적률모함수를 구해 보자.

定理 2.38 $X \sim \mathrm{GAM}(\beta, \alpha)$이면, X의 적률모함수는 다음과 같다.

$$M_X(t) = (1 - \frac{t}{\beta})^{-\alpha}, \qquad (t < \beta) \tag{2.35}$$

證明 적률모함수의 정의로 부터

$$
\begin{aligned}
M_X(t) &= \int_{-\infty}^{+\infty} e^{tx} f(x;\beta,\alpha)\,dx \\
&= \int_0^{+\infty} e^{tx} \frac{\beta^\alpha}{\Gamma(\alpha)} x^{\alpha-1}\, e^{-\beta x}\,dx \\
&= \frac{\beta^\alpha}{\Gamma(\alpha)} \int_0^{+\infty} x^{\alpha-1} e^{-(\beta-t)x}\,dx \qquad (u=(\beta-t)x\text{로 치환}) \\
&= \frac{\beta^\alpha}{\Gamma(\alpha)} \int_0^{+\infty} \left(\frac{u}{\beta-t}\right)^{\alpha-1} \frac{1}{\beta-t} e^{-u}\,du \\
&= \frac{\beta^\alpha}{\Gamma(\alpha)} \left(\frac{1}{\beta-t}\right)^{\alpha} \int_0^{+\infty} u^{\alpha-1} e^{-u}\,du \\
&= \frac{\beta^\alpha}{\Gamma(\alpha)} \left(\frac{1}{\beta-t}\right)^{\alpha} \Gamma(\alpha) \\
&= \left(\frac{\beta}{\beta-t}\right)^{\alpha} \\
&= (1-\frac{t}{\beta})^{-\alpha}, \qquad (t<\beta)
\end{aligned}
$$

이다. ■

2.9.4 χ^2-분포

감마분포에서 $\beta = \frac{1}{2}$이고 $\alpha = \frac{\nu}{2}$이면, 자유도(degree of freedom) ν를 갖는 χ^2-분포(χ^2-distribution)를 얻는다. 여기서 자유도란 자유롭게 움직일 수 있는 독립변수의 개수를 말한다.

定義 2.33 확률변수 X의 확률밀도함수가 다음과 같이 주어지면

$$
f(x;\nu) = \begin{cases} \dfrac{1}{\Gamma(\frac{\nu}{2})\, 2^{\frac{\nu}{2}}} x^{\frac{\nu}{2}-1}\, e^{-\frac{x}{2}}, & 0<x<\infty \\ 0, & x<0 \end{cases} \tag{2.36}
$$

X는 **자유도 ν를 갖는 χ^2-분포에 따른다**고 한다. 확률변수 X가 자유도 ν를 갖는 χ^2-분포에 따를 때, 기호 $X \sim \chi^2(\nu)$를 쓰기로 한다.

χ^2-분포는 감마분포의 특별한 경우이므로 평균과 분산은 다음과 같다.

定理 2.39 $X \sim \chi^2(\nu)$이면, X의 평균과 분산은 각각

$$E(X) = \nu, \tag{2.37}$$

$$\mathrm{Var}(X) = 2\nu \tag{2.38}$$

이다.

2.9.5 Beta 분포

베타분포(beta distribution)를 정의하기 전에 베타함수에 관하여 살펴 보기로 하자. 베타함수는

$$B(m,n) = \int_0^1 x^{m-1}(1-x)^{n-1}\,dx, \qquad (m>0, n>0) \tag{2.39}$$

와 같이 정적분으로 정의된 함수이다. 이 베타함수(beta function)는 종종 **제 1종의 오일러적분**(Euler's integral of the first kind)이라고도 한다. 앞서 설명한 감마함수와 베타함수는 응용수학에서 자주 나타나며, 복잡한 적분문제를 비교적 간단하게 계산할 수 있는 방법을 제공해 준다. 이 절에서는 그 응용을 간단하게 소개하고 또한 중요한 문제는 앞 절에서 이미 설명한 감마함수와 베타함수사이의 변환관계식이다. 즉, 베타함수와 감마함수 사이에는 다음과 같은

$$B(m,n) = \frac{\Gamma(m)\Gamma(n)}{\Gamma(m+n)}, \qquad (m>0, n>0) \tag{2.40}$$

인 관계식이 성립한다. 먼저 베타함수와 관련된 몇가지 성질을 알아보고 위의 관계식을 증명하여 보자.

定理 2.40 베타함수

$$B(m,n) = \int_0^1 x^{m-1}(1-x)^{n-1}\,dx, \qquad (m>0, n>0)$$

에 대하여 다음 식이 성립한다.

(1) $B(m,n) = B(n,m)$. (베타함수의 대칭성)

(2) $\frac{1}{2}B(\frac{p+1}{2}, \frac{q+1}{2}) = \int_0^{\frac{\pi}{2}} \sin^p\theta\,\cos^q\theta\,d\theta, \quad (p>0,\ q>0)$

(3) $B(m,n) = \dfrac{\Gamma(m)\Gamma(n)}{\Gamma(m+n)}$.

證明 (1) 다음 베타함수 $B(m,n)=\int_0^1 x^{m-1}(1-x)^{n-1}\,dx$에서 u를 $u=1-x$로 치환하자. 이때 $-dx=du$이고 또한 $x\to 0$이면 $u\to 1$이고, $x\to 1$이면 $u\to 0$이므로

$$\begin{aligned} B(m,n) &= -\int_1^0 (1-u)^{m-1}u^{n-1}\,dx \\ &= \int_0^1 u^{n-1}(1-u)^{m-1}\,du \\ &= B(n,m) \end{aligned}$$

이다.
(2) $x=\sin^2\theta$라 치환하자. 그러면, $x\to 0$이면 $\theta\to 0$이고, $x\to 1$이면 $\theta\to\frac{\pi}{2}$이다. 따라서,

$$\begin{aligned} B(m,n) &= \int_0^{\frac{\pi}{2}} \sin^{2m-2}\theta(1-\sin^2\theta)^{2n-2}\;2\sin\theta\cos\theta\,d\theta \\ &= 2\int_0^{\frac{\pi}{2}} \sin^{2m-1}\theta\cos^{2n-1}\theta\,d\theta \end{aligned}$$

이다. 여기서 다시 $p=2m-1$, $q=2n-1$로 치환하면, $m=\frac{p+1}{2}$이고 $n=\frac{q+1}{2}$이므로,

$$\frac{1}{2}B(\tfrac{p+1}{2},\tfrac{q+1}{2})=\int_0^{\frac{\pi}{2}}\sin^p\theta\cos^q\theta\,d\theta$$

가 성립한다.
(3) 먼저 감마함수의 정의에 의하면 $\Gamma(m)=\int_0^{+\infty}x^{m-1}e^{-x}\,dx$이다. 이때 $x=u^2$으로 치환하면, $x\to 0$이면 $u\to 0$이고, $x\to+\infty$이면 $u\to+\infty$이다. 따라서,

$$\begin{aligned} \Gamma(m) &= \int_0^{+\infty} u^{2m-2}\,e^{-u^2}\;2u\;du \\ &= 2\int_0^{+\infty} u^{2m-1}\,e^{-u^2}\,du \end{aligned}$$

이다. 또 다른 감마함수에 대하여도 $\Gamma(n)=2\int_0^{+\infty}v^{2n-1}\,e^{-v}\,dv$가 성립한다. 이 두 감마함수를 서로 곱하면,

$$\begin{aligned} \Gamma(m)\Gamma(n) &= \left(2\int_0^{+\infty} u^{2m-1}\,e^{-u}\,du\right)\left(2\int_0^{+\infty} v^{2m-1}\,e^{-v}\,dv\right) \\ &= 4\int_0^{+\infty}\int_0^{+\infty} u^{2m-1}v^{2n-1}\,e^{-u^2-v^2}\;dudv \end{aligned}$$

이다. 이 이중적분을 극좌표 $u=r\cos\theta$, $v=r\sin\theta$, $(0<r<+\infty, 0\leqslant\theta\leqslant\frac{\pi}{2})$를 이

용하여 변수변환을 하면,

$$
\begin{aligned}
\Gamma(m)\Gamma(n) &= 4\int_0^{\frac{\pi}{2}}\int_0^{+\infty} r^{2m-1}\cos^{2m-1}\theta\, r^{2n-1}\sin^{2n-1}\theta\, e^{-r^2}\, rdrd\theta \\
&= \left(2\int_0^{\frac{\pi}{2}} \sin^{2m-1}\theta\, \cos^{2n-1}\, d\theta\right)\left(2\int_0^{+\infty} r^{2(m+n)-1}\, e^{-r^2}\, dr\right) \\
&= B(m,n)\left(2\int_0^{+\infty} (s^{\frac{1}{2}})^{\{2(m+n)-1\}}\, e^{-s}\, \frac{1}{2}\, s^{-\frac{1}{2}}\, ds\right) \qquad (s=r^2\text{으로 치환}) \\
&= B(m,n)\left(\int_0^{+\infty} s^{(m+n)-1}e^{-s}\, ds\right) \\
&= B(m,n)\,\Gamma(m+n)
\end{aligned}
$$

이다. 정리하면 베타함수와 감마함수 사이의 관계식

$$
B(m,n) = \frac{\Gamma(m)\Gamma(n)}{\Gamma(m+n)}
$$

을 얻는다. ■

이제 베타분포를 유도해 보기로 하자. 이미 위에서 설명하였지만 베타함수는

$$
B(m,n) = \int_0^1 x^{m-1}\,(1-x)^{n-1}\,dx, \qquad (\,m>0, n>0\,)
$$

와 같이 이상적분으로 정의된 함수이므로, 이 식을 다음과 같이 변형하면,

$$
\int_0^1 \frac{1}{B(m,n)}\, x^{m-1}\,(1-x)^{n-1}\,dx = 1
$$

이 된다. 또한 정적분내의 피적분함수는 모든 $m>0$과 $n>0$에 대하여 양의 실수값을 취하므로 확률밀도함수 조건을 만족한다. 이 피적분함수가 바로 베타분포의 확률밀도함수이다.

定義 2.34 확률변수 X의 확률밀도함수가

$$
f(x;m,n) \quad = \quad \begin{cases} \dfrac{1}{B(m,n)}\, x^{m-1}\,(1-x)^{n-1}, & 0<x<1 \\ 0, & x \leqslant 0,\ x \geqslant 1 \end{cases} \tag{2.41}
$$

와 같이 주어지면, X는 **베타분포**(beta distribution)에 따른다고 한다. 확률변수 X가 베타분포에 따를 때, 기호 $X \sim \mathrm{BETA}(m,n)$을 쓰기로 한다.

베타분포의 평균과 분산은 다음과 같다.

定理 2.41 $X \sim \text{BETA}(m,n)$이면, X의 평균과 분산은 각각 다음과 같다.

$$E(X) = \frac{m}{m+n}, \qquad \text{Var}(X) = \frac{mn}{(m+n+1)(m+n)^2} \tag{2.42}$$

證明 평균 $E(X)$는

$$\begin{aligned}
E(X) &= \int_0^1 x \frac{1}{B(m,n)} x^{m-1}(1-x)^{n-1}\,dx, \\
&= \frac{1}{B(m,n)} \int_0^1 x^m (1-x)^{n-1}\,dx \\
&= \frac{1}{B(m,n)} B(m+1,n) \\
&= \frac{\Gamma(m+n)}{\Gamma(m)\Gamma(n)} \frac{\Gamma(m+1)\Gamma(n)}{\Gamma(m+n+1)} \\
&= \frac{\Gamma(m+n)}{\Gamma(m)\Gamma(n)} \frac{m\Gamma(m)\Gamma(n)}{(m+n)\Gamma(m+n)} \\
&= \frac{m}{m+n}
\end{aligned}$$

이고 분산 $\text{Var}(X)$를 구하면 다음과 같다.

$$\begin{aligned}
\text{Var}(X) &= E(X^2) - (E(X))^2 \\
&= \int_{-\infty}^{+\infty} x^2 f(x;m,n)\,dx - (E(X))^2 \\
&= \int_0^1 x^2 \frac{1}{B(m,n)} x^{m-1}(1-x)^{n-1}\,dx - \left(\frac{m}{m+n}\right)^2 \\
&= \frac{1}{B(m,n)} \int_0^1 x^{m+1}(1-x)^{n-1}\,dx - \frac{m^2}{(m+n)^2} \\
&= \frac{1}{B(m,n)} B(m+2,n) - \frac{m^2}{(m+n)^2} \\
&= \frac{\Gamma(m+n)}{\Gamma(m)\Gamma(n)} \frac{\Gamma(m+2)\Gamma(n)}{\Gamma(m+n+2)} - \frac{m^2}{(m+n)^2} \\
&= \frac{\Gamma(m+n)}{\Gamma(m)\Gamma(n)} \frac{(m+1)m\Gamma(m)\Gamma(n)}{(m+n+1)(m+n)\Gamma(m+n)} - \frac{m^2}{(m+n)^2} \\
&= \frac{m(m+1)}{(m+n+1)(m+n)} - \frac{m^2}{(m+n)^2} \\
&= \frac{mn}{(m+n+1)(m+n)^2}
\end{aligned}$$

■

2.9.6 와이블분포

定義 2.35 확률변수 X의 확률밀도함수 $f(x;\alpha,m)$가

$$f(x;\alpha,m) = \begin{cases} \dfrac{m}{\alpha}\, x^{m-1}\, e^{-\frac{x^m}{\alpha}}, & 0 < x < \infty \\ 0, & x \leqslant 0 \end{cases} \tag{2.43}$$

와 같이 주어지면, X는 **와이블분포**(Weibull distribution)에 따른다고 한다. 확률변수 X가 와이블분포에 따를 때, 기호 $X \sim \text{WEIB}(\alpha,m)$을 사용하기로 한다.

특별한 경우로서 와이블분포에서 $m=1$이면, 지수분포가 된다. 이제 와이블분포의 평균과 분산을 유도해 보자.

定理 2.42 $X \sim \text{WEIB}(\alpha,m)$이면, X의 평균과 분산은

$$E(X) = \alpha^{\frac{1}{m}} \Gamma\left(\frac{1}{m}+1\right) \tag{2.44}$$

이고

$$\text{Var}(X) = \alpha^{\frac{2}{m}} \left\{ \Gamma\left(\frac{2}{m}+1\right) - \Gamma^2\left(\frac{1}{m}+1\right) \right\} \tag{2.45}$$

이다.

證明 먼저 평균 $E(X)$는

$$\begin{aligned} E(X) &= \int_{-\infty}^{+\infty} x f(x;\alpha,m)\, dx \\ &= \int_0^{\infty} x\, \frac{m}{\alpha}\, x^{m-1}\, e^{-\frac{x^m}{\alpha}}\, dx \end{aligned}$$

이다. 여기서 $u = \frac{x^m}{\alpha}$로 치환하면, $x = (\alpha u)^{\frac{1}{m}}$이고 $du = \frac{m}{\alpha}\, x^{m-1}\, dx$이므로

$$\begin{aligned} E(X) &= \int_0^{+\infty} \frac{m}{\alpha}\, x^{m-1}\, \frac{\alpha}{m}\, x^{-m+1} \alpha u^{\frac{1}{m}} e^{-u}\, du \\ &= \alpha^{\frac{1}{m}} \int_0^{+\infty} u^{(\frac{1}{m}+1)-1} e^{-u}\, du \\ &= \alpha^{\frac{1}{m}} \Gamma\left(\frac{1}{m}+1\right) \end{aligned}$$

이다. 또한 분산 $\text{Var}(X)$는 위에서 평균을 구할 때와 같이 비슷한 방법으로 $u = \frac{x^m}{\alpha}$로

치환하여 계산하면,

$$\begin{aligned}
\mathrm{Var}(X) &= E(X^2) - (E(X))^2 \\
&= \int_{-\infty}^{+\infty} x^2 f(x;\alpha,m)\,dx - (E(X))^2 \\
&= \int_{0}^{+\infty} x^2 \frac{m}{\alpha}\,x^{m-1}\,e^{-\frac{x^m}{\alpha}}\,dx - \alpha^{\frac{2}{m}}\Gamma^2\left(\frac{1}{m}+1\right) \\
&= \int_{0}^{+\infty} \frac{m}{\alpha}\,x^{m-1}\,\frac{\alpha}{m}\,x^{-m+1}\alpha u^{\frac{2}{m}} e^{-u}\,du - \alpha^{\frac{2}{m}}\Gamma^2\left(\frac{1}{m}+1\right) \\
&= \alpha^{\frac{2}{m}} \int_{0}^{+\infty} u^{(\frac{2}{m}+1)-1} e^{-u}\,du - \alpha^{\frac{2}{m}}\Gamma^2\left(\frac{1}{m}+1\right) \\
&= \alpha^{\frac{2}{m}}\Gamma\left(\frac{2}{m}+1\right) - \alpha^{\frac{2}{m}}\Gamma^2\left(\frac{1}{m}+1\right) \\
&= \alpha^{\frac{2}{m}}\left\{\Gamma\left(\frac{2}{m}+1\right) - \Gamma^2\left(\frac{1}{m}+1\right)\right\}
\end{aligned}$$

이다. ■

2.9.7 에랑분포

定義 2.36 확률변수 X의 확률밀도함수 $f(x;\mu,k)$가

$$f(x;\mu,k) = \begin{cases} \dfrac{(\mu k)^k}{\Gamma(k)}\,x^{k-1}\,e^{-k\mu x}, & 0 < x < +\infty,\ k > 0,\ \mu > 0 \\ 0, & x \leqslant 0 \end{cases} \tag{2.46}$$

일때, 확률변수 X는 **에랑분포**(Erlang distribution)에 따른다고 한다. 확률변수 X가 에랑분포에 따를 때, 기호 $X \sim \mathrm{ERL}(\mu,k)$를 쓰기로 한다.

에랑분포에서 $k=1$이면 와이불분포의 경우와 마찬가지로 지수분포가 된다. 이제 에랑분포의 평균과 분산을 구해 보자.

定理 2.43 $X \sim \mathrm{ERL}(\mu,k)$이면, X의 평균과 분산은 다음과 같다.

$$E(X) = \frac{1}{\mu}, \qquad \mathrm{Var}(X) = \frac{1}{k\mu^2}. \tag{2.47}$$

證明 평균 $E(X)$는

$$\begin{aligned} E(X) &= \int_{-\infty}^{+\infty} x f(x;\mu,k)\,dx \\ &= \int_{0}^{+\infty} x \frac{(\mu k)^k}{\Gamma(k)}\, x^{k-1}\, e^{-k\mu x}\,dx \end{aligned}$$

이다. 여기서, $u = k\mu x$로 치환하면, $x = \frac{u}{k\mu}$, $dx = \frac{1}{k\mu}\,du$이므로,

$$\begin{aligned} E(X) &= \frac{(\mu k)^k}{\Gamma(k)} \int_{0}^{+\infty} \left(\frac{u}{k\mu}\right)^k e^{-\mu} \left(\frac{1}{k\mu}\right) du \\ &= \frac{1}{\mu\Gamma(k+1)} \int_{0}^{+\infty} u^{(k+1)-1} e^{-u}\,dx \\ &= \frac{\Gamma(k+1)}{\mu\Gamma(k+1)} \\ &= \frac{1}{\mu} \end{aligned}$$

이다. 분산 $\text{Var}(X)$는 평균을 구할 때와 마찬가지 방법으로 $u = k\mu x$로 치환하면,

$$\begin{aligned} \text{Var}(X) &= E(X^2) - (E(X))^2 \\ &= \frac{(\mu k)^k}{\Gamma(k)} \int_{0}^{+\infty} x^{k+1}\, e^{-k\mu x} - (E(X))^2 \\ &= \frac{(\mu k)^k}{\Gamma(k)} \int_{0}^{+\infty} \left(\frac{u}{k\mu}\right)^{k+1} e^{-\mu} \left(\frac{1}{k\mu}\right) du - \left(\frac{1}{\mu}\right)^2 \\ &= \frac{1}{k\mu^2\Gamma(k+1)} \int_{0}^{+\infty} u^{(k+2)-1}\, e^{-u}\,du - \left(\frac{1}{\mu}\right)^2 \\ &= \frac{\Gamma(k+2)}{k\mu^2\Gamma(k)} - \frac{1}{\mu^2} \\ &= \frac{k+1-k}{k\mu^2} \\ &= \frac{1}{k\mu^2} \end{aligned}$$

이다. ■

2.9.8 코오시분포

定義 2.37 확률변수 X의 확률밀도함수 $f(x;\lambda,\mu)$가 임의의 $\lambda>0$, $-\infty<\mu<+\infty$에 대하여

$$f(x;\lambda,\mu) \;=\; \frac{1}{\pi}\frac{\lambda}{\lambda^2+(x-\mu)^2}, \quad -\infty<x<+\infty, \tag{2.48}$$

이면, 확률변수 X는 **코오시분포**(Cauchy distribution)에 따른다고 한다. 확률변수 X가 코오시분포에 따를 때, 기호 $X\sim \text{CAU}(\lambda,\mu)$를 쓰기로 한다.

명백히, 코오시확률밀도함수는 모든 $x\in\mathbb{R}$에 대하여 $f(x;\lambda,\mu)>0$이다. 또한,

$$\begin{aligned}\int_{-\infty}^{+\infty}\frac{1}{\pi}\frac{\lambda}{\lambda^2+(x-\mu)^2}\,dx &= \frac{1}{\pi}\int_{-\infty}^{+\infty}\frac{1}{1+t^2}\,dt \qquad \left(t=\frac{\lambda}{x-\mu}\right)\\ &= \frac{1}{\pi}\Big[\tan^{-1}t\Big]_{-\infty}^{+\infty}\\ &= 1\end{aligned}$$

이다. 이제 코오시분포의 평균과 분산을 구해 보자. 평균의 정의에 의하면

$$E(X) \;=\; \int_{-\infty}^{+\infty}\frac{1}{\pi}\frac{\lambda x}{\lambda^2+(x-\mu)^2}\,dx$$

이다. 그런데 위의 이상적분의 값은 존재하지 않는다. 그러므로 코오시분포의 평균 $E(X)$는 존재하지 않는다. 따라서, 코오시분포의 분산 $\text{Var}(X)$도 존재하지 않는다.

특별한 경우로 다음 코오시분포는 자주 이용된다.

定義 2.38 $X\sim \text{CAU}(1,0)$이면, 코오시분포는 다음과 같다.

$$f(x) \;=\; \frac{1}{\pi(1+x^2)}, \quad -\infty<x<+\infty, \tag{2.49}$$

2.9.9 정규분포

연속확률분포 중에서 가장 중요한 분포 중의 하나가 정규분포이다. 이 정규분포는 종종 가우스(Gauss)분포라고도 한다. 그런데 이 정규분포를 가우스분포라 하여 발견자가 가우스처럼 보이지만 실제로는 1733년에 프랑스 수학자 드 므와브르(Abraham de Moivre)로 알려져 있다. 이 드 므와브르는 독립인 이항확률변수의 합의 극한을 연구하던 중에 이 정규분포를 발견했다고 전해지며 그 후 가우스가 이 정규분포를 여

러 분야에 폭넓게 이용함으로서 후대에 가우스분포라는 명칭을 얻게 되었다고 한다. 현대에 있어 이 정규분포는 수학, 물리학, 화학, 공학등 거의 모든 응용수학 전분야에 걸쳐 나타나는 아주 중요한 함수이다. 그러나 정규분포는 그 자체로는 사용하지 않고 표준정규분포(standard normal distribution)로 변환하여 사용한다. 이제 정규분포와 관련된 여러가지 성질을 살펴 보자.

定義 2.39 μ와 σ가 각각 조건 $-\infty < \mu < +\infty$, $0 < \sigma < +\infty$를 만족하는 실수라 하자. 확률변수 X의 확률밀도함수 $f(x;\mu,\sigma)$가

$$f(x;\mu,\sigma) \;=\; \frac{1}{\sigma\sqrt{2\pi}}e^{-\frac{(x-\mu)^2}{2\sigma^2}}, \quad (-\infty < x < +\infty) \tag{2.50}$$

와 같이 주어지면, 이 확률변수 X는 **평균 μ, 표준편차 σ을 갖는 정규분포**(normal distribution)에 따른다고 한다. 확률변수 X가 평균 μ, 표준편차 σ을 갖는 정규분포에 따를 때, 기호 $X \sim N(\mu,\sigma^2)$을 쓰기로 한다.

$X \sim N(\mu,\sigma^2)$이면, X의 분포함수 $F(x;\mu,\sigma)$는

$$F(x;\mu,\sigma) \;=\; \int_{-\infty}^{x} \frac{1}{\sigma\sqrt{2\pi}}e^{-\frac{(w-\mu)^2}{2\sigma^2}}\,dw \tag{2.51}$$

이다. 여기서 정규분포에 따르는 확률밀도함수 $f(x;\mu,\sigma)$가 조건

$$\int_{-\infty}^{+\infty} f(x;\mu,\sigma)\,dx = 1$$

을 만족하는지 증명해 보자. 먼저,

$$I = \int_{-\infty}^{+\infty} \frac{1}{\sigma\sqrt{2\pi}}e^{-\frac{(x-\mu)^2}{2\sigma^2}}\,dx$$

에서 변수변환

$$z = \frac{x-\mu}{\sigma}$$

를 이용하자. 이때 $x \to -\infty$ 이면 $z \to -\infty$ 이고, $x \to +\infty$ 이면 $z \to +\infty$ 이므로

$$\begin{aligned} I &= \int_{-\infty}^{+\infty} \frac{1}{\sigma\sqrt{2\pi}}e^{-\frac{z^2}{2}}\,\sigma\,dz \\ &= 2\int_{0}^{+\infty} \frac{1}{\sqrt{2\pi}}\,e^{-\frac{z^2}{2}}\,dz \end{aligned}$$

이다. 여기서 다시 변수변환

$$u = z^2/2$$

을 이용하자. 이때, $z \to 0$이면 $u \to 0$이고, $z \to +\infty$이면 $u \to +\infty$이다. 또한,

$$\frac{dz}{du} = \frac{w^{-\frac{1}{2}}}{\sqrt{2}}$$

이므로

$$\begin{aligned} I &= \frac{1}{\sqrt{\pi}} \int_0^{+\infty} u^{-\frac{1}{2}} e^{-u} \, dz \\ &= \frac{1}{\sqrt{\pi}} \int_0^{+\infty} u^{\frac{1}{2}-1} e^{-u} \, dz \\ &= \frac{1}{\sqrt{\pi}} \Gamma(\tfrac{1}{2}) \\ &= 1 \end{aligned}$$

이다. 위의 유도과정에서 본 것처럼 정규분포에 따르는 확률밀도함수는 다음 변수변환한 공식

$$Z = \frac{X - \mu}{\sigma} \tag{2.52}$$

에 의하여 **표준정규분포**(standard normal distribution)가 얻어진다는 사실에 주의하자. 따라서 다음 확률밀도함수

$$\varphi(z) = \frac{1}{\sqrt{2\pi}} e^{-\frac{z^2}{2}}, \quad (-\infty < z < +\infty) \tag{2.53}$$

를 **표준정규 확률밀도함수**(standard normal probability density function)라 부른다. 이 표준정규 확률밀도함수는 평균이 $\mu = 0$이고, 분산이 $\sigma^2 = 1$인 경우에 해당함 알 수 있다. 따라서, 표준정규 확률변수 Z는 $Z \sim \mathrm{N}(0, 1)$로 나타낼 수 있다. 여기서 변수변환 공식

$$Z = \frac{X - \mu}{\sigma} \tag{2.54}$$

를 **Z의 표준정규화**(standard normalization)라고 한다. 이 표준정규화 공식에 의해서 모든 정규분포는 표준정규분포로 변환할 수 있다. 이제 표준정규 확률밀도함수가 갖는 몇가지 사실을 살펴 보자. 먼저, 표준정규 확률변수 Z의 분포함수 $\Phi(z)$를

$$\Phi(z) = \int_{-\infty}^{z} \frac{1}{\sqrt{2\pi}} e^{-\frac{w^2}{2}} \, dw \tag{2.55}$$

로 정의하자.

定理 2.44 $Z \sim N(0,1)$이라 하면, 다음 식이 성립한다.

(1) 모든 $z \in \mathbb{R}$에 대하여, $\varphi(z) = \varphi(-z)$이다. 즉, $\varphi(z)$는 우함수(even function)이다.

(2) $\varphi'(z) = -z\varphi(z)$이다. 따라서 $\varphi(z)$는 점 $z = 0$에서 유일한 극대값 $\frac{1}{\sqrt{2\pi}}$을 갖는다.

(3) $\varphi''(z) = (z^2 - 1)\varphi(z)$이다. 따라서, $\varphi(z)$는 $z = \pm 1$이 변곡점이다.

(4) $z \to \pm\infty$이면 $\varphi(z) \to 0$이다.

(5) $z \to \pm\infty$이면 $\varphi'(z) \to 0$이다.

證明 (1) $\varphi(-z) = \frac{1}{\sqrt{2\pi}} e^{-\frac{(-z)^2}{2}} = \frac{1}{\sqrt{2\pi}} e^{-\frac{z^2}{2}} = \varphi(z)$ 가 성립하므로 우함수이다.

(2) 표준정규 확률밀도함수 $\varphi(z)$를 z에 관하여 한 번 미분하면,

$$\begin{aligned}\varphi'(z) &= \frac{1}{\sqrt{2\pi}} e^{-\frac{z^2}{2}} (-z) \\ &= -z\,\varphi(z)\end{aligned}$$

이다.

(3) 위의 (2)를 z에 관하여 한 번 더 미분하면,

$$\begin{aligned}\varphi''(z) &= -\varphi(z) + (-z)\varphi'(z) \\ &= -\varphi(z) + (-z)(-z\varphi(z)) \\ &= (z^2 - 1)\,\varphi(z)\end{aligned}$$

이다.

(4) $\varphi(z)$는 z의 우함수이므로,

$$z \to \pm\infty \text{ 이면 } \quad \varphi(z) = \frac{1}{\sqrt{2\pi}\, e^{\frac{z^2}{2}}} \to 0$$

이다.

(5) $\varphi(z)$를 z에 관하여 한 번 미분하면,

$$\varphi'(z) = \frac{-z}{\sqrt{2\pi}\, e^{\frac{z^2}{2}}}$$

이다. 그런데, $z \to \pm\infty$이면 부정형 $\frac{\infty}{\infty}$의 형태이므로 로피탈의 법칙에 의하여,

$$z \to \pm\infty \text{ 이면 } \quad \varphi'(z) = \frac{-z}{\sqrt{2\pi}\, e^{\frac{z^2}{2}}} \to 0$$

이다. ■

위의 정리의 결과를 이용하면, 표준정규 확률밀도함수의 평균과 분산을 비교적 쉽게 구할 수 있다.

定理 2.45 $Z \sim N(0,1)$이면,

$$E(Z) = 0\,, \tag{2.56}$$

$$\mathrm{Var}(Z) = 1 \tag{2.57}$$

이다.

證明 (1) 먼저 평균 $E(Z)$를 구하면

$$\begin{aligned} E(Z) &= \int_{-\infty}^{+\infty} z\varphi(z)\,dz \\ &= -\int_{-\infty}^{+\infty} \varphi'(z)\,dz \\ &= \Big[-\varphi(z)\Big]_{-\infty}^{+\infty} \\ &= 0 \end{aligned}$$

이다. 분산 $\mathrm{Var}(Z)$는

$$\begin{aligned} \mathrm{Var}(Z) &= E(Z^2) - [E(Z)]^2 \\ &= \int_{-\infty}^{+\infty} z^2\varphi(z)\,dz \\ &= \int_{-\infty}^{+\infty} \Big\{\varphi''(z) + \varphi(z)\Big\}\,dz \\ &= \int_{-\infty}^{+\infty} \varphi''(z)\,dz + \int_{-\infty}^{+\infty} \varphi(z)\,dz \\ &= \Big[\varphi'(z)\Big]_{-\infty}^{+\infty} + \int_{-\infty}^{+\infty} \varphi(z)\,dz \\ &= 0 + 1 \\ &= 1 \end{aligned}$$

이다. ■

이제 정규분포의 평균과 분산을 구해 보자.

定理 2.46 $X \sim N(\mu, \sigma^2)$이면, 평균과 분산은 각각

$$E(X) = \mu, \qquad \text{Var}(X) = \sigma^2 \tag{2.58}$$

이다.

證明 평균의 정의에 의하여 $E(X)$는

$$\begin{aligned} E(X) &= \int_{-\infty}^{+\infty} x\, f(x;\mu,\sigma)\, dx \\ &= \int_{-\infty}^{+\infty} x \frac{1}{\sigma\sqrt{2\pi}} e^{-\frac{(x-\mu)^2}{2\sigma^2}}\, dx \end{aligned}$$

이고, 여기서 표준정규화된 변수변환 $z = \frac{x-\mu}{\sigma}$을 이용하면, 평균은

$$\begin{aligned} E(X) &= \int_{-\infty}^{+\infty} (\mu + \sigma z) \frac{1}{\sqrt{2\pi}} e^{-\frac{z^2}{2}}\, dz \\ &= \mu \int_{-\infty}^{+\infty} \varphi(z)\, dz + \sigma \int_{-\infty}^{+\infty} z\varphi(z)\, dz \\ &= \mu \cdot 1 + \sigma \cdot E(Z) \\ &= \mu \end{aligned}$$

이다. 다음 분산 $\text{Var}(X)$는

$$\begin{aligned} \text{Var}(X) &= E(X^2) - [E(X)]^2 \\ &= \int_{-\infty}^{+\infty} x^2 f(x;\mu,\sigma)\, dx - \mu^2 \\ &= \int_{-\infty}^{+\infty} x^2 \frac{1}{\sigma\sqrt{2\pi}} e^{-\frac{(x-\mu)^2}{2\sigma^2}}\, dx - \mu^2 \end{aligned}$$

이다. 마찬가지로 표준정규화된 변수변환 $z = \frac{x-\mu}{\sigma}$을 이용하면,

$$\begin{aligned} \text{Var}(X) &= \int_{-\infty}^{+\infty} (\mu + \sigma z)^2 \frac{1}{\sqrt{2\pi}} e^{-\frac{z^2}{2}}\, dz - \mu^2 \\ &= \int_{-\infty}^{+\infty} (\mu^2 + 2\mu\sigma z + \sigma^2 z^2)\varphi(z)\, dz - \mu^2 \\ &= \mu^2 \int_{-\infty}^{+\infty} \varphi(z)\, dz + 2\mu\sigma \int_{-\infty}^{+\infty} z\varphi(z)\, dz + \sigma^2 \int_{-\infty}^{+\infty} z^2\varphi(z)\, dz - \mu^2 \\ &= \mu^2 \cdot 1 + 2\mu\sigma \cdot 0 + \sigma^2 \cdot 1 - \mu^2 \\ &= \mu^2 + \sigma^2 - \mu^2 \\ &= \sigma^2 \end{aligned}$$

이다. ■

이미 위에서 여러번 언급하였지만 확률변수 X가 정규분포에 따를 때, 표준정규화된 확률변수 $Z = \frac{X-\mu}{\sigma}$는 표준정규분포에 따른다. 즉,

$$X \sim N(\mu, \sigma^2) \quad \rightarrow \quad Z = \frac{X-\mu}{\sigma} \sim N(0,1)$$

이 성립한다. 왜냐하면, $F(z)$를 표준정규분포의 분포함수라 하면 모든 $z \in \mathbb{R}$에 대하여,

$$\begin{aligned} F(z) &= P\{Z \leqslant z\} \\ &= P\{\frac{X-\mu}{\sigma} \leqslant z\} \\ &= P\{X \leqslant \mu + \sigma z\} \\ &= \int_{-\infty}^{\mu+\sigma z} \frac{1}{\sigma\sqrt{2\pi}} e^{-\frac{(x-\mu)^2}{2\sigma^2}} \, dx \end{aligned}$$

이므로, 치환

$$w = \frac{x-\mu}{\sigma}$$

를 이용하면,

$$\begin{aligned} F(z) &= \int_{-\infty}^{z} \frac{1}{\sqrt{2\pi}} e^{-\frac{w^2}{2}} \, dw \\ &= \Phi(z) \end{aligned}$$

이다. 위의 식의 양변을 z에 관하여 미분하면, 표준정규 확률밀도함수

$$\begin{aligned} F'(z) &= \frac{1}{\sqrt{2\pi}} e^{-\frac{z^2}{2}} \\ &= \Phi'(z) \\ &= \varphi(z) \end{aligned}$$

가 얻어지기 때문이다.

定理 2.47 $X \sim N(\mu, \sigma^2)$이라 하고, $F(x)$를 X의 분포함수라고 하면, 다음이 성립한다.

$$F(x) = \Phi\left(\frac{x-\mu}{\sigma}\right) \tag{2.59}$$

證明 $F(x)$를 정규분포에 따르는 확률변수 X의 분포함수라 하면, 모든 $x \in \mathbb{R}$에 대하여,

$$\begin{aligned} F(x) &= P\{X \leqslant x\} \\ &= P\{\frac{X-\mu}{\sigma} \leqslant \frac{x-\mu}{\sigma}\} \\ &= P\{Z \leqslant \frac{x-\mu}{\sigma}\} \\ &= \Phi\left(\frac{x-\mu}{\sigma}\right) \end{aligned}$$

이다. ■

표준정규분포의 분포함수 $\Phi(z)$는 음의 실수값에 대한 확률값이 존재하지 않는데, 이 값은 분포함수의 대칭성질을 이용하여 다음과 같이 구한다.

定理 2.48 $Z \sim N(0,1)$이라 하고 $\Phi(z)$를 표준정규분포의 분포함수라 하자. 이때 $z > 0$이면, $\Phi(-z) = 1 - \Phi(z)$이다.

證明 $z > 0$이라 하자. 적분의 성질에 의하여,

$$\begin{aligned} \Phi(-z) &= \int_{-\infty}^{-z} \frac{1}{\sqrt{2\pi}} e^{-\frac{w^2}{2}}\, dw \\ &= \int_{-\infty}^{+\infty} \frac{1}{\sqrt{2\pi}} e^{-\frac{w^2}{2}}\, dw + \int_{+\infty}^{-z} \frac{1}{\sqrt{2\pi}} e^{-\frac{w^2}{2}}\, dw \\ &= 1 + \int_{+\infty}^{-z} \frac{1}{\sqrt{2\pi}} e^{-\frac{w^2}{2}}\, dw \end{aligned}$$

이다. 위의 식의 마지막 줄, 두 번째 식에서 다음과 같이 변수변환 $u = -w$를 이용하자. 그러면 $w \to +\infty$이면 $u \to -\infty$이고, $w \to -z$이면 $u \to z$이므로, 위의 적분은

$$\begin{aligned} \Phi(-z) &= 1 + \int_{-\infty}^{z} \frac{1}{\sqrt{2\pi}} e^{-\frac{u^2}{2}}\, (-du) \\ &= 1 - \int_{-\infty}^{z} \frac{1}{\sqrt{2\pi}} e^{-\frac{u^2}{2}}\, du \\ &= 1 - \Phi(z) \end{aligned}$$

이다. ■

이제 정규분포의 적률모함수를 구해 보자.

定理 2.49 $X \sim N(\mu, \sigma^2)$이라 하자. 다음 식이 성립한다.

(1) X의 적률모함수는

$$M_X(t) = e^{\mu t + \frac{\sigma^2 t^2}{2}}$$

이고

(2) m을 음아닌 정수라 하면, m의 짝수차 적률과 홀수차 적률은

$$E(X-\mu)^m = \begin{cases} \dfrac{(2r)!\sigma^{2r}}{r!2^r}, & m = 2r,\ r = 1, 2, 3, \cdots \\ 0, & m = 2r-1,\ r = 1, 2, 3, \cdots \end{cases}$$

이다.

證明 (1) 먼저 $Z \sim N(0,1)$이라 하자. 이때 Z의 적률모함수는

$$\begin{aligned} M_Z(t) &= \int_{-\infty}^{+\infty} e^{tz} \frac{1}{\sqrt{2\pi}} e^{-\frac{z^2}{2}}\, dz \\ &= \frac{1}{\sqrt{2\pi}} \int_{-\infty}^{+\infty} \exp\left\{-\frac{z^2}{2} + tz\right\} dz \\ &= \frac{1}{\sqrt{2\pi}} \int_{-\infty}^{+\infty} \exp\left\{-\frac{1}{2}\left(z^2 - 2tz + t^2 - t^2\right)\right\} dz \\ &= \int_{-\infty}^{+\infty} \frac{1}{\sqrt{2\pi}} \exp\left\{-\frac{1}{2}(z-t)^2\right\} \exp\left\{\frac{t^2}{2}\right\} dz \\ &= \exp\left\{\frac{t^2}{2}\right\} \int_{-\infty}^{+\infty} \frac{1}{\sqrt{2\pi}} \exp\left\{-\frac{1}{2}(z-t)^2\right\} dz \end{aligned}$$

이다. 그런데, 맨 끝의 적분은 평균이 t이고 분산이 1인 정규분포의 확률밀도함수이므로 그 적분값은 1이다. 따라서, Z의 적률모함수는

$$M_Z(t) = e^{\frac{t^2}{2}}$$

이다. 이 식에 적률모함수의 공식

$$M_{aX+b}(t) = e^{bt} M_X(at), \quad (a\text{와 } b\text{는 임의의 실수})$$

을 이용하자. 또한 표준정규분포 확률변수 Z와 정규분포 확률변수 X사이에는

$$Z = \frac{X-\mu}{\sigma}$$

인 관계가 있으므로, 이 식을 X에 관해서 정리하면 $X = \sigma Z + \mu$를 얻는다. 따라서,

적률모함수 공식에 의하여

$$\begin{aligned} M_X(t) &= M_{\sigma Z+\mu}(t) \\ &= e^{\mu t} M_Z(\sigma t) \\ &= e^{\mu t} e^{\frac{(\sigma t)^2}{2}} \\ &= e^{\mu t + \frac{\sigma^2 t^2}{2}} \end{aligned}$$

이다.

(2) m이 음아닌 정수인경우, 평균 μ주위의 m차 적률은 $E(X-\mu)^m$이다. 여기서, m이 홀수인 경우와, 짝수인 경우 두가지로 나누어 값을 구해 보자. 먼저 m이 홀수이면 즉, $m = 2r-1$ $(r = 1,\ 2,\ 3,\ \cdots)$이면,

$$E(X-\mu)^{2r-1} = \int_{-\infty}^{+\infty} (x-\mu)^{2r-1} \frac{1}{\sigma\sqrt{2\pi}} e^{-\frac{(x-\mu)^2}{2\sigma^2}}\, dx$$

이다. 변수변환 $t = \frac{x-\mu}{\sigma}$를 이용하면,

$$\begin{aligned} E(X-\mu)^{2r-1} &= \int_{-\infty}^{+\infty} (\sigma t)^{2r-1} \frac{1}{\sigma\sqrt{2\pi}} e^{-\frac{t^2}{2}}\, \sigma\, dt \\ &= \sigma^{2r-1} \left\{ \int_{-\infty}^{0} t^{2r-1} \frac{1}{\sqrt{2\pi}} e^{-\frac{t^2}{2}}\, dt + \int_{0}^{+\infty} t^{2r-1} \frac{1}{\sqrt{2\pi}} e^{-\frac{t^2}{2}}\, dt \right\} \end{aligned}$$

이다. 여기서, 다시 맨 끝줄의 첫 번째 적분은 $u = -t$로, 두 번째 적분은 $u = t$로 변수변환하면,

$$\begin{aligned} E(X-\mu)^{2r-1} &= \sigma^{2r-1} \left\{ -\int_{+\infty}^{0} (-u)^{2r-1} \frac{1}{\sqrt{2\pi}} e^{-\frac{u^2}{2}}\, du \right. \\ &\qquad \left. + \int_{0}^{+\infty} u^{2r-1} \frac{1}{\sqrt{2\pi}} e^{-\frac{u^2}{2}}\, du \right\} \\ &= \sigma^{2r-1} \left\{ -\int_{0}^{+\infty} u^{2r-1} \frac{1}{\sqrt{2\pi}} e^{-\frac{u^2}{2}}\, du + \int_{0}^{+\infty} u^{2r-1} \frac{1}{\sqrt{2\pi}} e^{-\frac{u^2}{2}}\, du \right\} \\ &= 0 \end{aligned}$$

임을 알 수 있다. 다음에 m이 짝수이면 즉, $m = 2r$ $(r = 1,\ 2,\ 3,\ \cdots)$이면,

$$E(X-\mu)^{2r} = \int_{-\infty}^{+\infty} (x-\mu)^{2r} \frac{1}{\sigma\sqrt{2\pi}} e^{-\frac{(x-\mu)^2}{2\sigma^2}}\, dx$$

이다. 위에서와 마찬가지로 변수변환 $t = \frac{x-\mu}{\sigma}$를 이용하면,

$$\begin{aligned} E(X-\mu)^{2r} &= \int_{-\infty}^{+\infty} (\sigma t)^{2r} \frac{1}{\sigma\sqrt{2\pi}} e^{-\frac{t^2}{2}} \sigma\, dt \\ &= \sigma^{2r} \left\{ \int_{-\infty}^{0} t^{2r} \frac{1}{\sqrt{2\pi}} e^{-\frac{t^2}{2}}\, dt + \int_{0}^{+\infty} t^{2r} \frac{1}{\sqrt{2\pi}} e^{-\frac{t^2}{2}}\, dt \right\} \end{aligned}$$

이다. 여기서 다시 맨 끝줄의 첫 번째 적분에서 $u = -t$라 치환하고, 두 번째 적분은 $u = t$로 변수변환하면,

$$\begin{aligned} E(X-\mu)^{2r} &= \sigma^{2r} \left\{ -\int_{+\infty}^{0} (-u)^{2r} \frac{1}{\sqrt{2\pi}} e^{-\frac{u^2}{2}}\, du + \int_{0}^{+\infty} u^{2r} \frac{1}{\sqrt{2\pi}} e^{-\frac{u^2}{2}}\, du \right\} \\ &= \sigma^{2r} \left\{ \int_{0}^{+\infty} u^{2r} \frac{1}{\sqrt{2\pi}} e^{-\frac{u^2}{2}}\, du + \int_{0}^{+\infty} u^{2r} \frac{1}{\sqrt{2\pi}} e^{-\frac{u^2}{2}}\, du \right\} \\ &= 2\sigma^{2r} \int_{0}^{+\infty} u^{2r} \frac{1}{\sqrt{2\pi}} e^{-\frac{u^2}{2}}\, du \end{aligned}$$

이다. 이제 위의 적분을 감마함수로 표현하고 정리를 해 보자. 먼저 변수변환 $x = \frac{u^2}{2}$이라 하면, $u \to 0$이면, $x \to 0$이고, $u \to +\infty$ 이면 $x \to +\infty$이다. 또한, $\frac{du}{dx} = \frac{x^{-\frac{1}{2}}}{\sqrt{2}}$이므로,

$$\begin{aligned} E(X-\mu)^{2r} &= 2\sigma^{2r} \left\{ \int_{0}^{+\infty} (2x)^{r} \frac{1}{\sqrt{2\pi}} e^{-x} \frac{x^{-\frac{1}{2}}}{\sqrt{2}} dx \right\} \\ &= \frac{\sigma^{2r} 2^{r}}{\sqrt{\pi}} \left\{ \int_{0}^{+\infty} x^{(r+\frac{1}{2})-1} e^{-x}\, dx \right\} \end{aligned}$$

이다. 따라서,

$$\begin{aligned} E(X-\mu)^{2r} &= \frac{\sigma^{2r} 2^{r}}{\sqrt{\pi}} \Gamma(r+\frac{1}{2}) \\ &= \frac{\sigma^{2r} 2^{r}}{\sqrt{\pi}} (r+\frac{1}{2}-1)(r+\frac{1}{2}-2)(r+\frac{1}{2}-3) \times \cdots \\ &\qquad \cdots \times \overbrace{(r+\frac{1}{2}-r+1)}^{(r-1)\text{번째}} \overbrace{(r+\frac{1}{2}-r)}^{r\text{번째}} \Gamma(r+\frac{1}{2}-r) \\ &= \frac{\sigma^{2r} 2^{r}}{\sqrt{\pi}} \frac{(2r-1)}{2} \frac{(2r-3)}{2} \frac{(2r-5)}{2} \cdots \frac{3}{2} \frac{1}{2} \Gamma(\frac{1}{2}) \\ &= \sigma^{2r} (2r-1)(2r-3) \cdots 3 \cdot 1 \cdot \frac{r!2^{r}}{r!2^{r}} \\ &= \frac{(2r)!\sigma^{2r}}{r!2^{r}} \end{aligned}$$

이다. ■

2.9.10 로그-정규분포

定義 2.40 확률변수 X의 확률밀도함수 $f(x;\mu,\sigma^2)$가

$$f(x;\mu,\sigma^2) = \begin{cases} \dfrac{1}{\sigma x\sqrt{2\pi}}\exp\left\{-\frac{(\ln x-\mu)^2}{2\sigma^2}\right\}, & 0 < x < +\infty \\ 0, & x \leqslant 0 \end{cases} \tag{2.60}$$

일 때, 확률변수 X는 **로그-정규분포**(log-normal distribution)에 따른다고 한다. 확률변수 X가 로그-정규분포에 따를 때, 기호 $X \sim \text{LOGN}(\mu,\sigma^2)$을 쓰기로 한다.

로그-정규분포는 일반적으로 정규분포로부터 유도할 수 있다. 즉, $X \sim N(\mu,\sigma^2)$에서 $Z = e^X$라 치환하면 $Z \sim \text{LOGN}(\mu,\sigma^2)$이다. 로그-정규분포의 제 r적률을 이용하여 평균과 분산을 구해 보자.

定理 2.50 $X \sim \text{LOGN}(\mu,\sigma^2)$이면, X의 제 r차 적률 및 평균과 분산은 다음과 같다.

$$E(X^r) = e^{r\mu+\frac{1}{2}r^2\sigma^2}, \quad r \geqslant 0 \tag{2.61}$$

$$E(X) = e^{\mu+\frac{1}{2}\sigma^2}, \tag{2.62}$$

$$\text{Var}(X) = e^{2\mu+\sigma^2}\left(e^{\sigma^2}-1\right). \tag{2.63}$$

證明 먼저 X의 제 r차 적률을 구하면 다음과 같다.

$$\begin{aligned}
E(X^r) &= \int_0^{+\infty} x^r \frac{1}{\sigma x\sqrt{2\pi}}\exp\left\{-\frac{(\ln x-\mu)^2}{2\sigma^2}\right\} \\
&= \int_0^{+\infty} \frac{1}{\sigma\sqrt{2\pi}} x^{r-1}\exp\left\{-\frac{(\ln x-\mu)^2}{2\sigma^2}\right\} \\
&= \int_{-\infty}^{+\infty} \frac{1}{\sigma\sqrt{2\pi}}\exp\left\{r\mu+ry-\frac{y^2}{2\sigma^2}\right\}dy \qquad (y=\ln x-\mu) \\
&= \exp\left\{r\mu+\frac{1}{2}r^2\sigma^2\right\}\int_{-\infty}^{+\infty}\frac{1}{\sigma\sqrt{2\pi}}\exp\left\{-\frac{1}{2\sigma^2}(y^2-2\sigma^2 ry+\sigma^2 r^2\right\}dy \\
&= \exp\left\{r\mu+\frac{1}{2}r^2\sigma^2\right\}\frac{1}{\sigma\sqrt{2\pi}}\int_{-\infty}^{+\infty}\exp\left\{-\frac{1}{2\sigma^2}(y-\sigma^2 r^2)^2\right\} \\
&= \exp\{r\mu+\frac{1}{2}r^2\sigma^2\}, \quad r \geqslant 0
\end{aligned}$$

이로부터 평균을 구하면,

$$E(X) = \exp\{\mu+\frac{1}{2}\sigma^2\}$$

이고 분산은

$$\mathrm{Var}(X) \;=\; \exp\{2\mu+\sigma^2\}\,(\exp\{\sigma^2\}-1)$$

이다. ■

2.9.11 그 외의 분포

定義 2.41 이산확률변수 X의 확률질량함수 $f(x;n,\alpha,\beta)$가

$$f(x;n,\alpha,\beta) \;=\; \begin{cases} \binom{n}{x}\dfrac{\Gamma(\alpha+\beta)}{\Gamma(\alpha)\,\Gamma(\beta)}\,\dfrac{\Gamma(x+\alpha)\,\Gamma(n+\beta-x)}{\Gamma(n+\alpha+\beta))}, & x=0,1,2,\cdots,n \\ 0, & \text{그 외의 경우} \end{cases}$$

일 때, 이산확률변수 X는 **베타-이항분포**(neta-binonial distribution)에 따른다고 한다. 여기서 n은 음이 아닌 정수이고 $\alpha>0$, $\beta>0$이다.

위의 베타-이항분포는 이항분포와 동일한 확률변수 값을 갖는다. 또한 $\alpha=\beta=1$이면 이산균등분포가 된다. 참고로 베타-이항분포의 평균 $E(X)$와 분산 Var(X)는 각각 다음과 같다.

$$E(X) \;=\; \frac{n\alpha}{\alpha+\beta}, \quad \mathrm{Var}(X) \;=\; \frac{n\alpha\beta(n+\alpha+\beta)}{(\alpha+\beta)^2\,(\alpha+\beta+1)}.$$

定義 2.42 이산확률변수 X의 확률밀도함수 $f(x;p)$가

$$f(x;p) \;=\; \begin{cases} \dfrac{-q^x}{x\ln p}, & x=1,2,3,\cdots,0<p<1,q=1-p \\ 0, & \text{그 외의 경우} \end{cases}$$

일 때, 이산확률변수 X는 **로그**(logarithmic distribution)에 따른다고 한다.

위의 로그분포는 함수 $f(q)=-\ln(1-q)$의 MacLaurin의 급수전개식으로부터 얻을 수 있으며 로그분포의 평균과 분산은 각각 다음과 같다.

$$E(X) \;=\; \frac{-q}{p\ln p}, \quad \mathrm{Var}(X) \;=\; \frac{-q(q+\ln p)}{(p\ln p)^2}.$$

練習問題

1. 확률변수 X의 분포함수 $F(x)$는 다음과 같다.

$$F(x) = \begin{cases} 0, & x < 0 \\ \frac{x}{4}, & 0 \leqslant x < 1 \\ \frac{1}{2} + \frac{(x-1)}{4}, & 1 \leqslant x < 2 \\ \frac{11}{12}, & 2 \leqslant x < 3 \\ 1, & x \geqslant 3 \end{cases}$$

이때, 다음 확률을 구하여라.

(a) $P\{X = i\}$, $i = 1, 2, 3$.

(b) $P\{\frac{1}{2} < X < \frac{3}{2}\}$.

2. 확률변수 X의 확률밀도함수 $f(x)$가 다음과 같이 주어졌다.

$$f(x) = \begin{cases} cx(3-x)^2, & 0 \leqslant x \leqslant 3 \\ 0, & \text{그 외의 경우} \end{cases}$$

이때,

(a) 상수 c를 구하여라.

(b) $P\{X \leqslant 1\}$을 구하여라.

(c) X의 분포함수를 구하여라.

3. 확률변수 X의 분포함수 $F(x)$는 다음과 같다.

$$F(x) = \begin{cases} 0, & x < 0 \\ 2x^2, & 0 \leqslant x < \frac{1}{2} \\ 1 - 2(1-x)^2, & \frac{1}{2} \leqslant x \leqslant 1 \\ 1, & x > 1 \end{cases}$$

이때, 다음을 구하여라.

(a) $P\{\frac{1}{8} < X < \frac{3}{4}\}$.

(b) X의 확률밀도함수.

4. 두개의 주사위를 던지는 실험에서, X를 두 주사위가 나온 눈의 차(difference)의 절대값이라 하자.

(a) 확률변수 X의 이산 확률밀도함수르르 구하여라.

(b) 확률변수 X의 기댓값(평균)을 구하여라.

5. 두 개의 주사위를 던지는 실험에서, 확률변수 X를 두 주사위의 눈의 합이라고 했을 때, 확률변수 X의 분산을 구하여라.

6. 확률변수 X의 분포함수가

$$F(x) = \begin{cases} (1-p)e^{-\lambda x}, & 0 < x < +\infty,\ \lambda, p > 0 \\ 0, & \text{그 외의 경우} \end{cases}$$

와 같이 주어졌을 때, 확률변수 X의 분산을 구하여라.

7. 확률변수 X의 연속확률밀도함수는 다음과 같다.

$$f(x) = \begin{cases} c\,e^{-2x}, & 0 < x < +\infty \\ 0, & \text{그 외의 경우} \end{cases}$$

(a) 상수 c의 값을 구하여라.
(b) $P\{\, X > 2 \,\}$을 구하여라.

8. 음이 아닌 확률변수 X의 분포함수를 $F(x)$라 할 때, X의 평균 $E(X)$는

$$E(X) = \int_0^{+\infty} \{1 - F(x)\}\, dx$$

와 같이 표현할 수 있음을 증명하여라.

9. 확률변수 X의 확률밀도함수 $f(x)$가

$$f(x) = \begin{cases} \frac{1}{2}e^{-\frac{x}{2}}, & 0 < x < +\infty \\ 0, & \text{그 외의 경우} \end{cases}$$

와 같이 주어졌다.

(a) 확률변수 X의 적률모함수 $M_X(t)$를 구하여라.
(b) (1)의 적률모함수를 이용하여 X의 분산 Var(X)를 구하여라.

10. 확률변수 X의 이산확률밀도함수 $f(x)$가

$$f(x) = \begin{cases} \frac{2}{5^{x+1}}, & x = 0, 1, 2, \cdots \\ 0, & \text{그 외의 경우} \end{cases}$$

와 같이 주어졌다.

(a) 확률변수 X의 적률모함수 $M_X(t)$를 구하여라.
(b) (1)의 적률모함수를 이용하여 X의 분산 Var(X)를 구하여라.

11. 확률변수 X의 평균은 $E(X) = 0$이고 분산은 Var$(X) = \sigma^2$이다. 이때, Chebyshev의 부등식을 이용하여 다음 부등식을 유도하여라.

$$P\{\, X > x \,\} \leqslant \frac{\sigma^2}{\sigma^2 + x^2}, \ \forall x > 0$$

12. 확률변수 X의 적률모함수가 $M_X(t) = \frac{1}{3} + \frac{2}{3}e^t$ 일 때, X의 확률질량함수, 평균, 분산을 구하여라.

13. 확률변수 X의 적률모함수가 $M_X(t) = (\frac{1}{4} + \frac{3}{4}e^t)^{12}$ 일 때, X의 평균과 분산을 구하여라.

14. 확률변수 X의 확률질량함수가 $f(x) = \left(\frac{1}{2}\right)^x$, $x = 1, 2, 3, \cdots$ 일 때 X의 기댓값을 구하여라.

15. 확률변수 X의 확률질량함수는 다음과 같다.

$$f(x) = \frac{1}{2}\left(\frac{2}{3}\right)^x, \quad x = 1, 2, 3, \cdots$$

X의 평균, 분산, 적률모함수를 구하여라.

16. $X \sim \text{BIN}(n, p)$라 하고 $Y = n - X$라 할 때, Y의 분산을 구하여라.

17. 확률변수 X가 $E(X) < +\infty$이고 $\text{Var}(X) < +\infty$인 조건을 만족할 때,

$$\text{Var}(X) < E[(X-a)^2], \quad (a \neq E(X))$$

가 성립함을 증명하여라.

18. 다음 확률분포의 기댓값과 분산을 구하여라.

(a) $p(x) = \binom{5}{x}(0.4)^x(0.6)^{5-x}, \quad x = 0, 1, 2, 3, 4, 5$

(b) $p(x) = \dfrac{\binom{5}{x}\binom{15}{5-x}}{\binom{20}{5}}, \quad x = 0, 1, 2, 3, 4, 5$

19. $X \sim \text{GEO}(p)$일 때, X의 팩토리얼 적률모함수를 구하여라.

20. $X \sim \text{DU}(N)$일 때, X의 적률모함수를 구하여라.

21. $X \sim \text{POIS}(\lambda)$일 때, 다음을 증명하여라.

$$E[X(X-1)(X-2)\cdots(X-r+1)] = \lambda^r, \quad r = 3, 4.$$

22. $X \sim \text{GEO}(p)$일 때, 다음을 증명하여라.

$$E[X(X-1)(X-2)\cdots(X-r+1)] = r!\frac{(1-p)r-1}{p^r}, \quad r = 3, 4.$$

23. 확률변수 X가 모수 $\frac{1}{\lambda} = 20$ 인 지수분포에 따를 때, 다음을 구하여라.

(1) $P(10 < X < 30)$, (2) $P(X > 30)$, (3) $P(X > 40 \mid X > 10)$

24. X의 확률밀도함수는 다음과 같다.

$$f(x) \;=\; \frac{1}{2}e^{-\frac{1}{2}x}, \quad 0 \leqslant x < +\infty$$

(a) 확률변수 X의 평균, 분산, 적률모함수를 구하여라.

(b) $P(X > 3)$을 구하여라.

(c) $P(X > 5 \,|\, X > 2)$를 구하여라.

25. 확률변수 X의 적률모함수가 각각 다음과 같을 때, 평균과 분산을 모두 구하여라.

(a) $M_X(t) = \dfrac{1}{1-3t}, \quad t < \frac{1}{3}$

(b) $M_X(t) = \dfrac{3}{3-t}, \quad t < 3$

26. $X \sim \text{UNIF}(0,1)$인 확률변수라 하자. 이때 Y를 $Y = 2\sqrt{X}$로 변환하였을 때,

(a) Y의 분포함수와 확률밀도함수를 구하여라.

(b) Y의 평균과 분산을 구하여라.

27. 확률변수 X의 적률모함수가

$$M_X(t) \;=\; \frac{e^{5t} - e^{4t}}{t}, \quad (t \neq 0,\; M_X(0) \;=\; 1)$$

일 때, X의 $E(X)$와 $\text{Var}(X)$를 구하여라.

28. X의 확률밀도함수는 다음과 같다.

$$f(x) \;=\; \frac{3}{2}x^2, \quad -1 < x < 1$$

이때, $Y = \dfrac{X^3+1}{2}$이라 하면, Y의 확률분포, 평균과 분산을 구하여라.

29. $X \sim N(\mu, \sigma^2)$ 이면, $Y = aX + b \sim N(a\mu + b, a^2\sigma^2)$ 임을 증명하여라. $(a \neq 0)$

30. $X \sim N(25, 6^2)$일 때, $P(\,|\,X - 25\,| \leqslant c\,) = 0.9544$를 만족하는 상수 c의 값을 구하여라.

31. 베타함수 $B(m,n) = \int_0^1 x^{m-1}(1-x)^{n-1}\,dx$에서 다음 공식을 유도하여라.

$$\frac{1}{2}B\Big(\frac{p+1}{2}, \frac{q+1}{2}\Big) \;=\; \int_0^{\frac{\pi}{2}} \sin^p t \cos^q t \, dt\,, \quad (p > 0, q > 0)$$

제 3 장

n차원 확률분포와 특성함수

3.1 n차원 확률분포

지금까지 우리는 일차원 상에서 확률변수에 관한 여러 가지 성질에 대하여 살펴보았다. 여기에서는 일차원 확률변수의 여러가지 성질을 이차원 뿐만 아니라 일반적인 n차원까지 확장하여 알아 본다. 그러나, 삼차원 공간은 물론 일반적인 n차원 확률공간상에서 확률변수의 확률분포에 관한 성질을 연구하는 것은 대단히 어려운 일이기 때문에 이것은 이 책 보다는 측도론적 확률론이나 다변량 통계학에서 다루는 것이 바람직하다. 그러므로 여기에서는 대부분 이차원의 경우로 제한하여 중요한 확률변수의 확률분포에 관한 성질을 소개할 것이다. 따라서, 그 주된 내용은 이산형분포와 연속형분포 그리고 조건부 기댓값, 이차원 및 삼차원, 그리고 다차원에서의 확률변수의 성질과 마지막으로 이차원 정규분포를 소개한다.

n개의 확률변수 X_1, X_2, $\cdots$, X_n이 주어졌을 때, n개의 확률변수를 성분으로 하는 n차원 벡터 $\boldsymbol{X} = (X_1, X_2, \cdots, X_n)$을 생각할 수가 있다. 이 경우, 각각의 확률변

수에 대응하는 관찰값이나 측정값을 실수 x_1, x_2, $\cdots$, x_n으로 나타낸다면, 이 실수를 성분으로 하는 n차원 벡터는 $\boldsymbol{x} = (x_1, x_2, \cdots, x_n)$이다.

定義 3.1 X_1, X_2, $\cdots$, X_n를 n개의 확률변수라 하자. 이때, n-차원 벡터

$$\boldsymbol{X} = (X_1, X_2, \cdots, X_n)$$

를 ***n*-차원 확률벡터**(n-dimensional random vector)라 한다. 확률변수 X_1, X_2, $\cdots$, X_n이 취하는 실수를 각각 x_1, x_2, $\cdots$, x_n이라 한다면, n차원 확률벡터에 대응하는 n차원 실벡터는

$$\boldsymbol{x} = (x_1, x_2, \cdots, x_n)$$

이다.

먼저, n차원에서의 분포함수의 정의는 다음과 같다.

定義 3.2 X_1, X_2, $\cdots$, X_n을 확률변수라 하고, x_1, x_2, $\cdots$, x_n을 임의의 실수라 하자. 이 경우, n개의 확률변수 X_1, X_2, $\cdots$, X_n의 **결합누적분포함수**(joint cumulative distribution function) 또는 **결합분포함수**(joint distribution function)는

$$F(x_1, x_2, \cdots, x_n) = P\{X_1 \leqslant x_1, X_2 \leqslant x_2, \cdots, X_n \leqslant x_n\}$$

으로 정의한다. 특히, $\boldsymbol{X} = (X_1, X_2, \cdots, X_n)$를 n차원 확률벡터라 하고 $\boldsymbol{x} = (x_1, x_2, \cdots, x_n)$을 n차원 실벡터(real vector)라 했을 때, 벡터기호를 이용한 결합분포함수는

$$\begin{aligned} F(\boldsymbol{x}) &= P\{\boldsymbol{X} \leqslant \boldsymbol{x}\} \\ &= P\{X_1 \leqslant x_1, X_2 \leqslant x_2, \cdots, X_n \leqslant x_n\} \end{aligned}$$

으로 쓰기로 한다.

주의하여야 할 사실은 결합분포함수를 정의할 때 사건

$$\{X_1 \leqslant x_1, X_2 \leqslant x_2, \cdots, X_n \leqslant x_n\}$$

은

$$\{X_1 \leqslant x_1\} \cap \{X_2 \leqslant x_2\} \cap \cdots \cap \{X_n \leqslant x_n\}$$

을 의미하며, 위에서 실벡터 $\boldsymbol{x}$의 성분은 단순히 실수라고 언급 하였지만, 사실상 확률벡터 $\boldsymbol{X}$가 취할 수 있는 모든 관찰값이나 측정값으로 생각해도 된다. 이 책에서는, 확률벡터 $\boldsymbol{X}$의 결합분포함수를 또한, 기호 $F_{\boldsymbol{X}}(\boldsymbol{x})$, $F_{X_1, X_2, \cdots, X_n}(x_x, x_2, \cdots, x_n)$ 등으로 표기할 것이다.

다음에는 n차원에서의 확률밀도함수의 정의를 알아 보자.

定義 3.3 X_1, X_2, $\cdots$, X_n을 확률변수라 하고, x_1, x_2, $\cdots$, x_n을 임의의 실수라 하자. 이 경우, n-개의 확률변수 X_1, X_2, $\cdots$, X_n의 **결합확률질량함수**(joint probability mass function)는

$$f(x_1, x_2, \cdots, x_n) = P\{X_1 = x_1, X_2 = x_2, \cdots, X_n = x_n\}$$

으로 정의한다. 또한, $\boldsymbol{X} = (X_1, X_2, \cdots, X_n)$를 n차원 확률벡터라 하고 $\boldsymbol{x} = (x_1, x_2, \cdots, x_n)$을 n차원 실벡터라 했을 때, 벡터기호를 이용한 결합확률질량함수는

$$\begin{aligned} f(\boldsymbol{x}) &= P\{\boldsymbol{X} = \boldsymbol{x}\} \\ &= P\{X_1 = x_1, X_2 = x_2, \cdots, X_n = x_n\} \end{aligned}$$

를 의미한다. 확률벡터 $\boldsymbol{X} = (X_1, X_2, \cdots, X_n)$의 결합확률질량함수를 기호 $f_{\boldsymbol{X}}(\boldsymbol{x})$, $f_{X_1, X_2, \cdots, X_n}(x_1, x_2, \cdots, x_n)$등으로 쓰기로 한다.

결합분포함수에서의 경우와 마찬가지로 결합확률밀도함수에서의 사건

$$\{X_1 = x_1, X_2 = x_2, \cdots, X_n = x_n\}$$

은

$$\{X_1 = x_1\} \cap \{X_2 = x_2\} \cap \cdots \cap \{X_n = x_n\}$$

을 의미한다.

이제 좀더 구체적으로 결합확률밀도함수와 결합분포함수에 관하여 알아보자. 사실, 결합확률밀도함수가 갖는 성질은 일차원에서의 확률밀도함수가 갖는 성질을 자연스럽게 확장하면 된다.

定義 3.4 $\boldsymbol{X} = (X_1, X_2, \cdots, X_n)$을 n차원 확률벡터, $\boldsymbol{x} = (x_1, x_2, \cdots, x_n)$을 n차원 실벡터라 하자. 이때, n변수 x_1, x_2, $\cdots$, x_n의 함수 $p(x_1, x_2, \cdots, x_n)$이 조건

$$\begin{cases} (1) \quad \text{모든 } x_1, x_2, \cdots, x_n\text{에 대하여,} \quad p(x_1, x_2, \cdots, x_n) \geqslant 0 \\ (2) \quad \displaystyle\sum_{x_1}\sum_{x_2}\cdots\sum_{x_n} p(x_1, x_2, \cdots, x_n) = 1 \end{cases}$$

을 만족하면, 함수 $p(x_1, x_2, \cdots, x_n)$를 **이산결합확률질량함수**(discrete joint probability mass function)라 말한다.

연속형의 경우 이산형의 경우와 유사하게 정의할 수 있다.

定義 3.5 $\boldsymbol{X} = (X_1, X_2, \cdots, X_n)$을 n차원 확률벡터, $\boldsymbol{x} = (x_1, x_2, \cdots, x_n)$을 n차원 실벡터라 하자. 이때, n변수 x_1, x_2, $\cdots$, x_n의 함수 $f(x_1, x_2, \cdots, x_n)$이 조건

$$\begin{cases} (1) \quad \text{모든 } x_1, x_2, \cdots, x_n \text{에 대하여,} \quad f(x_1, x_2, \cdots, x_n) \geqslant 0 \\ (2) \displaystyle\int_{-\infty}^{+\infty}\int_{-\infty}^{+\infty} \cdots \int_{-\infty}^{+\infty} f(x_1, x_2, \cdots, x_n) dx_n dx_{n-1} \cdots dx_1 = 1 \end{cases}$$

을 만족하면 함수 $f(x_1, x_2, \cdots, x_n)$를 **연속결합확률밀도함수**(continuous joint probability density function)라 말한다.

연속결합분포함수와 연속결합확률밀도함수 사이에는 다음과 같은 관계식이 성립한다.

定義 3.6 X_1, X_2, $\cdots$, X_n을 연속확률변수, $\boldsymbol{X} = (X_1, X_2, \cdots, X_n)$을 n차원 확률벡터라 하면, $\boldsymbol{X} = (X_1, X_2, \cdots, X_n)$의 결합확률밀도함수 $f(x_1, x_2, \cdots, x_n)$과 결합분포함수 $F(x_1, x_2, \cdots, x_n)$ 사이에는 모든 실벡터 $\boldsymbol{x} = (x_1, x_2, \cdots, x_n)$에 대하여,

$$F(x_1, x_2, \cdots, x_n) = \int_{-\infty}^{x_1}\int_{-\infty}^{x_2} \cdots \int_{-\infty}^{x_n} f(t_1, t_2, \cdots, t_n)\, dt_n dt_{n-1} \cdots dt_1$$

인 관계가 성립한다.

이제, 이산결합확률분포의 예로 확장 초기하분포와 다항분포를 소개한다. 먼저, 확장 초기하분포는 초기하분포의 개념을 확장한 것이며 다음과 같다.

問題 1 어떤 유한모집단이 N-개의 성분으로 구성되어 있다고 하자. 그런데, 전체 N-개의 성분 중에서도 같은 종류별로 구별 했을 때, 그 종류가 각각 M_1, M_2, M_3, $\cdots$, M_k개의 형식으로 분류 된다고 하자. 이제, 이 유한모집단에서 비복원추출로 n-개를 뽑았다고 하자. 이때, 확률변수 X_i를 뽑힌 n-개중 i-개가 M_i라는 형식에서 뽑힌 성분의 수라 정의한다면, 확률벡터 $\boldsymbol{X} = (X_1, X_2, \cdots, X_k)$의 확률분포를 구하여라. 이 다차원 확률분포를 **확장 초기하분포**(extended hypergeometric distribution)라 한다.

解答 이 확률분포는

$$h(x_1, x_2, \cdots, x_k) = \frac{\binom{M_1}{x_1}\binom{M_2}{x_2}\cdots\binom{M_k}{x_k}\binom{M_{k+1}}{x_{k+1}}}{\binom{N}{n}}$$

$$(\text{단, } 0 \leqslant x_i \leqslant M_i,\ M_{k+1} = N - \sum_{i=1}^{k} M_i,\ x_{k+1} = n - \sum_{i=1}^{k} x_i)$$

이다. □

확장 초기하분포에서 k-개의 확률변수만이 존재한다는 사실에 주의하자.

問題 2 표본공간 Ω가 $k+1$개의 독립사건 A_1, A_2, $\cdots$, A_k, A_{k+1}으로 분할되고, $i = 1, 2, \cdots, k, k+1$에 대하여, 각 사건 A_i가 일어날 확률을 $p_i = P(A_i)$라 하자. 이때, 확률변수 X_i를 n번의 시행에서 제 i번째 사건 A_i가 일어난 횟수라 한다면, 확률벡터 $\boldsymbol{X} = (X_1, X_2, \cdots, X_k)$의 확률분포를 구하여라. 이 확률분포를 **다항분포**(multinomial distribution)라 한다.

解答 이 경우, 확률분포는 다음과 같다.

$$f(x_1, x_2, x_3, \cdots, x_k) = \frac{n!}{x_1!x_2!x_3!\cdots x_k!x_{k+1}!} p_1^{x_1} p_2^{x_2} p_3^{x_3} \cdots p_k^{x_k} p_{k+1}^{x_{k+1}}$$

$$(\text{단, } 0 \leqslant x_i \leqslant n,\ x_{k+1} = n - \sum_{i=1}^{k} x_i,\ p_{k+1} = 1 - \sum_{i=1}^{k} p_i)$$ □

이제 n차원 결합분포함수 $F(x_1, x_2, \cdots, x_n)$이 주어졌을 때, 이 결합분포함수로부터 특정 변수를 갖는 분포함수를 추출할 수가 있다.

定理 3.1 $\boldsymbol{X} = (X_1, X_2, \cdots, X_n)$을 결합분포함수 $F(x_1, x_2, \cdots, x_n)$을 갖는 n차원 확률벡터라 하자. 확률변수 X_i의 **주변누적분포함수**(marginal cumulative distribution function) $F_i(x_i)$를 다음과 같이 정의한다.

$$F_i(x_i) = \lim_{\substack{x_j \to +\infty \\ \text{all } j \neq i}} F(x_1, x_2, \cdots, x_i, \cdots, x_n)$$

이 정의로부터 결합확률질량함수는 다음과 같이 구할 수 있다. 즉, 확률벡터 $\boldsymbol{X}$가 이산형이면, X_i의 주변확률밀도함수는

$$f_i(x_i) = \underbrace{\sum\sum\cdots\sum}_{j \neq i} f(x_1, x_2, \cdots, x_i, \cdots, x_n)$$

이고, $\boldsymbol{X}$가 연속형이면, X_i의 주변확률밀도함수는

$$f_i(x_i) = \underbrace{\int\int\cdots\int}_{j \neq i} f(x_1, x_2, \cdots, x_i, \cdots, x_n)\, dx_1 dx_2 \cdots dx_i \cdots dx_n$$

에서 구할 수 있다.

연속형의 경우, 결합분포함수를 편미분하면 결합확률밀도함수가 얻어진다. 즉,

$$f(x_1, x_2, \cdots, x_n) = \frac{\partial^n}{\partial x_n \partial x_{n-1} \cdots \partial x_1} F(x_1, x_2, \cdots, x_n)$$

이다. 여기서 $F(x_1, x_2, \cdots, x_n)$의 제 n계 편도함수가 존재한다는 가정은 필요조건이다. 일반적으로 제 n 차원에서의 결합분포함수와 결합확률밀도함수의 여러가지 성질을 규명하는 것은 상당히 어려운 일이므로 차원을 낮추어 이차원에서의 결합분포함수와 결합확률밀도함수의 필요한 몇가지 성질을 알아 보기로 한다. 이 성질을 자연스럽게 확장하면 일반적인 경우에도 성립한다.

定義 3.7 X_1과 X_2를 확률변수라 하고, x_1과 x_2를 어떤 평면 상에서 각각 X_1과 X_2의 연속인 실수치 관찰값이라 하자. 이때 x_1과 x_2의 이변수함수 $F(x_1, x_2)$가 다음 조건

(1) 모든 실수 x_2에 대하여, $\lim_{x_1 \to -\infty} F(x_1, x_2) = F(-\infty, x_2) = 0$
모든 실수 x_1에 대하여, $\lim_{x_2 \to -\infty} F(x_1, x_2) = F(x_1, -\infty) = 0$,

(2) $\lim_{\substack{x_1 \to +\infty \\ x_2 \to +\infty}} F(x_1, x_2) = F(+\infty, +\infty) = 1$,

(3) 임의의 상수 a, b c, d에 대하여,

$$F(b, d) - F(b, c) - F(a, d) + F(a, c) \geqslant 0,$$

(4) $\lim_{h \to 0^+} F(x_1 + h, x_2) = F(x_1, x_2)$, $\quad \lim_{h \to 0^+} F(x_1, x_2 + h) = F(x_1, x_2)$

를 만족하면, 함수 $F(x_1, x_2)$를 **이변량누적분포함수**(bivariate cumulative distribution function) 또는 **이변량분포함수**(bivariate distribution function) 또는 **이차원 연속결합누적분포함수**(two dimensional continuous joint cumulative distribution function)라 한다.

定義 3.8 X_1과 X_2를 확률변수라 하고, x_1과 x_2를 어떤 평면 상에서 각각 X_1과 X_2의 연속인 실수치 관찰값이라 하자. 이때 x_1과 x_2의 이변수함수 $f(x_1, x_2)$가 조건

(1) 모든 실수 x_1, x_2에 대하여, $f(x_1, x_2) \geqslant 0$,

(2) $\displaystyle\int_{-\infty}^{+\infty} \int_{-\infty}^{+\infty} f(x_1, x_2)\, dx_1 dx_2 = 1$

을 만족하면, 함수 $f(x_1, x_2)$를 **연속인 이변량확률밀도함수**(continuous bivariate probability density function) 또는 **이차원 연속결합확률밀도함수**(two dimensional continuous joint probability density function)라고 한다.

위의 두 정의에 의하면 이변량분포함수 $F(x_1, x_2)$와 연속인 이변량확률밀도함수

$f(x_1, x_2)$ 사이에는

$$f(x_1, x_2) = \frac{\partial^2}{\partial x_2 \partial x_1} F(x_1, x_2) \tag{3.1}$$

와

$$F(x_1, x_2) = \int_{-\infty}^{x_1} \int_{-\infty}^{x_2} f(t_1, t_2)\, dt_1 dt_2 \tag{3.2}$$

인 관계가 성립한다.

이산형인 경우는, 위의 정의에서 적분기호 대신 합기호($\sum$)를 사용하면 된다.

定義 3.9 X_1과 X_2를 확률변수라 하고, x_1과 x_2를 각각 X_1과 X_2의 이산인 관찰값이라 하자. 이때 x_1과 x_2의 이변수함수 $p(x_1, x_2)$가 조건

(1) 모든 실수 x_1, x_2에 대하여, $p(x_1, x_2) \geqslant 0$,

(2) $\displaystyle\sum_{x_1}\sum_{x_2} p(x_1, x_2) = 1$

을 만족하면, 함수 $p(x_1, x_2)$를 **이산인 이변량확률질량함수**(discrete bivariate probability mass function)라 또는 **이차원 이산결합확률질량함수**(two dimensional continuous joint probability mass function)라고 한다.

系 3.1 $p(x_1, x_2)$를 이산인 이차원 확률벡터 $\boldsymbol{X} = (X_1, X_2)$의 결합확률질량함수라 하면, 확률변수 X_1과 X_2의 **주변확률질량함수**(marginal probability density function) $p_1(x_1)$과 $p_2(x_2)$는 각각 다음과 같다.

$$\begin{aligned} p_1(x_1) &= \sum_{\text{all } x_2} p(x_1, x_2) \qquad -\infty < x_1 < +\infty \\ p_2(x_2) &= \sum_{\text{all } x_1} p(x_1, x_2) \qquad -\infty < x_2 < +\infty . \end{aligned}$$

또한, 이산확률변수 X_1과 X_2의 **주변분포함수**(marginal cumulative distribution function) $F_1(x_1)$과 $F_2(x_2)$는

$$\begin{aligned} F_1(x_1) &= \sum_{\text{all } t_1 \leqslant x_1} \sum_{-\infty < x_2 < +\infty} p(t_1, x_2), \\ F_2(x_2) &= \sum_{\text{all } t_2 \leqslant x_2} \sum_{-\infty < x_1 < +\infty} p(x_1, t_2) \end{aligned}$$

이다.

問題 3 한 개의 동전을 3번 던졌을 때 나오는 앞면의 수를 X_1, 처음 두 번의 시행에서 나오는 뒷면의 수를 X_2라 하자. X_1과 X_2의 결합확률질량함수를 구하고 이로부터 X_1과 X_2의 주변확률질량함수를 각각 구하여라.

解答 한 개의 동전을 3번 던졌을 때 나오는 표본공간 Ω는

$$\Omega = \{HHH, HHT, HTH, THH, HTT, TTH, THT, TTT\}$$

이다. 이때 확률변수 X_1과 X_2가 동시에 취하는 값을 표로 나타내면 다음과 같다.

표본공간	HHH	HHT	HTH	THH	HTT	TTH	THT	TTT
X_1	3	2	2	2	1	1	1	0
X_2	0	0	1	1	1	2	1	2

위의 표를 참고하여 확률변수 X_1과 X_2의 결합확률질량함수, X_1의 주변확률질량함수 $p_1(x_1)$, X_2의 주변질량함수 $p_2(x_2)$를 각각 표로 나타내면 다음과 같다.

$x_2 \setminus x_1$	0	1	2	3
0	0	0	$\frac{1}{8}$	$\frac{1}{8}$
1	0	$\frac{1}{4}$	$\frac{1}{4}$	0
2	$\frac{1}{8}$	$\frac{1}{8}$	0	0

x_1	0	1	2	3
$p_1(x_1)$	$\frac{1}{8}$	$\frac{3}{8}$	$\frac{3}{8}$	$\frac{1}{8}$

x_2	0	1	2
$p_2(x_2)$	$\frac{1}{4}$	$\frac{1}{2}$	$\frac{1}{4}$

□

問題 4 연속인 두 확률변수 X_1과 X_2의 결합확률밀도함수 $f(x_1, x_2)$가 다음과 같다.

$$f(x_1, x_2) = \begin{cases} c\,x_1^2\,x_2^2, & c > 0,\ 0 < x_1 < 1,\ 0 < x_2 < 1 \\ 0, & \text{그 외의 경우} \end{cases}$$

이때, $f(x_1, x_2)$의 연속인 이변량누적분포함수 $F(x_1, x_2)$와 $P\{\frac{X_1+X_2}{2} < \frac{1}{2}\}$을 구하여라.

解答 이변수함수 $f(x_1, x_2) = c x_1^2 x_2^2$가 연속인 이변량결합확률밀도함수가 되기 위해서는 조건

$$\begin{aligned} \int_{-\infty}^{+\infty}\int_{-\infty}^{+\infty} f(x_1, x_2)\,dx_1 dx_2 &= \int_0^1\int_0^1 c\,x_1^2 x_2^2\,dx_2 dx_1 \\ &= 1 \end{aligned}$$

을 만족하여야 한다. 따라서,

$$\begin{aligned} \int_0^1\int_0^1 c\,x_1^2 x_2^2\,dx_2 dx_1 &= c\frac{1}{3}\frac{1}{3} \\ &= \frac{c}{9} \\ &= 1 \end{aligned}$$

로부터 상수 c를 구하면 $c = 9$이다. 그러므로, 연속인 이변량결합확률밀도함수는 $f(x_1, x_2) = 9x_1^2x_2^2$이고, 또한 구간 $0 < x_1 < 1$, $0 < x_2 < 1$에서 $f(x_1, x_2) = 9x_1^2x_2^2 \geqslant 0$이다. 다음에, 연속인 이변량결합분포함수 $F(x_1, x_2)$는

$$\begin{aligned} F(x_1, x_2) &= \int_{-\infty}^{x_2}\int_{-\infty}^{x_1} f(t_1, t_2)\, dt_1 dt_2 \\ &= \int_0^{x_2}\int_0^{x_1} 9t_1^2t_2^2\, dt_1 dt_2 \\ &= x_1^3x_2^3, \qquad (0 < x_1 < 1, 0 < x_2 < 1) \end{aligned}$$

이다. 위의 식으로부터 이변량결합확률밀도함수를 구하기 위하여 이변량결합분포함수 $F(x_1, x_2)$를 x_1과 x_2에 대하여 편미분하면, 다음 식이 성립한다.

$$\begin{aligned} f(x, y) &= \frac{\partial^2}{\partial x_2 \partial x_1} F(x_1, x_2) = \frac{\partial^2}{\partial x_2 \partial x_1}\, x_1^3x_2^3 \\ &= \frac{\partial}{\partial x_2}\, 3x_1^2x_2^3 \\ &= 9x_1^2x_2^2. \end{aligned}$$

확률변수 X_1과 X_2의 평균이 $\frac{1}{2}$보다 작을 확률, $P\{\frac{X_1+X_2}{2} < \frac{1}{2}\}$을 구해보자. 여기서, 잠시 사건 $\{\frac{X_1+X_2}{2} < \frac{1}{2}\}$을 A라 하자. 즉, $A = \{(x_1, x_2) \mid \frac{X_1+X_2}{2} < \frac{1}{2}\}$이라 하자. 또한, 이 식은 간단히 $\{(X_1, X_2) \in A\}$으로 나타낼 수 있다. 그러므로 구하는 확률은

$$\begin{aligned} P\left\{\frac{X_1 + X_2}{2} < \frac{1}{2}\right\} &= P\{X_1 + X_2 < 1\} \\ &= P\{(X_1, X_2) \in A\} \\ &= \iint_A f(x_1, x_2)\, dx_1 dx_2 \\ &= \int_0^1 \int_0^{1-x_1} 9x_1^2x_2^2\, dx_2 dx_1 \\ &= \int_0^1 3x_1^2(1 - x_1)^3\, dx_1 \\ &= \frac{1}{20} \end{aligned}$$

이다. □

위의 문제를 살펴보면, 연속인 k차원 확률벡터 $\boldsymbol{X} = (X_1, X_2, \cdots, X_n)$이 주어지고 $\boldsymbol{X}$의 결합확률밀도함수를 $f(x_1, x_2, \cdots, x_n)$, $\boldsymbol{X}$에 대응하는 사건을 A라고 했을 때,

확률 $P\{\boldsymbol{X} \in A\}$는 다음 식

$$P\{\boldsymbol{X} \in A\} = \iint_A \cdots \int f(x_1, x_2, \cdots x_n)\, dx_1 dx_2 \cdots dx_n$$

으로부터 구하면 된다.

이제 이차원 확률벡터 $\boldsymbol{X} = (X_1, X_2)$의 이변량 결합분포함수 $F(x_1, x_2)$가 주어졌을 때, X_1의 분포함수 $F_1(x_1)$을 구해 보자. 먼저, 이변수함수 $f(x_1, x_2)$를 $\boldsymbol{X} = (X_1, X_2)$의 결합확률밀도함수라 하면,

$$\begin{aligned} F_1(x_1) &= \lim_{x_2 \to +\infty} F(x_1, x_2) \\ &= F(x_1, +\infty) \\ &= P\{X \leqslant x_1, X_2 < +\infty\} \\ &= \int_{-\infty}^{x_1} \left(\int_{-\infty}^{+\infty} f(t_1, t_2)\, dt_2 \right) dt_1 \end{aligned}$$

이다. 그런데, 괄호안의 적분을 살펴보면 이차원결합확률밀도함수 $f(t_1, t_2)$를 변수 t_2에 관해서만 적분하였으므로, 그 결과는 다른 변수 t_1만의 함수가 된다. 이 함수를 $f_1(t_1)$이라 하면,

$$f_1(t_1) = \int_{-\infty}^{+\infty} f(t_1, t_2)\, dt_2$$

이므로,

$$F_1(x_1) = \int_{-\infty}^{x_1} f_1(t_1)\, dt_1$$

이다. 위의 식의 양변을 변수 x_1에 관하여 적분하면 미적분학의 기본정리(fundamental theorem of calculus)에 의하여,

$$\begin{aligned} \frac{d}{dx_1} F_1(x_1) &= \frac{d}{dx_1} \int_{-\infty}^{x_1} f_1(t_1)\, dt_1 \\ &= f_1(x_1) \end{aligned}$$

이고, 이 결과를 약간 변형하면,

$$\begin{aligned} f_1(x_1) &= \frac{d}{dx_1} F_1(x_1) \\ &= \frac{d}{dx_1} \int_{-\infty}^{+\infty} \int_{-\infty}^{x_1} f(t_1, x_2)\, dt_1 dx_2 \\ &= \int_{-\infty}^{+\infty} \frac{d}{dx_1} \left(\int_{-\infty}^{x_1} f(t_1, x_2)\, dt_1 \right) dx_2 \\ &= \int_{-\infty}^{+\infty} f(x_1, x_2)\, dx_2 \end{aligned}$$

임을 알 수 있으며 이 경우,

$$\int_{-\infty}^{+\infty} f_1(x_1)\,dx_1 = 1$$

이 성립한다. 확률변수 X_2의 분포함수 $F_2(x_2)$와 확률밀도함수 $f_2(x_2)$는 이와 똑같은 방법으로 구하면 된다. 이 결과를 종합하면 다음과 같다.

定理 3.2 $f(x_1, x_2)$를 연속인 이차원 확률벡터 $\boldsymbol{X} = (X_1, X_2)$의 결합확률밀도함수라 하면, 확률변수 X_1과 X_2의 **주변확률밀도함수**(marginal probability density function) $f_1(x_1)$과 $f_2(x_2)$는 각각 다음과 같다.

$$\begin{aligned} f_1(x_1) &= \int_{-\infty}^{+\infty} f(x_1, x_2)\,dx_2, \quad -\infty < x_1 < +\infty \\ f_2(x_2) &= \int_{-\infty}^{+\infty} f(x_1, x_2)\,dx_1 \quad -\infty < x_2 < +\infty. \end{aligned}$$

또한, 확률변수 X_1과 X_2의 **주변분포함수**(marginal cumulative distribution function) $F_1(x_1)$과 $F_2(x_2)$는

$$\begin{aligned} F_1(x_1) &= \int_{-\infty}^{x_1} f(t_1)\,dt_1, \quad -\infty < x_1 < +\infty \\ F_2(x_2) &= \int_{-\infty}^{x_2} f(t_2)\,dt_2 \quad -\infty < x_2 < +\infty \end{aligned}$$

이다.

問題 5 앞의 문제3에서 X_1과 X_2의 주변분포함수 $F_1(x_1)$, $F_2(x_2)$와 주변확률밀도함수 $f_1(x_1)$, $f_2(x_2)$를 모두 구하여라.

解答 먼저 주변확률밀도함수 $f_1(x_1)$를 구하면,

$$\begin{aligned} f_1(x_1) &= \int_0^1 9x_1^2 x_2^2\,dx_2 \\ &= 3x_1^2, \quad 0 < x_1 < 1 \end{aligned}$$

이고, 주변분포함수 $F_1(x_1)$는

$$\begin{aligned} F_1(x_1) &= \int_{-\infty}^{x_1} f_1(t_1)\,dt_1 \\ &= \int_0^{x_1} 3t_1^2\,dt_1 \\ &= x_1^3, \quad 0 < x_1 < 1 \end{aligned}$$

이다. 비슷한 방법을 이용하면,

$$f_2(x_2) = 3x_2^2, \ (0 < x_2 < 1)$$
$$F_2(x_2) = x_2^3 \ (0 < x_2 < 1)$$

을 얻는다. □

問題 6 연속인 이차원확률벡터 $\boldsymbol{X} = (X_1, X_2)$의 결합확률밀도함수 $f(x_1, x_2)$가

$$f(x_1, x_2) = \begin{cases} x_1 + x_2, & 0 < x_1 < 1, \ 0 < x_2 < 1 \\ 0, & \text{그 외의 경우} \end{cases}$$

와 같이 주어졌다. 확률변수 X_1의 주변확률밀도함수 $f_1(x_1)$와 주변분포함수 $F_1(x_1)$을 구하여라.

解答 $\boldsymbol{X} = (X_1, X_2)$의 결합분포함수 $F(x_1, x_2)$는

$$\begin{aligned} F(x_1, x_2) &= \int_{-\infty}^{x_1} \int_{-\infty}^{x_2} f(t_1, t_2)\, dt_2 dt_1 \\ &= \int_0^{x_1} \int_0^{x_2} (t_1 + t_2)\, dt_2 dt_1 \\ &= \frac{1}{2}(x_1^2 x_2 + x_1 x_2^2), \quad 0 < x_1 < 1, 0 < x_2 < 1 \end{aligned}$$

이므로, 확률변수 X_1의 주변확률밀도함수 $f_1(x_1)$은

$$\begin{aligned} f_1(x_1) &= \int_0^1 (x_1 + x_2)\, dx_2 \\ &= x_1 + \frac{1}{2}, \quad 0 < x_1 < 1 \end{aligned}$$

이고, X_1의 주변분포함수 $F_1(x_1)$은

$$\begin{aligned} F_1(x_1) &= \int_{-\infty}^{x_1} f(t_1)\, dt_1 \\ &= \int_0^{x_1} (t_1 + \frac{1}{2})\, dt_1 \\ &= \frac{1}{2}(x_1^2 + x_1), \quad 0 < x_1 < 1 \end{aligned}$$

이다. □

확률공간상에서 n개의 확률변수가 주어졌을 때, 이 들 사이의 독립성에 관하여 알아 보자. 확률변수들 사이의 독립성은 사건의 독립성과 유사한 성질을 갖고 있다.

定義 3.10 n개의 확률변수 X_1, X_2, $\cdots$, X_n이 임의의 상수 $a_i < b_i$ $(i = 1, 2, \cdots, n)$에 대하여,

$$P\{a_1 \leqslant X_1 \leqslant b_1, a_2 \leqslant X_2 \leqslant b_2, \cdots, a_n \leqslant X_n \leqslant b_n\} = \prod_{i=1}^{n} P\{a_i \leqslant X_i \leqslant b_i\}$$

를 만족하면, X_1, X_2, $\cdots$, X_n은 **확률적으로 독립**(stochastically independent)이라 한다.

위의 정의를 이용하면 결합확률분포함수와 결합확률밀도함수의 독립성을 규명할 수 있다. 먼저, 연속인 이변량결합확률밀도함수의 예를 살펴보자. 연속인 이차원확률벡터 $\boldsymbol{X} = (X_1, X_2)$의 이변량결합확률밀도함수가 $f(x_1, x_2) = f_1(x_1)f_2(x_2)$인 성질을 만족한다고 가정하자. 그러면 임의의 상수 $a < b$, $c < d$에 대하여,

$$\begin{aligned}
P\{a \leqslant X_1 \leqslant b, c \leqslant X_2 \leqslant d\} &= \int_a^b \int_c^d f(x_1, x_2)\, dx_1 dx_2 \\
&= \int_a^b \int_c^d f_1(x_1) f_2(x_2)\, dx_1 dx_2 \\
&= \left(\int_a^b f_1(x_1)\, dx_1\right)\left(\int_c^d f_2(x_2)\, dx_2\right) \\
&= P\{a \leqslant X_1 \leqslant b\}\, P\{c \leqslant X_2 \leqslant d\}
\end{aligned}$$

이다. 역으로, 사건 A와 B를 각각 $A = \{a \leqslant X_1 \leqslant b\}$와 $B = \{c \leqslant X_2 \leqslant d\}$라 하고, 또한 A와 B가 확률적으로 독립이면,

$$\begin{aligned}
P\{a \leqslant X_1 \leqslant b, c \leqslant X_2 \leqslant d\} &= P\{A \cap B\} \\
&= P\{A\}\, P\{B\} \\
&= P\{a \leqslant X_1 \leqslant b\}\, P\{c \leqslant X_2 \leqslant d\}
\end{aligned}$$

이다. 따라서, 두 확률변수 X_1과 X_2가 확률적으로 독립이기 위한 필요충분조건은 X_1과 X_2의 두 결합확률밀도함수 사이에

$$f(x_1, x_2) = f_1(x_1) f_2(x_2)$$

인 관계식이 성립하는 것이다. 사실상, 여기서 함수 $f_1(x_1)$과 $f_2(x_2)$는 각각 확률변수 X_1과 X_2의 주변확률밀도함수이다. 결합분포함수사이의 확률적 독립성도 이와 비슷하게 증명할 수 있다. 이 성질을 n차원까지 자연스럽게 확장하면 다음 정리를 얻는다.

定理 3.3 두 함수 $F(x_1, x_2, \cdots, x_n)$과 $f(x_1, x_2, \cdots, x_n)$을 각각 n차원 확률벡터 $\boldsymbol{X} = (X_1, X_2, \cdots, X_n)$의 결합분포함수와 결합확률밀도함수라 하자. 이때, n개의 확률변수 X_1, X_2, $\cdots$, X_n이 확률적으로 독립이기 위한 필요충분조건은

$$\begin{aligned} f(x_1, x_2, \cdots, x_n) &= \prod_{i=1}^{n} f_i(x_i) \\ F(x_1, x_2, \cdots, x_n) &= \prod_{i=1}^{n} F_i(x_i) \end{aligned}$$

이다. 또한, 임의의 상수 $a_i < b_i$ $(i = 1, 2, \cdots, n)$에 대하여,

$$P\{a_1 \leqslant X_1 \leqslant b_1, a_2 \leqslant X_2 \leqslant b_2, \cdots, a_n \leqslant X_n \leqslant b_n\} = \prod_{i=1}^{n} P\{a_i \leqslant X_i \leqslant b_i\}$$

를 만족하면, n개의 확률변수 X_1, X_2, $\cdots$, X_n은 **확률적으로 독립**(stochastically independent)이라 한다.

證明 연속형의 경우로 증명하자. $f(x_1, x_2, \cdots, x_n)$을 n차원 확률벡터 $\boldsymbol{X} = (X_1, X_2, \cdots, X_n)$의 결합확률밀도함수라 하고, 확률벡터 $\boldsymbol{X}$의 성분벡터 X_1, X_2, $\cdots$, X_n이 확률적으로 독립이면,

$$f(x_1, x_2, \cdots, x_n) = \prod_{i=1}^{n} f_i(x_i)$$

가 성립하므로 이를 이용하면,

$$\begin{aligned} &P\{a_1 \leqslant X_1 \leqslant b_1, a_2 \leqslant X_2 \leqslant b_2, \cdots, a_n \leqslant X_n \leqslant b_n\} \\ &\quad = \int_{a_1}^{b_1} \int_{a_2}^{b_2} \cdots \int_{a_n}^{b_n} f(x_1, x_2, \cdots, x_n)\, dx_n dx_{n-1} \cdots dx_1 \\ &\quad = \int_{a_1}^{b_1} \int_{a_2}^{b_2} \cdots \int_{a_n}^{b_n} f_1(x_1) f_2(x_2) \cdots f_n(x_n)\, dx_n dx_{n-1} \cdots dx_1 \\ &\quad = \prod_{i=1}^{n} \int_{a_i}^{b_i} f_i(x_i)\, dx_i \\ &\quad = \prod_{i=1}^{n} P\{a_i \leqslant X_i \leqslant b_i\} \end{aligned}$$

이다. 이 정리의 역(converse) 또한 성립한다. 다음에, 결합분포함수의 경우는 사건 $B_i = \{-\infty < X_i \leqslant b_i\}$를 이용하여 증명하여 보자. 먼저, $F(x_1, x_2, \cdots, x_n)$을 n차원 확률벡터 $\boldsymbol{X} = (X_1, X_2, \cdots, X_n)$의 결합분포함수라 하고, 확률벡터 $\boldsymbol{X}$의 성분벡

터 X_1, X_2, $\cdots$, X_n이 확률적으로 독립이면,

$$f(x_1, x_2, \cdots, x_n) = \prod_{i=1}^{n} f_i(x_i)$$

이므로

$$\begin{aligned}
F(x_1, x_2, \cdots, x_n) &= P\{-\infty < X_1 \leqslant x_1, -\infty < X_2 \leqslant x_2, \cdots, -\infty < X_n \leqslant x_n\} \\
&= \int_{-\infty}^{x_1} \int_{-\infty}^{x_2} \cdots \int_{-\infty}^{x_n} f(t_1, t_2, \cdots, t_n)\, dt_n dt_{n-1} \cdots dt_1 \\
&= \int_{-\infty}^{x_1} \int_{-\infty}^{x_2} \cdots \int_{-\infty}^{x_n} f_1(t_1) f_2(t_2) \cdots f_n(t_n)\, dt_n dt_{n-1} \cdots dt_1 \\
&= \prod_{i=1}^{n} \int_{-\infty}^{x_i} f_i(t_i)\, dt_i \\
&= \prod_{i=1}^{n} F_i(x_i)
\end{aligned}$$

이다. 역으로, 사건 B_i를 $B_i = \{-\infty < X_i \leqslant b_i\}$라 하고 독립이라 하면,

$$\begin{aligned}
&P\{-\infty < X_1 \leqslant b_1, -\infty < X_2 \leqslant b_2, \cdots, -\infty < X_n \leqslant b_n\} \\
&\qquad = P\{\bigcap_{i=1}^{n} B_i\} \\
&\qquad = P\{B_1 \cap B_2 \cap \cdots \cap B_n\} \\
&\qquad = \prod_{i=1}^{n} P\{B_i\} \\
&\qquad = \prod_{i=1}^{n} P\{-\infty < X_i \leqslant b_i\}
\end{aligned}$$

가 성립한다. ■

問題 7 이차원확률벡터 $\boldsymbol{X} = (X_1, X_2)$의 결합확률밀도함수가 다음과 같다.

$$f(x_1, x_2) = \begin{cases} e^{-(x_1+x_2)}, & 0 < x_1 < +\infty,\ 0 < x_2 < +\infty \\ 0, & \text{그 외의 경우} \end{cases}$$

두 확률변수 X_1과 X_2는 확률적으로 독립인지를 판정하여라.

解答 X_1의 주변확률밀도함수는

$$\begin{aligned} f_1(x_1) &= \int_0^{+\infty} e^{-(x_1+x_2)}\,dx_2 \\ &= e^{-x_1}\int_0^{+\infty} e^{-x_2}\,dx_2 \\ &= e^{-x_1}\Big[-e^{-x_2}\Big]_0^{+\infty} \\ &= e^{-x_1}, \quad 0 < x_1 < +\infty \end{aligned}$$

이고 X_2의 주변확률밀도함수는

$$\begin{aligned} f_2(x_2) &= \int_0^{+\infty} e^{-(x_1+x_2)}\,dx_1 \\ &= e^{-x_2}\int_0^{+\infty} e^{-x_1}\,dx_1 \\ &= e^{-x_2}\Big[-e^{-x_1}\Big]_0^{+\infty} \\ &= e^{-x_2}, \quad 0 < x_2 < +\infty \end{aligned}$$

이다. 따라서,

$$\begin{aligned} f(x_1,x_2) &= e^{-x_1-x_2} \\ &= e^{-x_1}\,e^{-x_2} \\ &= f_1(x_1)f_2(x_2) \end{aligned}$$

이 성립하므로 두 확률변수 X_1과 X_2는 확률적으로 독립이다. □

3.2 n차원 공간에서의 확률변수의 성질

n차원 확률벡터 $\boldsymbol{X} = (X_1, X_2, \cdots, X_n)$와 연속인 실수치 함수 $u(x)$가 주어졌을 때, 확률벡터 $\boldsymbol{X}$를 u로 사상(mapping)한 결과 $u(\boldsymbol{X})$는 역시 확률변수가 된다. 이러한 사실을 증명하려면, 확률론에서의 측도를 이용해야 하므로 여기서는 엄밀한 증명은 생략하고 단지 기술하기로만 할 것이다. 따라서, 확률변수 $u(\boldsymbol{X})$에 대한 평균(mean) 또는 수학적 기댓값(mathematical expectation)을 구할 수 있다. 다음 정의를 살펴 보자.

定義 3.11 n차원 확률벡터 $\boldsymbol{X} = (X_1, X_2, \cdots, X_n)$의 결합확률질량함수와 결합확률밀도함수를 각각 $p(x_1, x_2, \cdots, x_n)$와 $f(x_1, x_2, \cdots, x_n)$이라 하고, $Y = u(\boldsymbol{X}) = u(X_1, X_2, \cdots, X_n)$을 $\boldsymbol{X}$의 연속인 실수치함수라 하자. 이때 Y의 평균 $E(Y)$를 다음과 같이 정의한다.

$$E(Y) = \begin{cases} \sum_{x_1}\sum_{x_2}\cdots\sum_{x_n} u(x_1, x_2, \cdots, x_n)p(x_1, x_2, \cdots, x_n), \\ \qquad\qquad\qquad\qquad\qquad\qquad (\boldsymbol{X}\text{가 이산형인 경우}) \\ \int_{-\infty}^{+\infty}\int_{-\infty}^{+\infty}\cdots\int_{-\infty}^{+\infty} u(x_1, x_2, \cdots, x_n)f(x_1, x_2, \cdots, x_n)\, dx_n dx_{n-1}\cdots dx_a. \\ \qquad\qquad\qquad\qquad\qquad\qquad (\boldsymbol{X}\text{가 연속형인 경우}) \end{cases}$$

問題 1 확률변수 X는 $X \sim \text{POIS}(\lambda)$이므로 X의 확률밀도함수는 다음과 같다.

$$f(x;\lambda) = \begin{cases} e^{-\lambda}\lambda^x/x!, & x = 0, 1, 2, \cdots \\ 0, & \text{그 외의 경우} \end{cases}$$

여기서 X를 연속인 실수치함수 $y = u(x) = 2x + 3$로 사상하였을 때, Y의 확률질량함수와 그 기댓값을 구하여라.

解答 Y의 확률질량함수는

$$\begin{aligned} P\{Y = y\} &= P\{2X + 3 = y\} \\ &= P\{X = \frac{y-3}{2}\} \\ &= \begin{cases} e^{-\lambda}\lambda^{(y-3)/2}/[(y-3)/2]!, & y = 3, 5, 7, \cdots \\ 0, & \text{그 외의 경우} \end{cases} \end{aligned}$$

이다. 또한, 확률변수 Y의 기댓값을 구하면,

$$\begin{aligned} E(Y) &= \sum_{x=0}^{\infty} yP\{Y = y\} \\ &= \sum_{x=0}^{\infty}(2x+3)f(x;\lambda) \\ &= 2\sum_{x=0}^{\infty} xf(x;\lambda) + 3\sum_{x=0}^{\infty} f(x;\lambda) \\ &= 2E(X) + 3 \\ &= 2\lambda + 3 \end{aligned}$$

이다. □

평균은 또한 선형성질(linear property)을 갖고 있음을 보일 수가 있다. 이 선형성질을 이용하면 위의 [문제 1]에서와 같이 어렵게 Y의 평균을 구할 필요가 없다. 다음 정리를 살펴보자.

定理 3.4 $f(x_1, x_2, \cdots, x_n)$를 n차원 확률벡터 $\boldsymbol{X} = (X_1, X_2, \cdots, X_n)$의 결합확률밀도함수라 하면,

$$E(X_1 + X_2 + \cdots + X_n) = E(X_1) + E(X_2) + \cdots + E(X_n)$$

이 성립한다.

證明 연속형의 경우만 증명한다. 이산형의 경우는 아래 적분기호 대신에 합기호를 사용하면 된다. 평균의 정의에 의하여,

$$\begin{aligned}
& E(X_1 + X_2 + \cdots + X_n) \\
= & \int_{-\infty}^{+\infty}\int_{-\infty}^{+\infty}\cdots\int_{-\infty}^{+\infty}(x_1 + x_2 + \cdots + x_n)f(x_1, x_2, \cdots, x_n)\,dx_1dx_2\cdots dx_n \\
= & \int_{-\infty}^{+\infty}\int_{-\infty}^{+\infty}\cdots\int_{-\infty}^{+\infty} x_1f(x_1, x_2, \cdots, x_n)\,dx_1dx_2\cdots dx_n + \\
& \quad \int_{-\infty}^{+\infty}\int_{-\infty}^{+\infty}\cdots\int_{-\infty}^{+\infty} x_2f(x_1, x_2, \cdots, x_n)\,dx_1dx_2\cdots dx_n + \\
& \quad \cdots + \int_{-\infty}^{+\infty}\int_{-\infty}^{+\infty}\cdots\int_{-\infty}^{+\infty} x_nf(x_1, x_2, \cdots, x_n)\,dx_1dx_2\cdots dx_n \\
= & E(X_1) + E(X_2) + \cdots + E(X_n)
\end{aligned}$$

이다. ■

이 정리를 좀더 확장하면 다음과 같다. X_1, X_2, $\cdots$, X_n을 확률변수라 하고, a_1, a_2, $\cdots$, a_n을 임의의 상수라 하면,

$$E\left(\sum_{i=1}^{n} a_iX_i\right) = \sum_{i=1}^{n} a_iE(X_i)$$

이다.

定理 3.5 X와 Y를 확률적으로 독립인 확률변수라 하고, u와 v를 연속인 실수치함수이면,

$$E[u(X)\,v(Y)] = E[u(X)]\,E[v(Y)]$$

가 성립한다.

證明 X와 Y의 결합확률밀도함수를 $f(x, y)$라 하자. 가정에 의하여 X와 Y가 확률적으로 독립이므로

$$\begin{aligned}
f(x, y) \;=\; & f_1(x)f_2(y), \\
& (\text{단, } f_1(x)\text{과 } f_2(x_2)\text{는 각각 } X\text{와 } Y\text{의 주변확률밀도함수})
\end{aligned}$$

이다. 따라서,

$$\begin{aligned} E[u(X)v(Y)] &= \int_{-\infty}^{+\infty}\int_{-\infty}^{+\infty} u(x)v(y)f(x,y)\,dxdy \\ &= \int_{-\infty}^{+\infty}\int_{-\infty}^{+\infty} u(x)v(y)f_1(x)f_2(y)\,dxdy \\ &= \left(\int_{-\infty}^{+\infty} u(x)f_1(x)\,dx\right)\left(\int_{-\infty}^{+\infty} v(y)f_2(y)\,dy\right) \\ &= E[u(X)]\,E[v(Y)] \end{aligned}$$

이다. ■

위의 정리에서 확률변수 X와 Y가 확률적으로 독립이라 하고, 연속인 실수치함수를 각각 $u(x)=x$, $v(y)=y$라고 하면,

$$E[\,u(X)v(Y)\,] = E[XY] = E(X)\,E(Y)$$

가 성립한다. 또한, 위의 정리를 일반화하면 다음과 같다. 즉, X_1, X_2, $\cdots$, X_n을 확률적으로 독립인 확률변수라 하고, $u_1(x_1)$, $u_2(x_2)$, $\cdots$, $u_n(x_n)$를 연속인 실수치함수라고 하면,

$$E[\,\prod_{i=1}^{n} u_i(X_i)\,] = \prod_{i=1}^{n} E[\,u_i(X_i)\,]$$

가 성립한다.

두 개 이상의 확률변수가 주어지면, 이 두 확률변수 사이에 공분산(covariance)을 정의할 수 있다.

定理 3.6 확률변수 X의 평균을 $\mu_X = E(X)$, 확률변수 Y의 평균을 $\mu_Y = E(Y)$라 했을 때, X와 Y의 **공분산**(covariance) $\mathrm{Cov}(X,Y)$는 다음과 같이 정의한다.

$$\begin{aligned} \mathrm{Cov}(X,Y) &= E[\big(X - E(X)\big)\big(Y - E(Y)\big)] \\ &= E[(X-\mu_X)(Y-\mu_Y)] \end{aligned}$$

공분산의 여러가지 성질에 대하여 알아보자.

定理 3.7 X와 Y를 확률변수라 하고, a와 b를 임의의 상수라 하면,

(1) $\text{Cov}(X, X) = \text{Var}(X)$,

(2) $\text{Cov}(aX, bY) = ab\,\text{Cov}(X, Y)$, $(a, b \neq 0)$

(3) $\text{Cov}(X + a, Y + b) = \text{Cov}(X, Y)$,

(4) $\text{Cov}(X, aX + b) = a\,\text{Var}(X)$, $(a \neq 0)$

가 성립한다.

證明 (1) 공분산의 정의에 의하여,

$$\begin{aligned}\text{Cov}(X, X) &= E[\big(X - E(X)\big)\big(X - E(X)\big)] \\ &= E[\big(X - E(X)\big)^2] \\ &= \text{Var}(X)\end{aligned}$$

이다.

(2)

$$\begin{aligned}\text{Cov}(aX, bY) &= E[\big(aX - E(aX)\big)\big(bY - E(bY)\big)] \\ &= E[\big(aX - aE(X)\big)\big(bY - bE(Y)\big)] \\ &= E[a\big(X - E(X)\big)\,b\big(Y - E(Y)\big)] \\ &= abE[\big(X - E(X)\big)\big(Y - E(Y)\big)] \\ &= ab\,\text{Cov}(X, Y)\end{aligned}$$

이다.

(3) (2)와 마찬가지 방법으로,

$$\begin{aligned}\text{Cov}(X + a, Y + b) &= E[\big((X + a) - E(X + a)\big)\big((Y + b) - E(Y + b)\big)] \\ &= E[\big(X + a - E(X) - a\big)\big(Y + b - E(Y) - b\big)] \\ &= E[\big(X - E(X)\big)\,\big(Y - E(Y)\big)] \\ &= \text{Cov}(X, Y)\end{aligned}$$

이다.

(4)

$$\begin{aligned}\text{Cov}(X, aX + b) &= E[\big(X - E(X)\big)\big((aX + b) - E(aX + b)\big)] \\ &= E[\big(X - E(X)\big)\,a\big(X - E(X)\big)] \\ &= E[a\big(X - E(X)\big)\,\big(X - E(X)\big)] \\ &= aE[\big(X - E(X)\big)\big(X - E(X)\big)] \\ &= aE[\big(X - E(X)\big)^2] \\ &= a\,\text{Var}(X)\end{aligned}$$

이다. ■

위의 정리로부터 분산은 공분산의 특별한 경우이다. 또한, 다음 공식을 계로 소개한다.

系 3.2 X와 Y를 확률변수라 하고, $E(X) = \mu_X$, $E(Y) = \mu_Y$, $\mathrm{Var}(X) = \sigma_X^2$, $\mathrm{Var}(Y) = \sigma_Y^2$이라 하자. 이때, 임의의 상수 a, b, c, d $(a, c \neq 0)$에 대하여,

(1) $\mathrm{Cov}(aX + b, cY + d) = ac\,\mathrm{Cov}(X, Y)$,

(2) $\mathrm{Cov}\left(\dfrac{X - \mu_X}{\sigma_X}, \dfrac{Y - \mu_Y}{\sigma_Y}\right) = \dfrac{1}{\sigma_X \sigma_Y}\mathrm{Cov}(X, Y)$

가 성립한다.

證明 (1) 공분산의 성질을 이용하면,

$$\begin{aligned}
&\mathrm{Cov}\,(aX + b, cY + d) \\
&\quad = E[\{(aX + b) - E(aX + b)\}\{(cY + d) - E(cY + d)\}] \\
&\quad = E[ac\,\{X - E(X)\}\{Y - E(Y)\}] \\
&\quad = ac\,E[\{X - E(X)\}\{Y - E(Y)\}] \\
&\quad = ac\,\mathrm{Cov}(X, Y)
\end{aligned}$$

이다.
(2) (1)의 결과를 이용하면,

$$\begin{aligned}
\mathrm{Cov}\left(\frac{X - \mu_X}{\sigma_X}, \frac{Y - \mu_Y}{\sigma_Y}\right) &= \frac{1}{\sigma_X \sigma_Y} E[(X - \mu_X)(Y - \mu_Y)] \\
&= \frac{1}{\sigma_X \sigma_Y}\mathrm{Cov}(X, Y)
\end{aligned}$$

가 성립한다.. ■

다음 정리는 공분산을 직접 계산한 결과이다.

定理 3.8 X와 Y를 확률변수라 하고, $\mu_X = E(X)$, $\mu_Y = E(Y)$라고 하자. 이때,

$$\mathrm{Cov}(X, Y) = E(XY) - E(X)E(Y)$$

이다.

證明 공분산의 정의로부터 직접 계산하면,

$$\begin{aligned}\mathrm{Cov}(X,Y) &= E[(X-E(X))(Y-E(Y))]\\ &= E[(X-\mu_X)(Y-\mu_Y)]\\ &= E[(XY - X\mu_Y - Y\mu_X + \mu_X\mu_Y)]\\ &= E(XY) - \mu_Y E(X) - \mu_X E(Y) + \mu_X\mu_Y\\ &= E(XY) - E(X)E(Y)\end{aligned}$$

가 성립한다. ■

系 3.3 X와 Y를 확률변수라 하고, $\mu_X = E(X)$, $\mu_Y = E(Y)$라고 하자. 이때, X와 Y가 확률적으로 독립이면,

$$\mathrm{Cov}(X,Y) = 0$$

이다.

證明 확률변수 X와 Y가 확률적으로 독립이면,

$$E(XY) = E(X)E(Y)$$

이므로, 정리 3.8로부터

$$\begin{aligned}\mathrm{Cov}(X,Y) &= E(XY) - E(X)E(Y)\\ &= E(X)E(Y) - E(X)E(Y)\\ &= 0\end{aligned}$$

이다. ■

그러나 이 정리의 역은 항상 참은 아니다. 다시 말하면. $\mathrm{Cov}(X,Y) = 0$이라고 해서, 두 확률변수 X와 Y가 항상 확률적으로 독립인 것은 아니다.

問題 2 확률변수 X와 Y의 결합확률밀도함수가 다음과 같다.

$$f(x,y) = \begin{cases} \lambda^2 e^{-\lambda x}, & \lambda > 0,\ 0 \leqslant y \leqslant x < +\infty \\ 0, & \text{그 외의 경우.} \end{cases}$$

X와 Y의 공분산 $\mathrm{Cov}(X,Y)$를 구하여라.

解答 $E(XY)$를 구하면,

$$\begin{aligned} E(XY) &= \int_0^{+\infty}\int_0^x xy\lambda^2 e^{-\lambda x}\,dydx \\ &= \lambda^2\int_0^{+\infty} xe^{-\lambda x}\,\frac{x^2}{2}\,dx \\ &= \frac{\lambda^2}{2}\,\frac{6}{\lambda^4} \\ &= \frac{3}{\lambda^2} \end{aligned}$$

이다. 다음 X의 평균은

$$\begin{aligned} E(X) &= \int_0^{+\infty}\int_0^x x\lambda^2 e^{-\lambda x}\,dydx \\ &= \lambda^2\int_0^{+\infty} x^2 e^{-\lambda x}\,dx \\ &= \lambda^2\frac{\Gamma(3)}{\lambda^3} \\ &= \frac{2}{\lambda} \end{aligned}$$

이고, Y의 평균은

$$\begin{aligned} E(Y) &= \int_0^{+\infty}\int_0^x y\lambda^2 e^{-\lambda x}\,dydx \\ &= \lambda^2\int_0^{+\infty} \frac{1}{2}\,x^2 e^{-\lambda x}\,dx \\ &= \frac{\lambda^2}{2}\,\frac{\Gamma(3)}{\lambda^3} \\ &= \frac{1}{\lambda} \end{aligned}$$

이다. 그러므로 공분산은

$$\mathrm{Cov}(X,Y) = E(XY) - E(X)E(Y) = \frac{1}{\lambda^2}$$

이다. □

다음에 두 확률변수의 합에 대한 분산을 구해보자.

定理 3.9 확률변수 X_1과 X_2의 평균을 각각 $\mu_1 = E(X_1)$, $\mu_2 = E(X_2)$라고 하면, 다음 식이 성립한다.

$$\text{Var}(X_1 + X_2) = \text{Var}(X_1) + \text{Var}(X_2) + 2\text{Cov}(X_1, X_2).$$

證明 분산의 정의로 부터

$$\begin{aligned}
\text{Var}(X_1 + X_2) &= E[((X_1 + X_2) - E(X_1 + X_2))^2] \\
&= E[(\{X_1 - E(X_1)\} + \{X_2 - E(X_2)\})^2] \\
&= E[\{X_1 - E(X_1)\}^2] + E[\{X_2 - E(X_2)\}^2] \\
&\qquad + 2E[\{X_1 - E(X_1)\}\{X_2 - E(X_2)\}] \\
&= \text{Var}(X_1) + \text{Var}(X_2) + 2\,\text{Cov}(X_1, X_2)
\end{aligned}$$

이다. ■

다음 계는 위의 정리로부터 쉽게 얻는다.

系 3.4 확률변수 X_1과 X_2의 평균을 각각 $\mu_1 = E(X_1)$, $\mu_2 = E(X_2)$라 하자. 이때 X_1과 X_2가 확률적으로 독립이면, 다음 식이 성립한다.

$$\text{Var}(X_1 + X_2) = \text{Var}(X_1) + \text{Var}(X_2).$$

證明 X_1과 X_2가 확률적으로 독립이면, $\text{Cov}(X_1, X_2) = 0$이므로 [정리 6.24]로부터,

$$\begin{aligned}
\text{Var}(X_1 + X_2) &= \text{Var}(X_1) + \text{Var}(X_2) + 2\text{Cov}(X_1, X_2) \\
&= \text{Var}(X_1) + \text{Var}(X_2)
\end{aligned}$$

이다. ■

이상을 종합하면 다음과 같이 일반화된 공식을 얻는다. 먼저,

$$\text{Var}\left(\sum_{i=1}^{n} a_i X_i\right) = \sum_{i=1}^{n} a_i^2\, \text{Var}(X_i) + 2 \sum_{1 \leqslant i < j \leqslant n} a_i a_j\, \text{Cov}(X_i, X_j)$$

이고, 또한, 여기서 X_1, X_2, $\cdots$, X_n이 확률적으로 독립이면,

$$\text{Var}\left(\sum_{i=1}^{n} a_i X_i\right) = \sum_{i=1}^{n} a_i^2\, \text{Var}(X_i)$$

임을 알 수 있다.

다음은 공분산을 이용하여 얻어지는 상관계수를 소개한다. 이 상관계수는 두 확률변수 사이에 직선(linearity)관계를 설명해 준다.

定義 3.10 확률변수 X의 평균을 $E(X) = \mu_X$, 분산을 $\text{Var}(X) = \sigma_X^2$이라 하고, 확률변수 Y의 평균을 $E(Y) = \mu_Y$, 분산을 $\text{Var}(Y) = \sigma_Y^2$이라 하자. 이때, 두 확률변수 X과 Y의 **상관계수**(correlation coefficient) $\rho_{X,Y}$는 다음과 같다.

$$\begin{aligned}\rho_{X,Y} &= \frac{\text{Cov}(X,Y)}{\sigma_X \, \sigma_Y} \\ &= \frac{E[(X-\mu_X)(Y-\mu_Y)]}{\sqrt{\sigma_X^2}\,\sqrt{\sigma_Y^2}} \\ &= \frac{E[(X-E(X))(Y-E(Y))]}{\sqrt{\text{Var}(X)}\,\sqrt{\text{Var}(Y)}}.\end{aligned}$$

두 확률변수 X와 Y의 상관계수 $\rho_{X,Y} = 0$이면, X와 Y는 무상관(uncorrelation)이라고 말한다. 이것은 단지 두 확률변수 사이에 직선관계를 규명할 수 없다는 것을 말해 줄 뿐, X와 Y가 통계적으로 전혀 연관성이 없다는 것을 의미하는 것이 아니다. 실제로 두 표본의 산점도(scatter plot)를 그려서 기울기가 양(positive)인 직선형태와 비슷하게 나오면, 두 표본은 양의 상관관계를 이루며, 이때의 상관계수는 $\rho_{X,Y} \doteqdot 1$에 가깝고, 기울기가 음(negative)인 직선형태와 비슷하게 나오면, 두 표본은 음의 상관관계를 이루며 또한, 이때의 상관계수는 $\rho_{X,Y} \doteqdot -1$에 가깝다. 더욱이, 산점도의 결과가 x축과 평행하게 그려지면 두 표본사이에는 직선관계가 없다. 즉, 무상관관계가 있다고 말할 수 있다. 물론, 이 경우의 상관계수는 $\rho_{X,Y} \doteqdot 0$에 가깝다고 말할 수 있다. 일반적으로 상관계수의 범위는 $-1 \leqslant \rho_{X,Y} \leqslant +1$이다.

定理 3.11 확률변수 X의 평균을 $E(X) = \mu_X$, 분산을 $\text{Var}(X) = \sigma_X^2$이라 하고, 확률변수 Y의 평균을 $E(Y) = \mu_Y$, 분산을 $\text{Var}(Y) = \sigma_Y^2$이라 하자. 이때, X와 Y의 공분산을 $\sigma_{X,Y} = \text{Cov}(X,Y)$, 상관계수를 $\rho_{X,Y}$라 하면,

$$-1 \leqslant \rho_{X,Y} \leqslant +1$$

이다. 특히,

$$\rho_{X,Y} = \pm 1 \quad \text{이기 위한 필요충분조건은} \quad Y = aX + b, \forall a (\neq 0), b \in \mathbb{R}$$

일 때이다.

證明 확률변수 W를

$$W = \frac{Y}{\sigma_Y} - \rho_{X,Y}\frac{X}{\sigma_X}$$

로 정의하면, W의 분산은

$$\begin{aligned}
\mathrm{Var}(W) &= \mathrm{Var}\left(\frac{Y}{\sigma_Y} - \rho_{X,Y}\frac{X}{\sigma_X}\right) \\
&= \mathrm{Var}\left(\frac{Y}{\sigma_Y}\right) + \mathrm{Var}\left(\rho_{X,Y}\frac{X}{\sigma_X}\right) - 2\mathrm{Cov}\left(\frac{Y}{\sigma_Y}, \rho_{X,Y}\frac{X}{\sigma_X}\right) \\
&= \left(\frac{1}{\sigma_Y}\right)^2 \sigma_Y^2 + \left(\frac{\rho_{X,Y}}{\sigma_X}\right)^2 \sigma_1^2 - 2\,\rho_{X,Y}\left(\frac{\sigma_{X,Y}}{\sigma_X\,\sigma_Y}\right) \\
&= 1 + \rho_{X,Y}^2 - 2\,\rho_{X,Y}^2 \\
&= 1 - \rho_{X,Y}^2
\end{aligned}$$

이다. 그런데, W의 분산 $\mathrm{Var}(W) \geqslant 0$이므로,

$$\mathrm{Var}(W) \;=\; 1 - \rho_{X,Y}^2 \geqslant 0$$

이다. 따라서, $|\,\rho_{X,Y}\,| \leqslant 1$이다. 다음에 직선관계를 증명하여 보자. $\rho_{X,Y} = \pm 1$이면 $\mathrm{Var}(W) = 1 - \rho_{X,Y}^2 = 0$이다. 이것은 $P\{W = \mu_W\} = 1$임을 의미하므로,

$$\frac{Y}{\sigma_Y} - \rho_{X,Y}\,\frac{X}{\sigma_X} = \frac{\mu_Y}{\sigma_Y} - \rho_{X,Y}\,\frac{\mu_X}{\sigma_X}$$

이다. 이 식을 정리하면,

$$Y = aX + b, \quad \text{단, } a = \rho_{X,Y}\tfrac{\sigma_Y}{\sigma_X},\; b = \mu_Y - \mu_X \rho_{X,Y}\tfrac{\sigma_Y}{\sigma_X}$$

인 형식을 취한다. 역으로, $Y = aX + b$라 하면,

$$\begin{aligned}
\mathrm{Var}(Y) &= \sigma_Y^2 \\
&= \mathrm{Var}(aX + b) \\
&= a^2\mathrm{Var}(X) \\
&= a^2\sigma_X^2
\end{aligned}$$

이므로, $\sigma_Y = |a|\sigma_X$이고 또한,

$$\begin{aligned}
\sigma_{X,Y} &= \mathrm{Cov}(X, Y) \\
&= \mathrm{Cov}(X, aX + b) \\
&= a\,\mathrm{Cov}(X, X) \\
&= a\,\mathrm{Var}(X) \\
&= a\,\sigma_X^2
\end{aligned}$$

이다. 위의 두 식을 정리하면,

$$\begin{aligned}
\rho_{X,Y} &= \frac{\sigma_{X,Y}}{\sigma_X\,\sigma_Y} \\
&= \frac{a}{|\,a\,|}
\end{aligned}$$

을 얻는다. 따라서, $a > 0$이면 $\rho_{X,Y} = +1$이고, $a < 0$이면 $\rho_{X,Y} = -1$이다. ■

問題 3 위의 [문제 2]를 이용하여 두 확률변수 X와 Y의 상관계수를 구하여라.

解答 **解答** 공분산은 $\mathrm{Cov}(X,Y) = \frac{1}{\lambda^2}$임을 참고하여 먼저, X의 주변확률밀도함수를 구하면

$$\begin{aligned} f_1(x) &= \int_0^x \lambda^2 e^{-\lambda x}\,dy \\ &= \lambda^2 x e^{-\lambda x}, \quad 0 \leqslant x < +\infty \end{aligned}$$

이다. 분산 Var(X)는

$$\begin{aligned} \mathrm{Var}(X) &= E(X^2) - [E(X)]^2 \\ &= \int_0^{+\infty} x^2\,\lambda^2 x e^{-\lambda x}\,dx - \left(\int_0^{+\infty} x\lambda^2 x e^{-\lambda x}\,dx\right)^2 \\ &= \lambda^2 \int_0^{+\infty} x^3 e^{-\lambda x}\,dx - \left(\lambda^2 \int_0^{+\infty} x^2 e^{-\lambda x}\,dx\right)^2 \\ &= \frac{\Gamma(4)}{\lambda^2} - \left(\frac{\Gamma(3)}{\lambda}\right)^2 \\ &= \frac{2}{\lambda^2} \end{aligned}$$

이다. 다음에, Y의 주변확률밀도함수를 구하면

$$\begin{aligned} f_2(y) &= \int_y^{+\infty} \lambda^2 e^{-\lambda x}\,dx \\ &= \lambda^2 \left(-\frac{1}{\lambda}\right) e^{-\lambda x}\Big]_y^{+\infty} \\ &= \lambda e^{-\lambda y}, \quad 0 \leqslant y < +\infty \end{aligned}$$

이고, 이 경우 Var(Y)는

$$\begin{aligned} \mathrm{Var}(X) &= E(Y^2) - [E(Y)]^2 \\ &= \int_0^{+\infty} y^2\,\lambda e^{-\lambda y}\,dy - \left(\int_0^{+\infty} y\lambda e^{-\lambda y}\,dy\right)^2 \\ &= \lambda \int_0^{+\infty} y^2 e^{-\lambda y}\,dx - \left(\lambda \int_0^{+\infty} y e^{-\lambda y}\,dy\right)^2 \\ &= \frac{\Gamma(3)}{\lambda^2} - \left(\frac{\Gamma(2)}{\lambda}\right)^2 \\ &= \frac{1}{\lambda^2} \end{aligned}$$

이다. 그러므로, 상관계수는

$$\begin{aligned}\rho_{X,Y} &= \frac{\mathrm{Cov}(X,Y)}{\sigma_x\,\sigma_y} \\ &= \frac{\frac{1}{\lambda^2}}{\sqrt{\frac{2}{\lambda^4}}} \\ &= \frac{1}{\sqrt{2}}\end{aligned}$$

이다. □

3.3 확률변수의 변환

$F_X(x)$를 확률변수 X의 분포함수라 하고 u를 연속인 실수치함수라 할 때, $u(X)$의 분포함수를 구하는 문제를 생각해 보기로 하자. 여기서 Y를 $Y=u(X)$라 하면, 결국 Y는 새로운 확률변수가 되며, 따라서 Y의 분포함수를 구하는 문제가 될 것이다. 즉, Y의 분포함수를 $F_Y(y)$라 한다면

$$F_Y(y) \;=\; P\{u(X)\leqslant y\}, \quad \forall y\in\mathbb{R}$$

이 성립한다. 여기서, 사건 A를 $A=\{x\in\mathbb{R}\,|\,u(x)\leqslant y\}$라 한다면, Y의 분포함수는 또한

$$F_Y(y) \;=\; P\{X\in A\}$$

로 나타낼 수 있을 것이다. 더욱이, X의 확률밀도함수를 $f_X(x)$라 한다면,

$$\begin{aligned}F_Y(y) &= P\{u(X)\leqslant y\} \\ &= P\{X\in A\} \\ &= \begin{cases}\displaystyle\sum_{x\leqslant y} f_X(x), & X\text{가 이산형인 경우} \\[2ex] \displaystyle\int_{-\infty}^{y} f_X(x)\,dx, & X\text{가 연속형인 경우}\end{cases}\end{aligned}$$

임을 알 수 있다. 연속형의 경우, Y의 확률밀도함수는

$$\frac{d}{dy}F_Y(y) \;=\; f_Y(y)$$

으로부터 구할 수 있다.

問題 1 확률변수 X의 분포함수가 다음과 같다.

$$F_X(x) \;=\; \begin{cases} 1-e^{-2x}, & 0<x<+\infty \\ 0, & \text{그 외의 경우} \end{cases}$$

변환 $Y = u(X) = e^X$를 이용하여 Y의 분포함수와 확률밀도함수를 모두 구하여라.

解答 함수 $y = u(x) = e^x$는 구간 $0 < x < +\infty$상에서 연속인 실수치 함수이다. 또한, 구간 $\{x \in \mathbb{R} \,|\, 0 < x < +\infty\}$에 대응되는 $y = e^x$의 실구간은 $\{y \in \mathbb{R} \,|\, 1 < y < +\infty\}$ 이다. 따라서, Y의 분포함수는

$$\begin{aligned} F_Y(y) &= P\{Y \leqslant y\}, \quad y \in \mathbb{R} \\ &= P\{e^X \leqslant y\} \\ &= P\{X \leqslant \ln y\} \\ &= F_X(\ln y) \\ &= 1 - e^{-2\ln y} \\ &= 1 - \frac{1}{y^2}, \quad 1 < y < +\infty \end{aligned}$$

이고, Y의 확률밀도함수와 분포함수는 각각

$$f_Y(y) \;=\; \frac{d}{dy}F_Y(y) \;=\; \frac{2}{y^3},\ 1 < y < +\infty$$

이다. □

問題 2 연속인 확률변수 X의 분포함수를 $F_X(x)$라 할때, 변환 $Y = u(X) = X^2$에 의한 분포함수와 확률밀도함수를 구하여라.

解答 먼저 Y의 분포함수는

$$\begin{aligned} F_Y(y) &= P\{X^2 \leqslant y\} \\ &= P\{-\sqrt{y} \leqslant X \leqslant \sqrt{y}\} \\ &= F_X(\sqrt{y}) - F_X(-\sqrt{y}), \quad y > 0 \end{aligned}$$

이고, 확률밀도함수는

$$\begin{aligned} f_Y(y) &= \frac{d}{dy}\left(F_X(\sqrt{y}) - F_X(-\sqrt{y})\right) \\ &= \frac{1}{2\sqrt{y}}\left(f_X(\sqrt{y}) + f_X(-\sqrt{y})\right), \quad y > 0 \end{aligned}$$

이다. □

위의 두가지 예를 자세하게 살펴보면, 주어진 함수와 그의 역변환 즉, 역함수 사이에는 일대일 대응관계가 있음을 알 수 있다. 따라서, 주어진 함수의 역변환이 항상 가능하고 역변환의 확률분포를 구할 수 있다. 만약, 주어진 함수의 역함수가 존재하지 않는 경우, 역변환의 분포함수를 어떻게 구하면 되는지 이 문제를 살펴보자. 먼저 주어진 함수와 역변환이 일대일 대응인 경우이다.

定理 3.12 (이산형의 경우)
X를 이산확률질량함수 $p_X(x)$를 갖는 이산확률변수라 하자. 또한, 영역 A상에서 연속인 실수치 함수 $y = u(x)$와 그의 역함수 $x = u^{-1}(y) = v(y)$는 영역 B상에서 일대일 대응관계가 있다고 하자. 이때, 영역 $B = \{y \,|\, p_Y(y) > 0\}$상에서 확률변수 Y의 확률질량함수는

$$p_Y(y) \;=\; p_X(v(y)), \quad \forall y \in B$$

이다.

證明 이산형의 경우, 이 증명은 비교적 쉽다. 따라서,

$$\begin{aligned} p_Y(y) &= P\{Y = y\}, \ \forall y \in \mathbb{R} \\ &= P\{u(X) = y\} \\ &= P\{X = v(y)\} \\ &= p_X(v(y)) \end{aligned}$$

이다. ∎

問題 3 $X \sim \mathrm{GEO}(p)$라 하자. 즉, X의 이산확률질량함수는

$$f_X(x;p) \;=\; pq^{x-1}, \quad x = 1, 2, 3, \cdots$$

이다. 여기서 영역 A를 $A = \{1, 2, 3, \cdots\}$이라 하자. 변환 $Y = u(X) = X - 1$에 의한 Y의 이산확률질량함수를 구하여라.

解答 먼저, A에 대응하는 영역은 $B = \{0, 1, 2, \cdots\}$이고, 직선 $y = u(x) = x - 1$과 그의 역함수 $x = v(y) = y + 1$사이에는 일대일대응이므로 결국, Y의 이산확률질량함수는

$$\begin{aligned} f_Y(y) &= f_X(y+1;p) \\ &= pq^y, \quad y = 0, 1, 2, \cdots \end{aligned}$$

이다. □

問題 4 $X \sim \mathrm{POIS}(\mu)$일 때, $Y = u(X) = 2X + 3$이라 하자. y의 확률질량함수를 구하여라.

解答 Y의 확률질량함수는

$$\begin{aligned} f_Y(y;\mu) &= P\{Y=y\} \\ &= P\{2X+3=y\} \\ &= P\{X=\frac{y-3}{2}\} \\ &= f_X(\frac{y-3}{2}) \\ &= \frac{e^{-\mu}\mu^{\frac{y-3}{2}}}{(\frac{y-3}{2})!}, \qquad y=3,5,7,\cdots \end{aligned}$$

이다. □

定理 3.13 (연속형의 경우)
X를 연속확률밀도함수 $f_X(x)$를 갖는 연속확률변수라 하자. 또한, 영역 $A = \{x\,|\,f_X(x)>0\}$상에서 연속인 실수치 함수 $y=u(x)$와 그의 역함수 $x=u^{-1}(y)=v(y)$는 영역 $B=\{y\,|\,f_Y(y)>0\}$상에서 일대일 대응관계가 있다고 하자. 이때, 도함수 $\frac{dv(y)}{dy}$가 연속이고 영역 $B=\{y\,|\,f_Y(y)>0\}$상에서 영(zero)이 아니면, 확률변수 Y의 확률밀도함수는

$$f_Y(y) = f_X(v(y))\left|\frac{dv(y)}{dy}\right|, \quad \forall y\in B$$

이다.

證明 함수 $y=u(x)$가 일대일 대응이면 단조증가이거나 단조감소함수인 경우이다. 먼저, $y=u(x)$가 단조증가 함수이면 $y \geqslant u(x)$이기 위한 필요충분조건은 $x \leqslant v(y)$이다. 따라서,

$$\begin{aligned} F_Y(y) &= P\{u(X)\leqslant y\} \\ &= P\{X\leqslant v(y)\} \\ &= F_X(v(y)) \end{aligned}$$

이므로, 확률밀도함수는

$$\begin{aligned} f_Y(y) &= \frac{d}{dy}F_X(v(y)) \\ &= \frac{d}{dv(y)}F_X(v(y))\,\frac{dv(y)}{dy} \\ &= f_X(v(y))\left|\frac{dv(y)}{dy}\right|, \quad (\tfrac{dv(y)}{dy}>0\text{이므로}) \end{aligned}$$

이다. 또한, $y = u(x)$가 단조감소함수이면 $y \geqslant u(x)$이기 위한 필요충분조건은 $x \geqslant v(y)$이다. 따라서,

$$\begin{aligned} F_Y(y) &= P\{u(X) \leqslant y\} \\ &= P\{X \geqslant v(y)\} \\ &= 1 - F_X(v(y)) \end{aligned}$$

이므로, 확률밀도함수는

$$\begin{aligned} f_Y(y) &= \frac{d}{dy}(1 - F_X(v(y))) \\ &= \frac{d}{dv(y)}(1 - F_X(v(y)))\frac{dv(y)}{dy} \\ &= -f_X(v(y))\frac{dv(y)}{dy} \\ &= f_X(v(y))\left|\frac{dv(y)}{dy}\right|, \quad (\tfrac{dv(y)}{dy} < 0\text{이므로}) \end{aligned}$$

이다. 따라서, 위의 두 경우, 연속인 실수치함수 $y = u(x)$가 영역 A에서 B로 일대일 대응이면,

$$f_Y(y) = f_X((v(y))\left|\frac{dv(y)}{dy}\right|, \quad \forall y \in B$$

임을 알 수 있다. ■

위의 정리에서 도함수 $\frac{dv(y)}{dy}$를 보통 함수행렬식(Jacobian determinant)이라 부르고, 기호로 J로 표시하기도 한다. 물론, 여기서 함수행렬식은 일차원인 경우이지만, 이 개념은 n차원까지 확장할 수 있다. 뒤에서 함수행렬식에 관하여 좀더 자세하게 다룰 것이다.

問題 5 앞의 문제 1을 정리 3.13을 이용하여 구하여라.

解答 함수 $y = u(x) = e^x$는 실구간 $(0, +\infty)$에서 단조증가 즉, 일대일 대응함수이다. 따라서, 그의 역함수가 존재하고, 그 역함수는 $x = v(y) = \ln y$이고 함수행렬식은 $\frac{d}{dy}v(y) = \frac{1}{y}$이다. 또한, 구간 $A = (0, +\infty)$에 대응하는 구간은 $B = (1, +\infty)$이다. 그

러므로, Y의 확률밀도함수는

$$\begin{aligned} f_Y(y) &= f_X(v(y)) \left| \frac{d}{dy} v(y) \right| \\ &= f_X(\ln y)) \left| \frac{1}{y} \right| \\ &= 2e^{-2\ln y} \cdot \frac{1}{y} \\ &= \frac{2}{y^3}, \quad 1 < y < +\infty \end{aligned}$$

이다. □

이 결과는 앞의 경우와 일치함을 알 수 있다.

그러면 정리 3.13에서 변환된 확률변수 $u(X)$의 평균은 확률변수 Y의 평균과 일치하는지 의문이 생길 것이다. 결론적으로 말하면, $E[u(X)] = E(Y)$이다. 이 사실을 밝혀보자. 먼저, $y = u(x)$가 연속이고 단조증가함수인 경우는,

$$\begin{aligned} E[u(X)] &= \int_{-\infty}^{+\infty} u(x) f_X(x)\, dx \\ &= \int_{-\infty}^{+\infty} u(v(y)) f_X(v(y)) \left| \frac{dv(y)}{dy} \right| dy \\ &= \int_{-\infty}^{+\infty} y f_Y(y)\, dy \\ &= E(Y) \end{aligned}$$

이고, 다음에 $y = u(x)$가 연속이고 단조감소함수인 경우는,

$$\begin{aligned} E[u(X)] &= \int_{-\infty}^{+\infty} u(x) f_X(x)\, dx \\ &= \int_{-\infty}^{+\infty} u(v(y)) \left(-f_X(v(y)) \frac{dv(y)}{dy} \right) dy \\ &= \int_{-\infty}^{+\infty} u(v(y)) f_X(v(y)) \left| \frac{dv(y)}{dy} \right| dy \\ &= \int_{-\infty}^{+\infty} y f_Y(y)\, dy \\ &= E(Y) \end{aligned}$$

이다. 따라서, $y = u(x)$가 일대일함수이면 어떤 경우이든지 $E[u(X)] = E(Y)$임을 알 수 있다.

이제 함수행렬식(Jacobian determinant 또는 간단히 Jacobian이라 부르기도 한다)에 관하여 알아보자. 이변수함수 $y_1 = u_1(x_1, x_2)$와 $y_2 = u_2(x_1, x_2)$의 함수행렬식은 기호

$$J = \frac{\partial(y_1, y_2)}{\partial(u_1, u_2)}$$

를 많이 사용하며, 그 공식은 다음과 같다.

$$\begin{aligned} J &= \frac{\partial(y_1, y_2)}{\partial(u_1, u_2)} \\ &= \begin{vmatrix} \frac{\partial y_1}{\partial u_1} & \frac{\partial y_1}{\partial u_2} \\ \frac{\partial y_2}{\partial u_1} & \frac{\partial y_2}{\partial u_2} \end{vmatrix}. \end{aligned}$$

이 개념을 n변수를 갖는 실함수까지 자연스럽게 확장할 수 있다. 즉,

$$\begin{cases} y_1 = u_1(x_1, x_2, \cdots, x_n) \\ y_2 = u_2(x_1, x_2, \cdots, x_n) \\ \vdots \qquad\qquad \vdots \\ y_n = u_n(x_1, x_2, \cdots, x_n) \end{cases}$$

을 실변수함수라 하면, 함수행렬식은

$$\begin{aligned} J &= \frac{\partial(y_1, y_2, \cdots, y_n)}{\partial(x_1, x_2, \cdots, x_n)} \\ &= \begin{vmatrix} \frac{\partial y_1}{\partial x_1} & \frac{\partial y_1}{\partial x_2} & \cdots & \frac{\partial y_1}{\partial x_n} \\ \frac{\partial y_2}{\partial x_1} & \frac{\partial y_2}{\partial x_2} & & \frac{\partial y_2}{\partial x_n} \\ \vdots & \vdots & \vdots & \vdots \\ \frac{\partial y_n}{\partial x_1} & \frac{\partial y_n}{\partial x_2} & \cdots & \frac{\partial y_n}{\partial x_n} \end{vmatrix} \end{aligned}$$

이다.

問題 6 극좌표 $x = u_1(r, \theta) = r\cos\theta$, $y = u_2(r, \theta) = r\sin\theta$, $(0 < r < +\infty,$ $0 \leqslant \theta < 2\pi)$의 함수행렬식을 구하여라.

解答 함수행렬식의 정의를 이용하여 구하면,

$$\begin{aligned} J &= \frac{\partial(x, y)}{\partial(r, \theta)} \\ &= \begin{vmatrix} \frac{\partial x}{\partial r} & \frac{\partial x}{\partial \theta} \\ \frac{\partial y}{\partial r} & \frac{\partial y}{\partial \theta} \end{vmatrix} \\ &= \begin{vmatrix} \cos\theta & -r\sin\theta \\ \sin\theta & r\cos\theta \end{vmatrix} \\ &= r \end{aligned}$$

이다. □

問題 7 극좌표 $y_1 = u_1(x_1, x_2) = x_1 - x_2$, $y_2 = u_2(x_1, x_2) = x_1 + x_2$의 함수행렬식을 구하여라.

解答 함수행렬식의 정의에 의하여

$$
\begin{aligned}
J &= \frac{\partial(y_1, y_2)}{\partial(x_1, x_2)} \\
&= \begin{vmatrix} \frac{\partial y_1}{x_1} & \frac{\partial y_1}{x_2} \\ \frac{\partial y_2}{x_1} & \frac{\partial y_2}{x_2} \end{vmatrix} \\
&= \begin{vmatrix} 1 & -1 \\ 1 & 1 \end{vmatrix} \\
&= 2
\end{aligned}
$$

이다. □

다음 정리는 연속확률변수의 경우 변수변환에 따른 결합확률밀도함수들간의 상호관계를 말 해 주고있다. 증명없이 정리로만 소개 하기로 한다.

定理 3.14 영역 A상에서 연속인 n차원 확률벡터 $\boldsymbol{X} = (X_1, X_2, \cdots, X_n)$의 결합확률밀도함수를 $f_{\boldsymbol{X}}(x_1, x_2, \cdots, x_n) > 0$이라 하자. 또한, n차원 확률벡터 $\boldsymbol{Y} = (Y_1, Y_2, \cdots, Y_n)$의 성분은 변수변환

$$
\begin{cases}
Y_1 = u_1(X_1, X_2, \cdots, X_n) \\
Y_2 = u_2(X_1, X_2, \cdots, X_n) \\
\vdots \qquad\qquad \vdots \\
Y_n = u_n(X_1, X_2, \cdots, X_n)
\end{cases}
$$

으로부터 얻어진 확률변수이고 또한, 이 변환은 일대일 대응이라 하자. 이때, 함수행렬식이 변환된 영역 B상에서 영(zero)이 아니면, 변환된 확률변수 $\boldsymbol{Y} = (Y_1, Y_2, \cdots, Y_n)$의 결합확률밀도함수는

$$
\begin{aligned}
f_{\boldsymbol{Y}}(y_1, y_2, \cdots, y_n) &= f_{\boldsymbol{X}}(x_1, x_2, \cdots, x_n) \cdot |J| \\
&= f_{\boldsymbol{X}}(x_1, x_2, \cdots, x_n) \left| \frac{\partial(x_1, x_2, \cdots, x_n)}{\partial(y_1, y_2, \cdots, y_n)} \right|
\end{aligned}
$$

이다. 여기서, $\boldsymbol{x} = (x_1, x_2, \cdots, x_n)$은 방정식 $\boldsymbol{y} = \boldsymbol{u}(\boldsymbol{x})$의 해(solution)이다.

이산형의 경우는 다음과 같다.

定理 3.15 영역 A상에서 이산인 n차원 확률벡터 $\boldsymbol{X} = (X_1, X_2, \cdots, X_n)$의 이산 결합확률밀도함수를 $f_{\boldsymbol{X}}(x_1, x_2, \cdots, x_n) > 0$이라 하자. 또한, n차원 확률벡터 $\boldsymbol{Y} = (Y_1, Y_2, \cdots, Y_n)$의 성분은 변수변환

$$\begin{cases} Y_1 = u_1(X_1, X_2, \cdots, X_n) \\ Y_2 = u_2(X_1, X_2, \cdots, X_n) \\ \vdots \qquad\qquad \vdots \\ Y_n = u_n(X_1, X_2, \cdots, X_n) \end{cases}$$

으로부터 얻어진 확률변수이고 또한, 이 변환은 일대일 대응이라 하자. 이때, 확률변수 $\boldsymbol{Y} = (Y_1, Y_2, \cdots, Y_n)$의 이산결합확률밀도함수는

$$f_{\boldsymbol{Y}}(y_1, y_2, \cdots, y_n) = f_{\boldsymbol{X}}(x_1, x_2, \cdots, x_n)$$

이다. 여기서, $\boldsymbol{x} = (x_1, x_2, \cdots, x_n)$은 방정식 $\boldsymbol{y} = \boldsymbol{u}(\boldsymbol{x})$의 해(solution)이다.

問題 8 $X_i \sim \text{EXP}(1)$ $(i = 1, 2)$이고 X_1과 X_2는 확률적으로 독립이라 하자. 이때, 변수변환 $Y_1 = u_1(X_1, X_2) = X_1$과 $Y_2 = u_2(X_1, X_2) = X_1 + X_2$을 고려하여 Y_1과 Y_2의 결합확률밀도함수와 Y_1과 Y_2의 주변확률밀도함수를 구하여라.

解答 먼저, X_1과 X_2의 결합확률밀도함수는

$$f_{X_1,X_2}(x_1, x_2) = e^{-x_1-x_2}, \quad 0 < x_1, x_2 < +\infty$$

이다. 그런데 $y_1 = x_1$과 $y_2 = x_1 + x_2$의 역변환은 $x_1 = y_1$과 $x_2 = y_2 - y_1$이다. 이 경우, 함수행렬식은

$$\begin{aligned} J &= \frac{\partial(x_1, x_2)}{\partial(y_1, y_2)} \\ &= \begin{vmatrix} 1 & 0 \\ -1 & 1 \end{vmatrix} \\ &= 1 \end{aligned}$$

이다. 따라서, Y_1과 Y_2의 결합확률밀도함수는

$$\begin{aligned} f_{Y_1,Y_2}(y_1, y_2) &= f_{X_1,X_2}(x_1, x_2) \cdots |J| \\ &= e^{-y_2}, \quad 0 < y_1 < y_2 < +\infty \end{aligned}$$

이다. 또한, Y_1의 주변확률밀도함수는

$$\begin{aligned} f_{Y_1}(y_1) &= \int_{y_1}^{+\infty} e^{-y_2}\, dy_2 \\ &= e^{-y_1}, \quad 0 < y_1 < +\infty \end{aligned}$$

이고, Y_2의 주변확률밀도함수는

$$\begin{aligned} f_{Y_2}(y_2) &= \int_{0}^{y_2} e^{-y_2}\, dy_1 \\ &= y_2 e^{-y_2}, \quad 0 < y_2 < +\infty \end{aligned}$$

이다. □

問題 9 $X_i \sim \text{EXP}(\lambda)$ $(i = 1, 2)$이고 X_1과 X_2는 확률적으로 독립이라 하자. 이때, $Y_2 = \frac{X_1}{X_1+X_2}$이라 했을 때, Y_2의 주변확률밀도함수를 구하여라.

解答 X_1과 X_2의 결합확률밀도함수는

$$f_{X_1,X_2} = \lambda^2 e^{-\lambda(x_1+x_2)}, \quad 0 < x_1, x_2 < +\infty$$

이다. 여기서 변수변환 $Y_1 = X_1 + X_2$와 $Y_2 = \frac{X_1}{X_1+X_2}$를 생각 해 보자. 이 경우, $X_1 = Y_1Y_2$이고 $X_2 = Y_1(1 - Y_2)$이며, 이에 대응하는 실함수는 $x_1 = y_1y_2$이고 $x_2 = y_1(1 - y_2)$이다. 또한, 함수행렬식은

$$\begin{aligned} J &= \frac{\partial(x_1, x_2)}{\partial(y_1, y_2)} \\ &= \begin{vmatrix} y_2 & y_1 \\ 1 - y_2 & -y_1 \end{vmatrix} \\ &= -y_1 \end{aligned}$$

이므로, $|J| = |-y_1| = y_1$이다. 따라서, Y_1과 Y_2의 결합확률밀도함수는

$$\begin{aligned} f_{Y_1,Y_2}(y_1, y_2) &= \lambda^2 e^{-\lambda y_1} \cdot |J| \\ &= \lambda^2 e^{-\lambda y_1} y_1, \quad 0 < y_1 < +\infty, 0 < y_2 < 1 \end{aligned}$$

이고, 이로부터, Y_2의 주변확률밀도함수는

$$\begin{aligned} f_{Y_2}(y_2) &= \int_0^{+\infty} \lambda^2 y_1 e^{-\lambda y_1}\, dy_1 \\ &= \lambda^2 \int_0^{+\infty} \frac{t}{\lambda} e^{-t} \frac{1}{\lambda}\, dt \quad (t = \lambda x\text{로 치환하면}) \\ &= \Gamma(2) \\ &= 1, \quad 0 < y_2 < 1 \end{aligned}$$

이다. □

問題 10 확률변수 X_1과 X_2는 확률적으로 독립이고, 결합확률밀도함수가

$$f_{X_1,X_2}(x_1,x_2)=\frac{1}{\Gamma(\alpha)\Gamma(\beta)}x_1^{\alpha-1}x_2^{\beta-1}e^{-x_1-x_2},\ 0<x_1,x_2<+\infty$$

와 같이 주어졌다고 하자. 이때, 변수변환 $Y_1=X_1+X_2$와 $Y_2=\frac{X_1}{X_1+X_2}$의 결합확률밀도함수를 구하여라.

解答 이 경우, 역변환은 $X_1=Y_1Y_2$와 $X_2=Y_1(1-Y_2)$이다. 또한, 함수행렬식은

$$\begin{aligned}J &= \frac{\partial(x_1,x_2)}{\partial(y_1,y_2)}\\ &= \begin{vmatrix} y_2 & y_1 \\ 1-y_2 & -y_1\end{vmatrix}\\ &= -y_1\end{aligned}$$

이므로, Y_1과 Y_2의 결합확률밀도함수는

$$\begin{aligned}f_{Y_1,Y_2}(y_1,y_2) &= \frac{1}{\Gamma(\alpha)\Gamma(\beta)}(y_1y_2)^{\alpha-1}[y_1(1-y_2)]^{\beta-1}e^{-y_1}|-y_1|\\ &= \frac{1}{\Gamma(\alpha)\Gamma(\beta)}y_1^{\alpha+\beta-1}y_2^{\alpha-1}(1-y_2)^{\beta-1}e^{-y_1},\ 0<y_1<+\infty, 0<y_2<1\end{aligned}$$

이다. □

問題 11 위의 문제 10으로부터 확률변수 Y_1의 주변확률밀도함수를 구하여라.

解答 Y_1의 주변확률밀도함수는

$$\begin{aligned}f_{Y_1}(y_1) &= \int_0^1 \frac{1}{\Gamma(\alpha)\Gamma(\beta)}y_1^{\alpha+\beta-1}y_2^{\alpha-1}(1-y_2)^{\beta-1}e^{-y_1}\,dy_2\\ &= \frac{1}{\Gamma(\alpha)\Gamma(\beta)}y_1^{\alpha+\beta-1}e^{-y_1}\int_0^1 y_2^{\alpha-1}(1-y_2)^{\beta-1}\,dy_2\\ &= \frac{1}{\Gamma(\alpha)\Gamma(\beta)}y_1^{\alpha+\beta-1}e^{-y_1}\,B(\alpha,\beta)\\ &= \frac{1}{\Gamma(\alpha+\beta)}y_1^{\alpha+\beta-1}e^{-y_1},\quad 0<y_1<+\infty\end{aligned}$$

이다. 따라서, $Y_1\sim \mathrm{GAM}(1,\alpha+\beta)$이다. □

이제 실수치함수 $y = u(x)$가 일대일 대응이 아닌 경우에 대한 이산형 변수변환 문제를 생각 해 보기로 한다. 이산확률변수 X의 이산확률밀도함수를 $f_X(x)$라 하자. 이때, 변환 $Y = u(X)$가 일대일 대응이 아닌 경우를 생각해 보기로 하자. 실수치 함수 $y = u(x)$가 영역 $A = \{x \mid f_X(x) > 0\}$상에서 일대일 대응이 존재하지 않는다는 말은 방정식 $y = u(x)$의 유일한 해(solution)가 존재하지 않는다는 말과 동치이다. 그런데 이경우, 영역 A를 A_1, A_2, $\cdots$으로 적당히 분할하여 함수 $y = u(x)$가 일대일 대응이 되도록 만들어 주면, 문제는 간단하게 해결이 될 것이다. 따라서, $u(x)$의 각 치역의 값 y에 대하여, 방정식 $y = u(x)$는 각각의 영역 A_i에서 유일한 역함수 $x_j = v_j(y)$를 갖게 될 것이다. 이 경우, Y의 이산확률밀도함수는

$$f_Y(y) = \sum_j f_X(v_j(y))$$

이고 특히, 실수치함수 $y = u(x)$가 연속인 경우의 Y의 확률밀도함수는

$$f_Y(y) = \sum_j f_X(v_j(y)) \left| \frac{d}{dy} v_j(y) \right|$$

으로부터 구 할 수 있다.

問題 12 $X \sim \mathrm{UNIF}(-1, 1)$일때, $Y = u(X) = X^2$의 확률밀도함수를 구하여라.

解答 이 경우, 연속함수 $y = u(x) = x^2$은 구간 $(-1, 1)$에서 일대일 대응이 아니므로 역변환이 존재하지 않는다. 그런데, 구간 $(-1, 1)$을 두개의 구간 $(-1, 0)$과 $(0, 1)$으로 분할해서 생각하면, 구간 $(-1, 0)$에서 역변환 $x_1 = v_1(y) = -\sqrt{y}$과, 또다른 구간 $(0, 1)$에서 역변환 $x_2 = v_2(y) = \sqrt{y}$를 갖는다. 또한, $(-1, 0)$에서의 함수행렬식은 $J_1 = -\frac{1}{2\sqrt{y}}$이고, 구간 $(0, 1)$에서의 함수행렬식은 $J_2 = \frac{1}{\sqrt{y}}$이다. 따라서, Y의 확률밀도함수는

$$\begin{aligned} f_Y(y) &= f_X(v_1(y))|J_1| + f_X(v_2(y))|J_2| \\ &= f_X(-\sqrt{y}) \left| -\frac{1}{2\sqrt{y}} \right| + f_X(\sqrt{y}) \left| \frac{1}{2\sqrt{y}} \right| \\ &= \frac{1}{2}\frac{1}{2\sqrt{y}} + \frac{1}{2}\frac{1}{2\sqrt{y}} \\ &= \frac{1}{2\sqrt{y}}, \quad y \in (0, 1) \end{aligned}$$

이다. □

이차원 확률분포에서 자주 쓰이는 공식을 소개한다. 두 확률변수 X_1과 X_2가 주어졌을 때, 합 $X_1 + X_2$, 차 $X_1 - X_2$, 곱 $X_1 X_2$ 및 분수식 $\frac{X_2}{X_1}$의 주변확률밀도함수를 구하는 공식이다.

定理 3.16 $f_{X,Y}(x,y)$를 연속인 이차원 확률벡터 $\boldsymbol{X} = (X, Y)$의 결합확률밀도함수라 하고 X과 Y의 확률밀도함수를 각각 $f_X(x)$와 $f_Y(y)$라 하자. 이때,

$$Z_1 = X + Y\,, \quad Z_2 = Y - X\,,$$
$$Z_3 = XY\,, \quad Z_4 = Y/X$$

라 하면, Z_1, Z_2, Z_3, Z_4의 확률밀도함수는 각각 다음과 같다.

(1) $f_{Z_1}(z) = \displaystyle\int_{-\infty}^{+\infty} f_{X,Y}(x, z-x)\,dx = \int_{-\infty}^{+\infty} f_{X,Y}(z-y, y)\,dy,\ \forall z \in \mathbb{R}.$

(2) $f_{Z_2}(z) = \displaystyle\int_{-\infty}^{+\infty} f_{X,Y}(x, z+x)\,dx = \int_{-\infty}^{+\infty} f_{X,Y}(z+y, y)\,dy,\ \forall z \in \mathbb{R}.$

(3) $f_{Z_3}(z) = \displaystyle\int_{-\infty}^{+\infty} \frac{1}{|z|} f_{X,Y}(x, \frac{z}{x})\,dx = \int_{-\infty}^{+\infty} \frac{1}{|y|} f_{X,Y}(\frac{z}{y}, y)\,dy,\ \forall z \in \mathbb{R}.$

(4) $f_{Z_4}(z) = \displaystyle\int_{-\infty}^{+\infty} |x| f_{X,Y}(x, zx)\,dx = \int_{-\infty}^{+\infty} \frac{|y|}{z^2} f_{X,Y}(\frac{y}{z}, y)\,dy,\ \forall z \in \mathbb{R}.$

證明 (1) $Z_1 = X + Y$의 분포함수를 $F_{Z_1}(z)$라 하면,

$$\begin{aligned}
F_{Z_1}(z) &= P\{Z_1 \leqslant z\} \\
&= \iint_{x+y\leqslant z} f_{X,Y}(x,y)\,dxdy \\
&= \int_{-\infty}^{+\infty}\int_{-\infty}^{z-x} f_{X,Y}(x,y)\,dydx \\
&= \int_{-\infty}^{+\infty}\int_{-\infty}^{z} f_{X,Y}(x,u-x)\,dudx \qquad (y = u - x\text{로 치환하면}) \\
&= \int_{-\infty}^{z}\int_{-\infty}^{+\infty} f_{X,Y}(x,u-x)\,dxdu
\end{aligned}$$

이고, 이 식의 양변을 z에 관해서 미분하면,

$$\frac{d}{dz}F_{Z_1}(z) = \frac{d}{dz}\int_{-\infty}^{z}\int_{-\infty}^{+\infty} f_{X,Y}(x,u-x)\,dxdu$$

으로부터

$$f_{Z_1}(z) = \int_{-\infty}^{+\infty} f_{X,Y}(x, z-x)\,dx,\ \forall z \in \mathbb{R}$$

이다.

(2) $Z_2 = Y - X$의 분포함수를 $F_{Z_2}(z)$라 하면,

$$\begin{aligned}
F_{Z_2}(z) &= P\{Z_2 \leqslant z\} \\
&= \iint_{y-x\leqslant z} f_{X_1,X_2}(x,y)\,dxdy \\
&= \int_{-\infty}^{+\infty}\int_{-\infty}^{x+z} f_{X,Y}(x,y)\,dydx \\
&= \int_{-\infty}^{+\infty}\int_{-\infty}^{z} f_{X,Y}(x,u+x)\,dudx \qquad (y=u+x\text{라 치환하면}) \\
&= \int_{-\infty}^{z}\int_{-\infty}^{+\infty} f_{X,Y}(x,u+x)\,dxdu
\end{aligned}$$

이고, 이 식의 양변을 z에 관해서 미분하면,

$$f_{Z_2}(z) = \int_{-\infty}^{+\infty} f_{X,Y}(x,x+z)\,dx,\ \forall z \in \mathbb{R}$$

이다.

(3) $Z_3 = XY$의 분포함수를 $F_{Z_3}(z)$라 하자. 이 경우,

$$\{(x,y) : xy \leqslant z\} = \{(x,y) : x>0, y \leqslant \frac{z}{x}\} \cup \{(x,y) : x<0, y \geqslant \frac{z}{x}\}$$

이므로,

$$\begin{aligned}
F_{Z_3}(z) &= P\{Z_3 \leqslant z\} \\
&= \int_{-\infty}^{0}\int_{\frac{z}{x}}^{+\infty} f_{X,Y}(x,y)\,dydx + \int_{0}^{+\infty}\int_{-\infty}^{\frac{z}{x}} f_{X,Y}(x,y)\,dydx \\
&= \int_{-\infty}^{0}\int_{z}^{-\infty} \frac{1}{x} f_{X,Y}(x,\frac{u}{x})\,dudx + \int_{0}^{+\infty}\int_{-\infty}^{z} \frac{1}{x} f_{X_1,X_2}(x,\frac{u}{x})\,dudx, \\
&\qquad\qquad (y=\tfrac{u}{x}\text{로 치환하면}) \\
&= \int_{-\infty}^{+\infty}\int_{-\infty}^{z} \frac{1}{|x|} f_{X,Y}(x,\frac{u}{x})\,dudx \\
&= \int_{-\infty}^{z}\int_{-\infty}^{-\infty} \frac{1}{|x|} f_{X,Y}(x,\frac{u}{x})\,dxdu
\end{aligned}$$

이고, 이 식의 양변을 z에 관해서 미분하면,

$$f_{Z_3}(z) = \int_{-\infty}^{+\infty} \frac{1}{|x|} f_{X,Y}(x,\frac{z}{x})\,dx,\ \forall z \in \mathbb{R}$$

이다.

(4) $Z_4 = \frac{Y}{X}$의 분포함수를 $F_{Z_4}(z)$라 하자. $x<0$일 경우,

$$\{(x,y) : \frac{y}{x} \leqslant z\} \quad \text{이기 위한 필요충분 조건은} \quad \{(x,y) : y \leqslant \frac{x}{z}\}$$

이므로,

$$\{(x,y) : \frac{y}{x} \leqslant z\} = \{(x,y) : x > 0, y \leqslant xz\} \cup \{(x,y) : x < 0, y \leqslant xz\}$$

이다. 따라서,

$$\begin{aligned}
F_{Z_4}(z) &= P\{Z_4 \leqslant z\} \\
&= \int_{-\infty}^{0}\int_{xz}^{+\infty} f_{X,Y}(x,y)\,dydx + \int_{0}^{+\infty}\int_{-\infty}^{xz} f_{X,Y}(x,y)\,dydx \\
&= \int_{-\infty}^{0}\int_{z}^{-\infty} xf_{X,Y}(x,ux)\,dudx + \int_{0}^{+\infty}\int_{-\infty}^{z} xf_{X,Y}(x,ux)\,dudx, \\
&\qquad (y = ux\text{라 치환하면}) \\
&= \int_{-\infty}^{+\infty}\int_{-\infty}^{z} |x| f_{X,Y}(x,ux)\,dudx \\
&= \int_{-\infty}^{z}\int_{-\infty}^{-\infty} |x| f_{X,Y}(x,ux)\,dxdu
\end{aligned}$$

이고, 이 식의 양변을 z에 관해서 미분하면,

$$f_{Z_4}(z) = \int_{-\infty}^{+\infty} |x| f_{X,Y}(x,zx)\,dx, \ \forall z \in \mathbb{R}$$

이다. ■

특히, 확률변수 X과 Y가 확률적으로 독립이면, 정리 3.16으로부터 다음의 계를 얻는다.

系 3.5 연속인 이차원확률벡터 $\boldsymbol{X} = (X,Y)$의 결합확률밀도함수를 $f_{X,Y}(x,y)$, X와 Y의 확률밀도함수를 각각 $f_X(x)$와 $f_Y(y)$라 하자. 또한, $Z_1 = X+Y$, $Z_2 = Y-X$, $Z_3 = XY$, $Z_4 = Y/X$라 하자. 이때, 확률변수 X과 Y가 확률적으로 독립이면, Z_1, Z_2, Z_3, Z_4의 확률밀도함수는 각각 다음과 같다.

(1) $f_{Z_1}(z) = \int_{-\infty}^{+\infty} f_X(x)f_Y(z-x)\,dx = \int_{-\infty}^{+\infty} f_X(z-y)f_Y(y)\,dy, \ \forall z \in \mathbb{R}.$

(2) $f_{Z_2}(z) = \int_{-\infty}^{+\infty} f_X(x)f_Y(z+x)\,dx = \int_{-\infty}^{+\infty} f_X(z+y)f_Y(y)\,dy, \ \forall z \in \mathbb{R}.$

(3) $f_{Z_3}(z) = \int_{-\infty}^{+\infty} \frac{1}{|z|} f_X(x)f_Y(\frac{z}{x})\,dx = \int_{-\infty}^{+\infty} \frac{1}{|y|} f_X(\frac{z}{y})f_Y(y)\,dy, \ \forall z \in \mathbb{R}.$

(4) $f_{Z_4}(z) = \int_{-\infty}^{+\infty} |x| f_X(x)f_Y(zx)\,dx = \int_{-\infty}^{+\infty} \frac{|y|}{z^2} f_X(\frac{y}{z})f_Y(y)\,dy, \ \forall z \in \mathbb{R}.$

위의 계 3.4의 (1)은 중요한 의미를 내포하고 있다. 즉, 두 확률밀도함수 $f(x)$와 $g(x)$가 주어졌을 때,

$$\begin{aligned} h(z) &= \int_{-\infty}^{+\infty} f(x)g(z-x)\,dx \\ &= \int_{-\infty}^{+\infty} f(z-x)g(x)\,dx \end{aligned}$$

와 같이 정의된 함수 $h(z)$는 역시 확률밀도함수이고, 이 관계식을 우리는 **f와 g의 합성**(convolution of f and g)이라 한다. 이산형의 경우는

$$P\{Z=z\} = \sum_x P\{X=x\}P\{Y=z-x\}$$

로 정의되는데 마찬가지로 이것을 $P\{X_1=x\}$와 $P\{X_2=y\}$의 합성이라 한다.

問題 13 확률변수 X_1과 X_2의 결합확률밀도함수가

$$f_{X,Y}(x,y) = \begin{cases} \dfrac{1}{\lambda^2}\exp\{-(x+y)/\lambda\}, & 0<x,y<+\infty,\ \lambda>0 \\ 0, & \text{그 외의 경우} \end{cases}$$

와 같이 주어졌을 때, $Z=X+Y$의 확률밀도함수를 구하여라.

解答 X의 주변확률밀도함수는

$$\begin{aligned} f_X(x) &= \int_0^{+\infty} \frac{1}{\lambda^2} e^{\{-(x+y)/\lambda\}}\,dy \\ &= \frac{1}{\lambda}e^{-\frac{x}{\lambda}}, \quad 0<x<+\infty \end{aligned}$$

이고, Y의 주변확률밀도함수는

$$\begin{aligned} f_Y(y) &= \int_0^{+\infty} \frac{1}{\lambda^2} e^{\{-(x+y)/\lambda\}}\,dx \\ &= \frac{1}{\lambda}e^{-\frac{y}{\lambda}}, \quad 0<y<+\infty \end{aligned}$$

이므로 X과 Y는 확률적으로 독립이다. 그러므로 $Z=X+Y$의 확률밀도함수는

$$\begin{aligned} f_Z(z) &= \int_{-\infty}^{+\infty} f_X(x)f_Y(z-x)\,dx \\ &= \int_0^z \left(\frac{1}{\lambda}e^{-\frac{x}{\lambda}}\right)\left(\frac{1}{\lambda}e^{-\frac{z-x}{\lambda}}\right)dx \\ &= \frac{1}{\lambda^2}e^{-\frac{z}{\lambda}}\int_0^z dx \\ &= \frac{1}{\lambda^2}z\,e^{-\frac{z}{\lambda}},\ z>0 \end{aligned}$$

이다. □

問題 14 두 확률변수 X_1과 X_2는 확률적으로 독립이고 $X_1, X_2 \sim N(0,1)$이다. 다음 변수변환

$$\begin{cases} y_1 = y_1 + \frac{1}{2}y_2\,, \\ y_2 = y_1 - \frac{1}{2}y_2 \end{cases}$$

를 이용하여

(1) Y_1과 Y_2의 주변확률밀도함수를 구하여라.
(2) Y_1과 Y_2는 확률적으로 독립인가?

解答 먼저 X_1과 X_2의 결합확률밀도함수는

$$\begin{aligned} f_{X_1,X_2}(x_1,x_2) &= f_{X_1}(x_1)\, f_{X_2}(x_2) \\ &= \frac{1}{2\pi}\exp\left\{-\frac{1}{2}(x_1^2+x_2^2)\right\} \end{aligned}$$

이다. 위 변수변환에 의한 Y_1과 Y_2의 결합확률밀도함수는

$$\begin{aligned} f_{Y_1,Y_2}(y_1,y_2) &= f_{X_1,X_2}(y_1+\frac{1}{2}y_2, y_1-\frac{1}{2}y_2) \\ &= \frac{1}{2\pi}\exp\left\{-\frac{1}{2}\{(y_1+\frac{1}{2}y_2)^2+(y_1-\frac{1}{2}y_2)^2\}\right\} \\ &= \frac{1}{2\pi}\,e^{-\frac{1}{2}(2y_1^2+\frac{1}{2}y_2^2)}, \qquad -\infty < y_1, y_2 < +\infty \end{aligned}$$

이다. 먼저 Y_1의 주변확률밀도함수는

$$\begin{aligned} f_{Y_1}(y_1) &= \int_{-\infty}^{+\infty} f_{Y_1,Y_2}(y_1,y_2)\,dy_2 \\ &= \frac{1}{\sqrt{\pi}}\,e^{-y_1^2}, \qquad -\infty < y_1 < +\infty \end{aligned}$$

이고 비슷한 방법을 이용하여 Y_2의 주변확률밀도함수를 구하면

$$\begin{aligned} f_{Y_2}(y_2) &= \int_{-\infty}^{+\infty} f_{Y_1,Y_2}(y_1,y_2)\,dy_1 \\ &= \frac{1}{\sqrt{4\pi}}\,e^{-\frac{1}{4}y_2^2}, \qquad -\infty < y_2 < +\infty \end{aligned}$$

이다. 이로부터

$$\begin{aligned} f_{Y_1,Y_2}(y_1,y_2) &= f_{Y_1}(y_1)\, f_{Y_2}(y_2) \\ &= \frac{1}{2\pi}\exp\left\{-\frac{1}{2}(x_1^2+x_2^2)\right\} \end{aligned}$$

이 성립하므로 Y_1과 Y_2는 확률적으로 독립이고

$$Y_1 \sim N(0, \frac{1}{2}), \qquad Y_2 \sim N(0, 2)$$

이다. □

3.4 조건부기댓값

이 절에서는 조건부확률과 조건부기댓값을 다룰 것이다. 사건의 조건부확률 개념은 확률변수의 조건부확률 개념으로 확장할 수 있다. 실제로, 조건부확률의 핵심개념은

$$P\{Y = y \,|\, X = x\} \quad = \quad \frac{P\{X = x, Y = y\}}{P\{X = x\}}$$

이다. 여기서 $f_{X,Y}(x, y)$는 두 확률변수 X와 Y의 결합확률밀도함수이고 $f_X(x)$는 X의 주변확률밀도함수이다.

定義 3.12 X과 Y를 이산 또는 연속인 확률변수라 하고 $f(x, y)$를 X와 Y의 결합확률밀도함수라고 하자. 이때, **$X = x$가 주어졌을 때, Y의 조건부확률밀도함수**(conditional probability density function of Y, given $X = x$)는

$$f(y \,|\, x) = \frac{f(x, y)}{f_1(x)}, \quad f_1(x) > 0, \ \forall x \in \mathbb{R}$$

으로, **$Y = y$가 주어졌을 때, X의 조건부확률밀도함수**(conditional probability density function of X, given $Y = y$)는

$$f(x \,|\, y) = \frac{f(x, y)}{f_2(y)}, \quad f_2(y) > 0, \ \forall y \in \mathbb{R}$$

으로 각각 정의한다.

X와 Y가 연속인 확률변수라 하자. 이 경우, $X = x$가 주어졌을 때, 사건 $\{a \leqslant Y \leqslant b\}$의 조건부확률은

$$\begin{aligned} P\{a \leqslant Y \leqslant b \,|\, X = x\} &= \int_a^b f(y \,|\, x)\, dy \\ &= \frac{\displaystyle\int_a^b f(x, y)\, dy}{\displaystyle\int_{-\infty}^{+\infty} f(x, y)\, dy} \end{aligned}$$

이다. 또한, 조건부확률밀도함수는

$$f(y\,|\,x) = \frac{f(x,y)}{f_1(x)} \geqslant 0$$

이며,

$$\begin{aligned}\int_{-\infty}^{+\infty} f(y\,|\,x)\,dy &= \frac{1}{f_1(x)}\int_{-\infty}^{+\infty} f(x,y)\,dy \\ &= \frac{1}{f_1(x)} f_1(x) \\ &= 1\end{aligned}$$

임을 알 수 있다.

定理 3.17 X와 Y의 결합확률밀도함수를 $f(x,y)$라 하고, $f_1(x)$과 $f_2(y)$를 각각 X와 Y의 주변확률밀도함수라고 하면,

$$f(x,y) = f_1(x)f(y\,|\,x) = f_2(y)f(x\,|\,y)$$

이다. 더욱이, 확률변수 X와 Y가 확률적으로 독립이면,

$$f(y\,|\,x) = f_2(y)$$

이고

$$f(x\,|\,y) = f_1(x)$$

이다.

證明 첫 번째 공식의 증명은

$$\begin{aligned}f(x,y) &= f_1(x)\frac{f(x,y)}{f_1(x)} = f_1(x)f(y|x) \\ &= f_2(y)\frac{f(x,y)}{f_2(y)} = f_2(y)f(x|y)\end{aligned}$$

이다. 그런데, 확률변수 X와 Y가 확률적으로 독립이면,

$$f(x,y) = f_1(x)f_2(y)$$

이므로 윗식과 비교하여,

$$f(y\,|\,x) = f_2(y)$$

이고

$$f(x\,|\,y) = f_1(x)$$

임을 알 수 있다. ■

問題 1 이차원 확률벡터 $\boldsymbol{X} = (X, Y)$의 결합확률밀도함수가

$$f(x,y) = \begin{cases} \dfrac{1}{\alpha\beta}\exp\left\{-\left(\dfrac{x}{\alpha}\right) - \dfrac{(y-x)}{\beta}\right\}, & 0 < x \leqslant y < +\infty,\ \alpha > 0,\ \beta > 0,\ \alpha \neq \beta \\ 0, & \text{그 외의 경우} \end{cases}$$

와 같이 정의되어 있다고 하자. 이때, X의 주변확률밀도함수, Y의 주변확률밀도함수, $X = x$가 주어졌을 때 Y의 조건부확률밀도함수를 모두 구하여라.

解答 먼저 X의 주변확률밀도함수는

$$f_1(x) = \int_x^{+\infty} \frac{1}{\alpha\beta} e^{-\frac{x}{\alpha}} e^{-\frac{(y-x)}{\beta}}\, dy = \begin{cases} \frac{1}{\alpha} e^{-\frac{x}{\alpha}}, & 0 < x < +\infty \\ 0, & \text{그 외의 경우} \end{cases}$$

이고, Y의 주변확률밀도함수는

$$f_2(y) = \int_0^{y} \frac{1}{\alpha\beta} e^{-\frac{x}{\alpha}} e^{-\frac{(y-x)}{\beta}}\, dx = \begin{cases} \frac{1}{(\beta-\alpha)}\left(e^{-\frac{y}{\beta}} - e^{-\frac{y}{\alpha}}\right), & 0 < y < +\infty \\ 0, & \text{그 외의 경우} \end{cases}$$

이다. 따라서, $X = x$가 주어졌을 때 Y의 조건부 확률밀도함수는

$$f(y\,|\,x) = \begin{cases} \frac{1}{\beta} e^{-(y-x)/\beta}, & 0 < x \leqslant y < +\infty \\ 0, & \text{그 외의 경우} \end{cases}$$

이다. □

이제 위의 조건부확률밀도함수를 이용하여, 조건부기댓값을 구해 보자. 먼저 조건부기댓값의 정의를 알아보자.

定義 3.13 $\boldsymbol{X} = (X, Y)$를 이차원 확률벡터라 하자. 이때, $\boldsymbol{X = x}$**가 주어졌을 때 $\boldsymbol{Y}$의 조건부기댓값**(conditional expectation of Y, given $X = x$)은

$$E(Y\,|\,x) = \begin{cases} \displaystyle\sum_y y f(y\,|\,x), & \boldsymbol{X}\text{가 이산형일 경우} \\ \displaystyle\int_{-\infty}^{+\infty} y f(y\,|\,x)\, dy, & \boldsymbol{X}\text{가 연속형일 경우} \end{cases}$$

으로 정의한다. 여기서, $f(y\,|\,x)$는 $X = x$가 주어졌을 때 Y의 조건부확률밀도함수이며, 조건부기댓값의 기호는 $E(Y\,|\,x) = E(Y\,|\,X = x)$의 의미이다.

이와 비슷하게 $Y = y$가 주어졌을 때 X의 조건부기댓값을 정의할 수가 있다.

定義 3.14 $\boldsymbol{X} = (X, Y)$를 이차원 확률벡터라 하자. 이때, **$\boldsymbol{Y} = \boldsymbol{y}$가 주어졌을 때 $\boldsymbol{X}$의 조건부기댓값**(conditional expectation of X, given $Y = y$)은

$$E(X \mid y) = \begin{cases} \displaystyle\sum_x x f(x \mid y), & \boldsymbol{X}\text{가 이산형일 경우} \\ \\ \displaystyle\int_{-\infty}^{+\infty} x f(x \mid y)\, dx, & \boldsymbol{X}\text{가 연속형일 경우} \end{cases}$$

으로 정의한다. 또한, $f(x \mid y)$는 $Y = y$가 주어졌을 때 X의 조건부확률밀도함수이며, 조건부기댓값의 기호는 $E(X \mid y) = E(X \mid Y = y)$를 의미한다.

問題 2 위의 문제 1에서 $X = x$가 주어졌을 때 Y의 조건부기댓값을 구하여라.

解答 $X = x$가 주어졌을 때 Y의 조건부기댓값은

$$\begin{aligned} E(Y \mid x) &= \frac{1}{\beta}\int_{-\infty}^{+\infty} y f(y \mid x)\, dy \\ &= \frac{1}{\beta}\int_{x}^{+\infty} y e^{-\frac{y-x}{\beta}}\, dy \\ &= \beta + x \end{aligned}$$

이다. □

조건부기댓값의 여러 가지 성질에 대하여 알아 보자. 이 조건부기댓값의 성질은 수리통계학분야 보다는 확률론의 마아팅게일 이론(martingale theory)에서 매우 중요한 역할을 한다. 그러나, 여기에서는 기본적인 몇가지 사실만을 소개한다.

定理 3.18 $\boldsymbol{X} = (X, Y)$를 이차원 확률벡터, $f_1(x)$과 $f_2(y)$를 각각 X와 Y의 주변확률밀도함수라 하면,

$$E[E(Y \mid X)] = E(Y) = E_X[E(Y \mid X)]$$

이다.

證明 $\boldsymbol{X} = (X, Y)$가 연속형인 경우로 증명하면,

$$\begin{aligned} E[E(Y \mid X)] &= \int_{-\infty}^{+\infty} E(Y \mid x) f_1(x)\, dx \\ &= \int_{-\infty}^{+\infty} \left(\int_{-\infty}^{+\infty} y f(y \mid x)\, f_1(x)\, dy \right) dx \\ &= \int_{-\infty}^{+\infty} y \left(\int_{-\infty}^{+\infty} f(x, y)\, dx \right) dy \\ &= \int_{-\infty}^{+\infty} y f_2(y)\, dy \\ &= E(Y) \end{aligned}$$

이다. ■

위에서 기호 $E_X[E(Y \mid X)]$에서 X는 $E_X[E(Y \mid X)]$의 X에 대한 기댓값(평균)을 의미한다. 또한, 두 확률변수 X와 Y가 확률적으로 독립일 때에는 다음과 같은 성질이 있다.

定理 3.19 확률변수 X와 Y가 확률적으로 독립이면,

$$E(Y \mid x) = E(Y)$$

이고

$$E(X \mid y) = E(X)$$

이다.

證明 연속형의 경우로 첫 번째 공식만 증명을 하기로 하자. 확률변수 X와 Y가 확률적으로 독립이면, X와 Y의 결합확률밀도함수는

$$f(x, y) = f_1(x) f_2(y)$$

인 성질을 만족한다. 이 경우, $f(y \mid x) = f_2(y)$이다. 따라서,

$$\begin{aligned} E(Y \mid x) &= \int_{-\infty}^{+\infty} y f(y \mid x)\, dy \\ &= \int_{-\infty}^{+\infty} y f_2(y)\, dy \\ &= E(Y) \end{aligned}$$

이다. ■

問題 3 확률벡터 $\boldsymbol{X} = (X, Y)$의 결합확률밀도함수가

$$f(x,y) = \begin{cases} xe^{-x(1+y)}, & 0 < x < +\infty,\ 0 < y < +\infty \\ 0, & \text{그 외의 경우} \end{cases}$$

와 같이 정의되어 있을 때, 조건부기댓값 $E(Y\,|\,x)$를 구하여라.

解答 먼저, X의 주변확률밀도함수는

$$\begin{aligned} f_1(x) &= \int_0^{+\infty} xe^{-x(1+y)}\,dy \\ &= xe^{-x}\int_0^{+\infty} e^{-xy}\,dy \\ &= e^{-x}, \quad 0 < x < +\infty \end{aligned}$$

이다. 이 경우, $X = x$가 주어졌을 때 Y의 조건부확률밀도함수는

$$\begin{aligned} f(y\,|\,x) &= \frac{f(x,y)}{f_1(x)} \\ &= \frac{xe^{-x(1+y)}}{e^{-x}} \\ &= xe^{-xy} \end{aligned}$$

이다. 따라서, $X = x$가 주어졌을 때 Y의 조건부기댓값은

$$\begin{aligned} E(Y\,|\,x) &= \int_0^{+\infty} yf(y\,|\,x)\,dy \\ &= \int_0^{+\infty} yxe^{-xy}\,dy \\ &= x\frac{1}{x^2} \\ &= \frac{1}{x} \end{aligned}$$

이다. □

이제 조건부분포의 분산을 알아보자.

定理 3.20 $X = x$가 주어졌을 때 확률변수 Y의 조건부분산(conditional variance of Y, given $X = x$)은

$$\mathrm{Var}(Y\,|\,x) = E[\{Y - E(Y\,|\,x)\}^2\,|\,x]$$

으로 정의한다.

위의 조건부분산을 구하면 다음과 같다.

$$\begin{aligned}\text{Var}(Y|x) &= E[\{Y - E(Y|x)\}^2 |x] \\ &= E[\{Y^2 - 2YE(Y|x) + \{E(Y|x)\}^2 |x] \\ &= E(Y^2|x) - 2\{E(Y|x)\}^2 + \{E(Y|x)\}^2 \\ &= E(Y^2|x) - \{E(Y|x)\}^2\end{aligned}$$

定理 3.21 X와 Y를 확률변수라 하면,

$$\text{Var}(Y) = E_X[\text{Var}(Y|X)] + \text{Var}_X[E(Y|X)]$$

이다.

證明 $\text{Var}(Y|X)$의 X에 관한 평균은

$$\begin{aligned}E_X[\text{Var}(Y|X)] &= E_X[E(Y^2|X) - \{E(Y|X)\}^2] \\ &= E(Y^2) - E_X[E(Y|X)]^2 \\ &= (E(Y^2) - \{E(Y)\}^2) - \big(E_X[E(Y|X)]^2 - \{E(Y)\}^2\big) \\ &= (E(Y^2) - \{E(Y)\}^2) - \big(E_X[E(Y|X)]^2 - \{E_X[E(Y|X)]\}^2\big) \\ &= \text{Var}(Y) - \text{Var}_X[E(Y|X)]\end{aligned}$$

이므로, 정리하면

$$\text{Var}(Y) = E_X[\text{Var}(Y|X)] + \text{Var}_X[E(Y|X)]$$

이다. ■

問題 4 확률벡터 $\boldsymbol{X} = (X, Y)$의 결합확률밀도함수는 다음과 같다.

$$f(x,y) = \begin{cases} 2, & 0 \leqslant x+y \leqslant 1,\ 0 \leqslant x \leqslant 1,\ 0 \leqslant y \leqslant 1 \\ 0, & \text{그 외의 경우} \end{cases}$$

$\text{Var}(Y)$를 구하여라.

解答 X의 주변확률밀도함수는

$$\begin{aligned}f_1(x) &= \int_0^{1-x} d\,dy \\ &= 2(1-x), \quad 0 \leqslant x \leqslant 1\end{aligned}$$

이므로, X의 분산은

$$\begin{aligned} \mathrm{Var}(X) &= E(X^2) - [E(X)]^2 \\ &= 2\int_0^1 x^2(1-x)\,dx - \left(2\int_0^1 x(1-x)\,dx\right)^2 \\ &= \frac{1}{6} - \frac{1}{9} \\ &= \frac{1}{18} \end{aligned}$$

이다. 또한, Y의 주변확률밀도함수는

$$\begin{aligned} f_2(y) &= \int_0^{1-y} 2\,dx \\ &= 2(1-y), \quad 0 \leqslant y \leqslant 1 \end{aligned}$$

이다. 여기서, $X = x$가 주어졌을 때 Y의 조건부확률밀도함수는

$$f(y\,|\,x) = \frac{1}{1-x}, \quad 0 \leqslant y \leqslant 1-x,\ x \geqslant 0$$

이다. 또한,

$$\begin{aligned} E(Y\,|\,x) &= \int_0^{1-x} y\,\frac{1}{1-x}\,dy \\ &= \frac{1-x}{2} \end{aligned}$$

이고,

$$\begin{aligned} E(Y^2\,|\,x) &= \int_0^{1-x} y^2\,\frac{1}{1-x}\,dy \\ &= \frac{(1-x)^2}{3} \end{aligned}$$

이므로

$$\mathrm{Var}(Y\,|\,x) = E(Y^2\,|\,x) - \{E(Y\,|\,x)\}^2 = \frac{(1-x)^2}{12}$$

이다. 이로부터,

$$\begin{aligned} E[\mathrm{Var}(Y\,|\,X)] &= E\left[\frac{(1-X)^2}{12}\right] \\ &= \frac{1}{12} \times \frac{1}{2} \\ &= \frac{1}{24} \end{aligned}$$

이고

$$\begin{aligned}\mathrm{Var}(E(Y\,|\,X)) &= \mathrm{Var}\left(\frac{1-X}{2}\right)\\ &= \frac{\mathrm{Var}(X)}{4}\\ &= \frac{1/18}{4}\\ &= \frac{1}{72}\end{aligned}$$

이므로

$$\mathrm{Var}(Y) = \frac{1}{24} + \frac{1}{72} = \frac{1}{18}$$

이다. □

정리 3.21의 성질을 다음 결합확률밀도함수에도 적용할 수 있다.

定理 3.22 $\boldsymbol{X} = (X, Y)$를 결합확률밀도함수 $f(x, y)$를 갖는 이차원 확률벡터라 하자. 또한, X의 주변확률밀도함수를 $f_1(x)$, $X = x$가 주어졌을 때, Y의 조건부 확률밀도함수를 $f(y\,|\,x)$라 하자. 또한 Y의 주변확률밀도함수를 $f_2(y)$, $Y = y$가 주어졌을 때, X의 조건부 확률밀도함수를 $f(x\,|\,y)$라 하자. 이때, 연속인 실수치 이변수함수 $g(x, y)$에 대하여, 다음이 성립한다.

$$\begin{aligned}E[\,g(X,Y)\,] &= E_X[\,E[g(X,Y)\,|\,X\,]\,],\\ E[\,g(X,Y)\,] &= E_Y[\,E[g(X,Y)\,|\,Y\,]\,].\end{aligned}$$

證明 연속형의 경우로 증명하면, 다음과 같다.

$$\begin{aligned}E_Y[\,E[g(X,Y)\,|\,Y\,]\,] &= \int_{-\infty}^{+\infty} E[g(x,Y)\,|\,x]f_2(y)\,dx\\ &= \int_{-\infty}^{+\infty}\left(\int_{-\infty}^{+\infty} g(x,y)f(x\,|\,y)\,dy\right) f_2(y)\,dx\\ &= \int_{-\infty}^{+\infty}\int_{-\infty}^{+\infty} g(x,y)f(x,y)\,dxdy\\ &= E[g(X,Y)]\end{aligned}$$

또한

$$
\begin{aligned}
E_X[\,E[g(X,Y)\,|\,X\,]\,] &= \int_{-\infty}^{+\infty} E[g(x,Y)\,|\,x]f_1(x)\,dx \\
&= \int_{-\infty}^{+\infty} \left(\int_{-\infty}^{+\infty} g(x,y)f(y\,|\,x)\,dy \right) f_1(x)\,dx \\
&= \int_{-\infty}^{+\infty} \int_{-\infty}^{+\infty} g(x,y)f(x,y)\,dxdy \\
&= E[g(X,Y)]
\end{aligned}
$$

이다. ■

다음 정리를 살펴보자.

定理 3.23 $\boldsymbol{X} = (X,Y)$를 결합확률밀도함수 $f(x,y)$를 갖는 이차원 확률벡터라 하자. 또한, $X = x$가 주어졌을 때, Y의 조건부 확률밀도함수를 $f(y\,|\,x)$라 하면, 모든 연속인 실수치 함수 $g(x)$에 대하여,

$$E[g(X)\,Y\,|\,x] = g(x)E(Y\,|\,x) = E[g(x)Y\,|\,x]$$

가 성립한다.

證明 연속형의 경우로 증명하면,

$$
\begin{aligned}
E[g(X)\,Y\,|\,x\,]) &= \int_{-\infty}^{+\infty} g(x)\,y\,f(y\,|\,x)\,dy \\
&= g(x)\int_{-\infty}^{+\infty} y\,f(y\,|\,x)\,dy \\
&= g(x)\,E(Y\,|\,x) \\
&= E[g(x)Y\,|\,x]
\end{aligned}
$$

이다. ■

위의 정리로부터 다음의 계(corollary)를 얻는다.

系 3.6 $\boldsymbol{X} = (X,Y)$를 결합확률밀도함수 $f(x,y)$를 갖는 이차원 확률벡터라 하자. 이때, 모든 연속인 실수치함수 $g(x)$와 $h(x,y)$에 대하여,

$$E[g(X)\,h(X,Y)\,|\,x] = g(x)E[h(x,Y)\,|\,x]$$

가 성립한다.

또한, 위의 계 3.4에서 함수 $g(x) = 1$이라 취하면, 다음의 계를 얻는다.

系 3.7 $\boldsymbol{X} = (X, Y)$를 결합확률밀도함수 $f(x, y)$를 갖는 이차원 확률벡터라 하자. 이때, 모든 연속인 실수치함수 $h(x, y)$에 대하여,

$$E[h(X, Y) \,|\, x] = E[h(x, Y) \,|\, x]$$

가 성립한다.

系 3.8 $\boldsymbol{X} = (X, Y)$를 결합확률밀도함수 $f(x, y)$를 갖는 이차원 확률벡터라 하자. 이때, 모든 실수 a, b와 실수치 함수 $g(x, y)$와 $h(x, y)$에 대하여,

$$E[ag(X, Y) + bh(X, Y) \,|\, x] = aE[g(x, Y) \,|\, x] + bE[h(x, Y) \,|\, x]$$

이고

$$E[ag(X, Y) + bh(X, Y) \,|\, y] = aE[g(X, y) \,|\, y] + bE[h(X, y) \,|\, y]$$

이 성립한다.

問題 5 [문제 1]에서 $E(Y)$를 구하여라.

解答 직접적인 계산에 의해서 $E(Y)$를 구할 수 있지만, 위의 조건부기댓값의 결과를 이용하여 $E(Y)$를 구해보자. 먼저, 확률변수 X의 주변확률밀도함수는

$$f_1(x) = \begin{cases} \frac{1}{\alpha} e^{-\frac{x}{\alpha}}, & 0 < x < +\infty \\ 0, & \text{그 외의 경우} \end{cases}$$

이고, $X = x$가 주어졌을 때 Y의 조건부기댓값은

$$E(Y \,|\, x) = \beta + x$$

이므로, Y의 기댓값은

$$\begin{aligned} E(Y) &= E[E(Y \,|\, X)] \\ &= E[\beta + X] \\ &= \beta + E(X) \\ &= \beta + \alpha \end{aligned}$$

이다. □

定理 3.24 확률변수 X의 평균을 $E(X) = \mu_X$, 분산을 $\text{Var}(X) = \sigma_X^2$이라 하고, 확률변수 Y의 평균을 $E(Y) = \mu_Y$, 분산을 $\text{Var}(Y) = \sigma_Y^2$이라 하자. 또한, X와 Y의 상관계수를 $\rho_{X,Y}$라 하자. 이때, 조건부 기댓값 $E(Y \mid x)$가 x의 일차함수(linear function)이면 즉, 임의의 상수 $a(\neq 0)$와 b에 대하여, $E(Y \mid x) = ax + b$이면,

$$E(Y \mid x) = \mu_Y + \rho_{X,Y} \frac{\sigma_Y}{\sigma_X}(x - \mu_X)$$

이고

$$E_X[\text{Var}(Y \mid X)] = \sigma_Y^2(1 - \rho_{X,Y}^2)$$

이다.

證明 임의의 상수 a와 b에 대하여, $E(Y \mid x) = ax + b$이면,

$$\begin{aligned} \mu_Y &= E(Y) \\ &= E_X[E(Y \mid X)] \\ &= E_X[aX + b] \\ &= aE(X) + b \\ &= a\mu_X + b \end{aligned}$$

이므로, $b = \mu_Y - a\mu_X$이다. 또한, X와 Y의 공분산은

$$\begin{aligned} \sigma_{X,Y} &= E[(X - \mu_X)(Y - \mu_Y)] \\ &= E[(X - \mu_X)\,Y] - E[(X - \mu_X)\,\mu_Y] \\ &= E_X[E[(X - \mu_X)\,Y] \mid X] - 0 \\ &= E_X[(X - \mu_X)E(Y \mid X)] \\ &= E_X[(X - \mu_X)(aX + b)] \\ &= a[E(X^2) - \{E(X)\}^2] \\ &= a\,\sigma_X^2 \end{aligned}$$

이다. 이로부터,

$$\begin{aligned} a &= \frac{\sigma_{X,Y}}{\sigma_X^2} \\ &= \rho_{X,Y} \frac{\sigma_Y}{\sigma_X} \end{aligned}$$

이다. 따라서, 정리 3.21로부터

$$
\begin{aligned}
E_X[\mathrm{Var}(Y \mid X)] &= \mathrm{Var}(Y) - \mathrm{Var}_X[E(Y \mid X)] \\
&= \mathrm{Var}(Y) - \mathrm{Var}_X\left(\mu_Y + \rho_{X,Y}\frac{\sigma_Y}{\sigma_X}(X-\mu_X)\right) \\
&= \mathrm{Var}(Y) - \mathrm{Var}_X\left(\rho_{X,Y}\frac{\sigma_Y}{\sigma_X}(X-\mu_X)\right) \\
&= \mathrm{Var}(Y) - \rho_{X,Y}^2\frac{\sigma_Y^2}{\sigma_X^2}\mathrm{Var}_X(X-\mu_X) \\
&= \mathrm{Var}(Y) - \rho_{X,Y}^2\frac{\sigma_Y^2}{\sigma_X^2}\mathrm{Var}_X(X) \\
&= \sigma_Y^2 - \rho_{X,Y}^2\frac{\sigma_X^2\sigma_Y^2}{\sigma_X^2} \\
&= \sigma_Y^2\,(1-\rho_{X,Y}^2)
\end{aligned}
$$

이다. ■

다음에는 n차원 결합적률모함수(joint moment generating function)에 관하여 살펴보자. n차원 결합적률모함수는 일차원 적률모함수의 개념을 자연스럽게 확장한 것이다. 먼저, 다음 정의를 살펴보자.

定理 3.25 $f(x_1, x_2, \cdots, x_n)$을 n차원 확률벡터 $\boldsymbol{X} = (X_1, X_2, \cdots, X_n)$의 결합확률밀도함수라 하자. 이때, n차원 확률벡터 $\boldsymbol{X} = (X_1, X_2, \cdots, X_n)$의 **결합적률모함수**(joint moment generating function)를 모든 실벡터 $\boldsymbol{t} = (t_1, t_2, \cdots, t_n)$에 대하여, 다음과 같이 정의한다.

$$
\begin{aligned}
M_{\boldsymbol{X}}(\boldsymbol{t}) &= M_{X_1,X_2,\cdots,M_n}(t_1, t_2, \cdots, t_n) \\
&= E\left[\exp\left(\sum_{i=1}^{n} t_t X_i\right)\right], \quad |t_i| < h, h > 0 \\
&= \begin{cases}
\displaystyle\sum_{x_1}\sum_{x_2}\cdots\sum_{x_n} e^{t_1x_1+t_2x_2+\cdots+t_nx_n} f(x_1, x_2, \cdots, x_n), \\
\hfill (\boldsymbol{X}\text{가 이산형일 때}) \\
\displaystyle\int_{-\infty}^{+\infty}\int_{-\infty}^{+\infty}\cdots\int_{-\infty}^{+\infty} e^{t_1x_1+t_2x_2+\cdots+t_nx_n} f(x_1, x_2, \cdots, x_n)\, dx_1 dx_2 \cdots dx_n \\
\hfill (\boldsymbol{X}\text{가 연속형일 때})
\end{cases}
\end{aligned}
$$

問題 6 $\boldsymbol{X} = (X_1, X_2, \cdots, X_n) \sim \mathrm{MULT}(n, p_1, p_2, \cdots, p_n)$이라 하자. 이 다항분포의 적률모함수를 구하여라.

解答 직접 계산하면

$$\begin{aligned} M_{\boldsymbol{X}}(\boldsymbol{t}) &= E\left[\exp\left(\sum_{i=1}^{n} t_i X_i\right)\right] \\ &= \sum_{x_1}\sum_{x_2}\cdots\sum_{x_n} e^{t_1x_1+t_2x_2+\cdots+t_nx_n} \\ &\qquad\qquad \times \frac{n!}{x_1!x_2!\cdots x_n!} p_1^{x_1}p_2^{x_2}\cdots p_n^{x_n} \\ &= (p_1e^{t_1}+p_2e^{t_2}+\cdots+p_ne^{t_n})^n, \quad \text{단, } p_n = 1-p_1-p_2-\cdots-p_{n-1} \end{aligned}$$

이다. □

n개의 확률변수가 확률적으로 독립인 경우에는 다음과 같다.

定理 3.26 $f(x_1, x_2, \cdots, x_n)$를 확률벡터 $\boldsymbol{X} = (X_1, X_2, \cdots, X_n)$의 결합확률밀도함수라 하자. 이때, 확률벡터 $\boldsymbol{X}$의 성분 X_1, X_2, $\cdots$, X_n이 확률적으로 독립이면, $\boldsymbol{X}$의 결합적률모함수는 모든 실벡터 $\boldsymbol{t} = (t_1, t_2, \cdots, t_n)$에 대하여,

$$\begin{aligned} M_{\boldsymbol{X}}(\boldsymbol{t}) &= E\left[\exp\left(\sum_{i=1}^{n} t_i X_i\right)\right], \quad |t_i| < h,\ h > 0 \\ &= \prod_{i=1}^{n} E[e^{t_i X_i}] \\ &= \prod_{i=1}^{n} M_{X_i}(t_i) \end{aligned}$$

이다.

證明 연속형의 경우만 증명한다. 확률변수 X_1, X_2, $\cdots$, X_n이 확률적으로 독립이면, $\boldsymbol{X}$ 의 결합확률밀도함수는

$f(x_1, x_2, \cdots, x_n) = f_1(x_1)f_2(x_2)\ldots f_n(x_n)$, (단, $f_i(x_i)$는 X_i의 주변확률밀도함수)

이므로, $\boldsymbol{X}$의 결합적률모함수는

$$\begin{aligned} M_{\boldsymbol{X}}(\boldsymbol{t}) &= E\left[\exp\left(\sum_{i=1}^{n} t_t X_i\right)\right], \quad |t_i| < h,\ h > 0 \\ &= \int_{-\infty}^{+\infty}\int_{-\infty}^{+\infty}\cdots\int_{-\infty}^{+\infty} e^{t_1x_1+t_2x_2+\cdots+t_nx_n} f(x_1, x_2, \cdots, x_n)\, dx_1 dx_2 \cdots dx_n \end{aligned}$$

이고 가정에 의하여, 확률변수 X_1, X_2, $\cdots$, X_n은 확률적으로 독립이므로

$$\begin{aligned} M_{\boldsymbol{X}}(\boldsymbol{t}) &= \int_{-\infty}^{+\infty}\int_{-\infty}^{+\infty}\cdots\int_{-\infty}^{+\infty} e^{t_1x_1+t_2x_2+\cdots+t_nx_n} \\ &\qquad\qquad \times f_1(x_1)f_2(x_2)\cdots f_n(x_n)\,dx_1dx_2\cdots dx_n \\ &= \prod_{i=1}^{n}\int_{-\infty}^{+\infty} e^{t_iX_i} f_i(x_i)\,dx_i \\ &= \prod_{i=1}^{n} E[e^{t_iX_i}] \\ &= \prod_{i=1}^{n} M_{X_i}(t_i) \end{aligned}$$

이다. ■

問題 7 n개의 확률변수 $X_i \sim \mathrm{BIN}(n_i, p)$, $(i = 1, 2, \cdots, n)$이 확률적으로 독립이라 하자. 확률변수 Y를 $Y = \sum_{i=1}^{n} X_i$로 정의할 때, Y의 결합적률모함수를 구하여라.

解答 Y의 결합적률모함수는

$$\begin{aligned} M_Y(t) &= E[e^{tY}] \\ &= E\Big[e^{t(\sum_{i=1}^{n} X_i)}\Big] \\ &= E\Big[e^{tX_1+tX_2+\cdots+tX_n}\Big] \\ &= \prod_{i=1}^{n} E[e^{tX_i}] \\ &= \prod_{i=1}^{n} M_{X_i}(t) \\ &= \prod_{i=1}^{n} (q+pe^t)^{n_i} \\ &= (q+pe^t)^{\sum_{i=1}^{n} n_i} \end{aligned}$$

이고, 독립성질에 의하여 $Y = \sum_{i=1}^{n} X_i \sim \mathrm{BIN}(\sum_{i=1}^{n} n_i, p)$이다. □

問題 8 n개의 확률변수 $X_i \sim \mathrm{GAM}(\frac{1}{\beta}, \alpha_i)$, $(i = 1, 2, \cdots, n)$가 확률적으로 독립이라 하고, 확률변수 Y를 $Y = \sum_{i=1}^{n} X_i$로 정의할 때, Y의 결합적률모함수를 구하여라.

解答 Y의 결합적률모함수는

$$\begin{aligned} M_Y(t) &= E[e^{tY}] \\ &= E\left[e^{t(\sum_{i=1}^{n} X_i)}\right] \\ &= E\left[e^{tX_1+tX_2+\cdots+tX_n}\right] \\ &= \prod_{i=1}^{n} E[e^{tX_i}] \\ &= \prod_{i=1}^{n} M_{X_i}(t) \\ &= \prod_{i=1}^{n}(1-\beta t)^{-\alpha_i} \\ &= (1-\beta t)^{-\sum_{i=1}^{n}\alpha_i} \end{aligned}$$

이므로 독립성질에 의하여 다음 식이 성립한다.

$$Y = \sum_{i=1}^{n} X_i \sim \mathrm{GAM}(\frac{1}{\beta}, \sum_{i=1}^{n}\alpha_i)\,. \qquad \square$$

問題 9 n개의 확률변수 $X_i \sim N(\mu_i, \sigma_i^2)$가 확률적으로 독립이라 하자. 확률변수 Y를 $Y = \sum_{i=1}^{n} X_i$라고 할 때, Y의 결합적률모함수를 구하여라.

解答 Y의 결합적률모함수는

$$\begin{aligned} M_Y(t) &= E[e^{tY}] \\ &= E[e^{t(\sum_{i=1}^{n} X_i)}] \\ &= \prod_{i=1}^{n} E[e^{tX_i}] \\ &= \prod_{i=1}^{n} M_{X_i}(t) \\ &= \prod_{i=1}^{n} e^{\mu_i t+\frac{1}{2}\sigma_i^2 t^2} \\ &= \prod_{i=1}^{n} \exp\left\{\left(\mu_i t + \frac{1}{2}\sigma_i^2 t^2\right)\right\} \\ &= \exp\left\{\left(\sum_{i=1}^{n}\mu_i\right)t + \frac{1}{2}\left(\sum_{i=1}^{n}\sigma_i^2\right)t^2\right\} \end{aligned}$$

이다. 따라서, 독립성질에 의하여

$$Y = \sum_{i=1}^{n} \sim N(\sum_{i=1}^{n} \mu_i, \sum_{i=1}^{n} \sigma_i^2)$$

이다. □

특별한 경우로서 이차원 확률벡터의 성분이 독립인 경우, 적률모함수의 성질에 대하여 알아보자. $f(x_1, x_2)$를 확률벡터 $\boldsymbol{X} = (X_1, X_2)$의 결합확률밀도함수라 하면, X_1과 X_2는 확률적으로 독립이라 하자. 이때, $\boldsymbol{X}$의 결합적률모함수는

$$\begin{aligned} M_{X_1,X_2}(t_1,t_2) &= E\left[\exp\left(t_1X_1 + t_2X_2\right)\right] \\ &= E[e^{t_1X_1}]E[e^{t_2X_2}] \\ &= M_{X_1}(t_1)M_{X_2}(t_2) \end{aligned}$$

이다. 그런데, 이차원 결합적률모함수

$$M_{X_1,X_2}(t_1,t_2) = E[e^{t_1X_1+t_2X_2}]$$

에서 $t_2 = 0$이면,

$$\begin{aligned} M_{X_1,X_2}(t_1,0) &= M_{X_1}(t_1) \\ &= E[e^{t_1X_1}] \end{aligned}$$

이고, $t_1 = 0$이면,

$$\begin{aligned} M_{X_1,X_2}(0,t_2) &= M_{X_2}(t_2) \\ &= E[e^{t_2X_2}] \end{aligned}$$

이다. 따라서, X_1과 X_2가 확률적으로 독립이면,

$$\begin{aligned} M_{X_1,X_2}(t_1,t_2) &= M_{X_1,X_2}(t_1,0)M_{X_1,X_2}(0,t_2) \\ &= M_{X_1}(t_1)M_{X_2}(t_2) \end{aligned}$$

가 성립함을 알 수있다. 이 내용을 확장하면 다음과 같다. $f(x_1, x_2, \cdots, x_n)$을 확률벡터 $\boldsymbol{X} = (X_1, X_2, \cdots, X_n)$의 결합확률밀도함수라 하고 $\boldsymbol{X}$의 성분 X_1, X_2, $\cdots$, X_n이 확률적으로 독립이면, $\boldsymbol{X}$의 결합적률모함수는 모든 실벡터 $\boldsymbol{t} = (t_1, t_2, \cdots, t_n)$에 대

하여,

$$\begin{aligned}
M_{\boldsymbol{X}}(\boldsymbol{t}) &= E\left[\exp\left(\sum_{i=1}^{n} t_i X_i\right)\right], \quad |t_i| < h, h > 0 \\
&= \prod_{i=1}^{n} M_{X_1,X_2,\cdots,X_n}(0,0,\cdots,t_i,0,\cdots,0) \\
&= M_{X_1,X_2,\cdots,X_n}(t_1,0,\cdots,0)\, M_{X_1,X_2,\cdots,X_n}(0,t_2,\cdots,0) \times \cdots \\
&\quad \times M_{X_1,X_2,\cdots,M_n}(0,0,\cdots,t_n) \\
&= M_{X_1}(t_1) M_{X_2}(t_2) \cdots M_{X_n}(t_n) \\
&= \prod_{i=1}^{n} M_{X_i}(t_i)
\end{aligned}$$

이다.

問題 10 X_1, X_2, $\cdots$, X_n을 확률적으로 독립인 확률변수라 하고 $X_i \sim \text{POIS}(\mu_i)$라 하자. 확률변수 Y를 $Y = \sum_{i=1}^{n} X_i$라 할 때, Y의 적률모함수를 구하여라.

解答 적률모함수는

$$\begin{aligned}
M_Y(t) &= \prod_{i=1}^{n} M_{X_i}(t) \\
&= \prod_{i=1}^{n} e^{\mu_i(e^t-1)} \\
&= \exp\left\{(\mu_1(e^t-1) + \mu_2(e^t-1) + \cdots + \mu_n(e^t-1)\right\} \\
&= \exp\left\{(\mu_1 + \mu_2 + \cdots + \mu_n)(e^t-1)\right\}
\end{aligned}$$

이다. □

3.5 이변량 정규분포와 그 성질

이차원 확률분포 중에서 가장 중요하면서도 대표적인 예가 이변량 정규분포(bivariate normal distribution)이다. 이변량 정규분포는 원래의 정규분포가 가지고 있는 성질을 이변수함수로 확장한 것이다. 이변량 정규분포 곡면을 xy평면에 수평인 평면으로 절단하면 그 단면의 형태가 타원형 곡선으로 나타나고 xy평면에 수직인 평면으로 절단하면 그 단면의 형태가 일차원 정규분포 곡선으로 나타난다. 따라서, 이변량 정규분포의 확률밀도함수는 연속인 이변수 실수치함수로 정의된다. 이변량 정규분포는 다변량 정규분포로 확장 가능하며 이것은 다변량 통계분석에서 추정과 검정을 하는데 중요한 역할을 한다.

定義 3.15 X와 Y를 연속인 확률변수라 하자. X와 Y의 평균을 각각 $\mu_1 = E(X)$와 $\mu_2 = E(Y)$, 분산을 각각 $\sigma_1^2 = \mathrm{Var}(X)$와 $\sigma_2^2 = \mathrm{Var}(Y)$이라 하고, 또한, 상관계수를 $\rho = \frac{\mathrm{Cov}(X,Y)}{\sigma_1 \sigma_2}$ 라 하자. 이때, 이차원 확률벡터 $\boldsymbol{X} = (X, Y)$가 다음과 같이 정의된 결합확률밀도함수

$$\begin{aligned} f(x,y) &= \frac{1}{2\pi\sigma_1\sigma_2\sqrt{1-\rho^2}} \times \\ & \exp\left\{-\frac{1}{2(1-\rho^2)}\left[\left(\frac{x-\mu_1}{\sigma_1}\right)^2 - 2\rho\left(\frac{x-\mu_1}{\sigma_1}\right)\left(\frac{y-\mu_2}{\sigma_2}\right) + \left(\frac{y-\mu_2}{\sigma_2}\right)^2\right]\right\}, \\ & (-\infty < x, y < +\infty, -\infty < \mu_1, \mu_2 < +\infty, 0 < \sigma_1, \sigma_2 < +\infty, |\rho| < 1) \end{aligned}$$

를 가지면, $\boldsymbol{X} = (X, Y)$는 **이변량 정규분포**(bivariate normal distribution)에 따른다고 한다. 이차원 확률벡터 $\boldsymbol{X} = (X, Y)$가 이변량 정규분포에 따를 때, 기호로

$$\boldsymbol{X} = (X, Y) \sim \mathrm{BVN}(\mu_1, \mu_2, \sigma_1^2, \sigma_2^2, \rho)$$

라 쓰기로 한다.

이변량 정규분포에서 $\mu_1 = \mu_2 = 0$이고 $\sigma_1 = \sigma_2 = 1$이면, 결합확률밀도함수는

$$\begin{aligned} f(x,y) &= \frac{1}{2\pi\sqrt{1-\rho^2}} \exp\left\{-\frac{1}{2(1-\rho^2)}\left(x^2 - 2\rho xy + y^2\right)\right\}, \\ & (-\infty < x, y < +\infty, \ |\rho| < 1) \end{aligned}$$

이고, 이 함수를 **이변량 표준정규분포 확률밀도함수**(probability density function of the bivariate standard normal distribution)라 한다. 여기서, 위 이변량 정규분포의 결합확률밀도함수가 확률밀도함수가 되기위한 조건을 만족함을 보이자. 명백히,

$$f(x,y) > 0, \forall x, y \in \mathbb{R}$$

이며, 다음에

$$\int_{-\infty}^{+\infty} \int_{-\infty}^{+\infty} f(x,y)\, dx dy = 1$$

임을 증명해 보자.

$$\begin{aligned} I &= \int_{-\infty}^{+\infty} \int_{-\infty}^{+\infty} \frac{1}{2\pi\sigma_1\sigma_2\sqrt{1-\rho^2}} \times \\ & \exp\left\{-\frac{1}{2(1-\rho^2)}\left[\left(\frac{x-\mu_1}{\sigma_1}\right)^2 - 2\rho\left(\frac{x-\mu_1}{\sigma_1}\right)\left(\frac{y-\mu_2}{\sigma_2}\right) + \left(\frac{y-\mu_2}{\sigma_2}\right)^2\right]\right\} dx dy \end{aligned}$$

에서 변수변환

$$\begin{cases} u = \dfrac{x-\mu_1}{\sigma_1} \\ v = \dfrac{y-\mu_2}{\sigma_2} \end{cases}$$

를 이용하면,

$$\begin{cases} x = \mu_1 + \sigma_1 u \\ y = \mu_2 + \sigma_2 v \end{cases}$$

이다. 이 경우, $-\infty < u < +\infty$, $-\infty < v < +\infty$이고, 함수행렬식(Jacobian) J는

$$\begin{aligned} J &= \frac{\partial(x,y)}{\partial(u,v)} \\ &= \begin{vmatrix} \dfrac{\partial x}{\partial u} & \dfrac{\partial x}{\partial v} \\ \\ \dfrac{\partial y}{\partial u} & \dfrac{\partial y}{\partial v} \end{vmatrix} \\ &= \begin{vmatrix} \sigma_1 & 0 \\ 0 & \sigma_2 \end{vmatrix} \\ &= \sigma_1 \sigma_2 \end{aligned}$$

이므로

$$\begin{aligned} |J| &= |\,\sigma_1 \sigma_2\,| \\ &= \sigma_1 \sigma_2 \end{aligned}$$

이다. 따라서,

$$\begin{aligned} I &= \int_{-\infty}^{+\infty}\int_{-\infty}^{+\infty} \frac{1}{2\pi\sigma_1\sigma_2\sqrt{1-\rho^2}} \times \\ &\qquad \exp\left\{-\frac{1}{2(1-\rho^2)}\left(u^2 - 2\rho uv + v^2\right)\right\} \sigma_1 \sigma_2 \, dudv \\ &= \frac{1}{2\pi\sqrt{1-\rho^2}} \int_{-\infty}^{+\infty}\int_{-\infty}^{+\infty} \exp\left\{-\frac{1}{2(1-\rho^2)}\left(u^2 - 2\rho uv + v^2\right)\right\} dudv \\ &= \frac{1}{2\pi\sqrt{1-\rho^2}} \int_{-\infty}^{+\infty}\int_{-\infty}^{+\infty} \exp\left\{-\frac{1}{2(1-\rho^2)}\left[(u-\rho v)^2\right]\right\} \exp\left\{-\frac{v^2}{2}\right\} dudv \end{aligned}$$

이다. 여기서, 다시 변수변환

$$\begin{cases} t = \dfrac{u-\rho v}{\sqrt{2(1-\rho^2)}} \\ s = \dfrac{v}{\sqrt{2}} \end{cases}$$

를 이용하면,

$$\begin{cases} u = \sqrt{2(1-\rho^2)}\, t + \rho\sqrt{2}\, s \\ v = \sqrt{2}\, s \end{cases}$$

이다. 또한, $-\infty < t < +\infty$, $-\infty < s < +\infty$이고, 함수행렬식 J^*는

$$\begin{aligned} J^* &= \frac{\partial(u,v)}{\partial(t,s)} \\ &= \begin{vmatrix} \dfrac{\partial u}{\partial t} & \dfrac{\partial u}{\partial s} \\ \\ \dfrac{\partial v}{\partial t} & \dfrac{\partial v}{\partial s} \end{vmatrix} \\ &= \begin{vmatrix} \sqrt{2(1-\rho^2)} & \rho\sqrt{2} \\ 0 & \sqrt{2} \end{vmatrix} \\ &= 2\sqrt{1-\rho^2} \end{aligned}$$

이므로, $|J^*| = 2\sqrt{1-\rho^2}$이다. 그러므로

$$\begin{aligned} I &= \frac{1}{2\pi\sqrt{1-\rho^2}} \int_{-\infty}^{+\infty} \int_{-\infty}^{+\infty} e^{-t^2-s^2}\, 2\sqrt{1-\rho^2}\, dtds \\ &= \frac{1}{\pi} \int_{-\infty}^{+\infty} \int_{-\infty}^{+\infty} e^{-t^2-s^2}\, dtds \\ &= \frac{1}{\pi} \left(\int_{-\infty}^{+\infty} e^{-t^2}\, dt \right)^2 \\ &= \frac{1}{\pi} (\sqrt{\pi})^2 \\ &= 1 \end{aligned}$$

이다.

定理 3.27 $\boldsymbol{X} = (X, Y) \sim \text{BVN}(\mu_1, \mu_2, \sigma_1^2, \sigma_2^2, \rho)$이면,

$$X \sim N(\mu_1, \sigma_1^2)$$

이고

$$Y \sim N(\mu_2, \sigma_2^2)$$

이다.

證明 첫 번째 공식만을 증명한다. 먼저 X의 주변확률밀도함수는

$$\begin{aligned} f_1(x) &= \int_{-\infty}^{+\infty} \frac{1}{2\pi\sigma_1\sigma_2\sqrt{1-\rho^2}} \times \\ &\quad \exp\left\{-\frac{1}{2(1-\rho^2)}\left[\left(\frac{x-\mu_1}{\sigma_1}\right)^2 - 2\rho\left(\frac{x-\mu_1}{\sigma_1}\right)\left(\frac{y-\mu_2}{\sigma_2}\right) + \left(\frac{y-\mu_2}{\sigma_2}\right)^2\right]\right\} dy \\ &= \frac{1}{2\pi\sigma_1\sigma_2\sqrt{1-\rho^2}} \times \\ &\quad \int_{-\infty}^{+\infty} \exp\left\{-\frac{1}{2(1-\rho^2)}\left[\frac{(y-\mu_2)^2}{\sigma_2^2} - 2\rho\left(\frac{y-\mu_2}{\sigma_2}\right)\left(\frac{x-\mu_1}{\sigma_1}\right)\right.\right. \\ &\qquad\qquad + \rho^2\frac{(x-\mu_1)^2}{\sigma_1^2} - \rho^2\frac{(x-\mu_1)^2}{\sigma_1^2} \\ &\qquad\qquad \left.\left. + \left(\frac{x-\mu_1}{\sigma_1}\right)^2\right]\right\} dy \end{aligned}$$

이다. 이 적분의 피적분함수를 정리하면,

$$\begin{aligned} f_1(x) &= \int_{-\infty}^{+\infty} \frac{1}{2\pi\sigma_1\sigma_2\sqrt{1-\rho^2}} \times \\ &\quad \exp\left\{-\frac{1}{2(1-\rho^2)}\left[\left(\frac{x-\mu_1}{\sigma_1}\right)^2 - 2\rho\left(\frac{x-\mu_1}{\sigma_1}\right)\left(\frac{y-\mu_2}{\sigma_2}\right) + \left(\frac{y-\mu_2}{\sigma_2}\right)^2\right]\right\} dy \\ &= \frac{1}{2\pi\sigma_1\sigma_2\sqrt{1-\rho^2}} \int_{-\infty}^{+\infty} \exp\left\{-\frac{1}{2(1-\rho^2)}\left[\frac{y-\mu_2}{\sigma_2} - \rho\frac{x-\mu_1}{\sigma_1}\right]^2\right\} \times \\ &\qquad \exp\left\{-\frac{1}{2(1-\rho^2)}(1-\rho^2)\frac{(x-\mu_1)^2}{\sigma_1^2}\right\} dy \\ &= \frac{1}{2\pi\sigma_1\sigma_2\sqrt{1-\rho^2}} \exp\left\{-\frac{(x-\mu_1)^2}{2\sigma_1^2}\right\} \times \\ &\quad \int_{-\infty}^{+\infty} \exp\left\{-\frac{1}{2\sigma_2^2(1-\rho^2)}\left[y - \left(\mu_2 + \rho\frac{\sigma_2}{\sigma_1}(x-\mu_1)\right)\right]^2\right\} dy \end{aligned}$$

이다. 그런데 마지막 적분

$$\int_{-\infty}^{+\infty} \exp\left\{-\frac{1}{2\sigma_2^2(1-\rho^2)}\left[y - \left(\mu_2 + \rho\frac{\sigma_2}{\sigma_1}(x-\mu_1)\right)\right]^2\right\} dy$$

에서 피적분함수

$$\exp\left\{-\frac{1}{2\sigma_2^2(1-\rho^2)}\left[y - \left(\mu_2 + \rho\frac{\sigma_2}{\sigma_1}(x-\mu_1)\right)\right]^2\right\}$$

는 평균

$$\mu_2 + \rho\frac{\sigma_2}{\sigma_1}(x - \mu_1)$$

와 표준편차

$$\sqrt{\sigma_2^2(1-\rho^2)}$$

인 1차원 정규분포의 확률밀도함수이므로 그 적분값은

$$\sigma_2\sqrt{2\pi(1-\rho^2)}$$

이다. 따라서,

$$\begin{aligned}
f_1(x) &= \frac{1}{2\pi\sigma_1\sigma_2\sqrt{1-\rho^2}}\exp\left\{-\frac{(x-\mu_1)^2}{2\sigma_1^2}\right\}\times \\
&\quad \int_{-\infty}^{+\infty}\exp\left\{-\frac{1}{2\sigma_2^2(1-\rho^2)}\left[y-\left(\mu_2+\rho\frac{\sigma_2}{\sigma_1}(x-\mu_1)\right)\right]^2\right\}dy \\
&= \frac{1}{2\pi\sigma_1\sigma_2\sqrt{1-\rho^2}}\exp\left\{-\frac{(x-\mu_1)^2}{2\sigma_1^2}\right\}\times\sigma_2\sqrt{2\pi(1-\rho^2)} \\
&= \frac{1}{\sigma_1\sqrt{2\pi}}e^{-\frac{(x-\mu_1)^2}{2\sigma_1^2}}, \quad -\infty < x < +\infty, -\infty < \mu_1 < +\infty, 0 < \sigma_1 < +\infty
\end{aligned}$$

이다. 이것은

$$X \sim N(\mu_1, \sigma_1^2)$$

임을 말해준다. 이와 비슷한 방법을 이용하면 $Y \sim N(\mu_2, \sigma_2^2)$임을 보일 수 있다. ■

다음 정리는 이변량 정규분포의 조건부확률이다.

定理 3.28 $\boldsymbol{X} = (X, Y) \sim \text{BVN}(\mu_1, \mu_2, \sigma_1^2, \sigma_2^2, \rho)$라 하자. 이때,

(1) $X = x$가 주어졌을 때 Y의 조건부확률은

$$Y \,|\, x \sim N\left(\mu_2 + \rho\frac{\sigma_2}{\sigma_1}(x-\mu_1), \sigma_2^2(1-\rho^2)\right)$$

이고

(2) $Y = y$가 주어졌을 때 X의 조건부확률은

$$X \,|\, y \sim N\left(\mu_1 + \rho\frac{\sigma_1}{\sigma_2}(y-\mu_2), \sigma_1^2(1-\rho^2)\right)$$

이다.

證明 (1)만을 증명한다. $f(x,y)$를 이변량 정규확률변수 벡터 $\boldsymbol{X} = (X,Y)$의 결합 확률밀도함수라 하고, $f_1(X)$를 X의 조건부 확률밀도함수라 하자. 이때, $X = x$가 주어졌을 때 Y의 조건부 확률밀도함수는

$$
\begin{aligned}
f(y\,|\,x) &= \frac{f(x,y)}{f_1(x)} \\
&= \frac{1}{\frac{1}{\sigma_1\sqrt{2\pi}}e^{-\frac{(x-\mu_1)^2}{2\sigma_1^2}}} \times \frac{1}{2\pi\sigma_1\sigma_2\sqrt{1-\rho^2}} \times \\
&\quad \exp\left\{-\frac{1}{2(1-\rho^2)}\left[\left(\frac{x-\mu_1}{\sigma_1}\right)^2 - 2\rho\left(\frac{x-\mu_1}{\sigma_1}\right)\left(\frac{y-\mu_2}{\sigma_2}\right) + \left(\frac{y-\mu_2}{\sigma_2}\right)^2\right]\right\} \\
&= \frac{1}{\frac{1}{\sigma_1\sqrt{2\pi}}e^{-\frac{(x-\mu_1)^2}{2\sigma_1^2}}} \times \frac{1}{2\pi\sigma_1\sigma_2\sqrt{1-\rho^2}} \times \exp\left\{-\frac{(x-\mu_1)^2}{2\sigma_1^2}\right\} \times \\
&\quad \exp\left\{-\frac{1}{2\sigma_2^2(1-\rho^2)}\left[y - \left(\mu_2 + \rho\frac{\sigma_2}{\sigma_1}(x-\mu_1)\right)\right]^2\right\} \\
&= \frac{1}{\sigma_2\sqrt{2\pi(1-\rho^2)}} \exp\left\{-\frac{1}{2\sigma_2^2(1-\rho^2)}\left[y - \left(\mu_2 + \rho\frac{\sigma_2}{\sigma_1}(x-\mu_1)\right)\right]^2\right\}
\end{aligned}
$$

이다. 따라서, 위의 식으로부터

$$
Y\,|\,x \sim N\left(\mu_2 + \rho\frac{\sigma_2}{\sigma_1}(x-\mu_1), \sigma_2^2(1-\rho^2)\right)
$$

이다. ■

$\boldsymbol{X} = (X,Y) \sim \mathrm{BVN}(\mu_1,\mu_2,\sigma_1^2,\sigma_2^2,\rho)$ 이고 $-1 < \rho < 1$이면,

$$
\sigma_2^2(1-\rho^2) \;<\; \sigma_2^2
$$

인 사실에 주의하자. 이제 이변량 정규분포의 결합적률모함수를 구해 보자.

定理 3.29 $\boldsymbol{X} = (X,Y) \sim \mathrm{BVN}(\mu_1,\mu_2,\sigma_1^2,\sigma_2^2,\rho)$이면, X와 Y의 결합적률모함수 $M_{X,Y}(t_1,t_2)$는

$$
M_{X,Y}(t_1,t_2) \;=\; \exp\left\{t_1\mu_1 + t_2\mu_2 + \frac{1}{2}(t_1^2\sigma_1^2 + 2\rho t_1 t_2\sigma_1\sigma_2 + t_2^2\sigma 2^2)\right\}
$$

이다.

證明 이차원 결합적률모함수의 정의를 이용하면

$$M_{X,Y}(t_1,t_2) = \int_{-\infty}^{+\infty}\int_{-\infty}^{+\infty} e^{t_1x+t_2y}\frac{1}{2\pi\sigma_1\sigma_2\sqrt{1-\rho^2}}$$
$$\times\exp\left\{-\frac{1}{2(1-\rho^2)}\left[\left(\frac{x-\mu_1}{\sigma_1}\right)^2-2\rho\left(\frac{x-\mu_1}{\sigma_1}\right)\left(\frac{y-\mu_2}{\sigma_2}\right)+\left(\frac{y-\mu_2}{\sigma_2}\right)^2\right]\right\}dxdy$$

에서 변수변환

$$\begin{cases} u = \dfrac{x-\mu_1}{\sigma_1} \\ v = \dfrac{y-\mu_2}{\sigma_2} \end{cases} \implies \begin{cases} x = \mu_1+\sigma_1 u \\ y = \mu_2+\sigma_2 v \end{cases}$$

을 이용하면

$$M_{X,Y}(t_1,t_2) = \int_{-\infty}^{+\infty}\int_{-\infty}^{+\infty} e^{t_1\mu_1+t_2\mu}e^{t_1\sigma_1u+t_2\sigma_2v}$$
$$\times\frac{1}{2\pi\sqrt{1-\rho^2}}\exp\Big\{-\frac{1}{2(1-\rho^2)}(u^2-2\rho uv+v^2)\Big)\,dxdy$$

이다. 위의 이중적분에서 지수성분만 따로 계산하면

$$\exp\Big\{-\frac{1}{2(1-\rho^2)}\Big(u^2-2\rho uv+v^2-2(1-\rho^2)t_1\sigma_1u-2(1-\rho^2)t_2\sigma_2v\Big)\Big\}$$
$$=\exp\Big\{-\frac{1}{2(1-\rho^2)}\Big(\big(u-\rho v-(1-\rho^2)\,t_1\sigma_1\big)^2\Big\}\exp\Big\{-\frac{1}{2}(v-\rho t_1\sigma_1-t_2\sigma_2)^2\Big\}$$
$$\times\exp\Big\{\frac{1}{2}(t_1^2\sigma_1^2+2\rho t_1t_2\sigma_1\sigma_2+t_2^2\sigma_2^2)\Big\}$$

이다. 따라서

$$M_{X,Y}(t_1,t_2)=\frac{1}{2\pi\sqrt{1-\rho^2}}\int_{-\infty}^{+\infty}\int_{-\infty}^{+\infty}\exp\Big\{\frac{1}{2}(t_1^2\sigma_1^2+2\rho t_1t_2\sigma_1\sigma_2+t_2^2\sigma_2^2)\Big\}$$
$$\times\exp\Big\{-\frac{1}{2(1-\rho^2)}\Big(\big(u-\rho v-(1-\rho^2)\,t_1\sigma_1\big)^2\Big\}\exp\Big\{-\frac{1}{2}(v-\rho t_1\sigma_1-t_2\sigma_2)^2\Big\}\,dxdy$$

이다. 여기서 변수변환

$$t = \frac{u-\rho v-(1-\rho^2)t_1\sigma_1}{\sqrt{2(1-\rho^2)}},\quad s = \frac{v-\rho t_1\sigma_1-t_2\sigma_2}{\sqrt{2}}$$

이라 하면

$$\begin{cases} u = \sqrt{2(1-\rho^2)}\,t+\sqrt{2}\rho s+\rho^2t_1\sigma_1+\rho t_2\sigma_2+(1-\rho^2)t_1\sigma_1\,, \\ v = \sqrt{2}\,s+\rho t_1\sigma_1+t_2\sigma_2 \end{cases}$$

이므로, $-\infty < t < +\infty$, $-\infty < s < +\infty$이고, 함수행렬식 J는

$$\begin{aligned} J &= \frac{\partial(u,v)}{\partial(t,s)} \\ &= \begin{vmatrix} \dfrac{\partial u}{\partial t} & \dfrac{\partial u}{\partial s} \\ \dfrac{\partial v}{\partial t} & \dfrac{\partial v}{\partial s} \end{vmatrix} \\ &= \begin{vmatrix} \sqrt{2(1-\rho^2)} & \rho\sqrt{2} \\ 0 & \sqrt{2} \end{vmatrix} \\ &= 2\sqrt{1-\rho^2} \end{aligned}$$

이므로, $|J| = 2\sqrt{1-\rho^2}$이다. 따라서

$$\begin{aligned} M_{X,Y}(t_1,t_2) &= \exp\Big\{\frac{1}{2}(t_1^2\sigma_1^2 + 2\rho t_1 t_2\sigma_1\sigma_2 + t_2^2\sigma_2^2)\Big\} \\ &\times \frac{1}{2\pi\sqrt{1-\rho^2}} \int_{-\infty}^{+\infty}\int_{-\infty}^{+\infty} e^{-t^2-s^2}\, 2\sqrt{1-\rho^2}\, dtds \\ &= \exp\Big\{\frac{1}{2}(t_1^2\sigma_1^2 + 2\rho t_1 t_2\sigma_1\sigma_2 + t_2^2\sigma_2^2)\Big\} \left(\frac{1}{\pi}\int_{-\infty}^{+\infty}\int_{-\infty}^{+\infty} e^{-t^2-s^2}\, dtds\right) \\ &= \exp\Big\{\frac{1}{2}(t_1^2\sigma_1^2 + 2\rho t_1 t_2\sigma_1\sigma_2 + t_2^2\sigma_2^2)\Big\} \left(\frac{1}{\pi}\pi\right) \\ &= \exp\Big\{\frac{1}{2}(t_1^2\sigma_1^2 + 2\rho t_1 t_2\sigma_1\sigma_2 + t_2^2\sigma_2^2)\Big\} \end{aligned}$$

이다. ■

系 3.9 $\boldsymbol{X} = (X,Y) \sim \text{BVN}(\mu_1,\mu_2,\sigma_1^2,\sigma_2^2,\rho)$ 이고 $|\rho| < 1$이면,

$$E(X) = \mu_1, \qquad E(Y) = \mu,$$
$$\text{Var}(X) = \sigma_1^2, \qquad \text{Var}(Y) = \sigma_2^2$$

이고 공분산은 $\text{Cov}(X,Y) = \rho\sigma_1\sigma_2$, X와 Y의 상관계수는 $\rho_{X,Y} = \rho$이다.

證明 X와 Y의 결합적률모함수 $M_{X,Y}(t_1,t_2)$를 t_1에 관해 다음과 같이 편미분하고 $t_1 = t_2 = 0$을 대입하면

$$E(X) = \frac{\partial}{\partial t_1} M_{X,Y}(t_1,t_2)\Big|_{t_1=t_2=0} = \mu_1\,,$$
$$E(X^2) = \frac{\partial^2}{\partial t_1^2} M_{X,Y}(t_1,t_2)\Big|_{t_1=t_2=0} = \mu_1^2 + \sigma_1^2$$

이고 이로부터 X의 분산은 $\text{Var}(X) = E(X^2) - \big(E(X)\big)^2 = \sigma_1^2$이다. 이와 비슷한 방법으로 결합적률모함수를 t_2에 관해 편미분하고 $t_1 = t_2 = 0$을 대입하면, $E(Y) = \mu_2$, $\text{Var}(Y) = \sigma_2^2$를 얻는다. 또한 Y와 Y의 공분산 $\text{Cov}(X, Y)$는

$$\begin{aligned}\text{Cov}(X, Y) &= E\{(X - \mu_1)(Y - \mu_2)\} \\ &= E(XY) - \mu_1\mu_2) \\ &= \frac{\partial^2}{\partial t_2 \partial t_1} M_{X,Y}(t_1, t_2)\Big|_{t_1=t_2=0} - \mu_1\mu_2 \\ &= \rho\sigma_1\sigma_2\end{aligned}$$

이고 이로부터 X와 Y의 상관계수는 $\rho_{X,Y} = \rho$이다. ■

系 3.10 $\boldsymbol{X} = (X, Y) \sim \text{BVN}(\mu_1, \mu_2, \sigma_1^2, \sigma_2^2, \rho)$ 이라 하고 $\text{Var}(X) > 0$, $\text{Var}(Y) > 0$이라 하자. 이때 X와 Y가 확률적으로 독립이면, X와 Y의 상관계수는 $\rho_{X,Y} = \rho = 0$이다. 즉, 두 확률변수 X와 Y는 무상관(uncorrelated)이다.

證明 앞의 계에서 두 확률변수 X와 Y가 확률적으로 독립이면, 공분산은

$$\text{Cov}(X, Y) = \rho\sigma_1\sigma_2 = 0$$

이므로 이것은 X와 Y의 상관계수가 $\rho_{X,Y} = \rho = 0$임을 의미한다. ■

3.6* 특성함수

확률변수 X의 특성함수(characteristic function)는 공학에서의 Fourier 변환을 의미한다. 여기서 다룰 특성함수는 어떤 확률변수의 분포함수로부터 유도되는 복소수치 함수이다. 이 특성함수는 분포함수를 유일하게 결정하므로 임의의 확률변수의 특성함수를 알면, 곧 그 확률변수의 확률분포는 아는 것이라고 말할 수 있다. 일반적으로 분포함수를 확인하는데 가장 중요한 도구는 특성함수와 적률모함수라고 말할 수 있다. 이미 제 2장 5절에서 적률모함수에 대하여 설명하였지만 실제적인 면에서는 특정한 분포의 경우, 적률모함수가 존재하지 않기 때문에 적률모함수 이론을 적용하지 않는다. 왜냐하면, 적률모함수를 적용하려면 모든 차수의 적률이 유한인 값으로 존재하고, 그리고 적률모함수 그 자체가 존재한다는 것을 가정으로 하기 때문이다. 그러나 특성함수는 이러한 제한이 없기 때문에 즉, 모든 분포에 대하여 존재할 뿐만 아니라 적률모함수의 유용한 특징을 가지고 있기 때문에 많이 이용한다. 특성함수에 관한 많은 주제가 있지만 여기에서는 특성함수의 기본성질에 대하여 간단히 소개한다.

먼저, 복소수의 기호와 연산에 대하여 살펴 보자. $\mathbb{C}$를 복소수 전체의 집합이라 하고

$$z = x + iy \in \mathbb{C}$$

라 하자. 이때 실수 x를 복소수 z의 실수부(real part), 실수 y를 복소수 z의 허수부(imaginary part)라 하고 이것을 각각 $\mathrm{Re}\, z = x$와 $\mathrm{Im}\, z = y$로 나타낸다. 복소수 $z \in \mathbb{Z}$의 켤레복소수(conjugate complex number)를 $\bar{z}$로 정의하면, z의 켤레복소수 $\bar{z}$는 $\bar{z} = x - iy$이다. 이로부터 z가 실수이기 위한 필요충분 조건은 $z\bar{z}$이다. 복소수 z의 절대치(absolute value, modulus)는 $|z| = \sqrt{x^2 + y^2}$이므로 $|z|^2 = z\bar{z}$이다. Euler의 공식에 의하여, $e^{iz} = \cos z + i \sin z$으로 나타낼 수 있다.
이제 특성함수를 정의하고 이와 관련된 여러가지 성질에 대하여 알아 보기로 하자.

定義 3.16 $(\Omega, \mathcal{F}, P)$를 확률공간이라 하자. 확률변수 X의 특성함수 $\varphi_X : \mathbb{R} \to \mathbb{C}$를 모든 $t \in \mathbb{R}$에 대하여 다음과 같이 정의한다.

$$\begin{aligned} \varphi_X(t) &= E(e^{itX}) \\ &= \begin{cases} \displaystyle\sum_x^{\infty} e^{itX} f(x), & (p(x)\text{는 이산확률변수 } X\text{의 확률질량함수}) \\ \displaystyle\int_{-\infty}^{+\infty} e^{itx} f(x)\, dx, & (f(x)\text{는 연속확률변수 } X\text{의 확률밀도함수}) \end{cases} \end{aligned}$$

위의 특성함수의 정의로 부터, 모든 $t \in \mathbb{R}$에 대하여

$$\begin{aligned} |\varphi_X(t)| &\leqslant E(|e^{itX}|) \\ &= 1 \end{aligned}$$

이므로 특성함수는 항상 존재한다. 또한 X가 연속확률변수일 때, Euler의 공식을 이용하면,

$$\begin{aligned} E(e^{itX}) &= \int_{-\infty}^{+\infty} e^{itx} f(x)\, dx \\ &= \int_{-\infty}^{+\infty} (\cos tx + i \sin tx) f(x)\, dx \\ &= \int_{-\infty}^{+\infty} f(x) \cos tx\, dx + i \int_{-\infty}^{+\infty} f(x) \sin tx\, dx \end{aligned}$$

이다. 이제 문제를 통하여 몇가지 특수한 확률분포에 대한 특성함수를 구해보자.

問題 1 확률변수 X가 이항분포

$$f(x : n, p) = \binom{n}{x} p^x q^{n-x}, \quad x = 0, 1, 2 \cdots, n, \; q = 1 - p$$

에 따른다고 하자. 즉, $X \sim \mathrm{BIN}(n, p)$일 때, X의 특성함수를 구하여라.

解答 특성함수의 정의를 이용하여 직접 구하면 다음과 같다

$$\begin{aligned}\varphi_X(t) &= E(e^{itX}) \\ &= \sum_{x=0}^{n} e^{itx}\binom{n}{x}p^x q^{n-x} \\ &= \sum_{x=0}^{n}\binom{n}{x}(pe^{it})^x q^{n-x} \\ &= (q+pe^{it})^n.\end{aligned}$$

□

問題 2 확률변수 X가 Poisson 분포

$$f(x;\lambda) = \frac{e^{-\lambda}\lambda^x}{x!}, \quad \lambda > 0,\ x = 0, 1, 2, 3, \cdots$$

에 따른다고 하자. 즉, $X \sim \text{POIS}(\lambda)$일 때, X의 특성함수를 구하여라.

解答 $X \sim \text{POIS}(\lambda)$의 특성함수는 다음과 같다.

$$\begin{aligned}\varphi_X(t) &= E(e^{itX}) \\ &= \sum_{x=0}^{\infty} e^{itx}\frac{e^{-\lambda}\lambda^x}{x!} \\ &= e^{-\lambda}\sum_{x=0}^{\infty}\frac{(e^{it}\lambda)^x}{x!} \\ &= e^{-\lambda}e^{\lambda e^{it}} \\ &= e^{\lambda(e^{it}-1)}.\end{aligned}$$

□

問題 3 확률변수 X가 지수분포

$$f(x;\lambda) = \begin{cases}\lambda e^{-\lambda x}, & 0 < x < +\infty,\ \lambda > 0 \\ 0, & \text{그 외의 경우}\end{cases}$$

에 따른다고 하자. 즉, $X \sim \text{EXP}(\lambda)$일 때, X의 특성함수를 구하여라.

解答 $X \sim \text{EXP}(\lambda)$의 특성함수는

$$\begin{aligned}\varphi_X(t) &= E(e^{itX}) \\ &= \int_0^{+\infty} e^{itx}\ (\lambda e^{-\lambda x})\, dx \\ &= \lambda \int_0^{+\infty} e^{-x(\lambda - it)}\ dx \\ &= \frac{\lambda}{(\lambda - it)}, \quad (\lambda > it)\end{aligned}$$

이다. □

問題 4 확률변수 X가 표준정규분포 $N(0,1)$에 따를 때, X의 특성함수 $\varphi_X(t)$를 구하여라. 그리고 $\varphi_(t)$를 이용하여 변수변환 $Y = \sigma X + \mu$의 특성함수 $\varphi_Y(t)$를 구하여라. 단, $\sigma > 0$이고 $\mu \in \mathbb{R}$이다.

解答 먼저, 확률변수 X가 표준정규분포 $N(0,1)$에 따를 때, X의 특성함수 $\varphi_X(t)$를 구하면

$$\begin{aligned}\varphi_X(t) &= E(e^{itX}) \\ &= \int_{-\infty}^{+\infty} e^{itx}\, \frac{1}{\sqrt{2\pi}} e^{-\frac{x^2}{2}}\ dx \\ &= \frac{1}{\sqrt{2\pi}} e^{-\frac{t^2}{2}} \int_{-\infty}^{+\infty} e^{-\frac{(x-it)^2}{2}}\ dx \\ &= e^{-\frac{t^2}{2}}, \quad (x > it)\end{aligned}$$

이다. 이제 변수변환 $Y = \sigma X + \mu$의 특성함수 $\varphi_Y(t)$를 구하면

$$\begin{aligned}\varphi_Y(t) &= E(e^{itY}) \\ &= E(e^{it(\sigma X + \mu)}) \\ &= E(e^{i\mu t}\, e^{i\sigma t X}) \\ &= e^{i\mu t} e^{-\frac{\sigma^2 t^2}{2}} \\ &= e^{i\mu t - \frac{\sigma^2 t^2}{2}}\end{aligned}$$

이다. □

위의 문제에서 확률변수 X가 표준정규분포 $N(0,1)$에 따를 때, X의 특성함수는 $\varphi_X(t) = e^{-\frac{t^2}{2}}$이고, 변수변환 $Y = \sigma X + \mu$의 특성함수는 $\varphi_Y(t) = e^{i\mu t - \frac{\sigma^2 t^2}{2}}$이므로 이 결과는 적률모함수의 경우와 결과가 같다는 것을 알 수 있다. 이제 특성함수의 성질과 그와 관련된 여러가지 부등식에 대하여 알아 보기로 한다.

定理 3.30 $(\Omega, \mathcal{F}, P)$를 확률공간이라 하자. 확률변수 X의 특성함수 $\varphi_X(t)$는 일양연속이고, 모든 $t \in \mathbb{R}$에 대하여

$$\varphi_X(-t) = \overline{\varphi_X(t)}$$

가 성립한다.

證明 임의의 $h > 0$에 대하여

$$\begin{aligned} |\varphi_X(t+h) - \varphi_X(t)| &= |E(e^{itX}(e^{ith} - 1))| \\ &\leqslant E(|e^{itX}||e^{itX} - 1|) \\ &= E(|e^{itX} - 1|) \end{aligned}$$

이므로 이 함수는 t에 관하여 일양적(uniform)이다. 여기서 피적분함수는

$$|e^{itX} - 1| \leqslant 2$$

이므로 Lebesgue의 지배수렴정리(Lebesge's dominated convergence theorem)에 의하여 $h \to 0$이면, $E(|e^{itX} - 1|) \to 0$이다. 또한

$$\varphi_X(-t) = E(e^{-itX}) = E(\overline{e^{itX}}) = \overline{E(e^{itX})} = \overline{\varphi_X(t)}$$

가 성립한다. ■

위의 정리의 결과로부터

$$\begin{aligned} \varphi_{-X}(t) &= E(e^{it(-X)}) \\ &= E(e^{i(-t)X}) \\ &= \varphi_X(-t) \\ &= \overline{\varphi_X(t)}, \quad \forall t \in \mathbb{R} \end{aligned}$$

가 성립하므로 φ_{-X}는 φ_X의 켤레복소수임을 알 수 있다. 여기서, X의 확률분포가 원점에 관해서 대칭적이면, $\varphi_X(t)$는 실수치 함수이고 역 또한 성립한다.

定理 3.31 $(\Omega, \mathcal{F}, P)$를 확률공간이라 하자. 확률변수 X의 분포함수를 $F(x)$, 특성함수를 $\varphi_X(t)$라 하면

$$|\varphi_X(t)| \leqslant \varphi_X(0) = F(+\infty) - F(-\infty)$$

가 성립한다.

證明 $\varphi_X(t)$를 연속인 확률변수 X의 특성함수라 하면

$$\begin{aligned} |\varphi_X(t)| &= |E(e^{itX})| \\ &\leqslant E(|e^{itX}|) \\ &= \int_{-\infty}^{+\infty} f(x)\,dx \\ &= F(+\infty) - F(-\infty) \\ &= \varphi_X(0) \end{aligned}$$

이다. 여기서, 사실상 $\varphi_X(0) = 1$이다. ■

이제 두 확률변수 X와 Y가 확률적으로 독립일 경우, 두 확률변수의 합 $Z = X + Y$의 특성함수를 구해 보자.

定理 3.32 두 확률변수 X와 Y가 확률적으로 독립이라 하자. 이 경우, 확률변수 $Z = X + Y$의 특성함수는 다음과 같다.

$$\begin{aligned} \varphi_Z(t) &= \varphi_{X+Y}(t) \\ &= \varphi_X(t)\,\varphi_Y(t), \quad \forall t \in \mathbb{R} \end{aligned}$$

證明 모든 $t \in \mathbb{R}$에 대하여, 다음이 성립한다.

$$\begin{aligned} \varphi_Z(t) &= \varphi_{X+Y}(t) \\ &= E(e^{it(X+Y)}) \\ &= E(e^{itX+itY}) \\ &= E(e^{itX}\,e^{itY}) \\ &= E(e^{itX})\,E(e^{itY}) \\ &= \varphi_X(t)\,\varphi_Y(t)\,. \end{aligned}$$

■

問題 5 두 확률변수 X와 Y가 확률적으로 독립이고, 각각 $X \sim N(\mu_1, \sigma_1^2)$, $Y \sim N(\mu_2, \sigma_2^2)$에 따른다고 하자. 두 확률변수의 합 $Z = X + Y$의 특성함수를 구하여라.

$$\begin{aligned} \varphi_Z(t) &= \varphi_X(t)\,\varphi_Y(t) \\ &= e^{i\mu_1 t - \frac{\sigma_1^2 t^2}{2}}\, e^{i\mu_2 t - \frac{\sigma_2^2 t^2}{2}} \\ &= e^{i(\mu_1+\mu_2)t - \frac{(\sigma_1^2+\sigma_2^2)t^2}{2}} \end{aligned}$$

이다. 따라서, 확률적으로 독립인 두 확률변수 의합 $Z = X + Y$은 평균이 $\mu_1 + \mu_2$이고 분산이 $\sigma_1^2 + \sigma_2^2$인 정규분포에 따른다는 사실을 알 수 있다.

지금까지 어떤 확률변수 X의 분포함수를 알고 있을 때, 이 분포함수를 이용하여 특성함수를 유도하였다. 역으로, 실수 전체의 집합 $\mathbb{R}$상에서 어떤 특성함수를 알고 있으면 원래의 분포함수를 알아낼 수 있다. 이것 역시, 특성함수가 갖고 있는 중요한 성질 중의 하나이다. 이제 어떤 확률변수 X의 특성함수 $\varphi_X(t)$를 알고 있을 때 그의 분포함수 $F(x)$를 유도하는 공식에 대하여 살펴본다. 이러한 공식을 **역변환 공식**(inversion formula)이라 한다.

定義 3.17 **역변환 공식**
a, b $(a < b)$를 분포함수 $F(x)$의 연속인 점이라 하면,

$$\begin{aligned} P\{a < X < b\} &= F(b) - F(a) \\ &= \lim_{T\to\infty} \frac{1}{2\pi} \int_{-T}^{T} \frac{e^{-iat} - e^{ibt}}{it} \varphi_X(t)\, dt \end{aligned}$$

이 성립한다.

證明 연속성의 의하여, 피적분 함수는 $t = 0$에서 정의된다. 따라서, 피적분 함수는 $\mathbb{R}$의 모든 점에서 연속이고 또한 $t = 0$에서 $(b - a)\varphi_X(0)$로 유계(bounded)이다. 모든 $T < \infty$와 $a < b$에 대하여,

$$\begin{aligned} Q_T &= \frac{1}{2\pi} \int_{-T}^{T} \frac{e^{-iat} - e^{-ibt}}{it} \varphi_X(t)\, dt \\ &= \frac{1}{2\pi} \int_{-T}^{T} \frac{e^{-iat} - e^{-ibt}}{it} \int_{-\infty}^{+\infty} e^{itx} f(x)\, dx \end{aligned}$$

는 유한인 값을 가진다. 위에서 적분순서를 변경하면,

$$\begin{aligned} Q_T &= \frac{1}{2\pi} \int_{-\infty}^{+\infty} \left(\int_{-T}^{T} \frac{e^{-iat} - e^{-ibt}}{it} e^{ixt}\, dt \right) f(x)\, dx \\ &= \frac{1}{2\pi} \int_{-\infty}^{+\infty} R_T\, f(x)\, dx \end{aligned}$$

이다. 여기서 피적분 함수 R_T를 계산하여 보자.

$$\begin{aligned} R_T &= \int_{-T}^{T} \frac{e^{-iat} - e^{-ibt}}{it} e^{itx}\, dt \\ &= \int_{-T}^{0} \frac{e^{i(x-a)t} - e^{i(x-b)t}}{it}\, dt + \int_{0}^{T} \frac{e^{i(x-a)t} - e^{i(x-b)t}}{it}\, dt \\ &= 2\int_{0}^{T} \left(\frac{\sin(x-a)t - \sin(x-b)t}{t} \right) dt \\ &= 2\left(\operatorname{sgn}(x-a) \int_{0}^{T|x-a|} \frac{\sin v}{v}\, dv - \operatorname{sgn}(x-b) \int_{0}^{T|x-b|} \frac{\sin v}{v}\, dv \right) \end{aligned}$$

이다. 여기서 $\operatorname{sgn}(x)$는

$$\operatorname{sgn}(x) = \begin{cases} +1, & x > 0 \\ 0, & x = 0 \\ -1, & x < 0 \end{cases}$$

으로 정의된 함수이다. 이제 $a < b$라 하자. 이 경우 $(x-a) > (x-b)$이다.
(a) $(x-a) > 0$, $(x-b) > 0$인 경우:
이 경우는

$$\frac{1}{2}R_T = \int_{T(x-b)}^{T(x-a)} \frac{\sin v}{v}\,dv$$

이다. 그런데

$$\int_0^{+\infty} \frac{\sin v}{v}\,dv = \frac{\pi}{2} = \lim_{A\to\infty}\int_0^A \frac{\sin v}{v}\,dv$$

이다. 적당한 상수 M에 대하여 $s_1, s_2 > M$이면,

$$\left|\int_{s_1}^{s_2} \frac{\sin v}{v}\,dv\right| < \epsilon$$

을 만족한다. 그리고 $s < M$일 경우에는

$$\left|\int_0^{s} \frac{\sin v}{v}\,dv\right| \leqslant N = \int_0^{\pi} \frac{\sin v}{v}\,dv < \infty$$

가 성립한다. 이로부터 $s > M$이거나 $s < M$일 때에도

$$\left|\int_0^{s} \frac{\sin v}{v}\,dv\right| < N + \epsilon < \infty$$

은 항상 참이다. 따라서 모든 s_1, s_2에 대하여

$$\int_{s_1}^{s_2} \frac{\sin v}{v}\,dv$$

은 일양유계(uniformly bounded)이고 또한 s_1, $s_2 \to \infty$일 때 이 적분은 0으로 수렴한다. 그러므로 $x > b$일 때

$$\lim_{T\to\infty}\frac{1}{2}R_T = 0$$

이다.
(b) $(x-a) > 0$, $(x-b) < 0$인 경우:
이 경우는

$$\begin{aligned}\frac{1}{2}R_T &= \int_0^{T(x-a)} \frac{\sin v}{v}\,dv + \int_0^{-T(x-b)} \frac{\sin v}{v}\,dv \\ &= \int_{T(x-b)}^{T(x-a)} \frac{\sin v}{v}\,dv \overset{n\to\infty}{\Longrightarrow} 2\int_0^{+\infty} \frac{\sin v}{v}\,dv = \pi\end{aligned}$$

이다.
(c) $x < b$인 경우.
이 경우는 위 (a)의 경우와 비슷하게 계산하면, $T \to \infty$ 일 때,

$$\frac{1}{2}R_T \to 0$$

이다.
(d) $x = a$ 또는 $x = b$일 경우:
이 경우는 $T \to \infty$일 때,

$$\frac{1}{2}R_T \quad \overset{n\to\infty}{\Longrightarrow} \quad \int_0^{+\infty} \frac{\sin v}{v}\, dv = \frac{\pi}{2}$$

이다.
이상을 종합하면, $T \to \infty$일 때,

$$\frac{1}{2}R_T \ \to \ \frac{1}{2}R(x) \ = \ \pi I_{(a,b)} + \frac{\pi}{2}[I_{\{a\}} + I_{\{b\}}]$$

이다. 위의 식에서 $I_{(a,b)}$는 지시자함수(indicator function)이다. 또한 R_T는 유계이므로 Lebesgue의 지배수렴정리에 의하여 위의 식로부터 a와 b가 $F(x)$의 연속인 점이면,

$$\begin{aligned}
\lim_{T\to\infty} Q_T &= \frac{1}{2\pi}\int_{-\infty}^{+\infty} R(x)f(x)\,dx \\
&= [\{F(b-0) - F(a+0)\} \\
&\qquad + \frac{1}{2}\{F(a+0) - F(a-0) + F(b+0) - F(b-0)\}] \\
&= F(b) - F(a)
\end{aligned}$$

가 성립한다. 따라서 이 식을 다시 정리하면

$$\begin{aligned}
\lim_{T\to\infty} Q_T &= \frac{1}{2\pi}\int_{-\infty}^{+\infty} R(x)\,f(x)\,dx \\
&= \frac{[F(b+0) + F(b-0)]}{2} - \frac{[F(a+0) + F(a-0)]}{2}
\end{aligned}$$

이다. ■

위의 정리의 마지막 식에 의하면, 두 점 a, b는 분포함수 $F(x)$의 연속인 점일 필요는 없다. 따라서, 각 불연속점에서 좌극한과 우극한의 평균을 $F(x)$의 함수값으로 정의하면, 임의의 분포함수 $F^*(x)$에 대하여

$$\lim_{T\to\infty} Q_T = F^*(b) - F^*(a)$$

이 성립할 것이다. 그러나, 이것은 분포함수 $F^*(x)$의 우향(또는 좌향) 연속성에 위배되므로 분포함수 $F^*(x)$는 원래의 분포함수 $F(x)$를 유일하게 결정한다는 것을 알 수 있다. 다음 계는 유일성(uniqueness)의 정리이다.

系 3.11 **유일성 정리**(uniqueness theorem)
확률변수 X의 분포함수 $F(x)$는 X의 특성함수를 유일하게 결정한다. 또한, 이 정리의 역도 성립한다.

證明 $F(x)$가 확률변수 X의 분포함수이면 이 분포함수는 특성함수 φ_X를 유일하게 결정한다. 즉, $F(x)$와 $F^*(x)$가 주어진 특성함수 $\varphi_X(t)$에 대응하는 분포함수라고 하면, $F(x)$와 $F^*(x)$의 연속인 점 a, b $(a < b)$에서

$$F^*(b) - F(b) = F^*(a) - F(a)$$

이 성립한다. 먼저 a를 고정시키고 b를 변화시키면

$$F^*(b) - F(b) = F^*(a) - F(a) = c \quad (c\text{는 상수})$$

이다. 그런데 $F^*(+\infty) - F(+\infty) = 0$이므로 $F^*(a) - F(a) = 0$이다. 그러므로 모든 연속인 점 a, b에 대하여, $F^*(b) = F(b)$이다. 또한 $F(x)$와 $F^*(x)$의 연속인 점들의 집합은 $\mathbb{R}$의 거의 모든 가산인 집합점이므로 분포함수 $F(x)$는 특성함수 $\varphi_X(t)$를 유일하게 결정함을 알 수 있다. ■

系 3.12 $F(x)$가 점 x에서 미분가능하고 $F'(x) = f(x)$이면,

$$f(x) = \lim_{h\to 0}\lim_{T\to\infty}\frac{1}{2\pi}\int_{-T}^{T}\left(\frac{1-e^{-iht}}{iht}\right)e^{-ixt}\varphi_X(t)\,dt$$

이다. 함수 $\varphi_X(t)$가 실수의 집합 $\mathbb{R}$상에서 적분가능하고, 모든 $x \in \mathbb{R}$에 대하여 $f(x)$가 존재하면

$$f(x) = \frac{1}{2\pi}\int_{-\infty}^{+\infty} e^{-ixt}\varphi_X(t)\,dt$$

가 성립한다.

證明 가정에 의하여 함수 $F(x)$가 점 x에서 미분가능하므로

$$\begin{aligned}
&\lim_{h\to 0}\frac{F(x+h)-F(x)}{h}\\
&\quad = \lim_{h\to 0}\left[\frac{F(x+h+0)+F(x+h-0)}{2h} - \frac{F(x+0)+F(x-0)}{2h}\right]
\end{aligned}$$

이다. 역변환 공식에 의하여 위의 식은

$$\begin{aligned}\lim_{h\to 0}\lim_{T\to\infty}\frac{1}{2\pi}\int_{-T}^{T}\frac{e^{-ixt}(1-e^{-iht})}{iht}\,\varphi_X(t)\,dt\\ =\lim_{h\to 0}\lim_{T\to\infty}\frac{1}{2\pi}\int_{-T}^{T}\left(\frac{1-e^{-iht}}{iht}\right)e^{-ixt}\,\varphi_X(t)\,dt\end{aligned}$$

이다. 따라서 $F(x)$가 점 x에서 미분가능하고 $F'(x)=f(x)$이기 위한 필요충분 조건은 위의 식의 우변이 존재하고 유한이어야 한다. 더욱이 $\varphi_X(t)$가 적분가능이면 $|\varphi_X(t)|$도 적분가능이다. 따라서, 모든 $x\in\mathbb{R}$에 대하여,

$$\begin{aligned}\left|\int_{-T}^{T}\left(\frac{1-e^{iht}}{iht}\right)\varphi_X(t)\,e^{-ixt}\,dt\right| &\leqslant \int_{-T}^{T}|\,\varphi_X(t)\,|\,dt\\ &\leqslant \int_{-\infty}^{+\infty}|\,\varphi_X(t)\,|\,dt<\infty\end{aligned}$$

이다. 따라서, Lebesgue의 지배수렴정리에 의해서, $T\to\infty$, $h\to 0$라 하면,

$$\begin{aligned}f(x) &= \lim_{h\to 0}\frac{1}{2\pi}\int_{-\infty}^{+\infty}\frac{e^{-ixt}(1-e^{-iht})}{iht}\,\varphi_X(t)\,dt\\ &= \frac{1}{2\pi}\int_{-\infty}^{+\infty}e^{-ixt}\varphi_X(t)\,dt\end{aligned}$$

이다. ■

系 3.13 계 3.10의 조건하에서, 모든 $x\in\mathbb{R}$에 대하여 $f(x)$는 연속이다.

證明 임의의 $\epsilon>0$에 대하여

$$\begin{aligned}|f(x+\epsilon)-f(x)| &= \left|\frac{1}{2\pi}\int_{-\infty}^{+\infty}(e^{-i(x+\epsilon)t}-e^{-ixt})\,\varphi_X(t)\,dt\right|\\ &\leqslant \frac{1}{2\pi}\int_{-\infty}^{+\infty}|\,e^{-i\epsilon t}-1\,|\,|\varphi_X(t)|\,dt\end{aligned}$$

이다. 그런데 $\epsilon\to 0$이면 $|e^{-i\epsilon t}-1|\to 0$이다. 따라서, $\epsilon\to 0$이면

$$f(x+\epsilon)-f(x)\to 0$$

이므로 모든 $x\in\mathbb{R}$에 대하여 $f(x)$는 연속이다. ■

系 3.14 모든 $x\in\mathbb{R}$에 대하여,

$$F(x+0)-F(x-0)=\lim_{T\to\infty}\frac{1}{2T}\int_{-T}^{T}e^{-ixt}\,\varphi_X(t)\,dt$$

가 성립한다.

證明 정의로부터

$$
\begin{aligned}
|\,F(x+0)-F(x-0)\,| &= \left|\lim_{T\to\infty}\frac{1}{2T}\int_{-T}^{T} e^{-ixt}\,\varphi_X(t)\,dt\right| \\
&= \left|\frac{1}{2T}\int_{-T}^{T} e^{-ixt}\int_{-\infty}^{+\infty} e^{ivt}\,dF(v)\,dt\right| \\
&= \left|\frac{1}{2T}\int_{-T}^{T}\int_{-\infty}^{+\infty} e^{i(v-x)t}dF(v)\,dt\right| \\
&\leqslant 1
\end{aligned}
$$

이다. 위의 식을 적분순서를 변경하여 정리하면,

$$\int_{-\infty}^{+\infty}\frac{\sin T(v-x)}{T(v-x)}\,dF(v)$$

이고 이 식에 극한 $T\to\infty$를 취하면,

$$\int_{-\infty}^{+\infty}\chi_{\{x\}}\,dF(v)=F(x+0)-F(x-0)$$

가 성립한다. ■

問題 6 특성함수 $\varphi_X(t)=\exp\left(-\frac{1}{2}t^2\sigma^2\right)$의 역변환을 구하여라.

解答 먼저,

$$\int_{-\infty}^{+\infty}\varphi_X(t)\,dt \;=\; \frac{\sqrt{2\pi}}{\sigma}<\infty$$

이므로

$$
\begin{aligned}
f(x) &= \frac{1}{2\pi}\int_{-\infty}^{+\infty} e^{-ixt}e^{-\frac{1}{2}t^2\sigma^2}\,dt \\
&= \frac{1}{\sigma\sqrt{2\pi}}e^{-\frac{x^2}{2\sigma^2}} \quad (-\infty<x<+\infty)
\end{aligned}
$$

이다. □

問題 7 확률밀도함수 $f(x)$의 특성함수가 $\varphi_X(t)=e^{-|t|}$일 때, $f(x)$를 구하여라.

解答 직접적인 계산을 하면,

$$\begin{aligned} f(x) &= \frac{1}{2\pi}\int_{-\infty}^{+\infty} e^{-ixt}\, e^{-|t|}\, dt \\ &= \frac{1}{\pi}\int_{0}^{+\infty} \cos xt\, e^{-t}\, dt \\ &= \frac{1}{\pi}\left(-e^{-t}\cos xt\Big|_0^{+\infty} - x\int_0^{+\infty} e^{-t}\,\sin xt\, dt \right) \\ &= \frac{1}{\pi} + \frac{x}{\pi}\left(e^{-t}\sin xt\Big|_0^{+\infty} - x\int_0^{+\infty} e^{-t}\,\cos xt\, dt \right) \\ &= \frac{1}{\pi} - x^2 f(x) \end{aligned}$$

이다. 정리하면

$$f(x) = \frac{1}{\pi(1+x^2)}, \quad -\infty < x < +\infty$$

이다. 즉, $f(x)$는 Cauchy 분포의 확률밀도함수이다. □

이제 특성함수의 도함수에 관하여 알아 보자. 이미 앞 절에서 특성함수 $\varphi_X(t)$는 연속함수이고 $\varphi_X(0) = 1$임을 밝혔다. 또한

$$\frac{e^{ixt} - 1}{t}$$

는 x에 대하여 유계(bounded)이므로 유계수렴정리(bounded convergence theorm)에 의하여

$$\begin{aligned} \varphi'_X(0) &= \lim_{h\to 0}\left(\frac{\varphi_X(h) - \varphi_X(0)}{h} \right) \\ &= \lim_{h\to\infty}\int_{-\infty}^{+\infty} \left(\frac{e^{ihx} - 1}{h} \right) f(x)\, dx \\ &= \int_{-\infty}^{+\infty} \lim_{h\to\infty}\left(\frac{e^{ihx} - 1}{h} \right) f(x)\, dx \\ &= i\int_{-\infty}^{+\infty} x\, f(x)\, dx \\ &= i\, E(X) \end{aligned}$$

이다. 따라서, 확률밀도함수 $f(x)$의 제 1차 모멘트가 존재하고 유한이면, 특성함수 $\varphi_X(t)$의 제 1계 도함수도 존재하고 유한이다. 이 사실은 다음과 같이 일반화 할 수 있다.

定理 3.33 $f(x)$를 확률변수 X의 확률밀도분함수라 하자. 확률변수 X의 제 r차 절대 모멘트가 유한이면, X의 특성함수 $\varphi_X(t)$는 r번 미분가능하고

$$\begin{aligned}\varphi_X^{(r)}(t) &= \frac{d^r}{dt^r}\varphi_X(t)\\ &= \int_{-\infty}^{+\infty}(ix)^r\,e^{itx}\,dF(x)\end{aligned}$$

이다. 역으로, $\varphi_X^{(r)}(0)$가 존재하고 유한이면, 모든 $s < r$에 대하여 $E(X^s) < \infty$이다.

證明 X의 제 r차 모멘트가 유한이므로,

$$\left|\int_{-\infty}^{+\infty}(ix)^r e^{itx}\,dF(x)\right| \leqslant \int_{-\infty}^{+\infty}|x|^r\,dF(x) < \infty$$

이다. 따라서 $E(X^r) < \infty$이면 모든 $s < t$에 대하여 $E(X^s) < \infty$이다. 또한, 특성함수의 제 1계 도함수는

$$\begin{aligned}\varphi_X'(t) &= \lim_{h\to\infty}\left(\frac{\varphi_X(t+h)-\varphi_X(t)}{h}\right)\\ &= \lim_{h\to\infty}\int_{-\infty}^{+\infty}\left(\frac{e^{i(t+h)x}-e^{itx}}{h}\right)dF(x)\\ &= \int_{-\infty}^{+\infty}e^{itx}\lim_{h\to\infty}\left(\frac{e^{ihx}-1}{h}\right)dF(x)\\ &= \int_{-\infty}^{+\infty}(ix)\,e^{itx}\,dF(x)\end{aligned}$$

이고, 다시 이 식을 한번 더 미분하면 제 2계 도함수는

$$\begin{aligned}\varphi_X''(t) &= \lim_{h\to\infty}\left(\frac{\varphi_X'(t+h)-\varphi_X'(t)}{h}\right)\\ &= \lim_{h\to\infty}\int_{-\infty}^{+\infty}ix\left(\frac{e^{i(t+h)x}-e^{itx}}{h}\right)dF(x)\\ &= \int_{-\infty}^{+\infty}ix\,e^{itx}\lim_{h\to\infty}\left(\frac{e^{ihx}-1}{h}\right)dF(x)\\ &= \int_{-\infty}^{+\infty}(ix)^2\,e^{itx}\,dF(x)\end{aligned}$$

이다. 이 과정을 자연스럽게 r번까지 미분하면

$$\varphi_X^{(r)}(t) = \frac{d^r}{dt^r}\varphi_X(t) = \int_{-\infty}^{+\infty}(ix)^r\,dF(x)$$

이다. 이로부터 원점 주위의 X의 제 r차 모멘트는

$$\varphi_X^{(r)}(0) = i^r\, E(X^r)$$

이다. 이제 이 정리의 역(converse)을 증명하여 보자. 먼저,

$$\begin{aligned} |\,\varphi'_X(0)\,| &= \left| \lim_{h\to 0} \left(\frac{\varphi_X(h) - \varphi(-h)}{2h} \right) \right| \\ &= \left| \int_{-\infty}^{+\infty} \left(\frac{e^{ihx} - e^{-ihx}}{2h} \right) f(x)\, dx \right| \\ &= \lim_{h\to 0} \left| \int_{-\infty}^{+\infty} \frac{\sin hx}{hx}\, ix\, f(x)\, dx \right| \end{aligned}$$

이다. 이와같은 방법으로 계산하면

$$\left| \varphi_X^{(r)}(0) \right| = \left| \lim_{h\to 0} \int_{-\infty}^{+\infty} \left(\frac{\sin hx}{hx} \right)^r (ix)^r\, dF(x) \right|$$

이므로 r이 짝수이면 원점 주위의 X의 제 r차 절대 모멘트는 원점 주위의 X의 제 r차 모멘트와 같다. 또한 $\varphi_X^{(r)}(0) < \infty$이면 제 r차까지 모든 모멘트가 존재한다. 특히 이 경우, r이 홀수이면 짝수인 제 $(r-1)$차까지 모멘트가 존재한다. ■

X가 이산값 $0, \pm\lambda, \pm 2\lambda, \cdots$을 취하는 이산확률변수라 하자. 이 경우 확률변수 X는 λ를 갖는 **산술분포**(arithmetic distribution)를 갖는다고 한다. 이때 X의 값은 일정한 간격으로 값을 취한다. 또한, 이산확률변수 X가 임의의 상수 c에 대하여 이산값 $c \pm n\lambda$ $(n = 0, \pm 1, \pm 2, \pm 3, \cdots)$을 가지면 **격자분포**(lattice distribution)를 갖는다고 한다. 이제 다음 문제를 생각해 보기로 하자. X를 $\lambda = 1$을 갖는 산술분포라 하고

$$P\{X = n\} = p_n > 0, \quad n = 0, \pm 1, \pm 2, \pm 3, \cdots$$

이라고 하면, 확률변수 X의 특성함수 $\varphi_X(t)$는

$$\varphi_X(t) = \sum_{n=-\infty}^{\infty} p_n e^{int}$$

이다. 위의 식의 양변에 e^{-ixt}를 곱하고 $-\pi$부터 π까지 t에 관하여 적분하면

$$\begin{aligned} \int_{-\pi}^{\pi} \varphi(t) e^{-ixt}\, dt &= \int_{-\pi}^{\pi} \sum_{n=-\infty}^{\infty} p_n e^{i(n-x)t}\, dt \\ &= \sum_{n=-\infty}^{\infty} p_n \int_{-\pi}^{\pi} e^{i(n-x)t}\, dt, \quad n - x = 0, \pm 1, \pm 2, \pm 3, \cdots \end{aligned}$$

이다. 그런데

$$\int_{-\pi}^{\pi} e^{ikt}\, dt = \begin{cases} 0, & k = \pm 1, \pm 2, \cdots \\ 2\pi, & k = 0 \end{cases}$$

이다. 그러므로

$$\frac{1}{2\pi}\int_{-\pi}^{\pi}\varphi(t)e^{-ixt}\,dt = p_n, \quad x = 0, \pm 1, \pm 2, \cdots$$

이다. 이 식은 $\lambda = 1$을 갖는 산술분포에 대한 역변환 공식이다.

問題 8 어떤 확률분포의 특성함수가 다음과 같다.

$$\varphi(t) = \frac{1}{p(1-q^{it})}, \quad p > 0, q = 1-p$$

이 특성함수의 역변환을 구하여라.

解答 역변환 공식에 의하여

$$\begin{aligned} p_n &= \frac{1}{2\pi}\int_{\pi}^{\pi}\frac{1}{p(1-q^{it})}e^{-ixt}\,dt \\ &= \frac{p}{2\pi}\int_{-\pi}^{\pi}\sum_{n=0}^{\infty}(qe^{it})^n e^{-ixt}\,dt \\ &= pq^x, \quad x = 0, 1, 2, 3, \cdots \end{aligned}$$

이다. □

問題 9 어떤 확률분포의 특성함수가 다음과 같을 때 역변환을 구하여라.

$$\varphi(t) = (q + pe^{it})^n, \quad p > 0, q = 1-p\,.$$

解答 역변환 공식에 의하여

$$\begin{aligned} p_n &= \frac{1}{2\pi}\int_{-\pi}^{\pi}(q + pe^{it})e^{-ixt}\,dt \\ &= \begin{cases} \binom{n}{x}p^x q^{n-x}, & x = 0, 1, 2, 3, \cdots, n \\ 0, & \text{그 외의 경우} \end{cases} \end{aligned}$$

이다. □

練習問題

1. 두 확률변수 (X, Y)의 결합확률밀도함수가

$$f(x,y) = \begin{cases} 3x^2y, & 0 < x < 1,\ 0 < y < \sqrt{2} \\ 0, & \text{그 외의 경우} \end{cases}$$

와 같이 주어졌을 때, $P\{0 < X < \frac{3}{4}, \frac{1}{3} < Y < 2\}$을 구하여라.

2. 이차원확률벡터 $\boldsymbol{X} = (X, Y)$의 결합확률밀도함수가

$$f(x,y) = \begin{cases} x^2 + \frac{xy}{3}, & 0 \leqslant x \leqslant 1,\ 0 \leqslant y \leqslant 2 \\ 0, & \text{그 외의 경우} \end{cases}$$

일 때, $P\{X + Y \geqslant 1\}$을 구하여라.

3. 이차원확률벡터 $\boldsymbol{X} = (X, Y)$의 결합확률밀도함수가

$$f(x,y) = \begin{cases} cxy, & 0 \leqslant x \leqslant 4,\ 1 \leqslant y \leqslant 5 \\ 0, & \text{그 외의 경우} \end{cases}$$

일 때,

(1) 상수 c의 값을 구하여라.
(2) $P\{1 \leqslant X \leqslant 2, 2 \leqslant Y \leqslant 3\}$을 구하여라.
(3) $P\{X > 3, Y < 2\}$을 구하여라.

4. 이산형 이차원확률벡터 $\boldsymbol{X} = (X, Y)$의 결합확률밀도함수가

$$f(x,y) = \begin{cases} \frac{1}{42}(2x + y), & 0 \leqslant x \leqslant 2,\ 0 \leqslant y \leqslant 3,\ x, y\text{는 자연수} \\ 0, & \text{그 외의 경우} \end{cases}$$

일 때, X와 Y의 주변확률밀도함수를 구하여라.

5. 연속형 이차원확률벡터 $\boldsymbol{X} = (X, Y)$의 결합확률밀도함수가

$$f(x,y) = \begin{cases} c\,(2x + y), & 2 \leqslant x \leqslant 6,\ 0 \leqslant y \leqslant 5 \\ 0, & \text{그 외의 경우} \end{cases}$$

일 때,

(a) 상수 c의 값을 구하여라.
(b) X와 Y의 주변확률밀도함수를 구하여라.

6. 두 확률변수 X와 Y에 대하여, $\mathrm{Var}(Y-aX)$ ($a \neq 0$인 상수)를 최소로 하는 상수 a의 값을 구하여라.

7. 연속형 이차원 확률벡터 $\boldsymbol{X}=(X,Y)$의 결합확률밀도함수가

$$f(x,y)=\begin{cases} c\,e^{-x^2+2xy-3y^2}, & -\infty < x,y < +\infty \\ 0, & \text{그 외의 경우} \end{cases}$$

일 때,

(a) 상수 c의 값을 구하여라.
(b) X와 Y의 공분산 $\mathrm{Cov}(X,Y)$를 구하여라.
(c) X와 Y의 상관계수 $\rho_{X,Y}$를 구하여라.

8. 이차원 확률벡터 $\boldsymbol{X}=(X_1,X_2)$의 결합확률밀도함수가 삼각형의 영역

$$R=\{\,(x,y)\,|\,0<x<y<1\,\}$$

에서 균등분포(uniform distribution)를 할 때, X와 Y의 상관계수를 구하여라.

9. 이산형 이차원 확률벡터 $\boldsymbol{X}=(X,Y)$의 결합확률밀도함수가

$$f(x,y)=\begin{cases} \left(\frac{2}{3}\right)^{x+y}\left(\frac{1}{3}\right)^{2-x-y}, & x=0,1,\ y=0,1 \\ 0, & \text{그 외의 경우} \end{cases}$$

일 때, 확률변수 $W=X-Y$의 결합확률밀도함수를 구하여라.

10. 연속형 이차원 확률벡터 $\boldsymbol{X}=(X,Y)$의 결합확률밀도함수가

$$f(x,y)=\begin{cases} 2e^{-x-2y}, & 0<x<+\infty,\ 0<y<+\infty \\ 0, & \text{그 외의 경우} \end{cases}$$

일 때, 확률변수 $Z=\frac{X}{Y}$의 주변확률밀도함수를 구하여라.

11. 확률변수 X와 Y가 서로 독립이고 각각 $X\sim N(\mu_1,\sigma_1^2)$, $Y\sim N(\mu_2,\sigma_2^2)$이라 할 때, 확률변수 $Z=X+Y\sim N(\mu_1+\mu_2,\sigma_1^2+\sigma_2^2)$ 임을 증명하여라.

12. 연속형 이차원 확률벡터 $\boldsymbol{X}=(X,Y)$의 결합확률밀도함수가

$$f(x,y)=\begin{cases} \frac{1}{2\pi}e^{-\frac{x^2+y^2}{2}}, & -\infty<x<+\infty,\ -\infty<y<+\infty \\ 0, & \text{그 외의 경우} \end{cases}$$

가 주어졌다. 이때, 변수변환

$$\begin{cases} U=X+Y \\ V=X-Y \end{cases}$$

에 의해서 유도되는 (U,V)의 결합확률밀도함수를 구하여라.

13. 연속형 이차원확률벡터 $\boldsymbol{X} = (X, Y)$의 결합확률밀도함수가

$$f(x,y) = \begin{cases} 2, & 0 < x < y < 1 \\ 0, & \text{그 외의 경우} \end{cases}$$

가 주어졌다. $X = x$가 주어졌을 때, Y의 조건부기댓값 $E(Y|x)$를 구하여라.

14. 연속형 이차원확률벡터 $\boldsymbol{X} = (X, Y)$의 결합확률밀도함수가

$$f(x,y) = \begin{cases} c\,(x^2 - y^2)e^{-x}, & 0 \leqslant x < +\infty,\ -x < y < +x \\ 0, & \text{그 외의 경우} \end{cases}$$

와 같이 주어졌다. 이때, $X = x$가 주어졌을 때 Y의 조건부분포함수 $F(y|x)$를 구하여라.

15. 두 확률변수 X와 Y의 결합확률밀도함수는 다음과 같다.

$$f_{X,y}(x,y) = \begin{cases} y\,e^{-xy-y}, & 0 < x < +\infty,\ 0 < y < +\infty \\ 0, & \text{그 외의 경우.} \end{cases}$$

(a) $f_X(x)$, $f_Y(y)$, μ_X, μ_Y, σ_X^2, σ_Y^2을 구하여라.
(b) $f_{Y|X}$, $\mu_{Y|X}$, $\sigma_{Y|X}^2$을 구하여라.
(c) $f_{X|Y}$, $\mu_{X|Y}$, $\sigma_{X|Y}^2$을 구하여라.
(d) 상관계수 $\rho_{X,Y}$를 구하여라.
(e) 두 확률변수 X와 Y는 독립인지를 판별하여라.

16. 두 확률변수 X와 Y의 결합확률밀도함수는 다음과 같다.

$$f_{X,y}(x,y) = \begin{cases} 2\,e^{-x-y}, & 0 \leqslant x \leqslant y < \infty, \\ 0, & \text{그 외의 경우.} \end{cases}$$

(a) $P(Y = Y)$를 구하여라.
(b) $P(XY = 1)$을 구하여라.
(c) $P(X > 2Y)$를 구하여라.
(d) 두 확률변수 X와 Y는 독립인가?

17. 두 확률변수 X와 Y의 결합확률밀도함수는 다음과 같다.

$$f_{X,y}(x,y) = \begin{cases} c, & x^2 + y^2 \leqslant 1, \\ 0, & \text{그 외의 경우.} \end{cases}$$

(a) 상수 c의 값을 구하여라.
(b) $\mu_X = \mu_Y = \rho_{X,Y} = 0$ 임을 증명하여라.

(c) 두 확률변수 X와 Y는 독립인가?

18. $X \sim N(0,1)$와 $Y \sim N(0,1)$를 독립인 확률변수라 할 때, $V = \dfrac{X}{Y}$와 Y의 결합확률밀도함수를 구하여라.

19. $X \sim N(0,1)$ 와 $Y \sim \chi^2(\nu)$ 독립인 확률변수이다.
   (a) 다음 변환
$$\begin{cases} V &= \dfrac{X}{\sqrt{X^2+Y}}, \\ W &= X^2+Y. \end{cases}$$
   에 의한 두 확률변수 V와 W의 결합확률밀도함수를 구하여라.
   (b) V과 W의 주변확률밀도함수를 각각 구하여라.
   (c) V^2의 확률분포는 베타분포임을 보여라.

20. X_1, X_2, X_3, $\cdots$, X_n은 확률적으로 독립이고 모든 $i = 1,2,3,\cdots,n$에 대하여 $X_i \sim \text{BIN}(n_i, p)$이다. 확률변수 Y를
$$Y = \sum_{i=1}^{n} X_i$$
라고 하면, $Y \sim \text{BIN}(\sum_{i=1}^{n} n_i, p)$임을 증명하여라.

21. X_1, X_2, X_3, $\cdots$, X_n은 확률적으로 독립이고 모든 $i = 1,2,3,\cdots,n$에 대하여 $X_i \sim \text{POIS}(\lambda_i)$이다. 확률변수 Y를
$$Y = \sum_{i=1}^{n} X_i$$
라고 하면, $Y \sim \text{POIS}(\sum_{i=1}^{n} \lambda_i)$임을 증명하여라. (단, $\lambda_i > 0$)

22. X_1과 X_2를 확률적으로 독립이고, 확률질량함수가 모수 p를 갖는 기하분포
$$p_{X_i}(x_i) = p(1-p)^{x_i}, \quad x_i = 0,1,2,3,\cdots,$$
에 따른다. 이때 확률변수 Y를 $Y = X_1 + X_2$로 정의하면, Y의 확률분포를 구하여라.

23. X_1, X_2, X_3의 결합확률밀도함수는 다음과 같다.
$$f_{X_1,X_2,X_3} = \begin{cases} \theta^3 e^{-\theta(x_1+x_2+x_3)}, & 0 < x_1, x_2, x_3 < +\infty \\ 0, & \text{그 외의 경우.} \end{cases}$$

변수변환

$$Y_1 = \frac{X_2}{X_1 + X_2}, \quad Y_2 = \frac{X_3}{X_1 + X_2 + X_3}, \quad Y_3 = X_1 + X_2 + X_3$$

에 의한 확률변수 Y_1, Y_2, Y_3의 결합확률밀도함수를 구하여라.

24. X와 Y가 평균이 0이고 분산이 1인 표준정규분포에 따르는 독립인 확률변수라 할 때, 확률변수 $Z = XY$의 특성함수는 $\varphi(t) = \dfrac{1}{(1+t^2)^{\frac{1}{2}}}$임을 증명하여라.

25. 확률변수 X의 특성함수를 φ_X라 할 때, 임의의 상수 $a > 0$, b에 대하여 확률변수 $Y = aX + b$의 특성함수는 $\varphi_{aX+b}(t) = e^{ibt}\varphi_X(at)$ $(t \in \mathbb{R})$임을 증명하여라.

26. 확률변수 X의 특성함수를 φ_X라 하자. 이 때, X와 Y가 독립이고 항등적으로 같은 분포함수를 갖는 확률변수(i.i.d. r.v.s.)라 하면, $X - Y$의 특성함수 $\varphi_{X-Y}(t)$는 $\varphi_{X-Y}(t) = |\varphi_X(t)|^2$임을 증명하여라.

27. 확률변수 X의 분포함수가

$$F_X(x) = \frac{e^x}{1+e^x}, \quad x \in \mathbb{R}$$

과 같이 주어졌다. X의 기댓값, 분산 그리고 특성함수를 구하여라.

28. 확률변수 X가 취하는 값의 범위가 길이 $h > 0$를 갖는 m개의 등간격을 갖는 구간이고, 또 다른 확률변수 Y의 확률분포는

$$p\{Y = \frac{(2r-1)h}{2}\} = P\{(r-1)h \leqslant X \leqslant rh\}, \quad r = 1, 2, 3, \cdots, m$$

이다. 이때 X와 Y의 특성함수를 각각 $\varphi(t)$와 $\varphi_h(t)$라 한다면

$$\varphi_h(t) = \varphi(t)\frac{\sin\left(\dfrac{ht}{2}\right)}{\dfrac{ht}{2}}$$

임을 증명하여라.

29. 이산확률변수 X와 Y의 확률분포는 각각

$$P\{X = rh\} = \frac{1}{n}, \qquad P\{Y = (2r-1)h\} = \frac{1}{n}, \quad r = 1, 2, 3, \cdots, n, h > 0$$

이다. 또한 평균을 중심으로하는 X와 Y의 특성함수를 각각 $\varphi_h(t)$와 $\psi_h(t)$라 할 때, 다음 식이 성립함을 증명하여라.

$$\psi_h(t) = \varphi_h(t)\frac{\cos\left(\dfrac{nht}{2}\right)}{\cos\dfrac{ht}{2}}.$$

30. 확률변수 X가 Cauchy 분포

$$f_X(x) = \frac{1}{\pi(1+x^2)}, \quad x \in \mathbb{R}$$

에 따른다고 한다. X의 특성함수 $\varphi_X(t)$를 구하여라.

31. $X \sim \text{UNIF}(a,b)$일 때 X의 특성함수는 다음과 같음을 증명하여라.

$$\varphi_X(t) \ = \ \frac{e^{itb} - e^{ita}}{it(b-a)}\,.$$

또한

$$E(X) = \frac{a+b}{2}, \quad \text{Var}(X) = \frac{(b-a)^2}{12}$$

임을 증명하여라.

32. $X \sim \text{NB}(r,p)$일 때

(a) X의 특성함수는 다음과 같음을 증명하여라.

$$\varphi_X(t) \ = \ \frac{p^r}{(1-qe^{it})^r}\,.$$

(b) 특성함수 $\varphi_X(t)$를 미분하여 다음 공식을 유도하여라.

$$E(X) \ = \ \frac{rq}{p}, \quad \text{Var}(X) \ = \ \frac{rq}{p^2}$$

제 4 장

표본분포와 중심극한정리

4.1 표본분포

이 장에서는 극한분포와 관련있는 여러가지 정리, 표본의 확률분포, 통계적 추정과 가설검정에서 많이 사용하는 χ^2-분포, t-분포, F-분포 등을 소개한다. 주어진 확률변수열이 특정 분포에 따른다는 가정 하에서 극한분포를 구하는 문제는 확률변수들을 적당히 변형하여 극한을 취했을 때, 궁극적으로 어떤 확률분포로 수렴하는가를 밝히는 과정이다. 이러한 조작을 가하기 위해서는 주어진 확률변수열에 대한 중요한 몇가지 가정이 필요하다. 특히, 극한분포 중에서도 중심극한정리는 표본의 극한분포를 추정할 때 가장 많이 쓰이는 이론이며 이것에 대하여 살펴 보기로 한다. 통계적 추론이 필요한 이유는 사회현상이나 자연현상에서 얻어진 자료를 바탕으로 이것이 귀납적 분석방법을 제공해 주고, 여기서 발생하는 불확실성에 대한 정보를 확률적 모형으로 변환하고 분석하여 이를 기초로 미래를 예측하거나 의사결정을 하는 데 도움을 주기 때문일 것이다. 여기서 귀납적 추론이란 특수한 상황이나 조건 하에서 얻은 결론을 좀 더 일반적인 상황으로 확대해 가는 추론방법을 말한다. 귀납적 추론은 수학의 논리적 증명에서 사용하는 연역적인 추론과 함께 중요한 추론 방법 중의 하나이다. 연역적인 추론과는 달리 귀납적 추론 결과는 항상 참이 아닐 수도 있다는 위험성을 내포하고 있는 사실에 유의하여야 한다. 이 말은 귀납적 추론에 의한 결과는 절대적인 일반화가 가능하지 않다는 뜻이기도 하다. 통계적 추론은 통계분석에서 표본에 내포된 여러가지 정보를 이용하여 모집단 전체에 숨겨진 확률적 정보를 획득하는데 있다고 볼 수 있다. 여기서 **모집단**(population)은 직관적으로 말하면, 통계분석을 목적으로 조사된 자료나 수집된 자료를 모두 모아 놓는 집합을 말한다. 또한 **표본**(sample)은 모집단에서 무작위로 추출한 자료들을 말한다. 통계분석을 할 때 모집단 전체를 조사해서 통계분석을 하면 그것보다 더 좋은 방법이 없다. 경우에 따라서 분석 대상인 모집단의 자료가 비교적 적으면 전체분석이 가능한 전수조사방법을 선택하지만, 자료의 수가 대단히 많으면 모집단 전체를 조사, 분석하는 일이란 상당히 번거롭고 어려운 일이고 더욱이 시간적으로도 큰 낭비일 수 있다. 그러므로 통계학의 기본목적 중의 하나가 바로 모집단으로부터 **확률표본**(random samples)을 추출하여 이 확률표본을 분석, 추정 및 검정하여 원래의 모집단이 갖는 여러가지 통계적 특성을 여러 가지 다양한 확률적 기법으로 분석하여 미래를 예측하고 의사결정 등에 반영하는 것이다.

먼저, 확률표본에 대한 정의를 내려 보자. 일반적인 가정은 확률변수가 독립이고 항등적으로 같은 분포를 가질 경우이다.

定義 4.1 n개의 확률변수 X_1, X_2, X_3, $\cdots$, X_n이 서로 독립이고 같은 확률밀도함수 $f(x)$를 가지면, X_1, X_2, X_3, $\cdots$, X_n은 **독립이고 항등적으로 같은 분포를 가지는 확률변수**(independent and identically distributed random variables)라 한다. 이 경우, 모집단을 **표본모집단**(sampled popupation)이라 한다.

통계학의 관점에서 귀납적 추론의 문제점으로 모집단의 자료가 방대할 경우, 모집단 전체를 조사한다는 것은 불가능하거나 실용적이지 않기 때문에 모집단으로부터 추출한 일부의 자료들를 조사하므로 제한된 자료분석을 바탕으로 전체 모집단에 대한 추론을 하게 된다. 따라서, 모집단으로부터 추출한 자료들을 어떻게 추론할 것인가에 문제가 발생하게 되므로 표본 추론방법에서 가장 많이 사용하고 방법이 확률표본이라는 단순무작위 추출법이다.

定義 4.2 n개의 확률변수 X_1, X_2, $\cdots$, X_n의 결합확률밀도함수가

$$f(x_1, x_2, \cdots, x_n) = f(x_1)f(x_2)\cdots f(x_n)$$

인 성질을 만족하면, 확률변수 X_1, X_2, $\cdots$, X_n은 같은 확률밀도함수를 갖는 모집단에서 추출한 **크기 n인 확률표본**(random samples of size n)이라 한다.

확률표본의 정의에서 주의할 것은 확률변수 X_1, X_2, X_3, $\cdots$, X_n의 의미이다. 확률변수 X_i는 실제로 i번째 추출된 표본의 수치적인 값을 말하며 이때 표본은 이미 관

측되어진 관찰값이나 관측값을 의미한다. 따라서 확률변수 X_1, X_2, X_3, $\cdots$, X_n의 실질적인 수치값은 x_1, x_2, x_3, $\cdots$, x_n으로 나타낸다. 또한 확률변수 X_1, X_2, $\cdots$, X_n이 크기가 n 확률표본은 X_1, X_2, $\cdots$, X_n이 서로 독립이고 같은 확률밀도함수 $f(x)$를 갖는다는 두가지 의미가 동시에 내포되어 있다. 보통 우리가 표본의 성질로 많이 가정하는 것이 바로 확률표본이다. 그러나 실제로는 이러한 성질을 만족시키는 표본은 찾아 보기 힘들다. 그럼에도 불구하고 가정을 하는 이유는 이론상으로 쉽게 표본들의 통계적 특성을 파악하고 증명할 수 있기 때문이다.

定義 4.3 X_1, X_2, X_3, $\cdots$, X_n은 같은 확률밀도 함수 $f(x)$를 갖는 모집단에서 추출한 크기 n인 확률표본이라 하자. 이때 미지의 모수(parameter)에 영향을 받지 않는 확률변수들만의 함수 $T = t(X_1, X_2, \cdots, X_n)$을 **통계량**(statistic)이라 한다. 또한 확률표본 X_1, X_2, X_3, $\cdots$, X_n의 실험값 또는 주어진 값을 각각 x_1, x_2, x_3, $\cdots$, x_n이라 한다면, 실수 x_1, x_2, x_3, $\cdots$, x_n을 확률표본 X_1, X_2, X_3, $\cdots$, X_n의 **관찰값**(observation values)라고 말한다.

定義 4.4 모집단의 평균을 **모평균**(population mean), 모집단의 분산을 **모분산**(population variance)이라 하고, 기호로 모평균을 μ로, 모분산을 σ^2으로 쓰기로 한다. 또한 표본의 평균을 **표본평균**(sample mean), 표본의 분산을 **표본분산**(sample variance)이라 한다.

定義 4.5 X_1, X_2, $\cdots$, X_n은 같은 확률밀도함수 $f(x)$를 갖는모집단에서 추출한 크기 n인 확률표본이라 할 때, **표본평균**(sample mean) $\bar{X}$를 다음과 같이 정의한다.

$$\bar{X} = \frac{1}{n}\sum_{i=1}^{n} X_i$$

定義 4.6 X_1, X_2, $\cdots$, X_n은 같은 확률밀도함수 $f(x)$를 갖는모집단에서 추출한 크기 n인 확률표본이라 하고, 확률표본 X_1, X_2, $\cdots$, X_n의 관찰값을 각각 x_1, x_2, $\cdots$, x_n이라 하면, 이 관찰값의 평균을 $\bar{x}$로 나타내고 다음과 같이 정의한다.

$$\bar{x} = \frac{1}{n}\sum_{i=1}^{n} x_i$$

定義 4.7 X_1, X_2, $\cdots$, X_n은 같은 확률밀도함수 $f(x)$를 갖는모집단에서 추출한 크기 n인 확률표본이라 하자. 이때, **표본분산**(sample variance) S^2을

$$S^2 = \frac{1}{n-1}\sum_{i=1}^{n}(X_i - \bar{X})^2$$

으로 확률표본의 **표본표준편차**(sample standard deviation) S는 다음과 같이 정의한다.

$$S = \sqrt{S^2} = \sqrt{\frac{1}{n-1}\sum_{i=1}^{n}(X_i - \bar{X})^2}$$

定義 4.8 $X_1, X_2, \cdots, X_n$은 같은 확률밀도함수 $f(x)$를 갖는모집단에서 추출한 크기 n인 확률표본이라 하자. 확률표본 $X_1, X_2, X_3, \cdots, X_n$의 관찰값을 각각 $x_1, x_2, x_3, \cdots, x_n$이라 하면 이 관찰값의 분산은 기호로 s^2으로 나타내고

$$s^2 = \frac{1}{n-1}\sum_{i=1}^{n}(x_i - \bar{x})^2$$

이다. 또한 관찰값의 표본표준편차 s는

$$s = \sqrt{s^2} = \sqrt{\frac{1}{n-1}\sum_{i=1}^{n}(x_i - \bar{x})^2}$$

로 정의한다.

問題 1 $X_1, X_2, \cdots, X_n$은 같은 확률밀도함수 $f(x)$를 갖는 모집단에서 추출한 크기 n인 확률표본이라 하면, 표본평균 $\bar{X} = \frac{1}{n}\sum_{i=1}^{n} X_i$는 통계량이다. □

여기서 주의하여야할 것은 표본분산의 정의에서 확률표본의 개수는 분명히 n개여서 분모가 n이 되어야 할 것 같지만 분명히 분모는 $n-1$이 된다는 사실이다. 이러한 이유는 바로 자유도(degree of freedom) 개념 때문이다. 자유도란, 말 그대로 자유롭게 움직일 수 있는 변수의 개수를 뜻한다. 이 자유도 개념을 이용하여 표본분산의 분모가 $n-1$이 되는 이유를 밝혀보자. 확률표본 $X_1, X_2, X_3, \cdots, X_n$의 관찰값을 각각 $x_1, x_2, x_3, \cdots, x_n$이라 하고, 관찰값의 표본평균을 $\bar{x} = \frac{1}{n}\sum_{i=1}^{n} x_i$라 하자. 그런데, 각 관찰값에서 표본평균을 빼주고 합한 값은 항상 영(zero)이다. 즉,

$$\begin{aligned}(x_1 - \bar{x}) + (x_2 - \bar{x}) + \cdots + (x_n - \bar{x}) &= \sum_{i=1}^{n} x_i - n\bar{x} \\ &= n\bar{x} - n\bar{x} \\ &= 0\end{aligned}$$

이다. 이 결과를 이용하면, n개의 각 요소 $x_i - \bar{x}$의 값을 모두 다 알 필요가 없다. 왜냐하면, n개 중에서 어느 하나의 요소값을 모른다면 즉, k-번째 값을 모른다면, 위의

성질에 의해서

$$-(x_k - \bar{x}) = (x_1 - \bar{x}) + \cdots + (x_{k-1} - \bar{x}) + (x_{k+1} - \bar{x}) + \cdots + (x_n - \bar{x})$$

이고 이식의 우변의 값은 이미 알고 있으므로 좌변의 값도 알 수 있다. 따라서, n개의 값중 적어도 $n-1$의 값을 알면 나머지 한개의 값은 자연스럽게 결정되므로 이런 이유로 표본분산을 정의 할때 분모가 n이 되지 않고 $n-1$이 된다는 사실이다.

표본분산을 간단히 계산하면

$$\begin{aligned}
S^2 &= \frac{1}{n-1}\sum_{i=1}^{n}(X_i - \bar{X})^2 \\
&= \frac{1}{n-1}\sum_{i=1}^{n}(X_i^2 - 2X_i\bar{X} + \bar{X}^2) \\
&= \frac{1}{n-1}\left(\sum_{i=1}^{n}X_i^2 - 2\bar{X}\sum_{i=1}^{n}X_i + \sum_{i=1}^{n}\bar{X}^2\right) \\
&= \frac{1}{n-1}\left(\sum_{i=1}^{n}X_i^2 - 2n\bar{X}\left(\frac{1}{n}\sum_{i=1}^{n}X_i\right) + n\bar{X}^2\right) \\
&= \frac{1}{n-1}\left(\sum_{i=1}^{n}X_i^2 - n\bar{X}^2\right)
\end{aligned}$$

이다. 또한, 확률변수와 관찰값에 대한 표본표준편차는 각각

$$S = \sqrt{\frac{1}{n-1}\Big(\sum_{i=1}^{n}X_i^2 - n\bar{X}^2\Big)},$$

$$s = \sqrt{\frac{1}{n-1}\Big(\sum_{i=1}^{n}s_i^2 - n\bar{s}^2\Big)}$$

이다.

이제 불편분산을 정의하여 보자.

定義 4.9 $X_1, X_2, \cdots, X_n$은 같은 확률밀도함수 $f(x)$를 갖는 모집단에서 추출한 크기 n인 확률표본이라 하자. 이때, **불편분산**(unbiased deviation) U^2을

$$U^2 = \frac{1}{n}\sum_{i=1}^{n}(X_i - \bar{X})^2$$

으로, 확률표본의 **불편표준편차**(unbiased standard deviation) U는

$$U = \sqrt{U^2} = \sqrt{\frac{1}{n}\sum_{i=1}^{n}(X_i - \bar{X})^2}$$

로 정의한다.

定義 4.10 X_1, X_2, $\cdots$, X_n은 같은 확률밀도함수 $f(x)$를 갖는 모집단에서 추출한 크기 n인 확률표본이라 하자. 확률표본 X_1, X_2, X_3, $\cdots$, X_n의 관찰값을 각각 x_1, x_2, x_3, $\cdots$, x_n이라 하면 이 관찰값의 불편분산 u^2을

$$u^2 = \frac{1}{n}\sum_{i=1}^{n}(x_i - \bar{x})^2$$

으로, 관찰값의 불편표준편차 u는

$$u = \sqrt{u^2} = \sqrt{\frac{1}{n}\sum_{i=1}^{n}(x_i - \bar{x})^2}$$

로 정의한다.

표본분산과 마찬가지로 불편분산을 전개하여 간단히 정리하면, 다음과 같다.

$$U = \frac{1}{n}\sum_{i=1}^{n}X_i^2 - \bar{X}^2\,,$$
$$u = \frac{1}{n}\sum_{i=1}^{n}x_i^2 - \bar{x}^2$$

표본평균의 평균과 분산, 그리고 표본분산의 평균과 분산을 구해보자.

定理 4.1 확률밀도함수 $f(x)$와 평균 μ, 분산 σ^2을 갖는 모집단에서 추출한 크기 n인 확률표본을 X_1, X_2, X_3,$\cdots$, X_n이라 하면, X의 기댓값 $E(\bar{X})$와 분산 $\mathrm{Var}(\bar{X})$는 각각

$$E(\bar{X}) = \mu\,,$$

이고

$$\mathrm{Var}(\bar{X}) = \frac{\sigma^2}{n}$$

이다.

證明 먼저 표본평균의 평균은

$$\begin{aligned} E(\bar{X}) &= E\left(\frac{1}{n}\sum_{i=1}^{n} X_i\right) \\ &= \frac{1}{n}\sum_{i=1}^{n} E(X_i) \\ &= \frac{1}{n}\sum_{i=1}^{n} \mu \\ &= \mu \end{aligned}$$

이고, 표본분산의 분산은

$$\begin{aligned} \text{Var}(\bar{X}) &= \text{Var}\left(\frac{1}{n}\sum_{i=1}^{n} X_i\right) \\ &= \frac{1}{n^2}\text{Var}\left(\sum_{i=1}^{n} X_i\right) \\ &= \frac{1}{n^2}\sum_{i=1}^{n} \text{Var}(X_i) \\ &= \frac{1}{n^2}\sum_{i=1}^{n} \sigma^2 \\ &= \frac{\sigma^2}{n} \end{aligned}$$

이다. ■

問題 2 $X_i \sim \text{BIN}(1, p)$ $(i = 1, 2, \cdots, n)$인 확률표본이라 하자. 그러면, $E(X_i) = p$, $\text{Var}(X_i) = pq$이다. 이 경우, 표본평균 $\bar{X}$은 표본비율 $\hat{p} = \frac{1}{n}\sum_{i=1}^{n} X_i$이다. 여기서 표본비율의 평균과 분산을 구하여라.

解答 표본비율의 평균은

$$\begin{aligned} E(\hat{p}) &= E\left(\frac{1}{n}\sum_{i=1}^{n} X_i\right) \\ &= \frac{1}{n}\sum_{i=1}^{n} E(X_i) \\ &= \frac{1}{n}(np) \\ &= p \end{aligned}$$

이다. 또한 표본비율 $\hat{p}$의 분산은 다음과 같다.

$$\begin{aligned}\text{Var}(\hat{p}) &= \text{Var}\left(\frac{1}{n}\sum_{i=1}^{n} X_i\right)\\ &= \frac{1}{n^2}\sum_{i=1}^{n}\text{Var}(X_i)\\ &= \frac{1}{n^2}(n\,p\,q)\\ &= \frac{pq}{n}.\end{aligned}$$

□

定理 4.2 확률밀도함수 $f(x)$와 평균 μ, 분산 σ^2을 갖는 모집단에서 추출한 크기 n인 확률표본을 $X_1, X_2, X_3, \cdots, X_n$이라 하면,

$$E(S^2) = \sigma^2$$

이고

$$\text{Var}(S^2) = \frac{1}{n}\left(E(X^4) - \frac{n-3}{n-1}\sigma^4\right), \quad n \geqslant 2$$

이다.

證明 표본분신 S^2의 평균은

$$\begin{aligned}E(S^2) &= E\left[\frac{1}{n-1}\left(\sum_{i=1}^{n} X_i^2 - n\bar{X}^2\right)\right]\\ &= \frac{1}{n-1}E\left(\sum_{i=1}^{n} X_i^2 - n\bar{X}^2\right)\\ &= \frac{1}{n-1}\left(\sum_{i=1}^{n} E(X_i^2) - nE(\bar{X}^2)\right)\\ &= \frac{1}{n-1}\left(\sum_{i=1}^{n}[\text{Var}(X_i) + (E(X_i))^2] - n[\text{Var}(\bar{X}) + (E(\bar{X}))^2]\right)\\ &= \frac{1}{n-1}\left[n(\mu^2+\sigma^2) - n(\frac{\sigma^2}{n} + \mu^2)\right]\\ &= \frac{1}{n-1}(n-1)\sigma^2\\ &= \sigma^2\end{aligned}$$

이다. 두 번째 표본분산의 분산공식은

$$\begin{aligned}
\mathrm{Var}(S^2) &= \mathrm{Var}\Big(\frac{1}{n-1}\sum_{i=1}^{n}(X_i-\bar{X})^2\Big) \\
&= \frac{1}{(n-1)^2}\mathrm{Var}\Big(\sum_{i=1}^{n}(X_i-\mu)^2 - n(\bar{X}-\mu)^2\Big) \\
&= \frac{1}{(n-1)^2}E\left[\Big(\sum_{i=1}^{n}(X_i-\mu)^2 - n\Big(\frac{1}{n}\sum_{i=1}^{n}(X_i-\mu)\Big)^2\Big)^2\right] - \Big(E(S^2)\Big)^2
\end{aligned}$$

이므로

$$\begin{aligned}
\mathrm{Var}(S^2) &= \frac{1}{(n-1)^2}E\left[\Big(\sum_{i=1}^{n}(X_i-\mu)^2 - n\Big(\frac{1}{n}\sum_{i=1}^{n}(X_i-\mu)\Big)^2\Big)^2\right] - \sigma^4 \\
&= \frac{1}{(n-1)^2}E\Big\{\sum_{i=1}^{n}(X_i-\mu)^4 + \sum\sum_{i\neq j}(X_i-\mu)^2(X_j-\mu)^2 \\
&\quad - \frac{2}{n}\Big[\sum_{i=1}^{n}(X_i-\mu)^4 + \sum\sum_{i\neq j}(X_i-\mu)^2(X_j-\mu)^2 \\
&\qquad + \sum_{i}\sum\sum_{j\neq k}(X_i-\mu)^2(X_j-\mu)(X_k-\mu)\Big] \\
&\quad + \frac{1}{n^2}\Big[\sum_{i=1}^{n}(X_i-\mu)^4 + \sum\sum_{i\neq j}(X_i-\mu)^3(X_j-\mu) \\
&\qquad + 2\sum_{i}\sum\sum_{j\neq k}(X_i-\mu)^2(X_j-\mu)(X_k-\mu) \\
&\qquad + 2\sum\sum_{i\neq j}(X_i-\mu)^2(X_j-\mu)^2 \\
&\qquad + 4\sum\sum\sum\sum_{i\neq j\neq k\neq l}(X_i-\mu)(X_j-\mu)(X_k-\mu)(X_l-\mu) \\
&\qquad + 4\sum\sum\sum_{i\neq j\neq k}(X_i-\mu)^2(X_j-\mu)(X_k-\mu)\Big] - \sigma^4 \\
&= \frac{1}{(n-1)^2}\Big(n\mu_4 + n(n-1)\sigma^4 - \frac{2}{n}\big(n\mu_4 + n(n-1)\sigma^4\big) \\
&\qquad + \frac{1}{n^2}\big(n\mu_4 + n(n-1)\sigma^4 + 2n(n-1)\sigma^4\big)\Big) \\
&= \frac{1}{(n-1)^2}\left(\frac{(n-1)^2}{n}\mu_4 - \frac{(n-3)(n-1)}{n}\sigma^4\right) \\
&= \frac{1}{n}\left(\mu_4 - \frac{n-3}{n-1}\sigma^4\right)
\end{aligned}$$

이다. ∎

系 4.1 확률밀도함수 $f(x)$와 평균 μ, 분산 σ^2을 갖는 모집단에서 추출한 크기 n인 확률표본을 X_1, X_2, X_3, $\cdots$, X_n이라 하자. 이때 표본분산

$$S^2 = \frac{1}{n-1}\sum_{i=1}^{n}(X_i - \bar{X})^2$$

의 대용으로 다음과 같은 식을 사용한다.

$$S^2 = S_1^2 = \frac{1}{2n(n-1)}\sum_{i=1}^{n}\sum_{j=1}^{n}(X_i - X_j)^2\,,$$

$$S^2 = S_2^2 = \frac{1}{2(n-1)}\sum_{i=1}^{n-1}(X_i - X_{i+1})^2\,.$$

이 경우, $E(S_1^2) = E(S_2^2) = \sigma^2$이 성립한다.

證明 분산공식 S^2을 이용하면

$$\begin{aligned}
S^2 &= \frac{1}{n-1}\sum_{i=1}^{n}(X_i - \bar{X})^2 \\
&= \frac{1}{n(n-1)}\sum_{i=1}^{n}\sum_{j=1}^{n}(X_i - X_j + X_j + \bar{X})^2 \\
&= \frac{1}{n(n-1)}\sum_{i=1}^{n}\sum_{j=1}^{n}\{(X_i - X_j)^2 - 2(X_i - X_j)(X_j - \bar{X}) + (X_j - \bar{X})^2\} \\
&= \frac{1}{n(n-1)}\Big[\sum_{i=1}^{n}\sum_{j=1}^{n}(X_i - X_j)^2 - 2\sum_{i=1}^{n}\sum_{j=1}^{n}(X_i - X_j)(X_j - \bar{X}) \\
&\qquad\qquad + \sum_{i=1}^{n}\sum_{j=1}^{n}(X_j - \bar{X})^2\Big] \\
&= \frac{1}{n(n-1)}\Big[\sum_{i=1}^{n}\sum_{j=1}^{n}(X_i - X_j)^2 - 2n\sum_{j=1}^{n}(X_j - \bar{X})^2 + n\sum_{j=1}^{n}(X_j - \bar{X})^2\Big] \\
&= \frac{1}{n(n-1)}\sum_{i=1}^{n}\sum_{j=1}^{n}(X_i - X_j)^2 - \frac{1}{n-1}\sum_{j=1}^{n}(X_j - \bar{X})^2 \\
&= \frac{1}{n(n-1)}\sum_{i=1}^{n}\sum_{j=1}^{n}(X_i - X_j)^2 - S^2
\end{aligned}$$

이므로 이 식을 정리하면

$$S^2 = S_1^2 = \frac{1}{2n(n-1)} \sum_{i=1}^{n} \sum_{j=1}^{n} (X_i - X_j)^2$$

이다. 따라서 $E(S^2) = E(S_1^2) = \sigma^2$임을 알 수 있다. S_2^2역시 비슷한 방법으로 유도할 수 있으며 여기서는 $E(S^2) = E(S_2^2) = \sigma^2$임을 보이자. 먼저

$$\begin{aligned} E\Big(\sum_{i=1}^{n-1}(X_i - X_{i+1})^2\Big) &= E\Big(\sum_{i=1}^{n-1}(X_i - \bar{X} + \bar{X} - X_{i+1})^2\Big) \\ &= E\Big(\sum_{i=1}^{n-1}(X_i - \bar{X})^2 + 2\sum_{i=1}^{n-1}(X_i - \bar{X})(X_{i+1} - \bar{X}) \\ &\qquad + \sum_{i=1}^{n-1}(X_{i+1} - \bar{X})^2\Big) \\ &= E\Big(\sum_{i=1}^{n-1}(X_i - \bar{X})^2\Big) + E\Big(\sum_{i=1}^{n-1}(X_{i+1} - \bar{X})^2\Big) \\ &= 2(n-1)\sigma^2 \end{aligned}$$

이므로 $E(S_2^2) = \sigma^2$이다. ■

4.2 중심극한정리

이 절에서 설명할 핵심내용은 중심극한정리이다. 중심극한정리는 앞절에서도 언급 했드시 주어진 확률변수열을 표준화 시켜 표준정규분포로 수렴하게 만드는 과정이다. 이 정리의 증명은 미적분학에서의 Taylor의 정리와 Taylor의 급수식을 알고 있으면 어렵지 않다. 그런데 이 중심극한정리를 증명하기 위하여, 몇가지 기본적인 사실을 이해하여야 하므로, 이를 먼저 살펴보고 다음에 중심극한정리를 증명하여 보자.

定義 4.11 확률변수열 $\{X_n\}$의 분포함수열을 $\{F_n\}$이라 하고, $F(x)$를 어떤 확률변수 X의 분포함수라 하자. 이 경우, $F_n(x) = P\{X_n \leqslant x\}$ 인 관계가 성립하고,

$$\lim_{n\to\infty} F_n(x) = F(x), \quad (F(x)\text{는 모든 실수 } x\text{에 대하여 연속})$$

이면, **확률변수열** $\{X_n\}$은 **확률변수** X로 **분포수렴**한다고 말하고 기호로,

$$X_n \xrightarrow{d} X$$

로 쓰기로 한다. 또한, 함수 $F(x)$를 확률변수열 $\{X_n\}$의 **극한분포**(limiting distribution)라 한다.

다음에 확률변수의 분포가 어떤 특정 값에 집중되는있는 분포가 있는데 그 분포는 다음과 같다.

定義 4.12 분포함수 $F(x)$가 임의의 상수 c에 대하여,

$$F(x) = \begin{cases} 0, & x < c \\ 1, & x \geqslant c \end{cases}$$

이면, $F(x)$는 **점 c에서의 퇴화분포**(degenerate distribution)**의 분포함수**라 한다.

위의 정의와 관련하여 확률수렴(stochastic convergence)을 소개한다.

定義 4.13 확률변수열 $\{X_n\}$에 대응하는 분포함수열 $\{F_n(x)\}$이 임의의 점 c에서 퇴화하는 극한분포 $F(x)$를 가지면, 확률변수열 $\{X_n\}$은 상수 c로 **확률수렴**(stochastic convergence)한다고 말한다.

定義 4.14 $\{X_n\}$을 확률변수열, c를 임의의 상수라 하자. 모든 $\epsilon > 0$에 대하여,

$$\lim_{n\to\infty} P\{\,|X_n - c| < \epsilon\,\} = 1$$

이면 확률변수열 $\{X_n\}$은 상수 c로 **확률수렴**(stochastic convergence)한다고 말한다.

확률수렴과 관련이 있는 흥미있는 문제가 대수의 법칙(law of large numbers)이다. 이 대수의 법칙은 확률변수들이 주어졌을 때 궁극적으로 어떤 값으로 수렴하는지(확률적으로)를 밝히는 문제이다. 이와 관련된 예는 중심극한정리를 먼저 이해하여야 하므로 중심극한정리를 증명한 다음에 소개한다.

중심극한정리를 증명하기 전에 다음 공식을 소개한다. 이 공식은 아래 문제와 주심극한정리를 증명할 때 이용할 것이다.

(1) 수열 $\{\epsilon_n\}$에 대하여 $\lim\limits_{n\to\infty} \epsilon_n = c$ (c는 상수)이면,

$$\lim_{n\to\infty}\left(1+\frac{\epsilon_n}{n}\right)^n = e^c,$$

(2) 수열 $\{\epsilon_n\}$에 대하여 $\lim\limits_{n\to\infty} \epsilon_n = 0$이면, 다음이 성립한다.

$$\lim_{n\to\infty}\left(1+\frac{c}{n}+\frac{\epsilon_n}{n}\right)^n = e^c.$$

이제 다음 정리를 소개 한다. 이 정리의 증명은 생략하고 기술한다.

定理 4.3 확률변수열 $\{X_n\}$의 분포함수열과 적률모함수열을 각각 $\{F_n(x)\}$, $\{M_n(t)\}$ 이라 하고, $M(t)$를 분포함수 $F(x)$의 적률모함수라 하자. 이 경우, 모든 $|t| < h$ $(h > 0)$에 대하여

$$\lim_{n\to\infty} M_n(t) = M(t)$$

이면, 모든 $F(x)$의 연속인 점 x에 대하여

$$\lim_{n\to\infty} F_n(x) = F(x)$$

이다.

위의 정리를 쉽게 설명하면, 확률변수 X_n에 대응하는 적률모함수열 $\{M_n(t)\}$의 극한 $M(t)$가 존재하면, 이에 대응하는 분포함수열 $F_n(x)$의 극한분포도 역시 $F(x)$로 존재한다. 이때, $F(x)$는 적률모함수 $M(t)$의 분포함수이고, $F(x)$ 역시 확률변수 X의 분포함수가 된다는 것이다. 결국 이 정리에서 알 수 있는 사실은 임의의 분포함수열이 분포함수로 수렴하는 것을 증명하려면, 임의의 적률모함수열이 적률모함수로 수렴하는 것을 증명하면 된다는 것이다.
이제 몇가지 예를 들어보자.

問題 1 베르누이 분포에 따르는 크기 n인 확률표본이 $X_i \sim \mathrm{BIN}(1,p)$이라 하고 제 n항까지의 합을 $X_n = \sum_{i=1}^{n} X_i$라 하자. 이 경우, $np = \mu(\mu > 0)$일 때 $n \to \infty$이고 $p \to 0$이면 X_n의 극한분포를 구하여라.

解答 앞의 정리를 이용하여 구하면

$$\begin{aligned}
M_n(t) &= E(e^{tX_n}) \\
&= E(e^{t\sum_{i=1}^{n} X_i}) \\
&= \prod_{i=1}^{n} E(e^{tX_i}) \\
&= \prod_{i=1}^{n} M_{X_i}(t) \\
&= \prod_{i=1}^{n} (q + pe^t) \\
&= (q + pe^t)^n \\
&= \left(1 - \frac{\mu}{n} + \frac{\mu e^t}{n}\right)^n \\
&= \left(1 + \frac{\mu(e^t - 1)}{n}\right)^n
\end{aligned}$$

이므로

$$\lim_{n\to\infty} M_n(t) \;=\; e^{\mu(e^t-1)} \;=\; M(t)$$

이다. 따라서 $M(t) = e^{\mu(e^t-1)}$는 평균 μ를 갖는 포아송분포의 적률모함수이므로 결국 확률변수열 X_n의 극한분포는 포아송분포에 따른다. 즉,

$$X_n \xrightarrow{d} X \sim \mathrm{POIS}(\mu)$$

이다. □

問題 2 베르누이 분포에 따르는 크기 n인 확률표본 $X_i \sim \mathrm{BIN}(1, p)$를 생각해 보자. 이때 제 n항까지의 합을 $X_n = \sum_{i=1}^{n} X_i$라 하고 $\hat{p}_n = \frac{X_n}{n}$이라 하자. 여기서 $\hat{p}_n$을 표본율(sample proportion)이라 한다. 표본율 $\hat{p}_n$의 극한분포를 구하여라.

解答 지수함수 $f(x) = e^x$의 MacLaurin의 급수식

$$f(x) = e^x = 1 + \frac{x}{1!} + \frac{x^2}{2!} + \frac{x^3}{3!} + \frac{x^4}{4!} + \cdots$$

을 이용하면, $\hat{p}_n$의 적률모함수열은

$$\begin{aligned}
M_{\hat{p}_n}(t) &= E(e^{t\hat{p}_n}) \\
&= E(e^{\frac{t}{n}\sum_{i=1}^{n} X_i}) \\
&= \prod_{i=1}^{n} E(e^{\frac{tX_i}{n}}) \\
&= \prod_{i=1}^{n} M_n(\frac{t}{n}) \\
&= \prod_{i=1}^{n} (q + pe^{t/n}) \\
&= \left[p\left(1 + \frac{t}{n} + \frac{t^2}{2n^2} + \cdots\right)\right]^n \\
&= \left(1 + \frac{pt}{n} + \frac{\epsilon_n}{n}\right)^n
\end{aligned}$$

이다. 그런데, $n \to \infty$이면 $\epsilon_n \to 0$이므로

$$\lim_{n\to\infty} M_{\hat{p}_n}(t) = e^{pt} = M(t)$$

이다. 이 식은은 적률모함수 $M(t) = e^{pt}$는 점 $x = p$에서 퇴화분포의 적률모함수이다. 따라서 표본율 $\hat{p}_n$은 성공확률 p로 확률수렴한다. □

위의 예에서 우리는 단순히 확률변수 $X_1, X_2, \cdots, X_n$이 주어졌을 때 이 확률변수들의 각각 합과 평균의 극한분포에 대하여 알아 보았다. 이제 이런 확률변수를 표준화(standardized)하여 그 극한분포를 생각해 보기로 한다. 여기서 표준화된 확률변수란 의미는 다음과 같다. 즉, X를 임의의 확률변수라 하고 X의 평균을 $E(X)$, 분산을 $\text{Var}(X)$라 했을 때,

$$Z = \frac{X - E(X)}{\sqrt{\text{Var}(X)}}$$

와 같은 형으로 만든 식 Z를 확률변수 X의 표준화라고 말하는 것이다. 결론적으로 말하면, 이런식으로 표준화된 확률변수들의 극한분포는 표준정규분포로 수렴한다는 것이다. 이것이 유명한 중심극한정리(central limit theorem)이다, 이 중심극한정리를 소개하기 전에 먼저 이와 관련된 예를 들어 본다.

問題 3 베르누이 분포에 따르는 크기 n인 확률표본 $X_i \sim \text{BIN}(1, p)$에서 제 n항까지의 합을 $S_n = \sum_{i=1}^{n} X_i$라 하자. 다음 표준화된 확률변수열의 극한분포를 구하여라.

$$Z_n = \frac{S_n - E(S_n)}{\sqrt{\text{Var}(S_n)}}$$

解答 먼저 S_n의 평균을 구하면

$$\begin{aligned} E(S_n) &= \sum_{i=1}^{n} E(X_i) \\ &= np \end{aligned}$$

이고 분산 $\text{Var}(S_n)$은

$$\begin{aligned} \sigma_n^2 &= \text{Var}(S_n) \\ &= \sum_{i=1}^{n} \text{Var}(X_i) \\ &= npq, \quad q = 1 - p \end{aligned}$$

이므로, 다음과 같은 S_n에 대한 표준화된 확률변수열

$$\begin{aligned} Z_n &= \frac{S_n - np}{\sqrt{npq}} \\ &= \frac{S_n}{\sigma_n} - \frac{np}{\sigma_n} \end{aligned}$$

를 얻는다. 이 확률변수의 극한분포를 구하기 위하여 Z_n의 적률모함수를 먼저 구하

면,

$$\begin{aligned} M_{Z_n}(t) &= E(e^{Z_n t}) \\ &= E(e^{(\frac{S_n}{\sigma_n} - \frac{np}{\sigma_n})t}) \\ &= e^{-\frac{npt}{\sigma_n}} E(e^{(\frac{S_n}{\sigma_n})t}) \\ &= \left[\left(1 - \frac{tp}{\sigma_n} + \frac{t^2p^2}{2\sigma_n^2} + \cdots\right)\right]^n \left[\left(1 + \frac{tp}{\sigma_n} + \frac{t^2p}{2\sigma_n^2} + \cdots\right)\right]^n \\ &= \left[1 + \frac{pt^2}{2\sigma_n^2} - \frac{p^2t^3}{2\sigma_n^3} + \frac{p^3t^3}{2\sigma_n^3} + \cdots\right]^n \\ &= \left[1 + \frac{(1-p)t^2}{2nq} + \frac{\epsilon_n}{n}\right]^n \\ &= \left[1 + \frac{t^2}{2n} + \frac{\epsilon_n}{n}\right]^n \end{aligned}$$

이다. 여기서 $n \to \infty$이면 $\epsilon_n \to 0$이므로

$$\lim_{n\to\infty} M_{Z_n}(t) = e^{\frac{t^2}{2}}$$

이다. 그런데 함수 $e^{\frac{t^2}{2}}$는 평균이 0이고 표준편차가 1인 표준정규분포의 적률모함수이므로 결국 표준화된 확률변수열 Z_n의 극한분포는 표준정규분포라는 것을 알 수 있다. 즉,

$$Z_n \xrightarrow{d} Z \sim N(0,1)$$

이다. □

다른 예를 들어 보자.

問題 4 n개의 확률변수 Z_i $(i = 1,\ 2,\ 3,\ \cdots,\ n)$은 자유도 1을 갖는 독립인 χ^2-분포에 따른다. 즉, $Z_i \sim \chi^2(1)$이다. 이 경우, $S_n = \sum_{i=1}^{n} Z_i$라 했을 때, S_n의 표준화된 확률변수열

$$Z_n = \frac{S_n - E(S_n)}{\sqrt{\text{Var}(S_n)}}$$

의 극한분포를 구하여라.

解答 먼저 S_n의 평균은

$$E(S_n) = \sum_{i=1}^{n} E(Z_i) = n$$

이고 분산은

$$\mathrm{Var}(S_n) = \sum_{i=1}^{n} \mathrm{Var}(Z_i) \ = \ 2n$$

이다. 또한, S_n의 적률모함수는

$$\begin{aligned} M_{S_n}(t) &= E(e^{tS_n}) \\ &= E(e^{t(Z_1+Z_2+\cdots+Z_n)}) \\ &= E(e^{tZ_1+tZ_2+\cdots+tZ_n}) \\ &= \prod_{i=1}^{n} E(e^{tZ_i}) \\ &= \prod_{i=1}^{n} (1-2t)^{-1} \\ &= (1-2t)^{-n}, \quad \left(t < \tfrac{1}{2}\right) \end{aligned}$$

이다. 다음에 표준화된 확률변수열 Z_n의 적률모함수는

$$\begin{aligned} M_{Z_n}(t) &= E\left[\exp\left\{t\left(\frac{S_n - n}{\sqrt{2n}}\right)\right\}\right] \\ &= \exp\left\{-\frac{tn}{\sqrt{2n}}\right\} E\left\{\exp\left\{\frac{tZ_n}{\sqrt{2n}}\right\}\right\} \\ &= \exp\left\{-\left(t\sqrt{\frac{2}{n}}\left(\frac{n}{2}\right)\right)\right\}\left(1 - 2\frac{t}{\sqrt{2n}}\right)^{-\frac{n}{2}} \\ &= \left(e^{t\sqrt{2/n}} - t\sqrt{\frac{2}{n}}e^{t\sqrt{2/n}}\right)^{-\frac{n}{2}}, \quad \left(t < \frac{\sqrt{2n}}{2}\right) \end{aligned}$$

이다. 위의 식에서 지수함수 $e^{t\sqrt{2/n}}$를 제 4항까지 테일러 전개식으로 나타내면,

$$e^{t\sqrt{2/n}} = 1 + t\sqrt{\frac{2}{n}} + \frac{1}{2!}\left(t\sqrt{\frac{2}{n}}\right)^2 + \frac{e^{\theta_n}}{3!}\left(t\sqrt{\frac{2}{n}}\right)^3, \quad \left(0 < \theta_n < t\sqrt{\frac{2}{n}}\ \right)$$

이므로

$$\begin{aligned} M_{Z_n}(t) \ = \ \Bigg[&\left(1 + t\sqrt{\frac{2}{n}} + \frac{1}{2!}\left(t\sqrt{\frac{2}{n}}\right)^2 + \frac{e^{\theta_n}}{3!}\left(t\sqrt{\frac{2}{n}}\right)^3\right) \\ &- t\sqrt{\frac{2}{n}}\left(1 + t\sqrt{\ } + \frac{1}{2!}\left(t\sqrt{\frac{2}{n}}\right)^2 + \frac{e^{\theta_n}}{3!}\left(t\sqrt{\frac{2}{n}}\right)^3\right)\Bigg]^{-n/2}, \left(0 < \theta_n < t\sqrt{\frac{2}{n}}\ \right) \end{aligned}$$

이다. 이 식을 간단히 정리하면,

$$M_{Z_n}(t) = \left(1 - \frac{t^2}{n} + \frac{\epsilon_n}{n}\right)^{-n/2}$$
$$\left(\text{여기서, } \epsilon_n = \frac{\sqrt{2}t^3 e^{\theta_n}}{3\sqrt{n}} - \frac{\sqrt{2}t^3}{\sqrt{n}} - \frac{2t^4 e^{\theta_n}}{3n} \text{이다.}\right)$$

이다. 이때 $n \to \infty$이면 식 $0 < \theta_n < t\sqrt{\frac{2}{n}}$에서 $t\sqrt{\frac{2}{n}} \to 0$이므로 $\theta_n \to 0$이다. 또한, $\epsilon_n \to 0$이다. 그러므로

$$\begin{aligned}\lim_{n\to\infty} M_{Z_n}(t) &= \lim_{n\to\infty}\left(1 - \frac{t^2}{n} + \frac{\epsilon_n}{n}\right)^{-\frac{n}{2}} \\ &= e^{\frac{t^2}{2}}\end{aligned}$$

이다. 이로부터 Z_n의 극한분포는 표준정규분포 즉, $Z_n \xrightarrow{d} Z \sim N(0,1)$이다. □

지금까지 적률모함수를 이용한 극한분포를 알아 보았다. 이제 중심극한정리를 증명해 보자. 이 중심극한정리의 핵심적인 증명과정은 위의 [문제 4]의 풀이과정과 유사하다. 여기에 확률변수들에 대한 기본적인 몇가지 가정을 추가하면 된다.

定理 4.4 확률변수 $X_1, X_2, X_3, \cdots, X_n$은 똑같은 평균 μ와 똑같은 분산 $\sigma^2 < \infty$을 갖는 분포에서 추출한 크기 n인 확률표본이라 하고 $S_n = \sum_{i=1}^{n} X_i$라 하자. 표준화된 확률변수열

$$\begin{aligned}Z_n &= \frac{S_n - E(S_n)}{\sqrt{\text{Var}(S_n)}} \\ &= \frac{\sum_{i=1}^{n} X_i - n\mu}{\sqrt{n\sigma^2}} \\ &= \frac{\frac{1}{n}\sum_{i=1}^{n} X_i - \mu}{\frac{\sigma}{\sqrt{n}}}\end{aligned}$$

의 극한분포는 평균이 0이고 표준편차가 1인 표준정규분포에 따른다. 즉 $Z_n \xrightarrow{d} Z \sim N(0,1)$이다.

證明 먼저 $X - \mu$의 적률모함수를 $m(t)$라 하면 즉,

$$m(t) = M_{X-\mu}(t) = E(e^{t(X-\mu)})$$

라 하자. 그러면, $m(0) = 1$이고

$$m'(0) = E(X - \mu) = E(X) - \mu = 0$$

이고, 또한

$$m''(0) = E(X - \mu)^2 = \sigma^2$$

이다. 더욱이 함수 $m(t)$를 $t = 0$에서 제 2항까지의 Taylor 전개식은

$$\begin{aligned} m(t) &= m(0) + \frac{m'(0)t}{1!} + \frac{m''(\theta)t^2}{2!}, \quad 0 < \theta < t \\ &= 1 + \frac{m''(\theta)t^2}{2} \end{aligned}$$

이고 이식에 항 $\frac{\sigma^2 t^2}{2}$을 더해주고 빼주면,

$$m(t) = 1 + \frac{\sigma^2 t^2}{2} + \frac{(m''(\theta) - \sigma^2)t^2}{2}$$

이다. 이 식을 이용하여 다음과 같이 정의 된 확률변수 Z_n의 적률모함수를 구해보자. 먼저

$$Z_n = \frac{\sum_{i=1}^{n}(X_i - \mu)}{\sqrt{n}\ \sigma}$$

이라 한다면,

$$\begin{aligned} M_{Z_n}(t) &= E(e^{tZ_n}) \\ &= E\left[\exp\left(t\left(\frac{\sum_{i=1}^{n}(X_i - \mu)}{\sqrt{n}\ \sigma}\right)\right)\right] \\ &= M_{\sum_{i=1}^{n}(X_i - \mu)}\left(\frac{t}{\sqrt{n}\ \sigma}\right) \\ &= \prod_{i=1}^{n} M_{X_i - \mu}\left(\frac{t}{\sqrt{n}\ \sigma}\right) \\ &= \left[M_{X-\mu}\left(\frac{t}{\sqrt{n}\ \sigma}\right)\right]^n \\ &= \left[m\left(\frac{t}{\sqrt{n}\ \sigma}\right)\right]^n \\ &= \left[1 + \frac{\sigma^2 t^2}{2n\sigma^2} + \frac{(m''(\theta) - \sigma^2)t^2}{2n\sigma^2}\right]^n, \quad 0 < |\theta| < \frac{|t|}{\sqrt{n}\ \sigma} \end{aligned}$$

이다. 그런데, $0 < |\theta| < \frac{|t|}{\sqrt{n}\ \sigma}$에서 $n \to \infty$이면 항 $\frac{|t|}{\sqrt{n}\ \sigma} \to 0$이므로 $\theta \to 0$이다. 따라서, $m''(\theta) \to \sigma^2$이고 결국 $m''(\theta) - \sigma^2 \to 0$이다. 그러므로 위의 식은

$$M_{Z_n}(t) = \left[1 + \frac{t^2}{2n} + \frac{\epsilon_n}{n}\right]^n, \quad (\text{단, } n \to \infty\text{이면 } \epsilon_n \to 0)$$

와 같이 표현 할 수 있다. 이 식의 양변에 극한을 취하면,

$$\lim_{n\to\infty} M_{Z_n}(t) = e^{\frac{t^2}{2}}$$

이다. 따라서, $Z_n \xrightarrow{d} Z \sim N(0,1)$이다. ■

다음에 소개할 정리는 이항분포를 정규분포로 근사시킨 공식이다. 이 공식은 1812년경에 De Moivre와 Laplace에 의하여 발견되었다고 하여 De Moivre-Laplace의 중심극한정리로 알려지고 있다. 이 정리의 증명은 상당히 어렵고 까다로우므로 증명없이 소개한다.

系 4.2 (De Moivre-Laplace 중심극한정리)
$X_1,\ X_2,\ \cdots,\ X_n$을 모수(성공확률) p를 갖는 이항모집단으로 추출한 크기 n인 확률표본이라 하고 $S_n = \sum_{i=1}^{n} X_i$라 하자. 이때 임의의 두 상수 $a,\ b\,(a<b)$에 대하여 다음이 성립한다.

$$\lim_{n\to+\infty} P\left\{a < \frac{S_n - np}{\sqrt{np(1-p)}} < b\right\} = \int_a^b \frac{1}{\sqrt{2\pi}} e^{-\frac{1}{2}z^2}\, dz$$

위의 식에서 $E(S_n) = np$이고, $\sigma_X = \sqrt{\mathrm{Var}(S_n)} = \sqrt{np(1-p)}$이다. 또한, 이 근사식은 보통 $np(1-p) \geqslant 10$을 만족할 때 이용한다.
이제, 대수의 법칙에 대하여 알아보자. 다음 문제를 **베르누이 대수의 강법칙**(Bernoulli strong law of large numbers)이라 한다. 이 문제는 적률모함수를 이용하여 표본비율 $\hat{p}_n$의 극한분포를 유도 한 것이다. 이 문제를 확률수렴과 관련지어 설명하면 다음과 같다.

問題 5 베르누이 분포에 따르는 크기 n인 확률표본 $X_i \sim \mathrm{BIN}(1,p)$에서 제 n항까지의 합을 $X_n = \sum_{i=1}^{n} X_i$라 하고 $\hat{p}_n = \frac{X_n}{n}$이라 하자. 표본의 수 n이 충분히 클 때 표본비율 $\hat{p}_n$은 무엇으로 확률수렴하는가?

解答 체비셰프 부등식을 이용하여 이 문제를 해결해 보자. 먼저, 평균은

$$E(\hat{p}_n) = \frac{1}{n}\sum_{i=1}^{n} E(X_i) = p$$

이고, 분산은

$$\mathrm{Var}(\hat{p}_n) = \frac{1}{n^2}\sum_{n=1}^{n} \mathrm{Var}(X_i) = \frac{pq}{n}$$

이므로, 모든 $\epsilon > 0$에 대하여,

$$P\{\,|\hat{p}_n - E(\hat{p}_n)|\, \geqslant \epsilon\} \leqslant \frac{\mathrm{Var}(\hat{p}_n)}{\epsilon^2}$$

이므로

$$\begin{aligned} P\{\,|\hat{p}_n - p|\, \geqslant \epsilon\} &\leqslant \frac{pq/n}{\epsilon^2} \\ &\leqslant \frac{pq}{n\epsilon^2} \end{aligned}$$

이다. 그런데, 여기서 $n \to \infty$이면 우변의 항 $\frac{pq}{n\epsilon^2} \to 0$이므로

$$P\{\,|\hat{p}_n - p|\, \geqslant \epsilon\} \to 0$$

이다. 따라서,

$$\lim_{n\to\infty} P\{\,|\hat{p}_n - p|\, < \epsilon\} = 1$$

이다. 결국 표본비율 $\hat{p}_n$은 성공율 p로 확률수렴한다. □

위의 [문제 5]를 좀 더 일반화하여 정리로 소개한다. 앞의 [문제 5]는 확률변수열 $\{X_n\}$이 특정분포 즉, 베르누이 분포에 따른다고 가정하였지만 반드시 그럴 필요는 없다.

定理 4.5 확률변수 X_i, $i = 1, 2, \cdots, n$은 모평균이 $\mu < \infty$이고 모분산이 $\sigma^2 < \infty$인 분포에 따르는 모집단에서 추출한 크기 n인 확률표본이라 하고 표본평균을 $\bar{X}_n = \frac{1}{n}\sum_{i=1}^{n} X_i$라 하자. 이때 $n \to \infty$이면 $\bar{X}_n = \frac{1}{n}\sum_{i=1}^{n} X_i$는 모평균 μ로 확률수렴한다.

證明 $\epsilon > 0$이라 하자. 표본평균 $\bar{X}_n$의 평균은

$$E(\bar{X}_n) = \frac{1}{n}\sum_{i=1}^{n} E(X_i) = \mu$$

이고 분산 $\mathrm{Var}(\bar{X}_n)$은

$$\begin{aligned} \mathrm{Var}(\bar{X}_n) &= \frac{1}{n^2}\sum_{n=1}^{n} \mathrm{Var}(X_i) \\ &= \frac{\sigma^2}{n} \end{aligned}$$

이다. 따라서, Chebyshev의 부등식에 의하여,

$$\begin{aligned} P\{\,|\hat{X}_n - E(X_n)|\, \geqslant \epsilon\} &= P\{\,|\hat{X}_n - \mu|\, \geqslant \epsilon\} \\ &\leqslant \frac{\sigma^2/n}{\epsilon^2} \end{aligned}$$

이다. 이때 우변의 항 $n \to \infty$이면 $\frac{\sigma^2}{n\epsilon^2} \to 0$이고

$$P\{\,|\hat{X}_n - \mu|\, \geqslant \epsilon\} \to 0$$

이므로

$$P\{\,|\hat{X}_n - \mu|\, < \epsilon\} \to 1$$

이다. 따라서, 표본평균 $\bar{X}_n = \frac{1}{n}\sum_{i=1}^{n} X_i$는 모평균 μ로 확률수렴한다. ■

표본분포에서 자주 나타나는 분포는 χ^2-분포, t-분포, F-분포 등이다. 먼저, 주어진 확률표본이 어떤 특정분포에 따를 때, 이 확률표본의 일차결합(linear combination)의 결과는 또한 어떤 분포에 따르는지를 살펴 보자. 먼저 정규분포에 따르는 확률표본의 일차결합의 분포를 생각해 보자.

定理 4.6 정규모집단으로부터 n개의 확률표본 즉, $X_i \sim N(\mu_i, \sigma_i^2)$ $(i = 1, 2, 3, \cdots, n)$을 추출하여 각 확률표본들의 일차결합을 $Y = \sum_{i=1}^{n} a_i X_i$, $(a_i \in \mathbb{R})$라 하면, 확률변수 Y의 확률분포는

$$Y = \sum_{i=1}^{n} a_i X_i \sim N\left(\sum_{i=1}^{n} a_i \mu_i, \sum_{i=1}^{n} a_i^2 \sigma_i^2\right)$$

이다.

證明 Y의 적률모함수를 이용하여 증명하면,

$$\begin{aligned}
M_Y(t) &= E(e^{tY}) \\
&= E\big(e^{t(\sum_{i=1}^{n} a_i X_i)}\big) \\
&= E(e^{t(a_1X_1 + a_2X_2 + \cdots + a_nX_n)}) \\
&= \prod_{i=1}^{n} E(e^{(ta_i)X_i}) \\
&= \prod_{i=1}^{n} M_{X_i}(a_i t) \\
&= \prod_{i=1}^{n} \exp\left\{\mu_i a_i t + \frac{\sigma_i^2 a_i^2 t^2}{2}\right\} \\
&= \exp\left\{t\left(\sum_{i=1}^{n} a_i \mu_i\right) + \frac{t^2}{2}\left(\sum_{i=1}^{n} a_i^2 \sigma_i^2\right)\right\}
\end{aligned}$$

이다. 그런데, 이 적률모함수는 평균이 $\sum_{i=1}^{n} a_i \mu_i$이고 분산이 $\sum_{i=1}^{n} a_i^2 \sigma_i^2$인 정규분포의 적

률모함수이다. 따라서,

$$Y = \sum_{i=1}^{n} a_i X_i \sim N\left(\sum_{i=1}^{n} a_i \mu_i, \sum_{i=1}^{n} a_i^2 \sigma_i^2\right)$$

임을 알 수 있다. ■

이 정리로부터 정규모집단에서 추출한 확률표본들의 일차결합된 확률변수 Y의 확률분포는 다시 정규분포에 따른다는 것을 알 수 있다. 이때, 일차결합된 확률변수 Y의 평균과 분산은 각각의 확률표본의 평균과 분산의 합으로 표시된다는 것이다. 더욱이, 이 정리에서 확률표본의 평균이 모두 같은 μ이고, 또한 분산 모두 같은 σ^2이면, 일차결합된 확률변수 Y의 확률분포는 정리 4.6의 특별한 경우가 되는데, 그 결과는 다음과 같다.

系 4.3 X_i $(i = 1, 2, \cdots, n)$는 평균이 $\mu < \infty$이고 분산이 $\sigma^2 < \infty$인 분포에 따르는 정규모집단 $N(\mu, \sigma^2)$에서 추출한 크기 n인 확률표본이라 하자. 이때, 확률변수 Y를

$$Y = \sum_{i=1}^{n} a_i X_i$$

라 하면, Y의 확률분포는

$$Y = \sum_{i=1}^{n} a_i X_i \sim N\left(\mu \sum_{i=1}^{n} a_i, \sigma^2 \sum_{i=1}^{n} a_i^2\right)$$

이다.

證明 앞의 정리 4.6에 의하면, $\mu_i = \mu$이고 $\sigma_i^2 = \sigma^2$인 경우이므로, 이 식을 정리의 결과에 대입하면 쉽게 증명이 된다. ■

이제 위의 계를 이용하여, 표본평균에 적용하여 보자.

系 4.4 X_i $(i = 1, 2, \cdots, n)$는 평균이 $\mu < +\infty$이고 분산이 $\sigma^2 < +\infty$인 분포에 따르는 정규모집단 $N(\mu, \sigma^2)$에서 추출한 크기 n인 확률표본이라 하자. 이때, 표본평균을 $\bar{X}$라 하면, $\bar{X}$의 확률분포는 다음과 같다.

$$\bar{X} \sim N(\mu, \frac{\sigma^2}{n})$$

證明 $\bar{X}$의 적률모함수를 이용하여 증명하면,

$$\begin{aligned} M_{\bar{X}}(t) &= E(e^{t\bar{X}}) \\ &= E\left(\exp\left\{\frac{t}{n}\sum_{i=1}^{n} X_i\right\}\right) \\ &= \prod_{i=1}^{n} E(e^{\frac{X_i}{n}t}) \\ &= \prod_{i=1}^{n} M_{X_i}(\tfrac{t}{n}) \\ &= \prod_{i=1}^{n} e^{\mu\frac{t}{n}+\frac{1}{2}\sigma^2\frac{t^2}{n^2}} \\ &= e^{\mu t+\frac{1}{2}(\frac{\sigma^2}{n})t^2} \end{aligned}$$

이다. 이로부터, $\bar{X}$의 확률분포는 평균이 μ이고 분산이 $\frac{\sigma^2}{n}$인 정규분포 즉,

$$\bar{X} \sim N(\mu, \frac{\sigma^2}{n})$$

임을 알 수 있다. ■

4.3 χ^2-분포, t-분포, F-분포

이 절에서는 표본분포로서 자주 나오는 몇가지 분포를 소개한다. 특히, 이 표본분포는 통계추정과 가결검정론의 핵심적인 역할을 한다. 첫 번째로 χ^2-분포, 두 번째로 Student의 t-분포, 마지막으로 Snedecor의 F-분포를 소개한다. 먼저 χ^2-분포를 설명한다. χ^2-분포는 이미 앞에서 설명하였으므로 다시 정리하면, χ^2-분포는 다음과 같다.

定義 4.15 확률변수 X의 확률밀도함수가

$$f(x;\nu) = \begin{cases} \frac{1}{\Gamma(\frac{\nu}{2})2^{\frac{\nu}{2}}} x^{\frac{\nu}{2}-1}\, e^{-\frac{x}{2}}, & 0 < x < \infty \\ 0, & -\infty < x < 0 \end{cases}$$

이면, X는 자유도 ν를 갖는 χ^2-분포에 따른다고 하고, 기호로 $X \sim \chi^2(\nu)$라 쓰기로 한다.

χ^2-분포의 평균, 분산 및 적률모함수는 유도하여 보자. 평균, 분산 및 적률모함수는 이미 앞에서 증명하였으므로 여기에서는 X의 제 n차 적률 $E(X^n)$을 구해 보자.

定理 4.7 $X \sim \chi^2(\nu)$라 하면,

(1) $E(X) = \nu$.

(2) $\text{Var}(X) = 2\nu$.

(3) X의 적률모함수는 $M_X(t) = (1-2t)^{-\frac{\nu}{2}}$이다.

(4) X의 제 n차 적률모함수는

$$E(X^n) = 2^n \frac{\Gamma(\frac{\nu}{2}+n)}{\Gamma(\frac{\nu}{2})}$$

이다.

證明 (4)번만 증명하기로 한다.

$$\begin{aligned} E(X^n) &= \int_{-\infty}^{+\infty} x^n f(x;\nu)\,dx \\ &= \int_0^{+\infty} x^n \frac{1}{\Gamma(\frac{\nu}{2})\,2^{\frac{\nu}{2}}} x^{\frac{\nu}{2}-1}\,e^{-\frac{x}{2}}\,dx \end{aligned}$$

이다. 여기서 변수변환 $z = \frac{\nu}{2}$을 이용하면, 위의 적분은

$$\begin{aligned} E(X^n) &= \frac{1}{\Gamma(\frac{\nu}{2})\,2^{\frac{\nu}{2}}} \int_0^{+\infty} (2z)^n (2z)^{\frac{\nu}{2}-1}\,e^{-z}\,2dz \\ &= \frac{2^n}{\Gamma(\frac{\nu}{2})} \int_0^{+\infty} z^{(\frac{\nu}{2}+n)-1}\,e^{-z}\,dz \\ &= 2^n \frac{\Gamma(\frac{\nu}{2}+n)}{\Gamma(\frac{\nu}{2})} \end{aligned}$$

이다. ■

다음 정리는 감마분포의 모수를 적당히 변환하면, χ^2-분포로 변환할 수 있음을 보여주는 정리이다.

定理 4.8 $Y \sim \text{GAM}(\frac{1}{\theta}, \kappa)$이면, $X = \frac{2Y}{\theta} \sim \chi^2(2\kappa)$이다.

證明 적률모함수를 이용하면,

$$
\begin{aligned}
M_X(t) &= E(e^{tX}) \\
&= E(e^{t(\frac{2Y}{\theta})}) \\
&= M_Y(\frac{2t}{\theta}) \\
&= (1-\theta\frac{2t}{\theta})^{-\kappa} \\
&= (1-2t)^{-\frac{(2\kappa)}{2}}
\end{aligned}
$$

이다. 따라서, $X = \frac{2Y}{\theta} \sim \chi^2(2\kappa)$이다. ■

이제 χ^2-분포에 따르는 독립인 n개의 확률변수가 주어졌을 때, 이 확률변수들의 일차결합(linear combination)의 확률분포는 어떤 분포에 따르는지를 살펴 보기로 하자. 이 결과, 역시 매우 중요하다.

定理 4.9 확률변수 X_i $(i = 1, 2, \cdots, n)$가 서로 독립이고 $X_i \sim \chi^2(\nu_i)$이라 하자. 이때, $X = X_1 + X_2 + \cdots + X_n$이라 하면, $X \sim \chi^2(\nu_1 + \nu_2 + \cdots + \nu_n)$이다.

證明 적률모함수를 이용하면,

$$
\begin{aligned}
M_X(t) &= E(e^{tX}) \\
&= E\left(e^{t(X_1+X_2+\cdots+X_n)}\right) \\
&= \prod_{i=1}^{n} E(e^{tX_i}) \\
&= \prod_{i=1}^{n} (1-2t)^{-\nu_i/2} \\
&= (1-2t)^{-(\nu_1+\nu_2+\cdots+\nu_n)/2}
\end{aligned}
$$

이다. 따라서, $X = X_1 + X_2 + \cdots + X_n$이라 하면, $X \sim \chi^2(\nu_1 + \nu_2 + \cdots + \nu_n)$이다. ■

다음은 표준정규분포에 따르는 확률변수와 χ^2-분포에 따르는 확률변수사이의 관계식이다.

定理 4.10 $Z \sim N(0,1)$이면, $Z^2 \sim \chi^2(1)$이다.

證明 Z^2의 적률모함수는

$$\begin{aligned} M_{Z^2}(t) &= E(e^{tZ^2}) \\ &= \int_{-\infty}^{+\infty} e^{tz^2}\frac{1}{\sqrt{2\pi}}e^{-\frac{z^2}{2}}\,dz \\ &= \frac{1}{\sqrt{2\pi}}\int_{-\infty}^{+\infty}\exp\left\{-\frac{z^2}{2}+tz^2\right\}dz \\ &= \frac{1}{\sqrt{2\pi}}\int_{-\infty}^{+\infty}\exp\left\{-\frac{z^2}{2}(1-2t)\right\}dz \end{aligned}$$

이다. 여기서, 변수변환 $u=\frac{z\sqrt{1-2t}}{\sqrt{2}}$을 이용하면, $z=\frac{\sqrt{2}u}{\sqrt{1-2t}}$이고 $dz=\frac{\sqrt{2}}{\sqrt{1-2t}}du$이므로,

$$\begin{aligned} M_{Z^2}(t) &= \frac{1}{\sqrt{2\pi}}\int_{-\infty}^{+\infty} e^{-u^2}\frac{\sqrt{2}}{\sqrt{1-2t}}\,du \\ &= \frac{1}{\sqrt{\pi(1-2t)}}\int_{-\infty}^{+\infty} e^{-u^2}\,du \\ &= \frac{1}{\sqrt{\pi(1-2t)}}\sqrt{\pi} \\ &= (1-2t)^{-\frac{1}{2}} \end{aligned}$$

이다. 따라서, Z^2은 자유도 1을 갖는 χ^2-분포에 따른다는 것을 알 수 있다. ■

정리 4.10의 결과로서 다음의 계를 얻을 수가 있다.

系 4.5 $X_i \sim N(\mu,\sigma^2)$ $(i=1,\ 2,\cdots,\ n)$인 크기 n인 확률표본이라 하면,

$$\sum_{i=1}^{n}\frac{(X_i-\mu)^2}{\sigma^2}\sim\chi^2(n)$$

이다.

證明 주어진 확률변수는 $X_i \sim N(\mu,\sigma^2)$이므로 표준정규화 하면,

$$Z_i=\frac{X_i-\mu}{\sigma}\sim N(0,1),\quad i=1,2,\cdots,n$$

이다. 또한, 정리 4.10에 의하여,

$$Z_i^2=\left(\frac{X_i-\mu}{\sigma}\right)^2\sim\chi^2(1),\quad i=1,2,\cdots,n$$

이므로

$$\sum_{i=1}^{n}Z_i^2=\sum_{i=1}^{n}\left(\frac{X_i-\mu}{\sigma}\right)^2\sim\chi^2(n)$$

임을 알 수 있다. ■

系 4.6 $X_i \sim N(\mu, \sigma^2)$ $(i = 1, 2, \cdots, n)$인 크기 n인 확률표본이라 하고, 이 확률표본의 표본평균을 $\bar{X} = \frac{1}{n}\sum_{i=1}^{n} X_i$라 하면,

$$\frac{n(\bar{X}-\mu)^2}{\sigma^2} \sim \chi^2(1)$$

이다.

證明 $X_i \sim N(\mu, \sigma^2)$임을 알고, 표본평균을 만들면 $\bar{X} = \frac{1}{n}\sum_{i=1}^{n} X_i$ 이다. 그런데, 계 4.3에 의하면

$$\bar{X} \sim N(\mu, \frac{\sigma^2}{n})$$

이므로 이것을 표준정규화하면,

$$\frac{\bar{X}-\mu}{\frac{\sigma}{\sqrt{n}}} \sim N(0,1)$$

이다. 또한 정리 4.10에 의하여,

$$\left(\frac{\bar{X}-\mu}{\frac{\sigma}{\sqrt{n}}}\right)^2 \sim \chi^2(1)$$

이다. 즉,

$$\frac{n(\bar{X}-\mu)^2}{\sigma^2} \sim \chi^2(1)$$

이다. ■

定理 4.11 $X_i \sim N(\mu, \sigma^2)$ $(i = 1, 2, \cdots, n)$을 크기 n인 확률표본이라 하면,

(1) $\bar{X}$와 $(X_i - \bar{X})$ $(i = 1, 2, \cdots, n)$은 서로 독립이다.

(2) 표본평균 $\bar{X}$와 표본분산 S^2은 서로 독립이다.

(3) $\frac{(n-1)S^2}{\sigma^2} \sim \chi^2(n-1)$이다.

證明 (1) 먼저,

$$\begin{aligned}\sum_{i=1}^{n}\frac{(x_i-\mu)^2}{\sigma^2} &= \sum_{i=1}^{n}\frac{(x_i-\mu-\bar{x}+\bar{x})^2}{\sigma^2}\\ &= \sum_{i=1}^{n}\frac{\big((x_i-\bar{x})+(\bar{x}-\mu)\big)^2}{\sigma^2}\\ &= \sum_{i=1}^{n}\frac{(x_i-\bar{x})^2-2(x_i-\bar{x})(\bar{x}_i-\mu)+(\bar{x}-\mu))}{\sigma^2}\\ &= \sum_{i=1}^{n}\frac{(x_i-\bar{x})^2}{\sigma^2}+\frac{n(\bar{x}-\mu)^2}{\sigma^2}\end{aligned}$$

이므로, X_1, X_2, $\cdots$, X_n의 결합확률밀도함수는

$$\begin{aligned}f(x_1,x_2,\cdots,x_n) &= \frac{1}{(2n)^{\frac{n}{2}}\sigma^n}\exp\left\{-\frac{1}{2}\sum_{i=1}^{n}\frac{(x_i-\mu)^2}{\sigma^2}\right\}\\ &= \frac{1}{(2n)^{\frac{n}{2}}\sigma^n}\exp\left\{-\frac{1}{2\sigma^2}\left(\sum_{i=1}^{n}(x_i-\bar{x})^2+n(\bar{x}-\mu)^2\right)\right\}\end{aligned}$$

으로 쓸 수 있다. 여기서, 변수변환

$$\begin{cases}y_1=\bar{x},\\ y_i=x_i-\bar{x}, \quad i=2,3,\cdots n,\end{cases}$$

을 이용하면,

$$\begin{cases}x_1=ny_1-(x_2+x_3+\cdots+x_n)\\ x_2=y_i+\bar{x}, \quad i=2,3,\cdots n,\end{cases}$$

이다. 그런데, 이 식을 다시 정리하면

$$\begin{cases}x_1=ny_1-(n-1)y_1-(y_2+\cdots+y_n)=y_1-(y_2+\cdots+y_n),\\ x_i=y_i+y_1, \quad i=2,3,\cdots n,\end{cases}$$

이다. 따라서, 함수행렬식은 $J=n$이고,

$$\begin{aligned}x_1-\bar{x} &= -\sum_{i=2}^{n}(x_i-\bar{x})\\ &= -\sum_{i=1}^{n}y_i\end{aligned}$$

이며,

$$\sum_{i=1}^{n}(x_i - \bar{x})^2 \;=\; \left(-\sum_{i=2}^{n} y_i\right) + \sum_{i=2}^{n} y_i^2$$

이므로, $y_1 = \bar{x}$일 때, y_1, y_2, $\cdots$, y_n의 결합확률밀도함수는

$$\begin{aligned} g(y_1, y_2, \cdots, y_n) &= \frac{1}{(2n)^{\frac{n}{2}}\sigma^n} \\ &\quad \times \exp\left\{-\frac{1}{2\sigma^2}\left[\left(-\sum_{i=2}^{n} y_i + \sum_{i=2}^{n} y_i^2 + n(y_1-\mu)^2\right)^2\right]\right\} \cdot |J| \\ &= \frac{1}{(2n)^{\frac{n}{2}}\sigma^n} \\ &\quad \times \exp\left\{-\frac{1}{2\sigma^2}\left[\left(-\sum_{i=2}^{n} y_i + \sum_{i=2}^{n} y_i^2 + n(y_1-\mu)^2\right)^2\right]\right\} \cdot n \end{aligned}$$

이다. 그런데, $Y_1 = \bar{X}$의 주변확률밀도함수는

$$g_1(y_1) = \frac{\sqrt{n}}{\sigma\sqrt{2n}} \exp\left\{-\frac{n(y_1-\mu)^2}{2\sigma^2}\right\}$$

이고 또한, $Y_1 = y_1$이 주어졌을 때 Y_2, Y_3, $\cdots$, Y_n의 조건부 확률밀도함수는

$$g_2(y_2, y_3, \cdots, y_n) \;=\; \sqrt{n}\left(\frac{1}{\sigma\sqrt{2\pi}}\right)^2 \times \exp\left\{-\frac{Q}{2\sigma^2}\right\}$$

$$(\text{단, } Q = (ny_1 - y_2 - y_n - y_1)^2 + \sum_{i=2}^{n}(y_i - y_1)^2 \text{이다.})$$

이므로

$$g(y_1, y_2, \cdots, y_n) = g_1(y_1) \cdot g_2(y_2, y_3, \cdots, y_n)$$

로 표시할 수 있으므로, 두 확률변수 $Y_1 = \bar{X}$와 $Y_i = X_i - \bar{X}$ $(i = 2,\ 3,\ \cdots,\ n)$은 서로 독립임을 알 수 있다.

(2) (1)의 결과에 의하여 표본분산 S^2은 $X_i - \bar{X}$의 함수이므로 명백히 두 확률변수 $\bar{X}$와 S^2은 서로 독립이다.

(3) 위의 (1)번을 다시 이용하여,

$$\begin{aligned} V_1 &= \sum_{i=1}^{n}\frac{(X_i-\mu)^2}{\sigma^2} \\ &= \sum_{i=1}^{n}\frac{\left((X_i-\bar{X}) + (\bar{X}-\mu)\right)^2}{\sigma^2} \\ &= \frac{(n-1)S^2}{\sigma^2} + \frac{n(\bar{X}-\mu)^2}{\sigma^2} \\ &= V_2 + V_3 \end{aligned}$$

라 하자. 그런데 확률변수 $V_1 \sim \chi^2(n)$이고 확률변수 $V_3 \sim \chi^2(1)$이다. 더욱이, V_2와 V_3는 서로 독립이므로, 두 확률변수의 적률모함수 사이에는

$$\begin{aligned} M_{V_1}(t) &= E(e^{t(V_2+V_3)}) \\ &= E(e^{tV_2})E(e^{tV_3}) \\ &= M_{V_2}(t) \cdot M_{V_3}(t) \end{aligned}$$

인 관계식이 성립한다. 위의 적률모함수를 확률변수 V_2에 관하여 정리하면,

$$\begin{aligned} M_{V_2}(t) &= \frac{M_{V_1}(t)}{M_{V_3}(t)} \\ &= \frac{(1-2t)^{-\frac{n}{2}}}{(1-2t)^{-\frac{1}{2}}} \\ &= (1-2t)^{-\frac{n-1}{2}} \end{aligned}$$

이다. 따라서, 확률변수 V_2는 자유도 $n-1$을 갖는 χ^2-분포에 따른다. ■

다음은 t-분포에 대하여 알아보자. t-분포와 관련된 재미있는 이야기가 하나 있다. 원래 이 t-분포를 발견한 사람은 양조회사에서 주류를 연구하는 연구원 W.S. Gosset이라고 알려져 있다. t-분포를 발견한 그는 논문을 발표하려고 하였으나, 그 당시에는 회사 규정상 논문을 발표할 수 없게 되어 있어서 고심한 끝에 그는 학생(student)이라는 가명으로 몰래 투고하여, 결국에는 이 논문을 발표하였다고 한다. 그래서, t-분포를 종종 스튜던트의 t-분포라고도 한다.

t-분포는 다음과 같이 유도할 수가 있다.

定理 4.12 $Z \sim N(0,1)$이라 하고 $V \sim \chi^2(\nu)$라 하자. 이때, 두 확률변수 Z와 V가 독립이고, 두 확률변수 사이에

$$T = \frac{Z}{\sqrt{\frac{V}{\nu}}}$$

인 관계가 성립하면, T의 확률밀도함수는

$$f(t;\nu) = \frac{\Gamma\left(\frac{\nu+1}{2}\right)}{\Gamma\left(\frac{\nu}{2}\right)} \frac{1}{\sqrt{\pi\nu}} \left(1+\frac{t^2}{\nu}\right)^{-\frac{(\nu+1)}{2}}, \quad -\infty < t < \infty$$

이다. 이 확률밀도함수를 **자유도 ν를 갖는 Student의 t-분포**라 부른다. 확률변수 T가 자유도 ν를 갖는 Student의 t-분포에 따를 때 기호로 $T \sim t(\nu)$라 쓰기로 한다.

證明 두 확률변수 Z와 V의 결합확률밀도함수는

$$f_{Z,V}(z,v)=\frac{1}{\sqrt{2\pi}}e^{-\frac{z^2}{2}}\cdot\frac{1}{\Gamma(\frac{\nu}{2})\,2^{\frac{\nu}{2}}}v^{\frac{\nu}{2}-1}e^{-\frac{v}{2}},\quad -\infty<z<+\infty, 0<v<+\infty$$

이다. 이때 변수변환 $t=\frac{z}{\sqrt{\frac{v}{\nu}}}$, $w=v$을 이용하면, 역변환은 $z=t\sqrt{\frac{w}{\nu}}$, $v=w$이다. 이 경우, 함수행렬식 J는

$$J=\sqrt{\frac{w}{\nu}}$$

이다. 따라서, 확률변수 T와 W의 결합확률밀도함수는

$$f_{T,W}(t,w)=\frac{1}{\sqrt{2\pi}}e^{-\frac{wt^2}{2\nu}}\cdot\frac{1}{\Gamma(\frac{\nu}{2})\,2^{\frac{\nu}{2}}}w^{\frac{\nu}{2}-1}e^{-\frac{w}{2}}\cdot|J|$$

이다. 따라서 함수행렬식을 대입하면,

$$f_{T,W}(t,w)=\frac{1}{\sqrt{2\pi}}e^{-\frac{wt^2}{2\nu}}\cdot\frac{1}{\Gamma(\frac{\nu}{2})\,2^{\frac{\nu}{2}}}w^{\frac{\nu}{2}-1}e^{-\frac{w}{2}}\sqrt{\frac{w}{\nu}},\quad -\infty<t<+\infty, 0<w<+\infty$$

이 얻어진다. 이 결합확률밀도함수를 w에 관하여 적분하면, t에 관한 주변확률밀도 함수가 얻어 지는데, 이것이 우리가 얻고자 하는 t-분포이다. 따라서,

$$\begin{aligned}f(t;\nu) &= \int_0^{+\infty}f_{T,W}(t,w)\,dw\\ &= \frac{1}{\sqrt{2\pi\nu}}\frac{1}{2^{\frac{\nu}{2}}\Gamma(\frac{\nu}{2})}\int_0^{+\infty}w^{\frac{\nu}{2}-\frac{1}{2}}e^{-\frac{1}{2}\{w(1+\frac{t^2}{\nu})\}}\,dw\end{aligned}$$

이다. 여기서, $x=\frac{1}{2}w(1+\frac{t^2}{\nu})$이라 하면,

$$\begin{aligned}f(t;\nu) &= \frac{1}{\sqrt{2\pi\nu}}\frac{1}{2^{\frac{\nu}{2}}\Gamma(\frac{\nu}{2})}\int_0^{+\infty}\frac{(2x)^{\frac{\nu-1}{2}}}{(1+\frac{t^2}{\nu})^{\frac{\nu-1}{2}}}e^{-x}\frac{2}{(1+\frac{t^2}{\nu})}\,dx\\ &= \frac{(1+\frac{t^2}{\nu})^{-\frac{\nu+1}{2}}}{\sqrt{\pi\nu}\Gamma(\frac{\nu}{2})}\int_0^{+\infty}x^{\frac{\nu+1}{2}-1}e^{-x}\,dx\\ &= \frac{\Gamma(\frac{\nu+1}{2})}{\Gamma(\frac{\nu}{2})\sqrt{\pi\nu}}\left(1+\frac{t^2}{\nu}\right)^{-\frac{\nu+1}{2}},\quad -\infty<t<+\infty\end{aligned}$$

이다. ■

t-분포는 변수 t의 우함수(even function)이므로 원점에 관하여 대칭이다. 또한 t-분포는 자유도 ν가 커질수록 표준정규분포 곡선으로 접근한다는 사실이 알려져 있다.

이제 t-분포의 평균과 분산 그리고 적률를 구해 보자.

定理 4.13 $T \sim t(\nu)$이면, $\nu > 2n$일때,

(1) 원점 주위의 T의 홀수차 적률은 영(zero)이다. 즉,

$$E(T^{2n-1}) = 0, \quad n = 1, 2, 3, \cdots$$

이다.

(2) 원점 주위의 T의 짝수차 적률은

$$E(T^{2n}) = \frac{\nu^n \Gamma(\frac{2n+1}{2})\Gamma(\frac{\nu-2n}{2})}{\Gamma(\frac{1}{2})\Gamma(\frac{\nu}{2})}, \quad n = 1, 2, 3, \cdots$$

이다.

(3) T의 평균 $E(T) = 0$이고, 분산은 $\text{Var}(T) = \frac{\nu}{\nu-2}$, $\nu > 2$이다.

證明 (1)과 (2)를 증명하기 위하여 r이 음아닌 정수일 때, T의 원점주위의 제 r차 적률은 다음과 같다.

$$E(T^r) = \int_{-\infty}^{+\infty} \frac{\Gamma\left(\frac{\nu+1}{2}\right)}{\Gamma\left(\frac{\nu}{2}\right)} \frac{1}{\sqrt{\pi\nu}} \left(1 + \frac{t^2}{\nu}\right)^{-\frac{(\nu+1)}{2}} dt\,.$$

여기서, 먼저 r이 홀수라 하자. 즉, $r = 2n-1, n = 1, 2, \cdots$ 이면,

$$\begin{aligned} E(T^{2n-1}) &= \int_{-\infty}^{+\infty} \frac{\Gamma\left(\frac{\nu+1}{2}\right)}{\Gamma\left(\frac{\nu}{2}\right)} \frac{1}{\sqrt{\pi\nu}} t^{2n-1} \left(1 + \frac{t^2}{\nu}\right)^{-\frac{(\nu+1)}{2}} dt \\ &= \frac{\Gamma\left(\frac{\nu+1}{2}\right)}{\Gamma\left(\frac{\nu}{2}\right)} \frac{1}{\sqrt{\pi\nu}} \left[\int_{-\infty}^{0} t^{2n-1} \left(1 + \frac{t^2}{\nu}\right)^{-\frac{(\nu+1)}{2}} dt \right. \\ &\qquad \left. + \int_{0}^{+\infty} t^{2n-1} \left(1 + \frac{t^2}{\nu}\right)^{-\frac{(\nu+1)}{2}} dt\right] \end{aligned}$$

이다. 위의 식의 첫 번째 적분에서 변수 $t^* = -t$로 치환하면, $t \to -\infty$이면 $t^* \to$

$+\infty$이고, $t \to 0$이면 $t^* \to 0$이다. 또한, $dt = -dt^*$이므로

$$\begin{aligned}
E(T^{2n-1}) &= \frac{\Gamma\left(\frac{\nu+1}{2}\right)}{\Gamma\left(\frac{\nu}{2}\right)} \frac{1}{\sqrt{\pi\nu}} \left[\int_{+\infty}^{0} (-t^*)^{2n-1} \left(1 + \frac{(-t^*)^2}{\nu}\right)^{-\frac{(\nu+1)}{2}} (-dt^*) \right. \\
&\qquad \left. + \int_{0}^{+\infty} t^{2n-1} \left(1 + \frac{t^2}{\nu}\right)^{-\frac{(\nu+1)}{2}} dt \right] \\
&= \frac{\Gamma\left(\frac{\nu+1}{2}\right)}{\Gamma\left(\frac{\nu}{2}\right)} \frac{1}{\sqrt{\pi\nu}} \left[- \int_{0}^{+\infty} (t^*)^{2n-1} \left(1 + \frac{(t^*)^2}{\nu}\right)^{-\frac{(\nu+1)}{2}} dt^* \right. \\
&\qquad \left. + \int_{0}^{+\infty} t^{2n-1} \left(1 + \frac{t^2}{\nu}\right)^{-\frac{(\nu+1)}{2}} dt \right] \\
&= \frac{\Gamma\left(\frac{\nu+1}{2}\right)}{\Gamma\left(\frac{\nu}{2}\right)} \frac{1}{\sqrt{\pi\nu}} \times 0 \\
&= 0
\end{aligned}$$

이다. 다음에 r이 짝수인 경우이다. 즉, $r = 2n, n = 1, 2, \cdots$ 이면, 위와 비슷한 방식으로 증명하여,

$$\begin{aligned}
E(T^{2n}) &= \int_{-\infty}^{+\infty} \frac{\Gamma\left(\frac{\nu+1}{2}\right)}{\Gamma\left(\frac{\nu}{2}\right)} \frac{1}{\sqrt{\pi\nu}} t^{2n} \left(1 + \frac{t^2}{\nu}\right)^{-\frac{(\nu+1)}{2}} dt \\
&= \frac{\Gamma\left(\frac{\nu+1}{2}\right)}{\Gamma\left(\frac{\nu}{2}\right)} \frac{1}{\sqrt{\pi\nu}} \left[\int_{-\infty}^{0} t^{2n} \left(1 + \frac{t^2}{\nu}\right)^{-\frac{(\nu+1)}{2}} dt \right. \\
&\qquad \left. + \int_{0}^{+\infty} t^{2n} \left(1 + \frac{t^2}{\nu}\right)^{-\frac{(\nu+1)}{2}} dt \right] \\
&= \frac{\Gamma\left(\frac{\nu+1}{2}\right)}{\Gamma\left(\frac{\nu}{2}\right)} \frac{1}{\sqrt{\pi\nu}} \left(2 \int_{0}^{+\infty} t^{2n} \left(1 + \frac{t^2}{\nu}\right)^{-\frac{(\nu+1)}{2}} dt \right)
\end{aligned}$$

이다. 위의 적분을 베타함수로 표현하기 위하여, 변수

$$x = \frac{1}{1 + \frac{t^2}{\nu}}$$

로 치환하면, $t \to 0$이면 $x \to 1$이고, $t \to +\infty$이면 $x \to 0$이다. 또한,

$$dt = -\frac{\nu}{\sqrt{\nu}\, 2x^2} \sqrt{\frac{x}{1-x}}\, dx$$

이므로

$$\begin{aligned}
E(T^{2n}) &= 2\frac{\Gamma\left(\frac{\nu+1}{2}\right)}{\Gamma\left(\frac{\nu}{2}\right)}\frac{1}{\sqrt{\pi\nu}}\left[\int_1^0\left(\sqrt{\nu(\frac{1-x}{x})}\right)^{2n} x^{\frac{(\nu+1)}{2}}\left(-\frac{\nu}{\sqrt{\nu}\,2x^2}\sqrt{\frac{x}{1-x}}\right)dx\right] \\
&= \nu^n\frac{\Gamma\left(\frac{\nu+1}{2}\right)}{\Gamma\left(\frac{1}{2}\right)}\frac{1}{\sqrt{\pi}}\left(\int_0^1 x^{(\frac{\nu}{2}-n)-1}(1-x)^{(n+\frac{1}{2})-1}\,dx\right) \\
&= \nu^n\frac{\Gamma\left(\frac{\nu+1}{2}\right)}{\Gamma\left(\frac{1}{2}\right)}\frac{1}{\sqrt{\pi}}\,B\left(\frac{\nu}{2}-n, n+\frac{1}{2}\right) \\
&= \nu^n\frac{\Gamma\left(\frac{\nu+1}{2}\right)}{\Gamma\left(\frac{1}{2}\right)}\frac{1}{\sqrt{\pi}}\,\frac{\Gamma\left(\frac{\nu}{2}-n\right)\Gamma\left(n+\frac{1}{2}\right)}{\Gamma\left(\frac{\nu+1}{2}\right)} \\
&= \nu^n\frac{\Gamma(\frac{2n+1}{2})\Gamma(\frac{\nu-2n}{2})}{\Gamma(\frac{1}{2})\Gamma(\frac{\nu}{2})}, \quad \nu > 2n
\end{aligned}$$

임을 알 수 있다.

(3) (1)의 결과로부터 $E(T)=0$이고, 또한 분산의 정의에 의하여

$$\begin{aligned}
\mathrm{Var}(T) &= E(T^2) - [E(T)]^2 \\
&= \nu\frac{\Gamma(\frac{3}{2})\,\Gamma(\frac{\nu-2}{2})}{\sqrt{\pi}\,\Gamma(\frac{\nu}{2})} \\
&= \nu\frac{\frac{\sqrt{\pi}}{2}\,\Gamma(\frac{\nu}{2}-1)}{\sqrt{\pi}\,(\frac{\nu}{2}-1)\,\Gamma(\frac{\nu}{2}-1)} \\
&= \frac{\nu}{\nu-2}, \quad \nu > 2
\end{aligned}$$

이다. ∎

t-분포에서 한가지 특이할 만한 사실은, 정규모집단으로부터 n개의 확률표본을 추출할 때, 이 추출된 확률표본을 적절하게 표준화하면 바로 t-분포가 된다는 점이다. 이 사실을 다음 정리로서 소개한다.

定理 4.14 $X_2, \cdots, X_n$을 정규모집단 $N(\mu, \sigma^2)$으로부터 추출한 크기 n인 확률표본이라 하자. 이때, 통계량 $T = \dfrac{\bar{X}-\mu}{\frac{S}{\sqrt{n}}}$는 자유도 $n-1$을 갖는 t-분포에 따른다. 즉,

$$T = \frac{\bar{X}-\mu}{\frac{S}{\sqrt{n}}} \sim t(n-1)$$

이 성립한다.

證明 $X_1, X_2, \cdots, X_n$의 표본평균을 $\bar{X}$라 하면, 계 4.3에 의하여, $\bar{X} \sim N(\mu, \frac{\sigma^2}{n})$이

다. 이 확률변수를 다시 표준정규화 하면,

$$Z = \frac{\bar{X} - \mu}{\frac{\sigma}{\sqrt{n}}} \sim N(0, 1)$$

이다. 또한, 정리 4.11의 (3)에 의하여,

$$V = \frac{(n-1)S^2}{\sigma^2} \sim \chi^2(n-1)$$

임을 알고 있다. 따라서, t-분포의 정의에 의하여 통계량

$$T = \frac{Z}{\sqrt{\frac{V}{n-1}}} \sim t(n-1)$$

이다. 그러므로,

$$\begin{aligned} T &= \frac{Z}{\sqrt{\frac{V}{n-1}}} \\ &= \frac{\frac{\bar{X}-\mu}{\frac{\sigma}{\sqrt{n}}}}{\sqrt{\frac{\frac{(n-1)S^2}{\sigma^2}}{n-1}}} \\ &= \frac{\bar{X} - \mu}{\frac{S}{\sqrt{n}}} \sim t(n-1) \end{aligned}$$

임을 알 수 있다. ■

스네데커의 F-분포에 대하여 알아 보자. F-분포는 독립인 χ^2분포를 적당히 조작하여 얻어진다.

定理 4.15 $V_1 \sim \chi^2(\nu_1)$과 $V_2 \sim \chi^2(\nu_2)$가 서로 독립이면, 통계량

$$X = \frac{V_1/\nu_1}{V_2/\nu_2}$$

의 확률밀도함수는

$$g(x; \nu_1, \nu_2) = \frac{\Gamma\left(\frac{\nu_1+\nu_2}{2}\right)}{\Gamma\left(\frac{\nu_1}{2}\right)\Gamma\left(\frac{\nu_2}{2}\right)} \left(\frac{\nu_1}{\nu_2}\right)^{\frac{\nu_1}{2}} x^{\frac{\nu_1}{2}-1} \left(1 + \frac{\nu_1}{\nu_2}x\right)^{-\frac{(\nu_1+\nu_2)}{2}}, \quad 0 < x < +\infty, 0 < \nu_1, \nu_2 < +\infty$$

와 같이 정의되는데, 이 확률밀도함수를 갖는 확률변수 F의 분포를 **자유도 ν_1과 ν_2를 갖는 Snedecor의 F-분포**라 한다. 확률변수 F의 확률분포가 자유도 ν_1과 ν_2를 갖는 Snedecor의 F-분포에 따를 때, 기호로 $X \sim F(\nu_1, \nu_2)$로 쓰기로 한다.

證明 $V_1 \sim \chi^2(\nu_1)$과 $V_2 \sim \chi^2(\nu_2)$는 서로 독립이므로, 이 두 확률변수의 결합확률밀도함수 $h(v_1, v_2)$는

$$\begin{aligned} h(v_1, v_2) &= \frac{v_1^{\frac{\nu_1}{2}-1}}{\Gamma(\frac{\nu_1}{2})2^{\frac{\nu_1}{2}}} e^{-\frac{v_1}{2}} \cdot \frac{v_2^{\frac{\nu_2}{2}-1}}{\Gamma(\frac{\nu_2}{2})2^{\frac{\nu_2}{2}}} e^{-\frac{v_2}{2}} \\ &= \frac{v_1^{\frac{\nu_1}{2}-1} v_2^{\frac{\nu_2}{2}-1}}{\Gamma(\frac{\nu_1}{2})\Gamma(\frac{\nu_2}{2})2^{\frac{\nu_1+\nu_2}{2}}} e^{-\frac{1}{2}(v_1+v_2)} \end{aligned}$$

이다. 이제 변수변환 $X = \dfrac{V_1/\nu_1}{V_2/\nu_2}$, $Y = V_2$라 하면, 그 역변환은 $V_1 = \left(\frac{\nu_1}{\nu_2}\right) XY$, $V_2 = Y$이다. 이때, 함수행렬식 J는

$$\begin{aligned} J &= \begin{vmatrix} \frac{\partial v_1}{\partial x} & \frac{\partial v_1}{\partial y} \\ \frac{\partial v_2}{\partial x} & \frac{\partial v_2}{\partial y} \end{vmatrix} \\ &= \begin{vmatrix} \frac{v_1}{\nu_2} y & \frac{v_1}{\nu_2} x \\ 0 & 1 \end{vmatrix} \\ &= \left(\frac{\nu_1}{\nu_2}\right) y \end{aligned}$$

이므로

$$\begin{aligned} |J| &= \left|\left(\frac{\nu_1}{\nu_2}\right) y\right| \\ &= \left(\frac{\nu_1}{\nu_2}\right) y \end{aligned}$$

이고, $0 < x < +\infty$, $0 < y < +\infty$이다. 따라서, X와 Y의 결합확률밀도함수 $k(x, y)$는

$$\begin{aligned} k(x,y) &= \frac{\left(\left(\frac{\nu_1}{\nu_2}\right)xy\right)^{\frac{\nu_1}{2}-1} y^{\frac{\nu_2}{2}-1}}{\Gamma(\frac{\nu_1}{2})\Gamma(\frac{\nu_2}{2})2^{\frac{\nu_1+\nu_2}{2}}} e^{-\frac{y}{2}\left(1+\frac{\nu_1}{\nu_2}x\right)} \cdot |J| \\ &= \frac{\left(\left(\frac{\nu_1}{\nu_2}\right)xy\right)^{\frac{\nu_1}{2}-1} y^{\frac{\nu_2}{2}-1}}{\Gamma(\frac{\nu_1}{2})\Gamma(\frac{\nu_2}{2})2^{\frac{\nu_1+\nu_2}{2}}} e^{-\frac{y}{2}\left(1+\frac{\nu_1}{\nu_2}x\right)} \cdot \left(\frac{\nu_1}{\nu_2} y\right) \\ &= \frac{x^{\frac{\nu_1}{2}-1} y^{\frac{\nu_1+\nu_2}{2}-1}}{\Gamma(\frac{\nu_1}{2})\Gamma(\frac{\nu_2}{2})2^{\frac{\nu_1+\nu_2}{2}}} \left(\frac{\nu_1}{\nu_2}\right)^{\frac{\nu_1}{2}} e^{-\frac{y}{2}\left(1+\frac{\nu_1}{\nu_2}x\right)}, 0 < x < +\infty, 0 < y < +\infty \end{aligned}$$

이다. 이제,확률변수 X의 주변확률밀도함수 $g(x; \nu_1, \nu_2)$를 구하기 위하여 X와 Y의

결합확률밀도함수 $k(x,y)$를 변수 y에 관하여 적분하면,

$$\begin{aligned} g(x;\nu_1,\nu_2) &= \int_0^{+\infty} k(x,y)\,dy \\ &= \int_0^{+\infty} \frac{x^{\frac{\nu_1}{2}-1} y^{\frac{\nu_1+\nu_2}{2}-1}}{\Gamma(\frac{\nu_1}{2})\Gamma(\frac{\nu_2}{2})2^{\frac{\nu_1+\nu_2}{2}}} \left(\frac{\nu_1}{\nu_2}\right)^{\frac{\nu_1}{2}} e^{-\frac{y}{2}\left(1+\frac{\nu_1}{\nu_2}x\right)}\,dy \\ &= \frac{x^{\frac{\nu_1}{2}-1}}{\Gamma(\frac{\nu_1}{2})\Gamma(\frac{\nu_2}{2})2^{\frac{\nu_1+\nu_2}{2}}} \left(\frac{\nu_1}{\nu_2}\right)^{\frac{\nu_1}{2}} \int_0^{+\infty} y^{\frac{\nu_1+\nu_2}{2}-1} e^{-\frac{y}{2}\left(1+\frac{\nu_1}{\nu_2}x\right)}\,dy \end{aligned}$$

이다. 이 적분을 감마함수로 변환하기 위하여, 치환

$$u = \frac{y}{2}\left(1+\frac{\nu_1}{\nu_2}x\right)$$

라 하면, $y \to 0$이면 $u \to 0$이고, $y \to +\infty$이면 $u \to +\infty$이다. 따라서,

$$\begin{aligned} g(x;\nu_1,\nu_2) &= \frac{x^{\frac{\nu_1}{2}-1}}{\Gamma(\frac{\nu_1}{2})\Gamma(\frac{\nu_2}{2})2^{\frac{\nu_1+\nu_2}{2}}} \left(\frac{\nu_1}{\nu_2}\right)^{\frac{\nu_1}{2}} \\ &\quad \times \int_0^{+\infty} \left[2u\left(1+\frac{\nu_1}{\nu_2}x\right)^{-1}\right]^{\frac{\nu_1+\nu_2}{2}-1} e^{-u}\,2\left(1+\frac{\nu_1}{\nu_2}x\right)^{-1} du \\ &= \frac{x^{\frac{\nu_1}{2}-1}}{\Gamma(\frac{\nu_1}{2})\Gamma(\frac{\nu_2}{2})} \left(\frac{\nu_1}{\nu_2}\right)^{\frac{\nu_1}{2}} \left(1+\frac{\nu_1}{\nu_2}x\right)^{-\frac{\nu_1+\nu_2}{2}} \int_0^{+\infty} u^{\frac{\nu_1+\nu_2}{2}-1} e^{-u}\,du \\ &= \frac{\Gamma\left(\frac{\nu_1+\nu_2}{2}\right)}{\Gamma(\frac{\nu_1}{2})\Gamma(\frac{\nu_2}{2})} \left(\frac{\nu_1}{\nu_2}\right)^{\frac{\nu_1}{2}} x^{\frac{\nu_1}{2}-1} \left(1+\frac{\nu_1}{\nu_2}x\right)^{-\frac{\nu_1+\nu_2}{2}} ,0 < x < +\infty \end{aligned}$$

이다. ■

이제, F-분포의 원점 주위의 제 n차 적률을 구하여 보자.

定理 4.16 $X \sim F(\nu_1,\nu_2)$이면,

$$E(X^n) = \frac{\left(\frac{\nu_2}{\nu_1}\right)^n \Gamma\left(\frac{\nu_1}{2}+n\right)\Gamma\left(\frac{\nu_2}{2}-n\right)}{\Gamma\left(\frac{\nu_1}{2}\right)\Gamma\left(\frac{\nu_2}{2}\right)}, \quad \nu_2 > 2n$$

이다.

證明 $E(X^n)$를 계산하면,

$$\begin{aligned}
E(X^n) &= \int_0^{+\infty} x^n\, g(x;\nu_1,\nu_2)\, dx \\
&= \int_0^{+\infty} x^n \frac{\Gamma\left(\frac{\nu_1+\nu_2}{2}\right)}{\Gamma\left(\frac{\nu_1}{2}\right)\Gamma\left(\frac{\nu_2}{2}\right)} \left(\frac{\nu_1}{\nu_2}\right)^{\frac{\nu_1}{2}} x^{\frac{\nu_1}{2}-1} \left(1+\frac{\nu_1}{\nu_2}x\right)^{-\frac{(\nu_1+\nu_2)}{2}} dx \\
&= \frac{\Gamma\left(\frac{\nu_1+\nu_2}{2}\right)}{\Gamma\left(\frac{\nu_1}{2}\right)\Gamma\left(\frac{\nu_2}{2}\right)} \left(\frac{\nu_1}{\nu_2}\right)^{\frac{\nu_1}{2}} \int_0^{+\infty} x^{(\frac{\nu_1}{2}+n)-1} \left(1+\frac{\nu_1}{\nu_2}x\right)^{-\frac{(\nu_1+\nu_2)}{2}} dx
\end{aligned}$$

이다. 맨 끝의 적분

$$\int_0^{+\infty} x^{(\frac{\nu_1}{2}+n)-1} \left(1+\frac{\nu_1}{\nu_2}x\right)^{-\frac{(\nu_1+\nu_2)}{2}} dx$$

을 베타함수로 변환하기 위하여 치환

$$u = \frac{1}{1+\frac{\nu_1}{\nu_2}x}$$

을 이용하면, 앞의 경우와 마찬가지로 $x \to 0$이면 $u \to 1$이고, $x \to +\infty$이면 $u \to 0$이다. 따라서,

$$\begin{aligned}
E(X^n) &= \frac{\Gamma\left(\frac{\nu_1+\nu_2}{2}\right)}{\Gamma\left(\frac{\nu_1}{2}\right)\Gamma\left(\frac{\nu_2}{2}\right)} \left(\frac{\nu_1}{\nu_2}\right)^{\frac{\nu_1}{2}} \times \\
&\qquad \int_1^0 \left\{\frac{\nu_2}{\nu_1}\left(\frac{1-u}{u}\right)\right\}^{\frac{\nu_1}{2}+n-1} u^{\frac{\nu_1+\nu_2}{2}} \left(-\frac{\nu_2}{\nu_1}\frac{1}{u^2}\right) du \\
&= \frac{\Gamma\left(\frac{\nu_1+\nu_2}{2}\right)}{\Gamma\left(\frac{\nu_1}{2}\right)\Gamma\left(\frac{\nu_1}{2}\right)} \left(\frac{\nu_2}{\nu_1}\right)^{n} \int_0^1 u^{(\frac{\nu_2}{2}-n)-1}(1-u)^{(\frac{\nu_1}{2}+n)-1}\, du \\
&= \frac{\Gamma\left(\frac{\nu_1+\nu_2}{2}\right)}{\Gamma\left(\frac{\nu_1}{2}\right)\Gamma\left(\frac{\nu_2}{2}\right)} \left(\frac{\nu_2}{\nu_1}\right)^{n} B\left((\frac{\nu_2}{2}-n),(\frac{\nu_1}{2}+n)\right) \\
&= \frac{\Gamma\left(\frac{\nu_1+\nu_2}{2}\right)}{\Gamma\left(\frac{\nu_1}{2}\right)\Gamma\left(\frac{\nu_2}{2}\right)} \left(\frac{\nu_2}{\nu_1}\right)^{n} \frac{\Gamma\left(\frac{\nu_2}{2}-n\right)\Gamma\left(\frac{\nu_1}{2}+n\right)}{\Gamma\left(\frac{\nu_1+\nu_2}{2}\right)} \\
&= \frac{\left(\frac{\nu_2}{\nu_1}\right)^{n}\Gamma\left(\frac{\nu_1}{2}+n\right)\Gamma\left(\frac{\nu_2}{2}-n\right)}{\Gamma\left(\frac{\nu_1}{2}\right)\Gamma\left(\frac{\nu_2}{2}\right)}, \quad \nu_2 > 2n
\end{aligned}$$

이다. ■

따라서, 위의 정리 4.16에 의하여 F-분포의 평균과 분산은 다음과 같다.

系 4.7 $X \sim F(\nu_1, \nu_2)$일 때, 확률변수 X의 평균은

$$E(X) = \frac{\nu_2}{\nu_2 - 2},\ \nu_2 > 2$$

이고, 분산은

$$\text{Var}(X) = \frac{2\nu_2^2(\nu_1 + \nu_2 - 2)}{\nu_1(\nu_2 - 2)^2(\nu_2 - 4)},\ \nu_2 > 4$$

이다.

證明 정리 4.16에 의하여 F-분포의 평균은 $n = 1$일 경우이므로,

$$\begin{aligned} E(X) &= \frac{\nu_2}{\nu_1} \frac{\frac{\nu_1}{2}}{\frac{\nu_2 - 2}{2}} \\ &= \frac{\nu_2}{\nu_2 - 2}, \quad \nu_2 > 2 \end{aligned}$$

이고, 분산 $\text{Var}(X)$는

$$\begin{aligned} \text{Var}(X) &= E(X^2) - [E(X)]^2 \\ &= \left(\frac{\nu_2}{\nu_1}\right)^2 \frac{\left(\frac{\nu_1}{2} + 1\right)\frac{\nu_1}{2}}{\left(\frac{\nu_2}{2} - 1\right)\left(\frac{\nu_2}{2} - 2\right)} - \left(\frac{\nu_2}{\nu_2 - 2}\right)^2 \\ &= \frac{\nu_2^2}{\nu_2 - 2}\left[\frac{\nu_1 + 2}{(\nu_2 - 4)\nu_1} - \frac{1}{\nu_2 - 2}\right] \\ &= \frac{2\nu_2^2(\nu_1 + \nu_2 - 2)}{\nu_1(\nu_2 - 2)^2(\nu_2 - 4)}, \quad \nu_2 > 4 \end{aligned}$$

이다. ■

定理 4.17 확률변수 X가

$$X \sim F(\nu_1, \nu_2)$$

이면, 그의 역변환은

$$Y = \frac{1}{X} \sim F(\nu_2, \nu_1)$$

이다.

證明 $y = \frac{1}{x}$이라 하면, $x = \frac{1}{y}$이다. 또한, $x \to 0$이면 $y \to +\infty$이고, $x \to +\infty$이면 $y \to 0$이므로, $0 < y < +\infty$이다. 더욱이 일차원 함수행렬식은

$$\begin{aligned} J &= \frac{dx}{dy} \\ &= -\frac{1}{y^2} \end{aligned}$$

이므로

$$
\begin{aligned}
|J| &= \left|-\frac{1}{y^2}\right| \\
&= \frac{1}{y^2}
\end{aligned}
$$

이다. 따라서, 자유도 ν_1, ν_2를 갖는 F-분포의 확률밀도함수는

$$
\begin{aligned}
g(x;\nu_1,\nu_2) &= \frac{\Gamma\left(\frac{\nu_1+\nu_2}{2}\right)}{\Gamma\left(\frac{\nu_1}{2}\right)\Gamma\left(\frac{\nu_2}{2}\right)}\left(\frac{\nu_1}{\nu_2}\right)^{\frac{\nu_1}{2}} x^{\frac{\nu_1}{2}-1}\left(1+\frac{\nu_1}{\nu_2}x\right)^{-\frac{(\nu_1+\nu_2)}{2}} \\
&= \frac{\Gamma\left(\frac{\nu_1+\nu_2}{2}\right)}{\Gamma\left(\frac{\nu_1}{2}\right)\Gamma\left(\frac{\nu_2}{2}\right)}\left(\frac{\nu_1}{\nu_2}\right)^{\frac{\nu_1}{2}} \left(\frac{1}{y}\right)^{\frac{\nu_1}{2}-1}\left(1+\frac{\nu_1}{\nu_2}\frac{1}{y}\right)^{-\frac{(\nu_1+\nu_2)}{2}} \left(\frac{1}{y^2}\right) \\
&= \frac{\Gamma\left(\frac{\nu_1+\nu_2}{2}\right)}{\Gamma\left(\frac{\nu_1}{2}\right)\Gamma\left(\frac{\nu_2}{2}\right)}\left(\frac{\nu_2}{\nu_1}\right)^{\frac{\nu_2}{2}} y^{\frac{\nu_2}{2}-1}\left(1+\frac{\nu_2}{\nu_1}y\right)^{-\frac{\nu_2+\nu_1}{2}} \\
&= h(y;\nu_2,\nu_1)
\end{aligned}
$$

이다. ■

위의 정리는 확률변수 X가 자유도 ν_1, ν_2를 갖는 F-분포가 주어졌을 때, 그의 역변환 $\frac{1}{X}$은 자유도 ν_2, ν_1을 갖는 F-분포에 따른다는 것을 보여준다.

4.4 순서통계량

순서통계량은 통계적 추론에서 유용한 개념이다. 표본적률이 모집단적률의 정보를 제공해 주는 것과 같이, 순서통계량은 사분위수(quartile)를 포함한 모집단의 일반적인 분위수에 대항 정보를 제공해 준다.

定義 4.16 X_1, X_2, $\cdots$, X_n을 (누적)분포함수 $F(x)$를 가지는 모집단분포로부터 추출한 크기 n인 확률표본이라 할 때, 확률변수 X_1, X_2, $\cdots$, X_n을 크기 순으로 정리한 다음 식

$$X_{(1)} \leqslant X_{(2)} \leqslant X_{(3)} \leqslant \cdots \leqslant X_{(i-1)} \leqslant X_{(i)} \leqslant X_{(i+1)} \leqslant \cdots \leqslant X_{(n)}$$

을 주어진 확률표본의 순서통계량(order statistic)이라 한다.

$X_{(i)}$는 주어진 확률표본의 i-번째 크기를 나타내는 확률변수이므로 결국 확률표본의 함수가 된다. 일반적으로 순서통계량 $X_{(1)}$, $X_{(2)}$, $\cdots$, $X_{(n)}$은 원래의 확률표본들과는 달리 확률적으로 독립이 아니다. 이 사실은 $X_{(i)} \geqslant x$이면 항상 $X_{(i+1)} \geqslant x$가 성립하는 것에서 그 종속성을 직감할 수 있다. 순서통계량에 관한 몇가지 성질을 살펴보자.

定理 4.18 $X_{(1)} \leqslant X_{(2)} \leqslant \cdots \leqslant X_{(n)}$을 분포함수 $F(x)$를 갖는 모집단분포에서 추출한 크기 n인 확률표본의 순서통계량이라 하고 이때, X를 분포함수 $F(x)$를 갖는 확률변수라 하자. 임의의 $\alpha = 1, 2, 3, \cdots, n$에 대하여 $X_{(\alpha)}$의 주변확률분포함수 $F_{X_{(\alpha)}}(x)$는

$$F_{X_{(\alpha)}}(x) \;=\; \sum_{j=\alpha}^{n} \binom{n}{j} [F(x)]^j \, [1 - F(x)]^{n-j}$$

이다.

證明 임의의 $y \in \mathbb{R}$에 대하여 확률변수 Y_i를

$$Y_i \;=\; I_{(-\infty, y]}(X_i)$$

로 정의하자. 그러면 $\sum_{i=1}^{n} Y_i$는 y값을 넘지 않는 원소의 개수이다. 따라서 임의의 확률표본 X_i가 실수 y를 넘지 않을 확률은

$$P\{\, X_i \leqslant x \,\} \;=\; P\{\, X \leqslant x \,\} \;=\; F(x)$$

이므로

$$\sum_{i=1}^{n} Y_i \sim \text{BIN}\big(n, F(x)\big)$$

이다. 그러므로

$$\begin{aligned} F_{Z_{(\alpha)}}(x) \;&=\; P\{\, Z_{(\alpha)} \leqslant x \} \\ &=\; P\{ \sum_{i=1}^{n} Y_i \geqslant \alpha \} \\ &=\; \sum_{j=\alpha}^{n} \binom{n}{j} [F(x)]^j \, [1 - F(x)]^{n-j} \end{aligned}$$

이다. ■

위의 정리의 특별한 경우로서 순서통계량 $X_{(1)}$과 $X_{(n)}$에 대한 주변분포함수는 다음과 같다.

系 4.8 정리 4.18의 가정하에서 다음이 성립한다.

$$\begin{aligned} F_{X_{(1)}} \;&=\; \sum_{j=1}^{n} \binom{n}{j} [F(x)]^j \, [1 - F(x)]^{n-j} \;=\; 1 - [\,1 - F(x)\,]^n \\ F_{X_{(n)}} \;&=\; \sum_{j=n}^{n} \binom{n}{j} [F(x)]^j \, [1 - F(x)]^{n-j} \;=\; [F(x)\,]^n \end{aligned}$$

定理 4.19 $X_{(1)} \leqslant X_{(2)} \leqslant \cdots \leqslant X_{(n)}$을 분포함수 $F(x)$를 갖는 모집단분포에서 추출한 크기 n인 확률표본의 순서통계량이라 하고, $F(x)$를 X의 분포함수라 하고 $F'(x) = f(x)$이라 하자.

(1) 순서통계량 $X_{(1)}, X_{(2)}, \cdots, X_{(n)}$의 결합확률밀도함수는 다음과 같다.

$$f_{X_{(1)},X_{(2)},\cdots,X_{(n)},}(x_{(1)}, x_{(2)}, \cdots, x_{(n)}) = \begin{cases} n!\, f(x_{(1)})f(x_{(2)})\cdots f(x_{(n)}), & x_{(1)} < x_{(2)} < \cdots < x_{(n)} \\ 0, & \text{그 외의 경우.} \end{cases}$$

(2) 순서통계량 $X_{(\alpha)}$의 주변확률밀도함수는 다음과 같다.

$$f_{X_{(\alpha)}}(x) = \frac{n!}{(\alpha-1)!\,(n-\alpha)!}[\,F(x)\,]^{\alpha-1}\,[\,1-F(x)\,]^{n-\alpha} f(x)\,.$$

(3) 두 순서통계량 $X_{(\alpha)}$와 $X_{(\beta)}$의 결합확률밀도함수는 다음과 같다.

$$f_{X_{(\alpha)},X_{(\beta)}}(x,y) = \frac{n!}{(\alpha-1)!\,(\beta-\alpha-1)!\,(n-\beta)!} \times [\,F(x)\,]^{\alpha-1}\,[F(y)-F(x)]^{\beta-\alpha-1}\,[\,1-F(x)\,]^{n-\alpha} f(x)\,f(y), \quad (0 < x < y < +\infty)$$

證明 생략. □

系 4.9 $X_{(1)} \leqslant X_{(2)} \leqslant \cdots \leqslant X_{(n)}$을 분포함수 $F(x)$를 갖는 모집단분포에서 추출한 크기 n인 확률표본의 순서통계량이라 하고, $F(x)$를 X의 분포함수라 하고 $F'(x) = f(x)$이라 하자. 이때, 순서통계량 $X_{(1)}$과 $X_{(1)}$의 주변확률밀도함수는 각각 다음과 같다.

$$f_{X_{(1)}}(x) = n\,[\,1-F(x)\,]^{n-1} f(x)\,,$$
$$f_{X_{(n)}}(x) = n[\,F(x)]^{n-1}\,f(x)$$

問題 1 $X_1 < X_2 < X_3$는 다음과 같은 분포로부터의 크기 3인 확률표본이다.

$$f(x) = \begin{cases} 1, & 0 < x < 1 \\ 0, & \text{그 외의 경우} \end{cases}$$

표본범위 $Z_1 = X_3 - X_1$의 확률밀도함수를 구하여라.

解答 X의 분포함수는 $F(x) = x\ (0 < x < 1)$이고 X_1과 X_3의 결합확률밀도함수는 다음과 같다.

$$f(x_1, x_2) = \begin{cases} 6\,(x_3 - x_1), & 0 < x_1 < x_3 < 1 \\ 0, & \text{그 외의 경우.} \end{cases}$$

여기서 Z_1과 Z_2를 각각 $Z_1 = X_3 - X_1$, $Z_2 = X_3$라 하면 여기에 대응하는 관찰값은 각각 $z_1 = x_3 - x_1$, $z_2 = x_3$이고 역함수 $x_1 = z_2 - z_1$, $x_3 = z_2$와 일대일대응이다. 또한, 함수행렬식은

$$J = J\left(\frac{x_1, x_3}{z_1, z_2}\right) = \begin{vmatrix} \frac{\partial x_1}{\partial z_1} & \frac{\partial x_1}{\partial z_2} \\ \frac{\partial x_3}{\partial z_1} & \frac{\partial x_3}{\partial z_2} \end{vmatrix} = \begin{vmatrix} -1 & 1 \\ 0 & 1 \end{vmatrix} = -1$$

이다. 따라서, Z_1, Z_2의 결합확률밀도함수는

$$f(z_1, z_2) = \begin{cases} 6\,z_1|J| = 6z_1|-1| = 6z_1, & 0 < z_1 < z_2 < 1 \\ 0, & \text{그 외의 경우.} \end{cases}$$

이고 크기 3인 확률표본의 범위 $Z_1 = X_3 - X_1$의 확률밀도함수는

$$f(z_1) = \begin{cases} \displaystyle\int_{z_1}^{1} 6\,z_1\,dz_2 = 6z_1(1 - z_1), & 0 < z_1 < 1 \\ 0, & \text{그 외의 경우.} \end{cases}$$

이다. □

問題 2 $X_1 < X_2 < X_3 < X_4$는 다음과 같은 분포로부터의 크기 4인 확률표본에 의한 순서통계량이다.

$$f(x) = \begin{cases} 2x, & 0 < x < 1 \\ 0, & \text{그 외의 경우.} \end{cases}$$

X_3의 확률밀도함수를 구하고 $P(X_3 > \frac{1}{2})$를 구하여라.

解答 X의 분포함수는

$$F(x) = \int_{)}^{x} 2u\,du = x^2, \ (0 < x < 1)$$

이므로 X_3의 확률밀도함수는

$$f(x_3) = \begin{cases} \frac{4!}{2!\,1!}\,(x_3^2)^2(1 - x_3^2)(2x_3) = 24(x_3^5 - x_3^7), & 0 < x_3 < 1 \\ 0, & \text{그 외의 경우.} \end{cases}$$

이다. 또한, $P(X_3 > \frac{1}{2})$는 다음과 같다.

$$\begin{aligned} P(X_3 > \frac{1}{2}) &= \int_{1/2}^{+\infty} f(x_3)\,dx_3 \\ &= \int_{1/2}^{+\infty} 24(x_3^5 - x_3^7)\,dx_3 \\ &= \frac{242}{256}. \end{aligned}$$

□

練習問題

1\. . X_1, X_2, $\cdots$이 독립인 확률변수열이고 모든 $i = 1, 2, \cdots$에 대하여 $E(X_i) = 0$이고 $\text{Var}(X_i) = \sigma_i^2$이고

$$\lim_{n\to\infty} \sum_{i=1}^{n} \frac{\sigma_i^2}{n^2} \quad = 0$$

이면 임의의 $\epsilon > 0$에 대하여,

$$P\left\{ \left| \frac{1}{n} \sum_{i=1}^{n} X_i \right| \ > \ \epsilon \right\} = 0$$

임을 증명하여라.

2\. X_1, X_2, $\cdots$, X_n을 정규분포 $N(\mu, \sigma^2)$로부터 추출한 크기 n인 확률표본이라 하자. 이 경우, 합 $\sum_{i=1}^{n} X_i$은 극한분포를 갖지 않음을 증명하여라.

3\. 확률변수열 X_1, X_2, $\cdots$의 이산확률밀도함수는 다음과 같다.

$$P\{X_n = 1\} \ = \ \frac{1}{n}, \qquad P\{X_n = 0\} 1 - \frac{1}{n}$$

이 경우, $X_n \xrightarrow{P} 0$임을 증명하여라.

4\. X_1, X_2, $\cdots$이 확률변수열이고 모든 $i = 1, 2, \cdots$에 대하여 $E(X_i) = \mu_i$이고 $\text{Var}(X_i) = \sigma_i^2$ 이라 하자. 이때,

$$\lim_{n\to\infty} \sum_{i=1}^{n} \sigma_i^2 \ = \ +\infty$$

이면, $n \to +\infty$일 때

$$\sum_{i=1}^{n} \left(\frac{X_i - \mu_i}{\sum_{i=1}^{n} \sigma_i^2} \right) {}^{P} \to 0$$

임을 증명하여라.

5\. 모집단분포가 정규분포 $N(\mu, \sigma^2)$에 따를 때, 이 정규모집단으로부터 크기 n인 확률표본 X_1, X_2, $\cdots$, X_n의 표본평균을

$$\bar{X} \ = \ \frac{1}{n} \sum_{i=1}^{n} X_i$$

라 할 때, $\bar{X}$의 극한분포를 구하여라.

6. $i = 1, 2, \cdots$ 에 대하여, $Z_i \sim N(0, 1)$이고 또한 Z_i는 확률적으로 서로 독립인 확률변수이다. 적률모함수를 이용하여

$$\sum_{i=1}^{n} \frac{Z_i + \frac{1}{n}}{\sqrt{n}}$$

의 극한분포를 구하여라.

7. n을 양의 정수라 하자. $X_n \sim \text{GAM}(\theta, n)$일 때, 확률변수열 $Y_n = \frac{X_n}{n}$의 극한분포를 구하여라.

8. $\bar{X}$는 확률밀도함수가 $f(x) = e^{-x}$ $(0 < x < +\infty)$에서 추출한 크기 n인 확률표본 X_1, X_2, $\cdots$, X_n의 표본평균이다.
   (1) 확률변수 $Y_n = \sqrt{n}(\bar{X} - 1)$의 적률모함수는

$$M_{Y_n}(t) \ = \ e^{-t\sqrt{n}} \left(1 - \frac{t}{\sqrt{n}}\right)^{-n}$$

   임을 보여라.
   (2) Y_n의 극한분포를 구하여라.

9. 확률변수 X가 $X \sim \text{BIN}(n; p)$일 때, 표본비율 $\hat{p} = \frac{X}{n}$의 극한분포는 $N(p, \frac{pq}{n})$임을 증명하여라.

10. 모비율이 p인 사건 A가 크기 n인 확률표본 중에서 나타나는 횟수를 확률변수 X로 표현한다면, X의 극한분포는 $N(np, npq)$임을 증명하여라.

11. 확률변수 X가 자유도 ν인 χ^2분포에 따른다고 한다. 이때, 다음과 같이 정의된 확률변수는

$$Z \ = \ \sqrt{2X} - \sqrt{2\nu - 1} \sim N(0, 1)$$

임을 증명하여라.

12. 정규모집단으로부터 추출한 크기 n인 확률표본 X_1, X_2, $\cdots$, X_n의 표본평균을 $\bar{X}$, 표본분산을 S_n^2이라 하자. 다음과 같이 정의된 확률변수

$$T_n \ = \ \frac{\bar{X} - \mu}{\sqrt{\frac{S_n^2}{n-1}}}$$

의 극한분포는 평균이 0이고 분산이 1인 표준정규분포 $N(0, 1)$임을 증명하여라.

13. $X \sim F(\nu_1, \nu_2)$일 때,변수변환 $W = \dfrac{\nu_1 X/\nu_2}{1 + \nu_1 X/\nu_2}$은 $\text{GAM}(\frac{\nu_2}{2}, \frac{\nu_1}{2})$임을 증명하여라.

14. 확률변수 Z_n이 모수 $\lambda = n$dls 포아송분포에 따를 때, $X_n = \frac{Z_n - n}{\sqrt{n}}$의 극한분포는 표준정규분포임을 증명하여라.

제 5 장

추정론

5.1 점추정

이 장에서는 통계적 추론방법인 점추정과 구간추정에 대하여 알아본다. 통계적 추론은 미지의 모수에 대한 추론이다. 이것은 모집단의 미지의 모수에 대한 정보를 알아내기 위하여 모집단 또는 모집단으로부터 추출한 표본으로부터 모집단의 확률분포를 추측하거나 통계적 특성을 얻어내기 위한 일련의 과정을 말한다. 따라서 이 장에서는 이러한 통계적 추론(statistical inference)과 연관있는 여러가지 추정법에 대하여 알아본다. 통계적 추론은 추출한 표본(sample)의 정보를 기초로하여 모집단의 특성을 알아내는 과정이다. 여기서 모집단은 분포함수나 확률밀도함수를 가지는 확률변수로 나타낼 수 있다. 따라서 모집단을 나타내는 확률밀도함수 $f(x;\theta)$는 이미 정해져 있으나 모수(parameter) θ는 미지인 경우로 나타난다. 추정론은 먼저 표본을 나타내는 표본의 함수를 적당하게 선택하여 모집단분포의 함수의 형태나 미지의 모수를 결정하는 방법을 제시해 준다. 좀 더 구체적으로 말하면, 분포족 $\{f(x;\theta) : \theta \in \Theta\}$의 한 원소이지만 모수 θ가 미지인 모집단 $f(x,\theta)$에서 표본값 x_1, x_2, $\cdots$, x_n이 관찰되었다고 할 때, 추정론은 이 표본을 근거로 하여 θ의 함수를 결정하는 절차이다. 이를 위해 먼저 추출된 표본을 적당한 함수 $t(x)$로 요약한다. 표본은 모집단의 축소라 할 수 있으므로 표본에서 계산된 이 값은 어떤 모수의 추정값으로 간주할 수 있다. 그 다음에는 이 함수가 모수에 얼마나 가까운 값이 될 수 있는지를 확률적으로 설명할 수 있어야 한다. 일반적으로 추정에는 두 가지 방법 즉, 점추정(point estimation)과 구간추정(interval estimation)이 있다. 점추정은 모집단으로부터 추출한 표본에서 계산된 값을 이용하여 미지의 모수를 오직 한 개의 값으로 추정하는 방법이다. 하지만 점추정으로 계산된 값은 일반적으로 모수와 일치하지 않고 어느정도 오차가 발생하므로 이 오차에 대한 여러가지 종류의 설명이 요구된다. 따라서 모수를 하나의 값으로 추정하지 않고 모수가 정해진 확률을 가지고 어떠 구간에 포함되리라고 기대되는 추정값을 구할 수가 있는데 이 방법이 구간추정법이다. 표본에 근거하여 모수를 추정할 때에는 무엇보다도 추정량을 결정해야 한다. 하지만 여기서 계산된 추정값이 얼마나 모수에 가까운가를 아는 것은 실제로는 거의 불가능하다. 그러므로 추정량의 평가는 한 표본에서 계산되는 추정값으로 설명되지 않고 그 통계량에서 얻어질 수 있는 가능한 추정값들의 통계적인 성질인 통계량의 표본분포로 설명된다.

위에서 언급하였지만, 통계적 추정은 모집단의 분포는 알려져 있으나 모집단의 통계적 특성을 결정하는 모평균(population mean), 모분산(population variance) 등의 모수의 값을 알 수 없을 때, 표본을 기초로 하여 모수를 추정하는 방법이다. 여기서 모집단은 그 구성상태를 확률분포로 설명할 수 있는 모임이므로, 확률밀도함수나 확률함수를 가지는 확률변수로 나타낼 수 있다. 보통 모집단에는 유한모집단과 무한모집단이 있으므로, 특별하게 말하지 않는 한, 이 책에서는 모집단하면 무한모집단을 가르키는 것으로 약속한다.

定義 5.1 무한모집단의 확률분포를 확률밀도함수 $f(x;\theta)$로 나타낼 수 있으면, $f(x;\theta)$를 **모집단확률밀도함수**(population probability density function)이라 한다. 여기서, θ를 **모수**(parameter)라 하고 모수 θ가 취할수 있는 모든 값의 집합을 **모수공간**(parameter space)이라 한다. 모수공간을 기호로 Θ로 정의한다.

사실상 점추정의 이론적인 배경을 간단히 설명하면 표본이 확률질량함수 또는 확률밀도함수 $f(x;\theta)$로 표시되는 모집단에서 추출될 때, 모수 θ를 알기만 하면 모집단의 분포를 완전히 결정할 수 있기 때문에 모집단으로부터 관찰된 자료에 근거하여 모수 θ에 대한 가장 좋은 추정치를 확률표본과 같은 수학적 모형을 만들어 구하려고 하는 것이다. 여기서 모수 θ는 모집단 확률밀도함수 속에 포함되어 있는 미지의 값이다. 그러나 실제로는 확률실험 결과, 그 분포를 완전히 묘사할 수 있는 확률밀도함수를 찾는 일은 대단히 어렵기 때문에, 이 모집단을 공리적인 접근방식에 의한 유사성 또는 모집단 자체에 대한 정보를 이용한다. 따라서 이 모집단이 기존에 나와 있는 어떤 확률밀도함수의 성질과 비슷한 면을 갖고 있으면, 이 모집단의 분포를 확률밀도함수 $f(x;\theta)$로 명시하여 분석하는 것이다. 물론, 여기에서도 모집단은 $f(x;\theta)$로 완전히 표시되는 것이 아니다. 하지만 모수 θ는 평균 또는 분산과 같은 미지의 값을 포함하고는 있을 것이다. 점추정의 핵심 목적은 바로 모집단으로부터 추출한 관찰값을 기초로 하여 모수 θ에 적절한 값을 부여하는 것이라고 말할 수 있다.

定義 5.2 X_1, X_2, $\cdots$, X_n이 모집단 확률밀도함수 $f(x_1, x_2, \cdots, x_n; \theta)$를 갖는 확률변수라 하고 모집단 확률밀도함수 $f(x_1, x_2, \cdots, x_n; \theta)$는 미지의 모수 θ에 의존한다고 하자. 이때, 모집단 확률밀도함수 $f(x_1, x_2, \cdots, x_n; \theta)$가 다음 조건

$$f(x_1, x_2, \cdots, x_n; \theta) = \prod_{i=1}^{n} f(x_i; \theta), \quad \theta \in \Theta$$

를 만족하면, n개의 확률변수 X_1, X_2, $\cdots$, X_n을 모집단에서 추출한 **크기 n인 확률표본**(random sample of size n)이라 한다. 또한, 미지의 모수 θ를 포함하지 않는 확률표본 $(X_1, X_2, \cdots, X_n)$만의 함수를 **통계량**(statistic)이라 하고, θ의 추정에 쓰이는 통계량의 함수를 θ의 **추정량**(estimator)이라 한다. 추청량을 기호로 $\hat{\theta}(X_1, X_2, \cdots, X_n)$으로 쓰기로 한다. 또한, 확률표본 $(X_1, X_2, \cdots, X_n)$의 관찰값(observation value)인 $(x_1, x_2, \cdots, x_n)$을 **표본값**(sample value)이라 하고, $\hat{\theta}(x_1, x_2, \cdots, x_n)$을 θ의 **추정값**(estimate) 또는 **추정치**라 한다. 또한 Θ를 **모수공간**(parameter space)이라 한다.

확률변수 X의 확률밀도함수가 $f(x;\theta)$ $(\theta \in \Theta)$이고 모수 θ는 미지라고 가정하자. 모수공간 Θ의 각 값에 대하여 하나의 확률밀도함수 $f(x;\theta)$가 대응하므로 확률변수 X의 확률밀도함수를 결정하기 위해서는 모수 θ의 값을 하나로 결정해야 한다. 그런데 모수 θ의 결정에 이용할 수 있는 θ에 관한 정보는 확률표본에 의존할 수 밖에 없다. 그러므로 X_1, X_2, $\cdots$, X_n을 X의 확률밀도함수가 $\{f(x;\theta), \theta \in \Theta\}$에 속하는 크기 n인 확률표본이면, X_1, X_2, $\cdots$, X_n의 관찰값 x_1, x_2, $\cdots$, x_n으로 구한 값 $t = \hat{\theta}(x_1, x_2, \cdots, x_n)$이 모수 θ의 참값에 근접하게 되는 함수 $T = \hat{\theta}(X_1, X_2, \cdots, X_n)$을 구해야 한다. 다시 말하면, 미지의 모수 θ의 함수 $\tau(\theta)$의 추정에 이용할 수 있는 통계량 $T = \hat{\theta}(X_1, X_2, \cdots, X_n)$을 구하는 것이다. 이와 같이 여러 가능한 통계량 중에서 특별히 미지의 모수 θ의 함수인 $\tau(\theta)$의 추정에 이용하는 통계량을 $\tau(\theta)$의 **추정량**(estimator)이라 하고, 관찰값 $X_1 = x_1$, $X_2 = x_2$, $\cdots$, $X_n = x_n$을 $\tau(\theta)$의 추정량에 대입하여 얻은 값 $t = \hat{\theta}(x_1, x_2, \cdots, x_n)$을 $\tau(\theta)$의 **추정치**(estimate)라 한다. 추정과 관련된 기호의 표시에서 대문자 T는 통계량을, 소문자 t는 추정치로 쓸것이며, 특별한 경우에는 직접적으로 추정량과 추정치를 각각 $\hat{\theta}(X_1, X_2, \cdots, X_n)$, $\hat{\theta}(x_1, x_2, \cdots, x_n)$으로 나타낼 것이다.

통계 추정론은 크게 분류하면 점추정과 구간추정으로 분류된다. 점추정은 추정값에 의해서 미지의 모수 θ를 추정하는 방법을 **점추정**(point estimation)이라 하며, 점추정은 구하고자 하는 모수 θ가 추정값 $\hat{\theta}$에 얼마나 가깝게 존재하는가를 밝히는 것이다. 예를 들면. 확률분포가

$$f(x;\theta) \;=\; \theta^x(1-\theta)^{1-x}, \quad 0 < \theta < 1, \; x = 0, 1$$

에 따르는 모집단으로부터 추출한 크기 n인 확률표본을 X_1, X_2, $\cdots$, X_n이라 하자. 통계량

$$\ell(X_1, X_2, \cdots, X_n) = \frac{1}{n}\sum_{i=1}^{n} X_i$$

을 모수 θ를 추정하는데 사용하면 θ의 추정량은

$$T = \hat{\theta}(X_1, X_2, \cdots, X_n) = \frac{1}{n}\sum_{i=1}^{n} X_i = \bar{X}$$

이다. 여기서 만약 $x_1 = 0$, $x_2 = 1$, $x_3 = 1$이 관찰되었다면

$$t = \hat{\theta}(0,1,1) = \frac{1}{3}(0+1+1) = \frac{2}{3}$$

는 모수 θ의 추정값이 된다. 이에 반해 미지의 모수 θ가 존재하는 기댓값의 범위를 구간(interval) $(u(\hat{\theta}), v(\hat{\theta}))$으로서 추정하는 것을 **구간추정**(interval estimation)이라 한다. 모집단의 분포로부터 미지의 모수 θ를 추정하는 경우, 일반적으로 추정량 $T = \hat{\theta}(X_1, X_2, \cdots, X_n)$의 통계적 성질에 의해서, 추정된 추정치 $t = \hat{\theta}(x_1, x_2, \cdots, x_n)$이 좋은지 그렇지 아닌지가 결정된다. 이러한 성질은 모수가 갖고 있는 4가지 성질 즉, 불편성(unbiasedness), 일치성(consistency), 유효성(efficiency), 충분성(sufficiency)이 있다.

5.2 최우추정법

R.A. Fisher에 의하여 제시된 추정법으로 일반적으로 가장 널리 쓰인다. 간단한 예를 들어 최우추정법의 기본개념을 살펴보자. 어떤 항아리 속에 검은 공과 흰 공이 3 : 1의 비율로 섞여 있다. 단, 어떤 공이 더 많은 가는 알수가 없다. 이제 이 항아리 속에서 랜덤하게 하나의 공을 하나 꺼낸다면 이 공이 검은 공일 확률은 $\frac{1}{4}$ 또는 $\frac{3}{4}$일 것이다. 따라서 이 항아리에서 복원추출로 n개의 공을 꺼냈을 때 관찰된 검은 공의 수를 확률변수 X라 하면, X의 확률분포는 이항분포에 따르고, 이산확률질량함수는

$$f(x;\theta) = \binom{n}{x}\theta^x(1-\theta)^{n-x}, \quad x = 0,1,2,3,\cdots,n, \quad 0 < \theta < 1$$

이다. 여기서 모수 θ는 한 번의 추출에서 검은 공이 나올 확률로 그 값은 $\frac{1}{4}$ 또는 $\frac{3}{4}$이다. 이제 이 문제에서 중복 4번의 랜덤추출에서 관찰된 검은 공의 수를 이용하여 미지의 모수 θ를 추정해 보자. 표본으로부터 관찰할 수 있는 가능한 출현값 x와 그 확률을 구하면 다음과 같다.

x	0	1	2	3
$f(x;\theta=\frac{3}{4})$	$\frac{1}{64}$	$\frac{9}{64}$	$\frac{27}{64}$	$\frac{27}{64}$
$f(x;\theta=\frac{1}{4})$	$\frac{27}{64}$	$\frac{27}{64}$	$\frac{9}{64}$	$\frac{1}{64}$

만약 크기 $n = 3$인 표본에서 확률변수 X의 관찰값이 $x = 0$이면,

$$\frac{1}{64} \;=\; P\big(X = 0 \mid \theta = \frac{3}{4}\big) \;<\; P\big(X = 0 \mid \theta = \frac{1}{4}\big) \;=\; \frac{27}{64}$$

이므로 $x = 0$으로 관찰될 확률이 큰 쪽의 θ값 $\frac{1}{4}$을 θ의 참값으로 정하는 것이 바람직하다. 즉, $\frac{1}{4}$인 모집단에서 $x = 0$으로 관찰될 가능성이 $\theta = \frac{3}{4}$인 모집단에서 보다 더 크기때문에 모수를 $\theta = \frac{1}{4}$로 추정하는 것이다. 이러한 관점으로 보면, θ의 추정값은 표본의 관찰값에 따라

$$\hat{\theta} \;=\; \hat{\theta}(x) \;=\; \begin{cases} \frac{1}{4}, & x = 0, 1 \\ \frac{3}{4}, & x = 2, 3 \end{cases}$$

으로 추정할 수 있다. 이로부터 관찰가능한 값 x에 대하여

$$f(x; \hat{\theta}) \;>\; f(x; \theta^*)$$

인 $\hat{\theta}$를 θ의 추정량으로 사용한다. 여기서 θ^*는 $\hat{\theta}$의 다른 가능한 값이다.

이 문제를 좀 더 일반적으로 생각해 보자. 모수 $\theta \in (0, 1)$에 대하여 표본의 크기가 $n = 25$이고 $x = 6$으로 관찰이 되었다면,

$$P\{X = 6\} \;=\; f(6; \theta) \;=\; \binom{25}{6} \theta^6 (1 - \theta)^{19}, \quad 0 < \theta < 1$$

이므로 이 확률이 최대가 되는 값을 모수 θ의 추청값 $\hat{\theta}$으로 결정한다. 따라서 $f(6; \theta)$가 최대로 되는 θ의 값은

$$\frac{d}{d\theta} f(6; \theta) \;=\; \binom{25}{6} \theta^5 (1 - \theta)^{18} \{6(1 - \theta) - 19\theta\} \;=\; 0$$

이므로 이 식을 풀면 그 값은 $\frac{6}{25}$이다. 따라서 θ의 추정값은 $\hat{\theta} = \frac{6}{25}$로 결정되면 이 값은 모든 $\theta^* \in (0, 1)$에 대하여

$$f(x; \hat{\theta}) \;>\; f(x; \theta^*)$$

가 성립한다는 것을 알 수 있다.

무한모집단의 확률분포를 이산형, 연속형의 구분에 관계없이 지금부터는 모두 모집단 확률밀도(질량)함수를 $f(x; \theta)$로 나타낼 것이다. 무한모집단분포의 모집단 확률밀도함수가 $f(x; \theta)$일 때, 임의의 확률표본 $\boldsymbol{X} = (X_1, X_2, \cdots, X_n)$의 관찰값 $\boldsymbol{x} = (x_1, x_2, \cdots, x_n)$으로부터 미지의 모수 θ의 추정량를 구하는 일반적인 문제를 생각해 보자. 크기 n인 확률표본 $\boldsymbol{X} = (X_1, X_2, \cdots, X_n)$의 결합확률밀도함수는

$$f(x_1, x_2, \cdots, x_n; \theta) = \prod_{i=1}^{n} f(x_i; \theta), \quad (\theta\text{는 미지})$$

이다. 만약, 확률표본 $\boldsymbol{X} = (X_1, X_2, \cdots, X_n)$의 하나의 관찰값 $\boldsymbol{x} = (x_1, x_2, \cdots, x_n)$이 얻어지면, 위의 결합확률밀도함수는 미지의 모수 θ만의 함수 $L(\theta)$가 된다. 따라서, 주어진 관찰값 $\boldsymbol{x} = (x_1, x_2, \cdots, x_n)$에 가장 근사적인 θ의 추정값은 $L(\theta)$를 최대로 하는 모수 $\hat{\theta}$의 값이다. 다시 말하면, $L(\theta)$를 최대로 하는 관찰값 $\boldsymbol{x} = (x_1, x_2, \cdots, x_n)$의 함수 $\hat{\theta}$이 구해지면, 이는 관찰값으로부터 얻은 $\boldsymbol{x} = (x_1, x_2, \cdots, x_n)$에 대하여, 발생가능성이 가장 큰 θ의 추정값이다. 이러한 방법으로 임의의 확률표본 $(X_1, X_2, \cdots, X_n)$의 관찰값 $(x_1, x_2, \cdots, x_n)$으로부터 미지의 모수 θ의 추정량을 구하는 방법을 **최우추정법**(method of maximum likelihood)이라 한다.

定義 5.3 n차원 확률벡터 $\boldsymbol{X} = (X_1, X_2, \cdots, X_n)$의 관찰값을 $\boldsymbol{x} = (x_1, x_2, \cdots, x_n)$이라 할 때, 다음 θ의 함수

$$L(\theta; \boldsymbol{x}) = f(\boldsymbol{x}; \theta), \quad (\theta \in \Theta) \tag{5.1}$$

를 $\boldsymbol{x} = (x_1, x_2, \cdots, x_n)$의 **우도**(likelihood) 또는 **우도함수**(likelihood function)라 한다. 특히, 무한 모집단분포의 모집단 확률밀도함수를 $f(x; \theta)$라 하고, 이 모집단으로부터 추출한 크기 n인 확률표본을 $\boldsymbol{X} = (X_1, X_2, \cdots, X_n)$, 이 확률표본의 관찰값을 $\boldsymbol{x} = (x_1, x_2, \cdots, x_n)$이라 하면, $\boldsymbol{x} = (x_1, x_2, \cdots, x_n)$에 대한 우도함수는 다음과 같다.

$$\begin{aligned} L(\theta; \boldsymbol{x}) &= L(\theta; x_1, x_2, \cdots, x_n) \\ &= \prod_{i=1}^{n} f(x_i; \theta). \end{aligned}$$

定義 5.4 n차원 확률벡터 $\boldsymbol{X} = (X_1, X_2, \cdots, X_n)$의 관찰값을 $\boldsymbol{x} = (x_1, x_2, \cdots, x_n)$이라 할 때, 우도함수 $L(\theta; \boldsymbol{x}) = f(\boldsymbol{x}; \theta)$가 모든 $\theta \in \boldsymbol{\Theta}$에 대하여 최대가 되는 $\theta = \hat{\theta}$ 즉,

$$L(\hat{\theta}; \boldsymbol{x}) = \max_{\theta \in \Theta} f(\boldsymbol{x}; \theta) \tag{5.2}$$

를 만족하는 $\hat{\theta}$을 모수 θ의 **최우추정값**(maximum likelihood estimate)라 하고, 관찰값 x_i대신에 확률변수 X_i로 대치하여 얻은 통계량 $\hat{\theta} = \hat{\theta}(X_1, X_2, \cdots, X_n)$을 **최우추정량**(maximum likelihood estimator) 또는 간단히 MLE 라고 한다.

지금부터는 최우추정법으로 구한 추정값 또는 추정량을 간단히 MLE로 쓸 것이다. 일반적으로 확률표본에 대하여 모수 θ의 MLE를 구할 때에는 로그우도함수(logarithmic likelihood function)를 이용하는 것이 편리하다. 왜냐하면, 로그함수는 단조함수이므로 $\theta = \hat{\theta}$에서 우도함수 $L(\theta; \boldsymbol{x})$가 최대가 되면, 로그우도함수 $\ln L(\theta; \boldsymbol{x})$도 최대

가 되기 때문이다. 우도함수 $L(\theta;\boldsymbol{x})$의 최대값을 구하는 문제는 미분법에 의해서

$$\frac{d}{d\theta}L(\theta;\boldsymbol{x}) \ = \ 0$$

을 풀어, 이 방정식의 해가 존재하면 최우추정량 $\theta = \hat{\theta}(X_1, X_2, \cdots, X_n)$을 구하면 된다. 그런데, 원래의 우도함수 $L(\theta;\boldsymbol{x})$의 최대값을 구하는 문제는 자연대수를 취한 우도함수 $\ln L(\theta;\boldsymbol{x})$의 최대값을 구하는 문제와 같으므로 실제적으로 구하고자 하는 최우추정량은 다음의 로그우도방정식

$$\frac{d}{d\theta}\ln L(\theta;\boldsymbol{x}) \ = \ 0$$

을 풀어 해(solution)가 존재하면, θ에 관한 해 $\hat{\theta} = \hat{\theta}(X_1, X_2, \cdots, X_n)$이 최우추정량이다.

問題 1 모집단분포가 포아송분포 $X_i \sim \text{POIS}(\lambda)$일 때 즉, 모집단의 확률질량함수가

$$f(x;\lambda) = \frac{e^{-\lambda}\lambda^x}{x!}, \quad x = 0, 1, 2, 3, \cdots, n, \lambda > 0$$

일 때, 모수 λ의 최우추정량을 구하여라.

解答 먼저 관찰값을 $(x_1, x_2, \cdots, x_n)$이라 하면, 우도함수는

$$\begin{aligned} L(\lambda;\boldsymbol{x}) \ &= \ \prod_{i=1}^{n} f(x_i;\lambda) \\ &= \ \prod_{i=1}^{n} \frac{e^{-\lambda}\lambda^{x_i}}{x_i!} \\ &= \ e^{-nx}\frac{\lambda^{x_1+x_2+\cdots+x_n}}{x_1!x_2!\cdots x_n!} \end{aligned}$$

이다. 이 식의 양 변에 자연대수를 취하면,

$$\ln L(\lambda;\boldsymbol{x}) \ = \ -n\lambda + (x_1 + x_2 + \cdots + x_n)\ln\lambda - \ln(x_1!x_2!\cdots x_n!)$$

이고, 로그우도방정식은

$$\begin{aligned} \frac{d}{d\lambda}\ln L(\theta;\boldsymbol{x}) \ &= \ -n + \frac{x_1 + x_2 + \cdots + x_n}{\lambda} \\ &= \ \frac{n}{\lambda}(\bar{x} - \lambda) \\ &= \ 0 \end{aligned}$$

이다. 이 로그우도방정식을 풀면

$$\lambda = \bar{x}$$

이다. 따라서 $\lambda > 0$이면, $\lambda = \bar{x}$이다. 다시 말하면, $\bar{x}$가 λ의 최우추정값이고,

$$\hat{\theta}(X_1, X_2, \cdots, X_n) = \frac{1}{n}\sum_{i=1}^{n} X_i = \bar{X}$$

는 즉, 표본평균은 λ의 최우추정량이다. □

問題 2 모집단분포가 이항분포 $X_i \sim \mathrm{BIN}(m, p)$ 즉,

$$f(x;p) = \binom{m}{x} p^x (1-p)^{m-x},\ x = 0, 1, 2, \cdots, m,\ 0 < p < 1$$

일 때, 모비율(성공확률) p의 MLE를 구하여라. (단, m은 이미 알고 있다.)

解答 확률표본 $(X_1, X_2, \cdots, X_n)$ 관찰값을 $(x_1, x_2, \cdots, x_n)$이라 하면, 우도함수는

$$\begin{aligned} L(p;\boldsymbol{x}) &= \prod_{i=1}^{n} f(x_i;p) \\ &= \prod_{i=1}^{n} \binom{m}{x_i} p_i^x (1-p)^{n-x_i} \\ &= \binom{m}{x_1}\binom{m}{x_2}\cdots\binom{m}{x_2} p^{x_1+x_2+\cdots+x_n}(1-p)^{nm-(x_1+x_2+\cdots+x_n)} \end{aligned}$$

이므로, 양변에 자연대수를 취하면,

$$\begin{aligned} \ln L(p;\boldsymbol{x}) &= \ln\binom{n}{x_1} + \ln\binom{n}{x_2} + \cdots + \ln\binom{m}{x_n} + (x_1 + x_2 + \cdots + x_n)\ln p \\ &\quad + \{nm - (x_1 + x_2 + \cdots + x_n)\}\ln(1-p) \end{aligned}$$

이고, 로그우도방정식은

$$\begin{aligned} \frac{d}{dp}\ln L(p;\boldsymbol{x}) &= \frac{x_1 + x_2 + \cdots + x_n}{p} - \frac{nm - (x_1 + x_2 + \cdots + x_n)}{1-p} \\ &= n\left(\frac{\bar{x}}{p} - \frac{m - \bar{x}}{(1-p)}\right) \\ &= \frac{n(\bar{x} - mp)}{p(1-p)} \\ &= 0 \end{aligned}$$

이다. 이 로그우도방정식을 풀면

$$\bar{x} = mp, \quad 0 < p < 1$$

이다. 따라서, $p = \frac{\bar{x}}{m}$일 때, $L(p;\boldsymbol{x})$는 최대가 되므로 p의 최우추정량은

$$\hat{\theta}(X_1, X_2, \cdots, X_n) \;=\; \hat{p} \;=\; \frac{\bar{X}}{m}$$

이다. □

위의 [정의 5.4]는 일반적으로 미지의 모수를 2개 이상 갖는 확률표본의 경우로 자연스럽게 확장하여 최우추정량을 구할 수가 있다.

定義 5.5 n차원 확률벡터 $\boldsymbol{X} = (X_1, X_2, \cdots, X_n)$의 관찰값을 $\boldsymbol{x} = (x_1, x_2, \cdots, x_n)$이라 할 때, 우도함수 $L(\boldsymbol{\theta};\boldsymbol{x}) = f(\boldsymbol{x};\boldsymbol{\theta})$가 모든 $\boldsymbol{\theta} \in \boldsymbol{\Theta}$에 대하여 최대가 되는 $\boldsymbol{\theta} = \hat{\boldsymbol{\theta}}$ 즉,

$$L(\hat{\boldsymbol{\theta}};\boldsymbol{x}) \;=\; \max_{\boldsymbol{\theta}\in\Theta} f(\boldsymbol{x};\boldsymbol{\theta}) \tag{5.3}$$

를 만족하는 $\hat{\boldsymbol{\theta}}$을 모수 $\boldsymbol{\theta}$의 **최우추정값**(maximum likelihood estimate)라 하고, 관찰값 x_i대신에 확률변수 X_i로 대치하여 얻은 통계량

$$\hat{\boldsymbol{\theta}} = \hat{\boldsymbol{\theta}}(X_1, X_2, \cdots, X_n)$$

을 **최우추정량**(maximum likelihood estimator) 또는 간단히 MLE 라고 한다.

2개 이상의 모수를 가지는 확률분포의 경우 최우추정량은 대략 다음과 같은 방법으로 구하면 된다. 먼저 우도함수

$$\frac{\partial}{\partial\theta} L(\theta;\boldsymbol{x}) \;=\; 0$$

을 풀어, 이 방정식의 해가 존재하면 최우추정량 $\theta = \hat{\theta}(X_1, X_2, \cdots, X_n)$을 구한다. 여기서 우도함수 $L(\theta;\boldsymbol{x})$의 최대값을 구하는 문제는 자연대수를 취한 로그우도함수 $\ln L(\theta;\boldsymbol{x})$의 최대값을 구하는 문제와 같다. 따라서 최우추정량은 로그우도방정식

$$\frac{\partial}{\partial\theta} \ln L(\theta;\boldsymbol{x}) \;=\; 0$$

을 풀어 해(solution)를 구하면, θ에 관한 해 $\hat{\theta} = \hat{\theta}(X_1, X_2, \cdots, X_n)$이 최우추정량이다.

問題 3 모집단분포가 정규분포 $X_i \sim N(\mu, \sigma^2)$에 따를 때, 모수 $\theta = (\mu, \sigma^2)$의 MLE를 구하여라.

解答 먼저, 계산을 간단히 하기 위하여 $\sigma^2 = \alpha$로 두자. X_i의 확률밀도함수는

$$f(x;\mu,\alpha) = \frac{1}{\sqrt{2\pi\alpha}} e^{-\frac{(x-\mu)^2}{2\alpha}}, |x| < +\infty, |\mu| < +\infty, 0 < \sigma < +\infty$$

이다. 여기서, 확률표본 $(X_1, X_2, \cdots, X_n)$의 관찰값을 $(x_1, x_2, \cdots, x_n)$이라 하면, 우도함수는

$$\begin{aligned} L(\mu, \alpha; \boldsymbol{x}) &= \prod_{i=1}^{n} f(x_i; \mu, \alpha) \\ &= \prod_{i=1}^{n} \frac{1}{\sqrt{2\pi\alpha}} e^{-\frac{(x_i-\mu)^2}{2\alpha}} \\ &= \left(\frac{1}{\sqrt{2\pi}}\right)^n \alpha^{-\frac{n}{2}} \exp\left\{-\frac{1}{2\alpha}\sum_{i=1}^{n}(x_i-\mu)^2\right\} \end{aligned}$$

이고, 양변에 자연대수를 취하면,

$$\ln L(\mu, \alpha; \boldsymbol{x}) = -\frac{n}{2}\ln(2\pi) - \frac{n}{2}\ln\alpha - \frac{1}{2\alpha}\sum_{i=1}^{n}(x_i-\mu)^2$$

이고, μ에 관한 로그우도방정식은

$$\begin{aligned} \frac{\partial}{\partial\mu}\ln L(\mu, \alpha; \boldsymbol{x}) &= \frac{1}{\alpha}\sum_{i=1}^{n}(x_i-\mu) \\ &= \frac{n}{\alpha}(\bar{x}-\mu) \\ &= 0 \end{aligned}$$

이므로

$$\mu = \bar{x}$$

이다. 따라서, $\mu = \bar{x}$일 때 우도함수 $L(\mu, \alpha)$는 최대이므로 이 최대값을 $\ln \bar{L}(\bar{x}, \alpha; \boldsymbol{x})$라 하면,

$$\ln \bar{L}(\bar{x}, \alpha) = -\frac{n}{2}\ln(2\pi) - \frac{n}{2}\ln\alpha - \frac{1}{2\alpha}\sum_{i=1}^{n}(x_i-\mu)^2$$

이므로, α에 관한 우도방정식은

$$\begin{aligned} \frac{\partial}{\partial\alpha}\ln \bar{L}(\bar{x}, \alpha; \boldsymbol{x}) &= -\frac{n}{2\alpha} + \frac{1}{2\alpha^2}\sum_{i=1}^{n}(x_i-\mu)^2 \\ &= 0 \end{aligned}$$

에서

$$\alpha = \frac{1}{n}\sum_{i=1}^{n}(x_i-\mu)^2$$

일 때, $\bar{L}$은 최대가 된다. 결국, $\mu = \bar{x}$, $\alpha = \frac{1}{n}\sum_{i=1}^{n}(x_i - \mu)^2$일 때, $L(\mu, \alpha)$는 최대가 되므로, μ와 $\alpha = \sigma^2$의 최우추정량은 각각

$$\begin{aligned} \mu &= \bar{X} = \frac{1}{n}\sum_{i=1}^{n} X_i \\ \sigma^2 &= \frac{1}{n}\sum_{i=1}^{n}(X_i - \bar{X})^2 \end{aligned}$$

이다. □

위의 몇가지 문제에서 살펴 보았듯이 여러개의 미지모수들에 대한 연립 MLE와 다른 모수들이 알려져 있을 때의 각각의 MLE가 같지 않을 수가 있다. 일반적으로 MLE는 유일하게 존재하지 않는다는 사실에 유의하자.

이제 모수의 함수인 $\tau(\theta)$의 MLE를 구하는 방법을 알아 본다. 예를 들어 [문제 1]의 포아송분포에서

$$\tau = \tau(\theta) = P\{X = 0\} = e^{-\theta}$$

에 대한 MLE를 구해보자. 먼저 $\theta = -\ln\tau$로 변환을 하면 확률질량함수는

$$g(\boldsymbol{x}; \tau) = \frac{\tau(-\ln\tau)^x}{x!}$$

이다. 여기서 τ와 관련된 우도함수를 $L^*(\tau; \boldsymbol{x})$라고 하면

$$\begin{aligned} L^*(\tau; \boldsymbol{x}) &= \prod_{i=1}^{n} \frac{\tau(-\ln\tau)^x}{x!} \\ &= \tau^n(-\ln\tau)^{\sum_{i=1}^{n} x_i}\Big(\prod_{i=1}^{n} x_i!\Big)^{-1} \end{aligned}$$

이므로

$$\ln L^*(\tau) = n\ln\tau + \Big(\sum_{i=1}^{n} x_i\Big)\ln(-\ln\tau) - \ln\Big(\prod_{i=1}^{n} x_i!\Big)^{-1}$$

이고 우도방정식

$$\begin{aligned} \frac{d}{d\tau}\ln L^*(\tau; \boldsymbol{x}) &= \frac{n}{\tau} + \Big(\sum_{i=1}^{n} x_i\Big)\ln\Big(\frac{1}{\tau\ln\tau}\Big) \\ &= 0 \end{aligned}$$

를 풀어 τ에 관하여 정리한 해를 $\hat{\tau}$라고 하면,

$$-\ln\hat{\tau} = \bar{x}, \qquad \hat{\tau} = e^{-\bar{x}}$$

이다. 따라서, $\tau = \tau(\theta) = e^{-\theta}$의 MLE는 지수함수 $e^{-\bar{x}}$로 $\hat{\tau} = \hat{\tau}(\hat{\theta})$이다.

일반적으로 $u : \Theta \longrightarrow \Theta$가 일대일 대응이면, 그 역함수 u^{-1}이 존재하며 $\tau = u(\theta)$일 때

$$L(\theta; \boldsymbol{x}) = L(u^{-1}(\theta); \boldsymbol{x}) = L(u^{-1}(\tau); \boldsymbol{x}) = L^*(\tau; \boldsymbol{x})$$

이다. 따라서, $\hat{\theta}$이 θ의 MLE이면, $L(\theta; \boldsymbol{x})$와 $L^*(\theta; \boldsymbol{x})$는 모두 $\theta = \hat{\theta}$에서 최대이고 $u^{-1}(\hat{\tau}) = \hat{\theta}$ 즉, $\hat{\tau} = u(\hat{\theta})$이므로 $L^*(\tau; \boldsymbol{x})$는 $\tau = \hat{\tau}$에서 최대가 된다. 그러므로 $\hat{\theta}$이 θ의 MLE이면 $\tau = u(\theta)$의 MLE는 $\hat{\tau} = u(\hat{\theta})$이다. 만약, $\tau = u(\theta)$가 일대일대응이 아니라면 각 τ값에 대한 $\tau = u(\theta)$의 해가 유일하게 존재하지 않으므로 이런 경우에는 $L^*(\tau; \boldsymbol{x})$의 정의를 확장하면 된다. 예를 들면, $L(\theta; \boldsymbol{x})$가 각 τ값에 대하여 $\tau = u(\theta)$인 Θ의 부분집합에서 최대값을 가지면 $L^*(\tau; \boldsymbol{x})$도 이 최대값을 가지는 것으로 정의한다. 그러면, $L(\theta; \boldsymbol{x})$가 $\hat{\theta}$에서 최대이면, $L^*(\tau; \boldsymbol{x})$는 $\hat{\tau} = u(\hat{\tau})$에서 최대가 된다. 이 사실을 정리로서 소개한다.

定理 5.1 $\hat{\theta}$이 모수 θ의 MLE이면, 함수 $\tau(\theta)$의 MLE는 $\tau(\hat{\theta})$이다. 좀 더 일반적으로 말하면 $\hat{\boldsymbol{\theta}} = (\hat{\theta}_1, \hat{\theta}_2, \cdots, \hat{\theta}_n)$이 미지의 모수 $\boldsymbol{\theta} = (\theta_1, \theta_2, \cdots, \theta_n)$의 최우추정량이면, $\boldsymbol{\tau} = (\tau_1(\boldsymbol{\theta}), \tau_2(\boldsymbol{\theta}), \cdots, \tau_k(\boldsymbol{\theta}), \ (1 \leqslant k \leqslant n)$의 최우추정량은 $\hat{\boldsymbol{\tau}} = (\hat{\tau}_1(\boldsymbol{\theta}), \hat{\tau}_2(\boldsymbol{\theta}), \cdots, \hat{\tau}_k(\boldsymbol{\theta}))$이다.

問題 4 $i = 1, 2, 3, \cdots, n$에 대하여 $X_i \sim \text{EXP}(\frac{1}{\theta})$에 따르는 확률표본이라 할 때, $\tau(\theta) = P\{X \geqslant 1\} = e^{-\frac{1}{\theta}}$에 대한 MLE를 구하여라.

解答 우도함수는

$$\begin{aligned} L(\theta; \boldsymbol{x}) &= \prod_{i=1}^{n} \frac{1}{\theta} e^{-\frac{x_i}{\theta}} \\ &= \theta^{-n} e^{\frac{1}{\theta} \sum_{i=1}^{n} x_i} \end{aligned}$$

이므로 자연대수를 취하여 로그우도함수를 구하면

$$\ln L(\theta; \boldsymbol{x}) = -n\ln\theta - \frac{1}{\theta}\sum_{i=1}^{n} x_i$$

이다. 그러므로 우도방정식은

$$\frac{d}{d\theta}\ln L(\theta; \boldsymbol{x}) = -\frac{n}{\theta} + \frac{1}{\theta^2}\sum_{x=1} x_i = 0$$

이고 이 식을 풀어 정리하면, θ의 MLE는 $\hat{\theta} = \bar{X}$이고 $\tau(\theta) = e^{-1/\theta}$에 대한 MLE는 $e^{-1/\bar{X}}$이다. □

5.3 적률추정법

추정량을 구하는 두 번째 방법은 적률추정법(the method of moment estimation)을 이용하는 것이다. 확률변수 X의 확률밀도함수 $f(x;\theta_1,\theta_2,\cdots,\theta_k)$가 k개의 미지의 모수를 갖는다고 하면, 원점주위의 모멘트는

$$\begin{cases} \mu_1' = E(X) \\ \mu_2' = E(X^2) \\ \vdots \qquad \vdots \\ \mu_k' = E(X^k) \end{cases}$$

이다. 원점주위의 모멘트 μ_i'은 k개의 모수를 갖는 θ_1, θ_2, $\cdots$, θ_k의 함수임이 명백하다. 이러한 사실을 이용하면 적률추정법은 다음과 같이 설명된다.

모집단 확률밀도함수 $f(x;\theta_1,\theta_2,\cdots,\theta_k)$를 갖는 모집단으로부터의 크기 n인 확률표본 X_1, X_2, $\cdots$, X_n의 관찰값을 x_1, x_2, $\cdots$, x_n이라 하자. 표본의 제 l차 모멘트 값 즉,

$$M_l' = \frac{1}{n}\sum_{i=1}^{n} X_i^l, \quad l = 1, 2, \cdots k$$

의 관찰값

$$m_l' = \frac{1}{n}\sum_{i=1}^{n} x_i^l, \quad l = 1, 2, \cdots k$$

을 구하여 다음과 같은 θ_1, θ_2, $\cdots$, θ_k에 관한 연립방정식

$$\begin{cases} m_1' = \mu_1'(\theta_1,\theta_2,\cdots,\theta_k) \\ m_2' = \mu_2'(\theta_1,\theta_2,\cdots,\theta_k) \\ \quad \vdots \\ m_k' = \mu_k'(\theta_1,\theta_2,\cdots,\theta_k) \end{cases}$$

을 풀어서 얻은 해 $\hat{\theta}_1$, $\hat{\theta}_2$, $\cdots$, $\hat{\theta}_k$에 의하여 θ_1, θ_2, $\cdots$, θ_k를 추정하는 방법을 **적률추정법**(method of moment estimation)이라 한다. 적률추정법을 간단히 MME로 쓰기로 한다.

問題 1 모집단분포가 정규분포 $X_i \sim N(\mu,\sigma^2)$ $(i = 1,2,3,\cdots,n)$에 따를 때, 모수 $\theta = (\mu,\sigma^2)$의 MME를 구하여라.

解答 적률추정법으로 구해보자. 먼저

$$\begin{aligned}\mu_1' &= E(X) = \mu \\ \mu_2' &= E(X^2) = \mu^2 + \sigma^2\end{aligned}$$

이고 관찰값의 제1차 모멘트와 제2차 모멘트는 각각

$$\begin{aligned}m_1' &= \frac{1}{n}\sum_{i=1}^{n} x_i = \bar{x} \\ m_2' &= \frac{1}{n}\sum_{i=1}^{n} x_i^2\end{aligned}$$

이다. 여기서, 연립방정식

$$\begin{cases}\mu = \bar{x} \\ \mu^2 + \sigma^2 = \frac{1}{n}\sum_{i=1}^{n} x_i^2\end{cases}$$

을 풀면, 이 방정식의 해(solution)는

$$\begin{cases}\mu = \bar{x} \\ \sigma^2 = \frac{1}{n}\sum_{i=1}^{n} x_i^2 - \bar{x}^2\end{cases}$$

이다. 따라서, μ의 추정량 $\hat{\mu}$은

$$\hat{\mu} = \bar{X} = \frac{1}{n}\sum_{i=1}^{n} X_i$$

이고, σ^2의 추정량 $\hat{\sigma}^2$은

$$\begin{aligned}\hat{\sigma}^2 &= \frac{1}{n}\sum_{i=1}^{n} X_i^2 - \bar{X}^2 \\ &= \frac{1}{n}\sum_{i=1}^{n}(X_i - \bar{X})^2\end{aligned}$$

이다. □

적률추정법의 단점은 모수의 적률추정량이 유일하게 존재하지 않는다는 점이다. 다음 문제에서 이 사실을 확인해 보자.

問題 2 $X_1, X_2, \cdots, X_n$을 $X_i \sim \text{POIS}(\lambda)$로부터의 크기 n인 확률표본이라 할 때, 모수 λ의 MME를 구하여라.

解答 이 경우, $m_1' = \mu_1' = E(X) = \lambda$이므로, λ의 적률추정량은 $\hat{\lambda} = \frac{1}{n}\sum_{i=1}^{n} X_i$이다. 그런데,

$$\begin{aligned} m_2' &= \mu_2' \\ &= E(X^2) \\ &= \mathrm{Var}(X) + [E(X)]^2 \\ &= \lambda + {\mu_1'}^2 \end{aligned}$$

이므로

$$\begin{aligned} \hat{\lambda} &= m_2' - {\mu_1'}^2 \\ &= \frac{1}{n}\sum_{i=1}^{n} x_i^2 - \bar{x}^2 \\ &= \frac{1}{n}\sum_{i=1}^{n}(x_i - \bar{x})^2 \end{aligned}$$

이다. 따라서, λ의 적률추정량 $\hat{\lambda}$은

$$\hat{\lambda} = \frac{1}{n}\sum_{i=1}^{n}(X_i - \bar{X})^2$$

이다. 이 사실은 λ의 적률추정량 $\hat{\lambda}$은 유일하게 존재하지 않는다는 것을 보여준다. □

問題 3 $X_1,\ X_2,\ \cdots,\ X_n$은 $X_i \sim \mathrm{EXP}(\frac{1}{\theta})$에 따르는 크기 n인 확률표본이라 할 때,

$$p \ = \ \tau(\theta) \ = \ P\{X \geqslant 1\} \ = \ e^{-1/\theta}$$

의 MME를 구하여라.

解答 $\mu_1' = \mu_1'(\theta) = E(X) = \theta$이므로 θ의 MLE는 $\bar{\theta} = \bar{X}$이다. 또한

$$p \ = \ \tau(\theta) \ = \ e^{-1/\theta} \ = \ e^{-1/\mu_1'}$$

로부터

$$\mu_1' \ = \ \mu_1'(p) \ = \ -\frac{1}{\ln p}$$

이므로 다음 방정식

$$m_1' \ = \ \bar{X} \ = \mu_1'(\hat{p}) \ = \ -\frac{1}{\ln \hat{p}}$$

을 $\hat{p}$에 대하여 풀면 p의 MME는 $\hat{p} = e^{-1/\bar{X}}$이다. 그러므로 $\hat{p} = \tau(\hat{\theta})$이다. □

5.4 추정량의 성질

앞 절에서는 추정량을 구할 수 있는 두가지 방법에 대하여 알아 보았다. 이 절에서는 가능한 추정량 중에서 어떤 추정량이 더 바람직한 추정량인가 하는 문제를 생각해 본다. 먼저, 추정량이 가질 수 있는 몇가지 성질에 대하여 알아 보자.

$X_1, X_2, \cdots, X_n$을 확률밀도함수 $f(x;\theta)$를 갖는 모집단에서 추출한 크기 n인 확률표본이라 하고 $\tau(\theta)$를 모수 $\theta \in \Theta$만의 함수라고 하자. θ의 실수치함수인 $\tau(\theta)$의 추정량으로 확률표본의 함수 즉, 통계량이 이용될 수 있는데 미지의 값인 $\tau(\theta)$를 정확하게 추정할 수 있는 방법을 찾는 것은 거의 불가능한 일이다. 따라서 $\tau(\theta)$의 추정량으로 사용할 수 있는 여러가지 가능한 통계량들 중에서 $\tau(\theta)$에 가장 근접한 통계량 $\hat{\theta} = u(X_1, X_2, \cdots, X_n)$을 찾을 수 있다면, 이 통계량을 $\tau(\theta)$의 통계량으로 선택하면 된다. 다시 말하면, 통계량 $\hat{\theta}$은 자기자신의 분포 또는 θ값에 종속되어 있는 어떤 분포족에 속하는 분포를 가지게 되므로 $\hat{\theta}$의 분포를 조사하여 $\hat{\theta} = u(X_1, X_2, \cdots, X_n)$의 가능한 값들이 $\tau(\theta)$의 주위에 집중되어 있는 함수를 $\tau(\theta)$의 추정량으로 선택하면 된다. 여기서 $\tau(\theta)$의 주위에 밀집되어 있을 것으로 추측되는 추정량으로는 중심위치의 측도인 평균과 산포에 대한 측도인 분산을 이용할 수 있으므로, 통계량의 평균이 $\tau(\theta)$와 비슷하거나 거의 일치하고 분산이 더 작은 값을 갖는 통계량을 고려해 볼 수 있다. 그러나 평균이나 분산과 같은 분포의 특성값들에 의하여 추정량의 $\tau(\theta)$에 대한 근접성(closedness)을 평가하는 것 보다는 일반적으로는 집중성(concentration)을 이용한다. 다음 정의를 살펴보자.

定義 5.6 $\hat{\theta}_1 = u_1(X_1, X_2, \cdots, X_n)$과 $\hat{\theta}_2 = u_2(X_1, X_2, \cdots, X_n)$를 모두 $\tau(\theta)$의 추정량이라고 하자. 모든 $\epsilon > 0$에 대하여,

$$P\{\,|\hat{\theta}_1 - \tau(\theta)\,| < \epsilon\} \;\geqslant\; P\{\,|\hat{\theta}_2 - \tau(\theta)\,| < \epsilon\} \tag{5.4}$$

이면 $\hat{\theta}_1$이 $\hat{\theta}_2$보다 $\tau(\theta)$에 대하여 **더 집중되어 있다**(more concentrated)고 말한다. 또한 $\tau(\theta)$의 추정량 중에서 가장 집중되어 있는 추정량 즉, 임의의 추정량 $\hat{\theta}^*$에 대하여

$$P\{\,|\hat{\theta} - \tau(\theta)\,| < \epsilon\} \;\geqslant\; P\{\,|\hat{\theta}^* - \tau(\theta)\,| < \epsilon\}, \quad \forall\epsilon > 0 \tag{5.5}$$

이면 $\hat{\theta}$를 **가장 집중된 추정량**(most concentrated estimator)이라 한다.

가장 집중된 추정량은 좋은 추정량임에는 틀림이 없지만 불행하게도 이러한 추정량을 구하는 방법은 현실적으로는 불가능하다. 왜냐하면, 가능한 추정량들의 범위를 어떤 바람직한 성질을 갖는 통계량들로 제한하고 이들 중에서 가장 집중된 추정량을 구하는 방법이 일반화되지 않았기 때문이다.

이제 다른 추정량을 생각해 보자. 먼저 $\hat{\theta} = u(X_1, X_2, \cdots, X_n)$를 $\tau(\theta)$의 추정량이라고 하면, 모수 $\tau(\theta)$에 대한 추정량으로서 오차 $(\hat{\theta} - \tau(\theta))$가 가장 작게 되는 추정량

$\hat{\theta} = u(X_1, X_2, \cdots, X_n)$을 찾을 수 있다면 이 통계량을 $\tau(\theta)$의 추정량으로 선택할 수 있는데 이러한 오차에 대한 측도(measure)로 사용하는 개념이 **평균제곱오차**이다.

定義 5.7 X_i를 모집단 확률밀도함수 $f(x_i;\theta)$를 갖는 연속(이산)확률표본이라 하자. 또한, 미지의 θ의 함수 $\tau(\theta)$의 한 추정량을 $\hat{\theta} = u(X_1, X_2, \cdots, X_n)$이라 하면,

$$\mathrm{MSE}(\hat{\theta}) = E[\{\hat{\theta} - \tau(\theta)\}^2] \tag{5.6}$$

$$= \begin{cases} \displaystyle\sum_{x_1}\sum_{x_2}\cdots\sum_{x_n}\{u(x_1, x_2, \cdots, x_n) - \tau(\theta)\}^2 f(x_1, x_2, \cdots, x_n), \\ \qquad\qquad (X_i\text{가 이산형 일 경우}) \\ \displaystyle\int_{-\infty}^{+\infty}\int_{-\infty}^{+\infty}\cdots\int_{-\infty}^{+\infty}\{u(x_1, x_2, \cdots, x_n) - \tau(\theta)\}^2 \times \\ \qquad f(x_1, x_2, \cdots, x_n)\,dx_1 dx_2 \cdots dx_n, \\ \qquad\qquad (X_i\text{가 연속형 일 경우}) \end{cases} \tag{5.7}$$

을 추정량 $\hat{\theta} = u(X_1, X_2, \cdots, X_n)$의 **평균제곱오차**(mean-squared error)라 한다.

위의 정의에 의하면 오차의 제곱에 대한 기댓값을 $\tau(\theta)$의 추정량 $\hat{\theta}$의 평균제곱오차로 생각할 수 있으며 $\tau(\theta)$ 주위에서의 $\hat{\theta}$의 산포(dispersion)를 보여주고 있으므로 $\mathrm{MSE}(\hat{\theta})$는 적합도의 측도로 사용될 수 있음을 보여 주고 있다. 그런데 여러가지 추정량들의 평균제곱오차를 비교하여 평균제곱오차가 가장 작은 추정량을 최우추정량으로 정의할 수 있으나, 실제로는 모수 θ에 종속되어 있어서 평균제곱오차가 최소인 추정량이 존재하는 경우는 거의 없다는 점이다. 평균제곱오차를 이용하여 가장 작은 추정량을 구하기 어려운 이유는, 모든 가능한 추정량들이 너무 많기 때문이기도 하다.

이제 불편성(unbiasedness)에 대하여 알아보자.

定義 5.8 Θ를 모수공간이라 하자. 모수 $\tau(\theta)$의 한 추정량을 $\hat{\theta}$라 할 때,

$$E(\hat{\theta}) = \tau(\theta), \quad \forall\tau(\theta) \in \Theta \tag{5.8}$$

이면, $\hat{\theta}$을 $\tau(\theta)$의 **불편추정량**(unbiased estimator)이라 한다.

모수 $\tau(\theta)$의 추정량 $\hat{\theta}$의 평균제곱오차는

$$\begin{aligned} E[\{\hat{\theta} - \tau(\theta)\}^2] &= E[\{(\hat{\theta} - E(\hat{\theta}) - (\tau(\theta) - E(\hat{\theta}))\}^2] \\ &= E[\{\hat{\theta} - E(\hat{\theta})\}^2] - 2E[\theta - E(\hat{\theta})] \cdot 0 + \{\tau(\theta) - E(\hat{\theta})\}^2 \\ &= \mathrm{Var}(\hat{\theta}) + \{\tau(\theta) - E(\hat{\theta})\}^2 \end{aligned}$$

이다. 이 식으로부터 모수 $\tau(\theta)$의 추정량 $\hat{\theta}$의 평균제곱오차가 가장 작게 될 때에는 $\tau(\theta) = E(\hat{\theta})$이고 또한 $\text{Var}(\hat{\theta})$이 작을 때, $\hat{\theta}$은 좋은 추정량이 된다. 여기서 끝항 $\{\tau(\theta) - E(\hat{\theta})\}$를 추정량 $\hat{\theta}$의 **편의**(bias)라고 한다.

問題 1 $X_i \sim \text{BIN}(1,p)$ $(i = 1,\ 2,\ \cdots,\ n)$인 확률표본이라 할 때, 표본율

$$\hat{p} = \frac{1}{n}\sum_{i=1}^{n} X_i$$

의 불편추정량을 구하여라.

解答 불편추정량의 정의를 이용하여 구하면

$$\begin{aligned} E(\hat{p}) &= E(\frac{1}{n}\sum_{i=1}^{n} X_i) \\ &= \frac{1}{n}\sum_{i=1}^{n} E(X_i) \\ &= \frac{1}{n}(n\,p) \\ &= p \end{aligned}$$

이므로, 표본율 $\hat{p} = \frac{1}{n}\sum_{i=1}^{n} X_i$은 모비율 p의 불편추정량이다. □

問題 2 모평균이 μ, 모분산이 σ^2인 무한모집단으로부터의 n개의 확률표본 X_1, X_2, $\cdots$, X_n을 추출하였을 때, 표본평균 $\bar{X}$와 표본분산 S^2의 불편추정량을 구하여라.

解答 표본평균 $\bar{X}$의 불편추정량은

$$\begin{aligned} E(\bar{X}) &= E\left(\frac{1}{n}\sum_{i=1}^{n} X_i\right) \\ &= \frac{1}{n}\sum_{i=1}^{n} E(X_i) \\ &= \frac{1}{n}\sum_{i=1}^{n} \mu \\ &= \mu \end{aligned}$$

이다. 또한, 표본분산 S^2의 불편추정량은

$$
\begin{aligned}
E(S^2) &= E\left[\frac{1}{n-1}\left(\sum_{i=1}^{n} X_i^2 - n\bar{X}^2\right)\right] \\
&= \frac{1}{n-1}E\left(\sum_{i=1}^{n} X_i^2 - n\bar{X}^2\right) \\
&= \frac{1}{n-1}\left(\sum_{i=1}^{n} E(X_i^2) - nE(\bar{X}^2)\right) \\
&= \frac{1}{n-1}\left(\sum_{i=1}^{n}[\mathrm{Var}(X_i) + (E(X_i))^2] - n[\mathrm{Var}(\bar{X}) + (E(\bar{X}))^2]\right) \\
&= \frac{1}{n-1}\left[n(\mu^2+\sigma^2) - n(\mu^2 + \frac{\sigma^2}{n})\right] \\
&= \frac{1}{n-1}\Big((n-1)\sigma^2\Big) \\
&= \sigma^2
\end{aligned}
$$

이다. □

다음은 단순일치성(consistency)에 관하여 알아보자. 평균제곱오차나 불편성은 크기가 고정된 확률표본에 대하여 정의할 수 있는 개념이다. 추정량의 성질로서 표본의 크기 n이 증가함에 따라 추정량 $\hat{\theta}_n$이 모수 $\tau(\theta)$에 확률적으로 수렴한다는 것은 자연스런 추측이다. 다시 말하면, 통계적으로 $\hat{\theta}_n$이 $\tau(\theta)$에 수렴한다는 것은 n이 증가함에 따라 오차 $\hat{\theta}_n - \tau(\theta)$가 작아져서 결국 $n \to +\infty$이면 오차가 작아질 확률이 1로 수렴함을 의미한다. 이러한 추정량의 성질을 **단순일치성**(simple consistency)이라 한다. 일치성의 정의는 다음과 같다.

定理 5.2 Θ를 모수공간이라 하자. 임의의 $\epsilon > 0$에 대하여,

$$\lim_{n\to\infty} P\{\,|\hat{\theta}_n - \tau(\theta)\,| < \epsilon\} = 1, \quad \forall\tau(\theta) \in \Theta \tag{5.9}$$

이면, $\hat{\theta}_n$를 $\tau(\theta)$의 **일치추정량**(consistent estimator)이라 한다.

證明 단순일치성의 성질은 다음과 같은 방법으로 비교적 쉽게 증명할 수가 있다. 먼저 크기 n인 확률표본 $X_1, X_2, \cdots, X_n$에 의한 모수 $\tau(\theta)$의 한 추정량을 $\hat{\theta}_n$이라 하자. 이때 추정량의 바람직한 성질로서

$$\lim_{n\to\infty} E[\,(\hat{\theta}_n - \tau(\theta))^2\,] = 0$$

을 고려해 볼 수 있는데, 이와같은 성질을 만족하는 추정량을 평균제곱오차 일치추정량(mean squared-error consistent estimator)이라 한다. 앞 절에서 유도한 공식으로부터

$$\begin{aligned}\lim_{n\to\infty} E[\left(\hat{\theta}_n - \tau(\theta)\right)^2] &= \lim_{n\to\infty}[\mathrm{Var}(\hat{\theta}_n) + \{\tau(\theta) - E(\hat{\theta}_n)\}^2] \\ &= 0\end{aligned}$$

이다. 그런데 $\mathrm{Var}(\hat{\theta}_n) \geq 0$이고 $\{\tau(\theta) - E(\hat{\theta}_n)\}^2 \geq 0$이므로 제곱오차 일치추정량의 정의는

$$\begin{cases}\lim_{n\to\infty} \mathrm{Var}(\hat{\theta}_n) = 0, \\ \lim_{n\to\infty} E(\hat{\theta}_n) = \tau(\theta)\end{cases}$$

와 동치임을 알 수 있다. 또한, $\epsilon > 0$일 때 체비세프 부등식에 의하여,

$$P\{\,|\,\hat{\theta}_n - E(\hat{\theta}_n)\,| \geqslant \epsilon\,\} \leqslant \frac{\mathrm{Var}(\hat{\theta}_n)}{\epsilon^2}$$

이므로, $\lim_{n\to\infty} \mathrm{Var}(\hat{\theta}_n) = 0$과 여사건의 확률을 이용하면,

$$\lim_{n\to\infty} P\{\,|\,\hat{\theta}_n - E(\hat{\theta}_n)\,|\,\} < \epsilon\} = 1$$

이다. 그런데, $\lim_{n\to\infty} E(\hat{\theta}_n) = \tau(\theta)$이므로

$$\lim_{n\to\infty} P\{\,|\,\hat{\theta}_n - \tau(\theta)\,| < \epsilon\,\} = 1$$

이다.

問題 3 모평균이 μ, 모분산이 σ^2인 무한모집단으로부터 추출한 크기 n인 확률표본을 X_1, X_2, $\cdots$, X_n이라 하자. 표본평균 $\bar{X}_n$의 일치추정량을 구하여라.

解答 표본평균 $\bar{X}_n$, 모평균 μ에 대하여 Chebyshev의 부등식을 이용하면

$$\begin{aligned}P\{|\bar{X}_n - E(\bar{X})| \geqslant \epsilon\} &= P\{|\bar{X}_n - \mu| \geqslant \epsilon\}, \quad \forall\epsilon > 0 \\ &\leqslant \frac{\mathrm{Var}(\bar{X}_n)}{\epsilon^2} \\ &= \frac{\frac{\sigma^2}{n}}{\epsilon^2} \\ &= \frac{\sigma^2}{n\epsilon^2}\end{aligned}$$

이다. 그런데

$$\lim_{n\to\infty} \frac{\sigma^2}{n\epsilon^2} \to 0$$

이므로

$$\lim_{n\to\infty} P\{\,|\,\bar{X}_n - \mu\,| < \epsilon\} \;=\; 1$$

이다. 그러므로 표본평균 $\bar{X}_n$는 모평균 μ의 일치추정량이다. ■

일치성의 의미는 표본의 크기 n이 커짐에 따라 $\hat{\theta}_n$이 추정량 $\tau(\theta)$에 더 집중되는 경향을 띠게 되며, 더욱이 n이 충분히 크면 $\hat{\theta}_n$이 주정량 $\tau(\theta)$에 아주 근접할 수 있음을 말해 준다.

定理 5.3 $\{\hat{\theta}_n\}_{n=1}^{\infty}$를 $\tau(\theta)$에 대한 불편추정량의 열(sequence)이라 하자.

$$\lim_{n\to\infty} \mathrm{Var}(\hat{\theta}_n) \;=\; 0 \tag{5.10}$$

이면, $\hat{\theta}_n$은 $\tau(\theta)$의 일치추정량이다.

證明 $E(\hat{\theta}_n) = \tau(\theta)$이므로 Markov 부등식에 의하여

$$P\{\,|\,\hat{\theta}_n - \tau(\theta)\,| < \epsilon\} \;\geqslant 1 - \frac{\mathrm{Var}(\hat{\theta})}{\epsilon^2}, \quad \epsilon > 0$$

이다. 위의 부등식에서 $n \to +\infty$이면, $P\{\,|\,\hat{\theta}_n - \tau(\theta)\,| < \epsilon\} \to 1$이다. ■

모평균이 μ이고 모분산이 σ^2인 분포로부터 크기 n인 확률표본을 X_1, X_2, $\cdots$, X_n이라 하면, 표본평균 $\bar{X}$와 표본분산 S^2은 모평균 μ와 모분산 σ^2에 대한 불편추정량이다. 여기서 $n \to +\infty$이면,

$$\begin{aligned}
\mathrm{Var}(\bar{X}) &= \frac{\sigma^2}{n} \to 0 \\
\mathrm{Var}(S^2) &= E(X^4) - \frac{n-3}{n-4}\sigma^4 \to 0
\end{aligned}$$

이므로 표본평균 $\bar{X}$와 표본분산 S^2은 모평균 μ와 모분산 σ^2에 대한 일치추정량이다. □

定理 5.4 $\{\hat{\theta}_n\}_{n=1}^{\infty}$가 $\tau(\theta)$에 대한 일치추정량의 열(sequence)이고 함수 $g(t)$ 가 $\tau(\theta)$의 각 값에 대하여 연속이면, $g(\hat{\theta}_n)$은 $g\big(\tau(\theta)\big)$에 대한 일치추정량의 열이다.

證明 생략. ■

위의 정리 5.4에 의하면 $\tau(\theta)$가 θ의 연속함수이고 $\hat{\theta}_n$이 θ의 일치추정량이면, $\tau(\hat{\theta}_n)$은 $\tau(\theta)$에 대한 일치추정량이다. 이 사실을 [예 4]에 적용하면, 표본분산 S_n^2은 모분산 σ^2에 대한 일치추정량이므로 $\sqrt{S_n^2} = S_n$은 $\sqrt{\sigma^2} = \sigma$의 일치추정량 즉, 표본표준편차는 모표본표준편차의 일치추정량이다.

단순일치성보다 좀 더 강한 조건의 일치성이 다음의 MSE일치성이다.

定義 5.9 $\{\hat{\theta}_n\}_{n=1}^{\infty}$가 $\tau(\theta)$에 대한 추정량의 열(sequence)이라 하자. 모든 $\theta \in \Theta$에 대하여

$$\lim_{n\to\infty} E[\{\hat{\theta}_n - \tau(\theta)\}^2] \;=\; 0 \tag{5.11}$$

이면, $\hat{\theta}_n$을 $\tau(\theta)$의 **MSE일치추정량**이라 한다.

$\hat{\theta}_n$이 MSE일치추정량이면, Markov 부등식에 의하여 $n \to +\infty$이면 모든 $\epsilon > 0$에 대하여

$$P\{\,|\,\hat{\theta}_n - \tau(\theta)\,| < \epsilon\} \geqslant 1 - \frac{\mathrm{Var}(\hat{\theta}_n)}{\epsilon^2}$$

이므로 $\hat{\theta}_n$은 단순일치추정량이다. 또한

$$E[\{\hat{\theta}_n - \tau(\theta)\}^2] = \mathrm{Var}(\hat{\theta}_n) + \{E(\hat{\theta}_n) - \tau(\theta)\}^2$$

에서 $\hat{\theta}_n$이 MSE추정량이면, $n \to +\infty$일 때,

$$\mathrm{Var}(\hat{\theta}_n) \to 0$$
$$[E(\hat{\theta}_n) - \tau(\theta)]^2 \to 0$$

을 만족해야 하며 또한 그 역도 성립한다. 그러므로 불편성과 단순일치성을 갖고 있는 추정량은 MSE일치추정량이며, $n \to +\infty$이면 $E(\hat{\theta}_n) \to \tau(\theta)$인 일치추정량 $\hat{\theta}_n$가 MSE일치추정량이다.

표본의 증가에 따른 추정량의 성질로 점근불편성이 있다. 다음 정의를 살펴 보자.

定義 5.10 $\{\hat{\theta}_n\}_{n=1}^{\infty}$가 $\tau(\theta)$에 대한 추정량의 열(sequence)이라 하자. 모든 $\tau(\theta) \in \Theta$에 대하여

$$\lim_{n\to\infty} E(\hat{\theta}_n) \;=\; \tau(\theta) \tag{5.12}$$

이면, $\hat{\theta}_n$을 $\tau(\theta)$의 **점근불편추정량**(asymptotic unbiased estimator)이라 한다.

問題 4 X_1, X_2, $\cdots$, X_n을 지수분포 EXP($\frac{1}{\theta}$)로부터의 크기 n인 확률표본이라 하고, 확률변수 Y를 $Y = \sum_{i=1}^{n} X_i$로 정의하자. 이 경우, $\hat{\theta}_n = 1/\bar{X}$의 점근불편추정량을 구하여라.

解答 θ의 MLE는 $\hat{\theta}=\bar{X}$이고, $\tau(\theta)=\frac{1}{\theta}$의 MLE는 최우추정량의 불변성질에 의하여 $\hat{\tau}(\hat{\theta})=1/\bar{X}=\hat{\theta}_n$이 된다. 여기서

$$Y=\sum_{i=1}^{n}X_i\sim \text{GAM}(\tfrac{1}{\theta},n)$$

이므로

$$\begin{aligned}E(\hat{\theta}_n) &= E(\frac{n}{Y})\\ &= n\int_0^{+\infty}\frac{1}{y}\frac{1}{\Gamma(n)\theta^n}\,y^{n-1}e^{-y/\theta}\,dy\\ &= \frac{n\Gamma(n-1)}{\Gamma(n)\theta}\\ &= \frac{n}{n-1}\frac{1}{\theta},\quad n>1\end{aligned}$$

이다. 따라서

$$\lim_{n\to\infty}E(\hat{\theta}_n)=\frac{1}{\theta}$$

이므로 점근불편추정량이다. □

다음은 유효성(efficiency)에 관하여 살펴 보자. 이미 위에서 설명하였지만 어떤 모수 $\tau(\theta)$의 불편추정량은 유일하게 존재하는 것이 아니다. 따라서 여러가지 불편추정량 중에서도 가장 좋은 추정량을 선택할 필요가 있다. 물론, 추정량 $\hat{\theta}$의 평균제곱오차 $E\{(\hat{\theta}-\tau(\theta))^2\}$도 작을수록 좋은 추정량임은 명백하다. 이 경우, $E(\hat{\theta})=\tau(\theta)$이므로 불편추정량의 평균제곱오차는 $\hat{\theta}$의 분산인 것을 알 수 있다. 그러므로 많은 불편추정량 중에서도 가장 좋은 추정량이란 바로 그 분산이 가장 작은 경우를 말하는 것이라고 볼 수 있다.

定義 5.11 $\hat{\theta}_1$과 $\hat{\theta}_2$를 모수 $\tau(\theta)$의 두 불편추정량이라 하자. 이때

$$\begin{aligned}\text{MSE}(\hat{\theta}_1) &= \text{Var}(\hat{\theta}_1)\\ &= E[(\hat{\theta}_1-\tau(\theta))^2]\\ &\leqslant E[(\hat{\theta}_2-\tau(\theta))^2] = \text{Var}(\hat{\theta}_2) = \text{MSE}(\hat{\theta}_2)\end{aligned}$$

가 성립하면, $\hat{\theta}_1$은 $\hat{\theta}_2$보다 **유효하다**(efficient)고 한다. 특히, 모수 $\tau(\theta)$의 많은 불편추정량 $\hat{\theta}$중에서 그의 분산이 최소로 되는 성질을 **유효성**(efficiency)이라 한다.

위의 정의로부터 유효추정량에 대한 엄밀한 정의는 다음과 같다.

定義 5.12 Θ를 모수공간이라 하자. 모수 $\tau(\theta) \in \Theta$에 대하여,

$$\begin{aligned}\text{MSE}(\hat{\theta}) &= \text{Var}(\hat{\theta}) \\ &= E[\big(\hat{\theta} - \tau(\theta)\big)^2], \quad \big(E(\hat{\theta}) = \tau(\theta)\big)\end{aligned}$$

의 값이 최소가 되는 불편추정량 $\hat{\theta}$을 $\tau(\theta)$의 **유효추정량**(efficient estimator) 또는 **최소분산불편추정량**(minimum variance unbiased estimator) 또는 **최량추정량**(best estimator)이라 한다.

定義 5.13 $\tau(\theta) \in \Theta$에 대한 두 추정량을 $\hat{\theta}$과 $\hat{\theta}^*$라 할 때,

$$\text{re}(\hat{\theta}, \hat{\theta}^*) = \frac{\text{MSE}(\hat{\theta})}{\text{MSE}(\hat{\theta}^*)} \tag{5.13}$$

를 추정량 $\hat{\theta}^*$에 대한 $\hat{\theta}$의 **상대적 유효추정량**(relative efficiency)라 한다.

상대적 유효추정량 $\text{re}(\hat{\theta}, \hat{\theta}^*) \leqslant 1$이면 $\hat{\theta}$가 $\hat{\theta}^*$보다 더 좋은 추정량임은 분명하다. 또한 $\tau(\theta)$에 대한 추정량을 $\hat{\theta} = \hat{\theta}(X_1, X_2, \cdots, X_n)$이라 하면, $\hat{\theta}$의 MSE는

$$\begin{aligned}\text{MSE}(\hat{\theta}) &= E[\{\hat{\theta} - \tau(\theta)\}^2] \\ &= E[\{\hat{\theta} - E(\hat{\theta}) + E(\hat{\theta}) - \tau(\theta)\}^2] \\ &= E[\{\hat{\theta} - E(\hat{\theta})\}^2] + \{E(\hat{\theta}) - \tau(\theta)\}^2 \\ &\qquad + 2E\{\hat{\theta} - E(\hat{\theta})\}\{E\big(\hat{\theta} - \tau(\theta)\big)\} \\ &= \text{Var}(\hat{\theta}) + b^2, \qquad \big(b = E(\hat{\theta}) - \tau(\theta)\big)\end{aligned}$$

이다. 그런데, $\hat{\theta}$가 $\tau(\theta)$의 불편추정량이므로,

$$E(\hat{\theta}) - \tau(\theta) = 0$$

이고 이로부터 $\text{MSE}(\hat{\theta}) = \text{Var}(\hat{\theta})$이다. 그러므로 $\hat{\theta}$와 $\hat{\theta}^*$가 $\tau(\theta)$에 대한 불편추정량이면, $\hat{\theta}^*$에 대한 $\hat{\theta}$의 상대유효성은

$$\text{re}(\hat{\theta}, \hat{\theta}^*) = \frac{\text{Var}(\hat{\theta})}{\text{Var}(\hat{\theta}^*)} = 1 \tag{5.14}$$

이다.

유효추정량을 밝히는데 다음의 Cramér-Rao 부등식을 이용한다.

定理 5.5 무한모집단 분포의 모집단 확률밀도함수를 $f(x;\theta)$라 하자. 여기서 모수 θ는 미지이다. 이 모집으로부터 추출된 크기 n인 확률표본을 X_1, X_2, $\cdots$, X_n이라 하고, $\hat{\theta} = \varphi(X_1, X_2, \cdots, X_n)$를 θ의 불편추정량이라 하면 다음 부등식이 성립한다.

$$\mathrm{Var}(\hat{\theta}) \geqslant \frac{1}{nE\left[\left\{\dfrac{\partial}{\partial\theta}\ln f(X;\theta)\right\}^2\right]}.$$

證明 확률표본 $(X_1, X_2, \cdots, X_n)$의 결합확률밀도함수를

$$\begin{aligned} Q &= Q(x_1, x_2, \cdots, x_n; \theta) \\ &= \prod_{i=1}^{n} f(x_i;\theta) \end{aligned}$$

라 하자. 그러면,

$$\int_{-\infty}^{+\infty}\int_{-\infty}^{+\infty}\cdots\int_{-\infty}^{+\infty} Q\,dx_1dx_2\cdots dx_n = 1$$

이고

$$\begin{aligned} E(\hat{\theta}) &= \int_{-\infty}^{+\infty}\int_{-\infty}^{+\infty}\cdots\int_{-\infty}^{+\infty} \varphi(x_1, x_2, \cdots, x_n)Q\,dx_1dx_2\cdots dx_n \\ &= \theta \end{aligned}$$

이다. 첫 번째 적분의 양변을 θ에 관해 편미분하면,

$$\begin{aligned} &\int_{-\infty}^{+\infty}\int_{-\infty}^{+\infty}\cdots\int_{-\infty}^{+\infty} \frac{\partial Q}{\partial\theta}\,dx_1dx_2\cdots dx_n \\ &\quad= \int_{-\infty}^{+\infty}\int_{-\infty}^{+\infty}\cdots\int_{-\infty}^{+\infty} \frac{1}{Q}\frac{\partial Q}{\partial\theta}\,Q\,dx_1dx_2\cdots dx_n \\ &\quad= \int_{-\infty}^{+\infty}\int_{-\infty}^{+\infty}\cdots\int_{-\infty}^{+\infty} \frac{\partial \ln Q}{\partial\theta}\,Q\,dx_1dx_2\cdots dx_n \\ &\quad= 0 \end{aligned}$$

이고, 두 번째 적분은, 위와 비슷한 방법으로 계산하면

$$\begin{aligned} &\int_{-\infty}^{+\infty}\int_{-\infty}^{+\infty}\cdots\int_{-\infty}^{+\infty} \varphi(x_1, x_2, \cdots, x_n)\,\frac{\partial Q}{\partial\theta}\,dx_1dx_2\cdots dx_n \\ &\quad= \int_{-\infty}^{+\infty}\int_{-\infty}^{+\infty}\cdots\int_{-\infty}^{+\infty} \varphi(x_1, x_2, \cdots, x_n)\,\frac{\partial \ln Q}{\partial\theta}\,Q\,dx_1dx_2\cdots dx_n \\ &\quad= 1 \end{aligned}$$

이고 다시 첫 번째 식에 모수 $-\theta$를 곱하면

$$-\int_{-\infty}^{+\infty}\int_{-\infty}^{+\infty}\cdots\int_{-\infty}^{+\infty}\theta\,\frac{\partial\ln Q}{\partial\theta}\,Q\,dx_1dx_2\cdots dx_n=0$$

이다. 여기서 첫 번째 적분식과 두 번째 적분식을 더하면,

$$\int_{-\infty}^{+\infty}\int_{-\infty}^{+\infty}\cdots\int_{-\infty}^{+\infty}\{\varphi(x_1,x_2,\cdots,x_n)-\theta\}\,\frac{\partial\ln Q}{\partial\theta}\,Q\,dx_1dx_2\cdots dx_n \;=\; 1$$

이다. 이 식에 Cauchy-Schwarz의 부등식을 적용하면

$$\begin{aligned}
1^2 &= \left(\int_{-\infty}^{+\infty}\int_{-\infty}^{+\infty}\cdots\int_{-\infty}^{+\infty}\{\varphi(x_1,x_2,\cdots,x_n)-\theta\}\,\frac{\partial\ln Q}{\partial\theta}\,Q\,dx_1dx_2\cdots dx_n\right)^2\\
&\le \left(\int_{-\infty}^{+\infty}\int_{-\infty}^{+\infty}\cdots\int_{-\infty}^{+\infty}\{\varphi(x_1,x_2,\cdots,x_n)-\theta\}^2\,Q\,dx_1dx_2\cdots dx_n\right)\times\\
&\qquad\left(\int_{-\infty}^{+\infty}\int_{-\infty}^{+\infty}\cdots\int_{-\infty}^{+\infty}\left\{\frac{\partial\ln Q}{\partial\theta}\right\}^2\,Q\,dx_1dx_2\cdots dx_n\right)
\end{aligned}$$

가 된다. 그런데,

$$\begin{aligned}
&\int_{-\infty}^{+\infty}\int_{-\infty}^{+\infty}\cdots\int_{-\infty}^{+\infty}\{\varphi(x_1,x_2,\cdots,x_n)-\theta\}^2\,Q\,dx_1dx_2\cdots dx_n\\
&\quad= E[\{\varphi(X_1,X_2,\cdots,X_n)-\theta\}^2]\\
&\quad= E[(\hat\theta-\theta)^2]\\
&\quad= \mathrm{Var}(\hat\theta)
\end{aligned}$$

이고 또한,

$$\begin{aligned}
E\left[\frac{\partial\ln f(X_i;\theta)}{\partial\theta}\right] &= \int_{-\infty}^{+\infty}\frac{\partial\ln f(x_i;\theta)}{\partial\theta}\,f(x_i;\theta)\,dx_i\\
&= \int_{-\infty}^{+\infty}\frac{\partial f(x_i;\theta)}{\partial\theta}\,dx_i\\
&= \frac{d}{d\theta}\int_{-\infty}^{+\infty}f(x_i;\theta)\,dx_i\\
&= \frac{d}{d\theta}1\\
&= 0,\qquad i=1,2,\cdots,n
\end{aligned}$$

이다. 그리고 확률표본의 독립성질을 이용하면,

$$
\begin{aligned}
&\int_{-\infty}^{+\infty}\int_{-\infty}^{+\infty}\cdots\int_{-\infty}^{+\infty}\left\{\frac{\partial \ln Q}{\partial\theta}\right\}^2 Q\,dx_1dx_2\cdots dx_n \\
&= \int_{-\infty}^{+\infty}\int_{-\infty}^{+\infty}\cdots\int_{-\infty}^{+\infty}\left\{\sum_{i=1}^{n}\frac{\partial \ln f(x_i;\theta)}{\partial\theta}\right\}^2 Q\,dx_1dx_2\cdots dx_n \\
&= E\left[\left\{\sum_{i=1}^{n}\frac{\partial \ln f(x_i;\theta)}{\partial\theta}\right\}^2\right] \\
&= \sum_{i=1}^{n}E\left[\left\{\frac{\partial \ln f(x_i;\theta)}{\partial\theta}\right\}^2\right] \\
&\qquad +2\sum_{1\le j<k\le n}E\left[\left\{\frac{\partial \ln f(x_j;\theta)}{\partial\theta}\right\}\right]E\left[\left\{\frac{\partial \ln f(x_k;\theta)}{\partial\theta}\right\}\right] \\
&= n\int_{-\infty}^{+\infty}\left\{\frac{\partial \ln f(x;\theta)}{\partial\theta}\right\}^2 f(x;\theta)\,dx
\end{aligned}
$$

이다. 결국, 위로부터

$$
\begin{aligned}
1 &\le \mathrm{Var}(\hat{\theta})\cdot n\int_{-\infty}^{+\infty}\left\{\frac{\partial \ln f(x;\theta)}{\partial\theta}\right\}^2 f(x;\theta)\,dx \\
&= \mathrm{Var}(\hat{\theta})\cdot\left(n\,E\left[\left\{\frac{\partial}{\partial\theta}\ln f(X;\theta)\right\}^2\right]\right)
\end{aligned}
$$

을 정리하면 Cramer-Rao 부등식을 얻는다. ■

問題 5 모집단의 분포가 $X_i \sim \mathrm{EXP}(\frac{1}{\lambda})$일 때, 표본평균 $\bar{X}$는 모평균 λ의 유효추정량임을 밝혀라.

解答 $\bar{X}$는 모평균 λ의 불편추정량이다. 그런데 지수분포의 분산은 λ^2이므로,

$$
\begin{aligned}
\mathrm{Var}(\bar{X}) &= \frac{1}{n^2}\sum_{i=1}^{n}\mathrm{Var}(X_i) \\
&= \frac{\lambda^2}{n}
\end{aligned}
$$

이다. 또한, 모평균 λ인 지수분포의 확률밀도함수는

$$
f(x;\lambda) = \frac{1}{\lambda}e^{-\frac{x}{\lambda}}, \quad 0 < x < +\infty
$$

이므로,

$$\begin{aligned}\frac{\partial}{\partial\lambda}\ln f(x;\lambda) &= \frac{\partial}{\partial\lambda}\Big(-\ln\lambda-\frac{x}{\lambda}\Big)\\ &= -\frac{1}{\lambda}+\frac{x}{\lambda^2}\end{aligned}$$

이고,

$$\begin{aligned}n\int_0^{+\infty}\left\{\frac{\partial}{\partial\lambda}\ln f(x;\lambda)\right\}^2 f(x;\lambda)\,dx &= n\int_0^{+\infty}\Big(-\frac{1}{\lambda}+\frac{x}{\lambda^2}\Big)^2 f(x;\lambda)\,dx\\ &= n\frac{1}{\lambda^4}\int_0^{+\infty}(x-\lambda)^2 f(x;\lambda)\,dx\\ &= n\,\frac{1}{\lambda^4}\,\lambda^2\\ &= \frac{n}{\lambda^2}\end{aligned}$$

이다. 따라서, 위의 두 식을 비교하면

$$\mathrm{Var}(\bar{X}) = \frac{\lambda^2}{n} = \frac{1}{n\displaystyle\int_0^{+\infty}\left\{\frac{\partial\ln f(x;\mu)}{\partial\mu}\right\}^2 f(x;\mu)\,dx}$$

이므로 표본평균 $\bar{X}$는 모평균 μ의 유효추정량임을 알 수 있다. □

問題 6 모평균이 μ이고 모분산이 σ^2인 정규모집단 $N(\mu,\sigma^2)$으로부터 크기 n인 확률표본을 X_1, X_2, $\cdots$, X_n이라 할 때, 표본평균 $\bar{X}$는 모평균 μ의 유효추정량임을 밝혀라. (단, 모분산 σ^2은 이미 알고 있다.)

解答 표본분산의 분산은

$$\begin{aligned}\mathrm{Var}(\bar{X}) &= \frac{1}{n^2}\sum_{i=1}^{n}\mathrm{Var}(X_i)\\ &= \frac{1}{n^2}\,n\,\sigma^2\\ &= \frac{\sigma^2}{n}\end{aligned}$$

이다. 또한, 확률표본의 확률밀도함수는

$$f(x;\mu) = \frac{1}{\sigma\sqrt{2\pi}}e^{-\frac{(x-\mu)^2}{2\sigma^2}},\ -\infty < x < +\infty$$

이므로

$$\ln f(x;\mu) = -\ln(\sigma\sqrt{2\pi}) - \frac{(x-\mu)^2}{2\sigma^2}$$

이고 또한,

$$\frac{\partial \ln f(x;\mu)}{\partial \mu} = \frac{x-\mu}{\sigma^2}$$

이므로

$$\begin{aligned} nE\left[\left\{\frac{\partial \ln f(X;\mu)}{\partial \mu}\right\}^2\right] &= nE[(\frac{X-\mu}{\sigma^2})^2] \\ &= \frac{n}{\sigma^4}E[(X-\mu)^2] \\ &= \frac{n}{\sigma^2} \end{aligned}$$

이다. 따라서,

$$\begin{aligned} \text{Var}(\bar{X}) &= \frac{\sigma^2}{n} \\ &= \frac{1}{n\int_0^{+\infty}\left\{\frac{\partial \ln f(x;\mu)}{\partial \mu}\right\}^2 f(x;\mu)\,dx} \end{aligned}$$

이므로 표본평균 $\bar{X}$는 모평균 μ의 유효추정량이다. □

Cramer-Rao 부등식을 좀 더 일반화하면 다음과 같다.

定理 5.6 무한모집단 분포의 모집단 확률밀도함수를 $f(x;\theta)$라 하자. 여기서 모수 θ는 미지이다. 이 모집으로부터 추출된 크기 n인 확률표본을 X_1, X_2, $\cdots$, X_n이라 하고, $\hat{\theta} = \varphi(X_1, X_2, \cdots, X_n)$를 $\tau(\theta)$의 불편추정량이라 하면,

$$\text{Var}(\hat{\theta}) \geqslant \frac{\{\tau'(\theta)\}^2}{nE\left[\left\{\frac{\partial}{\partial \theta}\ln f(X;\theta)\right\}^2\right]}$$

이 성립한다.

Cramer-Rao 부등식에서

$$\frac{\partial}{\partial \theta}\ln f(X;\theta)$$

를 **유효점수**(efficient score)라 하며 이 유효점수의 기댓값은 항상 0이 되는 것으로 즉,

$$E\Big[\frac{\partial}{\partial\theta}\ln f(X;\theta)\Big] = 0, \quad \forall\theta\in\Theta$$

으로 가정한다. 또한 [정리 5.6]의 오른쪽 식을 $\tau(\theta)$에 대한 불편추정량들의 분산에 대하여 **Cramer-Rao 하한**(Cramer-Rao lower bound)이라 한다. 이것을 간단히 CRLB로 표시한다. 함수 $\ln f(x;\theta)$에 대한 2계 편도함수가 존재하면

$$E\Big[\Big\{\frac{\partial}{\partial\theta}\ln f(X;\theta)\Big\}^2\Big] = -E\Big[\frac{\partial^2}{\partial\theta^2}\ln f(X;\theta)\Big]$$

이다.

이제 다시 불편추정량으로 돌아가 보자. 모수 θ의 함수 $\tau(\theta)$에 대한 추정량을 $\hat{\theta}$라 할 때, $\hat{\theta}$의 평균제곱오차는

$$E[\{\hat{\theta}-\tau(\theta)\}^2] = \text{Var}(\hat{\theta}) + \{\tau(\theta)-E(\hat{\theta})\}^2$$

이다. 여기서 $\hat{\theta}$가 $\tau(\theta)$의 불편추정량이면 $E(\hat{\theta})=\tau(\theta)$이므로

$$E[\{\hat{\theta}-\tau(\theta)\}^2] = \text{Var}(\hat{\theta})$$

가 된다. 따라서 불편추정량 중에서 평균제곱오차가 균일하게 최소인 추정량을 찾는 문제는 추정량의 분산이 균일하게 최소인 불편추정량을 찾는 문제가 된다.

定義 5.14 $\boldsymbol{X} = (X_1, X_2, \cdots, X_n)$을 확률밀도함수 $f(\boldsymbol{x};\theta)$를 가지는 분포로부터의 확률표본이고, 모수 θ의 함수 $\tau(\theta)$에 대한 불편추정량을 $\hat{\theta}=\varphi(\boldsymbol{X})$라 하자. $\tau(\theta)$에 대한 임의의 불편추정량을 $\hat{\theta}^*=\varphi^*(\boldsymbol{X})$라 할 때,

$$\text{Var}(\hat{\theta}) \leqslant \text{Var}(\hat{\theta}^*), \quad \forall\theta\in\Theta \tag{5.15}$$

이면, $\hat{\theta}=\varphi(\boldsymbol{X})$를 $\tau(\theta)$에 대한 **일양최소분산불편추정량**(uniformly minimum-variance unbiased estimator)이라 한다. 이것을 간단히 UMVUE로 나타내기로 한다.

UMVUE는 **최량불편추정량**(best unbiased estimator)이라고도 하며, UMVUE가 표본함수 $\boldsymbol{X}$의 선형함수일 경우에는 BLUE(best linear unbiased estimator)라고 한다. UMVUE를 구하려면 모든 불편추정량들의 분산을 구하여야 하는데 현실적으로 이것은 불가능한 일이다. 따라서 위에서와 같이 CRLB를 유도해 보고 UMVUE를 구하는데 분산의 하한이 어떻게 이용되는지를 살펴보자.

問題 7 X_1, X_2, $\cdots$, X_n을 모분산 σ^2이 이미 알려진 정규분포 $N(\theta,\sigma^2)$로부터 추출한 크기 n인 확률표본이라 할 때, 표본평균 $\bar{X}$가 모수 θ의 UMVUE를 구하여라.

解答 먼저 $\ln f(x;\theta) = -\ln\sqrt{2\pi}\,\sigma - (x-\theta)^2/2\sigma^2$을 θ에 관해 편미분하면

$$\frac{\partial}{\partial\theta}\ln f(x;\theta) \;=\; \frac{x-\theta}{\sigma^2}$$

이고 다시 편미분하면

$$\frac{\partial^2}{\partial\theta^2}\ln f(x;\theta) \;=\; -\frac{1}{\sigma^2}$$

이다. 따라서

$$E\Big[\Big(\frac{\partial}{\partial\theta}\ln f(x;\theta)\Big)^2\Big] \;=\; \frac{1}{\sigma^2}$$

이다. 또한 $\tau(\theta)=\theta$이면 $\tau'(\theta)=1$이므로 $\tau(\theta)$에 대한 CRLB는

$$\text{CRLB} \;=\; \frac{1}{n(1/\sigma^2)} \;=\; \frac{\sigma^2}{n}$$

이다. 그런데 표본평균 $\bar{X}$의 분포는 정규분포 $N(\theta,\frac{\sigma^2}{n})$에 따르므로

$$\begin{aligned} E(\bar{X}) &= \theta, \\ \text{Var}(\bar{X}) &= \frac{\sigma^2}{n} = \text{CRLB} \end{aligned}$$

이다. 이로부터 $\bar{X}$는 모수 θ에 대한 UMVUE이다. □

Cramér-Rao 부등식의 유도과정을 자세하게 살펴보면 분산이 CRLB와 같아지는 추정량의 형태에 대한 정보를 얻을 수 있다. Cauchy-Schwarz 부등식에서 등호는 상관계수 $\rho(\hat{\theta},\hat{\theta}^*)=\pm1$일 때 성립하므로 이것은 $\hat{\theta}$와 $\hat{\theta}^*$ 사이에 선형관계 $\hat{\theta}=a\hat{\theta}^*+b$ $(a\neq 0, b\in\mathbb{R})$가 성립해야 한다. 따라서 $\hat{\theta}$의 분산이 $\tau(\theta)$에 대한 CRLB와 일치하려면 $\hat{\theta}$는 $\hat{\theta}^*$의 선형식이어야 한다. 이 사실에 근거하여

$$\frac{\partial}{\partial\theta}\ln\prod_{i=1}^{n} f(x_i;\theta) \;=\; \kappa(\theta,n)\{\varphi(\boldsymbol{x})-\tau(\theta)\}$$

를 만족하는 $\kappa(\theta,n)$이 존재하면,

$$E(\hat{\theta}^{*2}) \;=\; E[\{\kappa(\theta,n)\big(\varphi(\boldsymbol{X})-\tau(\theta)\big)\}^2] \;=\; \{\kappa(\theta,n)\}^2\text{Var}(\hat{\theta})$$

이고

$$S \;=\; B$$

이므로

$$\text{CRLB} \;=\; \frac{\{\tau'(\theta)\}^2}{E(\hat{\theta}^{*2})} \;=\; \frac{\{\kappa(\theta,n)\}^2\{\text{Var}(\hat{\theta})\}^2}{\{\kappa(\theta,n)\}^2\{\text{Var}(\hat{\theta})\}} \;=\; \text{Var}(\hat{\theta})$$

가 되어 $\hat{\theta} = \varphi(\boldsymbol{X})$는 $\tau(\theta)$에 대한 UMVUE이다.

問題 8 $X_1, X_2, \cdots, X_n$을 기하분포 GEO(θ)로부터 추출한 크기 n인 확률표본이라 할 때, $\tau(\theta) = \frac{1}{\theta}$의 UMVUE를 구하여라.

解答 먼저 $\ln f(x;\theta) = \ln\theta + (x-1)\ln(1-\theta)$를 θ에 관해 편미분하면

$$\begin{aligned}\frac{\partial}{\partial\theta}\ln f(x;\theta) &= \frac{1}{\theta} - \frac{x-1}{1-\theta} \\ &= \frac{x-\frac{1}{\theta}}{\theta-1}\end{aligned}$$

이므로 불편추정량 $\hat{\theta}$의 분산이 CRLB와 일치하려면 $\hat{\theta}$는

$$\hat{\theta} = a\left(\frac{1}{\theta-1}\sum_{i=1}^{n}\big(X_i - \frac{1}{\theta}\big)\right) + b, \quad (a \neq 0, b \in \mathbb{R})$$

의 형태가 되어야 한다. 즉, 이 식을 $\hat{\theta} = c\bar{X} + d(c \neq 0, d \in \mathbb{R})$의 선형식으로 나타내야 한다. 그런데 $\bar{X}$가 $\tau(\theta) = \frac{1}{\theta}$에 대한 불편추정량이므로 $c = 1$, $d = 0$이라는 것을 알 수 있다. 이로부터 $\hat{\theta} = \bar{X}$가 선형식으로 표현되는 유일한 추정량은 그 분산이 CRLB와 일치하는 UMVUE이다. 실제로 구하면,

$$\begin{aligned}\sum_{i=1}^{n}\frac{\partial}{\partial\theta}\ln f(X_i;\theta) &= \frac{1}{\theta-1}\sum_{i=1}^{n}\left(X_i - \frac{1}{\theta}\right) \\ &= \frac{n}{\theta-1}\left(\bar{X} - \frac{1}{\theta}\right)\end{aligned}$$

이므로 $\hat{\theta} = \hat{X}$가 $\tau(\theta) = \frac{1}{\theta}$의 UMVUE이고

$$\begin{aligned}E\big[\big\{\frac{\partial}{\partial\theta}\ln f(X;\theta)\big\}^2\big] &= E\big[\frac{1}{(1-\theta)^2}\{X - \frac{1}{\theta}\}^2\big] \\ &= \frac{\mathrm{Var}(X)}{(1-\theta)^2} \\ &= \frac{1}{(1-\theta)\,\theta^2}\end{aligned}$$

과 $\tau'(\theta) = -\frac{1}{\theta^2}$로부터 CRLB는

$$\mathrm{CRLB} = \frac{(-\theta^{-2})^2}{n\theta^{-2}(1-\theta)^{-1}} = \frac{1-\theta}{n\theta^2} = \mathrm{Var}(\bar{X})$$

이다. □

Cramér-Rao 부등식에 의하면 추정하려는 모수의 함수에 대한 모든 불편추정량들의 분산에 대하여 그 하한이 주어지므로 어떤 통계적 추론에서 분산이 CRLB와 경의 일치하는 불편추정량이 이용될 수 있다면 그 추정량은 좋은 추정량이 된다. 따라서 어떤 추정량의 분산과 CRLB를 비교함으로서 주어진 불편추정량을 평가할 수 있다. 이제 크기 n인 확률표본에 의한 어떤 불편추정량 $\hat{\theta}_n$의 유효도를

$$\text{eff}(\hat{\theta}_n) \;=\; \frac{\text{CRLB}}{\text{Var}(\hat{\theta}_n)} \tag{5.16}$$

로 정의한다. 여기서 정의한 $\text{eff}(\hat{\theta}_n)$을 불편추정량 $\hat{\theta}_n$이 의미가 있는 추정량인가를 판단하는 기준으로 사용하는 경우가 많다. 이 경우, 점근불편추정량 $\hat{\theta}_n$에 대한 점근유효도는

$$\lim_{n\to\infty} \text{eff}(\hat{\theta}_n) \;=\; \lim_{n\to\infty} \frac{\text{CRLB}}{\text{Var}(\hat{\theta}_n)} \tag{5.17}$$

이다.

問題 9 $X_1, X_2, \cdots, X_n$을 모평균 μ가 알려진 정규분포 $N(\mu,\theta)$로부터 추출한 크기 n인 확률표본이라 할 때, 표본분산 S^2은 모수 θ의 불편추정량이다. 표본분산 S^2의 유효도를 구하여라.

解答 $\ln f(x;\theta) = -\frac{1}{2}(\ln\pi + \ln\theta) - \frac{1}{2\theta}(x-\mu)^2$이므로

$$\begin{aligned} \frac{\partial}{\partial\theta}\ln f(x;\theta) &= -\frac{1}{2\theta} + \frac{1}{2\theta^2}(x-\mu)^2, \\ \frac{\partial^2}{\partial\theta^2}\ln f(x;\theta) &= \frac{1}{2\theta^2} - \frac{1}{\theta^3}(x-\mu)^2 \end{aligned}$$

이고

$$\begin{aligned} -E\left(\frac{\partial^2}{\partial\theta^2}\ln f(x;\theta)\right) &= -\frac{1}{2\theta^2} + \frac{1}{\theta^3}\text{Var}(X) \\ &= \frac{1}{2\theta^2} \end{aligned}$$

이다. $\tau(\theta) = \theta$이면 $\tau'(\theta) = 1$이므로 $\tau(\theta) = \theta$에 대한 CRLB는

$$\text{CRLB} \;=\; \frac{1}{n(\frac{1}{2\theta^2})} \;=\; \frac{2\theta^2}{n}$$

이다. 또한 $\frac{(n-1)S^2}{\theta} \sim \chi^2(n-1)$이므로

$$\text{Var}\left(\frac{(n-1)S^2}{\theta}\right) \;=\; 2(n-1)$$

이다. 따라서 S^2의 분산은 $\frac{2\theta^2}{n-1}$이다. 이로부터 표본분산 S^2의 유효도는

$$\text{eff}(S^2) = \frac{2\theta^2/n}{2\theta^2/(n-1)} = \frac{n-1}{n}$$

이다, 이 경우, $\lim_{n\to\infty}\frac{n-1}{n} = 1$이므로 θ의 불편추정량 S^2은 점근적으로 유효하다. □

5.5 충분통계량

통계추정에 있어서 미지의 모수 θ의 추정은 확률표본의 관찰값 x_1, x_2, $\cdots$, x_n에 포함되어 있는 θ에 관한 정보를 모두 요약하고 있는 통계량을 찾아내는 것이다. 다시 말하면, 표본속의 모수 θ에 대한 모든 정보를 포함하고 있는 특별한 통계량이 있다면 이러한 통계량 중에서 θ의 추정량을 선택하는 것이 바람직하다. 표본속의 모수 θ에 대한 모든 정보를 충실하게 반영하고 있는 통계량을 충분통계량이라고 하는데 이 충분통계량은 추정이나 가설검정법에서 대단히 유용한 개념이다.

미지의 모수 θ에 관한 정보는 확률표본 X_1, X_2, $\cdots$, X_n에 포함되어 있는 것 뿐이데, 확률표본에 θ의 정보가 포함되어 있다는 뜻은 확률표본의 분포가 모수 θ에 종속되어 있음을 말한다. 그런데 정보의 손실이 없는 통계량이란 표본속의 모수 θ에 관한 모든 정보들을 포함하고 있는 통계량을 의미하므로 그러한 통계량 즉, 충분통계량의 분포는 θ에 종속되어야 하고, 충분통계량의 어떤 한 값이 관찰되면 확률표본 또는 다른 어떤 통계량의 관찰값에서도 모수 θ에 대한 더 이상의 정보가 존재해서는 안된다. 따라서 충분통계량 $\hat{\theta}$이 주어졌을 때, 확률표본 X_1, X_2, $\cdots$, X_n이나 또는 다른 통계량에 대한 조건부확률분포는 모수 θ와 무관하게 되며, θ에 종속되어 있지 않은 분포로부터 θ에 관한 정보는 더 이상 기대할 수는 없다. 정리하면, 모집단으로부터 추출한 크기 n인 확률표본 X_1, X_2, $\cdots$, X_n으로부터 모수 θ에 관한 어떤 정보가 한 통계량 $Y = l(X_1, X_2, \cdots, X_n)$으로 요약이 된다면, 이것은 n개의 확률변수 X_1, X_2, $\cdots$, X_n이 갖고 있는 θ에 관한 정보를 통계량 $Y = l(X_1, X_2, \cdots, X_n)$을 통하여 하나의 확률변수 θ로 나타낼 수 있음을 의미하는 것이다. 따라서 통계량 $Y = l(X_1, X_2, \cdots, X_n)$을 선택하는 과정에서, 표본이 갖고 있는 모수 θ에 대한 정보의 일부가 손실 되었는지, 아니면 전부 손실 되었는지가 문제가 될 수 있다.

定義 5.15 모집단으로부터 추출한 크기 n인 확률표본 X_1, X_2, $\cdots$, X_n으로부터 얻은 모수 θ에 관한 어떤 정보가, 통계량 $Y = l(X_1, X_2, \cdots, X_n)$속에 모두 포함되어 있고, 이 이외의 어떤 통계량도 θ에 관한 정보를 제공해 주지 않으면 Y는 **충분성**(sufficiency)을 갖는다고 한다. 이 경우, Y를 θ에 대한 **충분통계량**(sufficient statistic)이라고 한다.

충분통계량은 다음과 같이 설명할 수 있다. X_1, X_2, $\cdots$, X_n이 모집단 확률밀도함수 $f(\cdot;\theta)$를 가지는 분포로부터 크기 n인 확률표본이고 $Y = l(X_1, X_2, \cdots, X_n)$을 통계

량이라 할 때, Y의 가능한 모든 값 y에 대하여 $Y = y$가 주어졌을 때 X_1, X_2, $\cdots$, X_n의 조건부확률분포가 θ에 종속되지 않는다는 뜻이다.

問題 1 한 개의 동전을 n번 던지는 실험을 생각해 보자. 이 실험에서 동전이 균일한가를 알아보기 위하여 $\theta = P(H)$를 추정하고자 할 때, n번의 시행에서 앞 면이 관찰된 총 횟수 $Y = \sum_{i=1}^{n} X_i$는 실제 출현결과와 동일한 정도로 θ에 대한 정보를 제공함을 보여라.

解答 한 개의 동전을 던지는 실험은 베르누이 시행이므로 Y의 확률분포는 이항분포에 따른다. 따라서 Y의 확률질량함수는

$$f(y;\theta) = \binom{n}{y}\theta^y(1-\theta)^{n-y}, \quad y = 0, 1, 2, 3, \cdots, n$$

이다. 여기서 $y = \sum_{i=1}^{n} x_i$이면 사건

$$\{X_1 = x_1, X_2 = x_2, \cdots, X_n = x_n, Y = y\}$$

는 사건

$$\{X_1 = x_1, X_2 = x_2, \cdots, X_n = x_n\}$$

과 같다. 따라서

$$\begin{aligned} f(x_1, x_2, \cdots, x_n \,|\, y) &= P\{X_1 = x_1, X_2 = x_2, \cdots, X_n = x_n \,|\, Y = y\} \\ &= \frac{P\{X_1 = x_1, X_2 = x_2, \cdots, X_n = x_n, Y = y\}}{P\{Y = y\}} \end{aligned}$$

이고 이로부터

$$\begin{aligned} f(x_1, x_2, \cdots, x_n \,|\, y) &= \frac{\prod_{i=1}^{n} \theta^{x_i}(1-\theta)^{1-x_i}}{\binom{n}{y}\theta^y(1-\theta)^{n-y}} \\ &= \frac{\theta^{\sum_{i=1}^{n} x_i}(1-\theta)^{n-\sum_{i=1}^{n} x_i}}{\binom{n}{y}\theta^y(1-\theta)^{n-y}} \\ &= \frac{1}{\binom{n}{y}} \end{aligned}$$

이다. 이 사실은 $Y = y$가 주어졌을 때 표본의 조건부확률분포는 θ와 무관함을 보여주므로 $Y = \sum_{i=1}^{n} X_i$는 모수 θ에 대한 충분통계량이다. □

일반적으로 통계량 $Y = l(\boldsymbol{X}) = l(X_1, X_2, \cdots, X_n)$이 모수가 θ인 이산형분포로부터 확률표본 $\boldsymbol{X} = (X_1, X_2, \cdots, X_n)$의 함수이면, $Y = y$가 주어졌을 때, $\boldsymbol{X}$의 조건부 확률밀도함수는 $y = l(\boldsymbol{x})$인 점 $\boldsymbol{x} = (x_1, x_2, \cdots, x_n)$에서

$$\begin{aligned} f(x_1, x_2, \cdots, x_n \,|\, y) &= P\{\boldsymbol{X} = \boldsymbol{x} \,|\, Y = y\} \\ &= \frac{P\{\boldsymbol{X} = \boldsymbol{x}, Y = y\}}{P\{Y = y\}} \\ &= \frac{\prod_{i=1}^{n} f(x_i; \theta)}{f\big(l(\boldsymbol{x}); \theta\big)} \end{aligned}$$

로 표현되고 그 외의 값에서 $\boldsymbol{x} = 0$이다. 그러나 연속형분포의 경우에는 한 점 y에서의 확률은 항상 0 즉, $P\{Y = y\} = 0$이므로 $Y = y$가 주어졌을 때 X_1, X_2, $\cdots$, X_n의 조건부확률분포는 구할 수가 없으므로 다음과 같이 충분통계량을 구한다.

(1) 결합누적분포함수

$$P\{\, X_1 \leqslant x_1, X_2 \leqslant x_2, \cdots, X_n \leqslant x_n \,|\, Y = y \,\}$$

가 모수 θ와 무관하면, 통계량 $Y = l(\boldsymbol{X})$는 θ의 충분통계량이다.

(2) X_1, X_2, $\cdots$, X_n의 일대일변환함수를 Y_1, Y_2, $\cdots$, Y_n이라 하자. $Y = y$가 주어졌을 때, Y_1, Y_2, $\cdots$, Y_n의 결합확률밀도함수가 모수 θ에 종속되어 있지 않으면 $Y = y$가 주어졌을 때, Y_1, Y_2, $\cdots$, Y_n의 확률분포도 모수 θ와는 무관하다. 따라서 $Y = y$가 주어졌을 때, X_1, X_2, $\cdots$, X_n의 조건분분포가 모수 θ와 무관하므로 $Y = l(\boldsymbol{X})$는 모수 θ에 대한 충분통계량이다.

충분성을 보다 간단하게 판별하는 식으로서 **네이만-피셔(Neyman-Fisher)의 인수분해정리**(factorization theorem)가 있다. 증명은 생략한다.

定理 5.7 모집단으로부터 추출한 크기 n인 확률표본 X_1, X_2, $\cdots$, X_n의 확률밀도함수를 $f(x; \theta) > 0$이라 하고, $Y = l(X_1, X_2, \cdots, X_n)$를 한 통계량이라 할 때, $(X_1, X_2, \cdots, X_n)$의 결합확률밀도함수가

$$\begin{aligned} f(\boldsymbol{x}; \theta) &= \prod_{i=1}^{n} f(x_i; \theta) \\ &= g(l(x_1, x_2, \cdots, x_n), \theta)\, h(x_1, x_2, \cdots, x_n) \\ &= g(l(\boldsymbol{x}), \theta)\, h(\boldsymbol{x}) \end{aligned}$$

와 같이 음이 아닌(nonnegative) 두 함수 g와 h의 곱으로 인수분해 되면, Y는 θ의 **충분통계량**(sufficient statistic)이며 역 또한 성립한다. 여기서, $g(l(\boldsymbol{x}), \theta)$는 $l(x_1, x_2, \cdots, x_n)$와 θ만의 함수이고 $h(x_1, x_2, \cdots, x_n)$는 모수 θ를 포함하지 않는 $x_1, x_2, \cdots, x_n$만의 함수이다.

問題 2 정규모집단 $N(\mu, \sigma^2)$으로부터 크기 n인 확률표본을 X_1, X_2, $\cdots$, X_n이라 하자. 여기서 모분산 σ^2은 이미 알려져 있을 때, $Y = \sum_{i=1}^{n} X_i$ 가 모평균 μ에 대한 충분통계량임을 보이고, 이 결과를 이용하여 표본평균

$$\bar{X} = \frac{1}{n}\sum_{i=1}^{n} X_i$$

는 모평균 μ의 충분통계량임을 보여라.

解答 확률표본의 결합확률밀도함수는

$$\begin{aligned} f(x_1, x_2, \cdots, x_n; \mu) &= \prod_{i=1}^{n} f(x_i; \mu) \\ &= \prod_{i=1}^{n} \frac{1}{\sigma\sqrt{2\pi}} e^{-\frac{(x_i-\mu)^2}{2\sigma^2}} \\ &= \left(\frac{1}{\sigma\sqrt{2\pi}}\right)^n \exp\left\{-\frac{\sum_{i=1}^{n}(x_i-\mu)^2}{2\sigma^2}\right\} \end{aligned}$$

이다. 이 함수를 인수분해하면

$$f(x_1, x_2, \cdots, x_n; \mu) = \left(\frac{1}{\sigma\sqrt{2\pi}}\right)^n \exp\left\{-\frac{\sum_{i=1}^{n} x_i^2}{2\sigma^2}\right\} \exp\left\{\frac{2\mu\sum_{i=1}^{n} x_i - n\mu^2}{2\sigma^2}\right\}$$

이다. 그런데, $y = \sum_{i=1}^{n} x_i$이고 σ^2은 이미 알고 있으므로, 위의 식을 다시 정리하면,

$$\begin{aligned} f(x_1, x_2, \cdots, x_n; \mu) &= \exp\left\{\frac{2\mu y - n\mu^2}{2\sigma^2}\right\} \cdot \left(\frac{1}{\sigma\sqrt{2\pi}}\right)^n \exp\left\{-\frac{\sum_{i=1}^{n} x_i^2}{2\sigma^2}\right\} \\ &= g(l(\boldsymbol{x}), \mu)\, h(x_1, x_2, \cdots, x_n) \end{aligned}$$

의 형식으로 표현이 되므로 $Y = \sum_{i=1}^{n} X_i$는 모평균 μ에 대한 충분통계량이다. 따라서, 표본평균 $\bar{X} = \frac{1}{n}\sum_{i=1}^{n} X_i$ 은 모평균 μ의 충분통계량임은 명백하다. □

하나의 통계량 만으로는 충분통계량이 존재하지 않는 경우가 있으나 여러 통계량들이 결합된 형태의 충분통계량은 항상 존재한다.

定義 5.16 $f(\boldsymbol{x};\theta)$를 n차원 확률벡터 $\boldsymbol{X}=(X_1,X_2,\cdots,X_n)$의 결합확률밀도함수, $\boldsymbol{Y}=(Y_1,Y_2,\cdots,Y_k)=(l_1(\boldsymbol{X}),l_2(\boldsymbol{X}),\cdots,l_k(\boldsymbol{X}))$를 k차원 통계량이라 하자. $\boldsymbol{Y}$의 가능한 관찰값 $\boldsymbol{y}$에 대하여 $\boldsymbol{Y}=\boldsymbol{y}$가 주어졌을 때, $\boldsymbol{X}$의 조건부분포가 모수 θ에 종속되지 않으면 통계량 Y_1, Y_2, $\cdots$, Y_k를 θ에 대한 **결합충분통계량**이라 한다.

확률표본 X_1, X_2, $\cdots$, X_n은 항상 결합충분통계량이므로 확률밀도함수가 $f(x;\theta)$인 분포로부터 크기 n인 확률표본 X_1, X_2, $\cdots$, X_n에 의한 순서통계량을 Y_1, Y_2, $\cdots$, Y_n이라 하면, $Y_1=y_1$, $Y_2=y_2$, $\cdots$, $Y_n=y_n$이 주어졌을 때 표본에 대한 조건부분포가 고정된 관찰값 y_1, y_2, $\cdots$, y_n에 대하여 $x_1<x_2<\cdots<x_n$이면

$$\frac{\prod_{i=1}^{n} f(x_i;\theta)}{n!\prod_{i=1}^{n} f(y_i;\theta)} = \frac{1}{n!}$$

이고 그 외의 경우에 대하여는 모두 0이므로 θ와는 무관하다. 그러므로 순서통계량 Y_1, Y_2, $\cdots$, Y_n은 모수 θ에 대한 결합충분통계량이다.

問題 3 $\boldsymbol{X}=(X_1,X_2,\cdots,X_n)$을 구간 (θ_1,θ_2) $(-\infty<\theta_1<\theta_2<+\infty)$에서 추출한 균등분포에 따르는 확률표본이라 할 때, $Y_1=\min_{1\leqslant i\leqslant n}\{X_i\}$와 $Y_n=\max_{1\leqslant i\leqslant n}\{X_i\}$는 모두 θ_1과 θ_2에 대한 결합충분통계량임을 보여라.

解答 Y_1과 Y_2의 결합확률밀도함수는

$$f(y_1,y_2;\theta_1,\theta_2) = \frac{n(n-1)}{(\theta_2-\theta_1)^n}(y_n-y_1)^{n-2}, \quad \theta_1<y_1<y_n<\theta_2$$

이므로 $\boldsymbol{X}$의 결합확률밀도함수는

$$\begin{aligned} f(\boldsymbol{x};\theta_1,\theta_2) &= \left(\frac{1}{\theta_2-\theta_1}\right)^n \\ &= \left[\frac{n(n-1)}{(\theta_2-\theta_1)^n}(y_n-y_1)^{n-2}\right]\{n(n-1)(y_n-y_1)^{n-2}\}^{-1} \end{aligned}$$

이다. 이로부터 $Y_1=\min_{1\leqslant i\leqslant n}\{X_i\}$와 $Y_n=\max_{1\leqslant i\leqslant n}\{X_i\}$는 모두 θ_1과 θ_2에 대한 결합충분통계량이다. □

다음 계는 유용하다.

系 5.1 k차원 확률벡터 $\boldsymbol{Y}=(Y_1,Y_2,\cdots,Y_k)$이 모수 θ에 대한 결합충분통계량이면, $\boldsymbol{Y}$와 일대일 대응하는 함수도 모수 θ에 대한 충분통계량이다.

예를 들면, $\sum_{i=1}^n X_i$와 $\sum_{i=1}^n X_i^2$이 결합충분통계량이면 $\bar{X}$와 $\sum_{i=1}^n (X_i - \bar{X})^2$도 결합충분통계량이다. 하지만 $(\bar{X})^2$과 $\sum_{i=1}^n (X_i - \bar{X})^2$은 결합충분통계량이 아니다.

다음 정리는 결합충분통계량에 대한 인수분해정리이다. 증명없이 기술한다.

定理 5.8 통계량 $\boldsymbol{Y} = (Y_1, Y_2, \cdots, Y_k) = (l_1(\boldsymbol{X}), l_2(\boldsymbol{X}), \cdots, l_k(\boldsymbol{X}))$가 모수 $\boldsymbol{\theta}$에 대한 결합충분통계량이 되기 위한 필요충분조건은 n차원 확률벡터 $\boldsymbol{X} = (X_1, X_2, \cdots, X_n)$의 결합확률밀도함수 $f(\boldsymbol{x};\boldsymbol{\theta})$가 다음과 같이 음이 아닌 두 함수 g와 h의 곱

$$f(\boldsymbol{x};\boldsymbol{\theta}) = g(\boldsymbol{y};\boldsymbol{\theta})\, h(\boldsymbol{x})$$

으로 표시되는 것이다. 여기서 $h(\boldsymbol{x})$는 모수 $\boldsymbol{\theta}$를 포함하지 않고 $g(\boldsymbol{y};\boldsymbol{\theta})$는 $\boldsymbol{\theta}$를 제외하고 $\boldsymbol{x}$에 종속되지 않는다.

問題 4 $\boldsymbol{X} = (X_1, X_2, \cdots, X_n)$을 정규분포 $N(\theta_1, \theta_2)$로부터의 확률표본이라 할 때, $Y_1 = \sum_{i=1}^n X_i$와 $\sum_{i=1}^n X_i^2$이 모수 θ_1과 θ_2에 대한 결합충분통계량임을 보여라.

解答 $\boldsymbol{X}$의 결합확률밀도함수 $f(\boldsymbol{x};\theta_1,\theta_2)$는

$$\begin{aligned} f(\boldsymbol{x};\theta_1,\theta_2) &= (2\pi\theta_2)^{-n/2}\exp\left\{-\frac{1}{2\theta_2}\sum_{i=1}^n (x_i-\theta_1)^2\right\} \\ &= (2\pi\theta_2)^{-n/2}\exp\left\{-\frac{1}{2\theta_2}\left(\sum_{i=1}^n x_i^2 - 2\theta_1\sum_{i=1}^n x_i + n\theta_1^2\right)\right\} \end{aligned}$$

이다. 이 식을 정리하면,

$$\begin{aligned} g(\boldsymbol{y};\boldsymbol{\theta}) &= g(y_1, y_2;\theta_1,\theta_2) \\ &= (2\pi\theta_2)^{-n/2}\exp\left\{-\frac{n\theta_1^2}{2\theta_2}\right\}\exp\left\{-\frac{1}{2\theta_2}\left(\sum_{i=1}^n x_i^2 - 2\theta_1\sum_{i=1}^n x_i\right)\right\} \end{aligned}$$

이다. 여기서 $h(\boldsymbol{x}) = 1$이다. 위의 함수는 인수분해정리를 만족한다. 따라서, Y_1과 Y_2의 일대일 대응하는 함수인 표본평균 $\bar{X}$와 표본분산 S^2도 모수 θ_1과 θ_2에 대한 결합충분통계량이다. 만약 θ_1이 미지이면 Y_2는 θ_2에 대한 충분통계량이 아니며, θ_2가 미지이면 Y_1 역시 θ_1에 대한 충분통계량이 될 수 없다. 따라서 모수 θ_1이 알려져 있으면

$$f(\boldsymbol{x};\theta_1,\theta_2) = (2\pi\theta_2)^{-n/2}\exp\left\{-\frac{1}{2\theta_2}\sum_{i=1}^n (x_i-\theta_1)^2\right\}$$

에서 $Y_2 = \sum_{i=1}^n X_i^2$ 또는 $\sum_{i=1}^n (X_i - \theta_1)^2$이 θ_2에 대한 충분통계량이다. □

다음은 최소충분통계량에 대한 정의이다.

定理 5.9 모든 가능한 결합충분통계량의 함수로 표시되는 결합충분통계량을 **최소결합충분통계량**(minimal sufficient statistics)이라 한다.

최소충분통계량을 구하는 방법은 Lehmann과 Scheffé가 고안하였는데 그 방법은 대략 다음과 같다. $\boldsymbol{X} = (X_1, X_2, \cdots, X_n)$을 확률밀도함수 $f(\boldsymbol{x}; \boldsymbol{\theta})$를 갖는 분포로부터의 확률표본이라 하고, $\boldsymbol{X}$의 두 관찰값을 $\boldsymbol{x} = (x_1, x_2, \cdots, x_n)$, $\boldsymbol{y} = (y_1, y_2, \cdots, y_n)$이라 할 때, 우도비(likelihood ratio)

$$\frac{L(\boldsymbol{\theta}; \boldsymbol{y})}{L(\boldsymbol{\theta}; \boldsymbol{x})} = \frac{f(\boldsymbol{y}; \boldsymbol{\theta})}{f(\boldsymbol{x}; \boldsymbol{\theta})}$$

를 이용한다. 이 경우 $l_1(\boldsymbol{x}) = l_1(\boldsymbol{y})$, $l_2(\boldsymbol{x}) = l_2(\boldsymbol{y})$, $\cdots$, $l_k(\boldsymbol{x}) = l_k(\boldsymbol{y})$이면 우도비가 $\boldsymbol{\theta}$에 종속되지 않는 함수 $l_1(\boldsymbol{x})$, $l_2(\boldsymbol{x})$, $\cdots$, $l_k(\boldsymbol{x})$를 찾을 수 있다. 이러한 함수가 구해지면 $l_1(\boldsymbol{X})$, $l_2(\boldsymbol{X})$, $\cdots$, $l_k(\boldsymbol{X})$는 모수 $\boldsymbol{\theta}$에 대한 최소결합충분통계량이 된다.

問題 5 $\boldsymbol{X} = (X_1, X_2, \cdots, X_n)$을 모수 θ를 가지는 베르누이분포로부터의 확률표본이라 할 때, θ에 대한 최소충분통계량을 구하여라.

解答 $\boldsymbol{X} = (X_1, X_2, \cdots, X_n)$의 관찰값을 $\boldsymbol{x} = (x_1, x_2, \cdots, x_n)$, $\boldsymbol{y} = (y_1, y_2, \cdots, y_n)$이라 하면, 우도비는

$$\begin{aligned}\frac{L(\boldsymbol{\theta}; \boldsymbol{y})}{L(\boldsymbol{\theta}; \boldsymbol{x})} &= \frac{\theta^{\sum_{i=1}^n y_i}(1-\theta)^{n-\sum_{i=1}^n y_i}}{\theta^{\sum_{i=1}^n x_i}(1-\theta)^{n-\sum_{i=1}^n x_i}} \\ &= \left(\frac{\theta}{1-\theta}\right)^{\sum_{i=1}^n y_i - \sum_{i=1}^n x_i}\end{aligned}$$

이다. 그런데 이 우도비는 $\sum_{i=1}^n x_i = \sum_{i=1}^n y_i$이면 θ에 종속되지 않는다. 그러므로 Lehmann과 Scheffé의 방법에 의하여 $l(\boldsymbol{X}) = \sum_{i=1}^n X_i$는 모수 θ에 대한 최소충분통계량이다. □

일반적으로 확률표본 $\boldsymbol{X} = (X_1, X_2, \cdots, X_n)$의 결합확률밀도함수가 적당하게 인수분해되면, 인수분해정리에 의하여 최소충분통계량을 구할 수 있다. 이제 최우추정량과 충분통계량의 관계를 알아보자.

定理 5.10 $\boldsymbol{Y} = (Y_1, Y_2, \cdots, Y_k)$가 모수 $\boldsymbol{\theta}$에 대한 결합충분통계량이고 $\boldsymbol{\theta}$의 최우추정량이 유일하게 존재하면, $\boldsymbol{\theta}$에 대한 MLE는 $\boldsymbol{Y}$의 함수이다.

證明 확률표본 $\boldsymbol{X} = (X_1, X_2, \cdots, X_n)$의 결합확률밀도함수를 $f(\boldsymbol{x}; \boldsymbol{\theta})$라 할 때, $\boldsymbol{Y}$가

모수 $\boldsymbol{\theta}$에 대한 결합충분통계량이므로, 우도함수 $L(\boldsymbol{\theta};\boldsymbol{x})$는 인수분해정리에 의하여

$$L(\boldsymbol{\theta};\boldsymbol{x}) \;=\; f(\boldsymbol{x};\boldsymbol{\theta}) \;=\; g(\boldsymbol{y};\boldsymbol{\theta})\,h(\boldsymbol{x})$$

로 나타낼 수 있다. 만약 여기서 $g(\boldsymbol{y};\boldsymbol{\theta})$가 최대이면, $\boldsymbol{\theta}$의 함수 $L(\boldsymbol{\theta};\boldsymbol{x})$는 최대가 된다. 그런데 함수 $g(\boldsymbol{y};\boldsymbol{\theta})$가 최대로 되는 $\boldsymbol{\theta}$의 값은 $\boldsymbol{y}$에 종속되어 있으므로 $\boldsymbol{\theta}$에 대한 MLE가 유일하게 존재하면 MLE는 $\boldsymbol{y}$의 함수로 표현된다. ∎

5.6 추정량의 완비성

충분통계량은 UMVUE를 구할 때 아주 유용한 개념이다. 이러한 충분통계량의 유용성은 충분통계량의 함수로 표시되는 불편추정량의 분산이 어떤 다른 불편추정량의 분산보다 작다는 점이다.

$\boldsymbol{X} = (X_1, X_2, \cdots, X_n)$을 확률밀도함수 $f(x;\theta)$를 갖는 분포로부터 추출한 확률표본이라 하고, $T = t(\boldsymbol{X})$를 $\tau(\theta)$에 대한 임의의 불편추정량, $\boldsymbol{Y} = u(\boldsymbol{X})$를 모수 θ에 대한 충분통계량이라고 하면, T보다 분산이 작고 충분통계량 $\boldsymbol{Y}$의 함수로 표시되는 $\tau(\theta)$의 다른 불편추정량을 유도해 낼 수 있으며 이 경우, UMVUE를 구할 때 충분통계량의 함수로 표시되는 불편추정량 만을 고려해 볼 필요가 있다. 이것은 다음의 Rao-Blackwell 정리와 관련이 있다.

定理 5.11 **(Rao-Blackwell 정리)**
$\boldsymbol{X} = (X_1, X_2, \cdots, X_n)$의 결합확률밀도함수를 $f(\boldsymbol{x};\theta)$, 모수 θ에 대한 결합충분통계량을 $\boldsymbol{Y} = (Y_1, Y_2, \cdots, Y_n) = \big(u_1(\boldsymbol{X}), u_2(\boldsymbol{X}), \cdots, u_n(\boldsymbol{X}),\big)$, $\tau(\theta)$에 대한 임의의 불편추정량을 $T = t(\boldsymbol{X})$라 하면, 조건부기댓값 $T^* = E\{\,T \mid \boldsymbol{Y}\,\}$에 대하여 다음 성질이 성립한다.

(1) T^*는 결합충분통계량 $\boldsymbol{Y} = (Y_1, Y_2, \cdots, Y_n)$의 함수이고,

(2) T^*는 $\tau(\theta)$의 불편추정량이며,

(3) 모든 $\theta \in \Theta$에 대하여, $\mathrm{Var}(\boldsymbol{T}^*) \leqslant \mathrm{Var}(\boldsymbol{T})$이다. 단, 등호는 확률 1로 T^*와 T가 같을 경우이다.

證明 $\boldsymbol{Y} = (Y_1, Y_2, \cdots, Y_n)$가 θ에 대한 결합충분통계량이므로 $\boldsymbol{Y} = \boldsymbol{y}$가 주어졌을 때 T의 조건부확률밀도함수 $f_{T|\boldsymbol{Y}}(t|\boldsymbol{y})$에 모수 θ가 포함되어 있지 않으므로 $t^*(\boldsymbol{Y}) = E\{T \mid \boldsymbol{Y}\}$는 θ에 종속되지 않는다. 따라서, $T^* = t^*(\boldsymbol{Y}) = E\{T \mid \boldsymbol{Y}\,\}$는 $\boldsymbol{Y}$의 함수로 표현되는 추정량이며,

$$E(T^*) \;=\; E_{\boldsymbol{Y}}(T^*) \;=\; E_{\boldsymbol{Y}}[\,E\{T \mid \boldsymbol{Y}\}\,] \;=\; E(T) \;=\; \tau(\theta)$$

이므로 T^*는 $\tau(\theta)$의 불편추정량이다. 또한,

$$\begin{aligned}\text{Var}(T) &= \text{Var}(\,E\{T\,|\,\boldsymbol{Y}\}\,) + E[\text{Var}(T\,|\,\boldsymbol{Y})] \\ &\geqslant \text{Var}(E\{T\,|\,\boldsymbol{Y}\}\,) \\ &= \text{Var}(T^*)\end{aligned}$$

이고 $E[\text{Var}(T\,|\,\boldsymbol{Y})] = 0$이면 $\text{Var}(T^*) = \text{Var}(T)$이다. 여기서 $E[\text{Var}(T\,|\,\boldsymbol{Y})] = 0$이 되려면 확률 1로서

$$\text{Var}(T\,|\,\boldsymbol{Y}) \;=\; E[\,\{T - E\{T\,|\,\boldsymbol{Y}\}\,\}^2\,|\,\boldsymbol{Y}\,] \;=\; 0$$

이 되어야 하므로 $T = E\{T\,|\,\boldsymbol{Y}\} = T^*$가 되어야 한다. ■

問題 1 $\boldsymbol{X} = (X_1, X_2, \cdots, X_n)$이 모수 θ를 갖는 베르누이분포로부터의 확률표본이라 하자. $T = t(\boldsymbol{X}) = X_1$, $Y = \sum_{i=1}^n X_i$, $\tau(\theta) = \theta$이면 Rao-Blackwell정리가 성립함을 보여라.

解答 $T = X_1$은 모수 θ에 대한 불편추정량이고, $Y = \sum_{i=1}^n X_i$는 모수 θ에 대한 충분통계량이다. 이제 $T^* = E\{X_1\,|\,Y\}$를 구하기 위하여 $Y = y$가 주어졌을 때 $T = X_1$에 대한 조건부확률분포를 구해보자. X_1은 0 또는 1의 값 만을 가질 수 있으므로 조건부확률밀도함수는

$$\begin{aligned}P\big(X_1 = 0\,|\,Y = y\big) &= \frac{P\big\{X_1 = 0, \sum_{i=1}^n X_i = y\big\}}{P\big(\sum_{i=1}^n X_i = y\big\}} \\ &= \frac{P\big\{X_1 = 0, \sum_{i=2}^n X_i = y\big\}}{P\big(\sum_{i=1}^n X_i = y\big\}} \\ &= \frac{P\big\{X_1 = 0\big\}\,P\big\{\sum_{i=2}^n X_i = y\big\}}{P\big\{\sum_{i=1}^n X_i = y\big\}} \\ &= \frac{(1-\theta)\binom{n-1}{y}\theta^y(1-\theta)^{n-1-y}}{\binom{n}{y}\,\theta^y(1-\theta)^{n-y}} \\ &= \frac{n-y}{n}\end{aligned}$$

이고

$$\begin{aligned}P\big(X_1 = 1\,|\,Y = y\big) &= \frac{P\big\{X_1 = 1, \sum_{i=1}^n X_i = y\big\}}{P\big(\sum_{i=1}^n X_i = y\big\}} \\ &= \frac{P\big\{X_1 = 1, \sum_{i=2}^n X_i = y-1\big\}}{P\big(\sum_{i=1}^n X_i = y\big\}} \\ &= \frac{\theta\binom{n-1}{y-1}\theta^{y-1}(1-\theta)^{n-1-y+1}}{\binom{n}{y}\,\theta^y(1-\theta)^{n-y}} \\ &= \frac{y}{n}\end{aligned}$$

이다. 이로부터

$$\begin{aligned} t^*(y) &= E\big(X_1 \,|\, Y=y\big) \\ &= E\big(X_1 \,|\, \sum_{i=1}^{n} nX_i = y\big) \\ &= 0\cdot\frac{n-y}{n} + 1\cdot\frac{y}{n} \\ &= \frac{y}{n} \end{aligned}$$

이므로

$$T^* \;=\; E\{T\,|\,Y\} \;=\; \frac{Y}{n} \;=\; \frac{1}{n}\sum_{i=1}^{n} X_i$$

은 θ의 불편추정량이고, $n > 1$이면

$$\text{Var}(T) = \text{Var}(X_1) = \theta(1-\theta) \;>\; \text{Var}\big(\frac{Y}{n}\big) = \frac{\theta(1-\theta)}{n} = \text{Var}(T^*)$$

이므로 Rao-Blackwell 정리가 성립한다. □

Rao-Blackwell 정리에 의하면, 하나의 불편추정량으로부터 충분통계량의 합으로 표시되는 다른 불편추정량을 유도할 수 있으며 여기서 유도한 불편추정량의 분산은 처음에 주어진 불편추정량의 분산보다 작다는 것을 알 수 있다. 따라서 UMVUE를 구하는 과정에서 가능한 추정량의 범위를 충분통계량의 함수로 표시되는 불편추정량들로 제한할 수 있을 것이다. 그런데 Rao-Blackwell 정리에 의해서 $\tau(\theta)$의 어떤 불편추정량 T가 이미 결합충분통계량 $\boldsymbol{Y}$의 함수일 경우에는 $T^* = E\{T\,|\,\boldsymbol{Y}\}$와 일치하므로 분산의 감소를 기대할 수 없다. 그러나 T^*가 $\boldsymbol{Y}$의 함수로 표시되는 $\tau(\theta)$에 대한 단 하나의 불편추정량이라면, T^*는 $\tau(\theta)$의 UMVUE가 될 것이다. 이상에서 설명한 바와 같이 $\boldsymbol{Y}$의 함수로 표시되는 유일한 불편추정량임을 결정하는데에는 **완비성**(completeness)이 있다.

定義 5.17 $\boldsymbol{X} = (X_1, X_2, \cdots, X_n)$의 결합확률밀도함수를 $f(\boldsymbol{x};\theta)$라 하자. 이때 $\boldsymbol{Y} = (Y_1, Y_2, \cdots, Y_n)$과 $u(\boldsymbol{Y})$가 통계량이고

$$E\{u(\boldsymbol{Y})\} \;=\; 0,\ \forall\theta\in\Theta \quad\Longrightarrow\quad P\{\,u(\boldsymbol{Y})=0\,\} \;=\; 1,\ \forall\theta\in\Theta$$

이면, $\boldsymbol{Y}$의 분포족 $\{g(\boldsymbol{y};\theta), \theta\in\Theta\}$을 **완비**(complete)라고 한다. 통계량 $\boldsymbol{Y}$의 분포족이 완비이면, $\boldsymbol{Y}$를 **완비통계량**이라고 말하며, 결합충분통계량 $\boldsymbol{Y}$가 완비이면 $\boldsymbol{Y}$를 **결합완비충분통계량**이라 한다.

완비성의 정의에 의하면 $\boldsymbol{Y}$가 완비통계량이라 함은 0에 대한 불편추정량이 될 수 있

는 $\boldsymbol{Y}$의 함수 $u(\boldsymbol{Y})$는 0일 수 밖에 없음을 의미하고, 서로 다른 두 $\boldsymbol{Y}$의 함수들에 대한 각 기댓값이 서로 같을 수 없음을 뜻한다. 이제 다음 정리를 살펴보자.

定理 5.12 (**Lehmann-Scheffé의 정리**)
$\boldsymbol{X} = (X_1, X_2, \cdots, X_n)$의 결합확률밀도함수를 $f(\boldsymbol{x};\theta)$라 할 때, 모수 θ에 대한 완비충분통계량 $\boldsymbol{Y} = (Y_1, Y_2, \cdots, Y_k)$의 함수 $T^* = t^*(\boldsymbol{Y})$가 $\tau(\theta)$에 대한 불편추정량이면, T^*는 $\tau(\theta)$의 UMVUE이다.

證明 $\boldsymbol{Y}$의 함수 $S = s(\boldsymbol{Y})$를 $\tau(\theta)$에 대한 임의의 불편추정량이라고 하면, 모든 $\theta \in \Theta$에 대하여

$$E(T^* - S) \;=\; 0$$

이다. 그런데 $T^* - S$는 $\boldsymbol{Y}$의 함수이고, $\boldsymbol{Y}$가 완비통계량이므로

$$P\{T^* = S\} \;=\; 1\,, \quad \forall\theta \in \Theta$$

이다. 따라서 $\boldsymbol{Y}$로 표시되는 어떤 불편추정량도 확률 1로서 T^*와 같아야 한다. 여기서 T를 $\tau(\theta)$에 대한 임의의 불편추정량이라고 하면 Rao-Blackwell 정리에 의하여 $E\{T\,|\,\boldsymbol{Y}\}$는 $\boldsymbol{Y}$의 함수이면서 $\tau(\theta)$의 불편추정량이므로 확률 1로서 $T^* = E\{T\,|\,\boldsymbol{Y}\}$가 되어야 하며

$$\mathrm{Var}(T^*) \;\leqslant\; \mathrm{Var}(T)\,,\ \forall\theta \in \Theta$$

이다. 이로부터 T^*는 $\tau(\theta)$의 UMVUE이다. ■

問題 2 $\boldsymbol{X} = (X_1, X_2, \cdots, X_n)$을 모수 θ를 갖는 베르누이분포로부터의 확률표본이라 하면, $Y = \sum_{i=1}^{n} X_i$는 완비통계량임을 보이고 이를 이용하여 $\tau(\theta) = \theta$의 UMVUE를 구하여라.

解答 Y가 완비통계량임을 보이기 위해서는 통계량 $u(Y)$가 모든 $\theta \in (0,1) = \Theta$에 대하여 $E\{u(Y)\} = 0$이 되는 Y의 함수라 할 때, $u(y) = 0$ $(y = 0, 1, 2, 3, \cdots, n)$임을 보이는 것과 동치이다. 통계량 Y의 확률분포는 $Y \sim \mathrm{BERN}(n, \theta)$이므로

$$\begin{aligned} E[u(Y)] &= \sum_{y=0}^{n} u(y)\binom{n}{y}\theta^y(1-\theta)^{n-y} \\ &= (1-\theta)^n \sum_{y=0}^{n} u(y)\binom{n}{y}\left(\frac{\theta}{1-\theta}\right)^y \end{aligned}$$

이다. 여기서 모든 $0 < \theta < 1$에 대하여 $E\{u(Y)\} = 0$이면 $(1-\theta)^n \neq 0$이므로

$$\sum_{y=0}^{n} u(y)\binom{n}{y}\left(\frac{\theta}{1-\theta}\right)^2 \;=\; 0$$

이어야 한다. 여기서 $\alpha = \frac{\theta}{1-\theta}$라 하자. 그러면

$$\begin{aligned}\sum_{y=0}^{n} u(y)\binom{n}{y}\alpha^y &= k_0\alpha^0 + k_1\alpha^1 + k_2\alpha^2 + \cdots + k_n\alpha^n \\ &= 0, \quad (k_y = u(y)\tbinom{n}{y})\end{aligned}$$

으로부터

$$k_y = u(y)\binom{n}{y} = 0, \quad y = 0, 1, 2, 3, \cdots, n$$

이다. 그런데 모든 $y = 0, 1, 2, 3, \cdots, n$에 대하여 $\binom{n}{y} \neq 0$이므로 $u(y) = 0$이다. 따라서 Y는 완비통계량이면서 충분통계량이다. 또한 $E(\frac{Y}{n}) = \theta$이므로 $\frac{Y}{n}$가 θ의 불편추정량이 되는 유일한 Y의 함수이다. Lehmann-Scheffé의 정리에 의하여 $\bar{X} = \frac{Y}{n}$은 $\tau(\theta) = \theta$의 UMVUE이다. □

問題 3 $\boldsymbol{X} = (X_1, X_2, \cdots, X_n)$을 모수 θ를 가지는 포아송분포 POIS(θ)로부터의 확률표본일 때, $\tau(\theta) = \theta$의 UMVUE를 구하여라.

解答 $\boldsymbol{X}$의 결합확률질량함수는

$$f(\boldsymbol{x};\theta) = \left(n\theta^{\sum_{i=1}^{n} X_i} e^{-n\theta}\right)\left(\prod_{i=1}^{n} x_i\right)^{-1}$$

이고 인수분해정리에 의하여 $Y = \sum_{i=1}^{n} X_i$는 충분통계량이다. 또한 Y의 분포는 $Y \sim$ POIS($n\theta$)이다. 이제 $u(Y)$를 모든 $\theta > 0$에 대하여 $E\{u(Y)\} = 0$을 만족하는 Y의 함수라 하면,

$$\begin{aligned}E\{u(Y)\} &= \sum_{y=0}^{\infty} u(y)\frac{(n\theta)^y e^{-n\theta}}{y!} \\ &= e^{-n\theta}\sum_{y=0}^{\infty}\left(u(y)\frac{n^y}{y!}\right)\theta^y\end{aligned}$$

이다. 여기서 모든 $\theta > 0$에 대하여 $E\{u(Y)\} = 0$이면 $e^{-n\theta} > 0$이므로

$$\sum_{y=0}^{\infty}\left(u(y)\frac{n^y}{y!}\right)\theta^y = 0$$

이어야 한다. 즉,

$$u(y)\frac{n^y}{y!} = 0, \quad y = 0, 1, 2, 3, \cdots$$

을 만족해야 한다. 그런데 모든 n과 $y = 0, 1, 2, \cdots$에 대하여 $\frac{n^y}{y!} \neq 0$이므로 $u(y) = 0$ $(y = 0, 1, 2, \cdots)$이다. 따라서 $Y = \sum_{i=1}^{n} X_i$는 완비충분통계량이고 $E(\frac{Y}{n}) = \theta$이므

로 Lehmann-Scheffé의 정리에 의하여 $\bar{X} = \frac{Y}{n}$은 $\tau(\theta) = \theta$의 UMVUE이다. □

위의 [문제 2]와 [문제 3]을 살펴보면 기댓값이 존재하는 어떤 함수 $u(Y)$를 이용하면 $\tau(\theta) = E\{u(\boldsymbol{Y})\}$의 UMVUE를 구할 수 있다. 예를 들면 [문제 1]의 경우,

$$E\{(\bar{X})^2\} \;=\; \mathrm{Var}(\bar{X}) + [\,E(\bar{X})\,]^2 \;=\; \frac{\theta}{n} + \theta^2$$

이므로 $(\bar{X})^2 = (\frac{Y}{n})^2$은 $\theta^2 + \frac{\theta}{n}$의 UMVUE이며, 또한

$$E\big[(\bar{X})^2 - \frac{\bar{X}}{n}\big] \;=\; E\big[\left(\frac{Y}{n}\right)^2 - \frac{Y}{n^2}\big] \;=\; \theta^2$$

이므로 $(\frac{Y}{n})^2 - \frac{Y}{n^2}$는 θ^2의 UMVUE가 된다. 이와 같이 $\tau(\theta)$에 대하여 불편추정량이 되는 결합완비충분통계량 $\boldsymbol{Y}$를 찾기만 하면 이것이 바로 $\tau(\theta)$에 대한 UMVUE가 된다. 다시 말하면, $\tau(\theta) = E\{t^*(\boldsymbol{Y})\}$인 $t^*(\boldsymbol{Y})$가 $\tau(\theta)$의 UMVUE인 것이다. 만약, $\tau(\theta) = E\{t^*(\boldsymbol{Y})\}$인 $t^*(\boldsymbol{Y})$를 구하기 어려울 때에는 먼저 쉽게 구할 수 있는 $\tau(\theta)$의 불편추정량 $T = T(\boldsymbol{X})$을 이용하여 조건부기댓값 $E\{T\,|\,\boldsymbol{Y}\}$를 구하면 $\tau(\theta)$에 대한 UMVUE를 구할 수 있다. 하지만, 이러한 방법들을 이용하려면 무엇보다도 $\boldsymbol{Y}$가 충분성과 완비성을 동시에 만족하는 통계량이어야 한다는 것이다. 충분통계량을 찾는 일은 비교적 간단하지만 어떤 분포족이 완비인가를 밝히는 일은 그리 쉬운 일은 아니다.

UMVUE를 구하는 과정에서 조건부기댓값 $E\{T\,|\,Y\}$를 계산할 때 다음 Basu의 정리는 대단히 유용하다.

定理 5.13 **(Basu의 정리)**
$\boldsymbol{X} = (X_1, X_2, \cdots, X_n)$의 결합확률밀도함수를 $f(\boldsymbol{x};\theta)$ $(\theta \in \Theta)$라 할 때, 임의의 통계량 $\boldsymbol{T}$가 모수 θ와 무관하고, $\boldsymbol{Y} = (Y_1, Y_2, \cdots, Y_n)$이 θ에 대한 결합완비충분통계량이면, 두 통계량 $\boldsymbol{Y}$와 $\boldsymbol{T}$는 서로 독립이다.

증명 이산형의 경우만 증명한다. $\boldsymbol{T}$의 확률질량함수 $f_{\boldsymbol{T}}(\boldsymbol{t})$는 모수 $\theta \in \Theta$와 무관하므로, $\boldsymbol{Y} = \boldsymbol{y}$가 주어졌을 때, T의 조건부확률질량함수 $f_{T|Y}(\boldsymbol{t}|\boldsymbol{y})$는 $\boldsymbol{Y}$가 충분통계량이므로 θ와 무관하다. 따라서

$$\begin{aligned} f_{\boldsymbol{T}}(\boldsymbol{t}) &= \sum_{y} f_{T|Y}(\boldsymbol{t}, \boldsymbol{y}; \theta) \\ &= \sum_{y} f_{T|Y}(\boldsymbol{t}|\boldsymbol{y})\, f_Y(\boldsymbol{y};\theta) \end{aligned}$$

이므로 모든 $\theta \in \Theta$에 대하여

$$\begin{aligned} \sum_{y} [f_{\boldsymbol{T}}(\boldsymbol{t}) - f_{T|Y}(\boldsymbol{t}|\boldsymbol{y})]\, f_Y(\boldsymbol{y};\theta) &\equiv E_Y\{f_T(\boldsymbol{t}) - f_{T|Y}(\boldsymbol{t}|\boldsymbol{Y})\} \\ &\equiv 0 \end{aligned}$$

이다. 그런데 $\boldsymbol{Y}$가 완비충분통계량이므로

$$f_Y(\boldsymbol{t}) \;=\; f_{T|Y}(\boldsymbol{t}|\boldsymbol{Y}) \;=\; 0$$

을 만족해야 한다. 따라서 $f_T(\boldsymbol{t}) = f_{T|Y}(\boldsymbol{t}|\boldsymbol{y})$이므로 $\boldsymbol{Y}$와 $\boldsymbol{T}$는 서로 독립이다. ■

問題 4 X_1, X_2, $\cdots$, X_n을 정규분포 $N(\mu, \sigma^2)$에 따르는 크기 n인 확률표본이라 할 때, 표본평균 $\bar{X}$와 표본분산 S^2은 서로 독립임을 보여라.

解答 표본평균 $\bar{X}$는 고정된 모분산 σ^2에 대하여 모평균 μ에 대한 완비충분통계량이고 표본분산 S^2의 분포는 $\frac{(n-1)S^2}{\sigma^2} \sim \chi^2(n-1)$이므로 S^2의 분포는 μ와는 무관하다. 따라서 Basu의 정리에 의하여 $\bar{X}$와 S^2은 서로 독립이다. □

5.7 구간추정

지금까지 미지의 모수 θ 또는 θ의 함수인 $\tau(\theta)$를 추정하는 여러가지 점추정법에 대하여 알아 보았다. 그러나 실제로는 모집단으로부터 크기 n인 확률표본을 추출하여 얻은 추정값 $\hat{\theta}$이 실제로 모수 θ와 완전히 일치할 확률은 0 즉, $P\{\hat{\theta} = \theta\} = 0$이므로 정도가 표시되기 않은 추정값은 의미가 없다. 따라서 점추정값은 추정값의 오차에 대한 측도와 함께 제시되어야 한다. 다시 말하면, 모수 θ를 추정값 $\hat{\theta}$에 일치시키는 방법보다는 추정값에 얼마나 근접해 있다고 기대할 수 있는지를 밝히는 것이 더 좋은 추정방법이다. 즉, 추정량 $\hat{\theta}$에 의하여 모수 θ를 포함될 어떤 구간 $(l(\hat{\theta}), u(\hat{\theta}))$를 결정함으로서 모수를 추정하는 방법을 **구간추정**(interval estimation)이라 한다. 이 절에서는 확률밀도함수 $f(x;\theta)$를 갖는 분포로부터 추출한 크기 n인 확률표본을 X_1, X_2, $\cdots$, X_n이라 할 때, 모수 θ의 실수치함수인 $\tau(\theta)$에 대한 구간추정 문제에 대하여 생각해 본다.

定義 5.18 확률밀도함수 $f(x;\theta)$를 갖는 모집단으로부터 추출한 확률표본을 X_1, X_2, $\cdots$, X_n이라 하자. 이때 임의의 두 통계량 $L = l(X_1, X_2, \cdots, X_n)$과 $U = u(X_1, X_2, \cdots, X_n)$이 다음 조건

(1) $L \leqslant U$이고

(2) $P\{L < \tau(\theta) < U\} = \gamma$

를 만족하면, (L, U)를 $\tau(\theta)$**에 대한** $100\gamma\%$ **신뢰구간**이라 한다. 또한 γ를 **신뢰계수**(confidence coefficient) 또는 **신뢰수준**(confidence level)이라 하고, L과 U를 각각 $\tau(\theta)$에 대한 **신뢰하한**(lower confidence limit), **신뢰계상한**(upper confidence limit)한다. 여기서 γ는 모수 θ에 종속되어 있지 않으며, L과 U는 상수일 경우도 있다.

모수 $\tau(\theta)$ 에 대한 신뢰구간 (L, U)가 구해지면 이 구간은 확률구간이다. 따라서 두

통계량 $L = l(X_1, X_2, \cdots, X_n)$과 $U = u(X_1, X_2, \cdots, X_n)$에 확률표본의 한 관찰값 $X_1 = x_1$, $X_2 = x_2$, $\cdots$, $X_n = x_n$이 주어지면, (L, U)의 실구간(real interval) (l, u) 또한 모수 $\tau(\theta)$에 대한 $100\gamma\%$ 신뢰구간이 된다. 신뢰계수 γ의 값으로 보통 $\gamma = 0.05$ 또는 0.01을 많이 사용한다. 예를 들면, 모집단이 미지의 모수 $\tau(\theta)$에 대하여 어떤 통계량 $\varphi(X_1, X_2, \cdots, X_n; \theta)$를 결정한다고 하자. 이 경우, 통계량 $\varphi(X_1, X_2, \cdots, X_n; \theta)$는 모수 θ를 포함하고 있으나 이 통계량의 분포는 모수 θ와는 전혀 관계가 없다. 이제 a와 b를 임의의 실수라 하면,

$$P\{\, a < \varphi(X_1, X_2, \cdots, X_n) < b \,\} = 0.95 \quad \text{또는 } 0.99$$

와 같이 만들고, 이 식을 $\tau(\theta)$에 관해 풀어서

$$P\{\, l < \tau(\theta) < u \,\} = 0.95 \quad \text{또는 } 0.99$$

가 성립하면 구간 (l, u)는 모수 $\tau(\theta)$의 95%(또는 99%) 신뢰구간이 된다.

定理 5.14 확률밀도함수가 $f(x, \theta)$인 표본으로부터 추출한 크기 n인 확률표본을 X_1, X_2, $\cdots$, X_n이라 하자. 또한 $L = l(X_1, X_2, \cdots, X_n)$과 $U = u(X_1, X_2, \cdots, X_n)$을 통계량이라 하자.

(1) 통계량 $L = l(X_1, X_2, \cdots, X_n)$에 대하여

$$P\{\, L < \tau(\theta) \,\} = \gamma$$

이면, L을 $\tau(\theta)$**의** $100\gamma\%$ **단측신뢰하한**(one-sided lower confidence limit)이라 하고

(2) 통계량 $U = u(X_1, X_2, \cdots, X_n)$에 대하여

$$P\{\, \tau(\theta) < U \,\} = \gamma$$

이면, U를 $\tau(\theta)$**의** $100\gamma\%$ **단측신뢰상한**(one-sided upper confidence limit)이라 한다.

여기서 모수 γ는 θ에 종속되지 않는다.

問題 1 정규분포 $N(\mu, 3^3)$에 따르는 모집단으로부터 크기 4인 확률표본의 관찰값을 1.2, 3.4, 0.6, 5.6이라 할 때, 95% 신뢰구간을 구하여라.

解答 정규모집단으로부터 크기 4인 표본의 표본평균을 $\bar{X}$라고 하면 표준정규화에 의하여

$$Z = \frac{\bar{X} - \mu}{\frac{3}{2}} \sim N(0, 1)$$

이므로 Z의 확률밀도함수는

$$\varphi(z) \;=\; \frac{1}{\sqrt{2\pi}} e^{-\frac{1}{2}z^2}, \quad -\infty < z < +\infty$$

이고 이 표준정규분포의 확률밀도함수는 미지의 모수에 종속되지 않는다. 따라서

$$P\{-1.96 < Z < 1.96\} \;=\; \int_{-1.96}^{1.96} \varphi(z)\,dz \;=\; 0.95$$

을 풀면 먼저,

$$-1.96 \;<\; Z \;=\; \frac{\bar{X}-\mu}{\frac{3}{2}}$$

로부터 $\mu < \bar{X} + \frac{3}{2} \times 1.96 = \bar{X} + 2.94$이도 또한

$$Z \;=\; \frac{\bar{X}-\mu}{\frac{3}{2}} \;<\; 1.96$$

으로부터 $\mu > \bar{X} - \frac{3}{2} \times 1.96 = \bar{X} - 2.94$이다. 위의 두 식을 정리하면

$$P\{\,\bar{X} - 2.94 < \mu < \bar{X} + 2.94\,\} \;=\; 0.95$$

를 얻는다. 그런데 4개의 관찰값의 평균은 $\bar{x} = 2.7$이므로 구하고자 하는 95% 신뢰구간은 $(-0.24, 5.64)$이다. □

[문제 1]의 경우를 다시 생각해 보면, 모평균 μ의 95% 신뢰구간은 확률구간 $(\bar{X} - 2.94, \bar{X} + 2.94)$이다. 이 확률구간의 의미는 미지의 수인 모평균 μ가 이 구간에 포함될 확률이 0.95라는 뜻 즉,

$$P\{\,\bar{X} - 2.94 < \mu < \bar{X} + 2.94\,\} \;=\; 0.95$$

이다. 다시 말하면, 정규모집단으로부터 표본의 관찰값 $\bar{X} = \bar{x}$가 얻어지면 실구간 $(\bar{x} - 2.94, \bar{x} + 2.94)$가 얻어지고, 이것은 미지의 모수인 모평균 μ의 참값이 포함되는 구간의 상대도수가 95%로 접근해 간다는 뜻이다. 따라서 실구간 $(\bar{x}-2.94, \bar{x}+2.94)$의 범위는 모집단으로부터 추출된 관측값의 표본평균에 따라 얼마든지 서로 다르게 나올 수 있다는 사실에 주의하자. 한편, [문제 1]에서 $\bar{x} = 2.7$이면 확률 0.95%수준에서 관찰된 실구간은 $(-0.24, 5.64)$이다. 거꾸로 말하면, 이것은 실구간 $(-0.24, 5.64)$의 신뢰도는 0.95라는 의미와 상통한다. 이런 뜻에서 0.95를 신뢰계수 또는 신뢰수준이라 일컫는다.

일반적으로 주어진 신뢰수준하에서 구간의 길이가 최소가 되도록 신뢰구간을 구하는 것이 가장 좋은 방법이다. 하지만 대부분 신뢰구간을 구하는 문제에서 주어진 신뢰계수에 대하여 길이가 가장 짧은 신뢰구간을 구해내는 일은 가능하지 않다. 실제

로는, 확률구간의 길이인 $U-L$은 확률변수이기 때문에 기대길이(expected length)가 최소인 신뢰구간을 구하거나, 구간에 모수 θ와 같지 않은 모수 θ^*가 포함될 확률이 최소인 신뢰구간을 구한다. 경우에 따라 확률밀도함수의 양쪽꼬리(tail)부분의 확률을 $\alpha_1=\alpha_2=\frac{\alpha}{2}$로 같게하면, 기대길이가 최소로 되는 경우가 있지만 반드시 모든 경우에 대해서 이 성질이 성립하는 것은 아니다. 또한, 구간추정 문제에서 신뢰한계를 구할 때 충분성의 개념이 유용할 경우가 있다.

問題 2 $X_1, X_2, \cdots, X_n$을 지수분포 EXP(θ)로부터의 크기 n인 확률표본이라 할 때, 모수 θ에 대한 $100\gamma\%$ 신뢰구간를 구하여라.

解答 $\bar{X}$는 모수 θ의 충분통계량이고, $\frac{2n\bar{X}}{\theta}\sim\chi^2(2n)$이다. 따라서

$$P\left\{\frac{2n\bar{X}}{\theta}<\chi^2_{1-\gamma}(2n)\right\} \;=\; P\left\{\frac{2n\bar{X}}{\chi^2_{1-\gamma}(2n)}\right\} \;=\; \gamma$$

이므로 관찰값 $\bar{x}$가 주어지면 θ에 대한 $100\gamma\%$ 단측신뢰하한은

$$l(x) \;=\; \frac{2n\bar{x}}{\chi^2_{1-\gamma}(2n)}$$

이고, θ에 대한 $100\gamma\%$ 단측신뢰하한은

$$u(x) \;=\; \frac{2n\bar{x}}{\chi^2_{\gamma}(2n)}$$

이다. 이제 모수 θ에 대한 $100\gamma\%$ 신뢰구간을 구해보자. 먼저, $\alpha_1+\alpha_2=\alpha=1-\gamma$ $(\alpha_1,\alpha_2>0)$이라고 하면,

$$\begin{aligned} P\left\{\chi^2_{1-\alpha_1}(2n)<\frac{2n\bar{X}}{\theta}<\chi^2_{\alpha_2}(2n)\right\} &= \gamma \\ &= 1-(\alpha_1+\alpha_2) \\ &= 1-\alpha \end{aligned}$$

이므로

$$P\left\{\frac{2n\bar{X}}{\chi^2_{\alpha_2}(2n)}<\theta<\frac{2n\bar{X}}{\chi^2_{1-\alpha_1}(2n)}\right\} \;=\; 1-\alpha$$

이다. 그런데 실제적으로 문제를 다룰 때에는 $\alpha_1=\alpha_2=\frac{\alpha}{2}$로 변경하여 사용한다. 이 경우, 모수 θ에 대한 $100\gamma\%$ 신뢰구간은

$$\left(\frac{2n\bar{X}}{\chi^2_{\frac{\alpha}{2}}(2n)},\,\frac{2n\bar{X}}{\chi^2_{1-\frac{\alpha}{2}}(2n)}\right)$$

이다. □

위에서 설명한 내용을 기초로 구간추정에서 가장 많이 사용되는 몇가지 중요한 신뢰구간을 구해 보자.

I. 정규모집단에서 모평균 μ의 구간추정

첫 번째는, 모평균 μ가 미지이고 모분산 σ^2을 알고 있을 경우이다. 정규모집단 $N(\mu, \sigma^2)$으로부터 추출한 크기 n인 확률표본을 X_1, X_2, $\cdots$, X_n이라 하면, 모평균 μ의 신뢰구간은 다음과 같은 방법으로 구한다.

확률표본의 합 $X_1 + X_2 + \cdots + X_n$은 또한 정규분포 $N(n\mu, n\sigma^2)$에 따르므로 표본평균은 $\bar{X} \sim N(\mu, \frac{\sigma^2}{n})$이다. 표준정규화 확률변수는

$$\frac{\bar{X} - \mu}{\frac{\sigma}{\sqrt{n}}} \sim N(0,1)$$

이다. 따라서

$$P\{a < \frac{\bar{X} - \mu}{\frac{\sigma}{\sqrt{n}}} < b\} = \int_a^b \frac{1}{\sqrt{2\pi}} e^{-\frac{z^2}{2}} \, dz$$

이다. 여기서 미리 주어진 신뢰계수 $1 - \alpha$를 이용하여

$$\int_a^b \frac{1}{\sqrt{2\pi}} e^{-\frac{z^2}{2}} \, dz = 1 - \alpha$$

가 되도록 상수 a와 b를 정한다. 이로부터

$$\begin{aligned} P\{a < \frac{\bar{X} - \mu}{\frac{\sigma}{\sqrt{n}}} < b\} &= P\{ a\frac{\sigma}{\sqrt{n}} < \bar{X} - \mu < b\frac{\sigma}{\sqrt{n}} \} \\ &= P\{ \bar{X} - b\frac{\sigma}{\sqrt{n}} < \mu < \bar{X} - a\frac{\sigma}{\sqrt{n}} \} \end{aligned}$$

이므로

$$P\{ \bar{X} - b\frac{\sigma}{\sqrt{n}} < \mu < \bar{X} - a\frac{\sigma}{\sqrt{n}} \} = 1 - \alpha$$

이다. 따라서, 신뢰도 $100(1 - \alpha)\%$인 모평균 μ의 신뢰구간은

$$(\bar{x} - b\frac{\sigma}{\sqrt{n}}, \bar{x} - a\frac{\sigma}{\sqrt{n}})$$

이다. 이 경우, 신뢰구간의 폭은 $(b - a)\frac{\sigma}{\sqrt{n}}$이므로 이 폭을 최소로 하려면

$$\int_{-\lambda}^{\lambda} \frac{1}{\sqrt{2\pi}} e^{-\frac{z^2}{2}} \, dz = 1 - \alpha$$

에서 상수 λ를 정하여 $a = -\lambda$와 $b = \lambda$로 하면 된다. 표준정규분포표로부터 $1 - \alpha = 0.95$일 때 $\lambda = 1.96$이고, $1 - \alpha = 0.99$일 때 $\lambda = 2.58$이다. 따라서, 확률표본의 관찰값 $X_1 = x_1$, $X_2 = x_2$, $\cdots$, $X_n = x_n$이 주어졌을 때, 모평균 μ의 95% 신뢰구간은

$$\left(\bar{x} - 1.96\frac{\sigma}{\sqrt{n}}, \bar{x} + 1.96\frac{\sigma}{\sqrt{n}}\right)$$

이고 또한, 모평균 μ의 99% 신뢰구간은

$$\left(\bar{x} - 2.58\frac{\sigma}{\sqrt{n}}, \bar{x} + 2.58\frac{\sigma}{\sqrt{n}}\right)$$

이다. 이상을 정리하면, 모평균 μ의 구간추정을 신뢰한계를 이용하여 다음과 같이 나타낼 수 있다.

(1) 모평균 μ의 신뢰도 95%인 신뢰한계는 $\bar{X} \pm 1.96\frac{\sigma}{\sqrt{n}}$이고

(2) 모평균 μ의 신뢰도 99%인 신뢰한계는 $\bar{X} \pm 2.58.\frac{\sigma}{\sqrt{n}}$

두 번째는, 정규모집단의 모분산 σ^2이 미지일 때, 정규모집단 $N(\nu, \sigma^2)$으로부터 추출한 크기 n인 확률표본을 X_1, $X_2, \cdots$, X_n이라 하면, 모평균 μ의 신뢰구간은 다음과 같은 방법으로 구한다. 정규모집단 $N(\mu, \sigma^2)$으로부터 크기 n인 확률표본 X_1, X_2, $\cdots$, X_n을 추출하여 이 들의 표본평균을 $\bar{X}$라 하고 표본분산을 S^2이라 하자. 이때, 표본평균은 $\bar{X} \sim N(\mu, \frac{\sigma^2}{n})$이므로, 표준정규화된 확률변수는

$$\frac{\bar{X} - \mu}{\frac{\sigma}{\sqrt{n}}} \sim N(0, 1)$$

이다. 확률변수 $Y_i = \frac{X_i - \mu}{\sigma} \sim N(0, 1)$이면, 통계량

$$\sum_{i=1}^{n}(Y_i - \bar{Y})^2$$

의 분포는

$$\begin{aligned} \sum_{i=1}^{n}(Y_i - \bar{Y})^2 &= \frac{1}{\sigma^2}\sum_{i=1}^{n}(X_i - \bar{X})^2 \\ &= \frac{(n-1)S^2}{\sigma^2} \sim \chi^2(n-1) \end{aligned}$$

이다. 따라서, 다음 통계량

$$\frac{\frac{\bar{X} - \mu}{\frac{\sigma}{\sqrt{n}}}}{\sqrt{\frac{\frac{(n-1)S^2}{\sigma^2}}{n-1}}} = \frac{\sqrt{n}(\bar{X} - \mu)}{S}$$

은 자유도 $n-1$을 갖는 t분포에 따른다. 여기서, 자유도 $n-1$를 갖는 t분포의 확률밀도함수를 f_{n-1}이라 하자. 이제 미리 주어진 신뢰계수 $1-\alpha$에 대하여

$$\int_a^b f_{n-1}(x)\,dx = 1 - \alpha$$

를 만족시키는 상수 a와 b를 구하면

$$\begin{aligned} P\{a < \frac{\sqrt{n}(\bar{X}-\mu)}{S} < b\} &= P\left\{\bar{X} - b\frac{S}{\sqrt{n}} < \mu < \bar{X} - a\frac{S}{\sqrt{n}}\right\} \\ &= \int_a^b f_{n-1}(x)\,dx \\ &= 1-\alpha \end{aligned}$$

이므로, 확률표본의 관찰값 $X_1 = x_1$, $X_2 = x_2$, $\cdots$, $X_n = x_n$이 주어졌을 때, 신뢰도 $100(1-\alpha)\%$인 모분산 σ^2의 신뢰구간은

$$\left(\bar{x} - b\frac{s}{\sqrt{n}},\ \bar{x} - a\frac{s}{\sqrt{n}}\right)$$

이다. 신뢰구간의 폭은 $(b-a)\frac{s}{\sqrt{n}}$이고

$$\int_a^b f_{n-1}(x)\,dx = 1-\alpha$$

인 조건하에서, 신뢰구간의 폭을 최소로 하려면

$$\int_{-\lambda}^{\lambda} f_{n-1}(x)\,dx = 1-\alpha$$

으로부터 λ를 정하여 $a = -\lambda$, $b = \lambda$가 되게 하면 된다. 그런데 t분포의 확률밀도함수는 우함수(even function)이므로

$$\int_{\lambda}^{+\infty} f_{n-1}(x)\,dx = \frac{\alpha}{2}$$

로부터 λ를 구하면, $\lambda = t_{\frac{\alpha}{2}}(n-1)$이다. 이로부터 구하고자 하는 신뢰구간은 다음과 같다.

$$\left(\bar{x} - t_{\frac{\alpha}{2}}(n-1)\frac{s}{\sqrt{n}},\ \bar{x} + t_{\frac{\alpha}{2}}(n-1)\frac{s}{\sqrt{n}}\right).$$

II. 두 정규모집단에서 모평균의 차의 구간추정

첫 번째의 경우는 두 정규모집단의 모분산을 알고 있을 때이다. 먼저 모집단 A는 평균이 μ_1이고 분산이 σ_1^2에 따르는 정규모집단 $N(\mu_1, \sigma_1^2)$이고, 다른 모집단 B는 평균이 μ_2이고 분산이 σ_2^2에 따르는 정규모집단 $N(\mu_2, \sigma_2^2)$이다. 여기서, 두 정규모집단 A와 B는 서로 독립이라 가정한다. 이제 정규모집단 A로부터 크기 n_1인 확률표본 X_1, X_2, $\cdots$, X_{n_1}을 추출하여 이 확률표본의 표본평균을 $\bar{X} = \sum_{i=1}^{n_1} X_i$라 하고, 또한 정

규모집단 B로부터 크기 n_2인 확률표본 $Y_1, Y_2, \cdots, Y_{n_2}$을 추출하여 이 확률표본의 표본평균을 $\bar{Y} = \sum_{i=1}^{n_2} Y_i$라 하자. 이때, 두 표본평균의 차 $\bar{X} - \bar{Y}$의 신뢰한계를 구하여 보자. 여기서, 두 확률표본의 차 $\bar{X} - \bar{Y}$는 평균이 $\mu_1 - \mu_2$이고 분산이 $\left(\frac{\sigma_1^2}{n_1} + \frac{\sigma_2^2}{n_2}\right)$인 정규분포에 따르므로, 표준화된 확률변수

$$Z = \frac{(\bar{X} - \bar{Y}) - (\mu_1 - \mu_2)}{\sqrt{\frac{\sigma_1^2}{n_1} + \frac{\sigma_2^2}{n_2}}} \sim N(0, 1)$$

이다. 따라서, 앞의 경우와 마찬가지로

$$P\{-z_{\alpha/2} < Z < z_{\alpha/2}\} = 1 - \alpha$$

의 한계값 $\pm z_{\alpha/2}$를 결정하면

$$\begin{aligned} & P\left\{-z_{\alpha/2} < \frac{(\bar{X} - \bar{Y}) - (\mu_1 - \mu_2)}{\sqrt{\frac{\sigma_1^2}{n_1} + \frac{\sigma_2^2}{n_2}}} < z_{\alpha/2}\right\} \\ = \;& P\left\{(\bar{X} - \bar{Y}) - z_{\alpha/2}\sqrt{\frac{\sigma_1^2}{n_1} + \frac{\sigma_2^2}{n_2}} < \mu_1 - \mu_2 < (\bar{X} - \bar{Y}) + z_{\alpha/2}\sqrt{\frac{\sigma_1^2}{n_1} + \frac{\sigma_2^2}{n_2}}\right\} \\ = \;& 1 - \alpha \end{aligned}$$

이므로 정규모집단 A로부터 확률표본의 관찰값 $X_1 = x_1, X_2 = x_2, \cdots, X_{n_1} = x_{n_1}$과 정규모집단 B로부터 확률표본의 관찰값 $Y_1 = y_1, Y_2 = y_2, \cdots, Y_{n_1} = y_{n_2}$가 주어지면, 모평균 $\mu_1 - \mu_2$에 대한 신뢰도 $100(1 - \alpha)\%$의 신뢰한계는

$$(\bar{x} - \bar{y}) \pm z_{\alpha/2}\sqrt{\frac{\sigma_1^2}{n_1} + \frac{\sigma_2^2}{n_2}}$$

이다.

두 번째는, 두 정규모집단의 모분산은 모르지만 서로 같다고 가정한 경우이다. 모집단 A는 평균이 μ_1이고 분산이 σ^2에 따르는 정규모집단 $N(\mu_1, \sigma^2)$이고, 다른 모집단 B는 평균이 μ_2이고 분산이 σ^2에 따르는 정규모집단 $N(\mu_2, \sigma^2)$이라 하자. 물론, 두 정규모집단 A와 B는 서로 독립이라 가정한다. 이제 정규모집단 A로부터 크기 n_1인 확률표본 $X_1, X_2, \cdots, X_{n_1}$를 추출하여 이 확률표본의 표본평균을 $\bar{X} = \sum_{i=1}^{n_1} X_i$, 표본분산을 $S_1^2 = \frac{1}{n_1 - 1}\sum_{i=1}^{n_1}(X_i - \bar{X})^2$이라 하고, 또한 정규모집단 B로부터 크기 n_2인 확률표본 $Y_1, Y_2, \cdots, Y_{n_2}$을 추출하여 이 확률표본의 표본평균을 $\bar{Y} = \sum_{i=1}^{n_2} Y_i$, 표본분산을

$S_2^2 = \frac{1}{n_2-1}\sum_{i=1}^{n_2}(Y_i - \bar{Y})^2$이라 할 때, 두 표본평균의 차 $\bar{X}-\bar{Y}$의 신뢰한계를 구하여 보자. 두 표본평균의 차 $\bar{X}-\bar{Y}$는 평균이 $\mu_1-\mu_2$이고 분산이 $\left(\frac{\sigma^2}{n_1}+\frac{\sigma^2}{n_2}\right)$인 정규분포 즉,

$$(\bar{X}-\bar{Y}) \sim N\left(\mu_1-\mu_2, \frac{\sigma^2}{n_1}+\frac{\sigma^2}{n_2}\right)$$

이다. 그런데,

$$\frac{(n_1-1)S_1^2}{\sigma_1^2} \sim \chi^2(n_1-1)$$

이고

$$\frac{(n_2-1)S_2^2}{\sigma_2^2} \sim \chi^2(n_2-1)$$

이다. 또한, 이 두 통계량은 서로 독립이므로 그의 합(sum)은,

$$\frac{(n_1-1)S_1^2}{\sigma^2}+\frac{(n_2-1)S_2^2}{\sigma^2} \sim \chi^2(n_1+n_2-2)$$

이다. 여기서 통계량

$$\begin{aligned} T &= \frac{\frac{(\bar{X}-\bar{Y})-(\mu_1-\mu_2)}{\sqrt{\frac{\sigma^2}{n_1}+\frac{\sigma^2}{n_2}}}}{\sqrt{\frac{(n_1-1)S_1^2+(n_2-1)S_2^2}{(n_1+n_2-2)\sigma^2}}} \\ &= \frac{(\bar{X}-\bar{Y})-(\mu_1-\mu_2)}{\sqrt{\frac{1}{n_1}+\frac{1}{n_2}}\sqrt{\frac{(n_1-1)S_1^2+(n_2-1)S_2^2}{(n_1+n_2-2)}}} \end{aligned}$$

은 자유도 n_1+n_2-2인 t분포에 따른다. 따라서,

$$P\{-t_{\alpha/2}(n_1+n_2-2) < T < t_{\alpha/2}(n_1+n_2-2)\} = 1-\alpha$$

에서 한계값 $\pm t_{\alpha/2}(n_1+n_2-2)$를 결정하면, 위의 식은

$$P\left\{-t_{\alpha/2}(n_1+n_2-2) < \frac{(\bar{X}-\bar{Y})-(\mu_1-\mu_2)}{\sqrt{\frac{1}{n_1}+\frac{1}{n_2}}\sqrt{\frac{(n_1-1)S_1^2+(n_2-1)S_2^2}{(n_1+n_2-2)}}} < t_{\alpha/2}(n_1+n_2-2)\right\} = 1-\alpha$$

이므로 이 식을 정리하면,

$$\begin{aligned} P\Bigg\{(\bar{X}-\bar{Y}) - t_{\alpha/2}(n_1+n_2-2)\sqrt{\frac{1}{n_1}+\frac{1}{n_2}}\sqrt{\frac{(n_1-1)S_1^2+(n_2-1)S_2^2}{(n_1+n_2-2)}} < \mu_1-\mu_2 \\ < (\bar{X}-\bar{Y}) + t_{\alpha/2}(n_1+n_2-2)\sqrt{\frac{1}{n_1}+\frac{1}{n_2}}\sqrt{\frac{(n_1-1)S_1^2+(n_2-1)S_2^2}{(n_1+n_2-2)}}\Bigg\} = 1-\alpha \end{aligned}$$

이다. 이로부터, 두 정규모집단의 모평균의 차 $\mu_1 - \mu_2$의 신뢰도 $100(1-\alpha)\%$의 신뢰 한계는

$$(\bar{X} - \bar{Y}) \pm t_{\alpha/2}(n_1 + n_2 - 2)\sqrt{\frac{1}{n_1} + \frac{1}{n_2}}\sqrt{\frac{(n_1 - 1)S_1^2 + (n_2 - 1)S_2^2}{n_1 + n_2 - 2}}$$

이다.

III. 이항모집단의 모비율의 구간추정

이항모집단에서 모비율을 p라 하고 이 모집단에서 추출한 표본의 수를 n, 불량품의 수를 x라 하면 표본비율은 $\hat{p} = \frac{x}{n}$이다. 이제, 표본의 수 n이 충분히 클 때, 모비율 p의 신뢰구간을 구하여 보자. 여기에 대한 이론적인 접근은 다음과 같다.

표본비율 $\hat{p} = \frac{x}{n}$가 근사적으로 정규분포 $N(p, \frac{p(1-p)}{n})$에 따르므로, 임의의 상수 $c\,(c > 0)$에 대하여

$$\begin{aligned} P\left\{-c < \frac{\hat{p} - p}{\sqrt{\frac{p(1-p)}{n}}} < c\right\} &= P\left\{\left|\frac{\hat{p} - p}{\sqrt{\frac{p(1-p)}{n}}}\right| < c\right\} \\ &= \int_{c}^{c} \frac{1}{\sqrt{2\pi}} e^{-\frac{z^2}{2}}\, dz \\ &= 1 - \alpha \end{aligned}$$

가 성립한다. 여기서 먼저, 부등식 $|\frac{\hat{p}-p}{\sqrt{\frac{p(1-p)}{n}}}| < c$를 제곱하여 정리하면,

$$n(\hat{p} - p)^2 < c^2 p(1 - p)$$

이고, 이 식을 p에 관하여 정리하면,

$$(n + c^2)p^2 - (2n\hat{p} + c^2)p + n\hat{p}^2 < 0$$

이다. 이 부등식의 해(solution) p_1과 p_2 $(p_1 < p_2)$는 각각

$$\begin{aligned} p_1 &= \frac{(2n\hat{p} + c^2) - c\sqrt{4n\hat{p} + c^2 - 4n\hat{p}}}{2(n + c^2)} \\ &= \frac{(\hat{p} + \frac{c^2}{2n}) - \sqrt{\frac{\hat{p}(1-\hat{p})}{n} + \frac{c^2}{4n^n}}}{1 + \frac{c^2}{n}} \end{aligned}$$

와

$$\begin{aligned} p_2 &= \frac{(2n\hat{p} + c^2) + c\sqrt{4n\hat{p} + c^2 - 4n\hat{p}}}{2(n + c^2)} \\ &= \frac{(\hat{p} + \frac{c^2}{2n}) + \sqrt{\frac{\hat{p}(1-\hat{p})}{n} + \frac{c^2}{4n^n}}}{1 + \frac{c^2}{n}} \end{aligned}$$

이다. 여기서 항 $\frac{c^2}{n}$과 $\frac{c^2}{n^2}$이 $\hat{p}$나 $1-\hat{p}$에 비하여 충분히 작으면,

$$p_1 = \hat{p} - c\sqrt{\frac{\hat{p}(1-\hat{p})}{n}}$$

이고

$$p_2 = \hat{p} + c\sqrt{\frac{\hat{p}(1-\hat{p})}{n}}$$

이다. 따라서, 모비율 p의 신뢰구간은

$$\left(\hat{p} - c\sqrt{\frac{\hat{p}(1-\hat{p})}{n}},\ \hat{p} + c\sqrt{\frac{\hat{p}(1-\hat{p})}{n}}\right)$$

이다. 이와 같은 근사식을 이용하여 모비율 p의 구간추정을 적용할 수 경우는 표본의 수 n이, $n\hat{p} \geqslant 5$를 만족시킬 때이다.

만약 표본이 충분히 클 경우, 모비율의 구간추정은 다음과 같다. 이항모집단에서 모비율을 p라하고, 이 모집단에서 추출한 표본의 수를 n, 불량품의 수를 x라 하면 표본비율은 $\hat{p} = \frac{x}{n}$이다. 이 경우, 표본비율 $\hat{p} = \frac{x}{n}$가 근사적으로 정규분포 $N(p, \frac{p(1-p)}{n})$에 따른다는 사실로부터

$$P\left\{-z_{\alpha/2} < \frac{\hat{p}-p}{\sqrt{\frac{p(1-p)}{n}}} < z_{\alpha/2}\right\} \ = \ 1-\alpha$$

이므로 정리하면

$$P\left\{\hat{p} - z_{\alpha/2}\sqrt{\frac{p(1-p)}{n}} < p < \hat{p} + z_{\alpha/2}\sqrt{\frac{p(1-p)}{n}}\right\} \ = \ 1-\alpha$$

이다. 이때 p를 표본비율 $\hat{p}$로 교환하면,

$$P\left\{\hat{p} - z_{\alpha/2}\sqrt{\frac{\hat{p}(1-\hat{p})}{n}} < p < \hat{p} + z_{\alpha/2}\sqrt{\frac{\hat{p}(1-\hat{p})}{n}}\right\} \ = \ 1-\alpha$$

이다. 따라서, 모비율 p의 신뢰도 $100(1-\alpha)\%$의 신뢰구간은

$$\left(\hat{p} - z_{\alpha/2}\sqrt{\frac{\hat{p}(1-\hat{p})}{n}},\ \hat{p} + z_{\alpha/2}\sqrt{\frac{\hat{p}(1-\hat{p})}{n}}\right)$$

이다.

IV. 두 이항모집단의 모비율의 구간추정

두 개의 이항모집단에서 두 모비율의 차에 대한 구간추정을 생각해 보자. 이항모집단 A의 모비율을 p_1이라하고 이 모집단에서 추출한 표본의 수를 n_1, 불량품의 수를 x_1이라 하면 표본비율은 $\hat{p}_1 = \frac{x_1}{n_1}$이다. 또한, 다른 이항모집단 B의 모비율을 p_2이라하고 이 모집단에서 추출한 표본의 수를 n_2, 불량품의 수를 x_2라 하면 표본비율은 $\hat{p}_2 = \frac{x_2}{n_2}$이다 . 여기서, 표본의 수 n_1과 n_2가 충분히 크고, 두 이항모집단이 서로 독립일 경우, 두 모비율의 차 $p_1 - p_2$의 신뢰구간을 구하여 보자. 표본비율 $\hat{p}_1 - \hat{p}_2$의 평균은

$$E(\hat{p}_1 - \hat{p}_2) = p_1 - p_2$$

이고 분산은

$$\begin{aligned} \mathrm{Var}(\hat{p}_1 - \hat{p}_2) &= \mathrm{Var}(\hat{p}_1) + \mathrm{Var}(\hat{p}_2) \\ &= \frac{p_1(1-p_1)}{n_1} + \frac{p_2(1-p_2)}{n_2} \end{aligned}$$

이다. 앞의 경우처럼 다음 통계량은

$$Z = \frac{(\hat{p}_1 - \hat{p}_2) - (p_1 - p_2)}{\sqrt{\frac{p_1(1-p_1)}{n_1} + \frac{p_2(1-p_2)}{n_2}}} \sim N(0,1)$$

이다. 이제,

$$P\{-z_{\alpha/2} < Z < z_{\alpha/2}\} = 1 - \alpha$$

인 한계값 $z_{\alpha/2}$를 정하면

$$P\left\{-z_{\alpha/2} < \frac{(\hat{p}_1 - \hat{p}_2) - (p_1 - p_2)}{\sqrt{\frac{p_1(1-p_1)}{n_1} + \frac{p_2(1-p_2)}{n_2}}} < z_{\alpha/2}\right\} = 1 - \alpha$$

이다. 정리하면

$$P\left\{(\hat{p}_1 - \hat{p}_2) - z_{\alpha/2}\sqrt{\frac{p_1(1-p_1)}{n_1} + \frac{p_2(1-p_2)}{n_2}} < p_1 - p_2 < (\hat{p}_1 - \hat{p}_2) + z_{\alpha/2}\sqrt{\frac{p_1(1-p_1)}{n_1} + \frac{p_2(1-p_2)}{n_2}}\right\} = 1 - \alpha$$

이고 여기서 p_1과 p_2 대신 각각 표본비율 $\hat{p}_1$과 $\hat{p}_2$로 교환하면,

$$P\left\{(\hat{p}_1 - \hat{p}_2) - z_{\alpha/2}\sqrt{\frac{\hat{p}_1(1-\hat{p}_1)}{n_1} + \frac{\hat{p}_2(1-\hat{p}_2)}{n_2}} < p_1 - p_2 < (\hat{p}_1 - \hat{p}_2) + z_{\alpha/2}\sqrt{\frac{\hat{p}_1(1-\hat{p}_1)}{n_1} + \frac{\hat{p}_2(1-\hat{p}_2)}{n_2}}\right\} = 1 - \alpha$$

이다. 따라서, 두 이항모집단의 모비율의 차 $p_1 - p_2$의 $100(1-\alpha)\%$의 신뢰한계는

$$(\hat{p}_1 - \hat{p}_2) \pm z_{\alpha/2}\sqrt{\frac{\hat{p}_1(1-\hat{p}_1)}{n_1} + \frac{\hat{p}_2(1-\hat{p}_2)}{n_2}}$$

이다.

참고로 비율을 추정함에 있어서 모비율과 표본비율의 차는

$$|\,p - \hat{p}\,| = z_{\alpha/2}\sqrt{\frac{\hat{p}(1-\hat{p})}{n}}$$

이므로 오차가 c이하인 표본수의 결정은 다음식

$$z_{\alpha/2}\sqrt{\frac{\hat{p}(1-\hat{p}}{n}} \leqslant c$$

을 풀어서 상수 n을 구하면 된다.

V. 정규모집단에서 모평균을 모를 경우 모분산의 구간추정

모집단이 정규분포 $N(\mu, \sigma^2)$에 따르지만, 모평균 μ는 모른다고 하자. 이 정규모집단으로부터 크기 n인 확률표본을 X_1, X_2, $\cdots$, X_n이라 하고, 표본평균을 $\bar{X} = \frac{1}{n}\sum_{i=1}^{n} X_i$, 표본분산을 $S^2 = \frac{1}{n-1}\sum_{i=1}^{n}(X_i - \bar{X})^2$이라 하자. 이때, 통계량

$$\frac{1}{\sigma^2}\sum_{i=1}^{n}(X_i - \bar{X})^2 = \frac{(n-1)S^2}{\sigma^2}$$

는 자유도 $n-1$을 갖는 χ^2분포에 따른다. 여기서, 자유도 $n-1$을 갖는 χ^2분포의 확률밀도함수를 $f_{n-1}(x)$라고 하면 신뢰계수 $1-\alpha$에 대하여,

$$\begin{aligned} \int_a^{+\infty} f_{n-1}(x)\,dx &= 1 - \frac{\alpha}{2} \\ \int_b^{+\infty} f_{n-1}(x)\,dx &= \frac{\alpha}{2} \end{aligned}$$

로부터 상수 a와 b를 정하면,

$$\begin{aligned} a &= \chi^2_{1-\frac{\alpha}{2}}(n-1) \\ b &= \chi^2_{\frac{\alpha}{2}}(n-1) \end{aligned}$$

이다. 따라서,

$$\begin{aligned} & P\left\{\chi^2_{1-\frac{\alpha}{2}}(n-1) < \frac{(n-1)S^2}{\sigma^2} < \chi^2_{\frac{\alpha}{2}}(n-1)\right\} \\ = & \int_a^b f_{n-1}(x)\,dx \\ = & \int_a^{+\infty} f_{n-1}(x)\,dx - \int_b^{+\infty} f_{n-1}(x)\,dx \\ = & (1-\frac{\alpha}{2}) - \frac{\alpha}{2} \\ = & 1-\alpha \end{aligned}$$

이므로

$$P\left\{\frac{(n-1)S^2}{\chi^2_{\frac{\alpha}{2}}(n-1)} < \sigma^2 < \frac{(n-1)S^2}{\chi^2_{1-\frac{\alpha}{2}}(n-1)}\right\} = 1-\alpha$$

이다. 이로부터, 확률표본의 관찰값 $X_1 = x_1$, $X_2 = x_2$, $\cdots$, $X_n = x_n$이 주어지면 모평균 μ를 모를 때, 모분산 σ^2의 신뢰도 $100(1-\alpha)\%$의 신뢰구간은 다음과 같다.

$$\left(\frac{(n-1)s^2}{\chi^2_{\frac{\alpha}{2}}(n-1)}, \frac{(n-1)s^2}{\chi^2_{1-\frac{\alpha}{2}}(n-1)}\right)$$

VI. 정규모집단에서 모평균을 알 경우 모분산의 구간추정

모집단이 정규분포 $N(\mu, \sigma^2)$에 따르고, 모평균 μ가 알려져 있다고 하자. 이 정규모집단으로부터 크기 n인 확률표본을 X_1, X_2, $\cdots$, X_n이라 하고, 표본평균을 $\bar{X} = \frac{1}{n}\sum_{i=1}^{n} X_i$, 표본분산을 $S^2 = \frac{1}{n-1}\sum_{i=1}^{n}(X_i - \bar{X})^2$이라 하자. 가정에 의해서 모평균이 이미 주어져 있으므로 표본평균 대신 모평균 μ를 사용할 수가 있다. 그러므로 표본분산은 $S^2 = \frac{1}{n-1}\sum_{i=1}^{n}(X_i - \mu)^2$이 되고 이 경우,

$$\frac{(n-1)S^2}{\sigma^2} = \frac{1}{\sigma^2}\sum_{i=1}^{n}(X_i - \mu)^2 \sim \chi^2(n)$$

이다. 앞의 경우와 마찬가지로, 자유도 n을 갖는 χ^2분포의 확률밀도함수를 $f_n(x)$라고 하면 신뢰계수 $1-\alpha$에 대하여,

$$\begin{aligned} \int_a^{+\infty} f_n(x)\,dx &= 1-\frac{\alpha}{2} \\ \int_b^{+\infty} f_n(x)\,dx &= \frac{\alpha}{2} \end{aligned}$$

로부터 상수 a와 b를 정하면,

$$\begin{aligned} a &= \chi^2_{1-\frac{\alpha}{2}}(n) \\ b &= \chi^2_{\frac{\alpha}{2}}(n) \end{aligned}$$

이다. 따라서

$$\begin{aligned} P\left\{\chi^2_{1-\frac{\alpha}{2}}(n) < \frac{(n-1)S^2}{\sigma^2} < \chi^2_{\frac{\alpha}{2}}(n)\right\} \\ &= \int_a^b f_n(x)\,dx \\ &= \int_a^{+\infty} f_n(x)\,dx - \int_b^{+\infty} f_n(x)\,dx \\ &= (1-\frac{\alpha}{2}) - \frac{\alpha}{2} \\ &= 1-\alpha \end{aligned}$$

이므로

$$P\left\{\frac{(n-1)S^2}{\chi^2_{\frac{\alpha}{2}}(n)} < \sigma^2 < \frac{(n-1)S^2}{\chi^2_{1-\frac{\alpha}{2}}(n)}\right\} = 1-\alpha$$

이다. 이로부터, 확률표본의 관찰값 $X_1 = x_1$, $X_2 = x_2$, $\cdots$, $X_n = x_n$이 주어지면 모평균 μ를 알 때, 모분산 σ^2의 신뢰도 $100(1-\alpha)$%의 신뢰구간은 다음과 같다.

$$\left(\frac{(n-1)s^2}{\chi^2_{\frac{\alpha}{2}}(n)}, \frac{(n-1)s^2}{\chi^2_{1-\frac{\alpha}{2}}(n)}\right).$$

5.8 중추확률량

$\boldsymbol{X} = (X_1, X_2, \cdots, X_n)$의 결합확률밀도함수를 $f(\boldsymbol{x};\theta)$라 할 때, θ의 실수치함수인 $\tau(\theta)$에 구간추정방법 중의 하나인 중추확률량(pivotal quantity)에 대하여 간단히 소개한다.

定義 5.19 확률변수 $\boldsymbol{X} = (X_1, X_2, \cdots, X_n)$과 모수 θ 만의 함수로서, 그 분포가 θ나 그 밖의 다른 미지의 모수에 종속되어 있지 않은 확률변수 $\boldsymbol{Q} = q(\boldsymbol{X};\theta)$를 중추확률량(pivotal quantity)이라 한다.

예를 들면, X_1, X_2, $\cdots$, X_n을 지수분포 EXP(θ)로부터의 크기 n인 확률표본이라 하면, 통계량 $\frac{2n\bar{X}}{\theta}$은 확률표본 X_1, X_2, $\cdots$, X_n과 모수 θ만의 함수이고 그 분포는 $\frac{2n\bar{X}}{\theta} \sim \chi^2(2n)$에 따르므로 θ에 종속되지 않으므로 중추확률량이다. 중추확률량을 이

용하여 신뢰구간을 구하는 방법은 대략 다음과 같다.

$\boldsymbol{Q} = q(\boldsymbol{X};\theta)$가 모수 θ의 중추확률량이면, 임의의 고정된 $0 < \gamma < 1$에 대하여,

$$P\{\, q_1 < q(X_1, X_2, \cdots, X_n; \theta) < q_2 \,\} \;=\; 1$$

를 만족하는 q_1과 q_2가 존재한다. 여기서 확률표본의 각 관찰값 $X_1 = x_1$, $X_2 = x_2$, $\cdots$, $X_n = x_n$에 대하여

$$q_1 < q(x_1, x_2, \cdots, x_n; \theta) < q_2$$

일 필요충분조건인 θ에 종속되어 있지 않은 두 함수 l과 u에 대하여

$$l(x_1, x_2, \cdots, x_n) \;<\; \tau(\theta) \;<\; u(x_1, x_2, \cdots, x_n)$$

이면, (L, U)가 $\tau(\theta)$의 $100\gamma\%$ 신뢰구간이 된다. 여기서 $L = l(x_1, x_2, \cdots, x_n)$이고 $U = u(x_1, x_2, \cdots, x_n)$이다.

중추확률량을 이용하여 항상 신뢰구간을 구할 수 있는 것은 아니지만, 각 확률표본의 관찰값 x_1, x_2, $\cdots$, x_n에 대하여 함수 $q(x_1, x_2, \cdots, x_n; \theta)$가 모수 θ의 단조증가함수 또는 단조감소함수이면 항상 신뢰구간뿐만 아니라, 중추확률량의 분포도 구할 수 있다. 또한 모수 θ에 대한 $100\gamma\%$ 신뢰구간이 구해지면, 임의의 단조함수 $\tau(\theta)$에 대한 $100\gamma\%$ 신뢰구간을 구할 수 있다. 예를 들면, $\tau(\theta)$의 증가함수이고 구간 $\big(L = l(x_1, x_2, \cdots, x_n), U = u(x_1, x_2, \cdots, x_n)\big)$이 모수 θ에 대한 $100\gamma\%$ 신뢰구간이면,

$$P\{\, \tau(L) < \tau(\theta) < \tau(U) \,\} \;=\; P\{\, L < \theta < U \,\} \;=\; \gamma$$

가 성립하므로 $\big(\tau(L), \tau(U)\big)$가 $\tau(\theta)$에 대한 $100\gamma\%$ 신뢰구간이 된다.

問題 1 X_1, X_2, $\cdots$, X_n을 모분산 σ^2이 미지인 정규분포 $N(\mu, \sigma^2)$으로부터의 추출한 크기 n인 확률표본이라 할 때, 중추확률량 $q(\boldsymbol{X}; \mu) = \frac{\bar{X}-\mu}{\frac{S_n}{\sqrt{n}}}$를 이용하여 모평균 μ에 대한 $100\gamma\%$ 신뢰구간을 구하여라.

解答 $\frac{\bar{X}-\mu}{\frac{S_n}{\sqrt{n}}} \sim t(n-1)$이므로 주어진 $\alpha > 0$에 대하여

$$P\{\, q_1 < \frac{\bar{X} - \mu}{\frac{S_n}{\sqrt{n}}} < q_2 \,\} \;=\; \gamma \;=\; 1 - \alpha$$

를 만족하는 q_1, q_2를 구하면, $q_1 = -t_{1-\frac{\alpha}{2}}(n-1)$이고 $q_2 = t_{1-\frac{\alpha}{2}}(n-1)$이다. 이로부터 이 식을 정리하면 모평균 μ에 대한 $100\gamma\%$ 신뢰구간은

$$\left(\bar{x} - t_{1-\frac{\alpha}{2}}(n-1)\frac{s_n}{\sqrt{n}},\, \bar{x} + t_{1-\frac{\alpha}{2}}(n-1)\frac{s_n}{\sqrt{n}}\right)$$

이다. □

練習問題

1. $X_1, X_2, \cdots, X_n$은 확률밀도함수 $f(x;\theta)$를 갖는 분포로부터 추출한 크기 n인 확률표본이다. $f(x;\theta)$가 다음과 같을 경우 모수 θ의 MLE를 구하여라.

   (a) $f(x;\theta) = \frac{1}{2\sqrt{\theta}} x^{-\frac{1}{2}} e^{\left(\frac{x}{\theta}\right)^2}, \quad \theta > 0,\ x \in (0, +\infty)$

   (b) $f(x;\theta) = \frac{1}{2\theta} e^{-\frac{|x|}{\theta}}, \quad \theta > 0$

2. $X_1, X_2, \cdots, X_n$은 확률밀도함수 $f(\boldsymbol{x};\theta)$를 갖는 분포로부터 추출한 크기 n인 확률표본이다. $f(\boldsymbol{x};\theta)$가 다음과 같을 경우 모수 θ의 MME를 구하여라.

   (a) $f(x;\theta) = \theta x^{\theta-1}, \quad \theta > 0,\ x \in (0, 1)$

   (b) $f(x;\theta) = \theta^2 x e^{-\theta x}, \quad \theta > 0,\ x \in (0, +\infty)$

   (c) $f(x;\theta) = \frac{1}{\theta} e^{-\frac{x}{\theta}}, \quad \theta > 0,\ x \in (0, +\infty)$

   (d) $f(x;\theta) = e^{x-\theta}, \quad -\infty < \theta < +\infty,\ x \in [\theta, +\infty)$

3. 감마분포

$$f(x;\beta) = \begin{cases} \frac{\alpha^r}{\Gamma(r)} x^{r-1} e^{-\alpha x}, & 0 < x < +\infty \\ 0, & \text{그 외의 경우} \end{cases}$$

   가 주어졌다. 여기는 r은 알려져 있고, α는 모른다. 크기 n인 확률표본에 의하여 $\beta = \frac{1}{\alpha}$의 최우추정량 $\hat{\beta}$를 구하여라.

4. 확률변수 X의 확률밀도함수 $f(x;\theta)$가 구간 $(0,\theta)$에서 균등분포

$$f(x;\beta) = \begin{cases} \frac{1}{\theta}, & 0 < x < \theta \\ 0, & \text{그 외의 경우} \end{cases}$$

   를 한다고 한다. 이때, θ의 추정량 $2\bar{X} = \frac{2}{n}\sum_{i=1}^{n} X_u$는 불편성을 가짐을 증명하여라.

5. $X_1, X_2, \cdots, X_n$은 BIN$(1,p)$로부터 추출한 크기 n인 확률표본이다.

   (a) p의 불편추정량의 분산에 대한 CRLB를 구하여라.

   (b) $p(1-p)$의 불편추정량의 분산에 대한 CRLB를 구하여라.

   (c) p의 UMVUE를 구하여라.

6. $X_1, X_2, \cdots, X_n$을 확률밀도함수가 $f(x;\theta) = \theta x^{\theta-1}$ $(\theta > 0,\ x \in (0,1)$으로부터 추출한 크기 n인 확률표본이다.

   (a) $\frac{1}{\theta}$의 UMVUE를 구하여라.

(b) θ의 UMVUE를 구하여라.

7. 균등분포 UNIF$(0,\theta)$로부터 추출한 크기 4인 확률표본의 순서통계량을 $Y_1 < Y_2 < Y_3 < Y_4$라 할 때, θ에 대한 완비충분통계량 Y_4는 $\frac{Y_1}{Y_4}$과 $\frac{Y_1+Y_2}{Y_3+Y_4}$와 각각 독립인지를 밝혀라.

8. $X_1, X_2, \cdots, X_n$을 확률질량함수가

$$f(x;\theta) \;=\; \theta^x(1-\theta)^{1-x}, \quad 0<\theta<1,\, x=0,1$$

인 이산분포로부터 추출한 크기 n인 확률표본이라 하고 $Y=\sum_{i=1}^n X_i$라 하자. 이 경우, Y가 θ에 대한 완비충분통계량임을 보이고, θ의 UMVUE를 구하여라.

9. $X_1, X_2, \cdots, X_n$을 정규분포 $N(\theta,1)$로부터 추출한 크기 n인 확률표본이라 할 때, θ^2의 UMVUE를 구하여라.

10. $X_1, X_2, \cdots, X_n$을 정규분포 $N(0,\theta)$로부터 추출한 크기 n인 확률표본이라 할 때, $\sum_{i=1}^n X_i^2$은 θ에 대한 충분통계량이다. 이 , θ^2의 UMVUE를 구하여라.

11. $X_1, X_2, \cdots, X_n$을 확률밀도함수 $f(x;\theta)=\theta(1+x)^{-1-\theta}$ $\theta>0, 0<x<+\infty)$를 가지는 분포로부터 추출한 크기 n인 확률표본이다.

(a) θ의 MLE $\hat{\theta}$를 구하여라.

(b) θ에 대한 완비충분통계량을 구하여라.

(c) $\frac{1}{\theta}$에 대한 CRLB를 구하여라.

(d) $\frac{1}{\theta}$의 UMVUE를 구하여라.

(e) θ의 UMVUE를 구하여라.

12. $X_1, X_2, \cdots, X_n$을 확률질량함수 $f(x;\theta)=\frac{(\ln\theta)^x}{\theta x!}$ $\theta>1,\, x=0,1,2,3,\cdots)$를 가지는 분포로부터 추출한 크기 n인 확률표본이다.

(a θ의 MLE를 구하여라.

(b) θ에 대한 완비충분통계량을 구하여라.

(c) θ에 대한 CRLB를 구하여라.

(d) $\ln\theta$에 대한 CRLB를 구하여라.

(e) $\ln\theta$의 UMVUE를 구하여라.

(f) $(\ln\theta)^2$의 UMVUE를 구하여라.

(g) $(\ln\theta)^2$의 CRLB를 구하여라.

13. 정규분포에 따르는 모집단으로부터 크기 17인 확률표본의 관찰값의 평균이 $\bar{x}=4.7$, 분산이 $s^2=5.76$을 얻었다. 모평균 μ에 대한 90% 신뢰구간을 구하여라.

14. 정규분포에 따르는 모집단 $N(\mu, \sigma^2)$으로부터 추출한 크기 n인 확률표본을 X_1, X_2, $\cdots$, X_n이라 하자. 단, 모분산 σ^2은 알고 있다. 표본평균 $\bar{X} = \frac{1}{n}\sum_{i=1}^{n} X_i$가 정규분포 $N(\mu, \frac{\sigma^2}{n})$에 따름을 보이고, 이 결과를 이용하여 모평균 μ의 95% 신뢰구간을 구하여라.

15. 같은 분산 σ^2을 갖는 정규모집단 $N(\mu_1, \sigma^2)$과 $N(\mu_2, \sigma^2)$으로 추출한 표본크기가 모두 n인 확률표본의 평균을 각각 $\bar{X}$와 $\bar{Y}$라 하자. 여기서, 모분산 σ^2은 이미 알고 있다고 가정한다. 이 경우,

$$P\{\bar{X} - \bar{Y} - \frac{\sigma}{5} < \mu_1 - \mu_2 < \bar{X} - \bar{Y} + \frac{\sigma}{5}\} = 0.90$$

을 만족시키는 상수 n을 구하여라.

16. 두 정규모집단 $N(\mu_1, \sigma_1^2)$와 $N(\mu_2, \sigma_2^2)$은 서로 독립이라 하자. 여기서 모평균 μ_1과 μ_2는 이미 알려져 있다고 한다. 정규모집단 $N(\mu_1, \sigma_1^2)$으로부터 추출한 크기 n인 확률표본의 표본평균을 $\bar{X}_1$, 표본분산을 S_1^2이라 하고 또한, 정규모집단 $N(\mu_2, \sigma_2^2)$으로부터 추출한 크기 m인 확률표본의 표본평균을 $\bar{X}_2$, 표본분산을 S_2^2이라 하자. 이때, 두 정규모집단의 모분산의 비(ratio) $\frac{\sigma_2^2}{\sigma_1^2}$의 신뢰구간을 구하여라.

17. 두 정규모집단 $N(\mu_1, \sigma_1^2)$와 $N(\mu_2, \sigma_2^2)$의 모분산의 비(ratio) $k = \frac{\sigma_2^2}{\sigma_1^2}$가 알려져 있다고 하자. 정규모집단 $N(\mu_1, \sigma_1^2)$으로부터 추출한 크기 n_1인 확률표본의 표본평균을 $\bar{X}_1$, 표본분산을 S_1^2이라 하고 또한, 정규모집단 $N(\mu_2, \sigma_2^2)$으로부터 추출한 크기 n_2인 확률표본의 표본평균을 $\bar{X}_2$, 표본분산을 S_2^2이라 하자. 이때, 두 정규모집단의 모평균의 차 $\mu_1 - \mu_2$의 신뢰구간을 구하여라.

18. 표준정규 모집단 $N(0, 1)$로부터 크기 n인 확률표본을 X_1, X_2, $\cdots$, X_n이라 하자. 중심극한정리를 이용하여 n이 충분히 클 때, 확률변수 $Y = X_1^2 + X_2^2 + \cdots + X_n^2$는 근사적으로

$$\begin{aligned} \chi_n^2(\frac{1}{2} \pm 0.475) &= \sqrt{n} \mp \sqrt{2n} \times 1.96 \\ \chi_n^2(\frac{1}{2} \pm 0.495) &= \sqrt{n} \mp \sqrt{2n} \times 2.58 \end{aligned}$$

임을 증명하여라.

19. $X_i \sim \text{GAM}(\frac{1}{\beta}, \alpha)$, $(i = 1, \cdots 6)$으로부터 추출한 크기 6 확률표본이라 하자. 이때, 모수 $\alpha = 1$이고 $\gamma = \frac{1}{\beta}$는 모른다고 한다. 모수 $\gamma = \frac{1}{\beta}$에 대한 98% 신뢰구간을 구하여라.

20. X_1, X_2, $\cdots$, X_n을 지수분포 EXP(θ)로부터 추출한 크기 n인 확률표본이라 하자.
    (a) $\bar{x} = 17.9$, $n = 50$일 때, θ에 대한 95% 단측신뢰하한을 구하여라.
    (b) t를 임의의 실수라 할 때, $P\{X > t\} = e^{-\frac{t}{\theta}}$에 대한 95% 단측신뢰하한을 구하여라.

21. $X_1, X_2, \cdots, X_n$을 확률밀도함수

$$f(x;\theta) \;=\; \frac{1}{\theta}e^{-\frac{(x-\eta)}{\theta}}, \quad \theta > 0\,,\; -\infty < \eta < +_\infty$$

로부터 추출한 크기 n인 확률표본이라 하자.

(a) $\eta = 100$일 때, 충분통계량에 의한 모수 θ 중추확률량을 구하여라.

(b) θ에 대한 $100\gamma\%$ 신뢰구간을 구하여라.

22. $X_1, X_2, \cdots, X_n$은 지수분포 EXP(λ)에서 추출한 확률표본이고

$$\hat{\lambda}_1 = \bar{X}\,, \quad \hat{\lambda}_2 = n\bar{X}/(n+1)$$

이다.

(a) $\hat{\lambda}_1$과 $\hat{\lambda}_2$의 분산을 구하여라.

(b) $\hat{\lambda}_1$과 $\hat{\lambda}_2$의 MSE를 구하여라.

(c) $n = 2$일 때, $\hat{\lambda}_1$과 $\hat{\lambda}_2$의 분산을 비교하여라.

(d) $n = 2$인 경우 $\hat{\lambda}_1$과 $\hat{\lambda}_2$의 MSE를 비교하여라.

23. $X_1, X_2, \cdots, X_n$은 확률밀도함수가

$$f(x;\theta) \;=\; (1+\theta x)/2\,, \quad (|X| < 1,\, |\theta| < 1)$$

인 모집단에서 추출한 크기 n인 확률표본일 때, θ의 일치추정량을 구하여라.

24. $X_1, X_2, \cdots, X_n$은 확률질량함수가

$$f(x;p) \;=\; p^x(1-p)^x\,, \quad x = 0, 1, 2, 3\cdots$$

인 모집단에서 추출한 크기 n인 확률표본이다.

(a) p의 MSE를 구하여라.

(b) $\theta = (1-p)/p$의 MLE를 구하여라.

(c) θ의 비편의추정량의 분산에 관한 CRLB를 구하여라.

(d) θ의 MLE는 UMVUE인가?

(e) θ의 MLE가 MSE일치추정량인가?

(f) θ의 MLE의 근사적인 분포를 구하여라.

제 6 장

가설검정론

6.1 검정의 원리

표본의 정보를 기초로 하여 모집단의 여러 통계적 특성을 파악하는 절차인 통계적 추론은 선택하는 기본형태에 따라 추론과 가설검정으로 분류된다. 추론에 관한 내용은 앞장에서 다루었고 여기에서는 가설에 관한 검정법을 소개한다. 가설검정에서는 모집단에 관한 가설을 미리 설정하고 이 가설이 표본의 정보에 의해 채택이 될 것인지 아닌지를 확인하는 방법과 절차를 다룬다. 특히 모집단의 확률분포의 함수 형태는 결정되어 있으나 모수는 미지의 수로 남아 있어 모집단의 확률적 특성들이 제대로 설명되지 않는 경우에는 모수적 검정법을 사용한다. 대부분의 통계학 관련 연구에서는 모수의 추정이 주된 목적일 수 있다. 하지만 좀 더 좋은 실험결과를 얻기 위해서는 분석된 추정값을 이용하여, 검증하고 적당한 판단과 의사결정을 함으로서 실험의 오류를 되도록 많이 줄이는 것이라고 하겠다. 통계적 가설이란 모집단 또는 표본으로부터 주어지는 정보를 이용하여 모수에 대한 예상, 주장, 추측 등의 참, 거짓을 판정하는 일련의 과정을 말한다. 여기서 추측이란 막연한 추상적인 추측을 말하는 것이 아니라 통계적인 엄밀한 판단기준을 두고 이 판단기준에 의해서 추측한다는 의미이다. 다시 말하면, 가설검정은 기본적으로 모집단에 관한 가설, 이 가설의 진위를 판정하는데 기초가 되고 이를 요약하는 표본과 통계량, 그리고 요약된 정보를 기초로 하여 가설의 채택 여부를 결정하는 검정규칙으로 구성되어 결론의 정확성에 대한 확률적 설명이 부가되는 귀납적인 절차라고 말할 수 있다.

먼저, 가설과 관련된 여러가지 용어에 대하여 살펴보고 이와 관련된 기본개념에 대하여 알아 보자.

定義 6.1 모수공간을 Θ라 하고 Θ의 임의의 부분집합을 Ω_0라 하였을 때, 모수 θ에 대하여 $\theta \in \omega$라 가정하면, 이것을 **통계적 가설**(statistical hypothesis)이라 한다. 다시 말하면, $\boldsymbol{X} = (X_1, X_2, \cdots, X_n)$은 결합분포함수가 $F(\boldsymbol{x};\theta)$ $(\theta \in \Theta_0)$인 확률벡터이고 $\{F(\boldsymbol{x};\theta) \,|\, \theta \in \Theta\}$는 모수를 포함하는 분포족이라 할 때, 결합분포함수 $\{F(\boldsymbol{x};\theta) \,|\, \theta \in \Theta\}$에 관한 가정

$$H \,:\, F(\boldsymbol{x};\theta) \in \{F(\boldsymbol{x};\theta) \,|\, \theta \in \Theta_0\}, \ \forall \Theta_0 \in \Theta \tag{6.1}$$

를 통계적 가설이라 한다. 모수공간의 부분집합 Ω_0가 한 개의 원소로 구성되어 있으면 **단순가설**(simple hypothesis)이라 하고, 두 개 이상의 원소로 구성되어 있으면 **복합가설**(composite hypothesis)이라 한다.

가설을 검정하는 문제를 취급할 때에는 보통 두 종류의 가설이 있는데 귀무가설과 대립가설이 바로 그것이다. 이 용어에 대한 정의는 다음과 같다.

定義 6.2 표본 또는 통계자료로부터 어떤 증거에 의하여 입증하고자 하는 가설을 **귀무가설**(null hypothesis)이라 하고, 이에 상반되는 가설을 **대립가설**(alternative hypothesis)이라 한다. 일반적으로 귀무가설을 기호 H_0로, 대립가설을 기호 H_1으로 나타낸다.

표본 또는 자료로부터 얻어진 어떤 강력한 증거에 의해서, 미리 설정된 가설을 받아들이거나 그렇지 못할 경우가 생기는데, 가설을 받아 들이는 경우는 이 가설을 **채택**(accept)한다고 하고, 그렇지 않은 경우를 **기각**(reject)한다고 말한다. 그런데 여기서 조심스럽게 살펴보아야 할 것은, 설정된 가설을 채택하느냐 기각하느냐 하는 문제는 어떤 판단기준에 의해서 결정을 내려야 한다는 것이다. 따라서, 가설을 채택하거나 기각하는 판단 증거에 대한 엄밀한 정의가 필요하다.

定義 6.3 가설을 채택할 것인가 또는 기각할 것인가를 판정할 수 있는 규칙이나 규정을 **검정**(test)이라고 한다. 이로부터, 귀무가설 또는 대립가설 중 어느 하나를 채택하는데 사용되는 통계량을 **검정통계량**(test statistic)이라고 한다.

위의 정의로부터도 아직도 무엇인가 부족한 부분이 있다고 생각할 것이다. 그렇다면 두가지 가설 즉, 귀무가설 H_0와 대립가설 H_1이 존재하는데 채택 또는 기각 기준을 어떤 가설에 둘 것인가 하는 문제이다. 다시말하면, H_0를 기준으로 두어 검정통계량에 의해서 H_0을 채택할 것인지(이 경우, H_1은 기각) 또는 H_0를 기각할 것인지(이 경우, H_1을 채택)하는 문제와, 다른 하나는 H_1를 기준으로 두어 검정통계량에 의해서 H_0을 채택할 것인지(이 경우, H_1은 기각) 또는 H_0를 기각할 것인지(이 경우, H_1을 채택)하는 문제가 발생하게 될 것이다. 이 사실에 근거를 두어 다음 정의를 살펴 보기로 하자.

定義 6.4 검정통계량에 의하여 귀무가설 H_0를 기각하게 하는 검정통계량의 관찰값의 집합 C_r을 **기각역**(critical region, rejection region)이라고 한다.

기각역을 이론적으로 설명하면 다음과 같다. 모집단으로부터 추출한 크기 n인 확률표본을 X_1, X_2, $\cdots$, X_n이라 하고, 이 확률표본의 한 관찰값 또는 표본값 $X_1 = x_1$, $X_2 = x_2$, $\cdots$, $X_n = x_n$의 집합을

$$C_r = \{\, (x_1, x_2, \cdots, x_n) \,|\, X_1 = x_1, X_2 = x_2, \cdots, X_n = x_n \,\}$$

이라 하자. 이때, 관찰점이 $(x_1, x_2, \cdots, x_n) \in C_r$이면 귀무가설 H_0를 기각 (이 경우, H_1을 채택)하고, 관찰점이 $(x_1, x_2, \cdots, x_n) \in C_r^c$이면 귀무가설 H_0를 채택 (이 경우, H_1을 기각)한다. 여기서 C_r^c는 C_r의 여집합(complement)이다. 따라서, 이 조건을 만족시키는 집합 C_r을 기각역이라 부르는 것이다. 위의 사실을 종합하면, 가설의 검정방법은 바로 검정통계량과 기각역에 의해서 결정되는 것임을 알 수 있을 것이다. 여기서 또 하나 짚고 넘어야 할 문제가 있다. 위에서도 언급 했지만 가설의 종류에는 두가지 즉, 귀무가설과 대립가설이 있어서 검정결과에 따라 두가지 오류가 있을 수 있다는 것이다. 쉽게 설명하면, 다음의 네가지 중에 두가지 오류가 있다.

(1) 귀무가설 H_0가 참일 때, 귀무가설 H_0를 채택하는 방법 : 올바른 결정

(2) 귀무가설 H_0가 참일 때, 귀무가설 H_0를 기각하는 방법 : 틀린 결정

(3) 대립가설 H_1이 참일 때, 귀무가설 H_0를 채택하는 방법 : 틀린 결정

(4) 대립가설 H_1이 참일 때, 귀무가설 H_0를 기각하는 방법 : 올바른 결정

따라서 이와 같은 오류를 가능한 한 작게 해 주는 것이 바람직한 검정법이 될 것이다. 이 중에서 (2)번과 (3)번에 대하여 정의를 내려 보자. 참고로, 이 두가지 오류를 범할 확률을 동시에 최소로 하여 주는 검정법은 존재하지 않는 것이 밝혀져 있다.

定義 6.5 귀무가설 H_0가 참인데 귀무가설 H_0를 기각하는(대립가설 H_1을 채택하는) 오류를 **제 1종의 오류**(error of type I)라고 하고, 대립가설 H_1이 참인데 귀무가설 H_0를 채택하는(대립가설 H_1을 채택하는) 오류를 **제 2종의 오류**(error of type II)라고 한다.

경우에 따라 귀무가설 또는 대립가설의 채택여부가 중요한 의미를 지닐 때가 있는데, 범할 수 있는 오류의 확률을 미리 지정된 값 이하로 하여 주는 검정법을 이용하는 것이 통상적인 방법이다. 보통 대립가설 H_1을 택하는 경우가 실제적으로 중요한 의미를 많이 주는데 따라서, 다시 말하면, 제 1종의 오류를 범할 확률을 미리 지정된 확률이하로 계산하여 주는 검정법을 찾는 것이 핵심인 것이다. 이것이 바로 유의수준(significance level)의 개념이다. 유의수준이란 제 1종의 오류를 범할 확률의 최대 허용한계를 말하는 것이다.

定義 6.6 제 1종의 오류를 범할 확률을 α라 하면,

$$\alpha = P\{(X_1, X_2, \cdots, X_n) \in C_r \mid H_0\}$$

을 **제 1종의 오류의 크기**(size of error of type I)라 하고, 또한 제 2종의 오류를 범할 확률을 β라 하면,

$$\beta = P\{(X_1, X_2, \cdots, X_n) \in C_r^c \mid H_1\}$$

을 **제 2종의 오류의 크기**(size of error of type II)라고 한다.

다음은 유의수준에 엄밀한 정의이다.

定義 6.7 대립가설 H_1에 대한 귀무가설 H_0의 검정에서, 귀무가설 H_0가 참일 때 검정에 대한 검정력함수의 최대값을 그 검정의 **유의수준**(significance level) 또는 **기각역의 크기**(size of critical region)라고 한다.

검정의 유의수준 α의 선택은 임의적인 것이므로 엄밀하게 말하면, 통계적인 문제는 아니다. H_0를 잘못 기각함으로서 발생할 수 있는 문제의 심각성, H_0를 기각하는 실제적 의미 등이 유의수준 α의 선택에 영향을 주게 된다. 따라서 주어진 관찰값에 의하여 H_0를 기각할 수 있는 유의수준이 얼마나 작아도 되는가를 표시하는 방법을 고려해 볼 수 있다. 작은 유의수준에서 H_0를 기각할 수 있을수록 그 관찰값은 H_0에 대한 더욱 명백한 증거로 볼 수 있기 때문에, 표본의 관찰값에 의하여 H_0를 기각할 수 있는 최소의 유의수준을 구하여 관찰값의 유의성의 지표로 사용하는데 이를 유의확률 또는 p-값이라 한다.

定義 6.8 검정통계량의 관찰값에 의하여 귀무가설 H_0를 기각할 수 있는 최소의 유의수준 α를 **p-값** 또는 **유의확률**(significance probability)이라 한다.

정의 6.6에서 $1-\beta$를 검정력이라 하는데 그 의미는, 대립가설 H_1이 참일 때 H_0가 기각되는 확률이다. 검정력의 정의는 다음과 같다.

定義 6.9 **검정력**(power of test) $1-\beta$를 다음과 같이 정의한다.

$$1-\beta = P\{\,(X_1, X_2, \cdots, X_n) \in C_r \,|\, H_1\,\}$$

일반적으로 모집단으로부터 추출된 크기 n인 확률표본 X_1, X_2, $\cdots$, X_n의 관찰값의 집합 $(x_1, x_2, \cdots, x_n)$이 기각역 C_r에 포함 될 확률은 모수 θ의 값에 따라 그 값이 변하는 함수이다. 그래서 종종 이 모수 θ의 함수를 $K(\theta)$로 표시한다. 따라서, 다음과 같이 $K(\theta)$를 정의한다.

定義 6.10
$$K(\theta) = P\{\,(X_1, X_2, \cdots, X_n) \in C_r \,|\, \theta\,\}$$
와 같이 정의된 θ의 함수 $K(\theta)$를 **검정력함수**(power function of test)라고 한다.

이제 가설검정과 관련된 예를 들어 보기로 하자.

問題 1 모수공간을 $\Theta = \{\theta \in \Theta\, \theta = 1, 2\}$라 하자. 모집단분포가 확률밀도함수

$$f(x;\theta) = \begin{cases} \theta x^{\theta-1}, & 0 < x < 1 \\ 0, & \text{그 외의 경우} \end{cases}$$

를 가질 때, 이 모집단으로부터 크기 2인 확률표본 X_1과 X_2를 추출하여 가설

$$H_0 : \theta = 1, \qquad H_1 : \theta = 2$$

을 검정하고자 한다. 기각역을

$$C_r = \left\{(x_1, x_2) \,|\, \frac{3}{4} \le x_1 x_2\right\}$$

와 같이 정하였을 때 제 1종, 제 2종의 오류의 크기와 검정력을 구하여라.

解答 (X_1, X_2)의 결합확률밀도함수 $h(x_1, x_2)$는

$$h(x_1, x_2) = f_1(x_1) f_2(x_2) = \theta^2 (x_1 x_2)^{\theta-1}, \quad 0 < x_1, x_2, < 1$$

이다. 이 경우, 검정력함수는

$$\begin{aligned} K(\theta) &= P\left\{\frac{3}{4} \le X_1 X_2 \,|\, \theta\right\} \\ &= \int_{\frac{3}{4}}^{1} \int_{\frac{3}{4x_1}}^{1} \theta^2 (x_1 x_2)^{\theta-1}\, dx_2 dx_1 \\ &= 1 - \left(\frac{3}{4}\right)^{\theta} \left(1 - \theta \ln \frac{3}{4}\right) \end{aligned}$$

이다. 따라서, 제 1종의 오류의 크기는

$$\alpha = K(1) = 1 - \left(\frac{3}{4}\right)\left(1 - \ln\frac{3}{4}\right) = 0.034$$

이고 검정력은

$$K(2) = 1 - \left(\frac{3}{4}\right)^2\left(1 - 2\ln\frac{3}{4}\right) = 0.114$$

이다. 또한, 제 2종의 오류의 크기는

$$\beta = 1 - K(2) = \left(\frac{3}{4}\right)^2\left(1 - 2\ln\frac{3}{4}\right) = 0.886$$

이다. □

위의 예에서 알 수 있드시 제 1종의 오류의 크기 α가 작으면 제 2종의 오류의 크기 $1-\beta$는 커지므로 두 값을 동시에 작게하는 검정법은 존재할 수 없다는 것을 간접적으로 설명해 준다.

問題 2 모수공간을 $\Theta = \{\theta \in \Theta : \theta = 2, 4\}$라 하자. 모집단분포가 확률밀도함수

$$f(x;\theta) = \begin{cases} \frac{1}{\theta}e^{-\frac{x}{\theta}}, & 0 < x < +\infty \\ 0, & \text{그 외의 경우} \end{cases}$$

를 가질 때, 이 모집단으로부터 크기 2인 확률표본 X_1과 X_2를 추출하여 가설

$$H_0 : \theta = 2, \qquad H_1 : \theta = 4$$

을 검정하고자 한다. 검정의 기각역을

$$C_r = \left\{(x_1, x_2) \,|\, \frac{19}{2} \le x_1 + x_2\right\}$$

와 같이 정하였을 때 검정력함수와 유의수준을 구하여라.

解答 (X_1, X_2)의 결합확률밀도함수 $h(x_1, x_2)$는

$$h(x_1, x_2) = f_1(x_1)f_2(x_2) = \left(\frac{1}{\theta}\right)^2 e^{-\frac{x_1+x_2}{\theta}}, \quad 0 < x_1, x_2 < +\infty$$

이다. 이 경우, 검정력함수는

$$\begin{aligned} K(\theta) &= P\left\{X_1 + X_2 \geq \frac{19}{2} \,|\, \theta\right\} \\ &= 1 - P\left\{X_1 + X_2 < \frac{19}{2} \,|\, \theta\right\} \\ &= 1 - \int_0^{\frac{19}{2}} \int_0^{\frac{19}{2} - x_1} \frac{1}{\theta^2} e^{-\frac{(x_1 + x_2)}{\theta}} \, dx_2 dx_1 \\ &= 1 - \frac{1}{\theta} \int_0^{\frac{19}{2}} e^{-\frac{x_1}{\theta}} \left(1 - e^{-\frac{19 - x_1}{\theta}}\right) dx_1 \\ &= 1 - \frac{1}{\theta} \int_0^{\frac{19}{2}} \left(e^{-\frac{x_1}{\theta}} - e^{-\frac{19}{\theta}}\right) dx_1 \\ &= 1 - \left(1 - e^{-\frac{19}{2\theta}}\right) - \frac{19}{2\theta} e^{-\frac{19}{\theta}} \end{aligned}$$

이다. $H_0 : \theta = 2$이 참일 때, 검정력은

$$\begin{aligned} \alpha &= K(2) \\ &= 1 - \left(1 - e^{-\frac{19}{4}}\right) - \frac{19}{4} e^{-\frac{19}{2}} \\ &= 1 - 0.95 \\ &= 0.05 \end{aligned}$$

이고, 대립가설 $H_1 : \theta = 4$가 참일 때, 검정력은

$$\begin{aligned} \alpha &= K(4) \\ &= 1 - \left(1 - e^{-\frac{19}{8}}\right) - \frac{19}{8} e^{-\frac{19}{4}} \\ &= 1 - 0.69 \\ &= 0.31 \end{aligned}$$

이다. 따라서, 이 검정의 유의수준은 H_0가 참일 때의 검정력이므로 0.05이다. □

6.2 최강력 검정

이 절에서는 귀무가설 H_0와 대립가설 H_1이 모두 다 단순가설인 경우에 가설을 검정하는 방법을 소개할 것이다. 이 경우 모수공간 Ω는 두 개의 점만으로 이루어지는 집합이 될 것이다. 또한, 앞 절의 결과에 의해서, 가설을 검정하는 방법은 결국 기각역을 적당하게 설정하는 것이라고 보아도 좋을 것이다. 따라서, 다음 두가지를 염두에 두고 가설검정 방법을 살펴 보기로 한다. 첫 번째로, 대립가설 H_1에 대하여 귀무

가설 H_0를 검정하기 위한 최강력검정(most powerful test)을 소개 하고 다음에, 일반적으로 최강력검정을 구할 수 있는 방법을 제시해 주는 정리, 이 두가지에 대해서 자세히 다룰 것이다. 먼저 최강력검정의 정의는 다음과 같다.

定義 6.11 모수공간을 $\Theta = \{\theta : \theta = \theta_0, \theta_1\}$이라 하자. 또한, 모집단 확률밀도함수가 $f(x;\theta)$인 모집단으로부터 추출한 크기 n인 확률표본 X_1, X_2, $\cdots$, X_n에 의하여 모수 θ에 대한 가설 즉,

$$\text{귀무가설 } H_0 : \theta = \theta_0, \qquad \text{대립가설 } H_1 : \theta = \theta_1$$

을 검정하는 경우 표본공간의 부분집합 C_r이, 다음 두 조건

(1) $\alpha = P\{\,(X_1, X_2, \cdots, X_n) \in C_r \,|\, H_0\,\}$,

(2) $\alpha = P\{\,(X_1, X_2, \cdots, X_n) \in C^* \,|\, H_0\,\}$인 표본공간의 임의의 부분집합 C^*에 대하여,

$$P\{\,(X_1, X_2, \cdots, X_n) \in C_r \,|\, H_1\,\} \geq P\{\,(X_1, X_2, \cdots, X_n) \in C^* \,|\, H_1\,\}$$

을 만족하는 영역으로 C_r을 설정하면, 이 기각역 C_r을 대립가설 H_1에 대하여 귀무가설 H_0를 검정하는 **크기 α인(또는 유의수준 α인) 최량기각역**(best critical region of size $\boldsymbol{n}$)이라고 한다.

위의 정의에 의하면 크기가 α인 최량기각역이란 크기가 α인 모든 기각역 중에서도 대립가설 H_1이 참일 때, 검정력이 가장 큰 기각역이라고 볼 수 있다.

問題 1 모집단의 분포가 이항분포

$$f(x;\theta) = \binom{5}{x}\theta^x(1-\theta)^{5-x}\,, \;\; x = 0, 1, 2, 3, 4, 5.$$

에 따를 때, 이 모집단으로부터 크기 1인 확률표본 X_1에 의하여

$$\text{귀무가설 } H_0 : \theta = \tfrac{1}{2}, \qquad \text{대립가설 } H_1 : \theta = \tfrac{3}{4}$$

을 검정하고자 한다. 유의수준 $\alpha = 0.03125$수준에서 최량기각역을 구하여라.

解答 H_0가 참일 때의 표본 X_1의 확률밀도함수 값 $f(x_1;\frac{1}{2})$과 H_1이 참일 때의 표본 X_1의 확률밀도함수 값 $f(x_1;\frac{3}{4})$을 표로 만들면

$X_1 = x_1$	0	1	2	3	4	5
$H_0 : f(x_1; \frac{1}{2})$	$\frac{1}{32}$	$\frac{5}{32}$	$\frac{10}{32}$	$\frac{10}{32}$	$\frac{5}{32}$	$\frac{1}{32}$
$H_1 : f(x_1; \frac{3}{4})$	$\frac{1}{1024}$	$\frac{15}{1024}$	$\frac{80}{1024}$	$\frac{270}{1024}$	$\frac{400}{1024}$	$\frac{243}{1024}$
$\frac{f(x_1;\frac{1}{2})}{f(x_1;\frac{3}{4})}$	32	$\frac{32}{3}$	$\frac{32}{9}$	$\frac{23}{27}$	$\frac{32}{81}$	$\frac{32}{243}$

표 6.1

이다. 위의 표로부터, 표본공간

$$S = \{x_1 \,|\, x_1 = 0, 1, 2, 3, 4, 5\}$$

의 부분집합으로서

$$A_1 = \{x_1 \,|\, x_1 = 0\}$$

과

$$A_2 = \{x_1 \,|\, x_1 = 5\}$$

를 취하면

$$\begin{aligned} P\{x_1 \in A_1 | H_0\} &= f(0; 0.500) = 0.03125 \\ P\{x_1 \in A_2 | H_0\} &= f(5; 0.500) = 0.03125 \end{aligned}$$

이므로 유의수준 $\alpha = 0.03125$인 기각역은 부분집합 A_1과 A_2이다. 따라서, 각각의 경우 검정력은

$$\begin{aligned} P\{x_1 \in A_1 | H_1\} &= f(0; 0.750) = 0.00097 \\ P\{x_1 \in A_2 | H_1\} &= f(5; 0.750) = 0.23730 \end{aligned}$$

이다. 그런데, A_2를 기각역으로 하는 값이 더 크므로, 유의수준 $\alpha = 0.03125$인 최량기각역은

$$A_2 = \{x_1 \,|\, x_1 = 5\}$$

이다. 또한, 크기 $\alpha = \frac{1}{32}$인 최량기각역 A_2는 $f(x; \frac{1}{2})$가 $f(x; \frac{3}{4})$보다 작은 값을 갖는 점의 집합으로, 이 점 $x_1 = 5$에서 비(ratio)

$$\frac{f(x_1; \frac{1}{2})}{f(x_1; \frac{3}{4})}$$

의 값이 최소가 된다.

최량기각역을 조금 더 쉽게 결정할 수 있는 방법이 있다. 다음의 네이만-피어슨(Neyman-Pearson)의 정리를 이용하면 위의 문제 1에서와 같이 어렵게 최량기각역을 구할 필요가 없다.

定理 6.1 **[Neyman-Pearson의 정리]**
모수공간을 $\Theta = \{\theta : \theta = \theta_0,\ \theta_1\}$이라 하자. 모집단 확률밀도함수가 $f(x;\theta)$인 모집단으로부터 추출한 크기 n인 확률표본을 $X_1,\ X_2,\ \cdots,\ X_n$에 의하여

$$\text{단순귀무가설 } H_0 : \theta = \theta_0, \qquad \text{단순대립가설 } H_1 : \theta = \theta_1$$

을 검정하고자 한다. 여기서 확률표본 $X_1,\ X_2,\ \cdots,\ X_n$의 결합확률밀도함수를

$$L(\theta; x_1, x_2, \cdots, x_n) = \prod_{i=1}^{n} f(x_i;\theta)$$

이라 하자. 임의의 상수 $k > 0$에 대하여, 표본공간 S의 부분집합 C_r이 다음 조건

(1) $\dfrac{L(\theta_0; x_1, x_2, \cdots, x_n)}{L(\theta_1; x_1, x_2, \cdots, x_n)} \le k,\ \forall (x_1, x_2, \cdots, x_n) \in C_r,$

(2) $\dfrac{L(\theta_0; x_1, x_2, \cdots, x_n)}{L(\theta_1; x_1, x_2, \cdots, x_n)} \ge k,\ \forall (x_1, x_2, \cdots, x_n) \in C_r^c,$

(3) $\alpha = P\{(X_1, X_2, \cdots, X_n) \in C_r | H_0\}$

을 만족하면, 이 부분집합 C_r은 대립가설 H_1에 대하여 귀무가설 H_0를 검정하는 **크기 α인 최량기각역**(best critical region of size $\boldsymbol{n}$)이다.

證明 계산의 편의를 위하여

$$L_0 = L(\theta_0; x_1, x_2, \cdots, x_n) = \prod_{i=1}^{n} f(x_i;\theta_0), \quad L_1 = L(\theta_1; x_1, x_2, \cdots, x_n) = \prod_{i=1}^{n} f(x_i;\theta_1)$$

와

$$\begin{aligned} P\{(X_1, X_2, \cdots, X_n) \in \mathbb{R} \,|\, H_0\} &= \int \cdots \int_{\mathbb{R}} \prod_{i=1}^{n} f(x_i;\theta)\, dx_1 dx_2 \cdots dx_n \\ &= \int \cdots \int_{\mathbb{R}} L(\theta; x_1, x_2, \cdots, x_n)\, dx_1 dx_2 \cdots dx_n \\ &= \int_{\mathbb{R}} L\, dx \end{aligned}$$

으로 표기하자. 이제 크기 α인 또 다른 기각역을 A라 하면, 우리가 증명하고자 하는 것은 부등식

$$\int_{C_r} L_1\, dx \ge \int_A L_1\, dx$$

즉,

$$\int_{C_r} L_1\,dx - \int_A L_1\,dx \geq 0$$

이 성립함을 보이면 된다. 먼저,

$$\begin{aligned} C_r &= (A^c \cap C_r) \cup (A \cap C_r) \\ A &= (A \cap C_r^c) \cup (A \cap C_r) \end{aligned}$$

이므로

$$\begin{aligned} \int_{C_r} L_1\,dx - \int_A L_1\,dx &= \left\{\int_{A^c \cap C_r} L_1\,dx + \int_{A \cap C_r} L_1\,dx\right\} \\ &\quad - \left\{\int_{A \cap C_r^c} L_1\,dx + \int_{A \cap C_r} L_1\,dx\right\} \\ &= \int_{A^c \cap C_r} L_1\,dx - \int_{A \cap C_r^c} L_1\,dx \end{aligned}$$

이다. 조건 (2)로부터 집합 $A^c \cap C_r$상에서 $L_1 \geq \frac{L_0}{k}$이므로

$$\int_{C_r \cap A^c} L_1\,dx \geq \frac{1}{k}\int_{C_r \cap A^c} L_0\,dx$$

이고 또한, 조건 (3)으로부터 집합 $A \cap C_r^c$상에서$L_1 \leq \frac{L_0}{k}$이므로

$$\int_{C_r^c \cap A} L_1\,dx \leq \frac{1}{k}\int_{C_r^c \cap A} L_0\,dx$$

이다. 이로부터,

$$\begin{aligned} \int_{C_r} L_1\,dx - \int_A L_1\,dx &\geq \frac{1}{k}\left\{\int_{A^c \cap C_r} L_0\,dx - \int_{A \cap C_r^c} L_0\,dx\right\} \\ &= \frac{1}{k}\left[\left\{\int_{A^c \cap C_r} L_0\,dx + \int_{A \cap C_r} L_1\,dx\right\}\right. \\ &\quad \left. - \left\{\int_{A \cap C_r} L_0\,dx + \int_{A \cap C_r} L_1\,dx\right\}\right] \\ &= \frac{1}{k}\left\{\int_{C_r} L_0\,dx - \int_A L_0\,dx\right\} \\ &= \frac{1}{k}(\alpha - \alpha) \\ &= 0 \end{aligned}$$

이다. 따라서,

$$\int_{C_r} L_1\,dx \geq \int_A L_1\,dx$$

가 성립한다. ∎

問題 2 모집단의 분포가 정규분포 $N(\theta, 1)$인

$$f(x;\theta) = \frac{1}{\sqrt{2\pi}} e^{-\frac{(x-\theta)^2}{2}}, \ -\infty < x < +\infty$$

에 따를 때, 이 모집단으로부터 크기 n인 확률표본 $X_1,\ X_2,\ \cdots,\ X_n$에 의하여

대립가설 $H_1 : \theta = \theta_1 = 1$에 대한 귀무가설 $H_0 : \theta = \theta_0 = 0$

을 검정하는 최량기각역을 구하여라.

解答 Neyman-Pearson의 정리에 의하여

$$\begin{aligned}
\frac{L(\theta_0; x_1, x_2, \cdots, x_n)}{L(\theta_1; x_1, x_2, \cdots, x_n)} &= \frac{\left(\frac{1}{\sqrt{2\pi}}\right)^2 \exp\left(-\frac{\sum_{i=1}^{n} x_i^2}{2}\right)}{\left(\frac{1}{\sqrt{2\pi}}\right)^2 \exp\left(-\frac{\sum_{i=1}^{n}(x_i-1)^2}{2}\right)} \\
&= \exp\left(-\sum_{i=1}^{n} x_i + \frac{n}{2}\right)
\end{aligned}$$

이다. 따라서, 임의의 상수 $k > 0$에 대하여 부등식

$$\exp\left(-\sum_{i=1}^{n} x_i + \frac{n}{2}\right) \leq k$$

를 만족하는 관찰값의 집합 $(x_1, x_2, \cdots, x_n)$이 최량기각역이다. 이 부등식을 풀면,

$$\sum_{i=1}^{n} x_i \geq \frac{n}{2} - \ln k = l$$

이다. 이 식의 양변에 $\frac{1}{n}$을 곱하면

$$\bar{x} = \frac{1}{n}\sum_{i=1}^{n} x_i \geq \frac{l}{n} = l^*$$

이므로, 최량기각역은

$$C_r = \{(x_1, x_2, \cdots, x_n) \,|\, \bar{x} \geq l^*\}$$

이고 이것을 통계량을 사용하여 나타내면 최량기각역은

$$\bar{X} \geq l^*$$

이다. □

問題 3 위의 [문제 2]에서 표본의 크기 $n = 25$일 때 유의수준 $\alpha = 0.05$인 최량기각역과 검정력을 구하여라.

解答 유의수준이 $\alpha = 0.05$가 되게 하려면

$$\alpha = P\{\bar{X} \geq l^* \,|\, H_0\} = 0.05$$

를 만족하도록 상수 l^*를 구하면 된다. 그런데 표본평균 $\bar{X}$의 분포는 귀무가설 $H_0 : \theta = \theta_0 = 0$가 참일 때 $N(0, \frac{1}{25})$이므로, 이것을 표준정규화 하면

$$Z = \frac{\bar{X}}{\sqrt{\frac{1}{25}}} \sim N(0, 1)$$

이므로

$$\begin{aligned} P\{\bar{X} \geq l^* \,|\, H_0\} &= \left\{ Z \geq \frac{l^*}{\sqrt{\frac{1}{25}}} \right\} \\ &= 0.05 \end{aligned}$$

이다. 표준정규분포 표로부터

$$\frac{l^*}{\sqrt{\frac{1}{25}}} \doteqdot 1.645$$

이므로 $l^* = 0.329$이다. 따라서, 유의수준 $\alpha = 0.05$인 최량기각역을 통계량 $\bar{X}$를 이용하여 나타내면,

$$\bar{X} \geq 0.329$$

이고 또한, 검정력은

$$\begin{aligned} P\{\bar{X} \geq 0.33 \,|\, H_1\} &= P\left\{ Z \geq \frac{0.33 - 1}{\sqrt{\frac{1}{25}}} \right\} \\ &= P\{Z \geq -3.355\} \\ &= 0.999 \end{aligned}$$

이다. □

Neyman-Pearson의 정리는 또 하나의 의미가 있다. 증명과정을 자세히 살펴보면 하나의 모수만 있고, 이 모수가 하나라는 조건은 어디에도 없다. 다시 말하면 결합확률밀도

함수에는 여러개의 모수가 포함될 수도 있다는 사실이며, 여기서 단지 필요한 조건은 귀무가설과 대립가설이 모두 단순가설로서 이 가설에 의해서 분포가 유일하게 결정된다는 것이므로 단순가설 H_0와 H_1이 이 분포의 모수에 대한 가설일 필요가 없다는 것이다. 더욱이, 확률변수 X_1, X_2, $\cdots$, X_n이 독립일 필요도 없다. 이러한 사실로부터, Neyman-Pearson의 정리는 다음과 같이 변형할 수 있다. 즉, H_0는 결합확률밀도함수가 $g(x_1, x_2, \cdots, x_n)$인 단순가설이고, H_1는 결합확률밀도함수가 $h(x_1, x_2, \cdots, x_n)$인 단순가설이라 할 때, 임의의 상수 $k > 0$에 대하여, 다음 조건

(1) $\dfrac{g(x_1, x_2, \cdots, x_n)}{h(x_1, x_2, \cdots, x_n)} \leq k, \ \forall (x_1, x_2, \cdots, x_n) \in C_r,$

(2) $\dfrac{g(x_1, x_2, \cdots, x_n)}{h(x_1, x_2, \cdots, x_n)} \geq k, \ \forall (x_1, x_2, \cdots, x_n) \in C_r^c,$

(3) $\alpha = P\{\, (X_1, X_2, \cdots, X_n) \in C_r \mid H_0 \,\}$

을 만족하면, C_r은 대립가설 H_1에 대하여 귀무가설 H_0를 검정하는 크기 α인 최량기각역이다.

6.3 일양최강력검정

이 절에서는 단순귀무가설에 대하여 복합대립가설이 주어진 가설검정에 대해 생각해 본다. 다음 정의를 살펴 보자.

定義 6.12 단순귀무가설 H_0에 대하여 복합대립가설 H_1이 주어진 가설검정에서, 복합대립가설 H_1 대신에 H_1에 속하는 임의의 단순대립가설로 바꾸어 놓아도 유의수준 α인 최량기강력으로 되는 C_r이 존재하면, 이 C_r을 이 검정에 있어서 **유의수준 α인 일양최강력 기각역**(uniformly most powerful critical region)이라 하며, 일양최강력 기각역을 사용하는 검정법을 **일양최강력 검정**(uniformly most powerful test)이라 한다. 이것을 간단히 **UMP 검정**이라 한다.

이 정의에서 알 수 있드시, 물론 검정방법은 Neyman-Pearson의 정리를 사용하면 된다.

問題 1 모수공간을 $\Theta = \{\theta : \theta \geq 2\}$라 하고, 모집단 확률밀도함수가

$$f(x; \theta) = \begin{cases} \frac{1}{\theta} e^{-\frac{x}{\theta}}, & 0 < x < +\infty \\ 0, & \text{그 외의 경우} \end{cases}$$

인 모집단으로부터 크기 2인 확률표본 X_1, X_2에 의하여 가설

복합대립가설 $H_1 : \theta > 2$에 대한 단순귀무가설 $H_0 : \theta_0 = 2$

를 검정하고자 한다. 기각역 C_r을

$$C_r = \{(x_1, x_2)\,|\,x_1 + x_2 \geq \frac{19}{2}\}$$

로 설정 하였을 때, 일양최강력 기각역을 구하여라.

解答 유의수준 α는

$$\begin{aligned}
\alpha &= P\{X_1 + X_2 \geq \frac{19}{2}\,|\,H_0\} \\
&= 1 - \int_0^{\frac{19}{2}} \int_0^{\frac{19}{2}-x_2} \left(\frac{1}{2}\right)^2 e^{-\frac{(x_1+x_2)}{2}}\,dx_1 dx_2 \\
&= \frac{21}{2} e^{-\frac{19}{2}} \\
&\doteqdot 0.05
\end{aligned}$$

이다. 이제, 여기서 복합대립가설 $H_1 : \theta > 2$를 $\omega_1 = \{\theta|\theta >\}$의 원소인 임의의 $\theta_1 = 4$를 취하여 단순대립가설로 바꾸어 놓고 Neyman-Pearson의 정리를 적용하여 보면, 임의의 상수 $k > 0$에 대하여,

$$\begin{aligned}
\frac{L(\theta_0 : x_1, x_2)}{L(\theta_1 : x_1, x_2)} &= \frac{\frac{1}{4} e^{-\frac{x_1+x_2}{2}}}{\frac{1}{16} e^{-\frac{x_1+x_2}{4}}} \\
&= 4e^{-\frac{x_1+x_2}{4}} \leq 4
\end{aligned}$$

이므로, 이 부등식을 풀면,

$$x_1 + x_2 \geq (4 \ln 4 - 4 \ln k) = l^*$$

이다. 따라서 최량기각역은

$$\{(x_1 + x_2)\,|\,x_1 + x_2 \geq l^*\}$$

의 형태이며 제 1종의 오류의 크기, 즉 유의수준 α는

$$\alpha = P\{X_1 + X_2 \geq \frac{19}{2}\,|\,H_0\}$$

이다. 위로부터 l^*일 때 $\alpha = 0.05$이다. 그러므로 유의수준 $\alpha = 0.05$인 최량기각역은

$$C_r = \{(x_1, x_2)\,|\,x_1 + x_2 \geq \frac{19}{2}\}$$

이며, 이것은 일양최강력 기각역이 된다. □

問題 2 정규모집단 $N(\mu, \sigma^2)$에서, 분산 σ^2은 알려져 있고, 미지의 모평균 μ의 모수공간은 $\Theta = \{\mu \mid \mu \geq \mu_0\}$일 때, 이 정규모집단으로부터 크기 n인 확률표본을 X_1, X_2, $\cdots$, X_n에 의하여 가설

복합대립가설 $H_1 : \mu > \mu_0$에 대한 단순귀무가설 $H_0 : \mu = \mu_0$

를 검정하고자 한다. 이때, 일양최강력 기각역이 존재함을 보이고, 유의수준 α인 일양최강력 기각역을 구하여라.

解答 복합대립가설 $H_1 : \mu > \mu_0$를 임의의 단순대립가설 $H_1 : \mu = \mu_1 (\mu_1 > \mu_0)$로 놓고 생각해 보자. Neyman-Pearson의 정리에 의하여

$$\begin{aligned}
\frac{L(\theta_0 : x_1, x_2, \cdots, x_n)}{L(\theta_1 : x_1, x_2, \cdots, x_n)} &= \frac{\left(\dfrac{1}{\sigma\sqrt{2\pi}}\right)^2 \exp\left\{-\dfrac{\sum_{i=1}^{n}(x_i - \mu_0)^2}{2\sigma^2}\right\}}{\left(\dfrac{1}{\sigma\sqrt{2\pi}}\right)^2 \exp\left\{-\dfrac{\sum_{i=1}^{n}(x_i - \mu_1)^2}{2\sigma^2}\right\}} \\
&= \exp\left[\frac{1}{2\sigma^2}\left\{(\mu_1^2 - \mu_0^2) - 2(\mu_1 - \mu_0)\sum_{i=1}^{n} x_i\right\}\right] \\
&= \exp\left[\frac{(\mu_1 - \mu_0)}{2\sigma^2}\{(\mu_1 + \mu_0) - 2n\bar{x}\}\right] \leq k, \quad k > 0
\end{aligned}$$

이므로 이 부등식을 풀면,

$$\bar{x} \geq \frac{(\mu_1^2 - \mu_0^2) - 2\sigma^2 \ln k}{2n(\mu_1 - \mu_0)} = l^*$$

이다. 그런데, 이 부등식은 $\mu_1 > \mu_0$를 만족하는 모든 μ_1에 대하여도 성립한다. 따라서, 일양최강력 기각역은

$$C_r = \{(x_1, x_2, \cdots, x_n) \mid \bar{x} \geq l^*\}$$

이다. 여기서 상수 l^*를 구하여 보자. 유의수준을 $\alpha = 0.05$가 되게 하려면

$$P\{\bar{X} \geq l^* \mid H_0\} = 0.05$$

를 만족하는 상수 l^*를 구하면 된다. 이 식을 표준정규화하면,

$$\begin{aligned}
P\{\bar{X} \geq l^* \mid H_0\} &= P\left\{\frac{\bar{X} - \mu_0}{\frac{\sigma}{\sqrt{n}}} \geq \frac{l^* - \mu_0}{\frac{\sigma}{\sqrt{n}}}\right\} \\
&= 0.05
\end{aligned}$$

로부터

$$\frac{l^* - \mu_0}{\frac{\sigma}{\sqrt{n}}} \doteqdot 1.645$$

이므로

$$l^* = \mu_0 + 1.645\,\frac{\sigma}{\sqrt{n}}$$

이다. 따라서, 유의수준 $\alpha = 0.05$인 일양최강력 기각역은

$$C_r = \left\{\,(x_1, x_2, \cdots, x_n)\,|\,\bar{x} \geq \mu_0 + 1.645\,\frac{\sigma}{\sqrt{n}}\,\right\}$$

또는

$$C_r = \left\{\,(x_1, x_2, \cdots, x_n)\,|\,\frac{\bar{x} - \mu_0}{\frac{\sigma}{\sqrt{n}}} \geq 1.645\right\}$$

이다. □

위의 문제에서 기각역을 표본분포의 오른쪽에 설정하는 가설방법을 오른쪽검정(upper one-sided test)라 한다. 또한, 기각역을 표본분포의 왼쪽과 양쪽에 설정하는 가설방법을 각각 왼쪽검정(lower one-sided test)과 양측검정(two-sided alternative test)라 한다. 이 문제에서 만약 복합대립가설을 $\mu \neq \mu_0$라 하면, 이 가설검정에 대한 일양최강력 기각역은 존재하지 않는다. 왜냐하면, 복합대립가설 $H_1 : \mu \neq = \mu_0$에 속하는 복합대립가설 $H_1 : \mu = \mu_1, (\mu_1 > \mu_0)$인 경우와 $H_1 : \mu = \mu_1, (\mu_1 < \mu_0)$인 두가지 경우가 있는데, 첫 번째의 경우는 위의 문제에서 처럼 최량기각역이

$$C_{r_1} = \{(x_1, x_2, \cdots, x_n)\,|\,\bar{x} \geq l^*\,\}$$

로 되고 두 번째의 경우는, 최량기각역이

$$C_{r_2} = \{(x_1, x_2, \cdots, x_n)\,|\,\bar{x} \leq l^{**}\,\}$$

로 되어 $\mu_1 > \mu_0$ 또는 $\mu_1 < \mu_0$에 따라 최량기각역이 서로 다르게 되어 일양최강력 기각역이 존재하지 않는다. 따라서, 일양최강력 기각역이 존재하지 않으면, 다른 가설검정법이 필요한데, 이 방법은 다음절에서 설명할 것이다.

6.4 우도비검정

앞 절에서 이미 살펴 보았듯이 단순 또는 복합귀무가설에 대하여 복합대립가설이 주어진 경우에 있어서 일양최강력 기각역이 반드시 존재하는 것은 아니다. 이 절에서는 어떠한 경우든 가설검정에 있어서 사용할 수 있는 일반적인 방법을 소개한다. 이 방법이 바로 우도비 검정법이다. 앞 절에서의 검정법을 다시 생각해 보면 최강력 검정이나 일양최강력 검정의 경우, 기각역을 설정하기 위하여 주어진 두 확률밀도함수

의 비(ratio)를 사용하였다. 이 방법을 약간 변형한 것이 우도비 검정법이다. 그러면, 우도비 검정의 정의를 살펴보자.

定義 6.13 모수공간을 Θ, Θ의 한 부분집합을 ω라 하자. 모집단 분포의 모집단 확률밀도함수를 $f(x;\theta_1,\theta_2,\cdots,\theta_k)$라 할 때, k개의 모수 θ_1, θ_2, $\cdots$, θ_k은 모두 알려져 있지 않다고 가정하자. 이제, 이 모집단으로부터 추출한 크기 k인 확률표본을 X_1, X_2, $\cdots$, X_k라 하고, 이 확률표본의 관찰값을 $X_1 = x_1$, $X_2 = x_2$, $\cdots$, $X_k = x_k$라 하자. 이때, 우도함수

$$\begin{aligned} L &= L(\theta_1,\theta_2,\cdots,\theta_k;x_1,x_2,\cdots,x_k) \\ &= \prod_{i=1}^{k} f(x_i;\theta_1,\theta_2,\cdots,\theta_k) \end{aligned}$$

에 있어서, ω의 최대값을 $L(\hat{\omega})$로, Θ의 최대값을 $L(\hat{\Theta})$이라 할 때, 비(ratio)

$$\lambda = \lambda(x_1,x_2,\cdots,x_k) = \frac{L(\hat{\omega})}{L(\hat{\Theta})}$$

를 **우도비**(likelihood ratio)라 한다. 이 경우, 가설

$$\text{귀무가설 } H_0 : (\theta_1,\theta_2,\cdots,\theta_k) \in \omega, \quad \text{대립가설 } H_1 : (\theta_1,\theta_2,\cdots,\theta_k) \notin \omega$$

을 검정함에 있어서, $0 < \lambda_0 < 1$를 만족시키는 임의의 상수 λ에 대하여

$$\lambda \le \lambda_0$$

이면, 귀무가설 H_0가 기각되도록(이 경우, H_1이 채택되도록) 기각역을 설정하는 검정법을 **우도비검정**(likelihood ratio test)이라고 한다. 이 경우, 함수 λ는 확률변수 $\lambda(X_1,X_2,\cdots,X_k)$을 정의하므로, 이 우도비검정의 유의수준 α는

$$\alpha = P\{\,\lambda(X_1,X_2,\cdots,X_k) \le \lambda_0 \,|\, H_0\,\}$$

이다.

이 정의로부터 우도비검정은 모든 대립가설 H_1에 대하여 모든 단순 또는 복합귀무가설 H_0를 검정할 수 있다. 따라서, 단순대립가설에 대하여 단순귀무가설을 검정하는 경우는, 우도비검정의 특별한 경우로서 바로 Neyman-Pearson의 정리에 의해서 주어진 방법으로 유도 됨을 알 수 있다.

問題 1 모수공간을 $\Theta = \{\mu | -\infty < \mu < +\infty\}$라 하고, 모집단분포가 정규분포 $N(\mu,\sigma^2)$에 따른다고 하자. 단, 모분산 σ^2은 알려져 있다. 이 정규모집단으로부터 크

기 n인 확률표본을 X_1, X_2, $\cdots$, X_n이라 하고, 이 확률표본의 관찰값 $X_1 = x_1$, $X_2 = x_2$, $\cdots$, $X_n = x_n$에 의하여 가설

$$\text{귀무가설 } H_0 : \mu = \mu_0, \qquad \text{대립가설 } H_1 : \mu \neq \mu_0$$

를 검정하고자 한다. 우도비검정으로 유의수준 $\alpha = 0.05$인 기각역 C_r을 구하여라.

解答 모수공간 Θ에서의 우도함수 L은

$$L = L(\mu) = \left(\frac{1}{\sigma\sqrt{2\pi}}\right)^n \exp\left\{-\frac{\sum_{i=1}^{n}(x_i-\mu)^2}{2\sigma^2}\right\}$$

의 최대값 $L(\Theta)$를 구하기 위하여 양변에 자연대수를 취하고 μ에 관해 미분하면,

$$\ln L(\mu) = -\frac{n}{2}\ln(2\pi\sigma)^2 - \frac{1}{2\sigma^2}\sum_{i=1}^{n}(x_i-\mu)^2$$

이고

$$\frac{d\ln L(\mu)}{d\mu} = \frac{1}{\sigma^2}\sum_{i=1}^{n}(x_1-\mu) = 0$$

을 풀면 $\mu = \bar{x} = \frac{1}{n}\sum_{i=1}^{n} x_i$이다. 따라서, 최대값은 관찰값의 표본평균일 때이므로,

$$\begin{aligned} L(\hat{\Omega}) &= L(\bar{x}) \\ &= \left(\frac{1}{\sigma\sqrt{2\pi}}\right)^n \exp\left\{-\frac{\sum_{i=1}^{n}(x_i-\bar{x})^2}{2\sigma^2}\right\} \end{aligned}$$

이다. 또한, $\omega = \{\mu \,|\, \mu = \mu_0\}$라고 하면, 귀무가설 $H_0 : \mu \in \omega$가 참일 때, ω에서는 $\mu = \mu_0$이므로 $L(\omega)$의 최대값 $L(\hat{\omega})$는 $L(\mu_0)$일 때이다. 따라서, 그 값은

$$\begin{aligned} L(\hat{\omega}) &= L(\mu_0) \\ &= \left(\frac{1}{\sigma\sqrt{2\pi}}\right)^n \exp\left\{-\frac{\sum_{i=1}^{n}(x_i-\mu_0)^2}{2\sigma^2}\right\} \end{aligned}$$

이다. 따라서, 임의의 상수 λ_0 $(0 < \lambda_0 < 1)$에 대하여, 우도비 λ는

$$\begin{aligned}\lambda &= \frac{L(\hat{\omega})}{L(\hat{\Omega})} \\ &= \frac{\left(\frac{1}{\sigma\sqrt{2\pi}}\right)^n \exp\left\{-\frac{\sum_{i=1}^{n}(x_i-\mu_0)^2}{2\sigma^2}\right\}}{\left(\frac{1}{\sigma\sqrt{2\pi}}\right)^n \exp\left\{-\frac{\sum_{i=1}^{n}(x_i-\bar{x})^2}{2\sigma^2}\right\}} \\ &= \exp\left[\frac{1}{2\sigma^2}\left\{-\sum_{i=1}^{n}(x_i-\mu_0)^2+\sum_{i=1}^{n}(x_i-\bar{x})^2\right\}\right] \\ &= \exp\left\{-\frac{n(\bar{x}-\mu_0)^2}{2\sigma^2}\right\} \le \lambda_0\end{aligned}$$

이다. 이 부등식을 풀면,

$$\left(\frac{\bar{x}-\mu_0}{\frac{\sigma}{\sqrt{n}}}\right) \ge -2\ln\lambda_0 > 0$$

이므로

$$\frac{|\bar{x}-\mu_0|}{\frac{\sigma}{\sqrt{n}}} \ge \sqrt{-2\ln\lambda_0} = l^*$$

이다. 따라서, 기각역 C_r은

$$C_r = \left\{(x_1, x_2, \cdots, x_n) \mid \frac{|\bar{x}-\mu_0|}{\frac{\sigma}{\sqrt{n}}} \ge l^*\right\}$$

이다. 유의수준 $\alpha = 0.05$가 되게 하려면,

$$P\left\{\frac{|\bar{x}-\mu_0|}{\frac{\sigma}{\sqrt{n}}} \ge l^*\right\} = 0.05$$

를 만족시키는 상수 l^*를 구하면 된다. 그런데

$$\frac{|\bar{x}-\mu_0|}{\frac{\sigma}{\sqrt{n}}} \sim N(0,1)$$

이므로 표준정규분포 표로부터 $l^* = 1.960$이다. 따라서, 유의수준 $\alpha = 0.05$인 기각역은

$$\frac{|\bar{x}-\mu_0|}{\frac{\sigma}{\sqrt{n}}} \ge 1.960$$

이다.

위의 문제 1에서는 모분산 σ^2을 알 경우에 기각역을 구했으나, 모분산 σ^2를 모를 경우에도 우도비검정으로 기각역을 구할 수 있다. □

問題 2 모수공간을

$$\Theta = \{\mu \mid -\infty < \mu < +\infty,\ 0 < \sigma^2 < +\infty\}$$

라 하고 모집단분포가 정규분포 $N(\mu, \sigma^2)$에 따른다. 단, 모평균 μ와 모분산 σ^2은 모두 알려져 있지 않다. 이 정규모집단으로부터 크기 n인 확률표본을 $X_1,\ X_2,\ \cdots,\ X_n$이라 하고, 이 확률표본의 관찰값 $X_1 = x_1,\ X_2 = x_2,\ \cdots,\ X_n = x_n$에 의하여 가설

복합귀무가설 $H_0 : \mu = \mu_0,\ 0 < \sigma^2 < +\infty$, 　복합대립가설 $H_1 : \mu \neq \mu_0,\ 0 < \sigma^2 < +\infty$

를 검정하려고 한다. 우도비검정으로 유의수준 α인 기각역 C_r을 구하여라.

解答 모수공간 Θ의 부분집합 ω를

$$\omega = \{\, (\mu, \sigma^2) \mid \mu = \mu_0, 0 < \sigma^2 < +\infty \,\}$$

이라 하면, 위의 가설은 간략히

$$H_0 : (\mu, \sigma^2) \in \omega, \qquad H_1 : (\mu, \sigma^2) \notin \omega$$

로 나타낼 수 있다. 먼저, $(\mu, \sigma^2) \in \Theta$에서의 우도함수를 $L(\Theta)$라 하면,

$$L(\Theta) = L(\mu, \sigma^2) = \left(\frac{1}{\sigma\sqrt{2\pi}}\right)^n \exp\left\{-\frac{\sum_{i=1}^{n}(x_i - \mu)^2}{2\sigma^2}\right\}$$

이다. 이 우도함수의 최대값을 구하기 위하여 자연대수를 취하면,

$$\ln L(\mu, \sigma^2) = -\frac{n}{2}\ln(2\pi) - \frac{n}{2}\ln\sigma^2 - \frac{1}{2\sigma^2}\sum_{i=1}^{n}(x_i - \mu)^2$$

이고, 미분에 의하여

$$\begin{aligned}
\frac{\partial}{\partial\mu}\ln L(\mu, \sigma^2) &= \frac{1}{\sigma^2}\sum_{i=1}^{n}(x_i - \mu) = 0 \\
\frac{\partial}{\partial\sigma^2}\ln L(\mu, \sigma^2) &= -\frac{n}{2\sigma^2} + \frac{1}{2\sigma^4}\sum_{i=1}^{n}(x_i - \mu)^2 = 0
\end{aligned}$$

이고, 이 식을 연립하여 풀면,

$$\begin{aligned}\mu &= \frac{1}{n}\sum_{i=1}^{n} x_i = \bar{x} \\ \sigma^2 &= \frac{1}{n}\sum_{i=1}^{n}(x_i - \bar{x})^2 = u^2\end{aligned}$$

일 때 $L(\Theta)$는 최대가 된다. 여기서, $\bar{x}$는 표본평균 $\bar{X} = \frac{1}{n}\sum_{i=1}^{n} X_i$의 관찰값이고, u^2은 불편분산 $U^2 = \frac{1}{n}\sum_{i=1}^{n}(X_i - \bar{X})^2$의 관찰값이다. 따라서, $L(\Theta)$의 최대값 $L(\hat{\Theta})$는

$$\begin{aligned}L(\hat{\Theta}) &= L(\bar{x}, u^2) \\ &= \left(\frac{1}{u\sqrt{2\pi}}\right)^n \exp\left\{-\frac{\sum_{i=1}^{n}(x_i - \bar{x})^2}{2u^2}\right\} \\ &= \left(\frac{e^{-1}}{2\pi u^2}\right)^{\frac{n}{2}}\end{aligned}$$

이다. 또한, $(\mu, \sigma^2) \in \omega$에서의 우도함수를 $L(\omega)$이라 하면,

$$L(\omega) = L(\mu_0, \sigma^2) = \left(\frac{1}{\sigma\sqrt{2\pi}}\right)^n \exp\left\{-\frac{\sum_{i=1}^{n}(x_i - \mu_0)^2}{2\sigma^2}\right\}$$

이고, 이 우도함수는 σ^2만의 함수이다. 이 우도함수의 최대값을 구하기 위하여 자연대수를 취하면,

$$\ln L(\omega) = -\frac{n}{2}\ln(2\pi) - \frac{n}{2}\ln\sigma^2 - \frac{1}{2\sigma^2}\sum_{i=1}^{n}(x_i - \mu_0)^2$$

이고, σ^2에 관해 미분하면,

$$\frac{d}{d\sigma^2}\ln L(\omega) = \frac{1}{\sigma^2} + \frac{1}{2\sigma^4}\sum_{i=1}^{n}(x_i - \mu_0)^2 = 0$$

이고, 이 식을 풀면,

$$\sigma^2 = \frac{1}{n}\sum_{i=1}^{n}(x_i - \mu_0)^2$$

일 때 $L(\omega)$는 최대가 된다. 따라서, $L(\omega)$의 최대값 $L(\hat{\omega})$는

$$
\begin{aligned}
L(\hat{\omega}) &= L(\mu_0, \frac{1}{n}\sum_{i=1}^{n}(x_i-\mu_0)^2) \\
&= \left(\frac{1}{\sqrt{2\pi\frac{1}{n}\sum_{i=1}^{n}(x_i-\mu_0)^2}}\right)^n \exp\left\{-\frac{\sum_{i=1}^{n}(x_i-\mu_0)^2}{\frac{2}{n}\sum_{i=1}^{n}(x_i-\mu_0)^2}\right\} \\
&= \left(\frac{ne^{-1}}{2\pi\frac{1}{n}\sum_{i=1}^{n}(x_i-\mu_0)^2}\right)^{\frac{n}{2}}
\end{aligned}
$$

이다. 따라서 우도비 λ는

$$
\begin{aligned}
\lambda &= \frac{L(\hat{\omega})}{L(\hat{\Omega})} \\
&= \frac{\left(\frac{ne^{-1}}{2\pi\frac{1}{n}\sum_{i=1}^{n}(x_i-\mu_0)^2}\right)^{\frac{n}{2}}}{\left(\frac{e^{-1}}{2\pi u^2}\right)^{\frac{n}{2}}} \\
&= \left(\frac{nu^2}{\sum_{i=1}^{n}(x_i-\mu_0)^2}\right)^{\frac{n}{2}} \\
&= \left(\frac{(n-1)s^2}{\sum_{i=1}^{n}(x_i-\mu_0)^2}\right)^{\frac{n}{2}}
\end{aligned}
$$

이다. 그런데,

$$
\begin{aligned}
\sum_{i=1}^{n}(x_i-\mu_0)^2 &= \sum_{i=1}^{n}\{(x_i-\bar{x})+(\bar{x}-\mu_0)\}^2 \\
&= (n-1)s^2+n(\bar{x}-\mu_0)^2
\end{aligned}
$$

이므로 우도비 λ는

$$\lambda = \left(\frac{1}{1 + \dfrac{n(\bar{x} - \mu_0)}{(n-1)s^2}} \right)^{\frac{n}{2}}$$

으로 쓸 수 있다. 따라서, $0 < \lambda_0 < 1$을 만족하는 상수 λ_0에 대하여

$$\lambda = \left(\frac{1}{1 + \frac{n(\bar{x} - \mu_0)}{(n-1)s^2}} \right)^{\frac{n}{2}} \leq \lambda_0$$

라 하고, 이 부등식을 풀면,

$$\frac{n(\bar{x} - \mu_0)^2}{(n-1)s^2} \geq \lambda_0^{-\frac{2}{n}} - 1$$

이고

$$\frac{(\bar{x} - \mu_0)^2}{\frac{s^2}{n-1}} \geq \frac{(n-1)^2}{n}(\lambda_0^{-\frac{2}{n}} - 1)$$

이므로

$$\frac{|\bar{x} - \mu_0|}{\frac{s}{\sqrt{n-1}}} \geq \sqrt{\frac{(n-1)^2}{n}(\lambda_0^{-\frac{2}{n}} - 1)} = l^*$$

이다. 이로부터, 기각역 C_r은

$$C_r = \left\{ (x_1, x_2, \cdots, x_n) \mid \frac{|\bar{x} - \mu_0|}{\frac{s}{\sqrt{n-1}}} \geq l^* \right\}$$

이다. 그러므로 H_0가 참일 때, 통계량

$$T = \frac{|\bar{x} - \mu_0|}{\frac{s}{\sqrt{n-1}}}$$

는 자유도 $n-1$을 갖는 t분포에 따른다. 결국, 유의수준 α인 기각역은

$$C_r = \left\{ (x_1, x_2, \cdots, x_n) \mid \frac{|\bar{x} - \mu_0|}{\frac{s}{\sqrt{n-1}}} \geq t_\alpha(n-1) \right\},$$

이고 이를 통계량으로 나타내면

$$\frac{|\bar{X} - \mu_0|}{\frac{S}{\sqrt{n-1}}} \; t_\alpha(n-1)$$

이다. □

다음은 두 개의 정규모집단이 같은 모분산을 가질 때, 두 정규모집단의 모평균의 차(difference)에 대한 가설을 검정하는 문제이다.

問題 3 두 정규모집단 $N(\mu_1, \sigma^2)$, $N(\mu_2, \sigma^2)$이 주어졌다. 이제 모수공간을

$$\Theta = \{(\mu_1, \mu_2, \sigma^2) \mid -\infty < \mu_1 < +\infty, -\infty < \mu_2 < +\infty, 0 < \sigma^2 < +\infty\}$$

라 하자. 단, 두 정규모집단의 모평균 μ_1, μ_2와 모분산 σ^2은 모두 알려져 있지 않다. 이 두 정규모집단으로부터 추출한 크기 n과 m인 확률표본을 각각 $(X_1, X_2, \cdots, X_n)$과 $(Y_1, Y_2, \cdots, Y_m)$이라 하자. 두 확률표본의 관찰값 $X_1 = x_1$, $X_2 = x_2$, $\cdots$, $X_n = x_n$과 $Y_1 = y_1$, $Y_2 = y_2$, $\cdots$, $Y_n = y_m$에 의해서 가설

$$\text{귀무가설 } H_0 : \mu_1 = \mu_2,\ 0 < \sigma^2 < +\infty, \quad \text{대립가설 } H_1 : \mu_1 \neq \mu_2,\ 0 < \sigma^2 < +\infty$$

을 검정하고자 할 때, 유의수준 α인 기각역을 구하여라.

解答 모수공간 Θ의 부분집합 ω를

$$\omega = \{(\mu_1, \mu_2, \sigma^2) \mid -\infty < \mu_1 = \mu_2 < +\infty, 0 < \sigma^2 < +\infty\}$$

이라 하면, 위의 가설은 간략히

$$H_0 : (\mu_1, \mu_2, \sigma^2) \in \omega, \qquad H_1 : (\mu_1, \mu_2, \sigma^2) \notin \omega$$

라 나타낼 수가 있다. 이제, 우도비검정으로 유의수준 α인 기각역 C_r을 구하여 보자. $(\mu_1, \mu_2, \sigma^2) \in \Theta$에서의 우도함수를 $L(\Theta)$라 하면,

$$L(\Theta) = L(\mu_1, \mu_2, \sigma^2) = \left(\frac{1}{\sigma\sqrt{2\pi}}\right)^{n+m} \exp\left\{-\frac{\sum_{i=1}^{n}(x_i - \mu_1)^2 + \sum_{i=1}^{m}(y_i - \mu_2)^2}{2\sigma^2}\right\}$$

이다. 이 우도함수의 최대값을 구하기 위하여 자연대수를 취하고 미분하면,

$$\begin{aligned}
\frac{\partial}{\partial \mu_1} \ln L(\Theta) &= \sum_{i=1}^{n}(x_i - \mu_1) = 0 \\
\frac{\partial}{\partial \mu_2} \ln L(\Theta) &= \sum_{i=1}^{m}(y_i - \mu_2) = 0 \\
\frac{\partial}{\partial \sigma^2} \ln L(\Theta) &= -(n+m) + \frac{1}{\sigma^2}\left\{\sum_{i=1}^{n}(x_i - \mu_1)^2 + \sum_{i=1}^{m}(y_i - \mu_2)^2\right\} = 0
\end{aligned}$$

이다. 이 방정식을 연립하여 μ_1, μ_2, σ^2에 대하여 풀어 얻어진 해(solution)를 각각 $\hat{\mu}_1$,

$\hat{\mu}_2$, $\hat{\sigma}^2_\Theta$이라고 하면,

$$\begin{aligned}\hat{\mu}_1 &= \frac{1}{n}\sum_{i=1}^{n} x_i = \bar{x} \\ \hat{\mu}_2 &= \frac{1}{m}\sum_{i=1}^{m} y_i = \bar{y} \\ \hat{\sigma}^2_\Theta &= \frac{\sum_{i=1}^{n}(x_i-\bar{x})^2+\sum_{i=1}^{m}(y_i-\bar{y})^2}{n+m}\end{aligned}$$

이므로 $L(\Theta)$의 최대값 $L(\hat{\Theta})$은

$$\begin{aligned}L(\hat{\Omega}) &= L(\hat{\mu}_1,\hat{\mu}_2,\hat{\sigma}^2_\Omega) \\ &= \left(\frac{e^{-1}}{2\pi\hat{\sigma}^2_\Omega}\right)^{\frac{n+m}{2}}\end{aligned}$$

이다. 다음에, $(\mu_1,\mu_1,\sigma^2)\in\omega$에서의 우도함수를 $L(\omega)$이라 하면,

$$L(\omega)=L(\mu_1,\mu_1,\sigma^2)=\left(\frac{1}{\sigma\sqrt{2\pi}}\right)^{n+m}\exp\left\{-\frac{\sum_{i=1}^{n}(x_i-\mu_1)^2+\sum_{i=1}^{m}(y_i-\mu_1)^2}{2\sigma^2}\right\}$$

이고, 이로부터 이 우도함수의 최대값을 구하기 위하여 자연대수를 취하여 미분하면,

$$\begin{aligned}\frac{\partial}{\partial\mu_1}\ln L(\omega) &= \sum_{i=1}^{n}(x_i-\mu_1)+\sum_{i=1}^{m}(y_i-\mu_1)=0 \\ \frac{\partial}{\partial\sigma^2}\ln L(\omega) &= -(n+m)+\frac{1}{\sigma^2}\left\{\sum_{i=1}^{n}(x_i-\mu_1)^2+\sum_{i=1}^{m}(y_i-\mu_1)^2\right\}=0\end{aligned}$$

이고 이 방정식 연립하고 μ_1, σ^2에 대하여 풀어 얻어진 해를 각각 $\hat{\mu}_\omega$, $\hat{\sigma}^2_\omega$이라고 하면,

$$\begin{aligned}\hat{\mu}_\omega &= \frac{\sum_{i=1}^{n}x_i+\sum_{i=1}^{m}y_i}{n+m} \\ &= \frac{n\bar{x}+m\bar{y}}{n+m} \\ \hat{\sigma}^2_\omega &= \frac{\sum_{i=1}^{n}(x_i-\hat{\mu}^2_\omega)^2+\sum_{i=1}^{m}(y_i-\hat{\mu}_\omega)^2}{n+m}\end{aligned}$$

이므로 $L(\omega)$의 최대값 $L(\hat{\omega})$은

$$\begin{aligned} L(\hat{\omega}) &= L(\hat{\mu}_\omega, \hat{\mu}_\omega, \hat{\sigma}^2_\omega) \\ &= \left(\frac{e^{-1}}{2\pi\hat{\sigma}^2_\omega}\right)^{\frac{n+m}{2}} \end{aligned}$$

이다. 따라서, 우도비 λ는

$$\begin{aligned} \lambda &= \frac{L(\hat{\omega})}{L(\hat{\Theta})} \\ &= \left(\frac{\hat{\Theta}^2_\Theta}{\hat{\omega}^2_\Theta}\right)^{\frac{n+m}{2}} \\ &= \left(\frac{\sum_{i=1}^{n}(x_i-\mu_1)^2+\sum_{i=1}^{m}(y_i-\mu_1)^2}{\sum_{i=1}^{n}(x_i-\hat{\mu}^2_\omega)^2+\sum_{i=1}^{m}(y_i-\hat{\mu}_\omega)^2}\right)^{\frac{n+m}{2}} \end{aligned}$$

이다. 여기서,

$$\begin{aligned} \sum_{i=1}^{n}(x_i-\hat{\mu}_\omega)^2 &= \sum_{i=1}^{n}\left(x_i-\frac{n\bar{x}+m\bar{y}}{n+m}\right)^2 \\ &= \sum_{i=1}^{n}\left[(x_i-\bar{x})+\left(\bar{x}-\frac{n\bar{x}+m\bar{y}}{n+m}\right)\right]^2 \\ &= \sum_{i=1}^{n}(x_i-\bar{x})^2+\frac{nm^2(\bar{x}-\bar{y})}{(n+m)^2} \end{aligned}$$

이고 비슷한 방법으로 이용하면

$$\sum_{i=1}^{m}(y_i-\hat{\mu}_\omega)^2=\sum_{i=1}^{m}(y_i-\bar{y})^2+\frac{n^2m(\bar{x}-\bar{y})}{(n+m)^2}$$

을 얻는다. 정리하면, 우도함수 λ는

$$\lambda=\left(\frac{\sum_{i=1}^{n}(x_i-\bar{x})^2+\sum_{i=1}^{m}(y_i-\bar{y})^2}{\sum_{i=1}^{n}(x_i-\bar{x})^2+\sum_{i=1}^{m}(y_i-\bar{y})^2+\left(\frac{nm}{n+m}\right)(\bar{x}-\bar{y})^2}\right)^{\frac{n+m}{2}}$$

이다. 이제 $0<\lambda_0<1$인 상수 λ_0에 대하여

$$\lambda=\left(\frac{\sum_{i=1}^{n}(x_i-\bar{x})^2+\sum_{i=1}^{m}(y_i-\bar{y})^2}{\sum_{i=1}^{n}(x_i-\bar{x})^2+\sum_{i=1}^{m}(y_i-\bar{y})^2+\left(\frac{nm}{n+m}\right)(\bar{x}-\bar{y})^2}\right)^{\frac{n+m}{2}}\le\lambda_0$$

라 하고, 이 식을 간단히 정리하면,

$$\frac{\left(\frac{nm}{n+m}\right)(\bar{x}-\bar{y})^2}{\sum_{i=1}^{n}(x_i-\bar{x})^2+\sum_{i=1}^{m}(y_i-\bar{y})^2} \geq \frac{1-\lambda_0^{\frac{2}{n+m}}}{\lambda_0^{\frac{2}{n+m}}}$$

이다. 그런데 위의 식의 좌변을 계산하면,

$$\frac{(\bar{x}-\bar{y})^2}{\left(\frac{1}{n}+\frac{1}{m}\right)\left[\sum_{i=1}^{n}(x_i-\bar{x})^2+\sum_{i=1}^{m}(y_i-\bar{y})^2\right]} = \frac{1}{n+m-2}\frac{(\bar{x}-\bar{y})^2}{\hat{\sigma}^2\left(\frac{1}{n}+\frac{1}{m}\right)},$$

$$(\text{여기서, } \hat{\sigma}^2 = \frac{\sum_{i=1}^{n}(x_i-\bar{x})^2+\sum_{i=1}^{m}(y_i-\bar{y})^2}{n+m-2} \text{ 이다.})$$

이므로,

$$\frac{|\bar{x}-\bar{y}|}{\hat{\sigma}\sqrt{\frac{1}{n}+\frac{1}{m}}} \geq \sqrt{\frac{(n+m-2)(1-\lambda_0^{\frac{2}{n+m}})}{\lambda_0^{\frac{2}{n+m}}}} = l^*$$

이다. 따라서, 기각역 C_r은

$$C_r = \left\{(x_1,x_2,\cdots,x_n,y_1,y_2,\cdots,y_m) \mid \frac{|\bar{x}-\bar{y}|}{\hat{\sigma}\sqrt{\frac{1}{n}+\frac{1}{m}}} \geq l^*\right\}$$

이다. 여기서 귀무가설

$$H_0 : \mu_1 = \mu_2, 0 < \sigma^2 < +\infty$$

가 참이면 통계량

$$T = \frac{\bar{X}-\bar{Y}}{\hat{\sigma}\sqrt{\frac{1}{n}+\frac{1}{m}}}$$

은 자유도 $n+m-2$인 t분포에 따르므로 유의수준 α를 이용하여

$$\begin{aligned} \alpha &= P\{\,|T| \geq l^*\,\} \\ &= P\left\{\frac{|\bar{X}-\bar{Y}|}{\hat{\sigma}\sqrt{\frac{1}{n}+\frac{1}{m}}} \geq l^*\right\} \end{aligned}$$

를 만족하는 상수 l^*의 값 $t_\alpha(n+m-2)$을 t분포표에서 찾으면 된다. 그러므로 구하고자 하는 기각역은

$$\hat{\sigma} = \sqrt{\frac{\sum_{i=1}^{n}(x_i-\bar{x})^2+\sum_{i=1}^{m}(y_i-\bar{y})^2}{n+m-2}}$$

일 때,

$$\frac{|\bar{X}-\bar{Y}|}{\hat{\sigma}\sqrt{\frac{1}{n}+\frac{1}{m}}} \geq t_\alpha(n+m-2)$$

이다. □

6.5 χ^2 검정

이 절에서는 χ^2분포를 이용하는 가설검정에 대하여 알아본다. 먼저, 다음 정리를 살펴 보자.

定義 6.2 확률변수 $X \sim \mathrm{BIN}(n;p)$이면,

$$Z = \frac{(X-np)^2}{np(1-p)}$$

의 극한분포는 자유도 1인 χ^2분포에 따른다.

證明 중심극한정리에 의하여

$$Y = \frac{X-np}{\sqrt{np(1-p)}}$$

의 극한분포는 표준정규분포 $N(0,1)$에 따른다. 따라서, 표준정규 확률변수를 제곱하면

$$Z = Y^2 = \frac{(X-np)^2}{\sqrt{np(1-p)}}$$

은 자유도 1인 χ^2분포에 따른다. ■

위의 정리를 이용하면 다음이 성립한다.

定義 6.3 확률변수 X_1이 $X_1 \sim \mathrm{BIN}(n;p_1)$이고 $X_2 = n - X_1$, $p_2 = 1 - p_1$이라 하면, 다음과 같이 정의된 통계량

$$Q_1 = \frac{(X_1-np_1)^2}{np_1} + \frac{(X_2-np_2)^2}{np_2}$$

의 극한분포는 자유도 1인 χ^2분포에 따른다.

證明 [정리 9.15]에 의하여 다음 통계량의 극한분포는

$$\frac{(X_1-np_1)^2}{np_1(1-p_1)} \sim \chi^2(1)$$

이다. 그런데,

$$\begin{aligned} Q_1 &= \frac{(X_1 - np_1)^2}{np_1} + \frac{(X_2 - np_2)^2}{np_2} \\ &= \frac{(X_1 - np_1)^2}{np_1} + \frac{\{(n - X_1) - n(1 - p_1)\}^2}{np_2} \\ &= \frac{(X_1 - np_1)^2}{np_1} + \frac{(X_1 - np_1)^2}{n(1 - p_1)} \\ &= \frac{(X_1 - np_1)^2}{np_1(1 - p_1)} \end{aligned}$$

이므로 Q_1의 극한분포는 자유도 1인 χ^2분포에 따른다. ■

이 정리를 일반화하면 다음과 같다.

定義 6.4 $k-1$차원 확률벡터 $\boldsymbol{X} = (X_1, X_2, \ldots, X_{k-1})$의 결합확률밀도함수가

$$f(x_1, x_2, \cdots, x_{k-1}) = \frac{n!}{x_1! x_2! \cdots x_k!} p_1^{x_1} p_2^{x_2} \cdots p_k^{x_k}$$

라 하자. 이때, $X_k = n - X_1 - X_2 - \cdots - X_{k-1}$, $p_k = 1 - p_1 - p_2 - \cdots - p_{k-1}$이라 고 하면, 다음 통계량

$$\begin{aligned} Q_{k-1} &= \sum_{i=1}^{k} \frac{(X_i - np_i)^2}{np_i} \\ &= \sum_{i=1}^{k} \frac{(X_i - e_i)^2}{e_i} \end{aligned}$$

의 극한분포는 자유도 $k-1$인 χ^2분포에 따른다.

위의 정리 6.4에서 정의한 통계량 Q_{k-1}을 이용하여 χ^2 검정을 개괄적으로 살펴 보자. 어떤 실험의 결과 이 표본공간이 k개의 부분집합 A_1, A_2, $\cdots$, A_k로 분할된다고 하고, 이 시행의 결과가 집합 A_i의 원소일 확률을 $P(A_i) = p_i$ $(i = 1, 2, \cdots, k)$라 하자. 여기서 $p_k = 1 - p_1 - p_2 - \cdots - p_{k-1}$이다. 이러한 시행을 n회 반복하는 독립시행에서 집합 A_i에 속하는 것이 X_i회가 나타났다면 $k-1$개의 확률변수 $(X_1, X_2, \cdots, X_{k-1})$의 확률분포는 다항분포

$$f(x_1, x_2, \cdots, x_{k-1}) = \frac{n!}{x_1! x_2! \cdots x_k!} p_1^{x_1} p_2^{x_2} \cdots p_k^{x_k}$$

로 된다. 단, $X_k = n - X_1 - X_2 - \cdots - X_{k-1}$이다. 이제 n회의 독립시행에서 확률변수 $(X_1, X_2, \cdots, X_{k-1})$의 관찰값을 각각 $X_1 = x_1$, $X_2 = x_2$, $\cdots$, $X_{k-1} = x_{k-1}$라 했

을 때, 이 관찰값에 의하여 다음 가설

$$H_0 : p_i = p_{i0}, (i = 1, 2, \cdots, k),\ p_{k0} = 1 - p_{10} - p_{20} - \cdots - p_{k-1,0}$$

을 검정하고자 한다. 이때, 모수공간 Θ는

$$\Theta = \{\, (p_1, p_2, \cdots, p_k) \,|\, 0 < p_i < 1,\ p_k = 1 - p_1 - p_2 - \cdots - p_{k-1} \,\},\ i = 1, 2, \cdots, k$$

이고, Θ의 부분집합 ω는

$$\begin{aligned} \omega \;\; = \;\; & \{(p_1, p_2, \cdots, p_k) \,|\, 0 < p_i = p_{i0} < 1,\ p_{k,0} = 1 - p_{1,0} - p_{2,0} - \cdots \\ & -p_{k-1,0}\}, i = 1, 2, \cdots, k \end{aligned}$$

라 하면, 검정하고자 하는 가설은

$$H_0 : (p_1, p_2, \cdots, p_k) \in \omega, \qquad H_1 : (p_1, p_2, \cdots, p_k) \notin \omega$$

이다. 모수공간 Θ에 있어서 우도함수 $L(\Theta)$는

$$\begin{aligned} L(\Theta) &= L(p_1, p_2, \cdots, p_{k-1}) \\ &= p_1^{x_1} p_2^{x_2} \cdots p_{k-1}^{x_{k-1}} p_k^{x_k} \\ &= p_1^{x_1} p_2^{x_2} \cdots p_{k-1}^{x_{k-1}} (1 - p_1 - p_2 - \cdots - p_{k-1})^{x_k} \end{aligned}$$

이다. 이 우도함수의 최대값을 구하기 위하여 먼저, 이 식의 양변에 자연대수를 취하면,

$$\ln L(\Theta) = x_1 \ln p_1 + x_2 \ln p_2 + \cdots + x_{k-1} \ln p_{k-1} + x_k \ln(1 - p_1 - p_2 - \cdots - p_{k-1})$$

이고, 미분하면

$$\begin{aligned} \frac{\partial}{\partial p_1} \ln L(\Theta) &= \frac{x_1}{p_1} - \frac{x_k}{1 - p_1 - p_2 - \cdots - p_{k-1}} = \frac{x_1}{p_1} - \frac{x_k}{p_k} = 0 \\ \frac{\partial}{\partial p_2} \ln L(\Theta) &= \frac{x_2}{p_2} - \frac{x_k}{p_k} = 0 \\ &\vdots \qquad \vdots \\ \frac{\partial}{\partial p_{k-1}} \ln L(\Theta) &= \frac{x_{k-1}}{p_{k-1}} - \frac{x_k}{p_k} = 0 \end{aligned}$$

이므로, 이 방정식을 연립하여 풀면,

$$\begin{aligned} p_1 &= \frac{x_1}{n}, \\ p_2 &= \frac{x_2}{n}, \\ &\vdots \\ p_k &= \frac{x_k}{n} \end{aligned}$$

이다. 따라서 우도함수 $L(\Theta)$의 최대값 $L(\hat{\Theta})$는

$$\begin{aligned} L(\hat{\Theta}) &= L(\frac{x_1}{n}, \frac{x_2}{n}, \cdots, \frac{x_{k-1}}{n}) \\ &= \prod_{i=1}^{n} \left(\frac{x_i}{n}\right)^{x_i} \end{aligned}$$

이다. 비슷한 방법으로 우도함수 $L(\omega)$의 최대값 $L(\hat{\omega})$를 구하면,

$$\begin{aligned} L(\hat{\Omega}) &= L(p_{10}, p_{20}, \cdots, p_{k-1,0}) \\ &= \prod_{i=1}^{n} (p_{i0})^{x_i} \end{aligned}$$

이다. 따라서, 우도비는

$$\begin{aligned} \lambda &= \frac{L(\hat{\omega})}{L(\hat{\Omega})} \\ &= \prod_{i=1}^{k} \left(\frac{np_{i0}}{x_i}\right) \end{aligned}$$

이다. 여기서 $0 < \lambda_0 < 1$를 만족하는 임의의 상수 λ_0에 대하여,

$$\prod_{i=1}^{k} \left(\frac{np_{i0}}{x_i}\right) \leq \lambda_0$$

이라 하고, 자연대수를 취하고 정리하면,

$$\sum_{i=1}^{k} x_i \ln \left(\frac{np_{i0}}{x_i}\right)^{x_i} \leq \lambda_0$$

이고, 다시 정리하면,

$$\sum_{i=1}^{k} x_i \ln \left(\frac{x_i}{np_{i0}}\right)^{x_i} \leq -\ln \lambda_0$$

이다. 그런데,

$$\begin{aligned}
\sum_{i=1}^{k} x_i \ln\left(\frac{x_i}{np_{i0}}\right)^{x_i} &= \sum_{i=1}^{k}\{(x_i - np_{i0}) + np_{i0}\}\ln\left(1 + \frac{x_i - np_{i0}}{np_{i0}}\right) \\
&= \sum_{i=1}^{k}\left[(x_i - np_{i0})\left\{\frac{x_i - np_{i0}}{np_{i0}} - \frac{1}{2}\left(\frac{x_i - np_{i0}}{np_{i0}}\right)^2\right.\right. \\
&\quad \left. + \frac{1}{3}\left(\frac{x_i - np_{i0}}{np_{i0}}\right)^3 - \cdots\right\} + np_{i0}\left\{\frac{x_i - np_{i0}}{np_{i0}}\right. \\
&\quad \left.\left. - \frac{1}{2}\left(\frac{x_i - np_{i0}}{np_{i0}}\right)^2 + \frac{1}{3}\left(\frac{x_i - np_{i0}}{np_{i0}}\right)^3 - \cdots\right\}\right] \\
&= \sum_{i=1}^{k}\frac{(x_i - np_{i0})^2}{np_{i0}}\left\{1 - \frac{1}{2}\frac{x_i - np_{i0}}{np_{i0}} + \frac{1}{3}\left(\frac{x_i - np_{i0}}{np_{i0}}\right)^3 + \cdots\right. \\
&\quad \left. - \frac{1}{2} + \frac{1}{3}\frac{x_i - np_{i0}}{np_{i0}} - \cdots\right\} + \sum_{i=1}^{k}(x_i - np_{i0}) \\
&= \sum_{i=1}^{k}\frac{(x_i - np_{i0})^2}{np_{i0}}\left\{\frac{1}{2} - \left(\frac{1}{2} - \frac{1}{3}\right)\frac{x_i - np_{i0}}{np_{i0}} + \cdots\right\} \\
&\quad + \left(\sum_{i=1}^{k} x_i - n\sum_{i=1}^{k} p_{i0}\right)
\end{aligned}$$

이다. 이 식의 마지막항을 살펴보면, $\sum_{i=1}^{k} x_i = n$이고 $\sum_{i=1}^{k} p_{i0} = 1$ 이므로

$$\sum_{i=1}^{k} x_i \ln\left(\frac{x_i}{np_{i0}}\right)^{x_i} = \sum_{i=1}^{k}\frac{(x_i - np_{i0})^2}{np_{i0}}\left\{\frac{1}{2} - \left(\frac{1}{2} - \frac{1}{3}\right)\frac{x_i - np_{i0}}{np_{i0}} + \cdots\right\}$$

이다. 또한, 위의 식에서

$$\frac{x_i - np_{i0}}{np_{i0}} = \frac{\frac{x_1}{n}}{p_{i0}} - 1$$

이고 이때, $n \to +\infty$이면, $\frac{x_i}{n} \to p_{i0}$로 확률수렴 하므로, 위의 식의 두 번째 항 이후는 모두 $n \to +\infty$일 때 확률적으로 모두 0으로 수렴한다. 따라서, $n \to +\infty$일 때 위의 식은

$$\frac{1}{2}\sum_{i=1}^{k}\frac{(x_i - np_{i0})^2}{np_{i0}} = \frac{1}{2}Q_{k-1}$$

로 확률수렴한다. 다시 위로부터 $n \to +\infty$인 조건하에서

$$\frac{1}{2}Q_{k-1} \geq -\ln\lambda_0$$

이므로

$$Q_{k-1} \geq -2\ln\lambda_0 = l^*$$

라 하면, 기각역은 근사적으로

$$Q_{k-1} = \frac{1}{2}\sum_{i=1}^{k}\frac{(x_i - np_{i0})^2}{np_{i0}} \geq l^*$$

이다. 따라서, 통계량 Q_{k-1}은 자유도 $k-1$인 χ^2에 따르므로 유의수준 α의 값에 따라 상수 l^*를 결정하면 된다.

問題 1 주사위 60개를 동시에 던져서 다음과 같은 표를 얻었다.

주사위의 눈	1	2	3	4	5	6	계
나온 횟수	13	8	10	15	7	7	60

이 주사위가 옳바르게 만들어졌는지 유의수준 5%로 검정하여라.

解答 검정하고자 하는 가설을

귀무가설 $H_0 : p_i = \frac{1}{6}, i = 1, 2, \cdots, 6,$ 귀무가설 $H_1 : p_i \neq \frac{1}{6}, i = 1, 2, \cdots, 6$

이라 하자. 그러면,

주사위의 눈	i	1	2	3	4	5	6	계
나온 횟수	x_i	13	8	10	15	7	7	60
np_i	e_i	10	10	10	10	10	10	60
차	$x_i - e_i$	3	-2	0	5	-3	-3	0
차의제곱	$(x_i - e_i)^2$	9	4	0	25	9	9	56

통계량 Q_5는

$$\begin{aligned} Q_5 &= \sum_{i=1}^{6}\frac{(x_i - e_i)^2}{e_i} \\ &= \frac{56}{10} \\ &= 5.6 \end{aligned}$$

이다. 그런데 χ^2표에서 자유도 5의 5%점은 $\chi^2_{0.05}(5) = 11.0705 > Q_5 = 5.6$이다. 따라서, 귀무가설 H_0는 기각되지 않는다. 즉, 주사위는 옳지 않다고 말할 수 없다. □

問題 2 100의 소비자들에게 5종류의 상품을 보이고, 그 중 가장 품질이 좋은 것이 어떤 것인지를 조사하여 다음과 같은 표를 얻었다.

광고	1	2	3	4	5	계
결과	35	20	10	20	15	100

이 결과를 이용하여 5종류의 상품이 품질의 차가 있다고 할 수 있는지를 유의수준 5%로 검정하여라.

解答 귀무가설을 $H_0 : p_i = \frac{1}{5}$라 하면, $e_i = 100 \times \frac{1}{5} = 20$이고

$$Q_4 = \sum_{i=1}^{5} \frac{(x_i - e_i)^2}{e_i} = 17.5$$

이다. 그런데, $\chi^2_{0.05}(4) = 9.48773$이다. 따라서, $Q_4 = 17.5 > 9.48773 = \chi^2_{0.05}(4)$이므로 H_0는 기각된다. 즉, 5%로 품질의 차이가 있다고 볼 수 있다. □

練習問題

1. 모수공간을 $\Omega = \{\theta \,|\, \theta = 1, 2\}$이라 하자. 모집단 분포가

$$f(x;\theta) = \begin{cases} \frac{1}{\theta}e^{-\frac{x}{\theta}}, & 0 < x < +\infty \\ 0, & \text{그 외의 경우} \end{cases}$$

에 따를 때, 이 모집단으로부터 크기 2인 확률표본 X_1, X_2에 의하여 가설

$$\text{귀무가설 } H_0 : \theta = 2, \qquad \text{대립가설 } H_1 : \theta = 1$$

을 검정하고자 한다. 확률표본의 관찰값 $X_1 = x_1$, $X_2 = x_2$에 대하여

$$\frac{f(x_1;2)f(x_2;2)}{f(x_1;1)f(x_2;1)} \le \frac{1}{2}$$

이면, 귀무가설 H_0를 기각한다고 할 때, 기각역, 유의수준 및 검정력을 구하여라.

2. 정규모집단 $N(\theta, 100)$로부터 추출된 크기 25인 확률표본을 X_1, X_2, $\cdots$, X_{25}이라 하자. 가설

$$\text{귀무가설 } H_0 : \theta_1 = 0, \theta_2 = 1, \qquad \text{대립가설 } H_1 : \theta_1 = 1, \theta_2 = 4$$

의 검정에서 최량기각역을 구하여라.

3. 정규모집단 $N(\theta_1, \theta_2)$로부터 추출된 크기 n인 확률표본을 X_1, X_2, $\cdots$, X_n이라 하자. 가설

$$\text{귀무가설 } H_0 : \theta = 75, \qquad \text{대립가설 } H_1 : \theta > 75$$

의 검정에서 유의수준 $\alpha = 0.10$인 일양최강력 기각역을 구하여라.

4. 확률밀도함수가

$$f(x;\theta) = \begin{cases} \theta^x(1-\theta)^{1-x}, & x = 0, 1 \\ 0, & \text{그 외의 경우} \end{cases}$$

인 분포에 대하여 가설

$$\text{귀무가설 } H_0 : \theta = \tfrac{1}{20}, \qquad \text{대립가설 } H_1 : \theta > \tfrac{1}{20}$$

을 검정하고자 한다. 일양최강력 검정에 대하여, 검정력함수 $K(\theta)$의 값이 근사적으로 $K(\frac{1}{20}) = 0.05$와 $K(\frac{1}{10}) = 0.90$이 되도록 하는 표본 수 n을 중심극한정리를 이용하여 구하여라.

5. 확률밀도함수가

$$f(x;\theta_1,\theta_2)=\begin{cases}\theta_2 e^{-\theta_2(x-\theta_1)}, & \theta_1\le x<+\infty\\ 0, & \text{그 외의 경우}\end{cases}$$

인 모집단으로부터 크기 n인 확률표본을 X_1, X_2, $\cdots$, X_n이라 하자. 가설

귀무가설 $H_0:\theta_1=\theta_1',\theta_2=\theta_2'>0$, 대립가설 $H_1:\theta_1<\theta_1',\theta_2>\theta_2'$

을 검정하고자 할 때 일양최강력 기각역을 구하여라.

6. 어떤 표(table)의 한 줄(line)에 숫자가 0부터 9까지 10개씩 기록이 되어 있었다. 이 표에서 100줄을 선정하여 각 줄에 포함되어 있는 숫자 0의 개수를 세어, 이 0의 개수를 X라 했을 때, 얻어진 표는 다음과 같았다.

$X=x$의 수	0	1	2	3	4	5	계
관찰된 줄수	35	33	26	5	1	0	100

이때, X는 이항분포에 따르고 있는지를 유의수준 5%로 검정하여라.

7. 어떤 꽃씨를 96개 뿌렸더니 A, B, C, D 4가지 유형의 꽃이 각각 45, 27, 16, 6포기 씩 피었다. 그런데 유전법칙에 의하면, 이 꽃은 $9:3:3:1$의 비율로 핀다고 알려져 있다고 한다. 이 실험결과는 유전법칙에 위배되는지를 유의수준 0.05로 검정하여라.

8. 흰 공 θ개 와 검은 공 $4-\theta$개가 들어 있는 항아리에서 두 갱의 공을 복원추출하여 같은 색이면 귀무가설 $H_0\ :\ \theta=2$를 기각하고 그렇지 않으면 대립가설 $H_1\ :\ \theta\neq 2$를 기각하기로 하였다.

    (a) 제 1종의 오류를 범할 확률 α를 구하여라.

    (b) 모든 가능한 상황에 대하여 제 2를 범활 확률 β를 구하여라.

9. 동전의 앞 면이 나올 확률 p가 0.20, 0.30, 0.80 중의 한 값인 동전을 독립적으로 반복하여 던지는 실험에서 처음으로 앞 면이 나올 때까지의 시행횟수를 X라 할 때, $X\geqslant 13$이면 귀무가설 $H_0\ :\ p=0.20$을 기각하기로 하였다.

    (a) 제 1종의 오류를 범할 확률 α를 구하여라.

    (b) 다른 두 p의 값에 대한 β를 구하여라.

    (c) $H_0\ :\ p=0.30$의 검정에서 기각역을 $\{13,14,15,\cdots\}$이라 할 때, α와 다른 두 p의 값에 대한 β를 구하여라.

10. 정규분포 $N(\theta,4)$로부터 크기 25인 확률표본의 표본평균을 $\bar{X}$라 할 때, $\bar{X}$의 관찰값 $\bar{x}$가 $\frac{3}{5}$이면, 단순귀무가설 $H_0\ :\ \theta=0$를 기각하고 복합대립가설 $H_1\ :\ \theta>0$을 채택하는 검정의 검정력함수 $\gamma(\theta)$ $(\theta\geqslant 0)$을 구하여라.

11. $X_1, X_2, \cdots, X_n$은 정규분포 $N(\theta, 16)$으로부터 추출한 크기 n인 확률표본이다. $H_1 : \theta < 25$에 대한 $H_0 : \theta = 25$의 검정에서 검정력함수를 $\tau(\theta)$라 할 때, 근사적으로 $\gamma(25) = 0.10$, $\gamma(23) = 0.90$이 되는 n과 일양최강력검정을 구하여라.

12. $X_1, X_2, \cdots, X_n$은 베르누이분포 $\text{BERN}(1, \theta)$로부터 추출한 크기 n 확률표본이다. $H_1 : \theta > \frac{1}{20}$에 대한 $H_0 : \frac{1}{20}$의 검정에서 검정력함수를 $\gamma(\theta)$라 할 때, 중심극한정리를 이용하여 근사적으로 $\gamma(\frac{1}{20}) = 0.05$, $\gamma(\frac{1}{10}) = 0.90$이 되는 표본의 크기 n과 일양최강력검정을 구하여라.

13. $X_1, X_2, \cdots, X_n$은 베르누이분포 $\text{BERN}(1, \theta)$로부터 크기 5인 확률표본이다. $H_1 : \theta < \frac{1}{2}$에 대한 $H_0 : \frac{1}{2} = \theta$의 검정에서 $X_1 + X_2 + \cdots + X_n \leqslant c$이면 H_0를 기각할 때,

   (a) 이 검정은 일양최강력검정임을 보여라.

   (b) $c = 1$일 때 유의수준을 구하여라.

   (c) $c = 0$일 때 유의수준을 구하여라.

14. $X_1, X_2, \cdots, X_n$은 정규분포 $N(\mu, 1)$로부터 추출한 크기 n인 확률표본이다.

   (a) $H_1 : \mu < \mu_0$에 대한 $H_0 : \mu = \mu_0$의 일양최강력검정을 구하여라.

   (b) $H_1 : \mu > \mu_0$에 대한 $H_0 : \mu = \mu_0$의 일양최강력검정을 구하여라.

   (c) (1), (2)를 참고하여 $H_1 : \mu \neq \mu_0$에 대한 $H_0 : \mu = \mu_0$의 일양최강력검정이 존재하지 않음을 보여라.

15. $X_1, X_2, \cdots, X_n$은 지수분포 $\text{EXP}(\theta)$로부터 추출한 크기 n인 확률표본이다.

   (a) $H_1 : \theta \neq \theta_0$에 대한 $H_0 : \theta = \theta_0$의 우도비검정을 유도하고 χ^2-분포를 이용하여 근사적으로 크기 α인 기각역을 구하여라.

   (b) $H_1 : \theta > \theta_0$에 대한 $H_0 : \theta = \theta_0$의 우도비검정을 유도하여라.

16. $X_1, X_2, \cdots, X_n$은 균등분포 $\text{UNIF}(0, \theta)$로부터 추출한 크기 n인 확률표본이라 할 때, $H_1 : \theta \neq \theta_0$에 대한 $H_0 : \theta = \theta_0$의 우도비검정을 유도하여라.

17. $X_1, X_2, \cdots, X_n$은 확률밀도함수

$$f(x; \theta) \;=\; \theta x^{\theta - 1}, \; x \in (0, 1)$$

인 분포에서 추출한 크기 n인 확률표본이다. $H_1 : \theta \neq \theta_0$에 대한 $H_0 : \theta = \theta$의 우도비검정을 유도하고 대표본근사에 의하여 크기 α인 겁정의 근사적인 기각역을 구하여라.

18. 두 갱의 독립인 정규분포 $N(\mu_1, \sigma^2)$과 $N(\mu_1, \sigma^2)$에서 추출한 크기가 각각 10인 확률표본으로부터 $\bar{x} = 4.8$, $s_1^2 = 8.64$, $\bar{y} = 5.6$, $s_2^2 = 7.88$이다. $H_0 : \mu_2 - \mu_1 = 2.0$ vs. $H_1 : \mu_1 - \mu_1 \neq 2.0$을 유의수준 $\alpha = 0.05$로 검정하여라.

19. $X_1, X_2, \cdots, X_n$은 서로 독립이고 $X_i \sim N(\beta x_i, \sigma^2)$이다. σ^2이 알려져 있다고 할 때, $H_1 : \beta \neq \beta_0$에 대한 $H_0 : \beta = \beta_0$의 우도비검정을 유도하여라.

20. $X_1, X_2, \cdots, X_n$은 확률밀도함수가

$$f(x;\theta) \;=\; \frac{1}{\theta+1}\left(\frac{\theta}{\theta+1}\right)^x, \quad x = 0, 1, 2, 3, \cdots, \; \theta > 0$$

인 분포로부터 추출한 크기 n인 확률표본이다. $H_1 : \theta > \theta_0$에 대한 $H_0 : \theta = \theta_0$의 일양최강력검정을 구하여라.

21. 정규분포 $B(\mu, \sigma^2)$에서 추출한 크기 20인 확률표본에서 $\bar{x} = 10$이고 $s^2 = 16$이다.

(a) $\sigma^2 = 4$로 알고 있다면 $H_0 :\geqslant 12$에 대한 $H_1 :< 12$를 유의수준 $\alpha = 0.01$로 검정하여라.

(b) $\mu = 10.5$라면, 제 2종의 오류의 확률을 구하여라.

(c) 대립가설값 $\mu = 10.5$에 대한 검정력이 0.90이 되기 위한 표본의 크기를 구하여라.

(d) σ^2이 미지의 모수라 가정하고 (a)의 가설을 증명하여라.

(e) $H_0 : \sigma^2 \leqslant 9$에 대한 $H_1 : \sigma^2 > 9$를 유의수준 $\alpha = 0.01$로 검정하여라.

22. 지역 A에서 출생하는 신생아의 몸무게는 평균이 $\mu = 3315g$이고 표준편차가 $\sigma = 575g$이다. 이제 X를 지역 B에서 출생하는 신생아의 몸무게이며 X의 분포가 $N(\mu, \sigma^2)$이라 한다. $H_0 : \mu \geqslant 3315$에 대한 $H_1 : \mu < 3315$ 가설을 표본크기 $n = 30$인 확률표본을 이용하여 검정하려고 한다.

(a) 크기가 $\alpha = 0.05$인 검정의 기각역을 구하여라.

(b) $n = 30$의 확률표본에서 $\bar{x} = 3189$, $s = 488$이었을 때, 어떤 결론이 도출 되겠는가?

(c) 대립가설값 $\mu = 10.5$에 대한 검정력이 0.90이 되기 위한 표본의 크기를 구하여라.

(d) (b)에서 검정의 근사적인 p-값을 구하여라.

23. 위의 문제 [22]번에서 $H_0 : \sigma \geqslant 575$에 대한 $H_1 : \sigma < 575$의 크기 $\alpha = 0.10$인 검정을 하려고 한다. 이때 X는 지역 C에서 출생하는 신생아의 몸무게이며 X의 분포가 $N(\mu, \sigma^2)$이다.

(a) $n = 81$의 확률표본에서 $\bar{x} = 2819$, $s = 496$이라면, 어떤 결론이 도출 되겠는가?

(b) 이 검정의 근사적인 p-값을 구하여라.

24. $X \sim N(\mu, \sigma^2)$이라 하자.

(a) $H_0 : \sigma^2 = 0.04$에 대한 $H_1 : \sigma^2 \neq 0.04$의 크기 $\alpha = 0.05$인 검정을 하기 위해 표본크기 $n = 13$의 확률표본에서 $s^2 = 0.058$이었다면, 귀무가설 H_0를 기각할 것인가를 판단하여라.

(b) $\sigma^2 = 0.04$가 σ^2의 95% 신뢰구간에 포함되는지 확인하여라.

25. 두 정규분포

$$X_i \sim N(\mu_1, \sigma_1^2), \quad 1 = 1, 2, \ldots, n_1$$
$$Y_j \sim N(\mu_2, \sigma_2^2), \quad j = 1, 2, \ldots, n_2$$

으로부터 추출한 독립인 확률표본이라 한다. 이때 $n_1 = n_2 = 9$, $\bar{x} = 16$, $\bar{y} = 10$, $s_1^2 = 36$, $s_2^2 = 45$라 하자.

(a) 두 분산이 같다고 가정하에 $H_0 : \mu_1 = \mu_2$에 대한 $H_1 : \mu_1 \neq \mu_2$ 가설을 크기 $\alpha = 0.10$로 검정하여라.

(b) 순서쌍으로 표현된 표본에서 관찰된 자료로부터 $s_D^2 = 81$이었다면 유의수준 $\alpha = 0.10$에서 가설을 검정하여라.

(c) $H_0 : \sigma_1^2/\sigma_2^2 \leqslant 1$에 대한 $H_1 : \sigma_2^2/\sigma_1^2 > 1$을 $\alpha = 0.01$로 검정하여라.

26. 한 개의 동전을 20회 던져 $x = 6$번 앞면이 나왔다. $p = P(H)$일 때, $H_0 : p \geqslant 0.5$에 대한 $H_1 : p < 0.5$의 크기가 기껏해야 0.10인 검정을 하고자 한다.

(a) 대표본 정규근사로 검정하여라.

(b) 대립값 $p = 0.2$에 대하여 $H_0 : p \geqslant 0.5$의 크기 $\alpha = 0.0577$인 검정을 구하여라.

(c) (b)에서 검정의 p-값을 구하여라.

27. 확률질량함수가 $f(x;\theta) = p^x(1-p)^x$, $(x = 0, 1)$인 분포를 생각해 보자. $H_0 : \theta = \frac{1}{20}$, $H_9 : \theta > \frac{1}{20}$이라 하고 중심극한정리를 이용하여 H_1에 대한 H_0의 일양최강력 검정이 근사적으로 $K(\frac{1}{20}) = 0.05$와 $K(\frac{1}{10}) = 0.90$인 검정력함수 $k(\theta)$를 가지는 표본의 크기 n을 구하여라.

제 7 장

적합도검정

7.1 적합도검정

지금까지 설명한 대부분의 통계적 모형은 확률분포를 미리 알고 있는 확률밀도함수로 표현되었으며 특히, 최우추정법과 같은 방법은 특정 분포 모형과 관련되어 있다. 그러나 실제로 대부분의 경우는 어떠 모형을 적용해야 할지를 결정하는 것은 대단히 어려운 일이다. 따라서 어떤 자료와 관련되어 주어진 모형이 얼마나 적합한지를 검정하기 위한 일반적인 통계분석 방법이 필요하다.

이 절에서는 위에서 제기한 문제에 적용할 수 있는 검정방법으로 χ^2검정이라 부르는 통계적 검정에 대하여 소개한다. 이 검정은 1900년에 Karl Pearson이 고안한 방법으로 통계적 추론에서 많이 이용되고 있으며 이미 앞장에서 설명한 가설검정론의 보충부분이기도 하다.

확률변수 X_i의 분포가 $N(\mu_i, \sigma_i^2)$, $(i = 1, 2, 3, \cdots, n)$이고 X_1, X_2, $\cdots$, X_n이 서로

독립이면 X_1, X_2, $\cdots$, X_n의 결합확률밀도함수는

$$\left(\prod_{i=1}^{n}\sigma_i\right)^{-1}(2\pi)^{-n/2}\exp\left\{-\frac{1}{2}\sum_{i=1}^{n}\frac{(x_i-\mu_i)^2}{\sigma_i^2}\right\}$$

이고, 위의 식의 지수성분으로 정의되는 확률변수는 자유도 n인 χ^2분포 즉,

$$\sum_{i=1}^{n}\frac{(X_i-\mu_i)^2}{\sigma_i^2} \ \sim\ \chi^2(n)$$

이다. 이제, 근사적으로 χ^2분포를 따르는 확률변수들에 대하여 논의하여 보자. 확률변수 X_1의 분포가 BIN(n,p_1)이면, 다음 확률변수

$$Z_n \ =\ \frac{X_1-np_1}{\sqrt{np_1(1-p_)}}$$

은 $n\to+\infty$일 때 표준정규분포 $N(0,1)$인 극한분포를 갖는다. 이때, $Y=Z^2$의 극한분포를 구하여 보자. $F_n(z)$를 X의 누적분포함수라 하면, 중심극한정리에 의하여

$$\lim_{n\to\infty}F_n(z) \ =\ \Phi(z),\ \ (-\infty<z<+\infty)$$

임을 알고 있다. 여기서 $\Phi(z)$는 $N(0,1)$의 누적분포함수이다. 양의 정수 $n\geqslant 1$에 대하여 $G_n(y)$를 $Y=Z^2$의 누적분포함수라 하면, $y\geqslant 0$일 때

$$\begin{aligned}G_n(y) &= P\{Y\leqslant y\}\\ &= P\{Z^2\leqslant y\}\\ &= P\{-\sqrt{y}\leqslant y\leqslant\sqrt{y}\}\\ &= F_n(\sqrt{y})-F_n(\sqrt{y})\end{aligned}$$

이다. 그런데 $\Phi(z)$는 모든 z에 대하여 연속이므로

$$\begin{aligned}\lim_{n\to\infty}G_n(y) &= \Phi((\sqrt{y})-\Phi(-\sqrt{y})\\ &= 2\int_0^{\sqrt{y}}\frac{1}{\sqrt{2\pi}}e^{-\frac{1}{2}z^2}\,dz\end{aligned}$$

이다.여기서 $t=z^2$으로 변환하면

$$\lim_{n\to\infty}G_n(y) \ =\ \int_0^y\frac{1}{\Gamma(\frac{1}{2})2^{1/2}}\,w^{1/2-1}e^{-\frac{1}{2}w}\,dw$$

가 되며, $z<0$이면 $\lim_{n\to\infty}G_n(y)=0$이다. 따라서 $\lim_{n\to\infty}G_n(y)$는 분포가 $\chi^2(1)$인 확률변수의 누적분포함수와 일치한다. 즉, $Y=Z^2$의 극한분포는 자유도가 1인 χ^2분

포가 된다. 여기서 확률변수 X_1의 분포가 BIN(n, p_1)일 때, $X_2 = n - X_1$, $p_2 = 1 - p_1$이라 하고, Z^2을 Y 대신 Q_1으로 나타내면,

$$\begin{aligned}(X_1 - np_1)^2 &= (n - X_2 - n + np_2)^2 \\ &= (X_2 - np_2)^2\end{aligned}$$

이므로

$$\begin{aligned}Q_1 &= \frac{(X_1 - np_1)^2}{np_1(1 - np_1)} \\ &= \frac{(X_1 - np_1)^2}{np_1} + \frac{(X_1 - np_1)^2}{n(1 - p_1)} \\ &= \frac{(X_1 - np_1)^2}{np_1} + \frac{(X_2 - np_2)^2}{np_2}\end{aligned}$$

이다. 여기서 Q_1의 극한분포는 자유도가 1인 χ^2분포이므로 n이 양의 정수일 때 Q_1은 근사적으로 자유도가 1인 χ^2분포에 따른다. 이제, 모든 가능한 출현결과가 사건 A_1 또는 A_2에 속하고

$$P(A_1) = p_1\,,\ \ P(A_2) = p_2 = 1 - p_1$$

인 베르누이 시행을 n회 반복하였을때, 사건 A_1과 A_2의 관측횟수를 각각 X_1, $X_2 n - X_1$이라 하자. 위에서 설명한 내용에 의하여 대립가설 $H_\alpha : p_1 \neq p_{1)}$에 대한 귀무가설 $H_0 : p_1 = p_{10}$의 검정을 구해보자. 이 검정으로는 n이 작을 때의 이항분포를 이용한 검정과 이항분포의 정규근사를 이용한 근사검정을 고려할 수 있으므로, 근사검정은 위에서 설명한 카이제곱확률변수를 검정통계량으로 이용할 수 있다. 즉, 귀무가설이 참이라 하면 n회의 베르누이 시행에서 사건 A_1과 A_2가 관찰될 기대도수 np_{10}와 $n(1 - p_{20}$는 관측도수 $X_1 = x_1$, $X_2 = x_2 = n - x_1$과 거의 일치할 것이므로, 검정통계량

$$Q_1 = \frac{(X_1 - np_{10})^2}{np_{10}} + \frac{(X_2 - np_{20})^2}{np_{20}}$$

의 값은 아주 작은 값이 될 것이다. 따라서 크기 α인 $H_0 : p_1 = p_{10}$의 근사검정에서는 $Q_1 > \chi^2_{1-\alpha}(1)$이면, 귀무가설 H_0를 기각하게 된다.

이항분포에 관한 검정에서 사용된 카이제곱 검정통계량은 출현결과가 k가지로 분류되는 다항분포의 경우로 확장할 수 있다. 다음 정리는 이미 앞장에서 설명하였다.

定理 7.1 출현가능한 결과들이 서로 배반인 k개의 집합 A_1, A_2, $\cdots$, A_k인 확률실험에서 $p_i = P(A_i)$ $(i = 1, 2, 3, \cdots, k)$라 하고, 이 확률실험을 독립적으로 반복하여 n회 시행하였을 때 출현결과들이 집합 A_i $(i = 1, 2, 3, \cdots, k)$에 속하는 횟수를 확률변수 X_i라 하면, $X_1 + X_2 + X_3 + \cdots + X_k = n$이고, $n \to \infty$일 때

$$Q_{k-1} = \sum_{i=1}^{k} \frac{(X_i - np_i)^2}{np_i}$$

의 극한분포는 자유도가 $k-1$인 χ^2분포이다.

위의 정리에서 X_1, X_2, $\cdots$, X_{k-1}은 모수가 각각 n, p_1, p_2, p_{k-1}인 다항분포를 따르는 확률변수들이며, 통계량 Q_{k-1}이 이 절에서 다루고자 하는 통계적 가설의 검정이다. 이제 확률변수 X_1, X_2, $\cdots$, X_{k-1}의 분포는 모수가 n, p_1,p_2, p_{k-1}인 다항분포일 때, 모든 대립가설에 대한 단순귀무가설

$$H_0 : p_1 = p_{10}, p_2 = p_{20}, \cdots, p_{k-1} = p_{k-1,0}\ (p_k = p_{k0} = 1 - p_{10} - p_{20} - \cdots - p_{k-1,0})$$

의 검정을 생각하여 보자. 귀무가설 H_0가 참이면, 확률변수

$$Q_{k-1} = \sum_{i=1}^{k} \frac{(X_i - np_{i0})^2}{np_{i0}}$$

의 분포는 근사적으로 자유도가 $k-1$인 χ^2분포를 따른다. H_0가 참이면 X_i의 기대값은 np_{i0}가 되므로, 직관적으로 Q_{k-1}의 관찰값이 너무 크지 않아야 함을 알 수 있다. 이 값은 자유도가 $k-1$일 때 $P\{Q_{k-1} \leqslant c\} = \alpha$가 되는 c를 chi^2 분포표로부터 구할 수 있다. 여기서 α는 주어진 검정의 유의수준을 나타낸다. 이때 Q_{k-1}의 관찰값이 c 이상이면 귀무가설을 기각하며, 검정의 유의수준은 근사적으로 α가 된다.

問題 1 한 개의 주사위를 던져서 나타나는 면의 눈의 수를 관찰하는 확률 실험에서 $A_i = \{x|x_i\}$ $(i = 1, 2, 3, \cdots, n)$이라 할 때, 이 확률실험을 동일한 조건하에서 독립적으로 60번 반복시행하였더니, 사건 A_1, A_2, $\cdots$, A_6가 관측된 횟수가 각각 13, 19, 11, 8, 5, 4번이었다. 모든 대립가설에 대하여 주사위가 균일하다는 귀무가설을 유의수준 $\alpha = 0.05$로 검정하여라.

解答 주사위가 균일하다는 귀무가설은

$$H_0 : P(A_i) = p_{i0} = \frac{1}{6},\ i = 1, 2, 3, 4, 5, 6$$

으로 쓸수 있으므로, 각 사건 A_i가 관찰될 기대도수는

$$np_{i0} = 60\frac{1}{6} = 10,\ i = 1, 2, 3, 4, 5, 6$$

이고 사건 A_i가 관찰되는 횟수를 확률변수 X_i $(i = 1, 2, 3, 4, 5, 6)$라 하면, H_0가 참일 때

$$Q_{6-1} = \sum_{i=1}^{6} \frac{(X_i - 10)^2}{10}$$

은 근사적으로 자유도가 $k-1 = 6-1 = 5$인 χ^2 분포에 따른다. H_0가 참이면 χ^2 분포표에서 자유도가 5일 때 $P\{Q_5 > 11.1) = 0.05$이고, Q_5의 관찰값은

$$\begin{aligned} Q_5 &= \frac{(13-10)^2}{10} + \frac{(19-10)^2}{10} + \frac{(11-10)^2}{10} \\ &\quad + \frac{(8-10)^2}{10} + \frac{(5-10)^2}{10} + \frac{(4-10)^2}{10} \\ &= 15.6 \end{aligned}$$

이므로. $15.6 > 11.1$이 되어 귀무가설 $H_0 : P(A_i) = p_{i0} = \frac{1}{6}$, $(i = 1, 2, 3, 4, 5, 6)$을 유의수준 5%에서 기각한다. 즉, 실험에 사용된 주사위는 균일하다고 말할 수 없다. □

지금까지 설명한 내용은 어떤 임의의 확률표본이 단순귀무가설 H_0에 의하여 완전하게 결정되는 다항분포로부터 추출된 것인가를 검정하는 것 이었다. 이 검정은 어떤 확률 표본이 완전하게 알려진 분포에서 추출된 것인가를, 즉, 귀무가설 $H_p : Y \sim F_Y(y)$를 검정하는 데에도 이용할 수 있다. 이제, 표본공간을 k개의 부분집합 A_1, A_2, A_3, $\cdots$, A_k로 분할하고 $Y \sim F_Y(y)$일 때 $p_{i0} = P\{Y \in A_i\}$라 하자. 그리고, 크기 n인 확률표본에서 각 부분집합 AA_i에 속하는 관찰값들의 개수를 X_i라 하면, X_1, X_2, $\cdots$, X_{k-1}은 모수가 n, p_1,p_2, p_{k-1}인 다항분포를 따르는 확률변수들이고, 귀무가설 $H_0 : Y \sim F_Y(y)$의 검정은 가설

$$H_0 : p_1 = p_{10}, p_2 = p_{20}, \cdots, p_{k-1} = p_{k-1,0} \ (p_k = p_{k0} = 1 - p_{10} - p_{20} - \cdots - p_{k-1,0})$$

의 검정과 같아진다. 따라서

$$Q_{k-1} = \sum_{i=1}^{k} \frac{(X_i - np_{i0})^2}{np_{i0}} > \chi^2_{1-\alpha}(k-1)$$

이면 유의수준 α에서 귀무가설 H_0를 기각한다.

이러한 분포형의 검정에서 때로는 표본공간을 분할하는 부분집합들이 자연스럽게 만들어져 있기도 하며, 또 주어진 표본자료가 묶여져 있기도 한데, 보통은 인위적으로 표본공간을 분할해야 한다. 일반적인 원칙에 따르면, 자유도를 크게 하기 위해서는 가능한한 분할되는 부분집합의 개수가 커야 하며, 카이제곱근사의 정도를 보장하기 위해서는 각 부분집합에 속하는 관찰값들의 기대도수가 적어도 5는 되어야 한다.

問題 2 단위구간 $\{x|0 < y < 1\}$에서 랜덤하게 한 점(point)을 추출할 때,

$$A_1 = \{y \mid 0 < y \leqslant \frac{1}{4}\}, \qquad A_2 = \{y \mid \frac{1}{4} < y \leqslant \frac{1}{2}\}$$
$$A_3 = \{y \mid \frac{1}{2} < y \leqslant \frac{3}{4}\}, \qquad A_4 = \{y \mid \frac{3}{4} < y \leqslant 1\}$$

이라 하면, 추출되는 한 점이 A_i에 속할 확률 p_i $(i = 1, 2, 3, 4)$는 주어진 확률 분포의 확률밀도함수 $f(y) = 2y \ \ \big(y \in (0, 1)\big)$에 의하여 결정된다고 한다. 즉,

$$p_{10} = \int_0^{1/4} 2y\,dy = \frac{1}{16}, \qquad p_{20} = \int_{1/4}^{1/2} 2y\,dy = \frac{3}{16}$$
$$p_{30} = \int_{1/2}^{3/4} 2y\,dy = \frac{5}{16}, \qquad p_{40} = \int_{3/4}^{1} 2y\,dy = \frac{7}{16}$$

이 된다고 한다. 동일한 조건하에서 독립적으로 반복하여 80개의 점을 추출하였을 때, 추출된 점이 각 구간 A_i $(i = 1, 2, 3, 4)$에 속한 도수가 6, 18, 20, 36이었다. 모든 대립가설에 대하여 귀무가설 $H_0 : p_i = p_{i0}$, $(i = 1, 2, 3, 4)$를 유의수준 $\alpha = 0.025$로 검정하여라.

解答 사건A_i가 관찰되는 횟수를 확률변수 X_i $(i = 1, 2, 3, 4)$라 하면 귀무가설 H_0가 참일 때

$$Q_{4-1} = \sum_{i=1}^{4} \frac{(X_i - np_{i0})^2}{np_{i0}}$$

의 분포는 근사적으로 자유도가 $k- \ = 4 - 1 = 3$1인 χ^2분포를 따르고 np_{i0} $(i = 1, 2, 3, 4)$는 각각 5, 15, 25, 35이다. 따라서, H_0가 참이면 자유도가 3일 때 $P\{Q_3 \leqslant 9.35\} = 0.025$이고 Q_3의 관찰값은

$$\begin{aligned} Q_3 &= \frac{(6-5)^2}{5} + \frac{(18-15)^2}{15} + \frac{(20-25)^2}{25} + \frac{(36-35)^2}{35} \\ &= 1.83 \end{aligned}$$

이므로. $1.83 < 9.35$가 되어 귀무가설 $H_0 : P(A_i) = p_{i0} = \frac{1}{6}$, $(i = 1, 2, 3, 4, 5, 6)$을 유의수준 2.5%에서 기각할 수 없다. □

問題 3 항공기에 사용되는 특정부품 40개를 수리하는데 소요되는 일수를 조사하여 다음과 같은 자료를 얻었다.

수리시간(일수)	0	1	2	3	4	5	6	7
관측도수(x_i)	1	3	7	6	10	7	6	0

특정부품의 수리에 소요되는 일수를 확률변수 Y라 할 때, Y의 확률분포로 평균이 3일인 Poisson 분포가 적절한가를 유의수준 $\alpha = 0.1$로 검정하여라.

解答 귀무가설 $H_0 : Y \sim \text{POIS}(3)$하에서 Y의 확률분포함수는

$$f(y) = \frac{e^{-3}3^y}{y!}, y = 0, 1, 2, 3, \cdots$$

이므로

$$P\{Y=0\} = f(0) = e^{-3} = 0.050, \qquad P\{Y=1\} = f(1) = 3e^{-3} = 0.149,$$
$$P\{Y=2\} = f(2) = \frac{e^{-3}3^2}{2!} = 0.224, \qquad P\{Y=3\} = f(3) = \frac{e^{-3}3^3}{3!} = 0.224,$$
$$P\{Y=4\} = f(4) = \frac{e^{-3}3^4}{4!} = 0.168, \qquad P\{Y=5\} = f(5) = \frac{e^{-3}3^5}{5!} = 0.101,$$
$$P\{Y=6\} = f(6) = \frac{e^{-3}3^6}{6!} = 0.050, \qquad P\{Y=7\} = f(7) = \frac{e^{-3}3^7}{7!} = 0.034$$

이다. 여기서 표본공간의 각 부분집합에 속하는 관찰값들의 기대도수가 5이상이 되도록 표본공간을

$$A_1 = \{y \mid y \leqslant 1\}, \qquad A_2 = \{y \mid y = 2\}, \qquad A_3 = \{y \mid y = 3\},$$
$$A_4 = \{y \mid y = 4\}, \qquad A_5 = \{y \mid y \geqslant 5\}$$

와 같이 다섯개의 부분집합으로 분할하고, 귀무가설 귀무가설 $H_0 : Y \sim \text{POIS}(3)$이 참일 때 표본공간의 각 부분집합에 속하는 관찰값들의 기대도수를 구하면 다음과 같다.

수리시간(일수)	1	2	3	4	5
관측도수(x_i)	4	7	6	10	13
확률(p_{i0})	0.199	0.224	0.224	0.168	0.185
기대도수(np_{i0})	7.96	8.96	8.96	6.72	7.40

표 7.1

따라서

$$\begin{aligned} Q_4 &= \frac{(4-7.96)^2}{7.96} + \frac{(7-8.96)^2}{8.96} + \frac{(6-8.96)^2}{8.96} \\ &\quad + \frac{(10-8.72)^2}{6.72} + \frac{(13-7.40)^2}{7.40} \\ &= 9.22 \end{aligned}$$

이고 $P\{Q_4 \geqslant 7.78\} = 0.1$이므로, 유의수준$\alpha = 0.1$에서 귀무가설 H_0를 기각할 수 있다. □

위의 문제의 경우와 같이 어떤 모집단에 적용될 수 있는 적절한 확률분포모형을 선택하기 위하여 적합도검정을 사용하는 경우, $H_0 : Y \sim \text{POIS}(3)$와 같이 모수값을

알고서 H_0하에서 다항확률 p_1, p_2, $\cdots$, p_k가 완전하게 결정되는 경우는 드물고, 보통은 $H_0 : Y \sim$ POIS(λ) 또는 $H_0 : Y \sim N(\mu, \sigma^2)$과 같이 모수값을 모를 때, 어떤 분포족이 적절한가를 검정하려고 하는 것이다. 즉, 잘못된 모수값으로 인한 부적합성보다는 일반적인 모형이 적절한 지 그리고 적절한 모수값을 사용하게 될 때 타당한 모형이 될 것인지가 주된 관심사라고 볼 수 있다.

이제 일반적으로 m 개의 미지모수가 포함되어 있는 가설

$$H_0 : Y \sim f(x; \theta_1, \theta_2, \cdots, \theta_m)$$

의 검정에 대하여 생각해 보자. 이 경우, H_0하에서의 다항확률 p_1, p_2, $\cdots$, p_k는 미지모수의 함수로 표현된다. 예를 들면, 사건 A_1, A_2, $\cdots$, A_k를 연속확률변수 Y의 정의역 $\mathscr{A}$의 분할이라고 하면, 각각의 p_i는

$$p_i = P\{Y \in A_i\} = \int_{A_i} f(y; \theta_1, \theta_2, \cdots, \theta_m)\, dy$$

이고, 이것은 $\theta_1, \theta_2, \cdots, \theta_m$의 함수이다. 따라서, Y_1, Y_2, $\cdots$, Y_n이 $f(y; \theta_1, \theta_2, \cdots, \theta_m)$으로부터의 크기 n인 확률표본일 때, 사건 A_i의 돗수를 X_i $(i = 1, 2, \cdots, k)$, $\sum_{i=}^{k} X_i = n$이라 하면 X_1, X_2, $\cdots$, X_k의 관찰값이 주어지더라도, 확률변수

$$Q_{k-1} = \sum_{i=1}^{k} \frac{(X_i - np_i)^2}{np_i}$$

의 값을 계산할 수 없다. 카이제곱통계량의 값을 구하려면 H_0하에서의 기대도수 np_i를 추정해야 하는데, 생각해 볼수 있는 추정방법으로는 Q_{k-1}이 $\theta_1, \theta_2, \cdots, \theta_m$의 함수이므로 이 Q_{k-1}이 최소가 되도록 하는 $\theta_1, \theta_2, \cdots, \theta_m$)의 점추정치들을 이용하여, 각각의 기대도수 np_i를 추정하는 것이다. 이러한 방법으로 구한 $\theta_1, \theta_2, \cdots, \theta_m$의 추정치들을 **최소 χ^2 추정치**(minimum chi-square estimate)라 부르고, 이 추정치들은 $X_1 = x_1$, $X_2 = x_2$, $\cdots$, $X_k = x_k$에 종속되어 있다. 이제 기대도수 np_i의 추정값들과 Y_1, Y_2, $\cdots$, Y_n으로부터 관찰되는 X_1, X_2, $\cdots$, X_k를 이용하여 Q_{k-1}을 계산할 수 있는데, 여기서 주의해야 할 점은 Q_{k-1}이 근사적으로 자유도가 $(k-1) - m$인 χ^2분포에 따른다는 사실이다. 이것은 증명없이 받아들이기로 하자. 일반적으로 Q_{k-1}의 근사 χ^2분포에서 자유도는 추정된 미지모수의 개수만큼 줄어든다. 즉.

Q_{k-1}의 자유도 = $(k-1)$ - 추정된 모수의 개수

가 된다. 그런데 분포함수식에 미지모수가 포함된 대부분의 문제에서 미지모수에 대한 최소 χ^2추정치를 구하는 것이 어렵기 때문에 $\theta_1, \theta_2, \cdots, \theta_m$의 최우추정량을 이용하여 p_i 와 Q_{k-1}을 계산하는 것이 보통이다. 일반적으로 Q_{k-1}은 최우추정치들에 의하여 최소가 되지 않기 때문에 최우추정치를 이용하여 계산된 Q_{k-1}의 값은 최소 χ^2추정치를 이용하여 계산되는 Q_{k-1}의 값보다 약간 커질 것이다. 그러므로 자유도가 $(k-1) - m$인 χ^2분포표에서 찾은 기각역의 경계값과 최우추정치를 이용하여 계

산된 Q_{k-1}의 값을 비교할 때, 최소 χ^2추정치를 이용하여 계산된 Q_{k-1}의 값을 이용하는 경우보다 귀무가설 H_0를 기각할 기회가 더 많아진다. 즉, 최우추정량을 이용하는 χ^2검정의 근사유의수준은 χ^2분포표에서 구한 값보다 커지게 됨을 염두에 두어야 하며, p_i를 추정할 때에 가능한한 확률표본 Y_1, Y_2, $\cdots$, Y_n 보다는 관찰도수 X_1, X_2, $\cdots$, X_k를 이용하여야 한다.

問題 4 앞의 문제 3의 자료를 이용하여 귀무가설 $H_0 : Y \sim \text{POIS}(\lambda)$를 유의수준 $\alpha = 0.1$로 검정하여라.

解答 Poisson 분포의 평균 λ에 대한 최우추정량은 표본평균이므로

$$\hat{\lambda} = \frac{0 \times 1 + 1 \times 3 + 2 \times 7 + 3 \times 6 + 4 \times 10 + 5 \times 7 + 6 \times 6 + 7 \times 0}{40} = 3.65$$

이다. 또한 귀무가설 H_0하에서 확률 p_i와 기대도수 np_i의 추정값들은 $\hat{\lambda} = 3.65$인 Poisson 분포를 이용하여 구하면 다음의 표와 같다.

수리시간(일수)	1	2	3	4	5
관측도수(x_i)	4	7	6	10	13
확률($\widehat{p_{i0}}$)	0.121	0.173	0.211	0.192	0.303
기대도수($\widehat{np_{i0}}$)	4.84	6.92	8.44	7.68	12.12

표 7.2

따라서

$$\begin{aligned} Q_4 &= \frac{(4-4.84)^2}{4.84} + \frac{(7-6.92)^2}{6.92} + \frac{(6-8.44)^2}{8.44} \\ &\quad + \frac{(10-7.68)^2}{7.68} + \frac{(13-12.12)^2}{12.12} \\ &= 1.62 \end{aligned}$$

이고, 하나의 미지모수가 추정되었으므로 검정통계량의 자유도는 $(5-1)-1=3$이 되어 $P\{Q_4 \geqslant 5.25\} = 0.1$이므로, 유의수준$\alpha = 0.1$에서 귀무가설 H_0를 기각할 수 있다. 즉, 주어진 자료에 대한 확률모형으로 $\lambda = 3$인 Poisson 분포가 적합하다고 할 수는 없지만 Poisson 분포는 적절한 것으로 판단할 수 있다. □

7.2 동일성검정

이 절에서는 두 가지 이상의 분포들이 동일한가에 대한 검정을 생각해 본다. 즉, r개의 표본들이 모두 k개의 범주로 분류되는 동일한 다항분포에서 추출된 것인가 또는 r개의 다항분포가 동일한가를 검정하고자 한다. 먼저 r개의 이항분포에 대한 동일성검정으로 $X_i \sim \text{BIN}(n_i, p_i)$ $(i = 1, 2, 3, \cdots, r)$일 때 가설

$$H_0 : p_i = p_{i0}\,, \quad i = 1, 2, 3, \cdots, r, \; (p_{i0}\text{는 주어진 상수})$$

를 검정하여 보자. 여기서 i번째 이항분포로부터 크기 n_i인 표본중에 범주 A_1의 관찰도수를 x_{i1}, 범주 A_2의 관찰도수를 $x_{i2} = n_i - x_{i1}$이라 하면, 귀무가설 H_0하에서 각 범주에 속할 기대도수는 $e_{i1} = n)ip_{i0}$와 $e_{i2} = n_i(1 - p_{i)})$가 되며, 근사적으로

$$\sum_{j=1}^{2} \frac{(X_{ij} - e_{ij})^2}{e_{ij}} \sim \chi^2(1), \quad i = 1, 2, 3, \cdots, r$$

이고 서로 독립이다. 따라서 χ^2분포의 가법성에 의하여

$$\chi^2 = \sum_{i=1}^{r} \sum_{j=1}^{2} \frac{(X_{ij} - e_{ij})^2}{e_{ij}}$$

의 분포는 자유도가 r인 χ^2분포를 따른다. 그러므로 유의수준 α인 근사검정에서는 $\chi^2 > \chi^2_\alpha(r)$일 때 귀무가설을 기각한다.

問題 1 4개의 자동차 부품으로 구성된 시스템이 서로 독립적으로 작동한다고 한다. 각 부품을 50회 작동시켜 정상적으로 작동한 횟수를 관찰하였더니 각각 40, 48, 45, 40이었다. p_i를 i번째 부품이 정상적으로 작동할 확률이라고 할 때, 귀무가설

$$H_0 : p_1 = 0.90\,,\ p_2 = 0.90\,,\ p_3 = 0.80\,,\ p_4 = 0.80$$

을 유의수준 $\alpha = 0.05$로 검정하여라.

解答 각 관찰도수와 귀무가설하에서의 기대도수를 구하여 괄호 ( )속에 나타내고, 표로 정리하면 다음과 같다.

	관측결과		
	정상	불량	합계
부품 1	40 (45)	10 (5)	50
부품 2	48 (45)	2 (5)	50
부품 3	45 (40)	5 (10)	50
부품 4	40 (4)	10 (10)	50

표 7.3

위의 표에서 검정통계량의 값은

$$\begin{aligned}
\chi^2 &= \sum_{i=1}^{4} \sum_{j=1}^{2} \frac{(X_{ij} - e_{ij})^2}{e_{ij}} \\
&= \frac{(40-45)^2}{45} + \frac{(10-5)^2}{5} + \frac{(48-45)^2}{45} + \frac{(2-5)^2}{5} + \frac{(45-40)^2}{40} \\
&\quad + \frac{(5-10)^2}{10} + \frac{(40-40)^2}{40} + \frac{(10-10)^2}{10} \\
&= 10.59
\end{aligned}$$

이므로 근사 χ^2제곱분포의 자유도는 4가 된다. 따라서, $P\{\chi^2 > 9.49\} = 0.05$이므로 귀무가설 H_0를 기각한다. □

동일성검정에서 보다 더 자주 접하게 되는 문제는 r 개의 이항분포에서 p_i들이 모두 같은가를 검정하는 것 즉,

$$H_0 : p_1 = p_2 = \cdots = p_r = p$$

를 검정하는 것이고 이때 p는 구체적으로 명시되지 않는다. 이 경우에는 H_0하에서 각 범주에 속할 기대도수를 구하기 위하여 p값을 추정하여야 한다. i번째 이항분포로부터의 크기 n_i인 표본 중에서 범주 A_1의 관찰도수를 x_{i1}, 범주 A_2의 관찰도수를 x_{i2}라 하면, H_0하에서 p의 최우추정값은

$$\hat{p} = \frac{1}{n}\sum_{i=1}^{r} x_{i1}\,, \quad n = \sum_{i=1}^{r} n_i$$

이므로 각 범주에 속할 기대도수의 추정값들은

$$\hat{e}_{i1}\, n_i\hat{p}\,, \quad \hat{e}_{i2}\, n_i(1-\hat{p})\,,\ i = 1, 2, 3, \cdots, r$$

이 된다. 따라서, 검정통계량은

$$\chi^2 = \sum_{i=1}^{r}\sum_{j=1}^{2} \frac{(X_{ij} - \hat{e}_{ij})^2}{\hat{e}_{ij}}$$

이 되고, 미지모수가 하나 추정되었으므로 그 분포는 근사적으로 $\chi^2(r-1)$이 된다. 그러므로 유의수준 α인 근사검정에서 $\chi^2 > \chi^2_\alpha(r-1)$이면 귀무가설을 기각한다.

이제 실험의 출현결과가 k개의 범주 A_1, A_2, $\cdots$, A_k로 분류되는 r개의 다항분포가 동일한가를 검정하는 문제에 대하여 알아보자. i번째 다항분포에서 각 범주 A_j가 관찰될 확률을 p_{ij} $(p_1 + p_{i2} + \cdots + p_{ik} = 1)$라 할때, 귀무가설

$$H_0 : p_{1j} = p_{2j} = \cdots = p_{rj} = p_{0j}\,,\ j = 1, 2, 3, \cdots, k$$

을 검정하고자 한다. 여기서 i번째 다항분포로부터의 크기 n_i인 표본중에서 각 범주 A_j에 속하는 관찰도수를 x_{ij}라 하면, 동일성검정을 위한 자료구조는 아래 표와 같다.

다항모집단	범주						표본크기
	A_1	A_2	$\cdots$	A_4	$\cdots$	A_k	
1	x_{11}	x_{12}	$\cdots$	x_{1j}	$\cdots$	x_{1k}	n_1
2	x_{21}	x_{22}	$\cdots$	x_{2j}	$\cdots$	x_{2k}	n_2
$\vdots$	$\vdots$	$\vdots$	$\ddots$	$\vdots$	$\ddots$	$\vdots$	$\vdots$
i	x_{i1}	x_{i2}	$\cdots$	x_{ij}	$\cdots$	x_{ik}	n_i
$\vdots$	$\vdots$	$\vdots$	$\ddots$	$\vdots$	$\ddots$	$\vdots$	$\vdots$
r	x_{r1}	x_{r2}	$\cdots$	x_{rj}	$\cdots$	x_{rk}	n_r
합계	x_1	x_2	$\cdots$	x_j	$\cdots$	x_k	n

표 7.4 동일성검정을 위한 자료의 형태

귀무가설 H_0하에서 도수 $(X_{i1}, X_{i2}, \cdots, X_{ik})$는 모수 n_i와 p_{01}, p_{02}, $\cdots$, p_{0k}인 다항분포를 따르므로 각 범주 A_j의 기대도수는

$$e_{ij} = E\{X_{ij}\,|\,H_0\} = n_i\, p_{0j}\,,\ j = 1, 2, 3, \cdots, r$$

로 주어지며, 다항분포의 성질로부터

$$\sum_{j=1}^{k} \frac{(X_{ij} - e_{ij})^2}{e_{ij}}\,,\ i = 1, 2, 3, \cdots, r$$

의 분포는 근사적으로 $\chi^2(r-1)$이고 서로 독립이다. 따라서

$$\sum_{i=1}^{r}\sum_{j=1}^{k} \frac{(X_{ij} - e_{ij})^2}{e_{ij}} \sim \chi^2\big(r(k-1)\big)$$

이므로, 귀무가설 H_0하에서 p_{01}, p_{02}, $\cdots$, p_{0k}가 완전하게 명시되어 있으면 유의수준 α인 근사검정에서 $\chi^2 > \chi^2_\alpha\big(r(k-1)\big)$일 때 귀무가설을 기각한다.

가장 일반적으로 접하게 되는 경우는 p_{01}, p_{02}, $\cdots$, p_{0k}가 귀무가설하에서도 완전하게 지정되지 않은 것이다. 이때에는 검정통계량의 값을 구하기 위하여 $k-1$개의 미지모수 p_{01}, p_{02}, $\cdots$, $p_{0(k-1)}$의 값을 추정해야 한다. p_{0k}의 추정값은 $p_{01}+p_{02}+\cdots+p_{0k} = 1$로부터 구해진다. H_0하에서 p_{0j}의 최우추정량은 크기 n인 합동표본으로부터의 합동추정량으로

$$\hat{p}_{0j} = \frac{1}{n}\sum_{i=1}^{r} x_{ij} = \frac{X_j}{n}, \quad j = 1, 2, 3, \cdots, k$$

와 같이 구해진다. 따라서 H_0하에서의 기대도수는

$$\hat{e}_{ij} = n_i \hat{p}_{0j} = \frac{n_i\, X_j}{n},\ j = 1, 2, 3, \cdots, k$$

와 같이 추정되므로, 동일성검정에 사용되는 검정통계량은

$$\chi^2 = \sum_{i=1}^{r}\sum_{j=1}^{k}\frac{(X_{ij}-\hat{e}_{ij})^2}{\hat{e}_{ij}}$$

이 되고, 검정통계량의 근사분포는 자유도가 $r(k-1)-(k-1)$인 χ^2분포가 된다. 그러므로 유의수준이 α인 귀무가설 H_0의 기각역은

$$\chi^2 = \sum_{i=1}^{r}\sum_{j=1}^{k}\frac{(X_{ij}-\hat{e}_{ij})^2}{\hat{e}_{ij}} > \chi^2_{\alpha}\big((r-1)(k-1)\big)$$

이다.

7.3 분할표에 의한 독립성검정

확률실험의 출현결과가 두가지 속성 A와 B에 의하여 분류될 수 있고, 하나의 속성 A는 서로 배반인 r개의 범주 A_1, A_2, $\cdots$, A_r로 또 다른 속성 B는 서로 배반인 c개의 범주 B_1, B_2, $\cdots$, B_c로 분할되어 있을때, 실험의 출현결과는

$$A_i \cap B_i\,,\ i=1,2,3\cdots,r\,,\ \ j=1,2,3,\cdots,c$$

중의 어느 하나에만 속하고

$$p_{ij} = P(A_i \cap B_i)\,,\ i=1,2,3\cdots,r\,,\ \ j=1,2,3,\cdots,c$$

라 하자. 이러한 확률실험을 독립적으로 n회 반복시행하여 사건 $A_i \cap B_j$가 일어난 횟수 X_{ij}를 관찰한 자료를 토대로, 두 속성 A와 B가 서로 독립인가를 검정하고자 한다. 이와같은 독립성검정에서의 자료구조는 다음과 같은 표와 같이 주어지는데, 이러한 유형의 표를 분할표(contingency table)라 한다.

	B_1	B_2	$\cdots$	B_j	$\cdots$	B_c	합계
A_1	x_{11}	x_{12}	$\cdots$	x_{1j}	$\cdots$	x_{1k}	n_1
A_2	x_{21}	x_{22}	$\cdots$	x_{2j}	$\cdots$	x_{2k}	n_2
$\vdots$	$\vdots$	$\vdots$	$\ddots$	$\vdots$	$\ddots$	$\vdots$	$\vdots$
A_i	x_{i1}	x_{i2}	$\cdots$	x_{ij}	$\cdots$	x_{ik}	n_i
$\vdots$	$\vdots$	$\vdots$	$\ddots$	$\vdots$	$\ddots$	$\vdots$	$\vdots$
A_r	x_{r1}	x_{r2}	$\cdots$	x_{rj}	$\cdots$	x_{rk}	n_r
합계	$x_{\cdot 1}$	$x_{\cdot 2}$	$\cdots$	$x_{\cdot j}$	$\cdots$	$x_{\cdot k}$	n

표 7.5 분할표

두 속성 A와 B가 서로 독립이라는 귀무가설

$$H_0 : P(A_i \cap B_j) = P(A_i)\,P(B_j)\,, i = 1, 2, 3\cdots, r\,,\;\; j = 1, 2, 3, \cdots, c$$

는 $P(A_i) = p_{i\cdot}$, $P(B_j) = p_{\cdot j}$라 하면

$$H_0 : p_{ij} = p_{i\cdot}\,p_{\cdot j}\,, i = 1, 2, 3\cdots, r\,,\;\; j = 1, 2, 3, \cdots, c$$

로 나타낼 수 있다. 여기서,

$$p_{i\cdot} = \sum_{j=1}^{c} p_{ij}\,, \quad p_{\cdot j} = \sum_{i=1}^{r} p_{ij}\,, \quad \sum_{i=1}^{r}\sum_{j=1}^{c} p_{ij} = \sum_{i=1}^{r} p_{i\cdot} = \sum_{j=1}^{c} p_{\cdot j} = 1$$

이어야 한다. 그런데 사건 $A_i \cap B_j$의 관찰도수를 확률변수 X_{ij}라 하면, rc개 확률변수들의 결합분포는 모수가 n과 p_{11}, p_{12}, $\cdots$, p_{rc}인 다항분포이므로 다음과 같은 확률변수

$$Q_{rc-1} = \sum_{i=1}^{r}\sum_{j=1}^{c} \frac{(X_{ij} - np_{ij})^2}{np_{ij}}$$

의 분포는 근사적으로 자유도가 $rc - 1$인 χ^2분포를 따르고, 귀무가설 H_0하에서는 $p_{ij} = p_{i\cdot}\,p_{\cdot j}$이므로, 사건 $A_i \cap B_j$의 기대도수가

$$e_{ij} \;=\; E(X_{ij}\,|\,H_0) \;=\; np_{ij} \;=\; np_{i\cdot}p_{\cdot j}$$

로 주어진다. 따라서 귀무가설 H_0와 대립가설 H_α의 차이를 나타내는 측도

$$\sum_{i=1}^{r}\sum_{j=1}^{c} \frac{(X_{ij} - np_{i\cdot}p_{\cdot j})^2}{np_{i\cdot}p_{\cdot j}}$$

을 귀무가설 H_0의 검정통계량으로 생각할 수 있다. 그러나 $p_{1\cdot}$, $p_{2\cdot}$, $\cdots$, $p_{r\cdot}$와 $p_{\cdot 1}$, $p_{\cdot 2}$, $\cdots$, $p_{\cdot c}$들은 미지모수이므로, 추정되어야 할 모수의 개수는

$$\sum_{i=1}^{r} p_{i\cdot} \;=\; \sum_{j=1}^{c} p_{\cdot j} \;=\; 1$$

의 조건에 의하여 $(r-1)+(c-1)$개가 되는데, 미지모수들의 최우추정량은

$$\hat{p}_{i\cdot} \;=\; \frac{X_{i\cdot}}{n} \;=\; \frac{1}{n}\sum_{j=1}^{c} X_{ij}\,,\;\; i = 1, 2, 3, \cdots, r$$

$$\hat{p}_{\cdot i} \;=\; \frac{X_{\cdot j}}{n} \;=\; \frac{1}{n}\sum_{i=1}^{r} X_{ij}\,,\;\; j = 1, 2, 3, \cdots, c$$

에서 구하고 사건 $A_i \cap B_j$의 기대도수 e_{ij}는

$$\hat{e}_{ij} \;=\; n\hat{p}_{ij} \;=\; n\hat{p}_{i\cdot}\hat{p}_{\cdot j} \;=\; \frac{1}{n}X_{i\cdot}X_{\cdot j}$$

에서 추정할 수 있다. 따라서 독립성검정에 사용되는 검정통계량은

$$\chi^2 = \sum_{i=1}^{r}\sum_{j=1}^{c}\frac{(X_{ij}-\hat{e}_{ij})^2}{\hat{e}_{ij}} = \sum_{i=1}^{r}\sum_{j=1}^{c}\frac{(X_{ij}-n\hat{p}_{i\cdot}\,\hat{p}_{\cdot j})^2}{n\hat{p}_{i\cdot}\,\hat{p}_{\cdot j}}$$

이고, 자유도는 $rc-(r-1)-(c-1)=(r-1)(c-1)$이 되어 유의수준이 α인 귀무가설 H_0의 기각역은

$$\chi^2 = \sum_{i=1}^{r}\sum_{j=1}^{c}\frac{(X_{ij}-\hat{e}_{ij})^2}{\hat{e}_{ij}} > \chi^2_\alpha\big((r-1)(c-1)\big)$$

이다.

問題 1 어떤 차량 부품의 고장상태를 관찰하여 200개의 부품을 고장의 형태(S_1 또는 S_2)와 위치(T_1 또는 T_2 또는 T_3)에 따라 분류하여 다음과 같은 분할표를 얻었다.

	T_1	T_2	T_3	합계
S_1	50	16	31	97
S_2	61	26	16	103
합계	111	42	47	200

고장형태와 고장위치는 서로 무관하다고 할 수 있는지를 유의수준 $\alpha = 0.05$로 검정하여라.

解答 범주의 기대도수를 추정하는 한 예를 구하면

$$\hat{e}_{ij} = \frac{x_{1\cdot}x_{\cdot 2}}{n} == \frac{97\times 42}{200} = 20.37$$

이고, 이러한 방법으로 각 범주의 기대도수를 구하여 분할표로 정리하면 다음과 같다.

	T_1	T_2	T_3
S_1	53.85(0.27)	20.37(0.94)	22.80(2.95)
S_2	57.17(0.26)	21.63(0.88)	24.21(2.78)

표 7.6

위의 분할표에서 괄호 안의 값은

$$\frac{(x_{ij}-\hat{e}_{ij})^2}{\hat{e}_{ij}}$$

을 계산한 것이다. 따라서 검정통계량의 관찰값은

$$\chi^2 = 0.27+0.94+2.95+0.24+0.88+2.78 = 8.08$$

이고, 자유도는 $(2-1)(3-1)=2$이므로, 유의수준 $\alpha=0.05$에서

$$\chi^2_{0.05}(2) \ = \ 5.99 \ < \ 8.08$$

이 되어 귀무가설을 기각한다. 즉, 고장형태에 따라 고장위치가 다르다고 할 수 있다. 실제로 위의 분할표의 괄호속에 있는 값을 관찰하여 보면 고장위치 T_1과 T_2에서는 고장형태가 비슷하지만, 고장위치T_3에서는 고장형태에 있어 큰 차이를 나타내고 있음을 알 수 있다. □

練習問題

1. 한 개의 동전을 20회 던져서 앞면이 7번 나타나는 것을 관찰하였다. χ^2검정을 이용하여 이 동전이 공정한(fair)한 것인가를 유의수준 $\alpha = 0.10$으로 검정하여라.

2. 한 개의 정육면체 주사위를 독립적으로 120번 던져서 다음과 같은 자료를 얻었다.

주사위의 눈	1	2	3	4	5	6
관찰도수	c	20	20	20	20	40-c

χ^2검정을 이용하여 주사위가 공정(fair)하다는 귀무가설을 검정할 때, 유의수준 $\alpha = 0.05$에서 귀무가설이 기각될 c의 값을 구하여라.

3. 세 가지 유형의 종족으로부터 각각 50명, 100명, 50명을 랜덤하게 추출하여 어떤 특성이 나타난 사람수를 조사하였더니 10명, 50명, 30명이었다. 각 종족에 대한 특성의 발현율을 p_1, p_2, p_3라 할 때, 유의수준 $\alpha = 0.10$로

   (a) $H_0 : p_1 = 0.25,\ p_2 = 0.5,\ p_3 = 0.5$를 검정하여라.

   (b) $H_0 : p_1 = p_2 = p_3 = 0.5$를 검정하여라.

   (c) $H_0 : p_1 = p_2 = p_3$를 검정하여라.

4. 유전에 관한 문제에서 갈색과 흰색은 0.25, 점박이는 0.5의 확률로 나타난다고 알려져 있다.

   (a) 40회의 시행에서 관측된 자료가 다음과 같을 대, 이 모형이 옳은지를 유의수준 $\alpha = 0.10$으로 검정하여라.

	갈색	흰색	점박이
관찰도수	5	15	20

   (b) 출현확률이 각각 $\frac{1}{9}$, $\frac{4}{9}$, $\frac{4}{9}$라는 가설을 유의수준 $\alpha = 0.10$으로 검정하여라.

5. 구간 $\{x \,|\, 0 < x < 2\}$에서 하나의 수를 랜덤하게 택하는 확률과정에서

$$A_{-} = x \,|\, \frac{i-1}{2} < x \leqslant \frac{i}{2}\},\ i = 1,2,3, \quad A_4 = \{x \,|\, \frac{3}{2} < x < 2\}$$

에 대응되는 확률을

$$p_{i0} = \int_{A_i} \frac{2-x}{2}\, dx\,,\ i = 1,2,3,4$$

로 가정한다. 80번의 시행에서 집합 A_i $(i = 1,2,3,4)$의 관찰도수가 각각 30, 30, 10, 10일 때, 유의수준 $\alpha = 0.05$로 귀무가설 $H_0 : p_i = p_{i0}$ $(i = 1,2,3,4)$를 검정하여라.

6. 집합 $A_1 = \{x \mid -\infty < x < 0\}$와 $A_2 = \{x \mid 6 < x < +\infty\}$에 대응되는 확률을

$$p_{i0} = \int_{A_i} \frac{1}{2\sqrt{2\pi}} e^{-\frac{(x-3)^2}{2(4)}} dx\,,\ i = 1,2,3,4,5,6,7,8$$

로 가정한다. 1000회의 시행에서 집합 A_i $(i = 1,2,3,4,5,6,7,8)$의 관찰돗수가 각각 60, 96, 140, 210, 172, 160, 88, 74일 때, 유의수준 $\alpha = 0.05$ 귀무가설 H_0 : $p_i = p_{i0}$ $(i = 1,2,3,4)$를 검정하여라.

7. 검은 공 5개, 흰 공 10개가 들어있는 상자에서 김씨와 이씨 두 사람이 각각 세 개의 공을 꺼내고, 관측된 검은 공의 수를 기록하였다. 두 사람이 각각 100회씩 시행하여 얻은 결과가 다음과 같았다.

관찰값	0	1	2	3
김씨	25	40	25	10
이씨	40	40	15	5

(a) 김씨는 비복원으로, 이씨는 복원으로 공을 꺼냈다는 가정을 유의수준 $\alpha = 0.10$에서 검정하여라.

(b) 김씨는 복원으로, 이씨는 비복원으로 공을 꺼냈다는 가정을 유의수준 $\alpha = 0.10$에서 검정하여라.

(c) 두 다항분포가 동일하다는 가설을 유의수준$\alpha = 0.05$에서 검정하여라.

8. 어떤 확률실험의 결과는 속성 $A(AAA_1, A_2, A_3)$와 속성 $B(B_1, B_2, B_3, B_4)$에 의하여 분류할 수 있다. 이 확률실험을 독립적으로 200회 반복시행하여 다음과 같은 분할표를 얻었다.

	B_1	B_2	B_3	B_4
A_1	10	21	15	6
A_2	11	27	21	13
A_3	6	19	27	24

유의수준 $\alpha = 0.05$로 가설 $H_0 : P(A_i \cap B_i) = P(A_i)\,P(B_j)$, $i = 1,2,3$, $j = 1,2,3,4$를 검정하여라.

9. 비행기 부품의 고장형태는 기계적인 것(M), 전자적인 것(E), 기타(R)로 분류할 수 있다. 다음 자료를 이용하여 비행기의 종류(I, II)와 부품의 고장형태는 독립이라는 가설을 유의수준 $\alpha = 0.05$로 검정하여라.

	M	E	R
I	50	30	60
II	40	30	40

제 8 장

비모수 추정론

8.1 비모수적 추론

일반적으로 통계적인 추론의 방법은 모집단의 분포에 대하여 엄밀한 가정을 하고 시작하는 것이다. 예를 들면, 모평균을 검정할 때 이용하는 t검정, 분산분석에 이용하는 F검정 등은 모집단의 분포가 정규분포에 따른다는 가정 하에서 통계량을 선정하고 주어진 조건들이 만족할 때 비로서 최적 검정 방법이 될 수 있다. 그러나 실제로는 모집단의 분포가 정확하게 정규분포를 따르는 경우는 거의 없으며 다만 근사적으로 정규분포에 따르는 경우가 많을 것이다. 더욱이 우리가 실제로 수집하여 얻은 자료들의 분포가 정규분포와는 전혀 다른 형태의 분포를 가질수도 있을 것이다. 이와 같은 경우에는 정규분포를 가정하고 얻어진 추정량이나 검정통계량의 효율이 대단히 좋지 않게 된다. 그러므로 정규분포에 따는다는 가정하에서 전개되는 전통적인 통계 추론 기법들을 적용할 수 없는 경우에는 다른 대안이 요구된다. 일반적으로 기본 분포의 형태를 알 수 있다면 그 분포를 기초로하여 엄밀한 가설검정이나 신뢰구간을 추정할 수 있다. 그러만 실제로는 기본 분포의 형태를 알 수 없는 경우가 많으므로 분포의 형태와는 무관하게 적용할 수 있는 방법이 필요하다. 이러한 기법들을 **비모수적 추정론**(theory of nonparametric inference) 또는 **분포무관 추론 방법**(distribution-free inferential method)이라 부른다. 비모수적(nonparametric)이란 용어는 분포의 모수에 대한 가설점정이 대응되어 만들어진 것이다. 예를 들면, 일반적인 우도비를 유도할 때 분포의 함수식에 있는 모수들이 모수공간 상에서 변함에 따라 분포적을 정의하게 되는 모수공간을 고려하게 되는 것이다.

8.2 부호검정

부호검정에서의 조건은 단지 모집단이 연속이고 대칭이라는 가정만이 필요하다. 부호검정(sign test)은 귀무가설 $H_0 : \mu = \mu_0$인 단일표본 t-검정에 대한 비모수적 대안으로 자주 이용된다. 그런데 만약 m을 모집단의 중앙값(median)이라 하고 귀무가설 $H_0 : m = m_0$라고 하면, 분포에 대한 대칭성의 가정은 필요하지 않다.

모집단으로부터 크기 n인 확률표본 $X_1, X_2, \cdots, X_n$을 추출하고, 임의의 관찰값 m_0에 대하여 $X_i - m_0 > 0$인 관찰값의 개수를 T라 하고, 또한 $T > m_0$을 만족하는 통계량이라 하자. 이제 ξ_i를

$$\xi_i = \begin{cases} 1, & X_i > m_0 \\ 0, & X_i < m_0 \end{cases}$$

이라 정의하면, T는

$$T = \sum_{i=1}^{n} \xi_i$$

이다. 여기서 통계량 T의 값을 구하기 위해서는 단지 정확한 관찰값을 몰라도 m_0의 대소관계를 구분할 수 있으면 된다.

단순귀무가설 $H_0 : m = m_0$하에서

$$\begin{aligned} p_0 &= P\{X > m_0\} \\ &= P\{X - m_0 > 0\} = \frac{1}{2} \end{aligned}$$

이므로 $X - m_0$의 부호(sign)가 양(positive)일 확률은 $p_0 = \frac{1}{2}$이다. 대립가설 $H_1 : m = m_1 > m_0$하에서는

$$\begin{aligned} p_1 &= P\{X > m_0\} \\ &= P\{X > m_1\} = \frac{1}{2} \end{aligned}$$

이다. 그런데 H_0에서는 통계량 T의 확률분포는 $T \sim \text{BIN}(n, p_0)$ $(p_0 = \frac{1}{2})$이므로 검정통계량 T에 근거한 다음 검정

$$H_0 : m = m_0 \quad \text{v.s} \quad H_1 : m > m_0$$

는 가설

$$H_0 : p = p_0 = \frac{1}{2} \quad \text{v.s} \quad H_1 : p_0 = \frac{1}{2}$$

인 모비율에 관한 검정으로 생각할 수 있다.

定理 8.1 $X_1, X_2, \cdots, X_n$은 누적분포함수 $F(x)$를 갖는 연속확률분포에서 추출한 크기 n인 확률표본이라. 하고 m을 누적분포함수 $F(x)$의 중앙값(median) 즉, $F(m) = \frac{1}{2}$이다. 이때, t를 T의 관찰값이라 할 때, $H_0 : m = m_0$에 대한 크기 α인 검정은 다음과 같다.

(1) $H_0 : m = m_0$에 대한 $H_1 : m > m_0$의 검정에서 $t \geqslant b(\alpha, n, \frac{1}{2})$이면, 귀무가설 H_0를 기각한다.

(2) $H_0 : m = m_0$에 대한 $H_1 : m < m_0$의 검정에서 $t \leqslant b(1-\alpha, n, \frac{1}{2})$이면, 귀무가설 H_0를 기각한다.

(3) $H_0 : m = m_0$에 대한 $H_1 : m \neq m_0$의 검정에서 $t \geqslant b(\frac{\alpha}{2}, n, \frac{1}{2})$이거나 $t \leqslant b(1-\frac{\alpha}{2}, n, \frac{1}{2})$이면, 귀무가설 H_0이면 귀무가설 H_0를 기각한다.

여기서, $b(\alpha, n, \frac{1}{2})$는 표본의 크기가 n이고 성공확률이 $\frac{1}{2}$인 이항분포의 제 $100(1-\alpha)$백분위수 즉, $P_{H_0}\{T \geqslant b(\alpha, n, \frac{1}{2}\} = \alpha$를 만족하는 값이다.

귀무가설 $H_0 : m = m_0$하에서 부호 검정통계량 T는 평균 $\frac{n}{2}$에 대하여 대칭이므로

$$b(\alpha, n, \tfrac{1}{2}) - \frac{n}{2} \;=\; \frac{n}{2} - \left\{b(1-\alpha, n, \tfrac{1}{2}) - 1\right\}$$

으로부터

$$b(1-\alpha, n, \tfrac{1}{2}) \;=\; n + 1 - b(\alpha, n, \tfrac{1}{2})$$

이다. 만약, 표본의 수 n이 충분히 클 경우에는 표준정규화한 다음 통계량은

$$Z \;=\; \frac{T - \frac{n}{2}}{\sqrt{\frac{n}{4}}} \sim N(0,1)$$

이므로 이와 관련된 검정법을 이용하면 된다.

問題 1 다음 자료에 대하여 $H_0 : m = 80$에 대한 $H_1 : m > 80$에 대한 검정에서 $\alpha = 0.05$를 이용하여 부호검정을 하여라.

$$97, 102, 80, 90, 88, 65, 83, 91, 59, 84, 81, 86, 82, 78, 105, 81, 91, 83, 80, 85$$

解答 주어진 자료 중에 80이 하나 더 있으므로 표본의 크기는 $n = 19$개이고, 80보다 큰 관찰값의 개수는 $t = 15$개이다. 부록의 표에서 $b(0.0096, 19, \frac{1}{2}) = 15$이므로 p-값

이 0.0096이다. 따라서 귀무가설을 기각한다. □

8.3 Wilcoxon 부호순위검정

부호검정에서는 관측값의 크기를 무시하고 부호만을 사용하므로 정보의 손실이 크다. 따라서 $Y_i = X_i - \xi \ (i = 1, 2, 3, \cdots, n)$의 부호뿐만 아니라 상대적인 크기를 고려하는 통계량을 생각할 수 있는데 이것이 Wilcoxon 부호순위검정(signed-rank test)이다.

$X_1, X_2, \cdots, X_n$은 중앙값 m에 대하여 대칭이고 연속인 모집단에서 추출한 크기 n인 확률표본이라 하고, $F(x)$를 X_i의 누적분포함수라고 하자. 귀무가설 $H_0 : m = m_0$를 검정하기 위하여 다음과 같은 절차를 생각해 보자.

(1) $Z_i = X_i - m_0 \ (i = 1, 2, 3, \cdots, n)$을 구한다.

(2) $|Z_1|, |Z_2|, \cdots, |Z_n|$의 순위를 정한다.

(3) 양의 값을 갖는 Z_i들의 순위합을 T^+, 음의 값을 갖는 Z_i의 순위합을 T^-라고 하자. 여기서

$$\xi_i = \begin{cases} 1, & Z_i > 0 \\ 0, & Z_i < 0 \end{cases}$$

이라고 하고 $|Z_i|$의 순위를 r_i라고 하면,

$$\begin{aligned} T^+ &= \sum_{i=1}^{n} r_i \, \xi_i \,, \\ T^- &= \sum_{i=1}^{n} (1 - \xi_i) r_i \end{aligned}$$

이다. 이때, 귀무가설 H_0하에서 T^+와 T^-의 기댓값은 서로 같으며, 또한

$$\begin{aligned} T^+ + T^- &= \sum_{i=1}^{n} i \\ &= \frac{n(n+1)}{2} \end{aligned}$$

이므로 두 통계량 T^+와 T^-는 선형관계가 있다. 이 사실은 둘 중 어느 하나를 검정통계량으로 사용해도 동일한 결과를 얻을 수 있는 것을 말해 준다. 여기에서는 검정통계량으로 T^+를 사용하기로 한다. 이상을 정리하면 다음과 같다.

定理 8.2 $X_1, X_2, \cdots, X_n$을 중앙값 m에 대하여 대칭이고 연속인 모집단에서 추출한 크기 n인 확률표본이라 할 때, 크기가 α인 검정은 다음과 같다.

(1) $H_0 : m = m_0$에 대한 $H_1 : m > m_0$의 검정에서 $t^+ \geqslant t_\alpha(n)$이면, 귀무가설 H_0를 기각한다.

(2) $H_0 : m = m_0$에 대한 $H_1 : m < m_0$의 검정에서 $t^+ \leqslant \frac{n(n+1)}{2} + 1 - t_\alpha(n)$이면, 귀무가설 H_0를 기각한다.

(3) $H_0 : m = m_0$에 대한 $H_1 : m \neq m_0$의 검정에서 $t^+ \geqslant t_{\frac{\alpha}{2}}(n)$ 또는 $t^+ \leqslant \frac{n(n+1)}{2} + 1 - t_{\frac{\alpha}{2}}(n)$이면, 귀무가설 H_0를 기각한다.

여기서, t^+는 통계량 T^+의 관찰값이고 $t_\alpha(n)$은 귀무가설 $H : m = m_0$하에서의 $P_{H_0}\{T^+ \geqslant t_\alpha(n)\} = \alpha$를 만족하는 값이다.

만약, 표본 중에서 $Z_i = 0$인 관찰값이 존재하면 그 관찰값을 표본에서 제외시키고 표본의 크기를 그 개수만큼 줄인다. 도한 $|Z_i|$가 0이 아니면서 동일한 값이 존재하는 경우에는 순위를 구할 때 평균순위를 구하여 검정을 한다. 또한, 표본의 크기가 비교적 클 경우에는 다음과 같은 방법으로 Wilcoxon 부호순위검정을 한다. 귀무가설 H_0가 참일 때, 통계량 T^+의 기댓값은

$$
\begin{aligned}
E(T^+) &= E\left(\sum_{i=1}^{n} \xi_i r_i\right) \\
&= \frac{1}{2}\sum_{i=1}^{n} i \\
&= \frac{n(n+1)}{4}
\end{aligned}
$$

이고 분산은

$$
\begin{aligned}
\text{Var}(T^+) &= \text{Var}\left(\sum_{i=1}^{n} \xi_i r_i\right) \\
&= \sum_{i=1}^{n} r_i^2 \text{Var}(\xi_i) \\
&= \frac{1}{4}\sum_{i=1}^{n} i^2 \\
&= \frac{n(n+1)(2n+1)}{24}
\end{aligned}
$$

이므로 표준화한 다음 통계량은 n이 충분히 클 때

$$Z^+ = \frac{T^+ - \frac{n(n+1)}{4}}{\sqrt{n(n+1)(2n+1)}} \sim N(0,1)$$

인 사실을 이용하면 된다. 참고로 대표본의 경우 근사를 이용할 때, T^+의 분산은 다음 식을 이용한다.

$$\text{Var}(T^+) = \frac{1}{24}\{n(n+1)(2n+1) - \frac{1}{2}(\sum_{j=1}^{k} t_j^2 - \sum_{i=1}^{k} t_j)\}.$$

위의 식에서 k는 동점그룹의 개수이고 t_j는 j-번째 동점그룹에 포함된 관찰값의 개수이다.

問題 1 다음은 식이요법에 참가한 15명의 사람들의 식이요법 5주 후에 감소한 체중이다. (단위: kg)

4.1, 3.3, 4.8, −1.0, 1.8, 2.2, −1.6, −0.6, 4.5, 3.8, −1.1, 0.5, 3.7, 0.3, −0.7

식이요법이 체중의 감소효과가 있는지 유의수준 $\alpha = 0.05$로 Wilcoxon 부호순위검정을 이용하여 검정하여라.

解答 감소한 체중의 양인 자료의 순위합은

$$t^+ = 13 + 10 + 15 + 8 + 9 + 14 + 12 + 2 + 11 + 1 = 95$$

이다. 여기서 m_1과 m_2를 식이요법 전후 체중의 중앙값이라고 하면, $H_0 : m_1 = m_2$에 대한 $H_1 : m_1 > m_2$의 검정의 기각역은 $t^+ \geqslant t_{0.05}(15)$이다. 그런데 $t_{0.05}(15) = 95$이므로 귀무가설 H_0는 기각된다. 즉, 식이요법이 체중감소에 효과가 있다고 말할 수 있다. □

8.4 Wilcoxon 순위합검정

이 절에서는 Wilcoxon 순위합검정 또는 Mann-Whitney 검정에 대하여 알아본다. 이 검정법은 두 표본의 위치문제에서 가장 많이 사용되는 비모수적인 방법이며, 또한 동일한 결론을 유도하기 때문에 두 검정방법은 동일한 것으로 생각할 수 있다.

첫 번째, Wilcoxon이 제안한 검정방법은 다음과 같다.

$X_1, X_2, \cdots, X_m$과 $Y_1, Y_2, \cdots, Y_n$은 연속인 두 모집단에서 추출한 크기가 각각 m과 n인 확률표본이다. 먼저 $m+n$개의 X와 Y를 혼합하여 작은 것부터 크기 순으로 나열하여 순위를 정한다. 이제

$$H_0 : \text{모든 } x\text{에 대하여}, \; F_X(x) = F_Y(y)$$

하에서 X와 Y는 동일한 분포에서의 확률표본이므로 X와 Y의 순위는 1부터 $m+n$중 어느 것이나 동일하다. 이제 $m+n$개의 혼합표본에서 X들의 순위합을 W_x, Y들의

순위합을 W_y라고 하자. 만약, 혼합표본에서 순위를 정할 때 동점이 발생하는 경우에는 해당되는 순위의 평균을 동일하게 부여한다. 예를 들어, 5번째와 6번째의 관찰값이 같으면 두 관찰값 모두 5.5 순위를 부여한다. 그러면 W_x와 W_y의 합은 1부터 $m+n$까지의 합과 같기 때문에

$$W_x + W_y = \frac{(m+n)(m+n+1)}{2}$$

이므로 W_x 또는 W_y 중에 어떤 것을 검정통계량으로 사용해도 같은 결론을 얻게 된다. 따라서

$$H_0 : \text{모든 } x\text{에 대하여}, \quad F_X(x) = F_Y(x)\text{이다}$$

에 대하여

$$H_1 : \text{적어도 한 } x\text{에 대하여}, \quad F_X(x) > F_Y(x)\text{이다}$$

을 검정하고자 한다면

$$w_x \leqslant c_1 \quad \text{또는} \quad w_y \geqslant c_2$$

일 때 귀무가설을 기각한다. 여기서 w_x와 w_y는 각각 W_x와 W_y의 관찰값이다. 그러므로 귀무가설 하에 W_x의 분포표를 이용하여 주어진 검정을 하면 된다.

두 번째는 Mann-Whitney가 제안한 검정방법이다.

혼합표본에서 y가 x보다 작은 횟수를 U_x라 하면,

$$U_x = \sum_{i=1}^{m}\sum_{j=1}^{n} Z_{ij}, \quad Z_{ij} = \begin{cases} 0, & X_i < Y_j \\ 1, & X_i > Y_j \end{cases}$$

이면, Wilcoxon 순위합검정통계량과 Mann-Whitney 검정통계량 사이에는 다음과 같은 선형관계

$$\begin{aligned} U_x &= W_x - \frac{m(m+1)}{2} \\ U_y &= W_y - \frac{n(n+1)}{2} \end{aligned}$$

인 관계가 성립한다. 그런데 U_y는 y가 x를 초과하는 횟수이므로

$$U_x + U_y = mn$$

이다. 따라서 두 검정법은 결과적으로 동일한 검정임을 알 수 있다. Mann-Whitney 검정통계량을 이용한 검정방법은 다음과 같다.

定理 8.3 $X_1, X_2, \cdots, X_m$과 $Y_1, Y_2, \cdots, Y_n$은 연속인 두 모집단에서 추출한 서로 독립인 확률표본이다.(단, $m \leqslant n$) 귀무가설

$$H_0 : \text{모든 } x\text{에 대하여, } F_X(x) = F_Y(x)$$

에 대한 각 대립가설을 검정하고자 할 때, 크기가 α인 검정은 다음과 같다.

(1) $H_1 : F_X(x) > F_Y(x)$이면, $u_x \leqslant u_\alpha(m,n)$이면, H_0를 기각한다.

(2) $H_1 : F_X(x) < F_Y(x)$이면, $u_y \leqslant u_\alpha(m,n)$이면, H_0를 기각한다.

(3) $H_1 : F_X(x) \neq F_Y(x)$이면, $u = \min\{u_x, u_y\} \leqslant u_{\frac{\alpha}{2}}(m,n)$이면, H_0를 기각한다.

問題 1 다음 자료는 두 담배회사에서 생산하고 있는 특정 담배의 니코틴 함량을 측정한 것이다.

회사 A	2.1	4.0	6.3	5.4	4.8	3.7	6.1	3.3		
회사 B	4.1	0.6	3.1	2.5	4.0	6.2	1.6	2.2	1.0	5.4

두 회사에서 생산하고 있는 담배의 니코틴 함량이 다르다는 가설을 유의수준 0.05로 검정하여라.

解答 $m = 8$, $n = 10$이고 혼합표본에서 순위를 구하면 다음과 같다.

회사 A	2.1	4.0	6.3	5.4	4.8	3.7	6.1	3.3		
순위	4	10.5	18	14.5	13	9	16	8		
회사 B	4.1	0.6	3.1	2.5	4.0	6.2	1.6	2.2	1.0	5.4
순위	12	1	7	6	10.5	17	2	5	3	14.5

이로부터

$$w_x = 4 + 10.5 + 18 + 14.5 + 13 + 9 + 16 + 8 = 93$$

이고

$$w_y = \frac{18 \times 19}{2} - 93 = 78$$

이다. 따라서

$$u_x = 93 - \frac{8 \times 9}{2} = 57$$
$$u_y = 78 - \frac{10 \times 11}{2} = 23$$

이므로 $u = 23$이다. 기각역은 $u \leqslant u_{0.025}(8.10) = 17$이므로 귀무가설 H_0를 기각할 수 없다. □

순위합검정에서 m과 n이 충분히 크면 표준정규근사를 이용하여 검정을 한다. 귀무가설 H_0하에서

$$\begin{aligned} E(U) &= E(U_x) = E(U_y) = \frac{mn}{2} \\ \text{Var}(U) &= \frac{mn(m+n+1)}{12} \end{aligned}$$

이므로 m과 n이 충분히 크면, 다음 근사식

$$Z_U = \frac{U - \dfrac{mn}{2}}{\sqrt{\dfrac{mn(m+n+1)}{12}}} \sim N(0,1)$$

을 이용하여 정규검정을 한다.

8.5 선형순위통계량

앞 절에서 이미 설명한 Mann-Whitney 순위합검정을 일반화한 분포무관통계량에 관한 이론적은 고찰은 다음과 같다. V_1, V_2, $\cdots$, V_N을 연속인 확률분포로부터 추출한 크기 n인 확률표본이라 하고, R_i를 V_1, V_2, $\cdots$, V_N에서의 V_i $(i = 1, 2, 3, \cdots, N)$의 순위, $c(i)$는 처음 N개의 자연수에서 정의되는 점수함수(score function)로서 적당히 선정된 상수라 할 때,

$$L = \sum_{i=1}^{N} a_i \, c_i(R_i), \quad a_i \in \mathbb{R}$$

를 **선형순위통계량**(linear rank statistic)이라 한다. 선형순위통계량 식에서 $N = m + n$이라 하고

$$V_1 = X_1, V_2 = X_2, \cdots, V_m = X_m, \;\; V_{m+1} = Y_1, V_{m+2} = Y_2, \cdots, V_N = Y_n,$$

$$c(i) = 1, 2, 3, \cdots, N, \;\; a_1 = a_2 = \cdots = a_m = 0, \;\; a_{m+1} = a_{m+2} = \cdots = a_N = 1$$

이라 하면,

$$\begin{aligned} L &= \sum_{i=1}^{N} a_i c(R_i) \\ &= \sum_{i=m+1}^{m+n} R_i \end{aligned}$$

는 $N = m + n$개 표본에서의 Y_1, Y_2, $\cdots$¡ Y_n의 순위들을 합한 것으로, 이것은 앞 절에서 제시한 통계량 W가 된다. 또한 $i \leqslant \frac{m+n}{2}$이면, $c(i) = i$, 그 외의 경우에는

$c(i)=0$이라 하고 $a_1=a_2=\cdots=a_m=0$, $a_{m+1}=a_{m+2}=\cdots=a_N=1$이면

$$\begin{aligned} L &= \sum_{i=1}^{N} a_i c_i(R_i) \\ &= \sum_{i=1}^{m} c(R_i) \end{aligned}$$

은 $N=m+n$개의 결합표본에서 작은 쪽 절반에 속하는 X값들의 개수로 이것은 중앙값검정에서 사용하는 통계량이다. 이제 L의 평균과 분산을 구하기 위하여 R_1, $R_2,\cdots$, R_N의 결합분포와 주변분포를 구해보자. 순서통계량의 의하여 r_1, r_2, $\cdots$, r_N을 처음 N개의 자연수들에 대한 임의의 순열이라 하면

$$P\{R_1=r_1,R_2=r_2,\cdots,R_N=r_N\} = \frac{1}{N!}$$

이고 $R_i=r_i$인 순열의 수는 모두 $(N-1)!$가지이므로

$$\begin{aligned} P\{R_i=r_i\} &= \sum\sum_{\text{all}(r_1,r_2,\cdots,r_{i-1},r_i,r_{i+1},\cdots,r_N)}\cdots\sum \frac{1}{N!} \\ &= \frac{(N-1)!}{N!} \\ &= \frac{1}{N} \end{aligned}$$

이다. 마찬가지로 $R_i=r_i$, $R_j=r_j$ $(i\neq j)$인 순열의 수는 $(N-2)!$이므로

$$\begin{aligned} P\{R_i=r_i,R_j=r_j\} &= \frac{(N-2)!}{N!} \\ &= \frac{1}{N(N-1)} \end{aligned}$$

이다. 따라서

$$\begin{aligned} E\{c(R_i)\} &= \sum_{r_i=1}^{N} c(R_i)\frac{1}{N} \\ &= \frac{1}{N}\sum_{k=1}^{N} c(k) \end{aligned}$$

이다. 여기서 $c(k)=c_k$라고 하면, 평균은

$$\begin{aligned} E\{c(R_i)\} &= \frac{1}{N}\sum_{k=1}^{N} c_k \\ &= \bar{c}, \quad i=1,2,3,\cdots,N \end{aligned}$$

이고 분산은

$$\begin{aligned}\mathrm{Var}(c(R_i)) &= E\{\,(c(R_i) - \bar{c}\,)^2\,\} \\ &= \sum_{r_i=1}^{N}\big(c(R_i) - \bar(c)\big)^2\frac{1}{N} \\ &= \frac{1}{N}\sum_{k=1}^{N}\big(c_k - \bar{c}\big)^2, \quad i = 1, 2, 3, \cdots, N\end{aligned}$$

이다. 그리고 $i \neq j$일 때, $c(R_i)$와 $c(R_j)$의 공분산은

$$\mathrm{Cov}\big(c(R_i), c(R_j)\big) \;=\; \sum\sum_{k\neq l}\frac{(c_k - \bar{c})(c_l - \bar{c})}{N(N-1)}$$

이다. 여기서

$$\begin{aligned}\left(\sum_{k=1}^{N}(c_k - \bar{c})\right)^2 &= \sum_{k=1}^{N}(c_k - \bar{c})^2 + \sum\sum_{k\neq l}(c_k - \bar{c})(c_k - \bar{c}) \\ &= 0\end{aligned}$$

이므로

$$\mathrm{Cov}\big((c(R_i), c(R_j)\big) \;=\; -\frac{1}{N(N-1)}\sum_{k=1}^{N}(c_k - \bar{c})^2$$

으로 쓸 수 있다. 이상의 결과를 종합하면 $\bar{a} = \frac{1}{N}\sum_{i=1}^{N} a_i$라 할 때, L의 평균은

$$\begin{aligned}\mu_L &= E\{\sum_{i=1}^{n} a_i c(R_i)\,\} \\ &= \sum_{i=1}^{n} a_i E\{c(R_i)\} \\ &= \sum_{i=1}^{N} a_i \bar{c} \\ &= N\,\bar{a}\,\bar{c}\end{aligned}$$

이고 L의 분산은

$$\begin{aligned}\sigma_L^2 &= \mathrm{Var}\big(\sum_{i=1}^{n} a_i c(R_i)\big)\\ &= \sum_{i=1}^{N} a_i^2 \mathrm{Var}\big(c(R_i)\big) + \sum\sum_{i\neq j} a_i a_j \mathrm{Cov}\big(c(R_i), c(R_j)\big)\\ &= \sum_{i=1}^{n} \frac{a_i^2}{N} \sum_{k=1}^{N} (c_k - \bar{c})^2 - \sum\sum_{i\neq j} \frac{a_j a_j}{N(N-1)} \sum_{k=1}^{N} (c_k - \bar{c})^2\\ &= \frac{1}{N(N-1)} \sum_{k=1}^{N} (c_k - \bar{c})^2 \left\{(N-1)\sum_{i=1}^{N} a_i^2 - \sum\sum_{i\neq j} a_i a_j\right\}\end{aligned}$$

이다. 위의 식의 맨 끝항은

$$\begin{aligned}(N-1)\sum_{i=1}^{N} a_i^2 - \sum\sum_{i\neq j} a_i a_j &= N\sum_{i=1}^{N} a_i^2 - \left\{\sum_{i=1}^{n} a_i^2 + \sum\sum_{i\neq j} a_i a_j\right\}\\ &= N\sum_{i=1}^{N} a_i^2 - \left(\sum_{i=1}^{N} a_i\right)^2\\ &= N\sum_{i=1}^{N} (a_i - \bar{a})^2\end{aligned}$$

이므로 결국 L의 분산은

$$\begin{aligned}\sigma_L^2 &= \frac{1}{N(N-1)} \sum_{k=1}^{N} (c_k - \bar{c})^2 \left\{N\sum_{i=1}^{N} (a_i - \bar{a})^2\right\}\\ &= \frac{1}{N-1} \sum_{i=1}^{n} (a_i - \bar{a})^2 \sum_{k=1}^{N} (c_k - \bar{c})^2\end{aligned}$$

이다. 특별한 경우로서 $N = m + n$이고

$$L = \sum_{i=m+1}^{N} c(R_i)$$

일 때에는 L의 평균과 분산은 각각

$$\begin{aligned}\mu_L &= n\,\bar{c}\\ \sigma_L^2 &= \frac{mn}{N(N-1)} \sum_{k=1}^{n} (c_k - \bar{c})^2\end{aligned}$$

이고 또한 $c_k = c(k) = k$이면, L의 평균과 분산은 각각

$$\mu_L = \frac{n(m+n+1)}{2}$$
$$\sigma_L^2 = \frac{mn(m+n+1)}{12}$$

이다.

이상에서와 같이 선형순위통계량 L의 정확한 분포를 구하는 과정은 상당히 복잡하다. 하지만 상수 $a_1, a_2, \cdots, a_N$과 점수 $c(1), c(2), \cdots, C(N)$을 여러번 추출하면, 비교적 큰 N에 대하여 $\frac{L-\mu_L}{\sigma_L}$은 표준정규분포 $N(0,1)$에 따른다. 이러한 근사적인 방법은 점수 $c(k) = c_k$들이 정규분포로부터 추출되는 이상적인 표본과 같이 대칭이거나 특별히 극단적인 값이 아니면 상당히 좋은 편에 속한다. 예를 들면,

$$\frac{k}{N+1} = \int_{-\infty}^{c_k} \frac{1}{\sqrt{2\pi}} e^{-\frac{z^2}{2}}\, dz$$

으로 주어진 정규점수를 이용하는 경우는 근사의 정도가 상당히 좋은 편이다. 여기서 $c(k) = k$와 같이 순위를 사용하는 경우에도 $N \geqslant 30$이면, 이 정규근사는 타다성을 갖는다.

8.6 무작위 런검정

비랜덤의 유형으로 관찰값이 감소 또는 증가하는 경향 이외에 순환성과 같은 여러가지 유형이 존재할 수 있다. 이런 경우에 적용할 수 있는 런(run)을 이용한 여러 검정방법이 있는데 그 중에 Wald-Wolfowicz의 런검정에 대하여 알아 보자.

런의 의미를 설명하기 위하여 다음 예를 살펴보자. 어떤 관찰값이 x와 y의 두 유형으로 분류된다고 하자. 예를 들면, 컴퓨터를 이용하여 난수(random number)를 생성하여 다음과 같은 난수열

$$0.1,\ 0.4,\ ,0.2,\ 0.8,\ 0.6,\ 0.9,\ 0.3,\ 0.2,\ 0.4,\ 0.1,\ 0.7$$

을 얻었다. 이때, 0.5보다 큰 값은 x유형, 작은 값은 y유형이라 하고 각 난수에 해당하는 유형의 문자를 대응시켜 나열하면, 다음과 같은 문자열

$$x\ x\ x\ y\ y\ y\ x\ x\ x\ x\ y$$

를 얻는다. 이런 식으로 만들어진 문자열에서 연속적으로 나열되어 있는 같은 종류의 문자열묶음을 런이라 한다. 따라서 위의 문자열에는 "$x\ x\ x$", "$y\ y\ y$", "$x\ x\ x\ x$", "y"의 네가지 런이 있다. 여기서 문자 x와 y의 개수를 각각 m과 n이라 할 때, m과 n이 주어지면, $m+n$개의 원소들의 순열은

$$N = \frac{(m+n)!}{m!n!}$$

가지이고, 이들은 관찰값들이 랜덤하다는 귀무가설 H_0하에서 동일한 출연 가능성을 지닌다. 따라서 순열에서 런의 수를 Z라고 하면, Z의 아주 작은 값이나 큰 값을 갖는 순열들의 집합을 기각역으로하는 검정을 생각할 수 있다. 이 기각역을 결정하기 위하여 m과 n이 주어졌을 때, H_0하에서의 Z에 대한 조건부확률분포를 구해 보자. 어떤 순열에서 런의 개수를 z라고 하면, $z = 2k$ 즉, 짝수이면 그 순열에는 정확히 k개의 x-런과 k개의 y-런이 있다. 그런데 관찰값은 두 가지 유형이므로 모든 순열들은 x로 시작하는 순열과 y로 시작하는 순열으로 구분된다. m개의 x들이 k개의 런으로 나누어지는 경우의 수는 x들 사이의 $m-1$개 공간에 $k-1$개의 /를 늘어 놓는 방법의 수 $\binom{m-1}{k-1}$와 같다. 마찬가지로, n개의 y들이 k개의 런으로 나누어지는 경우의 수는 $\binom{n-1}{k-1}$이므로, x로 시작하면서 런이 $2k$개인 순열의 수는 $\binom{m-1}{k-1}\binom{n-1}{k-1}$이 되고 y로 시작하면서 런이 $2k$개인 순열의 수도 $\binom{m-1}{k-1}\binom{n-1}{k-1}$이다. 따라서 $z = 2k$이면,

$$P\{ Z = 2k \} \;=\; \frac{\binom{m-1}{k-1}\binom{n-1}{k-1}}{\binom{m+n}{m}}$$

이다. $z = 2k+1$로 홀수일 경우에는 순열의 양 끝이 모두 x이거나 모두 y이므로, 양 끝이 모두 x인 순열에는 정확히 $k+1$개의 x-런과 k개의 y-런들이 있으므로 m개의 x들이 $k+1$개의 런으로 나누어지는 경우의 수는 x들 사이의 $m-1$개의 공간에 $(k+1)-1$개의 /를 늘오 놓는 방법의 수 $\binom{m-1}{k}$와 같고, $n-1$개 공간에 $k-1$개의 /를 늘어놓는 방법의 수는 $\binom{n-1}{k-1}$이다. 따라서 양 끈이 x이고 런이 $z = 2k+1$인 순열의 수는 $\binom{m-1}{k}\binom{n-1}{k-1}$이고, 양 끝이 y이고 런이 $z = 2k+1$개인 순열의 수는 $\binom{m-1}{k-1}\binom{n-1}{k}$가 되어

$$P\{ Z = 2k+1 \} \;=\; \frac{\binom{m-1}{k}\binom{n-1}{k-1} + \binom{m-1}{k-1}\binom{n-1}{k}}{\binom{m+n}{m}}$$

가 된다.

런검정은 X_1, X_2, $\cdots$, X_m이 분포함수 $F_X(z)$를 가지는 모집단으로부터의 크기 m인 확률표본과 Y_1, Y_2, $\cdots$, Y_n이 분포함수 $F_Y(z)$를 가지는 모집단으로부터의 크기 m인 확률표본이라 할 때, $H_0 : F_X(z) = F_Y(z)\,\forall z$의 검정에 이용된다. 다시 말하면, 이 두 표본을 결합하여 크기 순으로 나열한 다음 x_i들은 x로, y_i들은 y로 나타낼 때, 두 분포가 동일하다는 귀무가설 H_0가 옳다면, x와 y들은 잘 섞여 있어서 런의 개수 Z는 큰 값이 될 것이고, 두 분포가 멀리 떨어져 있어서 분포의 영역들이 겹쳐있지 않다면 런의 개수를 둘이거나 아주 작은 값이 될 것이다. 이 경우 유의수준이 α로 주어지면,

$$\sum_{z=2}^{z_0} P\{ Z = z_0 \} \;\leqslant\; \alpha$$

를 만족하는 가장 큰 정수값 z_0를 구하고 Z의 관찰값이 z_0이하이면, H_0를 기각한다. 만약, 표본의 크기가 비교적 클 경우는 Z의 극한분포가 표준정규분포에 따른다는 사실 즉,

$$Z^* \;=\; \frac{Z - \dfrac{2mn}{m+n} - 1}{\sqrt{\dfrac{2mn(2mn-m-n)}{(m+n)(m+n-1)}}} \;\sim\; N(0,1)$$

을 이용한다. 실제로 m과 n이 10보다 크면, 이 정규근사는 상당히 좋은 것으로 알려져 있다. 귀무가설이 무작위 추출이라는 H_0가 참이면, Z의 평균과 분산은 각각

$$E(Z) \;=\; \frac{2mn}{m+n} + 1\,,$$

$$\mathrm{Var}(Z) \;=\; \frac{2mn(2mn-m-n)}{(m+n)(m+n-1)}$$

이다.

問題 1 다음 자료는 서울시내 어떤 극장에서 첫 개봉영화를 보기 위해 줄을 선 남자(M)와 여자(W)의 배열이다.

$$MMWWMWMMMMWMWMMWWMWWMMMW$$
$$MWWMMWMMMMWWMMMWMWMMMWMM$$

유의수준 0.05로 귀무가설 H_0의 무작위성에 대하여 검정하여라.

解答 $m=30$이고 $n=18$이므로 표준정규근사를 이용한다. 먼저

$$E(Z) \;=\; \frac{2\times 30\times 18}{30+18} \;=\; 23.5$$

이고

$$\mathrm{Var}(Z) \;=\; \frac{2\times 30\times 18(2\times 30\times 18 - 30 - 18)}{(30+18)^2(30+18-1)} \;\approx 10.2926$$

이므로

$$z^* \;=\; \frac{z-23.5}{\sqrt{10.2926}} \;=\; \frac{27-23.5}{\sqrt{10.2926}} \;\approx\; 1.091$$

이다. 기각역이 $|z^*| \geqslant z_{\frac{\alpha}{2}} = 1.96$이므로 귀무가설 H_0를 기각할 수 없다. 즉, 이 배열이 무작위가 아니라는 실제 증거가 없다. □

8.7 독립성의 검정

(X_1, Y_1), (X_2, Y_2), $\cdots$, (X_n, Y_n)을 연속인 이변량분포함수 $F_{X,Y}(x,y)$를 갖는 분포로부터 추출한 확률표본이라 할 때, 두 확률변수 X와 Y의 독립성을 검정하는 문제에 대하여 생각해 보자. 즉, X와 Y의 연속인 주변분포함수를 각각 $F_X(x)$와 $F_Y(y)$라 할 때, 귀무가설 H_0 : $F_{X,Y}(x,y) = F_X(x)F_Y(y)$에 대한 검정문제이다. 주어진 관찰값의 집합에서 y의 값을 크기 순으로 나열하고, 각각의 고정된 y의 값에 x의 값이 짝을 이루도록 x의 갑들을 나열하는 순열의 개수는 $n!$가지인데, Y와 Y가 독립이면 짝지워진 모습이 $n!$가지 모두 비슷할 것이다. 여기서 검정통계량으로 Pearson상관계수

$$r = \frac{\sum_{i=1}^{n}(x_i - \bar{x})(y_i - \bar{y})}{\sqrt{\sum_{i=1}^{n}(x_i - \bar{x})^2 \sum_{i=1}^{n}(y_i - \bar{y})^2}}$$

$$= \frac{\sum_{i=1}^{n} x_i y_i - \bar{x}\bar{y}}{(n-1)S_x S_y}$$

를 이용하면, 가능한 각 순열에 대하여 계산한 $n!$가지의 상관계수를 얻게 된다. 이제 대립가설이 H_1 : $\rho_{X,Y} > 0$이고 유의수준이 $\alpha = \frac{k}{n!}$로 주어졌다면, $n!$가지의 상관계수 중에서 가장 큰 쪽으로 k개의 상관계수들을 택하여 이 집합을 검정의 기각역으로 하고 원래의 주어진 표본에서 계산된 상관계수가 기각역에 속하면 H_0를 기각한다. 이 때, $\bar{x}$, $\bar{y}$, s_x, s_y는 모두 순열이 달라져도 변하지 않으므로, 검정통계량으로

$$T = \sum_{i=1}^{n} X_i Y_i$$

를 사용한다. 그런데 기각역을 결정하기 위해서는 모든 가능한 $n!$가지의 순열에 대하여 T의 값들을 구해야 하는데, n이 비교적 크면 계산이 대단히 복잡하고 어렵다. 그래서 n이 충분히 크면 정규근사를 이용하게 된다.

Y의 관찰값 y_1, y_2, $\cdots$, y_n이 주어졌을 때, 동일한 가능성을 지니고 있는 $n!$가지의 순열과 관련된 x_i의 적률을 생각해 보자. 또한 n개의 관찰값 x_1, x_2, $\cdots 4$, x_n 중에서 하나의 관찰값을 취할 확률이 $\frac{1}{n}$로 동일한 확률변수를 X_i라 하자. 마찬가지로 $i \neq j$일 때, X_iY_j를 $n(n-1)$개의 x_ix_j중에서 하나를 취할 확률이 $\frac{1}{n(n-1)}$로 동일한 확률변수라 하면,

$$E(X) = \frac{1}{n}\sum_{k=1}^{n} x_k = \bar{x}$$

$$\mathrm{Var}(X_i) = E(X_i^2) - (\bar{x})^2 = \frac{(n-1)s_X^2}{n}$$

$$\mathrm{Cov}(X_i, X_j) = E(X_iX_j) - (\bar{x})^2 = \frac{1}{n(n-1)}\sum\sum_{i \neq j} x_i x_j - (\bar{x})^2, \ i \neq j$$

이고

$$\begin{aligned} E(T) &= E\big(\sum_{i=1}^{n}(X_i y_i)\big) \\ &= \sum_{i=1}^{n} y_i\, E(X_i) \\ &= \sum_{i=1}^{n} y_i \bar{x} \\ &= n\,\bar{x}\,\bar{y} \end{aligned}$$

이므로 Pearson 상관계수의 기댓값은 $E(R) = 0$이다. 다음에 Var(R)을 구해보자. 관찰값을 전체적으로 평행이동하여도 상관계수는 불변이므로 x_i들과 y_i들이 $\bar{x} = \bar{y} = 0$이 되도록 평행이동 시켰다고 가정하면,

$$\begin{aligned} \mathrm{Var}\big(\sum_{i=1}^{n} X_i y_i\big) &= \sum_{i=1}^{n} y_i^2 \mathrm{Var}(X_i) + \sum\sum_{i\neq j} y_i y_j \mathrm{Cov}(X_i, X_j) \\ &= \sum_{i=1}^{n} y_i^2 \frac{(n-1)s_X^2}{n} + \sum\sum_{i\neq j} y_i y_j \sum\sum_{h\neq k} \frac{x_h x_k}{n(n-1)} \\ &= \frac{(n-1)^2 s_X^2 s_Y^2}{n} \\ &\quad + \frac{1}{n(n-1)}\Big\{\Big(\sum_{i=1}^{n} y_i\Big)^2 - \sum_{i=1}^{n} y_i^2\Big\}\Big\{\Big(\sum_{i=1}^{n} x_i\Big)^2 - \sum_{i=1}^{n} x_i^2\Big\} \\ &= \frac{(n-1)^2 s_X^2 s_Y^2}{n} + \frac{(n-1)s_X^2 s_Y^2}{n} \\ &= (n-1)s_X^2 s_Y^2 \end{aligned}$$

이므로 R의 분산은

$$\begin{aligned} \mathrm{Var}(R) &= \frac{1}{(n-1)^2 S_X^2 S_Y^2} \mathrm{Var}\big(\sum_{i=1}^{n} X_i y_i\big) \\ &= \frac{1}{n-1} \end{aligned}$$

이다. 이러한 여러가지 조건들이 관찰값 (x_i, y_i)들이 주어졌다는 조건하에서 계산된 것이지만 그 결과는 (x_i, y_i)에 종속되어 있지 않기 때문에 적률들도 무조건부이다.

표본의 크기 n이 충분히 크면, 근사적으로

$$r \sim N(0, \frac{1}{n-1}), \quad E(r^3), = 0, \quad E(r^4) = \frac{3}{n^2-1}$$

이 성립한다. 이변량정규분포로부터의 확률표본에 의한 r의 정확한 분포는 r의 순열분포에 대한 정밀한 근사식은 정규분포하에서의 r에 대한 정확한 분포를 이용하여 구할 수 있는데, 이 근사식은 표본의 크기 n이 충분히 크지 않더라도 상당히 정밀한 편이다. 두 확률변수가 독립이라는 가설이 참이면 정규분포 하에서 r의 정확한 분포는 베타분포이며, 이 베타분포는 t분포로 변환할 수 있으며 특별한 경우로서

$$\frac{r\sqrt{n-2}}{\sqrt{1-r^2}} \sim t(n-2)$$

이다. 이상을 정리하면, 정규분포이론 하에서 구현된 독립성의 검정은 이 경우에는 상당히 견실(robust)하므로 정규성의 가정에 대하여 크게 염려할 필요는 없다.

표본의 크기가 작을 경우에는 정확한 비모수적인 검정을 구할 때 순위를 이용한다. (X_1, Y_1), (X_2, Y_2), $\cdots$, (X_n, Y_n)을 연속인 이변량분포로부터 추출한 확률표본이라 할 때, X_1, X_2, $\cdots$, X_n에서의 X_i의 순위를 R_i, Y_1, Y_2, $\cdots$, Y_n에서의 X_i의 순위를 Q_i라 하면

$$R_S = \frac{\sum_{i=1}^{n}(R_i - \bar{R})(Q_i - \bar{Q})}{\sqrt{\sum_{i=1}^{n}(R_i - \bar{R})^2 \sum_{i=1}^{n}(Q_i - \bar{Q})^2}}$$

를 **스피어만 순위상관계수**(Spearman rank correlation coefficient)라 한다. 여기서 X와 Y가 양의 상관관계가 있으면, R_i와 Q_i가 모두 커지거나 모두 작아지게 되므로 순위상관계수 R_S는 큰 값을 가지게 된다. 그런데, R_1, R_2, $\cdots$, R_n과 Q_1, Q_2, $\cdots$, Q_n은 1, 2, $\cdots$, n을 나열한 순열 중의 하나이므로

$$\begin{aligned}
\bar{R} &= \bar{Q} = \frac{1}{n}\sum_{i=1}^{n} k = \frac{n+1}{2}, \\
\sum_{i=1}^{n} R_i^2 &= \sum_{i=1}^{n} Q_i^2 = \sum_{i=1}^{n} k^2 = \frac{n(n+1)(2n+1)}{6}, \\
\sum_{i=1}^{n}(R_i - \bar{R})(Q_i - \bar{Q}) &= \sum_{i=1}^{n} R_i Q_i - n\,\bar{R}\,\bar{Q} = \sum_{i=1}^{n} R_i Q_i - \frac{n(n+1)^2}{4}
\end{aligned}$$

과

$$\begin{aligned}
\sum_{i=1}^{n}(R_i - \bar{R})^2 \sum_{i=1}^{n}(Q_i - \bar{Q})^2 &= \left(\sum_{i=1}^{n} R_i^2 - n(\bar{R})^2\right)^2 \\
&= \left(\frac{n(n+1)(2n+1)}{6} - \frac{n(n+1)^2}{4}\right)^2 \\
&= \left(\frac{n(n^2-1)}{12}\right)^2
\end{aligned}$$

이 성립하며, 이로부터 R_S는

$$R_S = \frac{12}{n(n^2-1)}\left(\sum_{i=1}^{n} R_iQ_i - \frac{n(n+1)^2}{4}\right)$$

이다. 이것은 통계량 $\sum_{i=1}^{n} R_iQ_i$가 두 확률변수의 독립성검정을 검정하는데 사용할 수 있음을 보여준다. 또한,

$$\begin{aligned}\sum_{i=1}^{n} R_iQ_i &= \frac{1}{2}\left(\sum_{i=1}^{n}(R_i^2+Q_i^2) - \sum_{i=1}^{n}(R_i-Q_i)^2\right)\\ &= -\frac{1}{2}\left(\sum_{i=1}^{n}(R_i-Q_i)^2 + \frac{n(n+1)(2n+1)}{6}\right)\end{aligned}$$

이므로

$$\begin{aligned}R_S &= \frac{12}{n(n^2-1)}\left(-\frac{1}{2}\sum_{i=1}^{n}(R_i-Q_i)^2 + \frac{n(n+1)(2n+1)}{6} - \frac{n(n+1)^2}{4}\right)\\ &= \frac{12}{n(n^2-1)}\left(-\frac{1}{2}\sum_{i=1}^{n}(R_i-Q_i)^2 + \frac{n(n^2-1)}{12}\right)\\ &= 1 - \frac{6}{n(n^2-1)}\sum_{i=1}^{n}(R_i-Q_i)^2\end{aligned}$$

이 되어 $R_i = Q_i$이면, $R_S = 1$이다. 그리고

$$\begin{aligned}(R_1, R_2, R_3, \cdots, R_n) &= (n, n-1, n-2, \cdots, 1),\\ (Q_1, Q_2, Q_3, \cdots, Q_n) &= (1, 2, 3, \cdots, n)\end{aligned}$$

또는

$$\begin{aligned}(R_1, R_2, R_3, \cdots, R_n) &= (1, 2, 3, \cdots, n),\\ (Q_1, Q_2, Q_3, \cdots, Q_n) &= (n, n-1, n-2, \cdots, 1)\end{aligned}$$

이면,

$$\begin{aligned}\sum_{i=1}^{n}(R_i-Q_i)^2 &= \sum_{i=1}^{n}(n-i+1-i)^2\\ &= \sum_{i=1}^{n}(n+1-2i)^2\\ &= \frac{n(n^2-1)}{3}\end{aligned}$$

이므로 $R_S = -1$이다. 이상을 정리하면 R_S가 비교적 큰 값이면 X와 Y가 독립이라는 귀무가설 H_0를 기각하고, Y와 Y 사이에 양의 상관관계가 있다는 대립가설을 채택하게 된다. R_S의 분포는 대칭이며 $n \leqslant 10$일 때, R_S의 관찰값에 대한 검정의 p-값

$$p = P\{R_S \leqslant -r_S\} = P\{R_S \geqslant r_S\}$$

을 구하고, 이 p-값이 유의수준 α보다 작거나 같을 때 귀무가설 H_0를 기각한다. 만약, $n > 10$이 경우에는 근사적으로

$$\frac{r\sqrt{n-2}}{\sqrt{1-r^2}} \sim t(n-2)$$

를 이용하여 p-값 또는 기각역을 구할 수 있다.

두 확률변수 X와 Y가 독립이라는 귀무가설 H_0가 참이면, 선형순위통계량이 아닌 다음 통계량

$$\sum_{i=1}^{n} R_i Q_i$$

의 분포와 선형순위통계량

$$L = \sum_{i=1}^{n} i R_i$$

의 분포는 같다. 왜냐하면, X와 Y가 서로 독립이면, 순위 R_1, R_2, $\cdots$, R_n과 순위 Q_1, Q_2, $\cdots$, Q_n이 서로 독립이기 때문이다. 따라서 귀무가설 H_0하에서 $n = 1, 2, 3 \cdots, n$에 대하여 R_1, R_2, $\cdots$, R_n을 임으로 짝을 짓는 것과 분포적으로 동일하며, 짝을 짓는 일은 단지 1, 2, 3, $\cdots$, n의 순열 중에서 하나를 선택하는 것일 뿐이다. 귀무가설 H_0하에서 L의 편균과 분산은 각각

$$\mu_L = \frac{n(n+1)^2}{4},$$
$$\sigma_L^2 = \frac{n^2(n+1)^2(n-1)}{144}$$

로 구해진다. 이 식을 이용하면 정규근사에 의한 근사기각역을 구할 수 있다.

問題 1 다음 자료는 어느 비행기에 장착된 냉방장치가 고장이이 나서, 수리한 시점부터 다음 고장시까지 즉, 수명시간을 계속적으로 측정한 것이다.

발생시점 (Y_i)	1	2	3	4	5	6	7	8	9	10	11	12
수명시간 (X_i)	23	261	87	7	120	14	62	47	225	71	246	22

고장난 냉방장치가 처음 설치될 때의 상태로 복구되지 않으면, 수명시간이 감소하는 경향이 있을 것으로 추측된다. 유의수준 $\alpha = 0.1$에서 이를 검정하여라.

解答 관찰값 x_i들의 순위가

$$4\ \ 12\ \ 8\ \ 1\ \ 9\ \ 2\ \ 6\ \ 5\ \ 10\ \ 7\ \ 11\ \ 3$$

이므로

$$\sum_{i=1}^{n}(R_i - Q_i)^2 = (4-1)^2 + (12-2)^2 + \cdots + (11-11)^2 + (3-12)^2 = 276$$

이다. 따라서 순위상관계수는

$$r_S = 1 - \frac{6 \times 276}{12 \times (144-1)} = 0.035$$

이고 $r_S > 0$이 감소하는 경향에 대한 증가일 수는 없다. 이제 유의수준 $\alpha = 0.1$에서 양측대립가설의 검정을 위한 근사기각역을 구하면, $t_{0.05}(10 = 1.812$이므로

$$\left|\frac{R_S\sqrt{n-2}}{\sqrt{1-R_S^2}}\right| = \left|\frac{R_S \times \sqrt{10}}{\sqrt{R_S^2}}\right| \geqslant t_{0.05}(10) = 1.812$$

을 R_S에 대하여 풀면, 기각역이

$$|R_S| \geqslant 0.497$$

이므로 관찰값들이 랜덤하다는 귀무가설을 기각할 만한 증거가 없다. □

練 習 問 題

1. $X_1,\ X-2,\ \cdots,\ X_n$은 분포함수가 $F_X(x)$인 연속형 확률분포로부터 추출한 크기 n인 확률표본의 순서통계량이다.

   (a) $U = 1 - F_X(X_i)$의 분포를 구하여라.

   (b) $V = F_X(X_n) - F_X(X_i) + F_X X_j) - F_X(X_1)\ (i < j)$의 분포를 구하여라.

2. $X_1,\ X-2,\ \cdots,\ X_n$은 분포함수가 $F_X(x)$인 연속형 확률분포로부터 추출한 크기 n인 확률표본의 순서통계량이다. $P\{\, F_X(X_{n-1} - F_X(X_2) \geqslant p\,\} = p\ (0 < p < 1)$를 구하여라.

3. $X_1 < X_2$는 모분산 σ^2이 알려진 정규모집단 $N(\mu, \sigma^2)$에서 추출한 크기 2인 확률표본의 순서통계량이다.

   (a) $P\{\, X_1 < \mu < X_2\,\} = 0.5$임을 보이고 $E(X_2 - X_1)$을 구하여라.

   (b) 표본평균을 $\bar{X}$라 할 때, $P\{\, \bar{X} - c\sigma < \mu < \bar{X} + c\sigma\,\} = 0.5$를 만족하는 상수 c를 구하고 (1)에서 구한 확률구간의 기댓값과 이 확률구간의 길이를 비교하여라.

4. $n = 4$와 $n = 5$일 때, Wincoxon 통계량 W의 분포를 구하여라.

5. Wilcoxon 통계량에서

$$W^+ = \sum_{i=1}^{n}(i - Z_i)R_i\,, \quad W^- = \sum_{i=1}^{n}(i - Z_i)R_i\,, \quad W = W^+ - W^-$$

   라 할 때,

   (a) $2W = 4W^+ - n(n+1),\ 2W = n(n+1) - 4W^-$임을 증명하여라.

   (b) W^+와 W^-의 평균과 분산을 구하여라.

6. 지정된 2 주간동안 생산된 40W 백열등의 수명시간이 다음 자료와 같았다. 유의수준 $\alpha = 0.10$에서 이 기간동안의 공정방법이 바뀌지 않았다는 가설을 통계량 U를 이용하여 검정하여라.

1	1067	919	1196	785	1126	936	918	1156	920	948
2	1105	1243	1204	1203	1310	1262	1234	1104	1303	1185

7. 다음 자료는 두 대의 실험장치로부터 볼베어링의 마모에 의한 고장시간을 측정한 것이다. 두 실험장치에 차이가 없다는 가설 즉,
   $H_1 : F(x) \neq F(y)$에 대한 $H_0 : F(x) = F(y)$를 $\alpha = 0.10$에서 검정하여라.

1	140.3	158.0	183.9	132.7	117.8	98.7	164.8	136.6	93.4
2	193.0	172.5	173.3	204.7	172.0	152.7	234.9	216.5	422. 6

8. 어떤 공장에서 안전사고사 발생하는 사이의 시간을 조사한 결과 다음과 같다.

8.66 11.28 10.43 10.89 11.44 15.92 11.50 13.86 13.32

이 관찰값들이 증가경향이 있다는 대립가설을 $\alpha = 0.05$로 검정하여라.

9. 다음 자료는 40일동안 어떤 공장에서 배출되는 유해가스 양을 측정한 것이다. (단위: 톤)

17	15	20	29	19	18	22	25	27	9	24	20	17	6	24	14	15
23	24	26	19	23	28	19	16	22	24	17	20	13	19	10	23	18
31	13	20	17	24	14											

귀무가설 $H_0 : \mu = 21.5$에 대한 대립가설 $H_1 : \mu < 20.5$를 유의수준 $\alpha = 0.01$로 부호검정을 하여라.

10. 다음 자료는 어느 회사의 섬유제품의 장력을 측정한 것이다.

163	139	172	165	148	166	172	163	187	173
163	165	160	189	161	171	158	151	169	162

귀무가설 $H_0 : \mu = 160$에 대하여 대립가설 $H_1 : \mu > 160$을 유의수준 $\alpha = 0.05$에서 부호검정을 하여라.

11. 다음 자료는 어느 정유회사의 휘발류의 옥탄가를 15회 측정한 값이다. (단위: %)

97.5	95.2	97.3	96.0	96.8	100.3	97.4	95.3
93.2	99.1	96.1	97.6	98.2	98.5	94.9	

주어진 휘발류의 종류와 옥탄가가 98.5인지를 검정하기 위해 유의수준 $\alpha = 0.05$로 부호순위검정하여라.

12. 다음 자료는 20명의 기술자들이 20일동안 건축물을 완성하는데 걸린 시간이다. (단위: 분)

18.1	20.3	18.3	15.6	22.5	16.8	17.6	16.9	18.2	17.0
19.3	16.5	19.5	18.6	20.0	18.8	19.1	17.5	18.5	18.0

위의 자료가 대칭이며 연속인 모집단에서 추출되었다고 가정하고, 이 모집단의 평균이 19.4인가를 유의수준 $\alpha = 0.05$로 부호검정하여라.

13. 난수발생기를 통하여 다음 20개의 자료를 얻었다.

0.48	0.10	0.29	0.31	0.86	0.91	0.81	0.92	0.27	0.21
0.31	0.39	0.39	0.47	0.84	0.81	0.97	0.51	0.59	0.70

(a) 귀무가설 $H_0 : \mu = 0.5$에 대하여 대립가설 $H_1 : \mu > 0.5$를 유의수준 $\alpha = 0.10$으로 검정하여라.

(b) 귀무가설 $H_0 : \mu = 0.25$에 대하여 대립가설 $H_1 : \mu > 0.25$를 유의수준 $\alpha = 0.10$으로 검정하여라.

14. 다음 자료는 두 가지 형태의 소형계산기의 배터리가 방전할 때까지 작동시간을 측정한 것이다. (단위 : 시간)

계산기 A	5.5	5.6	6.3	4.5	5.3	5.0	6.2	5.8	5.1
계산기 B	3.8	4.8	4.3	4.2	4.0	4.9	4.5	5.2	4.5

계산기 A가 계산기 B보다 완전 충전된 배터리를 사용하였을 때 더 오래 작동하는지를 검정하기 위해 유의수준 $\alpha = 0.01$로 순위합검정을 하여라.

15. 어떤 공장에서 생산되는 낚시줄이 두 대의 기계에서 생산된다. 낚시줄의 평균장력에 차이가 있는지를 검정하기 위해 두 대의 기계에서 각각 생산된 제품 10개을 랜던하게 뽑아 장력검사를 실험하여 다음 자료를 얻었다.

과정 1	10.4	9.8	11.5	10.0	9.9	9.6	10.9	11.8	9.3	10.7
과정 2	8.7	11.2	9.8	10.1	10.8	9.5	11.0	9.8	10.5	9.9

두대의 기계에 의해서 생산된 낚시줄이 평균장력의 차이가 있는지를 검정하기 위해 유의수준 $\alpha = 0.10$을 순위합검정하여라.

16. 수년 전에 심은 가로수를 조사하여 건강한 것(H)과 병든 것(D)으로 분류하여 다음과 같은 자료를 얻었다.

$$H\ H\ H\ H\ D\ D\ D\ H\ H\ H\ H\ H\ H\ H\ D\ D\ H\ H\ D\ D\ D\ D$$

이 배열이 무작위로 간주할 수 있는지를 유의수준 $\alpha = 0.05$로 무작위런검정하여라.

17. 다음 자료는 연속된 수업일수 24일 동안 결석한 학생들의 수이다.

29 25 31 28 30 28 33 31 35 29 31 33

35 28 36 30 33 26 30 28 32 31 38 27

유의수준 $\alpha = 0.05$로 무작위검정하여라.

제 9 장

다변량 분석

9.1 다변량정규분포

1차원 정규분포 확률밀도함수

$$f(x;\mu,\sigma) = \frac{1}{\sigma\sqrt{2\pi}}\exp\left\{-\frac{(x-\mu)^2}{2\sigma^2}\right\},\ (|x| < +\infty, |\mu| < +\infty, 0 < \sigma < +\infty)$$

에서 피적분함수의 지수성분을 살펴보면

$$\left(\frac{x-\mu}{\sigma^2}\right) = (a-\mu)(\sigma^2)^{-1}(x-\mu)$$

으로 나타낼 수 있다. 이제 X_1, X_2, $\cdots$, X_k를 k개의 확률변수라 하면, $k \times 1$ 열벡터

$$\boldsymbol{X} = \begin{pmatrix} X_1 \\ X_2 \\ \vdots \\ X_k \end{pmatrix}$$

는 전치(transpose) 기호를 사용하여 $1 \times k$ 행벡터 $\boldsymbol{X}^t = (X_1, X_2, \cdots, X_k)$로 나타낼 수 있다. 따라서 k개의 변량으로 이루어진 관찰값을 k 확률벡터 $\boldsymbol{X}$로 경우로 확장하여 나타내면

$$(\boldsymbol{x} - \boldsymbol{\mu})^t \textstyle\sum^{-1} (\boldsymbol{x} - \boldsymbol{\mu})$$

이다. 여기서 $\boldsymbol{\mu}$는 $k \times 1$ 상수벡터, $\sum$는 $k \times k$ 양정치 대칭행렬(positive-definite symmetric matrix)이다. 이제 다음 k변수 함수

$$f_{\boldsymbol{X}}(\boldsymbol{x}) \;=\; C \exp\left\{-\frac{1}{2}(\boldsymbol{x} - \boldsymbol{\mu})^t \textstyle\sum^{-1} (\boldsymbol{x} - \boldsymbol{\mu})\right\}$$

가 $\boldsymbol{X}^t = (X_1, X_2, \cdots, X_n)$의 결합확률밀도함수가 되도록 양의 상수 A를 결정하여 보자. 먼저 $f_{\boldsymbol{X}}(\boldsymbol{x})$가 결합확률밀도함수가 되려면

$$\int_{-\infty}^{+\infty} \int_{-\infty}^{+\infty} \cdots \int_{-\infty}^{+\infty} C \exp\left\{-\frac{1}{2}(\boldsymbol{x} - \boldsymbol{\mu})^t \textstyle\sum^{-1} (\boldsymbol{x} - \boldsymbol{\mu})\right\} dx_1 dx_2 \cdots dx_k = 1$$

을 만족해야 하므로 양의 상수 A는 확률벡터 $\boldsymbol{X}^t = (X_1, X_2, \cdots, X_k)$의 결합적률모함수 $M_{\boldsymbol{X}}(\boldsymbol{x}) = E(e^{\boldsymbol{t}^t \boldsymbol{x}})$를 이용하여 다음과 같은 방법으로 구한다. 먼저 t_1, t_2, $\cdots$, t_k를 임의의 실수라 하고 $\boldsymbol{t}^t = (t_1, t_2, \cdots, t_k)$를 $k \times 1$ 실벡터라 하면

$$\int_{-\infty}^{+\infty} \int_{-\infty}^{+\infty} \cdots \int_{-\infty}^{+\infty} C \exp\left\{\boldsymbol{t}^t \boldsymbol{x} - \frac{1}{2}(\boldsymbol{x} - \boldsymbol{\mu})^t \textstyle\sum^{-1} (\boldsymbol{x} - \boldsymbol{\mu})\right\} dx_1 dx_2 \cdots dx_k$$

를 구하고 $\boldsymbol{t} = \boldsymbol{0}$을 대입하여 결합확률밀도함수가 되기 위한 조건을 만들고 이를 풀어서 양의 상수 A를 구한다. $\sum$는 양정치행렬이므로 $\sum$의 고유근(eigenvalue)를 λ_1, λ_2, $\cdots$, λ_k라 하면, 이 값들은 모두 양수이고

$$\boldsymbol{Q}^t \textstyle\sum^{-1} \boldsymbol{Q} = \begin{pmatrix} \lambda_1^{-1} & 0 & \cdots & 0 \\ 0 & \lambda_2^{-1} & \cdots & 0 \\ \vdots & \vdots & \ddots & \vdots \\ 0 & 0 & \cdots & \lambda_k^{-1} \end{pmatrix}$$

이 되는 $k \times k$ 직교행렬 $Q = (q_{ij})$가 존재한다. 따라서

$$y_j = \sum_{j=1}^{k} q_{ij}(x_j - \mu_j)\,, \;\; i = 1, 2, 3, \cdots$$

를 $\boldsymbol{y} = \boldsymbol{Q}(\boldsymbol{x} - \boldsymbol{\mu})$로 변환하여 적분변수 x_1, x_2, $\cdots$, x_k를 각각 y_1, y_2, $\cdots$, y_k로 바꾸면 $\boldsymbol{x}$에서 $\boldsymbol{y}$로의 변환은 일대일변환이고

$$\boldsymbol{x} - \boldsymbol{\mu} = \boldsymbol{Q}^{-1} \boldsymbol{y} = \boldsymbol{Q}^t \boldsymbol{y}$$

로 쓸 수 있다. 또한, 편미분계수

$$\frac{\partial y_i}{\partial x_j} = q_{ij}\,, \;\; i.j = 1, 2, 3, \cdots, k$$

는 연속이고 Jacobian은 $J = |\boldsymbol{Q}|$이다. 그런데 직교행렬의 행렬식은 ± 1이므로 $J = 1$이다. 이로부터

$$\int_{-\infty}^{+\infty}\int_{-\infty}^{+\infty}\cdots\int_{-\infty}^{+\infty} C\exp\left\{\boldsymbol{t}^t\boldsymbol{x} - \frac{1}{2}(\boldsymbol{x}-\boldsymbol{\mu})^t\Sigma^{-1}(\boldsymbol{x}-\boldsymbol{\mu})\right\}dx_1dx_2\cdots dx_k$$
$$= C\exp(\boldsymbol{t}^t\boldsymbol{\mu})\int_{-\infty}^{+\infty}\int_{-\infty}^{+\infty}\cdots\int_{-\infty}^{+\infty}\exp\left\{\boldsymbol{t}^t\boldsymbol{Q}^t\boldsymbol{y} - \frac{1}{2}\boldsymbol{y}^t\boldsymbol{Q}\Sigma^{-1}\boldsymbol{Q}^t\boldsymbol{y}\right\}dx_1dx_2\cdots dx_k$$

이다. 여기서 $\boldsymbol{t}^t\boldsymbol{Q}^t = \boldsymbol{w}^t = (w_1, w_2, \cdots, w_k)$라 하면

$$\exp(\boldsymbol{t}^t\boldsymbol{Q}^t\boldsymbol{y}) \;=\; \exp(\boldsymbol{w}^t\boldsymbol{y}) \;=\; \exp\left(\sum_{i=1}^{k} w_iy_i\right)$$

이고

$$(\boldsymbol{Q}^t\Sigma^{-1}\boldsymbol{Q})^t \;=\; \boldsymbol{Q}(\Sigma^{-1})^t\boldsymbol{Q}^t \;=\; \boldsymbol{Q}\Sigma^{-1}\boldsymbol{Q}^t$$

이므로

$$\exp\left\{-\frac{1}{2}\boldsymbol{y}^t\boldsymbol{Q}\Sigma^{-1}\boldsymbol{Q}^t\boldsymbol{y}\right\} \;=\; \exp\left(-\frac{1}{2}\sum_{i=1}^{k}\frac{y_i^2}{\lambda_i}\right)$$

이다. 그러므로

$$C\exp(\boldsymbol{t}^t\boldsymbol{\mu})\int_{-\infty}^{+\infty}\int_{-\infty}^{+\infty}\cdots\int_{-\infty}^{+\infty}\exp\left\{\boldsymbol{t}^t\boldsymbol{Q}^t\boldsymbol{y} - \frac{1}{2}\boldsymbol{y}^t\boldsymbol{Q}\Sigma^{-1}\boldsymbol{Q}^t\boldsymbol{y}\right\}dx_1dx_2\cdots dx_k$$
$$= \;C\exp(\boldsymbol{w}^t\boldsymbol{Q}\boldsymbol{\mu})\prod_{i=1}^{k}\left[\int_{-\infty}^{+\infty}\exp\left(w_iy_y - \frac{1}{2}\frac{y_i^2}{\lambda_i}\right)dy_i\right]$$
$$= \;C\exp(\boldsymbol{w}^t\boldsymbol{Q}\boldsymbol{\mu})\prod_{i=1}^{k}\left[\sqrt{2\pi}\sqrt{\lambda_i}\int_{-\infty}^{+\infty}\frac{1}{\sqrt{2\pi}\sqrt{\lambda_i}}\exp\left(w_iy_y - \frac{1}{2}\frac{y_i^2}{\lambda_i}\right)dy_i\right]$$

이고 위의 오른쪽 적분에서 w_i를 매개변수 t_i로 바꾸어 놓으면 정규분포 $N(0, \lambda_i)$에 대한 적률모함수와 같은 형태이므로

$$C\exp(\boldsymbol{w}^t\boldsymbol{Q}\boldsymbol{\mu})\prod_{i=1}^{k}\left[\sqrt{2\pi}\sqrt{\lambda_i}\int_{-\infty}^{+\infty}\frac{1}{\sqrt{2\pi}\sqrt{\lambda_i}}\exp\left(w_iy_y - \frac{1}{2}\frac{y_i^2}{\lambda_i}\right)dy_i\right]$$
$$= \;C\exp(\boldsymbol{w}^t\boldsymbol{Q}\boldsymbol{\mu})\prod_{i=1}^{k}\left[\sqrt{2\pi}\exp\left(\frac{1}{2}\lambda_iw_i^2\right)\right]$$
$$= \;C\exp(\boldsymbol{w}^t\boldsymbol{Q}\boldsymbol{\mu})\sqrt{(2\pi)^k\prod_{i=1}^{k}\lambda_i}\;\exp\left(\frac{1}{2}\sum_{i=1}^{k}\lambda_iw_i^2\right)$$

가 된다. 그리고 $\boldsymbol{Q}^{-1} = \boldsymbol{Q}^t$이므로

$$(\boldsymbol{Q}^t \Sigma \boldsymbol{Q})^{-1} \;=\; \boldsymbol{Q}\Sigma\boldsymbol{Q}^t \;=\; \mathrm{diag}[\lambda_1, \lambda_2, \cdots, \lambda_k]$$

가 되어

$$\sum_{i=1}^{k} \lambda_i w_i^2 \;=\; \boldsymbol{w}^t(\boldsymbol{Q}\Sigma\boldsymbol{Q}^t)\boldsymbol{w} \;=\; (\boldsymbol{w}^t\boldsymbol{Q})\Sigma(\boldsymbol{Q}^t\boldsymbol{w}) \;=\; \boldsymbol{t}^t\Sigma\,\boldsymbol{t}$$

이고, Σ의 행렬식 $|\Sigma|$는

$$|\Sigma| \;=\; |\boldsymbol{Q}\Sigma\boldsymbol{Q}^t| \;=\; \prod_{i=1}^{k} \lambda_i$$

이다. 따라서,

$$\begin{aligned}
&\int_{-\infty}^{+\infty}\int_{-\infty}^{+\infty}\cdots\int_{-\infty}^{+\infty} C\exp\Big\{\boldsymbol{t}^t\boldsymbol{x} - \frac{1}{2}(\boldsymbol{x}-\boldsymbol{\mu})^t\Sigma^{-1}(\boldsymbol{x}-\boldsymbol{\mu})\Big\}\,dx_1dx_2\cdots dx_k \\
&= \; C\exp(\boldsymbol{t}^t\boldsymbol{\mu})\;\sqrt{(2\pi)^k|\Sigma|}\;\exp\Big(\frac{1}{2}\boldsymbol{t}^t\Sigma\boldsymbol{t}\Big)
\end{aligned}$$

이다. 이로부터 $f_{\boldsymbol{X}}(\boldsymbol{x}$가 결합확률밀도함수가 되기 위해서는 위의 식에 $t_1 = t_2 = \cdots = t_k = 0$을 대입한 값이 1이 되어야 한다. 따라서,

$$C\sqrt{(2\pi)^k\,|\Sigma\,|} \;=\; 1$$

에서 양의 상수 C를 구하면

$$C \;=\; \frac{1}{\sqrt{(2\pi)^k|\Sigma|}}$$

이다. 이상을 정리하면 k변수 함수

$$f_{\boldsymbol{X}}(\boldsymbol{x}) \;=\; \frac{1}{\sqrt{(2\pi)^k|\Sigma|}}\exp\Big\{-\frac{1}{2}(\boldsymbol{x}-\boldsymbol{\mu})^t\Sigma^{-1}(\boldsymbol{x}-\boldsymbol{\mu})\Big\}$$

는 k차원 확률벡터 $\boldsymbol{X}$의 결합확률밀도함수이고, 이 결합확률밀도함수를 **다변량정규분포**(multivariate normal distribution)라 부른다. 이 다변량정규분포의 결합적률모함수 $M_{\boldsymbol{X}}(\boldsymbol{t})$는 위에서 이미 유도한 것 처럼

$$M_{\boldsymbol{X}}(\boldsymbol{t}) \;=\; \exp\Big(\boldsymbol{t}^t\boldsymbol{\mu} + \frac{1}{2}\boldsymbol{t}^t\Sigma\,\boldsymbol{t}\Big)$$

이다.

양정치이고 대칭인 실행렬 Σ의 원소를 σ_{ij}, $(i, j = 1, 2, 3\cdots, k)$로 나타내면

$$M_{\boldsymbol{X}}(,\cdots, t_i, \cdots, 0) \;=\; \exp\Big(t_i\mu_i + \frac{1}{2}\sigma_{ii}t_i^2\Big)$$

이므로 이 함수는 확률변수 X_i, $(i = 1, 2, 3, \cdots, k)$의 적률모함수가 된다. 따라서 X_i의 분포는 $N(\mu_i, \sigma_i)$이다. 또, $i \neq j$일 때 X_i와 X_j의 결합적률모함수는

$$M_{\boldsymbol{X}}(,\cdots, t_i, \cdots, 0) \;=\; \exp\Big\{t_i\mu_i + t_j\mu_j + \frac{1}{2}(\sigma_{ii}t_i^2 + 2\sigma_{ij}t_it_j + \sigma_{jj}t_j^2)\Big\}$$

으로 이변량정규분포의 적률모함수이기 때문에 σ_{ij}는 X_i와 X_j의 공분산을 나타낸다. 그러므로 $\boldsymbol{\mu}^t = (\mu_1, \mu_2, \cdots, \mu_k)$는 $\mu_i = E(X_i)$를 원소로 하는 벡터로 확률벡터 $\boldsymbol{X}$의 평균벡터, 즉 $\boldsymbol{\mu} = E(\boldsymbol{X})$이다. 또한, $\sum$의 주대각선원소 σ_{ii}는 확률변수 X_i의 분산으로 $\sigma_{ii} = \mathrm{Var}(X_i)$, $(i = 1, 2, 3, \cdots, k)$이고, 주대각선원소 이외의 원소 $\sigma_{ij} = \rho_{ij}\sigma_i\sigma_j$, $(i \neq j)$는 X_i와 X_j의 공분산이므로

$$\sum \;=\; \begin{pmatrix} \sigma_1^2 & \sigma_{12} & \sigma_{13} & \cdots & \sigma_{1k} \\ \sigma_{12} & \sigma_2^2 & \sigma_{23} & \cdots & \sigma_{2k} \\ \vdots & \vdots & \vdots & \ddots & \vdots \\ \sigma_{1k} & \sigma_{2k} & \sigma_{3k} & \cdots & \sigma_k^2 \end{pmatrix}$$

으로 표현되는 양정치 대칭행렬 $\sum$는 다변량정규분포를 따르는 확률벡터 $\boldsymbol{X}$의 공분산행렬로 $\sum = \mathrm{Cov}(\boldsymbol{X})$이다. 따라서

$$f_{\boldsymbol{X}}(\boldsymbol{x}) \;=\; \frac{1}{\sqrt{(2\pi)^k|\sum|}}\exp\Big\{-\frac{1}{2}(\boldsymbol{x}-\boldsymbol{\mu})^t{\sum}^{-1}(\boldsymbol{x}-\boldsymbol{\mu})\Big\}$$

는 평균벡터가 $\boldsymbol{\mu}$이고 공분산행렬이 $\sum$인 다변량정규분포의 결합확률밀도함수이다. 벡터 $\boldsymbol{X}$의 분포가 평균벡터 $\boldsymbol{\mu}$, 공분산행렬 $\sum$인 다변량정규분포이면, 기호로 $\boldsymbol{X} \sim N(\boldsymbol{\mu}, \sum)$로 나타내기로 한다.

問題 1 확률분포가 $N(0, 1)$에 따르고 항등적으로 같고 서로 독립인 k개의 확률변수 Z_1, Z_2, $\cdots$, Z_k를 원소로 하는 확률벡터를 $\boldsymbol{Z}^t = (Z_1, Z_2, \cdots, Z_k)$라 하고 $\boldsymbol{A}$를 $n \times k$행렬, $\boldsymbol{\mu}$를 $n \times 1$벡터라 할때, $\boldsymbol{X} = \boldsymbol{AZ} + \boldsymbol{\mu}$의 분포를 구하여라.

解答 $E(Z_i) = 0$, $\mathrm{Var}(Z_i) = 1$, $(i = 1, 2, 3, \cdots, k)$이고, $i \neq j$일 때 $\mathrm{Cov}(Z_i, Z_j) = 0$이므로

$$E(\boldsymbol{Z}) \;=\; \begin{pmatrix} 0 \\ 0 \\ \vdots \\ 0 \end{pmatrix} \;=\; \boldsymbol{0}_{1\times k}\,,\ \mathrm{Cov}(\boldsymbol{Z}) \;=\; E(\boldsymbol{ZZ}^t) \;=\; \begin{pmatrix} 1 & 0 & 0 & \cdots & 0 \\ 0 & 1 & 0 & \cdots & 0 \\ \vdots & \vdots & \vdots & \ddots & \vdots \\ 0 & 0 & 0 & \cdots & 1 \end{pmatrix} \;=\; \boldsymbol{I}_{k\times k}$$

이다. 따라서

$$\begin{aligned} E(\boldsymbol{X}) \;&=\; E(\boldsymbol{AZ} + \boldsymbol{\mu}) \;=\; \boldsymbol{\mu}\,, \\ \sum \;&=\; \mathrm{Cov}(\boldsymbol{X}) = \mathrm{Cov}(\boldsymbol{AZ} + \boldsymbol{\mu}) \;=\; \boldsymbol{A}\,\mathrm{Cov}(\boldsymbol{Z})\boldsymbol{A}^t \;=\; \boldsymbol{AA}^t \end{aligned}$$

이다. 또한, $\boldsymbol{X}$의 적률모함수 $M_{\boldsymbol{X}}(\boldsymbol{t})$는

$$\begin{aligned} M_{\boldsymbol{X}}(\boldsymbol{t}) &= E\big[\exp\{\boldsymbol{t}^t(\boldsymbol{AZ}+\boldsymbol{\mu})\}\big] \\ &= E\big[\exp(\boldsymbol{t}^t\boldsymbol{AZ})\exp(\boldsymbol{t}^t\boldsymbol{\mu})\big] \\ &= \exp(\boldsymbol{t}^t\boldsymbol{\mu})E\big[\exp(\boldsymbol{w}^t\boldsymbol{Z})\big],\ (\boldsymbol{w}^t=\boldsymbol{t}^t\boldsymbol{A}) \\ &= \exp(\boldsymbol{t}^t\boldsymbol{\mu})E\Big[\exp(\sum_{i=1}^k w_iZ_i)\Big] \\ &= \exp(\boldsymbol{t}^t\boldsymbol{\mu})\prod_{i=1}^k M_{Z_i}(w_i) \\ &= \exp(\boldsymbol{t}^t\boldsymbol{\mu})\prod_{i=1}^k \exp(\frac{1}{2}w_i^2) \\ &= \exp(\boldsymbol{t}^t\boldsymbol{\mu})\exp(\frac{1}{2}\boldsymbol{w}^t\boldsymbol{w}) \\ &= \exp\Big(\boldsymbol{t}^t\boldsymbol{\mu}+\frac{1}{2}\boldsymbol{t}^t\boldsymbol{AA}^t\boldsymbol{t}\Big) \end{aligned}$$

이므로, 확률벡터 $\boldsymbol{X}$의 분포는 평균벡터가 $\boldsymbol{\mu}$이고 공분산행렬이 $\sum=\boldsymbol{AA}^t$인 다변량 정규분포이다. □

問題 1 $n\times 1$ 확률벡터 $\boldsymbol{X}$의 분포가 $N(\boldsymbol{\mu},\sum)$일때, $\boldsymbol{Y}=\boldsymbol{c}^t\boldsymbol{X}$의 분포를 구하여라. 여기서 $\boldsymbol{c}^t=(c_1,c_2,c_3,\cdots,c_n)$이고 $c_1,\ c_2,\ \cdots,\ c_n$들 중의 적어도 하나는 0이 아니다.

解答 $\boldsymbol{Y}$의 적률모함수는

$$M_Y(\boldsymbol{t}) = E(e^{tY}) = E(e^{t\boldsymbol{c}^t\boldsymbol{X}})$$

이고, $\boldsymbol{X}$의 적률모함수

$$M_{\boldsymbol{X}}(\boldsymbol{t}) = E(e^{\boldsymbol{t}^t\boldsymbol{X}}) = \exp\Big(\boldsymbol{t}^t\boldsymbol{\mu}+\frac{1}{2}\boldsymbol{t}^t\sum\boldsymbol{t}\Big)$$

는 임의의 실벡터 $\boldsymbol{t}$에 대한 것이므로, 위의 식의 $\boldsymbol{t}$에 $t\boldsymbol{c}^t$를 대입하면

$$M_Y(t) = \exp\Big(t\boldsymbol{c}^t\boldsymbol{\mu}+\frac{1}{2}t^2\boldsymbol{c}^t\sum\boldsymbol{c}\Big)$$

이다. 즉, Y의 분포는 $N(\boldsymbol{c}^t\boldsymbol{\mu},\boldsymbol{c}^t\sum\boldsymbol{c})$이다. 이때, $\boldsymbol{\mu}=(\mu_1,\mu_2,\mu_3,\cdots,\mu_n)$, $\sum=(\sigma_{ij})$라 하면, $\boldsymbol{c}^t\boldsymbol{\mu}$와 $\boldsymbol{c}^t\sum\boldsymbol{c}$는

$$\begin{aligned} \boldsymbol{c}^t\boldsymbol{\mu} &= \sum_{i=1}^n c_i\mu_i\,, \\ \boldsymbol{c}^t\sum\boldsymbol{c} &= \sum_{i=1}^n c_i^2\sigma_{ij} + \sum_{1\leqslant i<j\leqslant n} c_ic_j\sigma_{ij} \end{aligned}$$

이다. □

9.2 이차형식의 분포

a_{ij}를 임의의 실수라 할 때 다음 식

$$f(x_1, x_2, x_3, \cdots, x_n) = \sum_{i=1}^{n}\sum_{j=1}^{n} a_{ij}x)jx_j$$

를 n개의 실변수 x_1, x_2, $\cdots$, x_n에 의한 **이차형식**(quadratic form)이라 한다. 여기서는 검정통계량이 위와 같은 이차형식의 함수로 표현되는 경우가 많으므로 이차형식에 대하여 살펴 본다. 위에서 정의한 이차형식은 $A = (a_{ij})$를 $n \times n$행렬, $\boldsymbol{x} = (x_1.x_2.\cdots, x_n)$을 $n \times 1$ 벡터라 할 때,

$$f(x) = \boldsymbol{x}^t A\boldsymbol{x}$$

로 나타낼 수 있고, 이때 A를 이차형식의 행렬(matrix)이라 부른다. 이차형식의 행렬 A는 항상 대칭행렬이 되도록 만들 수 있다. 예를 들면,

$$x_1^2 + x_1x_2 + x_2^2 = (x_1\ x_2)\begin{pmatrix} 1 & 1/2 \\ 1/2 & 1 \end{pmatrix}\begin{pmatrix} x_1 \\ x_2 \end{pmatrix}$$

는 두 실변수 x_1과 x_2에 의한 이차형식이며,

$$x_1 + x_2^2 + x_3^2 - x_1x_2 = (x_1\ x_2\ x_3)\begin{pmatrix} 1 & 1 & 0 \\ 1 & 1 & 0 \\ 0 & 0 & 1 \end{pmatrix}\begin{pmatrix} x_1 \\ x_2 \\ x_3 \end{pmatrix}$$

는 세 실변수 x_1, x_2, x_3에 의한 이차형식이다. 그러나

$$\begin{aligned}(x_1 - 1)^2 + (x_2^2 - 2)^2 &= x_1^2 + x_2^2 - 2x_1 - 4x_2 + 5 \\ &= ((x_1 - 1)\ (x_2 - 2))\begin{pmatrix} 1 & 1 \\ 0 & 1 \end{pmatrix}\begin{pmatrix} x_1 - 1 \\ x_2 - 2 \end{pmatrix}\end{aligned}$$

는 $x_1 - 1$과 $x_2 - 1$에 의한 이차형식이지만, x_1과 x_2에 의한 이차형식은 아니다.

이제 확률표본 X_1, X_2, X_3. $\cdots$, X_n의 표본평균과 표본분산을 각각 $\bar{X}$와 S^2이라 할 때, 이것을 이차형식으로 나타내면,

$$\begin{aligned}(n-1)S^2 &= \sum_{i=1}^{n}(X_i - \bar{X})^2 = \sum_{i=1}^{n}\Big(X_i - \frac{1}{n}(X_1 + X_2 + \cdots X_n)\Big)^2 \\ &= \frac{n-1}{n}\sum_{i=1}^{n} X_i^2 - \frac{2}{n}\sum_{1\leqslant i<j\leqslant n} X_iX_j\end{aligned}$$

$$= (X_1\ X_2 \cdots X_n) \begin{pmatrix} \frac{n-1}{n} & \frac{1}{n} & \frac{1}{n} & \cdots & \frac{1}{n} \\ \frac{1}{n} & \frac{n-1}{n} & \frac{1}{n} & \cdots & \frac{1}{n} \\ \vdots & \vdots & \vdots & \ddots & \vdots \\ \frac{1}{n} & \frac{1}{n} & \frac{1}{n} & \cdots & \frac{n-1}{n} \end{pmatrix} \begin{pmatrix} X_1 \\ X_2 \\ \vdots \\ X_n \end{pmatrix}$$

이고 이 식은 n개의 확률변수 X_1, X_2, $\cdots$, X_n에 의한 이차형식이다. 만약 n개의 확률변수 X_1, X_2, $\cdots$, X_n가 모집단 분포 $N(\mu, \sigma^2)$으로부터 추출된 확률표본이면, 이차형식 $(n-1)S^2/\sigma^2$의 확률분포는 모평균 μ와 무관하게 $\chi^2(n-1)$에 따르므로 σ^2에 대하 추론이 가능하다.

n개의 확률변수 X_1, X_2, $\cdots$, X_n이 확률적으로 독립이고 $X_i \sim N(\mu_i, \sigma_i^2)$이면

$$Q = \sum_{i=1}^{n} \Big(\frac{X_i - \mu_i}{\sigma_i} \Big)^2 \ \sim\ \chi^2(n)$$

이다. 여기서 Q는 $X_i - \mu_i$들에 의한 이차형식이고 공분산행렬이

$$\sum = \mathrm{diag}(\sigma_1^2, \sigma_2^2, \cdots, \sigma_n^2)$$

인 다변량정규분포에서 지수함수 e의 지수성분과 같다. 이제 이 결과를 일반화하여 확률벡터 $\boldsymbol{X} = (X_1, X_2, \cdots, X_n)$의 결합확률분포가 $N(\boldsymbol{\mu}, \sum)$일 때, $X_i\boldsymbol{\mu}_i$들에 의한 이차형식 Q의 분포가

$$Q = (\boldsymbol{X} - \boldsymbol{\mu})^t \sum{}^{-1} (\boldsymbol{X} - \boldsymbol{\mu}) \ \sim\ \chi^2(n)$$

임을 보이자. 먼저 Q의 적률모함수 $X_Q(t)$는

$$\begin{aligned} M_Q(t) &= \int_{-\infty}^{+\infty} \int_{-\infty}^{+\infty} \cdots \int_{-\infty}^{+\infty} \frac{1}{\sqrt{(2\pi)^{n/2} |\sum|}} \\ &\quad \times \exp\Big\{ \boldsymbol{t}(\boldsymbol{x} - \boldsymbol{\mu})^t \sum{}^{-1} (\boldsymbol{x} - \boldsymbol{\mu}) - \frac{1}{2} (\boldsymbol{x} - \boldsymbol{\mu})^t \sum{}^{-1} (\boldsymbol{x} - \boldsymbol{\mu}) \Big\} dx_1 dx_2 \cdots dx_k \\ &= \int_{-\infty}^{+\infty} \int_{-\infty}^{+\infty} \cdots \int_{-\infty}^{+\infty} \frac{1}{\sqrt{(2\pi)^{n/2} |\sum|}} \\ &\qquad \times \exp\Big\{ -\frac{1-2t}{2} (\boldsymbol{x} - \boldsymbol{\mu})^t \sum{}^{-1} (\boldsymbol{x} - \boldsymbol{\mu}) \Big\} dx_1 dx_2 \cdots dx_k \end{aligned}$$

이고 적률모함수 $\sum^{-1}$는 양정치(positive-definite)이고 위의 적분은 $t < \frac{1}{2}$인 모든실수 t에 대하여 존재한다. 그리고 $t < \frac{1}{2}$에서 $(1-2t)\sum^{-1}$는 양정치행렬이고

$$|(1-2t)\sum{}^{-1}| = (1-2t)^n |\sum{}^{-1}|$$

이므로,

$$\frac{1}{\sqrt{(2\pi)^{n/2} |\sum| / (1-2t)^n}} \exp\Big\{ -\frac{1-2t}{2} (\boldsymbol{X} - \boldsymbol{\mu})^t \sum{}^{-1} (\boldsymbol{X} - \boldsymbol{\mu}) \Big\}$$

는 다변량정규분포의 결합확률밀도함수이다. 따라서 Q의 적률모함수 $M_Q(t)$는

$$M_Q(t) = \frac{1}{(1-2t)^{\frac{n}{2}}}, \quad t < \frac{1}{2}$$

로서 $\chi^2(n)$의 적률모함수와 같아져서 Q의 분포는 $\chi^2(n)$이 된다.

이제 일반적인 경우로서 $X_1, X_2, \cdots, X_n$이 $N(\mu, \sigma^2)$으로부터의 크기 n인 확률표본일 때, 확률벡터 $\boldsymbol{X}^t = (X_1, X_2, \cdots, X_n)$과 임의의 $n \times n$ 대칭행렬 $\boldsymbol{A}$에 의한 이차형식 $\boldsymbol{X}^t\boldsymbol{A}\boldsymbol{X}$의 분포를 유도해 보자. $\boldsymbol{A} = \boldsymbol{I}_n$이면

$$\begin{aligned}\frac{1}{\sigma^2}\boldsymbol{X}^t\boldsymbol{A}\boldsymbol{X} &= \frac{1}{\sigma^2}\boldsymbol{X}^t\boldsymbol{X} \\ &= \sum_{i=1}^{n}\Big(\frac{X_i - 0}{\sigma}\Big)^2 \sim \chi^2(n)\end{aligned}$$

이므로, $\frac{1}{\sigma^2}\boldsymbol{X}^t\boldsymbol{A}\boldsymbol{X}$의 적률모함수를 구하여 $\frac{1}{\sigma^2}\boldsymbol{X}^t\boldsymbol{A}\boldsymbol{X}$의 분포가 χ^2분포이기 위한 대칭행렬 $\boldsymbol{A}$의 조건에 대하여 알아 보기로 하자. $\frac{1}{\sigma^2}\boldsymbol{X}^t\boldsymbol{A}\boldsymbol{X}$의 적률모함수는

$$\begin{aligned}M(t) &= \int_{-\infty}^{+\infty}\int_{-\infty}^{+\infty}\cdots\int_{-\infty}^{+\infty}\Big(\frac{1}{\sigma\sqrt{2\pi}}\Big)^n \exp\Big\{\frac{t\boldsymbol{x}^t\boldsymbol{A}\boldsymbol{x}}{\sigma^2} - \frac{\boldsymbol{x}^t\boldsymbol{x}}{2\sigma^2}\Big\}dx_1dx_2\cdots dx_n \\ &= \int_{-\infty}^{+\infty}\int_{-\infty}^{+\infty}\cdots\int_{-\infty}^{+\infty}\Big(\frac{1}{\sigma\sqrt{2\pi}}\Big)^n \exp\Big\{-\frac{\boldsymbol{x}^t(\boldsymbol{I}_n - 2t\boldsymbol{A})\boldsymbol{x}}{2\sigma^2}\Big\}dx_1dx_2\cdots dx_n\end{aligned}$$

에 의하여 구해진다. 그런데 $|t| < h$ $(h > 0)$이 되도록 $|t|$를 충분히 작게 잡으면, 행렬 $\boldsymbol{I}_n - 2t\boldsymbol{A}$는 양정치행렬이 되며

$$\frac{1}{(2\pi)^{n/2}\sqrt{|(\boldsymbol{I}_n - 2t\boldsymbol{A})^{-1}\sigma^2|}}\exp\Big\{-\frac{\boldsymbol{x}^t(\boldsymbol{I}_n - 2t\boldsymbol{A})\boldsymbol{x}}{2\sigma^2}\Big\}$$

은 다변량정규분포의 결합확률밀도함수이고

$$|(\boldsymbol{I}_n - 2t\boldsymbol{A})^{-1}\sigma^2|^{1/2} = \frac{\sigma^n}{|\boldsymbol{I}_n - 2t\boldsymbol{A}|}$$

이다. 따라서 $\frac{1}{\sigma^2}\boldsymbol{X}^t\boldsymbol{A}\boldsymbol{X}$의 적률모함수는

$$M(t) = |\boldsymbol{I}_n - 2t\boldsymbol{A}|^{-\frac{1}{2}}, \quad (|t| < h)$$

가 된다.여기서 대칭행렬$\boldsymbol{A}$의 고유근을 $a_1, a_2, \cdots, a_n$이라 하고, $\boldsymbol{P}$를

$$\boldsymbol{P}^t\boldsymbol{A}\boldsymbol{P} = \text{diag}(a_1, a_2, \cdots, a_n)$$

이 되는 직교행렬이라 하면

$$\boldsymbol{P}^t(\boldsymbol{I}_n - 2t\boldsymbol{A})\boldsymbol{P} = \begin{pmatrix} 1-2ta_1 & 0 & 0 & \cdots & 0 \\ 0 & 1-2ta_2 & 0 & \cdots & 0 \\ \vdots & \vdots & \vdots & \ddots & \vdots \\ 0 & 0 & 0 & \cdots & 1-2ta_n \end{pmatrix}$$

이므로

$$\begin{aligned}\prod_{i=1}^{n}(1-2ta_i) &= |\,\boldsymbol{P}^t(\boldsymbol{I}_n-2t\boldsymbol{A})\boldsymbol{P}\,| \\ &= |\,(\boldsymbol{I}_n-2t\boldsymbol{A})\,|\end{aligned}$$

가 된다. 따라서 $\frac{1}{\sigma^2}\boldsymbol{X}^t\boldsymbol{A}\boldsymbol{X}$의 적률모함수는

$$\begin{aligned}M(t) &= |\,(\boldsymbol{I}_n-2t\boldsymbol{A})\,|^{-1/2} \\ &= \Big[\prod_{i=1}^{n}(1-2ta_i)\Big]^{-1/2},\ \ (|t|<h)\end{aligned}$$

으로 쓸 수 있다. 이제 행렬 $\boldsymbol{A}$의 계수(rank)를 r_i $(0 < r \leqslant n)$라 하면, $\boldsymbol{A}$의 고유근 a_1, a_2, $\cdots$, a_n 중에서 정확히 r개의 실수, a_1, a_2, $\cdots$, a_r은 영이 아니면 나머지 $n-r$개의 실수 a_{r+1}, a_{r+2}, $\cdots$, a_n 은 영이므로, $\frac{1}{\sigma^2}\boldsymbol{X}^t\boldsymbol{A}\boldsymbol{X}$의 분포를 $\chi^2(k)$라고 가정하면, 그 적률모함수는

$$M(t) = \Big[\prod_{i=1}^{k}(1-2ta_i)\Big]^{-1/2} = (1-2t)^{k/2},\ (|t|<h)$$

가 되어야 한다. 즉,

$$\prod_{i=1}^{k}(1-2ta_i) = (1-2t)^{k},\ (|t|<h)$$

가 성립하여야 하므로, $k=r$이고 $a_1=a_2=\cdots=a_r=1$이 되어야 한다. 그런데 실대칭행렬의 0이 아닌 고유근이 1이면 그 행렬은 멱등행렬(idempotent matrix)이고 역도 성립한다. 따라서 $\frac{1}{\sigma^2}\boldsymbol{X}^t\boldsymbol{A}\boldsymbol{X}$의 분포가 $\chi^2(r)$이면 $\boldsymbol{A}$의 계수는 r이고 $\boldsymbol{A}^2=\boldsymbol{A}$이다. 역으로, $\boldsymbol{A}$의 계수가 r이고 $\boldsymbol{A}^2=\boldsymbol{A}$이면, $\boldsymbol{A}$의 고유근들 중에서 정확히 r개가 1이고 나머지 $n-r$개는 0이 되고 $\frac{1}{\sigma^2}\boldsymbol{X}^t\boldsymbol{A}\boldsymbol{X}$의 적률모함수는

$$(1-2t)^{-r/2},\ \ (t<\frac{1}{2})$$

이 되므로, $\frac{1}{\sigma^2}\boldsymbol{X}^t\boldsymbol{A}\boldsymbol{X}$의 분포는 $\chi^2(r)$이 된다. 따라서 다음 정리가 성립한다.

定理 9.1 X_1, X_2, $\cdots$, X_n을 $N(0,\sigma^2)$으로부터의 크기 n인 확률표본이라 하고, 이 확률표본에 의한 이차형식을 $Q=\boldsymbol{X}^t\boldsymbol{A}\boldsymbol{X}$, Q의 행렬 $\boldsymbol{A}$의 계수가 r인 대칭행렬이라 하면, $\frac{1}{\sigma^2}Q$의 분포가 $\chi^2(r)$이 되기 위한 필요충분조건은 $\boldsymbol{A}^2=\boldsymbol{A}$인 것이다.

위의 정리에서 정규분포가 $N(\mu, \sigma^2)$이면 $\boldsymbol{A}^2 = \boldsymbol{A}$의 조건만으로는 $\frac{1}{\sigma^2}Q$의 분포가 $\chi^2(r)$이 되지 않는다. $\boldsymbol{A}^2 = \boldsymbol{A}$의 조건에 의하여 $\frac{1}{\sigma^2}Q$의 적률모함수는

$$M(t) \;=\; E\Big[\exp\Big(\frac{t}{\sigma^2}\boldsymbol{X}^t\boldsymbol{A}\boldsymbol{X}\Big)\Big] \;=\; (1-2t)^{-r/2}\exp\Big(\frac{t}{1-2t} - \frac{\boldsymbol{\mu}^t\boldsymbol{A}\boldsymbol{\mu}}{\sigma^2}\Big)$$

가 된다. 적률모함수가 이와같은 분포를 **비중심 χ^2분포**(noncentral chi-squared distribution)라 하며,

$$\frac{\boldsymbol{\mu}^t\boldsymbol{A}^t\boldsymbol{\mu}}{\sigma^2}$$

을 **비중심모수**(noncentral parameter)라 부른다. 여기서 $\boldsymbol{\mu}^t = (\mu, \mu, \cdots, \mu)$ 이므로 $\boldsymbol{A} = (a_{ij})$라 하면

$$\boldsymbol{\mu}^t\boldsymbol{A}\boldsymbol{\mu} \;=\; \mu^2\sum_i\sum_j a_{ij}$$

가 된다. 따라서 $\mu \neq 0$일때, 이차형식 $\frac{1}{\sigma^2}Q$의 분포가 $\chi^2(r)$이기 위한 필요충분조건은 $\boldsymbol{A}^2 = \boldsymbol{A}$와 $\sum_i\sum_j a_{ij} = 0$인 것이다. 또한, 위의 정리는 확률변수들이 양정치행렬 $\sum$가 공분산행렬인 다변량정규분포를 따르는 경우로 확장할 수 있다. 이때, 이차형식 $\boldsymbol{X}^t\boldsymbol{A}\boldsymbol{X}$의 분포가 χ^2분포이기 위한 필요충분조건은 $\boldsymbol{A}^t\sum\boldsymbol{A} = \boldsymbol{A}$이다.

일반적으로 확률변수 X의 적률모함수가

$$M_X(t) \;=\; (1-2t)^{-k/2}\exp\Big(\frac{\phi t}{1-2t}\Big),\; (t < \frac{1}{2})$$

이면 X의 확률분포를 자유도가 k이고 비중심모수가 ϕ인 비중심 χ^2분포라 부른다. 모수가 k와 ϕ인 비중심 χ^2분포를 기호로 $\chi^2(k, \phi)$로 나타낸다. 비중심 χ^2분포의 성질도 1차원 χ^2분포가 갖는 똑같다. 예를 들면, 확률변수 $V_1 \sim \chi^2(k_1, \phi_1)$, 확률변수 $V_2 \sim \chi^2(k_2, \phi_2)$라 하고 V_1과 V_2가 확률적으로 독립이면

$$V_1 + V_2 \;\sim\; \chi^2(k_1 + k_2, \phi_1 + \phi_2)$$

이다. 여기서 $\phi_1 = \phi$, $\phi_2 = 0$이면

$$F = \frac{V_1/k_1}{V_2/k_2}$$

의 확률분포는 분자, 분모의 자유도가 각각 k_1, k_2이고 비중심모수가 ϕ인 **비중심 $\boldsymbol{F}$분포**(noncentral F distribution)라 부른다.

이제 이차형식의 확률적 독립과 관련된 몇가지 정리에 대하여 알아 보자.

定理 9.2 $X_1, X_2, \cdots, X_n$을 $N(0, \sigma^2)$으로부터의 크기 n인 확률표본이라 할 때, 이 확률표본에 의한 두 개의 이차형식을 $Q_1 = \boldsymbol{X}^t\boldsymbol{A}\boldsymbol{X}$, $Q_2 = \boldsymbol{X}^t\boldsymbol{B}\boldsymbol{X}$라 하고, Q_1과 Q_2의 행렬 $\boldsymbol{A}$와 $\boldsymbol{B}$는 계수가 모두 r인 대칭행렬이라 하자. 이때 확률변수 Q_1과 Q_2가 확률적으로 독립이기 위한 필요충분조건은 $\boldsymbol{A}\boldsymbol{B} = \boldsymbol{0}$이다.

證明 Q_1/σ^2과 Q_2/σ^2의 결합적률모함수는

$$\begin{aligned} M(t_1,t_2) &= \int_{-\infty}^{+\infty}\Big(\frac{1}{\sigma\sqrt{2\pi}}\Big)^n \exp\Big\{\frac{t_1\boldsymbol{x}^t\boldsymbol{A}\boldsymbol{x}}{\sigma^2}+\frac{t_2\boldsymbol{x}^t\boldsymbol{B}\boldsymbol{x}}{\sigma^2}-\frac{\boldsymbol{x}^t\boldsymbol{x}}{2\sigma^2}\Big\}\,d\boldsymbol{x} \\ &= \int_{-\infty}^{+\infty}\Big(\frac{1}{\sigma\sqrt{2\pi}}\Big)^n \exp\Big\{-\frac{\boldsymbol{x}^t(\boldsymbol{I}_n-2t_1\boldsymbol{A}-2t_2\boldsymbol{B})\boldsymbol{x}}{2\sigma^2}\Big\}\,d\boldsymbol{x} \end{aligned}$$

이고 $|t_1|<h_1$, $|t_2|<h_2$, $(h_1,h_2>0$이 되도록 $|t_1|$과 $|t_2|$를 충분히 작게 잡으면 행렬 $\boldsymbol{I}_n-2t_1\boldsymbol{A}-2t_2\boldsymbol{B}$는 양정치행렬이므로, $\frac{1}{\sigma^2}\boldsymbol{X}^t\boldsymbol{A}\boldsymbol{X}$의 적률모함수를 구할때와 같은 방법에 의하여

$$M(t_1,t_2) = |\,\boldsymbol{I}_n-2t_1\boldsymbol{A}-2t_2\boldsymbol{B}\,|^{-1/2},\ \ (|t_1|<h_1,|t_2|<h_2,h_1>0,h_2>0)$$

이다. 만약 $\frac{1}{\sigma^2}Q_1$과 $\frac{1}{\sigma^2}Q_2$가 확률적으로 독립이면

$$M(t_1,t_2) = M(t_1,0)\,M(0,t_2),\ \ (|t_1|<h_1,|t_2|<h_2,h_1>0,h_2>0)$$

이므로,

$$|\,\boldsymbol{I}_n-2t_1\boldsymbol{A}-2t_2\boldsymbol{B}\,| = |\,\boldsymbol{I}_n-2t_1\boldsymbol{A}\,|\,|\,\boldsymbol{I}_n-2t_2\boldsymbol{B}\,|,(|t_1|<h_1,|t_2|<h_2,h_1>0,h_2>0)$$

가 성립한다. 그런데 $\boldsymbol{A}$의 계수가 r이므로 행렬 $\boldsymbol{A}$의 고유근 중에는 0이 아닌 r개의 고유근 a_1, a_2, $\cdots$, a_r이 존재하고 다음을 만족하는 직교행렬 $\boldsymbol{Q}$가 존재하여

$$\boldsymbol{Q}^t\boldsymbol{A}\boldsymbol{Q} = \left(\begin{array}{ccccc|c} a_1 & 0 & 0 & \cdots & 0 & \\ 0 & a_2 & 0 & \cdots & 0 & \boldsymbol{0} \\ \vdots & \vdots & \vdots & \ddots & \vdots & \\ 0 & 0 & 0 & \cdots & a_n & \\ \hline & & \boldsymbol{0} & & & \boldsymbol{0} \end{array}\right) = \left(\begin{array}{c|c} \boldsymbol{C}_{11} & \boldsymbol{0} \\ \hline \boldsymbol{0} & \boldsymbol{0} \end{array}\right) = \boldsymbol{C}$$

이 성립한다. 따라서 $\boldsymbol{Q}^t\boldsymbol{A}\boldsymbol{Q}$도

$$\boldsymbol{Q}^t\boldsymbol{A}\boldsymbol{Q} = \begin{pmatrix} \boldsymbol{D}_{11} & \boldsymbol{D}_{12} \\ \boldsymbol{D}_{21} & \boldsymbol{D}_{22} \end{pmatrix} = \boldsymbol{D}$$

와 같은 형태로 쓸 수 있다. 그러므로

$$|\boldsymbol{Q}^t|\,|\,\boldsymbol{I}_n-2t_1\boldsymbol{A}-2t_2\boldsymbol{B}\,|\,|\boldsymbol{Q}| = |\boldsymbol{Q}^t|\,|\boldsymbol{I}_n-2t_1\boldsymbol{A}|\,|\boldsymbol{Q}|\,|\boldsymbol{Q}^t|\,|\boldsymbol{I}_n-2t_2\boldsymbol{B}|\,|\boldsymbol{Q}|$$

로부터

$$|\,\boldsymbol{I}_n-2t_1\boldsymbol{C}-2t_2\boldsymbol{D}\,| = |\,\boldsymbol{I}_n-2t_1\boldsymbol{C}\,|\,|\,\boldsymbol{I}_n-2t_2\boldsymbol{D}\,|,$$

가 된다. 이때,

$$|\,\boldsymbol{I}_n-2t_1\boldsymbol{C}\,| = \prod_{i=1}^{r}(1-2t_ia_i)$$

이므로, $|\boldsymbol{I}_n - 2t_1\boldsymbol{C}\,||\,\boldsymbol{I}_n - 2t_2\boldsymbol{D}\,|$에서 $(-2t_1)^{-r}$의 계수는

$$\prod_{i=1}^{r} a_i\,|\,\boldsymbol{I}_n - 2t_2\boldsymbol{D}\,|$$

이다. 또한, $|\boldsymbol{I}_n - 2t_1\boldsymbol{C}\,||\,\boldsymbol{I}_n - 2t_2\boldsymbol{D}\,|$에서 $(-2t_1)^{-r}$의 계수는 $|t_2| < h_2$인 모든 t_2에 대하여

$$\prod_{i=1}^{r} a_i\,|\,\boldsymbol{I}_{n-r} - 2t_2\boldsymbol{D}_{22}\,|$$

임을 보일 수 있으므로

$$\boldsymbol{I} - 2t_2\boldsymbol{D} = |\,\boldsymbol{I}_{n-r} - 2t_2\boldsymbol{D}_{22}\,|$$

이다. 이 등식에 의하면 행렬 $\boldsymbol{D}$와 $\boldsymbol{D}_{22}$의 영(zero)이 아닌 고유근은 일치하여야 한다. 그런데 대칭행렬에서 고유근들의 제곱합은 그 행렬을 구성하고 있는 각 원소의 제곱합과 같으므로, 행렬 $\boldsymbol{D}$의 원소들의 제곱합은 행렬 $\boldsymbol{D}_{22}$의 원소들의 제곱합과 같아야 하고, $\boldsymbol{D}$의 원소들이 실수이므로 행렬 $\boldsymbol{D}_{11}$, $\boldsymbol{D}_{12}$, $\boldsymbol{D}_{22}$의 각 원소들은 0이어야 한다. 따라서 행렬 $\boldsymbol{D}$는

$$\boldsymbol{D} = \boldsymbol{Q}^t\boldsymbol{B}\boldsymbol{Q} = \begin{pmatrix} \boldsymbol{0} & \boldsymbol{0} \\ \boldsymbol{0} & \boldsymbol{D}_{22} \end{pmatrix}$$

로 쓸 수 있으므로

$$\boldsymbol{C}\boldsymbol{D} = \boldsymbol{Q}^t\boldsymbol{A}\boldsymbol{Q}\boldsymbol{Q}^t\boldsymbol{B}\boldsymbol{Q} = \boldsymbol{Q}^t\boldsymbol{A}\boldsymbol{B}\boldsymbol{Q}$$

이고

$$\boldsymbol{C}\boldsymbol{D} = \begin{pmatrix} \boldsymbol{C}_{11} & \boldsymbol{0} \\ \boldsymbol{0} & \boldsymbol{0} \end{pmatrix} = \begin{pmatrix} \boldsymbol{0} & \boldsymbol{0} \\ \boldsymbol{0} & \boldsymbol{D}_{22} \end{pmatrix} = \boldsymbol{0}$$

이 되어, $\boldsymbol{A}\boldsymbol{B} = \boldsymbol{0}$이다. 이제 역으로, $\boldsymbol{A}\boldsymbol{B} = \boldsymbol{0}$일 때, $\frac{1}{\sigma^2}Q_1$과 $\frac{1}{\sigma^2}Q_2$가 확률적으로 독립임을 보이자. $\boldsymbol{A}\boldsymbol{B} = \boldsymbol{0}$이면 모든 실수 t_1, t_2에 대하여

$$(\boldsymbol{I} - 2t_1\boldsymbol{A})(\boldsymbol{I} - 2t_2\boldsymbol{B}) = \boldsymbol{I} - 2t_1\boldsymbol{A} - 2t_2\boldsymbol{B}$$

가 성립하므로

$$|\boldsymbol{I} - 2t_1\boldsymbol{A} - 2t_2\boldsymbol{B}| = |\boldsymbol{I} - 2t_1\boldsymbol{A}|\,|\boldsymbol{I} - 2t_2\boldsymbol{B}|$$

가 되어야 한다. 그런데 $\frac{1}{\sigma^2}Q_1$과 $\frac{1}{\sigma^2}Q_2$의 결합적률모함수는

$$M(t_1, t_2) = |\boldsymbol{I}_n - 2t_1\boldsymbol{A} - 2t_2\boldsymbol{B}|^{-1/2}, \quad (|t_1| < h_1, |t_2| < h_2)$$

이고, 각각의 적률생성함수는

$$M(t_1) = |\boldsymbol{I}_n - 2t_1\boldsymbol{A}|^{-1/2} = M(t_1, 0), \quad (|t_1| < h_1)$$
$$M(t_2) = |\boldsymbol{I}_n - 2t_2\boldsymbol{B}|^{-1/2} = M(0, t_2), \quad (|t_2| < h_2)$$

이므로

$$M(t_1,t_2) = M(t_1,0)M(0,t_2), \quad (|t_1|<h_1, |t_2|<h_2, h_1>0, h_2>0)$$

가 되어 $\frac{1}{\sigma^2}Q_1$과 $\frac{1}{\sigma^2}Q_2$가 확률적으로 독립이고 따라서 Q_1과 Q_2도 확률적으로 독립이다. ■

위의 정리는 X_1, X_2, $\cdots$, X_n이 $N((\mu,\sigma^2)$으로부터 추출한 확률표본인 경우에도 성립한다. 또한 확률변수들이 양정치행렬 $\sum$가 공분산행렬인 다변량정규분포를 따르는 경우로 확장할 수 있다. 이때, 이차형식 $\boldsymbol{X}^t\boldsymbol{A}\boldsymbol{X}$와 $\boldsymbol{X}^t\boldsymbol{B}\boldsymbol{X}$가 확률적으로 독립이기 위한 필요충분조건은 $\boldsymbol{A}\sum\boldsymbol{B}$이다. 위의 정리에서는 $\sum=\sigma^2\boldsymbol{I}$이므로

$$\boldsymbol{A}\Sigma\boldsymbol{B} = \boldsymbol{A}\sigma^2\boldsymbol{I}\boldsymbol{B} = \sigma^2\boldsymbol{A}\boldsymbol{B} = \boldsymbol{0}$$

이다.

定理 9.3 Q_1, Q_2, $\cdots$, Q_k가 $N(0,\sigma^2)$으로부터의 추출한 크기 n인 확률표본에 의한 $k+1$개의 이차형식이고 Q_k는 음이 아니며,

$$Q = Q_1+Q_2+\cdots+Q_k\,,$$
$$\frac{1}{\sigma^2}Q \sim \chi^2(r), \quad \frac{1}{\sigma^2}Q_i \sim \chi^2(r_i), \quad i=1,2,3,\cdots,n$$

이면, 확률변수 Q_1, Q_2,$\cdots$, Q_k는 확률적으로 독립이고, $\frac{1}{\sigma^2}Q_k$의 분포는 자유도가 $r_k=r_1-r_2-\cdots-r_{k-1}$인 χ^2분포이다.

證明 $k=2$라 할때, Q, Q_1과 Q_2의 실대칭행렬을 각각 $\boldsymbol{A}$, $\boldsymbol{A}_1$, $\boldsymbol{A}_2$라 하면 $Q=Q_1+Q_2$이므로 $\boldsymbol{A}=\boldsymbol{A}_1+\boldsymbol{A}_2$이고 $\frac{1}{\sigma^2}Q\sim\chi^2(r)$, $\frac{1}{\sigma^2}Q_1\sim\chi^2(r_1)$이므로 정리 9.1에 의하여 $\boldsymbol{A}^2=\boldsymbol{A}$, $\boldsymbol{A}_1^2=\boldsymbol{A}_1$이다. 그리고 $Q_2\geqslant 0$이므로 $\boldsymbol{A}$, $\boldsymbol{A}_1$과 $\boldsymbol{A}_2$는 양반정치행렬(positive semi-defnite matirx)이고 $\boldsymbol{A}^2=\boldsymbol{A}$이므로 직교행렬 $\boldsymbol{Q}$가 존재하여

$$\boldsymbol{Q}^t\boldsymbol{A}\boldsymbol{Q} = \begin{pmatrix}\boldsymbol{I}_r & \boldsymbol{0}\\ \boldsymbol{0} & \boldsymbol{0}\end{pmatrix} = \boldsymbol{Q}^t\boldsymbol{A}_1\boldsymbol{Q}+\boldsymbol{Q}^t\boldsymbol{A}_2\boldsymbol{Q}$$

가 성립한다. 여기서 $\boldsymbol{A}_1$과 $\boldsymbol{A}_2$는 양반정치행렬이므로 $\boldsymbol{Q}^t\boldsymbol{A}_1\boldsymbol{Q}$과 $\boldsymbol{Q}^t\boldsymbol{A}_2\boldsymbol{Q}$도 양반정치행렬이다. 그런데 실대칭행렬이 양반정치행렬이면 그 행렬의 주대각선상 원소들은 음이 아니고, 특히 주대각선상의 원소가 0이면 그 원소가 속한 행과 열의 모든 원소들은 0이 되어야 한다. 그러므로 $\boldsymbol{Q}^t\boldsymbol{A}\boldsymbol{Q}=\boldsymbol{Q}^t\boldsymbol{A}_1\boldsymbol{Q}+\boldsymbol{Q}^t\boldsymbol{A}_2\boldsymbol{Q}$는

$$\begin{pmatrix}\boldsymbol{I}_r & \boldsymbol{0}\\ \boldsymbol{0} & \boldsymbol{0}\end{pmatrix} = \begin{pmatrix}\boldsymbol{G}_r & \boldsymbol{0}\\ \boldsymbol{0} & \boldsymbol{0}\end{pmatrix} + \begin{pmatrix}\boldsymbol{H}_r & \boldsymbol{0}\\ \boldsymbol{0} & \boldsymbol{0}\end{pmatrix}$$

으로 나타낼 수 있으며, $\boldsymbol{A}_1^2 = \boldsymbol{A}_1$이므로

$$(\boldsymbol{Q}^t\boldsymbol{A}\boldsymbol{Q})^2 = \boldsymbol{Q}^t\boldsymbol{A}\boldsymbol{Q} = \begin{pmatrix} \boldsymbol{G}_r & \boldsymbol{0} \\ \boldsymbol{0} & \boldsymbol{0} \end{pmatrix}$$

이 되어, $\boldsymbol{Q}^t\boldsymbol{A}\boldsymbol{Q} = \boldsymbol{Q}^t\boldsymbol{A}_1\boldsymbol{Q} + \boldsymbol{Q}^t\boldsymbol{A}_2\boldsymbol{Q}$의 양변에 $\boldsymbol{Q}^t\boldsymbol{A}_1\boldsymbol{Q}$를 곱하면

$$\begin{pmatrix} \boldsymbol{G}_r & \boldsymbol{0} \\ \boldsymbol{0} & \boldsymbol{0} \end{pmatrix} = \begin{pmatrix} \boldsymbol{G}_r & \boldsymbol{0} \\ \boldsymbol{0} & \boldsymbol{0} \end{pmatrix} + \begin{pmatrix} \boldsymbol{G}_r\boldsymbol{H}_r & \boldsymbol{0} \\ \boldsymbol{0} & \boldsymbol{0} \end{pmatrix}$$

또는

$$\boldsymbol{Q}^t\boldsymbol{A}_1\boldsymbol{Q} = \boldsymbol{Q}^t\boldsymbol{A}_1\boldsymbol{Q} + (\boldsymbol{Q}^t\boldsymbol{A}_1\boldsymbol{Q})(\boldsymbol{Q}^t\boldsymbol{A}_2\boldsymbol{Q})$$

가 된다. 따라서 $(\boldsymbol{Q}^t\boldsymbol{A}_1\boldsymbol{Q})(\boldsymbol{Q}^t\boldsymbol{A}_2\boldsymbol{Q}) = \boldsymbol{0}$ 즉, $\boldsymbol{A}_1\boldsymbol{A}_2 = \boldsymbol{0}$이고, 정리 9.2에 의하여 Q_1 Q_2는 확률적으로 독립이고, 이 독립성에 의하여 $\frac{1}{\sigma^2}Q_2$의 분포는 자유도가 $r_2 = r - r_1$인 χ^2분포가 된다. $k > 2$인 경우는 수학적 귀납법으로 증명할 수 있다. 여기서는 간단히 $k = 3$인 경우만 살펴보자. Q, Q_1, Q_2와 Q_3의 실대칭행렬들을 각각 $\boldsymbol{A}$, $\boldsymbol{A}_1$, $\boldsymbol{A}_2$, $\boldsymbol{A}_3$라 하면, $\boldsymbol{A}^2 = \boldsymbol{A}$, $\boldsymbol{A}_1^2 = \boldsymbol{A}_1$, $\boldsymbol{A}_2^2 = \boldsymbol{A}_2$, $\boldsymbol{A}_3$는 양반정치행렬들이다. 여기서

$$\boldsymbol{A} = \boldsymbol{A}_1 + (\boldsymbol{A}_2 + \boldsymbol{A}_3) = \boldsymbol{A}_1 + \boldsymbol{B}_1$$

이라 하면, $\boldsymbol{A}^2 = \boldsymbol{A}$, $\boldsymbol{A}_1^2 = \boldsymbol{A}_1$, $\boldsymbol{B}_1$도 양반정치행렬이다. 이제 $k = 2$인 경우에 의하여 $\boldsymbol{A}_1\boldsymbol{B}_1 = \boldsymbol{0}$이므로

$$\boldsymbol{B}_1^2 = (\boldsymbol{A}_2 + \boldsymbol{A}_3)^2 = \boldsymbol{A}_2 + \boldsymbol{A}_3 = \boldsymbol{B}_1$$

이어야 한다. 즉

$$\boldsymbol{B}_1 = \boldsymbol{A}_2 + \boldsymbol{A}_3\,,\ \boldsymbol{B}_1^2 = \boldsymbol{B}_1\,, \boldsymbol{A}_2^2 = \boldsymbol{A}_2$$

이므로 $k = 2$인 경우로부터 $\boldsymbol{A}_2\boldsymbol{A}_3 = \boldsymbol{0}$, $\boldsymbol{A}_3^2 = \boldsymbol{A}_3$가 된다. 또한,

$$\boldsymbol{A} = \boldsymbol{A}_2 + (\boldsymbol{A}_1 + \boldsymbol{A}_2) = \boldsymbol{A}_1 + \boldsymbol{B}_2$$

라 하면, 마찬가지로 $\boldsymbol{A}_1\boldsymbol{A}_3 = \boldsymbol{0}$, $\boldsymbol{A}_2^2 = \boldsymbol{A}_2$가 된다. ■

정리 9.3와 관련된 예를 들어보자. X의 분포는 $N(\mu, \sigma^2)$이고 $a > 1$와 $b > 1$인 양의 정수라 할 때, 이 분포로부터 추출한 크기 n인 확률표본이 다음과 같다고 하자.

$$\begin{matrix} \boldsymbol{X}_{11}, & \boldsymbol{X}_{12}, & \cdots & \boldsymbol{X}_{1j}, & \cdots & \boldsymbol{X}_{1b} \\ \boldsymbol{X}_{21}, & \boldsymbol{X}_{22}, & \cdots & \boldsymbol{X}_{2j}, & \cdots & \boldsymbol{X}_{2b} \\ \vdots & \vdots & \ddots & \vdots & \ddots & \vdots \\ \boldsymbol{X}_{i1}, & \boldsymbol{X}_{i2}, & \cdots & \boldsymbol{X}_{ij}, & \cdots & \boldsymbol{X}_{ib} \\ \vdots & \vdots & \ddots & \vdots & \ddots & \vdots \\ \boldsymbol{X}_{a1}, & \boldsymbol{X}_{a2}, & \cdots & \boldsymbol{X}_{aj}, & \cdots & \boldsymbol{X}_{ab} \end{matrix}$$

가정에 의하여 $n = ab$개의 확률변수 X_{ij}들은 확률적으로 독립이며, 각각의 분포는 평균이 μ, 분산이 σ^2인 정규분포로 모두 같다. 각 행을 주어진 분포로부터의 크기 b인 확률표본, 각 열을 주어진 분포로부터의 크기 a인 확률표본으로 생각하면

$$\begin{aligned}\bar{X} &= \frac{1}{ab}\sum_{i=1}^{a}\sum_{j=1}^{b} X_{ij}\,, \\ \bar{X}_{i\cdot} &= \frac{1}{b}\sum_{j=1}^{b} X_{ij}\,,\ \ i = 1,2,3,\cdots,a \\ \bar{X}_{\cdot j} &= \frac{1}{a}\sum_{i=1}^{a} X_{ij}\,,\ \ j = 1,2,3,\cdots,b\end{aligned}$$

으로 같은 $a+b+1$개의 통계량을 정의할 수 있다. 이제 크기 $n = ab$인 확률표본의 표본분산을 S^2이라 하면

$$\begin{aligned}Q &= (ab-1)S^2 \\ &= \sum_{i=1}^{a}\sum_{j=1}^{b}(X_{ij}-\bar{X})^2 \\ &= \sum_{i=1}^{a}\sum_{j=1}^{b}\{(X_{ij}-\bar{X}_{i\cdot}+\bar{X}_{i\cdot}-\bar{X})\}^2 \\ &= \sum_{i=1}^{a}\sum_{j=1}^{b}(X_{ij}-\bar{X}_{i\cdot})^2 + b\sum_{i=1}^{a}(\bar{X}_{i\cdot}-\bar{X})^2 \\ &= Q_1 + Q_2\end{aligned}$$

로 쓸 수 있다. 이때 Q, Q_1, Q_2는 분명히 $n = ab$개의 X_{ij}에 의한 이차형식들이다. 또한, $(ab-1)S^2$의 분포는 자유도가 $ab-1$인 χ^2분포이며,

$$\frac{1}{b-1}\sum_{j=1}^{b}(X_{ij}-\bar{X}_{i\cdot})^2\,,\ \ i = 1,2,3,\cdots,a$$

는 정규분포로부터의 크기 b인 확률표본의 분산이므로

$$\frac{1}{\sigma^2}Q_{i1} = \frac{1}{\sigma^2}\sum_{j=1}^{b}(X_{ij}-\bar{X}_{i\cdot})^2 \ \sim\ \chi^2(b-1)\,,\ i = 1,2,3,\cdots,a$$

이다. 그런데 X_{ij}들이 확률적으로 독립이므로 Q_{11}, Q_{21}, $\cdots$, Q_{a1}도 확률적으로 독립이고, 분포가 $\chi^2(b-1)$에 따르는 확률변수들이므로

$$\frac{1}{\sigma^2}Q_1 = \sum_{j=1}^{a}\frac{1}{\sigma^2}Q_{i1} \ \sim\ \chi^2\big(a(b-1)\big)$$

이고

$$Q_2 = b\sum_{i=1}^{a}(\bar{X}_{i\cdot} - \bar{X})^2 \geqslant 0$$

이므로 정리 9.3에 의하여 Q_1과 Q_2는 확률적으로 독립이고 $\frac{1}{\sigma^2}Q_1$의 분포는 자유도가 $(ab-1)-a(b-1)=a-1$인 χ^2분포이다. 마찬가지 방법으로 $(ab-1)S^2$의 전개에서 $X_{ij}-\bar{X}$에 $-\bar{X}_{\cdot j}+\bar{X}_{\cdot j}$를 대입하면

$$\begin{aligned} Q &= (ab-1)S^2 \\ &= \sum_{i=1}^{a}\sum_{j=1}^{b}(X_{ij}-\bar{X})^2 \\ &= \sum_{i=1}^{a}\sum_{j=1}^{b}\{(X_{ij}-\bar{X}_{\cdot j}+\bar{X}_{\cdot j}-\bar{X})\}^2 \\ &= \sum_{i=1}^{a}\sum_{j=1}^{b}(X_{ij}-\bar{X}_{\cdot j})^2 + a\sum_{j=1}^{b}(\bar{X}_{\cdot j}-\bar{X})^2 \\ &= Q_3+Q_4 \end{aligned}$$

이다. 따라서, $\frac{1}{\sigma^2}Q_3 \sim \chi^2(b(a-1))$이고 Q_3와 Q_4는 확률적으로 독립이며 $\frac{1}{\sigma^2}Q_4$의 분포는 자유도가 $(ab-1)-b(b-1)=b-1$인 χ^2분포이다. 그리고 $(ab-1)S^2$의 전개에서 $X_{ij}-\bar{X}$에

$$X_{ij}-\bar{X} = (X_{i\cdot}-\bar{X})+(\bar{X}_{\cdot j}-\bar{X})+(X_{ij}-\bar{X}_{i\cdot}-\bar{X}_{\cdot j}+\bar{X})$$

을 대입하면

$$\begin{aligned} Q &= (ab-1)S^2 \\ &= b\sum_{i=1}^{a}\sum_{j=1}^{b}(X_{i\cdot}-\bar{X})^2 + a\sum_{j=1}^{b}(X_{\cdot j}-\bar{X})^2 \\ &\qquad + \sum_{i=1}^{a}\sum_{j=1}^{b}(X_{ij}-\bar{X}_{i\cdot}-\bar{X}_{\cdot j}+\bar{X})^2 \\ &= Q_2+Q_4+Q_5 \end{aligned}$$

이므로, 앞에서의 결과에 의하면 $\frac{1}{\sigma^2}Q$, $\frac{1}{\sigma^2}Q_4$의 분포들은 각각 자유도가 $ab-1$, $a-1$, $b-1$인 χ^2분포들이고 $Q_5 \geqslant 0$이므로, 정리 9.3에 의하여 Q_2, Q_4, Q_5는 확률적으로 독립이고, $\frac{1}{\sigma^2}Q_5$는 자유도가

$$(ab-1)-(a-1)-(b-1) = (a-1)(b-1)$$

인 χ^2분포에 따른다.

지금까지 살펴본 바와 같이 이차형식으로 표현되는 통계량들은 확률적으로 독립임을 보였기 때문에 다음과 같은 통계량

$$\frac{Q_4/\big(\sigma^2(b-1)\big)}{Q_3/\big(\sigma^2(b(a-1)\big)} = \frac{Q_4/(b-1)}{Q_3/\big(b(a-1)\big)}$$

은 분자, 분모의 자유도가 각각 $b-1$과 $b(a-1)$인 F분포를 따르며, 다음 통계량

$$\frac{Q_4/\big(\sigma^2(b-1)\big)}{Q_5/\big(\sigma^2((a-1)(b-1)\big)} = \frac{Q_4}{Q_6/(a-1)}$$

은 분자, 분모의 자유도가 각각 $b-1$과 $(a-1)(b-1)$인 F분포를 따른다. 이 사실은 이러한 통계량들이 다음 절에서 다루게 될 통계적 가설의 우도비검정에 기초가 된다. 또한, 정리 9.3에서 Q, Q_1, Q_2, $\cdots$, Q_k들이 다변량정규변수들을 포함한 임의의 정규확률변수들에 의한 이차형식들일 때에도 성립하는데, 차이 점은 단지 이차형식들의 분포가 경우에 따라서 비중심 χ^2분포가 될 뿐이다.

定理 9.4 X_1, X_2,$\cdots$, X_n가 $N(0,\sigma^2)$으로부터의 추출한 크기 n인 확률표본이고 Q_k, $(j=1,2,\cdots,k)$는 계수가 r_j인 행렬 $\boldsymbol{A}_j$와 X_1, X_2,$\cdots$, X_n에 의한 이차형식일 때,

$$\sum_{i=1}^{n} X_i^2 = Q_1 + Q_2 + \cdots + Q_k\,,$$

이면, 확률변수 Q_1, Q_2, $\cdots$, Q_k는 확률적으로 독립이고, 이때

$$\frac{1}{\sigma^2}Q_j \sim \chi^2(r_j)\,,\quad j=1,2,3,\cdots,k$$

이기 위한 필요충분조건은 $r_1+r_2+\cdots+n+k=n$이다.

證明 $\sum\limits_{i=1}^{n} X_i^2 = \sum\limits_{j=1}^{n} Q_j$이고 $\sum\limits_{i=1}^{n} r_i = n$이라 가정하면, 첫번째 식으로부터

$$\boldsymbol{I} = \boldsymbol{A}_1 + \boldsymbol{A}_2 + \cdots + \boldsymbol{A}_k$$

가 되어야 한다. 여기서 $\boldsymbol{B}_i = \boldsymbol{I} - \boldsymbol{A}_i$라 하면 즉, $\boldsymbol{A}_i$를 제외한 행렬 $\boldsymbol{A}_1$, $\boldsymbol{A}_2$, $\cdots$, $\boldsymbol{A}_k$의 합을 $\boldsymbol{B}_i$라 하고 $\boldsymbol{B}_i$의 계수를 R_i라 하면, 행렬들의 합으로 얻어진 새로운 행렬의 계수는 더해진 행렬의 계수들의 합보다 작거나 같으므로

$$R_i \leqslant \sum_{j=1}^{k} r_j - r_i = n - r_i$$

이어야 한다. 그리고 $\boldsymbol{I} = \boldsymbol{A}_i + \boldsymbol{B}_i$로부터 $n \leqslant r_i + R_i$가 되어 $n - r_i \leqslant R_i$이므로 $R_i = n - r_i$가 된다. 한편, $\boldsymbol{B}_i$의 고유근들은 방정식 $|\boldsymbol{B}_i - \lambda \boldsymbol{I}| = 0$의 근들이고

$\boldsymbol{B}_i = \boldsymbol{I} - \boldsymbol{A}_i$이므로, $\boldsymbol{B}_i$의 고유근을 구하기 위한 방정식은

$$|\boldsymbol{B}_i - \lambda \boldsymbol{I}| \;=\; |\,\boldsymbol{I} - \boldsymbol{A}_i - \lambda \boldsymbol{I}\,| = |\,\boldsymbol{A}_i - (1-\lambda)\boldsymbol{I}\,| = 0$$

이다. 위의 방정식의 각 근은 1에서 $\boldsymbol{A}_i$의 각 고유근을 뺀 것과 같으며, $\boldsymbol{B}_i$의 계수가 R_i이므로 $\boldsymbol{B}_i$의 고유근들 중에서 정확히 $n - R_i = r_i$개가 0이어야 하고, 따라서, $\boldsymbol{A}_i$의 고유근들 중에서 정확히 r_i개가 1과 같아야 한다. 그런데 r_i가 $\boldsymbol{A}_i$의 계수이므로 $\boldsymbol{A}_i$의 0이 아닌 고유근들은 r_i개이고 이들은 모두 1과 같아야 한다. 그러므로 $\boldsymbol{A}_i^2 = \boldsymbol{A}$가 되어

$$\frac{1}{\sigma^2}Q_j \;\sim\; \chi^2(r_j), \;\; j = 1, 2, 3, \cdots, k$$

이고, 정리 9.3에 의하여 확률변수 Q_1, Q_2, $\cdots$, Q_k는 확률적으로 독립이다. 역으로 Q_1, Q_2, $\cdots$, Q_k는 확률적으로 독립이고

$$\frac{1}{\sigma^2}Q_j \;\sim\; \chi^2(r_j), \;\; j = 1, 2, 3, \cdots, k$$

라 가정하면

$$\sum_{j=1}^{k} \frac{1}{\sigma^2}Q_i \;\sim\; \chi^2\Big(\sum_{j=1}^{k} r_j\Big)$$

이고

$$\sum_{j=1}^{k} \frac{1}{\sigma^2}Q_i \;=\; \sum_{i=1}^{k} \frac{X_i^2}{\sigma^2} \;\sim\; \chi^2(n)$$

이므로, $r_1 + r_2 + \cdots + n + k = n$이다. ■

9.3 분산분석

X_1, X_2, $\cdots$, X_b의 분포가 $N(\mu_j, \sigma^2)$ $(j = 1, 2, \cdots, b)$이고, 확률적으로 독립인 b개의 확률변수들이라 할때, 정규분포 $N(\mu_j, \sigma^2)$으로부터의 크기 a인 확률표본 X_{1j}, X_{2j}, $\cdots$, X_{bj} $(j = 1, 2, \cdots, b)$에 의하여 귀무가설

$$H_0 : \mu_1 = \mu_2 = \cdots = \mu_b = \mu \quad (\mu\text{는 미지(unknown)})$$

을 검정하여 보자. 이 경우에는 우도비검정을 사용하고, 모수공간은

$$\boldsymbol{\Theta} \;=\; \{\mu_1, \mu_2, \cdots, \mu_b, \sigma^2)\,|\, -\infty < \mu_j < +\infty,\, 0 < \sigma^2 < +\infty\,\}$$

이다. 우도함수 $L\boldsymbol{\Theta}_0; \boldsymbol{x})$와 $L(\boldsymbol{\Theta}; \boldsymbol{x})$는 각각

$$L(\boldsymbol{\Theta}_0; \boldsymbol{x}) \;=\; (2\pi)^{-ab/2} \exp\Big\{-\frac{1}{2\sigma^2}\sum_{j=1}^{b}\sum_{i=1}^{a}(x_{ij} - \mu)^2\Big\},$$

$$L(\boldsymbol{\Theta}; \boldsymbol{x}) \;=\; (2\pi)^{-ab/2} \exp\Big\{-\frac{1}{2\sigma^2}\sum_{j=1}^{b}\sum_{i=1}^{a}(x_{ij} - \mu_j)^2\Big\}$$

이므로

$$\begin{aligned}\frac{\partial}{\partial\mu}\ln L(\boldsymbol{\Theta}_0;\boldsymbol{x}) &= \frac{1}{\sigma^2}\sum_{j=1}^{b}\sum_{i=1}^{a}(x_{ij}-\mu) = 0,\\ \frac{\partial}{\partial\sigma^2}\ln L(\boldsymbol{\Theta}_0;\boldsymbol{x}) &= -\frac{ab}{2\sigma^2}+\frac{1}{2\sigma^4}\sum_{j=1}^{b}\sum_{i=1}^{a}(x_{ij}-\mu)^2\end{aligned}$$

을 연립하여 μ와 σ^2에 대해서 풀면

$$\begin{aligned}\hat{\mu} &= \frac{1}{ab}\sum_{j=1}^{b}\sum_{i=1}^{a}x_{ij} = \bar{x}\,,\\ \hat{\sigma}^2 &= -\frac{1}{ab}\sum_{j=1}^{b}\sum_{i=1}^{a}(x_{ij}-\bar{x})^2 = v\end{aligned}$$

가 된다. 따라서 $\mu=\bar{x}$, $\sigma^2=v$일 때 $L(\boldsymbol{\Theta}_0;\boldsymbol{x})$가 최대로 된다. 또한,

$$\begin{aligned}\frac{\partial}{\partial\mu_j}\ln L(\boldsymbol{\Theta};\boldsymbol{x}) &= \frac{1}{\sigma^2}\sum_{i=1}^{a}\sum_{i=1}^{a}(x_{ij}-\mu_j) = 0,\ j=1,2,\cdots,b\\ \frac{\partial}{\partial\sigma^2}\ln L(\boldsymbol{\Theta};\boldsymbol{x}) &= -\frac{ab}{2\sigma^2}+\frac{1}{2\sigma^4}\sum_{j=1}^{b}\sum_{i=1}^{a}(x_{ij}-\mu_j)^2\end{aligned}$$

을 μ_1, μ_2, $\cdots$, μ_b와 σ^2에 대하여 풀면

$$\begin{aligned}\hat{\mu}_j &= \frac{1}{a}\sum_{i=1}^{a}\sum_{i=1}^{a}x_{ij} = \bar{\cdot j}\,,\ j=1,2,\cdots,b\\ \hat{\sigma}^2 &= -\frac{1}{ab}\sum_{j=1}^{b}\sum_{i=1}^{a}(x_{ij}-\bar{x}.j)^2 = v\end{aligned}$$

이므로 $\mu=\bar{x}_{\cdot j}$ $(j=1,2,\cdots,b)$, $\sigma^2=w$일 때 $L(\boldsymbol{\Theta};\boldsymbol{x})$가 최대로 된다. 이제 두 우도 함수 $L(\boldsymbol{\Theta}_0;\boldsymbol{x})$와 $L(\boldsymbol{\Theta};\boldsymbol{x})$의 최대값을 구하면

$$\begin{aligned}L(\widehat{\boldsymbol{\Theta}}_0;\boldsymbol{x}) &= \left[\frac{ab}{2\pi\sum_{j=1}^{b}\sum_{i=1}^{a}(x_{ij}-\bar{x})^2}\right]^{ab/2}\times\exp\left\{-\frac{ab\sum_{j=1}^{b}\sum_{i=1}^{a}(x_{ij}-\bar{x})^2}{2\sigma^2\sum_{j=1}^{b}\sum_{i=1}^{a}(x_{ij}-\bar{x})^2}\right\}\\ &= \left[\frac{ab}{2\pi\sum_{j=1}^{b}\sum_{i=1}^{a}(x_{ij}-\bar{x})^2}\right]^{ab/2}e^{-\frac{ab}{2}}\end{aligned}$$

이고 비슷한 방법을 이용하면

$$L(\widehat{\boldsymbol{\Theta}};\boldsymbol{x}) = \left[\frac{ab}{2\pi\sum_{j=1}^{b}\sum_{i=1}^{a}(x_{ij}-\bar{x}_{\cdot j}^2)}\right]^{ab/2}e^{-\frac{ab}{2}}$$

이므로, 우도비는

$$\begin{aligned}\lambda(\boldsymbol{x}) &= \frac{L(\widehat{\boldsymbol{\Theta}}_0;\boldsymbol{x})}{L(\widehat{\boldsymbol{\Theta}};\boldsymbol{x})}\\ &= \left[\frac{\sum_{j=1}^{b}\sum_{i=1}^{a}(x_{ij}-\bar{x}_{\cdot j}^2)}{\sum_{j=1}^{b}\sum_{i=1}^{a}(x_{ij}-\bar{x}_{\cdot j}^2)}\right]^{ab/2}\end{aligned}$$

이 된다. 이로부터 함수 $\bar{x}$와 v의 식으로 정의되는 통계량은

$$\begin{aligned}\bar{X} &= \frac{1}{ab}\sum_{j=1}^{b}\sum_{i=1}^{a}X_{ij}\,,\\ \frac{(ab-1)S^2}{ab} &= \frac{1}{ab}\sum_{j=1}^{b}\sum_{i=1}^{a}(X_{ij}-\bar{X})^2 = \frac{1}{ab}Q\end{aligned}$$

이므로 함수 $x_{\cdot j}$와 w의 식으로 정의되는 통계량은 각각

$$\begin{aligned}\bar{X}_{\cdot j} &= \frac{1}{a}\sum_{j=1}^{b}\sum_{i=1}^{a}X_{ij}\,,\ \ j=1,2,\cdots,b\\ \frac{1}{ab} &= \frac{1}{ab}\sum_{j=1}^{b}\sum_{i=1}^{a}(X_{ij}-\bar{X}_{\cdot j})^2 = \frac{1}{ab}Q_3\end{aligned}$$

이다. 따라서

$$[\lambda(\boldsymbol{X})]^{2/ab} = \frac{Q_3}{Q} = \frac{Q_3}{Q_4+Q_5} =,\ \frac{1}{1+Q_4/Q_3}$$

를 검정통계량으로 이용하면 $\lambda^{2/ab}\leqslant\lambda_0$일 때 귀무가설 H_0를 기각한다. 유의수준이 α가 되는 λ_0를 구하기 위하여, 귀무가설 H_0가 참이라고 가정하면

$$X_{ij}\,,\ i=1,2,\cdots,a\,,\ \ j=1,2,\cdots,b$$

는 $N(\mu,\sigma^2)$으로부터의 확률표본이므로

$$Q = Q_3+Q_4\,,\ \ Q_4 = a\sum_{j=1}^{b}(X_{\cdot j}-\bar{X})^2$$

인 경우가 되어 Q_3와 Q_4는 확률적으로 독립이고, $\frac{1}{\sigma^2}Q_3$과 $\frac{1}{\sigma^2}Q_4$의 분포는 각각 자유도가 $b(a-1)$과 $b-1$인 χ^2분포에 따른다. 따라서,

$$\frac{Q_4/(b-1)}{Q_3/b(a-1)} \sim F(b-1,\,b(a-1))$$

이고, H_0의 검정에 대한 유의수준은

$$\begin{aligned}\alpha &= P\left\{\frac{1}{1+Q_4/Q_3}\,\Big|\, H_0\right\}\\ &= P\left\{\frac{Q_4/(b-1)}{Q_3/b(a-1)} \geqslant \frac{b(a-1)(\lambda_0-1)}{b-1)} = k_0 \,\Big|\, H_0\right\}\end{aligned}$$

이므로

$$F_0 = \frac{Q_4/(b-1)}{Q_3/b(a-1)} \geqslant k_0 = F_{1-\alpha}\big(b-1, b(a-1)\big)$$

이면, 유의수준 α에서 귀무가설 H_0를 기각한다.

b개의 평균 μ_j $(j = 1, 2, \cdots)$의 동일성검정에서 표본의 크기가 a개로 같아야 할 필요는 없다. 즉, b개의 정규분포 (μ_j, σ^2)으로부터 추출되는 표본의 크기가a_1, a_2, $\cdots$, a_b로 서로 다를 수가 있으므로 이 문제는 여기에서는 다루지 않는다.

실험을 통하여 얻어진 자료로부터 어떤 요인이 반응에 유의한 영향을 주고 있는가를 파악하고, 그 영향이 양적으로 어느 정도인가를 알아내고자 하는 문제들을 집중적으로 취급하는 통계학의 한 분야가 실험계획법이다. 실험계획법에서는 실험에 직접 취급되는 원인을 **인자**(factor)라 부르며, 실험을 하기위한 인자의 조건을 **인자의 수준**(level of factor)이라 한다. 실험계획법에서 가장 많이 사용되는 통계적 추론방법이 **분산분석**(analysis of variance : ANOVA)인데, 분산분석이라는 명칭은 관측치들의 산포를 나타내는 총 제곱함을 실험과 관련된 요인마다의 제곱함들로 분해하고, 요인별 제곱함과 오차의 제곱함을 비교하여, 특히 큰 영향을 주고있는 요인이 무엇인가를 찾아내는 분석방법에서 유래되었다. 앞에서 설명하였던 내용은 어떤 관심있는 특성치에 대한 어떤 한 인자의 영향을 조사하는데 사용되는 **일원배치법**(one-way factorial design)에서의 분산분석에 관한 것이었다. 실험계획법에서 사용되는 표현에 의하여 표본의 크기가 각 인자의 수준에서 동일한 일원배치법의 모형을 이용하면,

$$X_{ij} = \mu + \beta_j + e_{ij}\,,\ i = 1, 2, \cdots, a\,,\ j = 1, 2, \cdots b$$

의 형태가 되는데 여기서, β_j $(j = 1, 2, \cdots, b)$는 분석하고자 하는 인자의 j번째 수준의 효과를 나타내는 양으로

$$\sum_{j=1}^{b} \beta_j = 0$$

을 만족하며, e_{ij}는 오차항으로 분포가 $N(0, \sigma^2)$으로 항등적으로 같고 확률적으로 독립인 확률변수들이다. 또한, μ는 실험전체의 모평균을 나타낸다. 이 모형에서 가설

$$H_0 : \beta_1 = \beta_2 = \cdots = \beta_b = 0$$

의 검정은

$$E(X_{ij}) = \mu + \beta_j = \mu_j\,,\ \ j = 1, 2, \cdots, b\,,\ \ i = 1, 2, \cdots, a$$

이므로, 앞에서의 가설

$$H_0 : \mu_1 = \mu_2 = \cdots = \mu_0 = \mu$$

의 검정과 같다.

9.4 회귀분석

사회현상이나 자연현상을 관찰하여 얻은 자료에는 관련 변수들간의 상호연관성을 수학적인 함수로 나타내야 하는 경우가 많이 있다. 예를 들면, 가구당 평균저축액이 소득에 따라서 어떻게 변화하는지, 어떤 화학반응에서 합성율이 반응온도, 시간 등과 어떤 연관성이 있는가를 알고 싶은 경우 등이다. 이때, 실험에 의한 특성치를 나타내는 확률변수 Y의 분포는 미지의 모수뿐만 아니라 실험자에 의해 선정된 실험조건을 나타내는 변수 x에 의해 종속되어 있다고 볼 수 있다. 실험자에 의하여 선정된 n개의 실험조건이 $\boldsymbol{x}^t = (x_1, x_2, \cdots, x_n)$이고, 확률변수 Y_i는 실험조건 x_i $(i = 1, 2, \cdots, n$에서의 실험결과를 나타내는 변수라 하면, n개의 각 실험조건에서 실험을 수행하여 (x_1, y_1), (x_2, y_2), $\cdots$, (x_n, y_n)과 같이 n개의 순서쌍 형태의 자료를 얻게 된다. 이러한 자료들은 확률변수 Y의 분포에 포함되어 있는 미지모수를 통계적으로 추론하는데 이용할 수 있다. 이러한 유형의 문제 분석방법을 **회귀분석**(regression analysis)이라 하는데, 이 절에서는

$$E(Y) = E(Y|\boldsymbol{x}) = \beta_0 + \sum_{i=1}^{k} \beta_i x_i$$

형태의 선형모형의 통계적 추론에 대하여 알아보고자 한다. 선형모형에서 나타나는 σ^2은 x_i의 함수가 아니고 $\mathrm{Var}(Y) = \mathrm{Var}(Y|\boldsymbol{x}) = \sigma^2$이라고 가정하며, $\boldsymbol{x}$가 확률변수의 관측값이 아니면 $E(Y|\boldsymbol{x})$는 조건부기대값이 아니다.

다음과 같은 식

$$E(Y|x) = \beta_0 + \beta_1 x$$

으로 표현되는 단순선형모형의 회귀분석에 대하여 알아보자. 독립변수가 $x = x_i$일 때의 반응변수를 Y_i $(i = 1, 2, \cdots, n)$이라 하고, Y_i들 사이의 상관관계는 없다고 가정하면,

$$E(Y_i) = \beta_0 + \beta_1 x_i\,,$$
$$\mathrm{Var}(Y_i) = \sigma^2\,,\ i = 1, 2, \cdots, n, \quad \mathrm{Cov}(Y_i, Y_j) = 0,\ i \neq j$$

로 나타낼 수 있다. 자주 사용하는 추가가정은 $Y_i \sim N(\beta_0 + \beta_1 x_i, \sigma^2)$으로 사실상 모수의 추정에서는 분포에 대한 가정이 필요없다. 그러나 관찰값 y_i가 $E(Y_i)$와 일치하

여 모든 점 (x_i, y_i)들이 직선위에 놓이게 된다면, 그 직선의 식은 대수적으로 간단히 결정된다. 하지만 y_i는 그 평균을 중심으로 하여 변하기 때문에

$$y_i \neq \beta_0 + \beta_1 x_i$$

가 될 것이다. 따라서 모형은

$$\begin{aligned} Y_i &= E(Y_i) + \epsilon_i = \beta_0 + \beta_1 x_i + \epsilon_i\,, \\ E(\epsilon_i) &= 0,\ \text{Var}(\epsilon_i) = \sigma^2,\ i = 1, 2, \cdots, n \\ \text{Cov}(\epsilon_i, \epsilon_i) &= 0,\ i \neq j \end{aligned}$$

로 나타낼 수 있고 관찰값 y_i는

$$y_i = \beta_0 + \beta_1 x_i + e_i$$

의 식으로 나타낼수 있다. 가장 이상적인 상황은 모든 점 (x_i, y_i)들이 직선

$$y = \widehat{\beta}_0 + \widehat{\beta}_1 x$$

위에 놓여 있어서 $e_i = 0$ $(i = 1, 2, \cdots, n)$이 되는 것인데, 이 때에는 오차없이 y를 예측할 수 있다. 그러나 일반적으로 그러한 경우를 예상할 수는 없고, 차선책으로 적합직선에서 관찰되는 y_i의 편차들을 최소로하는 직선을 찾아내는 방법을 생각할 수 있다. 즉,

$$\widehat{e}_i = y_i - (\widehat{\beta}_0 + \widehat{\beta}_1 x_i)$$

의 적절한 함수를 최소로 하는 직선 $y = \widehat{\beta}_0 + \widehat{\beta}_1 x$를 구하는 것이다. 적합도의 기준에따라 $\widehat{e}_i$의 함수가 달라지겠지만, 적합직선으로부터의 편차의 제곱합을 최소로하는 원칙을 이용하여

$$Q = \sum_{i=1}^{n} (y_i - \beta_0 - \beta_1 x_i)^2$$

을 최소로하는 β_0와 β_1의 값 $\widehat{\beta}_0$와 $\widehat{\beta}_1$을 구하는 것이다. 이러한 모수의 추정법을 **최소제곱추정법**(least squares estimation)이라 부른다. Q를 최소로하는 β_0와 β_1의 최소제곱추정값은

$$\begin{aligned} \frac{\partial Q}{\partial \beta_0} &= -2 \sum_{i=1}^{n} (y_i - \beta_0 - \beta_1 x_i) = 0\,, \\ \frac{\partial Q}{\partial \beta_0} &= -2 \sum_{i=1}^{n} (y_i - \beta_0 - \beta_1 x_i)(x_i) = 0 \end{aligned}$$

을 연립하여 풀면

$$\begin{aligned} \widehat{\beta}_1 &= \frac{\sum_{i=1}^{n} x_i y_i - (\sum_{i=1}^{n} x_i)(\sum_{i=1}^{n} y_i)/n}{\sum_{i=1}^{n} x_i^2 - (\sum_{i=1}^{n} x_i)^2/n} = \frac{\sum_{i=1}^{n} (x_i - \bar{x})(y_i - \bar{y})}{\sum_{i=1}^{n} (x_i - \bar{x})^2} \\ \widehat{\beta}_0 &= \bar{y} - \widehat{\beta}_1 \bar{x} \end{aligned}$$

이다. 그리고 최소제곱법에 의하여 σ^2의 추정량이 제시되지는 않지만,

$$\begin{aligned}\widehat{\sigma}^2 &= \frac{1}{n-2}\sum_{i=1}^{n}\widehat{e}_{ij}^2 \\ &= \frac{1}{n-2}\sum_{i=1}^{n}(y_i-\widehat{\beta}_0-\widehat{\beta}_1 x_i)^2 \\ &= \frac{1}{n-2}\sum_{i=1}^{n}(y_i-\widehat{y}_i)^2\end{aligned}$$

이 σ^2의 불편추정량이다. 또한, β_0와 β_1의 최소제곱추정량들은 Y_i들의 선형함수로 표시되는 불편추정량들이며, 모든 선형불편불편추정량들 중에서 분산이 최소인 추정량임을 보일 수 있다. 이러한 이유로 최소제곱추정량을 **최량선형불편추정량**(best linear unbiased estimator)이라 하고 BLUE라는 약어로 쓴다.

定理 9.5 선형모형

$$\begin{aligned}E(Y_i) &= \beta_0+\beta_1 x_i\,, \\ \text{Var}(Y_i) &= \sigma^2\,,\ i=1,2,\cdots,n, \quad \text{Cov}(Y_i,Y_j) \;=\; 0,\ i\neq j\end{aligned}$$

에서 β_0와 β_1의 최소제곱추정량을 각각 $\widehat{\beta}_0$와 $\widehat{\beta}_1$이라 하면 다음 성질을 만족한다.

(1) $E(\widehat{\beta}_1)=\beta_1$, $\text{Var}(\widehat{\beta}_1)=\dfrac{\sigma^2}{\sum_{i=1}^{n}(x_i-\bar{x})^2}$.

(2) $E(\widehat{\beta}_0)=\beta_0$, $\text{Var}(\widehat{\beta}_0)=\dfrac{\sigma^2\sum_{i=1}^{n}x_i^2}{n\sum_{i=1}^{n}(x_i-\bar{x})^2}$.

(3) $c_0\widehat{\beta}_0+c_1\widehat{\beta}_1$은 $c_0\beta_0+c_1\beta_1$의 BLUE이다.

證明 (1) 먼저 다음 식을 구해보자.

$$\begin{aligned}E\Big[\sum_{i=1}^{n}(x_i-\bar{x})(Y_i-\bar{Y})\Big] &= E\Big[\sum_{i=1}^{n}(x_i-\bar{x})Y_i-\bar{Y}\sum_{i=1}^{n}(x_i-\bar{x})\Big] \\ &= \sum_{i=1}^{n}(x_i-\bar{x})E(Y_i) \;=\; \sum_{i=1}^{n}(x_i-\bar{x})(\beta_0+\beta_1 x_i) \\ &= \sum_{i=1}^{n}\beta_1(x_i-\bar{x})(x_i-\bar{x}) \;=\; \beta_1\sum_{i=1}^{n}(x_i-\bar{x})^2\end{aligned}$$

이므로

$$E(\widehat{\beta}_1) = \frac{\beta_1\sum_{i=1}^{n}(x_i-\bar{x})^2}{\sum_{i=1}^{n}(x_i-\bar{x})^2} = \beta_1$$

이고 $\widehat{\beta}_1$의 분산은

$$\begin{aligned}\text{Var}(\widehat{\beta}_1) &= \text{Var}\left[\frac{\sum_{i=1}^n (x_i-\bar{x})Y_i}{\sum_{i=1}^n (x_i-\bar{x})^2}\right] \\ &= \frac{1}{[\sum_{i=1}^n (x_i-\bar{x})^2]^2}\sum_{i=1}^n \text{Var}[(x_i-\bar{x})Y_i] \\ &= \frac{\sum_{i=1}^n (x_i-\bar{x})^2\sigma^2}{[\sum_{i=1}^n (x_i-\bar{x})^2]^2} \\ &= \frac{\sigma^2}{\sum_{i=1}^n (x_i-\bar{x})^2}\end{aligned}$$

이다.

(2) $\widehat{\beta}_0$의 기댓값을 구하면

$$\begin{aligned}E(\widehat{\beta}_0) &= E(\bar{Y}-\widehat{\beta}_i\bar{x}) \\ &= \frac{\sum_{i=1}^n E(Y_i)}{n} - \beta_1\bar{x} \\ &= \frac{\sum_{i=1}^n (\beta_0+\beta_1 x_i)}{n} - \beta_1\bar{x} \\ &= \beta_0+\beta_1\bar{x}-\beta_1\bar{x} \\ &= \beta_0\end{aligned}$$

이고 $\widehat{\beta}_0$는

$$\begin{aligned}\widehat{\beta}_0 &= \frac{\sum_{i=1}^n Y_i}{n} - \bar{x}\frac{\sum_{i=1}^n (x_i-\bar{x})Y_i}{\sum_{i=1}^n (x_i-\bar{x})^2} = \sum_{i=1}^n d_i Y_i\,, \\ d_i &= \frac{1}{n} - \frac{\bar{x}(x_i-\bar{x})}{\sum_{i=1}^n (x_i-\bar{x})^2}\,, \quad i=1,2,\cdots,n\end{aligned}$$

이므로, $\widehat{\beta}_0$의 분산은

$$\text{Var}(\widehat{\beta}_0) = \sum_{i=1}^n d_i^2 \text{Var}(Y_i) = \sum_{i=1}^n d_i^2\sigma^2$$

이다. 그런데

$$\begin{aligned}\sum_{i=1}^n d_i^2 &= \sum_{i=1}^n \Big[\frac{1}{n} - \frac{\bar{x}(x_i-\bar{x})}{\sum_{i=1}^n (x_i-\bar{x})^2}\Big] \\ &= \sum_{i=1}^n \left[\frac{\sum_{i=1}^n (x_i-\bar{x})^2 - n\bar{x}(x_i-\bar{x})}{n\sum_{i=1}^n (x_i-\bar{x})^2}\right]^2\end{aligned}$$

이고

$$\begin{aligned}\sum_{i=1}^{n} d_i^2 &= \frac{\sum_{i=1}^{n}(\sum_{i=1}^{n} x_i^2 - n\bar{x}x_i)^2}{[n\sum_{i=1}^{n}(x_i-\bar{x})^2]^2} \\ &= \frac{1}{[n\sum_{i=1}^{n}(x_i-\bar{x})^2]^2}[n(\sum_{i=1}^{n} x_i)^2 - 2n\bar{x}(\sum_{i=1}^{n} x_i^2)(\sum_{i=]1}^{n} x_i) + n^2\bar{x}^2(\sum_{i=1}^{n} x_i^2)] \\ &= \frac{n\sum_{i=1}^{n} x_i^2}{[n\sum_{i=1}^{n}(x_i-\bar{x})^2]^2}(\sum_{i=1}^{n} x_i^2 - n\bar{x}^2) \\ &= \frac{\sum_{i=1}^{n} x_i^2}{n\sum_{i=1}^{n}(x_i-\bar{x})^2}\end{aligned}$$

이므로

$$\text{Var}(\widehat{\beta_0}) = \sigma^2\sum_{i=1}^{n} d_i^2 = \frac{\sigma^2\sum_{i=1}^{n} x_i^2}{n\sum_{i=1}^{n}(x_i-\bar{x})^2}$$

이다.

(3) Y_i의 임의의 선형식

$$c_0\widehat{\beta_0} + c_1\widehat{\beta_1} + \sum_{i=1}^{n} a_i Y_i$$

가 모든 β_0와 β_1에 대하여 $c_0\beta_0 + c_1\beta_1$의 불편추정량이 되려면

$$E(c_0\widehat{\beta_0} + c_1\widehat{\beta_1} + \sum_{i=1}^{n} a_i Y_i) = c_0\beta_0 + c_1\beta_1 + \sum_{i=1}^{n} a_i(\beta_0 + \beta_1 x_i) = c_0\beta_0 + c_1\beta_1$$

이고, 이때 모든 β_0와 β_1에 대하여

$$\sum_{i=1}^{n} a_i(\beta_0 + \beta_1 x_i) = 0$$

이어야 하므로

$$\sum_{i=1}^{n} a_i = 0, \quad \sum_{i=1}^{n} a_i x_i = 0$$

이어야 한다. 그런데

$$c_0\widehat{\beta_0} + c_1\widehat{\beta_1} = \sum_{i=1}^{n}\left[c_0\left(\frac{1}{n} - \frac{\bar{x}(x_i-\bar{x})}{\sum_{i=1}^{n}(x_i-\bar{x})^2}\right) + c_1\frac{x_i-\bar{x}}{\sum_{i=1}^{n}(x_i-\bar{x})^2}\right] = \sum_{i=1}^{n} b_i Y_i$$

이고, $\sum_{i=1}^{n} a_i = 0$, $\sum_{i=1}^{n} a_i x_i = 0$일 때

$$\text{Cov}\big(c_0\widehat{\beta_0} + c_1\widehat{\beta_1}, \sum_{i=1}^{n} a_i Y_i\big) = \sum_{i=1}^{n} a_i b_i \text{Var}(Y_i) = \sigma^2\sum_{i=1}^{n} a_i b_i = 0$$

이므로

$$\mathrm{Var}\Big(c_0\widehat{\beta}_0 + c_1\widehat{\beta}_1 + \sum_{i=1}^{n} a_i Y_i\Big) \;=\; \mathrm{Var}(c_0\widehat{\beta}_0 + c_1\widehat{\beta}_1) + \sum_{i=1}^{n} a_i^2 \sigma^2$$

이다. 이 분산은 $\sum_{i=1}^{n} a_i^2 = 0$일 때 즉, $a_i = 0\ (i = 1, 2, \cdots, n)$일 때 최소가 되므로 $c_0\widehat{\beta}_0 + c_1\widehat{\beta}_1$이 $c_0\beta_0 + c_1\beta_1$의 BLUE이다. ■

두 번째로 다음과 같은 선형모형

$$E(Y_i) \;=\; \beta_0 + \beta_1 x_i\,,$$
$$\mathrm{Var}(Y_i) \;=\; \sigma^2,\ i = 1, 2, \cdots, n,\ \ \mathrm{Cov}(Y_i, Y_i) \;=\; 0\,,\ i \neq j$$

에서 $Y_i \sim N((\beta_0 + \beta_1 x_i, \sigma^2)$이라 가정하고, 모수에 대한 통계적 추론을 하여보자. 우도함수가

$$L(\beta_0, \beta_1, \sigma^2; y_1, y_2, \cdots, y_n) \;=\; (2\pi\sigma^2)^{-n/2} \exp\bigg\{-\frac{1}{2\sigma^2}\sum_{i=1}^{n}(y_i - \beta_0 - \beta_1 x_i)^2\bigg\}$$

이므로

$$\frac{\partial}{\partial\beta_0} \ln L(\beta_0, \beta_1, \sigma^2) \;=\; \frac{1}{\sigma^2}\sum_{i=1}^{n}(y_i - \beta_0 - \beta_1 x_i) \;=\; 0\,,$$
$$\frac{\partial}{\partial\beta_1} \ln L(\beta_0, \beta_1, \sigma^2) \;=\; \frac{1}{\sigma^2}\sum_{i=1}^{n}(y_i - \beta_0 - \beta_1 x_i)x_i \;=\; 0\,,$$
$$\frac{\partial}{\partial\beta_0} \ln L(\beta_0, \beta_1, \sigma^2) \;=\; -\frac{n}{2\sigma^2} + \frac{1}{\sigma^4}\sum_{i=1}^{n}(y_i - \beta_0 - \beta_1 x_i)^2 \;=\; 0$$

을 연립하여 풀면, β_0와 β_1의 최우추정량은 각각

$$\widehat{\beta}_1 \;=\; \frac{\sum_{i=1}^{n}(x_i - \bar{x})(y_i - \bar{y})}{\sum_{i=1}^{n}(x_i - \bar{x})^2}\,, \quad \widehat{\beta}_0 \;=\; \bar{y} - \widehat{\beta}_1 \bar{x}$$

이다. 이 식은 앞에서 구한 최소제곱추정량과 일치하며, σ^2에 대한 최우추정량은

$$\widetilde{\sigma}^2 \;=\; \frac{1}{n}\sum_{i=1}^{n}(y_j - \widehat{\beta}_0 - \widehat{\beta}_1 x_i)^2$$

이다. 그런데 Y_i의 확률밀도함수가

$$\begin{aligned} f_{Y_i}(y_i; \beta_0, \beta_1, \sigma^2) \;&=\; (2\pi\sigma^2)^{-n/2} \exp\bigg\{-\frac{1}{2\sigma^2}\sum_{i=1}^{n}(y_i - \beta_0 - \beta_1 x_i)^2\bigg\} \\ &=\; (2\pi\sigma^2)^{-n/2} \exp\bigg\{-\frac{1}{2\sigma^2}\sum_{i=1}^{n}(\beta_0 + \beta_1 x_i)^2\bigg\} \\ &\qquad \times \exp\bigg\{-\frac{1}{2\sigma^2}y_i^2 + \frac{\beta_0}{\sigma^2}y_i + \frac{\beta_1}{\sigma^2}x_i y_i\bigg\} \end{aligned}$$

이므로 $f_{Y_i}(y_i;\beta_0,\beta_1,\sigma^2)$은 지수분포족에 속한다. 따라서

$$\sum_{i=1}^{n} Y_i^2, \quad \sum_{i=1}^{n} Y_i, \quad \sum_{i=1}^{n} x_i Y_i$$

는 결합완비최소충분통계량들이고 추정량 $\widehat{\beta}_0$, $\widehat{\beta}_1$과 $\widetilde{\sigma}^2$은 위의 통계량들의 일대일변환이므로 추정량들도 결합완비최소충분통계량들이다. 또한, $\widehat{\beta}_0$과 $\widehat{\beta}_1$은 Y_1, Y_2, $\cdots$, Y_n의 선형함수들이므로 각각의 분포는

$$\widehat{\beta}_0 \sim N\left(\beta_0, \frac{\sigma^2 \sum_{i=1}^n x_i^2}{n\sum_{i=1}^n (x_i-\bar{x})^2}\right), \quad \widehat{\beta}_1 \sim N\left(\beta_1, \frac{\sigma^2}{\sum_{i=1}^n (x_i-\bar{x})^2}\right)$$

이다. 또한

$$\begin{aligned} Q &= \sum_{i=1}^{n}(Y_i-\beta_0-\beta_1 x_i)^2 \\ &= \sum_{i=1}^{n}[(Y_i-\widehat{\beta}_0-\widehat{\beta}_1 x_i)+(\widehat{\beta}_0-\widehat{\beta}_1\bar{x}-\beta_0-\widehat{\beta}_1\bar{x})+(\widehat{\beta}_1-\beta_1)(x_i-\bar{x})]^2 \\ &= n(\widehat{\beta}_0+\widehat{\beta}_1\bar{x}-\widehat{\beta}_0-\widehat{\beta}_1\bar{x})+(\widehat{\beta}_1-\beta_1)^2\sum_{i=1}^{n}(x_i-\bar{x})^2+n\widetilde{\sigma}^2 \\ &= Q_1+Q_2+Q_3 \end{aligned}$$

이다. 여기서 $\frac{1}{\sigma^2}Q$, $\frac{1}{\sigma^2}Q_2$, $\frac{1}{\sigma^2}Q_3$의 분포는 각각 $\chi^2(n)$, $\chi^2(1)$, $\chi^1(1)$이며 $Q_3 \geqslant 0$이므로, 정리 9.3에 의하여 Q_1, Q_2, Q_3는 확률적으로 독립이고

$$\frac{1}{\sigma^2}Q_3 = \frac{n\widetilde{\sigma}^2}{\sigma^2} \sim \chi^2(n-2)$$

이다. 이 사실로부터 σ^2에 대한 신뢰구간을 결정할 수 있으며, 확률변수

$$T_1 = \frac{(\widehat{\beta}_0-\widehat{\beta}_0)\Big/\sqrt{\sigma^2\frac{\sum_{i=1}^n x_i^2}{n\sum_{i=1}^n(x_i-\bar{x})^2}}}{\sqrt{\frac{Q_3}{\sigma^2(n-2)}}} = \frac{\widehat{\beta}_0-\widehat{\beta}_0}{\sqrt{\widetilde{\sigma}^2\left[\frac{1}{n}-\frac{\bar{x}^2}{\sum_{i=1}^n(x_i-\bar{x})^2}\right]}}$$

과

$$T_2 = \frac{(\widehat{\beta}_1-\widehat{\beta}_1)\Big/\sqrt{\frac{\sigma^2}{n\sum_{i=1}^n(x_i-\bar{x})^2}}}{\sqrt{\frac{Q_3}{\sigma^2(n-2)}}} = \frac{\widehat{\beta}_1-\widehat{\beta}_1}{\sqrt{\left[\frac{\widetilde{\sigma}^2}{\sum_{i=1}^n(x_i-\bar{x})^2}\right]}}.$$

의 분포들이 모두 자유도가 $n-2$인 t분포임을 이용하면, β_0와 β_1에 대한 통계적 추론이 가능하다.

세 번째로 일반선형모형

$$E(Y) = E(Y\,|\,\boldsymbol{x}) = \beta_0 + \sum_{i=1}^{k} \beta_i x_i$$

의 모수추정에 대하여 살펴보자. 먼저, 반응값 y_j는 x_{1j}, x_{2j}, $\cdots$, x_{kj}, $(j = 1, 2, \cdots, n)$에서 관찰된 것이므로

$$Y_j = \beta_0 + \sum_{i=1}^{k} \beta_i x_{ij} + \epsilon_j\,,\ \mathrm{Var}(Y_i) = \sigma^2\,,\ \mathrm{Cov}(Y_i, Y_j) = 0\,,\ (i \neq j)$$

으로 쓸수 있으며, 이를 행렬기호로 나타내면

$$\boldsymbol{Y} = \boldsymbol{X\beta} + \boldsymbol{\epsilon}, \mathrm{Var}(\boldsymbol{Y}) = \sigma^2 \boldsymbol{I}$$

이다. 위의 행렬을 성분으로 나타내면.

$$\boldsymbol{Y} = \begin{pmatrix} y_1 \\ y_2 \\ y_3 \\ \vdots \\ y_n \end{pmatrix},\ \boldsymbol{X} = \begin{pmatrix} 1 & x_{11} & x_{12} & \cdots & x_{k1} \\ 1 & x_{12} & x_{22} & \cdots & x_{k2} \\ 1 & x_{13} & x_{23} & \cdots & x_{k3} \\ \vdots & \vdots & \vdots & \ddots & \vdots \\ 1 & x_{1n} & x_{2n} & \cdots & x_{kn} \end{pmatrix},\ \boldsymbol{Y} = \begin{pmatrix} \beta_0 \\ \beta_1 \\ \beta_2 \vdots \\ \beta_k \end{pmatrix},\ \boldsymbol{\epsilon} = \begin{pmatrix} \epsilon_1 \\ \epsilon_2 \\ \epsilon_3 \\ \vdots \\ \epsilon_n \end{pmatrix}$$

이고, $\boldsymbol{\epsilon}$은 확률벡터이고, $\boldsymbol{\beta}$는 미지모수벡터, $\boldsymbol{X}$는 기지의(known) 고정된 행렬로 독립변수 x_i들의 측정수준값들로 만든 행렬인데, $n > k$이고 계수는 $r(\boldsymbol{X}) = k+1$로 행렬 $\boldsymbol{X}^t\boldsymbol{X}$가 역행렬이 존재하는 정칙행렬이다. 이러한 성질을 가진 모형을 **완전계수의 중선형회귀모형**(multiple linear regression model of full rank)이라 부른다.

확률벡터 $\boldsymbol{\epsilon}$의 분포를 $N(0, \sigma^2\boldsymbol{I})$라 가정하고 $\boldsymbol{\beta}$와 σ^2의 최우추정량을 구하여 보자. 우도함수는

$$L(\boldsymbol{\beta}_0, \sigma^2; \boldsymbol{y}) = (2\pi\sigma^2)^{-n/2} \exp\left\{-\frac{1}{2\sigma^2}(\boldsymbol{y} - \boldsymbol{X\beta})^t(\boldsymbol{y} - \boldsymbol{X\beta})\right\}$$

이므로, 연립방정식

$$\frac{\partial}{\partial\boldsymbol{\beta}} \ln L(\boldsymbol{\beta}, \sigma^2; \boldsymbol{y}) = \frac{1}{\sigma^2}(\boldsymbol{X}^t\boldsymbol{y} - \boldsymbol{X}^t\boldsymbol{X\beta}) = 0,$$
$$\frac{\partial}{\partial\sigma^2} \ln L(\boldsymbol{\beta}, \sigma^2; \boldsymbol{y}) = -\frac{n}{2\sigma^2} + \frac{1}{2\sigma^4}(\boldsymbol{y} - \boldsymbol{X\beta})^t(\boldsymbol{y} - \boldsymbol{X\beta}) = 0$$

의 해가 $\boldsymbol{\beta}$와 σ^2의 최우추정량이 된다. $\widehat{\boldsymbol{\beta}}$와 $\widetilde{\boldsymbol{\sigma}}^2$이 위의 방정식을 만족하는 해이면

$$\begin{aligned} \boldsymbol{X}^t\boldsymbol{X}\boldsymbol{\beta} &= \boldsymbol{X}^t\boldsymbol{y}, \\ \widehat{\sigma^2} &= \frac{1}{n}(\boldsymbol{y}-\boldsymbol{X}\widehat{\boldsymbol{\beta}})^t(\boldsymbol{y}-\boldsymbol{X}\widehat{\boldsymbol{\beta}}) \end{aligned}$$

이다. 위의 첫 번째 방정식을 **정규방정식**(nomal equation)이라 부르고, $\boldsymbol{X}^t\boldsymbol{X}$가 역행렬이 존재하는 정칙행렬이므로

$$\widehat{\boldsymbol{\beta}} = \begin{pmatrix} \widehat{\boldsymbol{\beta}}_0 \\ \widehat{\boldsymbol{\beta}}_1 \\ \widehat{\boldsymbol{\beta}}_2 \\ \vdots \\ \widehat{\boldsymbol{\beta}}_k \end{pmatrix} = (\boldsymbol{X}^t\boldsymbol{X})^{-1}\boldsymbol{X}^t\boldsymbol{y}$$

이다. $\widehat{\boldsymbol{\beta}}$의 기댓값을 구하면

$$\begin{aligned} E(\widehat{\boldsymbol{\beta}}) &= E[(\boldsymbol{X}^t\boldsymbol{X})^{-1}\boldsymbol{X}^t\boldsymbol{Y}] \\ &= (\boldsymbol{X}^t\boldsymbol{X})^{-1}\boldsymbol{X}^tE(\boldsymbol{Y}) \\ &= (\boldsymbol{X}^t\boldsymbol{X})^{-1}\boldsymbol{X}^t\boldsymbol{X}\boldsymbol{\beta} \\ &= \boldsymbol{\beta} \end{aligned}$$

이므로, $\widehat{\boldsymbol{\beta}}$는 $\boldsymbol{\beta}$의 불편추정량이며, $\widehat{\boldsymbol{\beta}}$의 분산-공분산행렬은

$$\begin{aligned} \mathrm{Var}(\widehat{\boldsymbol{\beta}}) &= \mathrm{Var}\big(\boldsymbol{X}^t\boldsymbol{X}^{-1}\boldsymbol{X}^t\boldsymbol{Y}\big) \\ &= [(\boldsymbol{X}^t\boldsymbol{X})^{-1}\boldsymbol{X})^t]\,\mathrm{Var}(\boldsymbol{Y})\,[(\boldsymbol{X}^t\boldsymbol{X})^{-1}\boldsymbol{X}^t]^t \\ &= (\boldsymbol{X}^t\boldsymbol{X})^{-1}\boldsymbol{X}\,(\sigma^2\boldsymbol{I})\,\boldsymbol{X}(\boldsymbol{X}^t\boldsymbol{X})^{-1} \\ &= (\boldsymbol{X}^t\boldsymbol{X})^{-1}\sigma^2 \end{aligned}$$

이다. 또한,

$$(\boldsymbol{y}-\boldsymbol{X}\widehat{\boldsymbol{\beta}})^t(\boldsymbol{y}-\boldsymbol{X}\widehat{\boldsymbol{\beta}}) = \boldsymbol{Y}[\boldsymbol{I}-\boldsymbol{X}(\boldsymbol{X}^t\boldsymbol{X})^{-1}\boldsymbol{X}^t]\boldsymbol{Y}$$

이고 $\boldsymbol{Y}X \sim N(\boldsymbol{X}\boldsymbol{\beta}, \sigma^2\boldsymbol{I})$이므로 $\boldsymbol{B} = \boldsymbol{I}-\boldsymbol{X}(\boldsymbol{X}^t\boldsymbol{X})^{-1}\boldsymbol{X}^t$라 하면

$$\begin{aligned} E(\boldsymbol{Y}^t\boldsymbol{B}\boldsymbol{X}) &= \sigma^2\,\mathrm{trace}(\boldsymbol{B}) + (\boldsymbol{\beta}^t\boldsymbol{X}^t)\boldsymbol{B}(\boldsymbol{X}\boldsymbol{\beta}), \\ \boldsymbol{X}^t\boldsymbol{B}\boldsymbol{X} &= \boldsymbol{X}^t[\boldsymbol{I}-\boldsymbol{X}(\boldsymbol{X}^t\boldsymbol{X})^{-1}\boldsymbol{X}^t]\boldsymbol{X} = \boldsymbol{0}, \\ \mathrm{trace}(\boldsymbol{B}) &= \mathrm{trace}(\boldsymbol{I}-\boldsymbol{X}(\boldsymbol{X}^t\boldsymbol{X})^{-1}\boldsymbol{X}^t) \\ &= \mathrm{trace}(\boldsymbol{I}) - \mathrm{trace}(\boldsymbol{X}(\boldsymbol{X}^t\boldsymbol{X})^{-1}\boldsymbol{X}^t) \\ &= n-(k+1) \\ &= n-k-1 \end{aligned}$$

이므로

$$E(\boldsymbol{Y}-\boldsymbol{X}\widehat{\boldsymbol{\beta}})^t(\boldsymbol{Y}-\boldsymbol{X}\widehat{\boldsymbol{\beta}}) = (n-k-1)\,\sigma^2$$

이다. 따라서, σ^2의 불편추정량은

$$\widehat{\boldsymbol{\sigma}^2} = \frac{1}{n-k-1}(\boldsymbol{Y}-\boldsymbol{X}\widehat{\boldsymbol{\beta}})^t(\boldsymbol{Y}-\boldsymbol{X}\widehat{\boldsymbol{\beta}})$$

이다.

확률벡터 $\boldsymbol{\epsilon}$의 확률분포가 알려져 있지 않을때는 모수의 추정에 최우추정법을 사용할 수 없으므로, 이 경우에는 최소제곱법을 사용한다. 이미 단순선형모형에서 언급한 바와 같이, 오차제곱합

$$A = \sum_{j=1}^{n}\epsilon_j^2 = \boldsymbol{\epsilon}^t\boldsymbol{\epsilon} = (\boldsymbol{Y}-\boldsymbol{X}\boldsymbol{\beta})^t(\boldsymbol{Y}-\boldsymbol{X}\boldsymbol{\beta})$$

를 $\boldsymbol{\beta}$에 대하여 편미분해서 영(zero)으로 놓은 다음 방적식

$$\frac{\partial Q}{\partial \boldsymbol{\beta}} = 2(\boldsymbol{X}^t\boldsymbol{y}-\boldsymbol{X}^t\boldsymbol{X}\boldsymbol{\beta}) = \boldsymbol{0}$$

을 만족하는 $\boldsymbol{\beta}$의 값

$$\widehat{\boldsymbol{\beta}} = (\boldsymbol{X}^t\boldsymbol{X})^{-1}\boldsymbol{X}^t\boldsymbol{Y}$$

가 $\boldsymbol{\beta}$의 최소제곱추정량이며, 최소제곱추정량 $\widehat{\boldsymbol{\beta}}$를 바탕으로한 σ^2의 불편추정량은

$$\widehat{\sigma^2} = \frac{1}{n-k-1}(\boldsymbol{Y}-\boldsymbol{X}\widehat{\boldsymbol{\beta}})^t(\boldsymbol{Y}-\boldsymbol{X}\widehat{\boldsymbol{\beta}})$$

이다.

다음은 최소제곱추정량의 성질에 대한 Gauss-Markov의 정리이다.

定理 9.6 완전계수의 중선형회귀모형

$$\boldsymbol{Y} = \boldsymbol{X}\boldsymbol{\beta}+\boldsymbol{\epsilon},\ \ \mathrm{Var}(\boldsymbol{Y}) = \sigma^2\boldsymbol{I}$$

에서 $\widehat{\boldsymbol{\beta}} = (\boldsymbol{X}^t\boldsymbol{X})^{-1}\boldsymbol{X}^t\boldsymbol{Y}$는 $\boldsymbol{\beta}$의 BLUE이다.

證明 $\boldsymbol{A}$를 임의의 $(k+1)\times n$행렬이라 하면, 일반적인 $\boldsymbol{Y}$의 선형함수는

$$\widehat{\boldsymbol{\beta}} = \boldsymbol{A}\boldsymbol{Y}$$

로 나타낼 수 있다. 여기서 $\boldsymbol{A} = (\boldsymbol{X}^t\boldsymbol{X})^{-1}\boldsymbol{X}^t + \boldsymbol{B}$라 놓을 수 있으므로

$$\begin{aligned} E(\widehat{\boldsymbol{\beta}}) &= E(\boldsymbol{AY}) \\ &= E[(\boldsymbol{X}^t\boldsymbol{X})^{-1}\boldsymbol{X}^t\boldsymbol{Y} + \boldsymbol{BY}] \\ &= (\boldsymbol{X}^t\boldsymbol{X})^{-1}\boldsymbol{X}^t\boldsymbol{X}\boldsymbol{\beta} + \boldsymbol{BX}\boldsymbol{\beta} \\ &= \boldsymbol{\beta} + \boldsymbol{BX}\boldsymbol{\beta} \end{aligned}$$

이므로 $\widehat{\boldsymbol{\beta}}$가 $\boldsymbol{\beta}$의 불편추정량이면 $E(\widetilde{\boldsymbol{\beta}}) = \boldsymbol{\beta}$이어야 하므로, 모든 $\boldsymbol{\beta}$에 대하여 $\boldsymbol{BX\beta} = \boldsymbol{0}$이어야 하므로 $\boldsymbol{BX} = \boldsymbol{0}$이다. 그러므로

$$\begin{aligned} \mathrm{Var}(\widehat{\boldsymbol{\beta}}) &= \mathrm{Var}[(\boldsymbol{X}^t\boldsymbol{X})^{-1}\boldsymbol{X}^t\boldsymbol{Y} + \boldsymbol{BY}] \\ &= [(\boldsymbol{X}^t\boldsymbol{X})^{-1}\boldsymbol{X}^t + \boldsymbol{B}]\,\mathrm{Var}(\boldsymbol{Y})\,[(\boldsymbol{X}^t\boldsymbol{X})^{-1}\boldsymbol{X}^t + \boldsymbol{B}]^t \\ &= [(\boldsymbol{X}^t\boldsymbol{X})^{-1}\boldsymbol{X}^t + \boldsymbol{B}]\,\boldsymbol{I}\,\sigma^2\,[(\boldsymbol{X}^t\boldsymbol{X}^t)^{-1}\boldsymbol{X}^t + \boldsymbol{B}]^t \\ &= [(\boldsymbol{X}^t\boldsymbol{X})^{-1}\boldsymbol{X}^t + \boldsymbol{BB}^t]\sigma^2 \end{aligned}$$

이다. 이때, $\boldsymbol{BB}^t = \boldsymbol{G} = (g_{ij})$라 하면 $\mathrm{Var}(\widetilde{\boldsymbol{\beta}})$의 대각선원소들이 $\mathrm{Var}(\widetilde{\beta}_i)$들이므로, $\mathrm{Var}(\widetilde{\beta}_i)$가 최소로 되려면 대각선원소들이 최소가 되어야 한다. 그런데, 행렬 $\boldsymbol{G} = \boldsymbol{BB}^t$는 양반정치행렬이므로 $\mathrm{Var}(\widetilde{\boldsymbol{\beta}})$의 대각선원소들이 최소가 되려면 g_{ij} $(i = 0, 1, 2, \cdots, k)$이어야 하고 $\boldsymbol{B} = (g_{ij})$라 하면

$$g_{ii} = \sum_{j=1}^{n} b_{ij}^2 = 0$$

이 되고, 모든 i에 대하여 $g_{ii} = 0$이려면 모든 i, j에 대하여 $b_{ij} = 0$이 되어야 한다. 즉, 이것은$\boldsymbol{B} = \boldsymbol{0}$이고 이 조건은 $\boldsymbol{BX} = \boldsymbol{0}$의 조건을 만족한다. 따라서, $\widehat{\boldsymbol{\beta}}$가 $\boldsymbol{\beta}$의 BLUE이려면 $\boldsymbol{A} = (\boldsymbol{X}^t\boldsymbol{X})^{-1}\boldsymbol{X}^t$일 때이다. ■

9.5 상관계수의 검정

두 확률변수X와 Y의 결합확률분포가 각각의 평균이 μ_1, ν_2, 분산이 σ_1^2, σ_2^2, 상관계수가 ρ인 이변량정규분포일 때, X와 Y가 확률적으로 독립이라는 가설검정에 대하여 알아 보고자 한다. 이변량정규분포를 따르는 두 확률변수가 확률적으로 독립이기 위한 필요충분조건은 $\rho = 0$이므로, 이변량정규분포에 따르는 두 확률변수의 독립성 검정에 대한 문제는 대립가설 $H_1 : \rho \neq 0$에 대한 귀무가설 $H_0 : \rho = 0$의 검정문제이다. 이 검정을 위하여 이변량정규분포로부터 추출한 크기 $n > 2$인 확률표본을

$$(X_1, Y_1), (X_2, Y_2), \cdots, (X_n, Y_n)$$

이라 하면, 증명없이 결론적으로는 우도비 λ에 의하여 정의되는 통계량이 표본상관

계수라 부르는 다음과 같은 통계량

$$R = \frac{\sum_{i=1}^{n}(X_i - \bar{X})(Y_i - \bar{Y})}{\sqrt{\sum_{i=1}^{n}(X_i - \bar{X})^2 \sum_{i=1}^{n}(Y_i - \bar{Y})^2}}$$

의 함수가 되며, $\lambda \leqslant \lambda_0$이면 귀무가설 H_0를 기각하는 우도비검정의 기각역은 $|R| \geqslant c$의 형태로 구해진다. 즉, 표본상관계수의 절대값이 아주 크면 분포의 상관계수가 0이라는 가설을 기각한다. 주어진 유의수준하에서 c의 값을 결정하기 위해서는, H_0가 참일때 R 또는 R의 함수의 분포를 구하여야 한다. 이제 이 분포를 구하기 위하여 x_1, x_2, $\cdots$, x_n과 $\bar{x} = \frac{1}{n}\sum_{i=1}^{n}$는 $\sum_{i=1}^{n}(x_i - \bar{x})^2 > 0$을 만족하는 고정된 관찰값이라 할 때, $X_1 = x_1$, $X_2 = x_2$, $\cdots$, $X_n = x_n$이 주어졌을 때 Y_1, Y_2, $\cdots$, Y_n의 조건부확률밀도함수를 구해 보자. Y_1, Y_2, $\cdots$, Y_n이 확률적으로 독립이고 상관계수 $\rho = 0$이면 Y_1, Y_2, $\cdots$, Y_n은 X_1, X_2, $\cdots$, X_n과 확률적으로 독립이기 때문에, 구하려는 조건부확률밀도함수는

$$\left(\frac{1}{\sigma_2\sqrt{2\pi}}\right)^2 \exp\left\{\frac{1}{2\sigma_2^2}\sum_{i=1}^{n}(y_i - \mu)^2\right\}$$

이다. 그러므로 $X_1 = x_1$, $X_2 = x_2$, $\cdots$, $X_n x_n$이 주어졌을 때,

$$\sum_{i=1}^{n}\frac{(Y_i - \bar{Y})^2}{\sigma_2^2}$$

의 조건부분포는 $\chi^2(m-1)$이고, Y_1, Y_2, $\cdots$, Y_n의 선형함수

$$W = \frac{\sum_{i=1}^{n}(x_i - \bar{x})(Y_i - \bar{Y})}{\sqrt{\sum_{i=1}^{n}(x_i - \bar{x})^2}} = \frac{\sum_{i=1}^{n}(x_i - \bar{x})Y_i}{\sqrt{\sum_{i=1}^{n}(x_i - \bar{x})^2}}$$

의 조건부분포는 $N(0, \sigma_2^2)$이기 때문에 $X_1 = x_1$, $X_2 = x_2$, $\cdots$, $X_n = x_n$이 주어졌을 때 W^2/σ_2^2의 조건부분포는 $\chi^2(1)$이다. 그리고 다음 식

$$\sum_{i=1}^{n}(Y_i - \bar{Y})^2 = W^2 + \sum_{i=1}^{n}\left\{(Y_i - \bar{Y}) - \frac{\sum_{j=1}^{n}(x_j - \bar{x})(Y_j - \bar{Y})}{\sqrt{\sum_{j=1}^{n}(x_j - \bar{x})^2}}(x_i - \bar{x})\right\}^2$$

이 성립한다. 여기서 $\sum_{i=1}^{n}(Y_i - \bar{Y})^2/\sigma_2^2$의 조건부분포는 $\chi^2(n-1)$이고, W^2/σ_2^2의 조건부분포는 $\chi^2(1)$이므로, 위의 식에서 오른쪽 두 번째 항을 U라 하면, 정리 9.3에 의하여 U와 W^2은 조건부독립이고, U/σ_2^2의 조건부분포는 $\chi^2(n-2)$이다. 그런데 W/σ_2^2의 분포가 $N(0, 1)$이므로

$$\frac{W/\sigma_2}{\sqrt{U/\{(n-2)\sigma_2^2\}}} = \frac{W\sqrt{n-2}}{\sqrt{U}}$$

의 분포는 자유도가 $(n-2)$인 조건부 t분포가 된다. 여기서

$$R_c = \frac{\sum_{i=1}^{n}(x_i-\bar{x})(Y_i-\bar{Y})}{\sqrt{\sum_{i=1}^{n}(x_i-\bar{x})^2 \sum_{i=1}^{n}(Y_i-\bar{Y})^2}}$$

이라 하면

$$T = \frac{W\sqrt{n-2}}{\sqrt{U}} = \frac{R_c\sqrt{n-2}}{\sqrt{1-R_c^2}}$$

이다. $X_1=x_1$, $X_2=x_2$, $\cdots$, $X_n=x_n$이 주어졌을 때, T의 조건부분포는 자유도 $n-2$인 t분포이므로 이 t분포의 확률밀도함수 $f_T(t)$는 x_1, x_2, $\cdots$, x_n에 종속되지 않는다. 따라서

$$R = \frac{\sum_{i=1}^{n}(X_i-\bar{X})(Y_i-\bar{Y})}{\sqrt{\sum_{i=1}^{n}(X_i-\bar{X})^2 \sum_{i=1}^{n}(Y_i-\bar{Y})^2}}$$

이라 하면, X_1, X_2, $\cdots$, X_n과 $R\sqrt{n-2}/\sqrt{1-R^2}$의 결합확률밀도함수는 X_1, X_2, $\cdots$, X_n의 결합확률밀도함수와 $f_T(t)$와의 곱으로 표시되며, 이 결합확률밀도함수를를 x_1, x_2, $\cdots$, x_n에 대하여 적분하면 $R\sqrt{n-2}/\sqrt{1-R^2}$의 주변확률밀도함수를 구할 수 있다. 그런데 $f_T(t)$는 적분변수 x_1, x_2, $\cdots$, x_n에에 종속되어 있지 않기 때문에, $R\sqrt{n-2}/\sqrt{1-R^2}$의 결합확률밀도함수는 $R_c\sqrt{n-2}/\sqrt{1-R_c^2}$의 조건부확률밀도함수 $f_T(t)$와 일치하므로, 변수변환법을 이용하여 R의 확률밀도함수를 구할 수 있다. 이제 자유도가 $n-2$인 t분포의 확률밀도함수를

$$f_T(t) = \frac{\Gamma(\frac{n-1}{2})}{\Gamma(\frac{n-2}{2})\sqrt{\pi(n-2)}}\left(1+\frac{t^2}{n-2}\right)^{-(n-1)/2}$$

라 하면,

$$\begin{aligned} t &= \frac{r\sqrt{n-2}}{\sqrt{1-r^2}}, \\ \frac{r^2}{1-r^2} &= \frac{t^2}{n-2}, \\ \frac{dt}{dr} &= \sqrt{n-2}(1-r^2)^{-3/2} \end{aligned}$$

이므로, R의 확률밀도함수 $f_R(r)$은

$$\begin{aligned} f_T(t) &= \frac{\Gamma(\frac{n-1}{2})}{\Gamma(\frac{n-2}{2})\sqrt{\pi(n-2)}}\left(1+\frac{t^2}{1-r^2}\right)^{-(n-1)/2}\sqrt{n-2}(1-r^2)^{-3/2} \\ &= \frac{\Gamma(\frac{n-1}{2})}{\Gamma(\frac{n-2}{2})\Gamma(\frac{1}{2})}(1-r^2)^{(n-4)/2}, \quad (-1<r<1) \end{aligned}$$

이다. 따라서 모든 대립가설 $H_1 : \rho \neq 0$에 대한 귀무가설 $H_0 : \rho = 0$의 우도비검정은 통계량 R 또는 통계량 $T = R\sqrt{n-2}/\sqrt{1-R^2}$에 의하여 검정할 수 있으므로, 어느 경우나 검정의 유의수준은

$$\alpha = P\{|R| \geqslant c_1 \,|\, H_0\} = P\{|T| \geqslant c_2 \,|\, H_0\}$$

이다. 여기서 상수 c_1 또는 c_2는 주어진 α값이 되도록 결정해 주면된다.

練習問題

1. X_1, X_2, $\cdots$, X_n은 양정치공분산행렬이 $\boldsymbol{W}$인 다변량정규분포를 따르는 확률변수들이다. n개의 확률변수 X_1, X_2, $\cdots$, X_n이 확률적으로 독립이기 위한 필요충분조건은 $\boldsymbol{W}$가 대각행렬(diagonal matrix)임을 증명하여라.

2. 다음 행렬
$$\boldsymbol{W} = \begin{pmatrix} \sigma_1^2 & \rho\sigma_1\sigma_2 \\ \rho\sigma_1\sigma_2 & \sigma_2^2 \end{pmatrix}, \quad (n = 2)$$
에 대하여 $|\boldsymbol{W}|$, $\boldsymbol{W}^{-1}$, $(\boldsymbol{x}-\boldsymbol{\mu})^t\boldsymbol{W}^{-1}(\boldsymbol{x}-\boldsymbol{\mu})$를 구하여라.

3. X_1, X_2, X_3, X_4를 정규분포$N(0,\sigma^2)$에서 추출한 크기 4인 확률표본이다. $Q = X_1X_2 - X_3X_4$라 할 때, $\frac{1}{\sigma^2}Q$의 분포는 χ^2분포가 아님을 보여라. 또한, $\frac{1}{\sigma^2}Q$의 적률모함수를 구하여라.

4. 정규분포 $N(0,\sigma^2)$에서 추출한 크기 n인 확률표본 X_1, X_2, $\cdots$, X_n의 평균과 분산을 각각 $\bar{X}$와 σ^2이라 하자.
   (a) $n(\bar{X})^2$의 대칭행렬을 $\boldsymbol{A}$라 할 때, 모는 행렬의 성분이 1인 행렬 $\boldsymbol{P}$에 대하여 $\boldsymbol{A} = \frac{1}{n}\boldsymbol{P}$임을 보여라.
   (b) $\boldsymbol{A}$가 멱등행렬이고, trace$(\boldsymbol{A}) = 1$임을 보임으로서 $n(\bar{X})^2/\sigma^2 \sim \chi^2(1)$임을 보여라.
   (c) S^2의 대칭행렬을 $\boldsymbol{B}$라 할 때, $\boldsymbol{B} = \boldsymbol{I} - \frac{1}{n}\boldsymbol{P}$임을 보여라.
   (d) $\boldsymbol{B}$가 멱등행렬이고, trace$(\boldsymbol{B}) = n-1$임을 보임으로서 $nS^2/\sigma^2 \sim \chi^2(n-1)$임을 보여라.
   (e) $\boldsymbol{AB} = \boldsymbol{0}$임을 보여라.

5. X_1, X_2, $\cdots$, X_n은 정규분포 $N(0,\sigma^2)$에서 추출한 크기 n인 확률표본이다. 이때, $\sum_{i=1}^{n} X_i^2$과 모두는 영(zero)이 아닌 X_1, X_2, $\cdots$, X_n의 임의의 이차형식 Q가 확률적으로 종속임을 증명하여라.

6. 정규분포 $N(0,\sigma^2)$으로부터의 크기 n인 확률표본에 의한 이차형식 Q의 실대칭행렬이 $\boldsymbol{A}$이다. 표본평균 $\bar{X}$와 Q가 확률적으로 독립일 때, $\boldsymbol{A}$의 각 원소를 구하여라.

7. X_1, X_2, $\cdots$, X_n은 정규분포 $N(0,\sigma^2)$에서 추출한 크기 n인 확률표본이다. 이때, $\boldsymbol{X}^t = (X_1, X_2, \cdots, X_n)$, $\boldsymbol{b}^t = (b_1, b_2, \cdots, b_n)$ 그리고 $n \times n$ 실대칭행렬을 $\boldsymbol{A}$라 하자. 선형식 $\boldsymbol{b}^t\boldsymbol{X}$의 이차형식 $\boldsymbol{X}^t\boldsymbol{AX}$가 확률적으로 독립이기 위한 필요충분조건은 $\boldsymbol{b}^t\boldsymbol{A} = \boldsymbol{0}$임을 증명하여라. 이 사실을 이용하여 다음 이차형식 $(\boldsymbol{b}^t\boldsymbol{X})^2 = \boldsymbol{X}^t\boldsymbol{bb}^t\boldsymbol{X}$와 $\boldsymbol{X}^t\boldsymbol{AX}$가 확률적으로 독립이고 또한 그 역도 성립함을 증명하여라.

8. Q_1, Q_2는 정규분포 $N(0,\sigma^2)$으로부터의 확률표본에 의한 음이 아닌 두 이차형식이다. 이때 다른 이차형식 Q가 $Q_1 + Q_2$와 확률적으로 독립이기 위한 필요충분조건은 Q가 각각 Q_1과 Q_2와 확률적으로 독립임을 보여라.

9. X_1, X_2, X_3, X_4는 정규분포 $N(0,1)$로부터 추출된 크기 4인 확률표본이다.

$$\sum_{i=1}^{n}(X_i - \bar{X})^2 = \frac{1}{2}(X_1 - X_2)^2 + \frac{2}{3}\Big(X_3 - \frac{1}{2}(X_1 + X_2)\Big)^2 + \frac{3}{4}\Big(X_4 + \frac{1}{3}(X_1 + X_2 + X_3)\Big)^2$$

임을 보이고, 오른쪽 세 항들의 분포는 $\chi^2(1)$에 따르는 확률적으로 독립인 확률변수들인가를 조사하여라.

10. X_i, $(i = 1, 2, \cdots, n)$는 확률적으로 독립이고, 각각의 분포가 $N(c_i\beta, c_i^2\gamma^2)$인 확률변수들이다. 이때, 모든 c_i, $(i = 1, 2, \cdots, n)$는 영이 아니고 또한 모두 같지는 않다. β와 γ^2의 최소제곱추정량과 최우추정량을 구하여라.

11. X_i, $(i = 1, 2, \cdots, n)$는 확률적으로 독립인 확률변수들이고, 그 결합확률밀도함수가

$$(2\pi\sigma^2)^{-n/2}\exp\Big\{-\frac{1}{2\sigma^2}\sum_{i=1}^{n}\{x_i - \alpha - \beta(c_i - \bar{c})\}^2\Big\}$$

이다. 여기서 c_i $(i = 1, 2, \cdots, n)$는 모두 같지는 않다. α와 σ^2이 미지(unknown)일 때, 대립가설 $H_1 : \beta \neq 0$에 대한 귀무가설 $H_0 : \beta = 0$의 우도비검정을 구하여라.

11. $X_{1k}, X_{2k}, \cdots, X_{a_k k}$는 정규분포 $N(\mu_k, \sigma^2)$에서 추출한 크기 a_k, $(k = 1, 2, \cdots, b)$인 확률표본이다. 이때,

$$\bar{X} = \frac{1}{n}\sum_{k=1}^{b}\sum_{i=1}^{a_k}X_{ik}\,, \quad n = \sum_{k=1}^{b}a_k\,, \quad \bar{X}_{\cdot k} = \frac{1}{a_k}\sum_{i=1}^{a_k}X_{ik}\,,$$

$$Q = \sum_{k=1}^{b}\sum_{i=1}^{a_k}(X_{ik} - \bar{X})^2, \quad Q_1 = \sum_{k=1}^{b}\sum_{i=1}^{a_k}(X_{ik} - \bar{X}_{\cdot k})^2, \quad Q_2 = \sum_{k=1}^{b}a_k(X_{\cdot k} - \bar{X})^2$$

이라 할 때

(a) $Q = Q_1 + Q_2$임을 증명하여라.

(b) Q_1/σ^2과 Q_2/σ^2은 확률적으로 독립이고 $\mu_1 = \mu_2 = \cdots = \mu_k$일 때, 각각의 분포는 χ^2분포에 따름을 증명하여라.

(c)모든 대립가서에 대한 귀무가설 $H_0 : \mu_1 = \mu_2 = \cdots = \mu_k = \mu$의 우도비검정에서 $\lambda \leqslant \lambda_0$는 $F \geqslant c$와 동일함을 증명하여라. 여기서

$$F = \frac{Q_2}{(b-1)Q_1}\Big(\sum_{k=1}^{b}a_k - b\Big)$$

이고 μ는 미정(undetermined)이고 σ^2은 미지(unknown)이다.

(d) (c)에서 귀무가설 H_0가 참일 때 F분포를 구하여라.

부록 A

집합과 연산

집합론을 최초로 창시한 수학자는 Georg Cantor로 알려져 있다. 현대 수학의 이론적 배경에는 집합의 추상개념이 포함되어 있으며 이러한 집합론은 공리론적인 측면에서 고찰해 보면 여러가지 역설(paradox)도 나타난다. 집합을 직관적으로 정의하면 속성이 뚜렷한 개체들(well-defined objects)의 모임이다. 즉, 어떤 개체가 그 집합에 속하는가 하는 것을 명확하게 판별할 수 있는 하나의 속성을 가져야 한다. 집합을 표시할 때에는 보통 영어의 대문자(capital letter)를 사용하여 A, B, C, $\cdots$ 등으로 나타낸다. 이 경우 집합을 구성하고 있는 각 개체 또는 구성원을 **원소**(element)라고 부른다. 집합의 원소를 나타내는 기호로는 소문자 a, b, c, $\cdots$, x, y, z 등으로 나타낸다. 이제

$$x\text{가 집합 } A\text{의 원소이다}$$

를 기호로

$$x \in A$$

로 나타낸다. 또한 이것을 "원소 x는 A에 속한다"라고도 말한다. 집합을 구성하고 있는 원소를 나타내는 방법으로 두 가지가 있는데, 첫 번째는 **원소나열법**(tabular form)이고, 두 번째는 **조건제시법**(set-builder form)이다. 원소나열법은 집합을 구성하고 있는 모든 원소들을 모두 나열하는 방법이다. 예를 들면, A가 정수의 집합이라고 할 때 집합 A를 원소나열법으로 나타내면

$$A = \{\cdots, -6, -5, -4, -3, -2, -1, 0, 1, 2, 3, 4, 5, 6, \cdots\}$$

이고, 또한 집합 A를 조건제시법으로 나타내면

$$A = \{x \,|\, x\text{는 정수}\}$$

이다. 다시말하면, 조건제시법은

$$\{\ x \ |\ y\ \}$$

의 형식으로 표시하고, 일반적으로 x의 위치에는 **대표원**(representative element)을, y의 위치에는 x을 설명해주는 **서술형의 명제**를 써주면 된다. x가 집합 A의 원소가 아닐 경우에는

$$x \notin A$$

로 쓰고, "x는 집합 A의 원소가 아니다" 또는 "원소 x는 A에 속하지 않는다"라고 말한다.

두 개 이상의 집합이 주어졌을 때 집합과 집합사이의 포함관계를 생각해 볼수가 있다. 두 집합 A와 B가 주어졌다고 하자. 이 경우, 임의의 모든 원소 $x \in A$가 또한 집합 B의 원소이면 즉,

$$x \in A \text{ 이면 } x \in B$$

를 기호로

$$A \subseteq B$$

로 나타낸다. 이것을 "집합 A는 집합 B의 **부분집합**(subset)이다"라고 말하거나 "집합 A는 집합 B에 포함되어 있다"라고 말한다. 또한 집합 B를 기준으로 말할 때에는 "집합 B는 집합 A의 **초집합**(superset)"이라고 말하며 "집합 B는 집합 A를 포함한다"고 말한다.

두 집합 A와 B 사이에

$$A \subseteq B \quad \text{이고} \quad B \subseteq A$$

이면 "두 집합 A와 B는 **상등하다** 또는 **서로같다**(equal)"라고 말하며 기호로

$$A = B$$

로 나타낸다. 집합 A가 집합 B의 부분집합이 아닐 경우에는, 기호로

$$A \not\subseteq B$$

로 나타낸다. 두 집합 A와 B 사이에 포함관계가 $A \subset B$이지만 $A \neq B$인 경우에는 ' '집합 A를 집합 B의 **진부분집합**(proper subset)"이라고 하며, 기호로

$$A \subsetneq B$$

로 나타낸다.

경우에 따라 원소를 하나도 갖지 않는 집합이 존재하는데 이러한 집합을 **공집합**(empty set)이라 하며, 기호로 $\emptyset$ 또는 $\{\ \}$로 나타낸다.

수학에서는 이론적으로 어떤 공간의 성질을 연구할 때 항상 기초가 되는 집합을 도입하는데 이러한 집합을 **전체집합**(universal set) 또는 **기초집합**(underlying set)이라 한다. 전체집합을 나타내는 기호로서 보통 U를 많이 사용한다. 더욱이 어떤 집합은 자신의 원소로 집합을 갖는 경우가 있다. 이렇게 집합을 원소로 갖는 집합을 **집합족**(family(collection, class) of sets)이라 부른다. 집합족을 나타내는 기호로는 보통 $\mathcal{A}$, $\mathcal{B}$, $\mathcal{C}$, $\cdots$ 등을 사용한다.

A를 공집합이 아닌 임의의 집합이라 할 때, 집합 A의 모든 부분집합족(family of all subsets of A)을 A의 **멱집합**(power set)이라 하며 기호로 $\mathcal{P}(A)$로 나타낸다. 일반적으로, 집합 A가 n개의 원소를 갖고 있으면, 집합 A의 모든 부분집합의 개수, 즉 멱집합의 원소의 개수는 모두 2^n개이다.

U를 전체집합, $A, B \subseteq U$라 하자. A 또는 B에 속하는 모든 원소 $x \in U$의 집합을 A와 B의 **합집합**(union)이라고 하며, 기호로 $A \cup B$로 나타낸다. 이 경우, 두 집합 A와 B의 합집합 $A \cup B$를 조건제시법으로 나타내면

$$A \cup B = \{x \in U \,|\, x \in A \text{ 또는 } x \in B\}$$

이다.

일반적으로 두 집합 A와 B에 대하여,

$$\begin{aligned} A \cup B &= \{x \in U \,|\, x \in A \text{ 또는 } x \in B\} \\ &= \{x \in U \,|\, x \in B \text{ 또는 } x \in A\} \\ &= B \cup A \end{aligned}$$

이므로 합집합에 대한 교환법칙, 즉 $A \cup B = B \cup A$가 성립한다. 또한

$$A \subseteq A \cup B, \qquad B \subseteq A \cup B$$

도 항상 성립한다. 왜냐하면, 전자의 경우는

$$x \in A \text{ 이면 } \quad x \in A \cup B$$

이고, 후자의 경우는

$$x \in B \text{ 이면 } \quad x \in A \cup B$$

이기 때문이다.

U를 전체집합, $A, B \subseteq U$라 하자. A와 B에 동시에 속하는 모든 원소 $x \in U$의 집합을 A와 B의 **교집합**(intersection)이라고 하며, 기호로 $A \cap B$로 나타낸다. 이 경우,

$$A \cap B = \{x \in U \,|\, x \in A \text{ 이고 } x \in B\}$$

이다.

일반적으로 교집합에 대한 교환법칙 $A \cap B = B \cap A$가 성립한다. 이것은,

$$\begin{aligned} A \cap B &= \{x \in U \,|\, x \in A \text{ 이고 } x \in B\} \\ &= \{x \in U \,|\, x \in B \text{ 이고 } x \in A\} \\ &= B \cap A \end{aligned}$$

로부터 알 수 있고,

$$A \cap B \subseteq A, \qquad A \cap B \subseteq B$$

도 항상 성립한다. 왜냐하면, 전자의 경우는

$$x \in A \cap B \text{ 이면 } \quad x \in A$$

이고, 후자의 경우는

$$x \in A \cap B \text{ 이면 } \quad x \in B$$

이기 때문이다. 두 집합 A와 B사이에

$$A \cap B = \emptyset$$

이면 A와 B는 **서로소인 집합**(disjoint set)이라고 말한다. 일반적으로 세 집합 A, B, C사이에 $A \cap B = \emptyset$, $A \cap C = \emptyset$, $B \cap C = \emptyset$이면, A, B, C는 **상호 서로소인 집합**(mutually disjoint set) 또는 **쌍마다 서로소인 집합**(pairwise disjoint set)이라고 말한다.

U를 전체집합, $A \subseteq U$라 하자. 집합 A에 속하지 않는 모든 원소 $x \in U$의 집합을 A의 **여집합**(complement)이라고 하고, 기호로 A^c로 쓴다. 따라서,

$$A^c = \{x \in U \mid x \notin A\}$$

이다.

일반적으로 $A \cup A^c = U$이고 $A \cap A^c = \emptyset$이며, $\emptyset^c = U$, $U^c = \emptyset$이며 $(A^c)^c = A$이다.

U를 전체집합, $A, B \subseteq U$라 하자. 집합 A에는 속하지만 B에는 속하지 않는 모든 원소 $x \in U$의 집합을 A와 B의 **차집합**(difference)이라 하고, 기호로 $A \setminus B$ 또는 $A - B$로 쓴다. 이 경우,

$$\begin{aligned} A \setminus B &= \{x \in U \mid x \in A \text{ 이고 } x \notin B\} \\ &= A \cap B^c \end{aligned}$$

이다.

일반적으로

$$A \setminus B \subseteq A, \qquad B \setminus A \subseteq B$$

가 성립한다.

U를 전체집합, $A, B \subseteq U$라 하자. 이때 집합 A와 B의 **대칭차집합**(symmetric difference) $A \triangle B$를

$$\begin{aligned} A \triangle B &= (A \setminus B) \cup (B \setminus A) \\ &= (A \cap B^c) \cup (B \cap A^c) \end{aligned}$$

으로 정의한다.

대칭차집합의 정의로부터 다음 연산법칙

$$\begin{aligned} A \triangle B &= (A \setminus B) \cup (B \setminus A) \\ &= (B \setminus A) \cup (A \setminus B) \\ &= B \triangle A \end{aligned}$$

가 성립하므로 대칭차집합에 대하여 교환법칙 $A \triangle B = B \triangle A$가 성립한다. 또한, $A \triangle \emptyset = A$이고 $A \triangle A = \emptyset$이다. 더욱이

$$\begin{aligned} A \triangle B &= (A \cap B^c) \cup (B \cap A^c) \\ &= (A \cup B) \setminus (A \cap B) \end{aligned}$$

이다.

A와 B를 두 집합이라 하면

(a) $(A \cup B)^c = A^c \cap B^c$,

(b) $(A \cap B)^c = A^c \cup B^c$

가 성립하는데 이 성질을 **De Morgan 법칙**이라 한다.

지금까지 설명한 내용을 요약하면 다음과 같다.

U를 전체집합이라하고 $A, B, C \subseteq U$라 하면, 다음 식이 성립한다.

(1) 멱등법칙(idempotent laws)

$$A \cup A = A, \qquad A \cap A = A$$

(2) 교환법칙(commutative laws)

$$A \cup B = B \cup A, \qquad A \cap B = B \cap A$$

(3) 결합법칙(associative laws)

$$(A \cup B) \cup C = A \cup (B \cup C), \qquad (A \cap B) \cap C = A \cap (B \cap C)$$

(4) 분배법칙(distributive laws)

$$A \cup (B \cap C) = (A \cup B) \cap (A \cup C), \qquad A \cap (B \cup C) = (A \cap B) \cup (A \cap C)$$

U를 전체집합이라하고 $A, B \subseteq U$라 하면, 다음이 성립한다.

(1) $A \cup \emptyset = A$, $A \cap \emptyset = \emptyset$,

(2) $A \cup U = U$, $A \cap U = A$,

(3) $A \cup A^c = U$, $A \cap A^c = \emptyset$,

(4) $B \subseteq A$이기 위한 필요충분조건은 $A \cup B = A$,

(5) $B \subseteq A$이기 위한 필요충분조건은 $A \cap B = B$

이제 집합의 개념을 좀 더 확장하여 보자. U를 전체집합이라 하고, γ를 임의의 첨자(index), Γ를 첨자 γ를 원소로 갖는 **첨자집합**(index set)이라 하자. 이 때 A_γ를 **첨자붙은 집합**(indexed set)이라 한다. 이 때 $\{A_\gamma\}_{\gamma\in\Gamma}$를 **집합족**(a family(class, collection) of sets)라 한다. 이 경우,

$$\bigcap_{\gamma\in\Gamma} A_\gamma = \{x \in U \mid \text{모든 } \gamma \in \Gamma\text{에 대하여, } x \in A_\gamma\}$$

이고

$$\begin{aligned}\bigcup_{\gamma\in\Gamma} A_\gamma &= \{x \in U \mid \text{적어도 어떤 } \gamma \in \Gamma\text{가 존재하여, } x \in A_\gamma\} \\ &= \{x \in U \mid x \in A_\gamma\text{를 만족하는 첨자 } \gamma \in \Gamma\text{가 적어도 하나 존재}\}\end{aligned}$$

로 정의한다. 여기서 만약 첨자집합 Γ가 가산집합(countable set)이면, 위의 경우는 각각

$$\bigcup_{i=1}^{\infty} A_i = \{x \in U \mid \text{적어도 어떤 } i = 1, 2, 3, \cdots \text{에 대하여, } x \in A_i\}$$

와

$$\bigcap_{i=1}^{\infty} A_i = \{x \in U \mid \text{모든 } i = 1, 2, 3, \cdots \text{에 대하여, } x \in A_i\}$$

가 된다. 특히, 다음 공식

$$\bigcup_{i=1}^{\infty} A_i = A_1 \cup (A_1^c \cap A_2) \cup (A_1^c \cap A_2^c \cap A_3) \cup \cdots$$

은 유용하다. 또한 다음 성질

$$\bigcup_{\gamma\in\emptyset} A_\gamma = \emptyset,$$
$$\bigcap_{\gamma\in\emptyset} A_\gamma = U$$

는 쉽게 증명할 수 있다. 이제 집합족에 De Morgan 법칙을 적용하면,

$$\left(\bigcup_{\gamma\in\Gamma} A_\gamma\right)^c = \bigcap_{\gamma\in\Gamma} A_\gamma^c,$$
$$\left(\bigcap_{\gamma\in\Gamma} A_\gamma\right)^c = \bigcup_{\gamma\in\Gamma} A_\gamma^c$$

이다.

A_1, A_2, $\cdots$, A_n, $\cdots$을 임의의 집합열(sequence of sets)이라 할 때, 이것을 간단히 기호 $\{A_n\}$ 또는 $\{A_n\}_{n=1}^{\infty}$로 나타내기로 한다. 집합열에 관한 다음 몇가지 성질을 살펴보자. 먼저 집합열 $\{A_n\}_{n=1}^{\infty}$이, 모든 $n \geqslant 1$에 대하여

$$A_1 \subseteq A_2 \subseteq A_3 \subseteq \cdots$$

이면, $\{A_n\}_{n=1}^{\infty}$는 **단조증가**(monotonically increasing)한다고 하며, 모든 $n \geqslant 1$에 대하여

$$A_1 \supseteq A_2 \supseteq A_3 \supseteq \cdots$$

이면, $\{A_n\}_{n=1}^{\infty}$는 **단조감소**(monotonically decreasing)한다고 한다. 이 경우, 단조증가 또는 단조감소하는 집합열을 **단조집합열**(monotone sequence of sets)이라 한다. 또한 단조집합열의 극한을 다음과 같이 정의한다. 즉, $\{A_n\}$이 단조증가하는 집합열이면

$$\lim_{n\to\infty} A_n = \bigcup_{n=1}^{\infty} A_n$$

이고, $\{A_n\}$이 단조감소하는 집합열이면

$$\lim_{n\to\infty} A_n = \bigcap_{n=1}^{\infty} A_n$$

으로 정의한다. 좀 더 일반적으로 말하면, 어떤 집합열 $\{A_n\}$에 대하여 **하극한집합**(set of limit inferior)를

$$\liminf_{n\to\infty} A_n = \bigcup_{n=1}^{\infty} \bigcap_{k=n}^{\infty} A_k = \underline{A}$$

로 **상극한집합**(set of limit superior)을

$$\limsup_{n\to\infty} A_n = \bigcap_{n=1}^{\infty} \bigcup_{k=n}^{\infty} A_k = \overline{A}$$

로 정의한다. 집합열 $\{A_n\}_{n=1}^{\infty}$가 주어졌을 때

$$\underline{A} = \liminf_{n\to\infty} A_n = \limsup_{n\to\infty} A_n = \overline{A}$$

이면, 이 값을

$$\lim_{n\to\infty} A_n = A$$

로 정의하고, 이때 집합열 $\{A_n\}_{n=1}^{\infty}$는 **극한** A를 갖는다고 말한다.

부록 B

통계표(Statistical Tables)

누적이항분포-1

$$P(X \leq c) = \sum_{x=0}^{c} \binom{n}{x} p^x (1-p)^{n-x}$$

n	x	.01	.05	.10	.15	.20	p .25	.30	.35	.40	.45	.50
2	0	0.9801	0.9025	0.8100	0.7225	0.6400	0.5625	0.4900	0.4225	0.3600	0.3025	0.2500
	1	0.9999	0.9975	0.9900	0.9775	0.9600	0.9375	0.9100	0.8775	0.8400	0.7975	0.7500
	2	1.0000	1.0000	1.0000	1.0000	1.0000	1.0000	1.0000	1.0000	1.0000	1.0000	1.0000
3	0	0.97030	0.85738	0.729	0.61413	0.512	0.42187	0.343	0.27463	0.216	0.16638	0.125
	1	0.99970	0.99275	0.972	0.93925	0.896	0.84375	0.784	0.71825	0.648	0.57475	0.500
	2	1.00000	0.99988	0.999	0.99663	0.992	0.98437	0.973	0.95713	0.936	0.90887	0.875
	3	1.00000	1.00000	1.000	1.00000	1.000	1.00000	1.000	1.00000	1.000	1.00000	1.000
4	0	0.96060	0.81451	0.6561	0.52201	0.4096	0.31641	0.2401	0.17851	0.1296	0.09151	0.0625
	1	0.99941	0.98598	0.9477	0.89048	0.8192	0.73828	0.6517	0.56298	0.4752	0.39098	0.3125
	2	1.00000	0.99952	0.9963	0.98802	0.9728	0.94922	0.9163	0.87352	0.8208	0.75852	0.6875
	3	1.00000	0.99999	0.9999	0.99949	0.9984	0.99609	0.9919	0.98499	0.9744	0.95899	0.9375
	4	1.00000	1.00000	1.0000	1.00000	1.0000	1.00000	1.0000	1.00000	1.0000	1.00000	1.0000
5	0	0.95099	0.77378	0.59049	0.44371	0.32768	0.23730	0.16807	0.11603	0.07776	0.05033	0.03125
	1	0.99902	0.97741	0.91854	0.83521	0.73728	0.63281	0.52822	0.42842	0.33696	0.25622	0.18750
	2	0.99999	0.99884	0.99144	0.97339	0.94208	0.89648	0.83692	0.76483	0.68256	0.59313	0.50000
	3	1.00000	0.99997	0.99954	0.99777	0.99328	0.98437	0.96922	0.94598	0.91296	0.86878	0.81250
	4	1.00000	1.00000	0.99999	0.99992	0.99968	0.99902	0.99757	0.99475	0.98976	0.98155	0.96875
	5	1.00000	1.00000	1.00000	1.00000	1.00000	1.00000	1.00000	1.00000	1.00000	1.00000	1.00000
6	0	0.94148	0.73509	0.53144	0.37715	0.26214	0.17798	0.11765	0.07542	0.04666	0.02768	0.01563
	1	0.99854	0.96723	0.88573	0.77648	0.65536	0.53394	0.42017	0.31908	0.23328	0.16357	0.10938
	2	0.99998	0.99777	0.98415	0.95266	0.90112	0.83057	0.74431	0.64709	0.54432	0.44152	0.34375
	3	1.00000	0.99991	0.99873	0.99411	0.98304	0.96240	0.92953	0.88258	0.82080	0.74474	0.65625
	4	1.00000	1.00000	0.99994	0.99960	0.99840	0.99536	0.98906	0.97768	0.95904	0.93080	0.89062
	5	1.00000	1.00000	1.00000	0.99999	0.99994	0.99976	0.99927	0.99816	0.99590	0.99170	0.98437
	6	1.00000	1.00000	1.00000	1.00000	1.00000	1.00000	1.00000	1.00000	1.00000	1.00000	1.00000
7	0	0.93207	0.69834	0.47830	0.32058	0.20972	0.13348	0.08235	0.04902	0.02799	0.01522	0.00781
	1	0.99797	0.95562	0.85031	0.71658	0.57672	0.44495	0.32942	0.23380	0.15863	0.10242	0.06250
	2	0.99997	0.99624	0.97431	0.92623	0.85197	0.75641	0.64707	0.53228	0.41990	0.31644	0.22656
	3	1.00000	0.99981	0.99727	0.98790	0.96666	0.92944	0.87396	0.80015	0.71021	0.60829	0.50000
	4	1.00000	0.99999	0.99982	0.99878	0.99533	0.98712	0.97120	0.94439	0.90374	0.84707	0.77344
	5	1.00000	1.00000	0.99999	0.99993	0.99963	0.99866	0.99621	0.99099	0.98116	0.96429	0.93750
	6	1.00000	1.00000	1.00000	1.00000	0.99999	0.99994	0.99978	0.99936	0.99836	0.99626	0.99219
	7	1.00000	1.00000	1.00000	1.00000	1.00000	1.00000	1.00000	1.00000	1.00000	1.00000	1.00000
8	0	0.92274	0.66342	0.43047	0.27249	0.16777	0.10011	0.05765	0.03186	0.01680	0.00837	0.00391
	1	0.99731	0.94276	0.81310	0.65718	0.50332	0.36708	0.25530	0.16913	0.10638	0.06318	0.03516
	2	0.99995	0.99421	0.96191	0.89479	0.79692	0.67854	0.55177	0.42781	0.31539	0.22013	0.14453
	3	1.00000	0.99963	0.99498	0.97865	0.94372	0.88618	0.80590	0.70640	0.59409	0.47696	0.36328
	4	1.00000	0.99998	0.99957	0.99715	0.98959	0.97270	0.94203	0.89391	0.82633	0.73962	0.63672
	5	1.00000	1.00000	0.99998	0.99976	0.99877	0.99577	0.98871	0.97468	0.95019	0.91154	0.85547
	6	1.00000	1.00000	1.00000	0.99999	0.99992	0.99962	0.99871	0.99643	0.99148	0.98188	0.96484
	7	1.00000	1.00000	1.00000	1.00000	1.00000	0.99998	0.99993	0.99977	0.99934	0.99832	0.99609
	8	1.00000	1.00000	1.00000	1.00000	1.00000	1.00000	1.00000	1.00000	1.00000	1.00000	1.00000

누적이항분포-2

n	x	p .01	.05	.10	.15	.20	.25	.30	.35	.40	.45	.50
9	0	0.91352	0.63025	0.38742	0.23162	0.13422	0.07508	0.04035	0.02071	0.01008	0.00461	0.00195
	1	0.99656	0.92879	0.77484	0.59948	0.43621	0.30034	0.19600	0.12109	0.07054	0.03852	0.01953
	2	0.99992	0.99164	0.94703	0.85915	0.73820	0.60068	0.46283	0.33727	0.23179	0.14950	0.08984
	3	1.00000	0.99936	0.99167	0.96607	0.91436	0.83427	0.72966	0.60889	0.48261	0.36138	0.25391
	4	1.00000	0.99997	0.99911	0.99437	0.98042	0.95107	0.90119	0.82828	0.73343	0.62142	0.50000
	5	1.00000	1.00000	0.99994	0.99937	0.99693	0.99001	0.97471	0.94641	0.90065	0.83418	0.74609
	6	1.00000	1.00000	1.00000	0.99995	0.99969	0.99866	0.99571	0.98882	0.97497	0.95023	0.91016
	7	1.00000	1.00000	1.00000	1.00000	0.99998	0.99989	0.99957	0.99860	0.99620	0.99092	0.98047
	8	1.00000	1.00000	1.00000	1.00000	1.00000	1.00000	0.99998	0.99992	0.99974	0.99924	0.99805
	9	1.00000	1.00000	1.00000	1.00000	1.00000	1.00000	1.00000	1.00000	1.00000	1.00000	1.00000
10	0	0.90438	0.59874	0.34868	0.19687	0.10737	0.05631	0.02825	0.01346	0.00605	0.00253	0.00098
	1	0.99573	0.91386	0.73610	0.54430	0.37581	0.24403	0.14931	0.08595	0.04636	0.02326	0.01074
	2	0.99989	0.98850	0.92981	0.82020	0.67780	0.52559	0.38278	0.26161	0.16729	0.09956	0.05469
	3	1.00000	0.99897	0.98720	0.95003	0.87913	0.77588	0.64961	0.51383	0.38228	0.26604	0.17188
	4	1.00000	0.99994	0.99837	0.99013	0.96721	0.92187	0.84973	0.75150	0.63310	0.50440	0.37695
	5	1.00000	1.00000	0.99985	0.99862	0.99363	0.98027	0.95265	0.90507	0.83376	0.73844	0.62305
	6	1.00000	1.00000	0.99999	0.99987	0.99914	0.99649	0.98941	0.97398	0.94524	0.89801	0.82812
	7	1.00000	1.00000	1.00000	0.99999	0.99992	0.99958	0.99841	0.99518	0.98771	0.97261	0.94531
	8	1.00000	1.00000	1.00000	1.00000	1.00000	0.99997	0.99986	0.99946	0.99832	0.99550	0.98926
	9	1.00000	1.00000	1.00000	1.00000	1.00000	1.00000	0.99999	0.99997	0.99990	0.99966	0.99902
	10	1.00000	1.00000	1.00000	1.00000	1.00000	1.00000	1.00000	1.00000	1.00000	1.00000	1.00000
11	0	0.89534	0.56880	0.31381	0.16734	0.08590	0.04224	0.01977	0.00875	0.00363	0.00139	0.00049
	1	0.99482	0.89811	0.69736	0.49219	0.32212	0.19710	0.11299	0.06058	0.03023	0.01393	0.00586
	2	0.99984	0.98476	0.91044	0.77881	0.61740	0.45520	0.31274	0.20013	0.11892	0.06522	0.03271
	3	1.00000	0.99845	0.98147	0.93056	0.83886	0.71330	0.56956	0.42555	0.29628	0.19112	0.11328
	4	1.00000	0.99989	0.99725	0.98411	0.94959	0.88537	0.78970	0.66831	0.53277	0.39714	0.27441
	5	1.00000	0.99999	0.99970	0.99734	0.98835	0.96567	0.92178	0.85132	0.75350	0.63312	0.50000
	6	1.00000	1.00000	0.99998	0.99968	0.99803	0.99244	0.97838	0.94986	0.90065	0.82620	0.72559
	7	1.00000	1.00000	1.00000	0.99997	0.99976	0.99881	0.99571	0.98776	0.97072	0.93904	0.88672
	8	1.00000	1.00000	1.00000	1.00000	0.99998	0.99987	0.99942	0.99796	0.99408	0.98520	0.96729
	9	1.00000	1.00000	1.00000	1.00000	1.00000	0.99999	0.99995	0.99979	0.99927	0.99779	0.99414
	10	1.00000	1.00000	1.00000	1.00000	1.00000	1.00000	1.00000	0.99999	0.99996	0.99985	0.99951
	11	1.00000	1.00000	1.00000	1.00000	1.00000	1.00000	1.00000	1.00000	1.00000	1.00000	1.00000
12	0	0.88638	0.54036	0.28243	0.14224	0.06872	0.03168	0.01384	0.00569	0.00218	0.00077	0.00024
	1	0.99383	0.88164	0.65900	0.44346	0.27488	0.15838	0.08503	0.04244	0.01959	0.00829	0.00317
	2	0.99979	0.98043	0.88913	0.73582	0.55835	0.39068	0.25282	0.15129	0.08344	0.04214	0.01929
	3	1.00000	0.99776	0.97436	0.90779	0.79457	0.64878	0.49252	0.34665	0.22534	0.13447	0.07300
	4	1.00000	0.99982	0.99567	0.97608	0.92744	0.84236	0.72366	0.58335	0.43818	0.30443	0.19385
	5	1.00000	0.99999	0.99946	0.99536	0.98059	0.94560	0.88215	0.78726	0.66521	0.52693	0.38721
	6	1.00000	1.00000	0.99995	0.99933	0.99610	0.98575	0.96140	0.91537	0.84179	0.73931	0.61279
	7	1.00000	1.00000	1.00000	0.99993	0.99942	0.99722	0.99051	0.97449	0.94269	0.88826	0.80615
	8	1.00000	1.00000	1.00000	0.99999	0.99994	0.99961	0.99831	0.99439	0.98473	0.96443	0.92700

누적이항분포-3

n	x	p .01	.05	.10	.15	.20	.25	.30	.35	.40	.45	.50
12	9	1.00000	1.00000	1.00000	1.00000	1.00000	0.99996	0.99979	0.99915	0.99719	0.99212	0.98071
	10	1.00000	1.00000	1.00000	1.00000	1.00000	1.00000	0.99998	0.99992	0.99968	0.99892	0.99683
	11	1.00000	1.00000	1.00000	1.00000	1.00000	1.00000	1.00000	1.00000	0.99998	0.99993	0.99976
	12	1.00000	1.00000	1.00000	1.00000	1.00000	1.00000	1.00000	1.00000	1.00000	1.00000	1.00000
13	0	0.87752	0.51334	0.25419	0.12091	0.05498	0.02376	0.00969	0.00370	0.00131	0.00042	0.00012
	1	0.99275	0.86458	0.62134	0.39828	0.23365	0.12671	0.06367	0.02958	0.01263	0.00490	0.00171
	2	0.99973	0.97549	0.86612	0.69196	0.50165	0.33260	0.20248	0.11319	0.05790	0.02691	0.01123
	3	0.99999	0.99690	0.96584	0.88200	0.74732	0.58425	0.42061	0.27827	0.16858	0.09292	0.04614
	4	1.00000	0.99971	0.99354	0.96584	0.90087	0.79396	0.65431	0.50050	0.35304	0.22795	0.13342
	5	1.00000	0.99998	0.99908	0.99247	0.96996	0.91979	0.83460	0.71589	0.57440	0.42681	0.29053
	6	1.00000	1.00000	0.99990	0.99873	0.99300	0.97571	0.93762	0.87053	0.77116	0.64374	0.50000
	7	1.00000	1.00000	0.99999	0.99984	0.99875	0.99435	0.98178	0.95380	0.90233	0.82123	0.70947
	8	1.00000	1.00000	1.00000	0.99998	0.99983	0.99901	0.99597	0.98743	0.96792	0.93015	0.86658
	9	1.00000	1.00000	1.00000	1.00000	0.99998	0.99987	0.99935	0.99749	0.99221	0.97966	0.95386
	10	1.00000	1.00000	1.00000	1.00000	1.00000	0.99999	0.99993	0.99965	0.99868	0.99586	0.98877
	11	1.00000	1.00000	1.00000	1.00000	1.00000	1.00000	0.99999	0.99997	0.99986	0.99948	0.99829
	12	1.00000	1.00000	1.00000	1.00000	1.00000	1.00000	1.00000	1.00000	0.99999	0.99997	0.99988
	13	1.00000	1.00000	1.00000	1.00000	1.00000	1.00000	1.00000	1.00000	1.00000	1.00000	1.00000
14	0	0.86875	0.48767	0.22877	0.10277	0.04398	0.01782	0.00678	0.00240	0.00078	0.00023	0.00006
	1	0.99160	0.84701	0.58463	0.35667	0.19791	0.10097	0.04748	0.02052	0.00810	0.00289	0.00092
	2	0.99966	0.96995	0.84164	0.64791	0.44805	0.28113	0.16084	0.08393	0.03979	0.01701	0.00647
	3	0.99999	0.99583	0.95587	0.85349	0.69819	0.52134	0.35517	0.22050	0.12431	0.06322	0.02869
	4	1.00000	0.99957	0.99077	0.95326	0.87016	0.74153	0.58420	0.42272	0.27926	0.16719	0.08978
	5	1.00000	0.99997	0.99853	0.98847	0.95615	0.88833	0.78052	0.64051	0.48585	0.33732	0.21198
	6	1.00000	1.00000	0.99982	0.99779	0.98839	0.96173	0.90672	0.81641	0.69245	0.54612	0.39526
	7	1.00000	1.00000	0.99998	0.99967	0.99760	0.98969	0.96853	0.92466	0.84986	0.74136	0.60474
	8	1.00000	1.00000	1.00000	0.99996	0.99962	0.99785	0.99171	0.97566	0.94168	0.88114	0.78802
	9	1.00000	1.00000	1.00000	1.00000	0.99995	0.99966	0.99833	0.99396	0.98249	0.95738	0.91022
	10	1.00000	1.00000	1.00000	1.00000	1.00000	0.99996	0.99975	0.99889	0.99609	0.98857	0.97131
	11	1.00000	1.00000	1.00000	1.00000	1.00000	1.00000	0.99997	0.99986	0.99939	0.99785	0.99353
	12	1.00000	1.00000	1.00000	1.00000	1.00000	1.00000	1.00000	0.99999	0.99994	0.99975	0.99908
	13	1.00000	1.00000	1.00000	1.00000	1.00000	1.00000	1.00000	1.00000	1.00000	0.99999	0.99994
	14	1.00000	1.00000	1.00000	1.00000	1.00000	1.00000	1.00000	1.00000	1.00000	1.00000	1.00000

누적이항분포-4

n	x	p = .01	.05	.10	.15	.20	.25	.30	.35	.40	.45	.50
15	0	0.86006	0.46329	0.20589	0.08735	0.03518	0.01336	0.00475	0.00156	0.00047	0.00013	0.00003
	1	0.99037	0.82905	0.54904	0.31859	0.16713	0.08018	0.03527	0.01418	0.00517	0.00169	0.00049
	2	0.99958	0.96380	0.81594	0.60423	0.39802	0.23609	0.12683	0.06173	0.02711	0.01065	0.00369
	3	0.99999	0.99453	0.94444	0.82266	0.64816	0.46129	0.29687	0.17270	0.09050	0.04242	0.01758
	4	1.00000	0.99939	0.98728	0.93829	0.83577	0.68649	0.51549	0.35194	0.21728	0.12040	0.05923
	5	1.00000	0.99995	0.99775	0.98319	0.93895	0.85163	0.72162	0.56428	0.40322	0.26076	0.15088
	6	1.00000	1.00000	0.99969	0.99639	0.98194	0.94338	0.86886	0.75484	0.60981	0.45216	0.30362
	7	1.00000	1.00000	0.99997	0.99939	0.99576	0.98270	0.94999	0.88677	0.78690	0.65350	0.50000
	8	1.00000	1.00000	1.00000	0.99992	0.99922	0.99581	0.98476	0.95781	0.90495	0.81824	0.69638
	9	1.00000	1.00000	1.00000	0.99999	0.99989	0.99921	0.99635	0.98756	0.96617	0.92307	0.84912
	10	1.00000	1.00000	1.00000	1.00000	0.99999	0.99988	0.99933	0.99717	0.99065	0.97453	0.94077
	11	1.00000	1.00000	1.00000	1.00000	1.00000	0.99999	0.99991	0.99952	0.99807	0.99367	0.98242
	12	1.00000	1.00000	1.00000	1.00000	1.00000	1.00000	0.99999	0.99994	0.99972	0.99889	0.99631
	13	1.00000	1.00000	1.00000	1.00000	1.00000	1.00000	1.00000	1.00000	0.99997	0.99988	0.99951
	14	1.00000	1.00000	1.00000	1.00000	1.00000	1.00000	1.00000	1.00000	1.00000	0.99999	0.99997
	15	1.00000	1.00000	1.00000	1.00000	1.00000	1.00000	1.00000	1.00000	1.00000	1.00000	1.00000
20	0	0.81791	0.35849	0.12158	0.03876	0.01153	0.00317	0.00080	0.00018	0.00004	0.00001	0.00000
	1	0.98314	0.73584	0.39175	0.17556	0.06918	0.02431	0.00764	0.00213	0.00052	0.00011	0.00002
	2	0.99900	0.92452	0.67693	0.40490	0.20608	0.09126	0.03548	0.01212	0.00361	0.00093	0.00020
	3	0.99996	0.98410	0.86705	0.64773	0.41145	0.22516	0.10709	0.04438	0.01596	0.00493	0.00129
	4	1.00000	0.99743	0.95683	0.82985	0.62965	0.41484	0.23751	0.11820	0.05095	0.01886	0.00591
	5	1.00000	0.99967	0.98875	0.93269	0.80421	0.61717	0.41637	0.24540	0.12560	0.05533	0.02069
	6	1.00000	0.99997	0.99761	0.97806	0.91331	0.78578	0.60801	0.41663	0.25001	0.12993	0.05766
	7	1.00000	1.00000	0.99958	0.99408	0.96786	0.89819	0.77227	0.60103	0.41589	0.25201	0.13159
	8	1.00000	1.00000	0.99994	0.99867	0.99002	0.95907	0.88667	0.76238	0.59560	0.41431	0.25172
	9	1.00000	1.00000	0.99999	0.99975	0.99741	0.98614	0.95204	0.87822	0.75534	0.59136	0.41190
	10	1.00000	1.00000	1.00000	0.99996	0.99944	0.99606	0.98286	0.94683	0.87248	0.75071	0.58810
	11	1.00000	1.00000	1.00000	0.99999	0.99990	0.99906	0.99486	0.98042	0.94347	0.86923	0.74828
	12	1.00000	1.00000	1.00000	1.00000	0.99998	0.99982	0.99872	0.99398	0.97897	0.94197	0.86841
	13	1.00000	1.00000	1.00000	1.00000	1.00000	0.99997	0.99974	0.99848	0.99353	0.97859	0.94234
	14	1.00000	1.00000	1.00000	1.00000	1.00000	1.00000	0.99996	0.99969	0.99839	0.99357	0.97931
	15	1.00000	1.00000	1.00000	1.00000	1.00000	1.00000	0.99999	0.99995	0.99968	0.99847	0.99409
	16	1.00000	1.00000	1.00000	1.00000	1.00000	1.00000	1.00000	0.99999	0.99995	0.99972	0.99871
	17	1.00000	1.00000	1.00000	1.00000	1.00000	1.00000	1.00000	1.00000	0.99999	0.99996	0.99980
	18	1.00000	1.00000	1.00000	1.00000	1.00000	1.00000	1.00000	1.00000	1.00000	1.00000	0.99998
	19	1.00000	1.00000	1.00000	1.00000	1.00000	1.00000	1.00000	1.00000	1.00000	1.00000	1.00000
	20	1.00000	1.00000	1.00000	1.00000	1.00000	1.00000	1.00000	1.00000	1.00000	1.00000	1.00000

누적이항분포-5

						p						
n	x	.01	.05	.10	.15	.20	.25	.30	.35	.40	.45	.50
25	0	0.77782	0.27739	0.07179	0.01720	0.00378	0.00075	0.00013	0.00002	0.00000	0.00000	0.00000
	1	0.97424	0.64238	0.27121	0.09307	0.02739	0.00702	0.00157	0.00030	0.00005	0.00001	0.00000
	2	0.99805	0.87289	0.53709	0.25374	0.09823	0.03211	0.00896	0.00213	0.00043	0.00007	0.00001
	3	0.99989	0.96591	0.76359	0.47112	0.23399	0.09621	0.03324	0.00968	0.00237	0.00048	0.00008
	4	1.00000	0.99284	0.90201	0.68211	0.42067	0.21374	0.09047	0.03205	0.00947	0.00231	0.00046
	5	1.00000	0.99879	0.96660	0.83848	0.61669	0.37828	0.19349	0.08262	0.02936	0.00860	0.00204
	6	1.00000	0.99983	0.99052	0.93047	0.78004	0.56110	0.34065	0.17340	0.07357	0.02575	0.00732
	7	1.00000	0.99998	0.99774	0.97453	0.89088	0.72651	0.51185	0.30608	0.15355	0.06385	0.02164
	8	1.00000	1.00000	0.99954	0.99203	0.95323	0.85056	0.67693	0.46682	0.27353	0.13398	0.05388
	9	1.00000	1.00000	0.99992	0.99786	0.98267	0.92867	0.81056	0.63031	0.42462	0.24237	0.11476
	10	1.00000	1.00000	0.99999	0.99951	0.99445	0.97033	0.90220	0.77116	0.58577	0.38426	0.21218
	11	1.00000	1.00000	1.00000	0.99990	0.99846	0.98927	0.95575	0.87458	0.73228	0.54257	0.34502
	12	1.00000	1.00000	1.00000	0.99998	0.99963	0.99663	0.98253	0.93956	0.84623	0.69368	0.50000
	13	1.00000	1.00000	1.00000	1.00000	0.99992	0.99908	0.99401	0.97454	0.92220	0.81731	0.65498
	14	1.00000	1.00000	1.00000	1.00000	0.99999	0.99979	0.99822	0.99069	0.96561	0.90402	0.78782
	15	1.00000	1.00000	1.00000	1.00000	1.00000	0.99996	0.99955	0.99706	0.98683	0.95604	0.88524
	16	1.00000	1.00000	1.00000	1.00000	1.00000	0.99999	0.99990	0.99921	0.99567	0.98264	0.94612
	17	1.00000	1.00000	1.00000	1.00000	1.00000	1.00000	0.99998	0.99982	0.99879	0.99417	0.97836
	18	1.00000	1.00000	1.00000	1.00000	1.00000	1.00000	1.00000	0.99997	0.99972	0.99836	0.99268
	19	1.00000	1.00000	1.00000	1.00000	1.00000	1.00000	1.00000	0.99999	0.99995	0.99962	0.99796
	20	1.00000	1.00000	1.00000	1.00000	1.00000	1.00000	1.00000	1.00000	0.99999	0.99993	0.99954
	21	1.00000	1.00000	1.00000	1.00000	1.00000	1.00000	1.00000	1.00000	1.00000	0.99999	0.99992
	22	1.00000	1.00000	1.00000	1.00000	1.00000	1.00000	1.00000	1.00000	1.00000	1.00000	0.99999
	23	1.00000	1.00000	1.00000	1.00000	1.00000	1.00000	1.00000	1.00000	1.00000	1.00000	1.00000
	24	1.00000	1.00000	1.00000	1.00000	1.00000	1.00000	1.00000	1.00000	1.00000	1.00000	1.00000
	25	1.00000	1.00000	1.00000	1.00000	1.00000	1.00000	1.00000	1.00000	1.00000	1.00000	1.00000
50	0	0.60501	0.07694	0.00515	0.00030	0.00001	0.00000	0.00000	0.00000	0.00000	0.00000	0.00000
	1	0.91056	0.27943	0.03379	0.00291	0.00019	0.00001	0.00000	0.00000	0.00000	0.00000	0.00000
	2	0.98618	0.54053	0.11173	0.01419	0.00129	0.00009	0.00000	0.00000	0.00000	0.00000	0.00000
	3	0.99840	0.76041	0.25029	0.04605	0.00566	0.00050	0.00003	0.00000	0.00000	0.00000	0.00000
	4	0.99985	0.89638	0.43120	0.11211	0.01850	0.00211	0.00017	0.00001	0.00000	0.00000	0.00000
	5	0.99999	0.96222	0.61612	0.21935	0.04803	0.00705	0.00072	0.00005	0.00000	0.00000	0.00000
	6	1.00000	0.98821	0.77023	0.36130	0.10340	0.01939	0.00249	0.00022	0.00001	0.00000	0.00000
	7	1.00000	0.99681	0.87785	0.51875	0.19041	0.04526	0.00726	0.00080	0.00006	0.00000	0.00000
	8	1.00000	0.99924	0.94213	0.66810	0.30733	0.09160	0.01825	0.00248	0.00023	0.00001	0.00000
	9	1.00000	0.99984	0.97546	0.79109	0.44374	0.16368	0.04023	0.00670	0.00076	0.00006	0.00000
	10	1.00000	0.99997	0.99065	0.88008	0.58356	0.26220	0.07885	0.01601	0.00220	0.00020	0.00001
	11	1.00000	1.00000	0.99678	0.93719	0.71067	0.38162	0.13904	0.03423	0.00569	0.00063	0.00005
	12	1.00000	1.00000	0.99900	0.96994	0.81394	0.51099	0.22287	0.06613	0.01325	0.00177	0.00015
	13	1.00000	1.00000	0.99971	0.98683	0.88941	0.63704	0.32788	0.11633	0.02799	0.00449	0.00047
	14	1.00000	1.00000	0.99993	0.99471	0.93928	0.74808	0.44683	0.18778	0.05395	0.01038	0.00130
	15	1.00000	1.00000	0.99998	0.99805	0.96920	0.83692	0.56918	0.28010	0.09550	0.02195	0.00330
	16	1.00000	1.00000	1.00000	0.99934	0.98556	0.90169	0.68388	0.38886	0.15609	0.04265	0.00767
	17	1.00000	1.00000	1.00000	0.99979	0.99374	0.94488	0.78219	0.50597	0.23688	0.07653	0.01642
	18	1.00000	1.00000	1.00000	0.99994	0.99749	0.97127	0.85944	0.62159	0.33561	0.12734	0.03245
	19	1.00000	1.00000	1.00000	0.99998	0.99907	0.98608	0.91520	0.72644	0.44648	0.19737	0.05946
	20	1.00000	1.00000	1.00000	1.00000	0.99968	0.99374	0.95224	0.81394	0.56103	0.28617	0.10132

누적이항분포-6

n	x	p .01	.05	.10	.15	.20	.25	.30	.35	.40	.45	.50
50	21	1.00000	1.00000	1.00000	1.00000	0.99990	0.99738	0.97491	0.88126	0.67014	0.38996	0.16112
ctd	22	1.00000	1.00000	1.00000	1.00000	0.99997	0.99898	0.98772	0.92904	0.76602	0.50191	0.23994
	23	1.00000	1.00000	1.00000	1.00000	0.99999	0.99963	0.99441	0.96036	0.84383	0.61341	0.33591
	24	1.00000	1.00000	1.00000	1.00000	1.00000	0.99988	0.99763	0.97933	0.90219	0.71604	0.44386
	25	1.00000	1.00000	1.00000	1.00000	1.00000	0.99996	0.99907	0.98996	0.94266	0.80337	0.55614
	26	1.00000	1.00000	1.00000	1.00000	1.00000	0.99999	0.99966	0.99546	0.96859	0.87207	0.66409
	27	1.00000	1.00000	1.00000	1.00000	1.00000	1.00000	0.99988	0.99809	0.98397	0.92204	0.76006
	28	1.00000	1.00000	1.00000	1.00000	1.00000	1.00000	0.99996	0.99925	0.99238	0.95562	0.83888
	29	1.00000	1.00000	1.00000	1.00000	1.00000	1.00000	0.99999	0.99973	0.99664	0.97646	0.89868
	30	1.00000	1.00000	1.00000	1.00000	1.00000	1.00000	1.00000	0.99991	0.99863	0.98840	0.94054
	31	1.00000	1.00000	1.00000	1.00000	1.00000	1.00000	1.00000	0.99997	0.99948	0.99470	0.96755
	32	1.00000	1.00000	1.00000	1.00000	1.00000	1.00000	1.00000	0.99999	0.99982	0.99776	0.98358
	33	1.00000	1.00000	1.00000	1.00000	1.00000	1.00000	1.00000	1.00000	0.99994	0.99913	0.99233
	34	1.00000	1.00000	1.00000	1.00000	1.00000	1.00000	1.00000	1.00000	0.99998	0.99969	0.99670
	35	1.00000	1.00000	1.00000	1.00000	1.00000	1.00000	1.00000	1.00000	1.00000	0.99990	0.99870
	36	1.00000	1.00000	1.00000	1.00000	1.00000	1.00000	1.00000	1.00000	1.00000	0.99997	0.99953
	37	1.00000	1.00000	1.00000	1.00000	1.00000	1.00000	1.00000	1.00000	1.00000	0.99999	0.99985
	38	1.00000	1.00000	1.00000	1.00000	1.00000	1.00000	1.00000	1.00000	1.00000	1.00000	0.99995
	39	1.00000	1.00000	1.00000	1.00000	1.00000	1.00000	1.00000	1.00000	1.00000	1.00000	0.99999
	40	1.00000	1.00000	1.00000	1.00000	1.00000	1.00000	1.00000	1.00000	1.00000	1.00000	1.00000
	41	1.00000	1.00000	1.00000	1.00000	1.00000	1.00000	1.00000	1.00000	1.00000	1.00000	1.00000
	42	1.00000	1.00000	1.00000	1.00000	1.00000	1.00000	1.00000	1.00000	1.00000	1.00000	1.00000
	43	1.00000	1.00000	1.00000	1.00000	1.00000	1.00000	1.00000	1.00000	1.00000	1.00000	1.00000
	44	1.00000	1.00000	1.00000	1.00000	1.00000	1.00000	1.00000	1.00000	1.00000	1.00000	1.00000
	45	1.00000	1.00000	1.00000	1.00000	1.00000	1.00000	1.00000	1.00000	1.00000	1.00000	1.00000
	46	1.00000	1.00000	1.00000	1.00000	1.00000	1.00000	1.00000	1.00000	1.00000	1.00000	1.00000
	47	1.00000	1.00000	1.00000	1.00000	1.00000	1.00000	1.00000	1.00000	1.00000	1.00000	1.00000
	48	1.00000	1.00000	1.00000	1.00000	1.00000	1.00000	1.00000	1.00000	1.00000	1.00000	1.00000
	49	1.00000	1.00000	1.00000	1.00000	1.00000	1.00000	1.00000	1.00000	1.00000	1.00000	1.00000
	50	1.00000	1.00000	1.00000	1.00000	1.00000	1.00000	1.00000	1.00000	1.00000	1.00000	1.00000
100	0	0.36603	0.00592	0.00003	0.00000	0.00000	0.00000	0.00000	0.00000	0.00000	0.00000	0.00000
	1	0.73576	0.03708	0.00032	0.00000	0.00000	0.00000	0.00000	0.00000	0.00000	0.00000	0.00000
	2	0.92063	0.11826	0.00194	0.00002	0.00000	0.00000	0.00000	0.00000	0.00000	0.00000	0.00000
	3	0.98163	0.25784	0.00784	0.00009	0.00000	0.00000	0.00000	0.00000	0.00000	0.00000	0.00000
	4	0.99657	0.43598	0.02371	0.00043	0.00000	0.00000	0.00000	0.00000	0.00000	0.00000	0.00000
	5	0.99947	0.61600	0.05758	0.00155	0.00002	0.00000	0.00000	0.00000	0.00000	0.00000	0.00000
	6	0.99993	0.76601	0.11716	0.00470	0.00008	0.00000	0.00000	0.00000	0.00000	0.00000	0.00000
	7	0.99999	0.87204	0.20605	0.01217	0.00028	0.00000	0.00000	0.00000	0.00000	0.00000	0.00000
	8	1.00000	0.93691	0.32087	0.02748	0.00086	0.00001	0.00000	0.00000	0.00000	0.00000	0.00000
	9	1.00000	0.97181	0.45129	0.05509	0.00233	0.00004	0.00000	0.00000	0.00000	0.00000	0.00000
	10	1.00000	0.98853	0.58316	0.09945	0.00570	0.00014	0.00000	0.00000	0.00000	0.00000	0.00000
	11	1.00000	0.99573	0.70303	0.16349	0.01257	0.00039	0.00001	0.00000	0.00000	0.00000	0.00000
	12	1.00000	0.99854	0.80182	0.24730	0.02533	0.00103	0.00002	0.00000	0.00000	0.00000	0.00000
	13	1.00000	0.99954	0.87612	0.34742	0.04691	0.00246	0.00006	0.00000	0.00000	0.00000	0.00000
	14	1.00000	0.99986	0.92743	0.45722	0.08044	0.00542	0.00016	0.00000	0.00000	0.00000	0.00000
	15	1.00000	0.99996	0.96011	0.56832	0.12851	0.01108	0.00040	0.00001	0.00000	0.00000	0.00000

누적이항분포-7

n	x	p .01	.05	.10	.15	.20	.25	.30	.35	.40	.45	.50
100	16	1.00000	0.99999	0.97940	0.67246	0.19234	0.02111	0.00097	0.00002	0.00000	0.00000	0.00000
ctd	17	1.00000	1.00000	0.98999	0.76328	0.27119	0.03763	0.00216	0.00005	0.00000	0.00000	0.00000
	18	1.00000	1.00000	0.99542	0.83717	0.36209	0.06301	0.00452	0.00014	0.00000	0.00000	0.00000
	19	1.00000	1.00000	0.99802	0.89346	0.46016	0.09953	0.00889	0.00034	0.00001	0.00000	0.00000
	20	1.00000	1.00000	0.99919	0.93368	0.55946	0.14883	0.01646	0.00078	0.00002	0.00000	0.00000
	21	1.00000	1.00000	0.99969	0.96072	0.65403	0.21144	0.02883	0.00169	0.00004	0.00000	0.00000
	22	1.00000	1.00000	0.99989	0.97786	0.73893	0.28637	0.04787	0.00343	0.00011	0.00000	0.00000
	23	1.00000	1.00000	0.99996	0.98811	0.81091	0.37108	0.07553	0.00662	0.00025	0.00000	0.00000
	24	1.00000	1.00000	0.99999	0.99392	0.86865	0.46167	0.11357	0.01213	0.00056	0.00001	0.00000
	25	1.00000	1.00000	1.00000	0.99703	0.91252	0.55347	0.16313	0.02114	0.00119	0.00003	0.00000
	26	1.00000	1.00000	1.00000	0.99862	0.94417	0.64174	0.22440	0.03514	0.00240	0.00007	0.00000
	27	1.00000	1.00000	1.00000	0.99939	0.96585	0.72238	0.29637	0.05581	0.00460	0.00016	0.00000
	28	1.00000	1.00000	1.00000	0.99974	0.97998	0.79246	0.37678	0.08482	0.00843	0.00036	0.00001
	29	1.00000	1.00000	1.00000	0.99989	0.98875	0.85046	0.46234	0.12360	0.01478	0.00076	0.00002
	30	1.00000	1.00000	1.00000	0.99996	0.99394	0.89621	0.54912	0.17302	0.02478	0.00154	0.00004
	31	1.00000	1.00000	1.00000	0.99998	0.99687	0.93065	0.63311	0.23311	0.03985	0.00297	0.00009
	32	1.00000	1.00000	1.00000	0.99999	0.99845	0.95540	0.71072	0.30288	0.06150	0.00550	0.00020
	33	1.00000	1.00000	1.00000	1.00000	0.99926	0.97241	0.77926	0.38029	0.09125	0.00976	0.00044
	34	1.00000	1.00000	1.00000	1.00000	0.99966	0.98357	0.83714	0.46243	0.13034	0.01663	0.00089
	35	1.00000	1.00000	1.00000	1.00000	0.99985	0.99059	0.88392	0.54584	0.17947	0.02724	0.00176
	36	1.00000	1.00000	1.00000	1.00000	0.99994	0.99482	0.92012	0.62692	0.23861	0.04290	0.00332
	37	1.00000	1.00000	1.00000	1.00000	0.99998	0.99725	0.94695	0.70245	0.30681	0.06507	0.00602
	38	1.00000	1.00000	1.00000	1.00000	0.99999	0.99860	0.96602	0.76987	0.38219	0.09514	0.01049
	39	1.00000	1.00000	1.00000	1.00000	1.00000	0.99931	0.97901	0.82758	0.46208	0.13425	0.01760
	40	1.00000	1.00000	1.00000	1.00000	1.00000	0.99968	0.98750	0.87498	0.54329	0.18306	0.02844
	41	1.00000	1.00000	1.00000	1.00000	1.00000	0.99985	0.99283	0.91232	0.62253	0.24149	0.04431
	42	1.00000	1.00000	1.00000	1.00000	1.00000	0.99994	0.99603	0.94057	0.69674	0.30865	0.06661
	43	1.00000	1.00000	1.00000	1.00000	1.00000	0.99997	0.99789	0.96109	0.76347	0.38277	0.09667
	44	1.00000	1.00000	1.00000	1.00000	1.00000	0.99999	0.99891	0.97540	0.82110	0.46133	0.13563
	45	1.00000	1.00000	1.00000	1.00000	1.00000	1.00000	0.99946	0.98499	0.86891	0.54132	0.18410
	46	1.00000	1.00000	1.00000	1.00000	1.00000	1.00000	0.99974	0.99116	0.90702	0.61956	0.24206
	47	1.00000	1.00000	1.00000	1.00000	1.00000	1.00000	0.99988	0.99498	0.93621	0.69312	0.30865
	48	1.00000	1.00000	1.00000	1.00000	1.00000	1.00000	0.99995	0.99725	0.95770	0.75957	0.38218
	49	1.00000	1.00000	1.00000	1.00000	1.00000	1.00000	0.99998	0.99855	0.97290	0.81727	0.46020
	50	1.00000	1.00000	1.00000	1.00000	1.00000	1.00000	0.99999	0.99926	0.98324	0.86542	0.53979
	51	1.00000	1.00000	1.00000	1.00000	1.00000	1.00000	1.00000	0.99964	0.98999	0.90405	0.61782
	52	1.00000	1.00000	1.00000	1.00000	1.00000	1.00000	1.00000	0.99983	0.99424	0.93383	0.69135
	53	1.00000	1.00000	1.00000	1.00000	1.00000	1.00000	1.00000	0.99992	0.99680	0.95589	0.75794
	54	1.00000	1.00000	1.00000	1.00000	1.00000	1.00000	1.00000	0.99997	0.99829	0.97161	0.81590
	55	1.00000	1.00000	1.00000	1.00000	1.00000	1.00000	1.00000	0.99999	0.99912	0.98236	0.86437
	56	1.00000	1.00000	1.00000	1.00000	1.00000	1.00000	1.00000	0.99999	0.99956	0.98943	0.90333
	57	1.00000	1.00000	1.00000	1.00000	1.00000	1.00000	1.00000	1.00000	0.99979	0.99389	0.93339
	58	1.00000	1.00000	1.00000	1.00000	1.00000	1.00000	1.00000	1.00000	0.99990	0.99660	0.95569
	59	1.00000	1.00000	1.00000	1.00000	1.00000	1.00000	1.00000	1.00000	0.99996	0.99818	0.97156
	60	1.00000	1.00000	1.00000	1.00000	1.00000	1.00000	1.00000	1.00000	0.99998	0.99906	0.98240
	61	1.00000	1.00000	1.00000	1.00000	1.00000	1.00000	1.00000	1.00000	0.99999	0.99953	0.98951
	62	1.00000	1.00000	1.00000	1.00000	1.00000	1.00000	1.00000	1.00000	1.00000	0.99978	0.99398
	63	1.00000	1.00000	1.00000	1.00000	1.00000	1.00000	1.00000	1.00000	1.00000	0.99990	0.99668
	64	1.00000	1.00000	1.00000	1.00000	1.00000	1.00000	1.00000	1.00000	1.00000	0.99996	0.99824
	65	1.00000	1.00000	1.00000	1.00000	1.00000	1.00000	1.00000	1.00000	1.00000	0.99998	0.99911

누적이항분포-8

n	x	.01	.05	.10	.15	.20	p .25	.30	.35	.40	.45	.50
100	66	1.00000	1.00000	1.00000	1.00000	1.00000	1.00000	1.00000	1.00000	1.00000	0.99999	0.99956
ctd	67	1.00000	1.00000	1.00000	1.00000	1.00000	1.00000	1.00000	1.00000	1.00000	1.00000	0.99980
	68	1.00000	1.00000	1.00000	1.00000	1.00000	1.00000	1.00000	1.00000	1.00000	1.00000	0.99991
	69	1.00000	1.00000	1.00000	1.00000	1.00000	1.00000	1.00000	1.00000	1.00000	1.00000	0.99996
	70	1.00000	1.00000	1.00000	1.00000	1.00000	1.00000	1.00000	1.00000	1.00000	1.00000	0.99998
	71	1.00000	1.00000	1.00000	1.00000	1.00000	1.00000	1.00000	1.00000	1.00000	1.00000	0.99999
	72	1.00000	1.00000	1.00000	1.00000	1.00000	1.00000	1.00000	1.00000	1.00000	1.00000	1.00000
	73	1.00000	1.00000	1.00000	1.00000	1.00000	1.00000	1.00000	1.00000	1.00000	1.00000	1.00000
	74	1.00000	1.00000	1.00000	1.00000	1.00000	1.00000	1.00000	1.00000	1.00000	1.00000	1.00000
	75	1.00000	1.00000	1.00000	1.00000	1.00000	1.00000	1.00000	1.00000	1.00000	1.00000	1.00000
	76	1.00000	1.00000	1.00000	1.00000	1.00000	1.00000	1.00000	1.00000	1.00000	1.00000	1.00000
	77	1.00000	1.00000	1.00000	1.00000	1.00000	1.00000	1.00000	1.00000	1.00000	1.00000	1.00000
	78	1.00000	1.00000	1.00000	1.00000	1.00000	1.00000	1.00000	1.00000	1.00000	1.00000	1.00000
	79	1.00000	1.00000	1.00000	1.00000	1.00000	1.00000	1.00000	1.00000	1.00000	1.00000	1.00000
	80	1.00000	1.00000	1.00000	1.00000	1.00000	1.00000	1.00000	1.00000	1.00000	1.00000	1.00000
	81	1.00000	1.00000	1.00000	1.00000	1.00000	1.00000	1.00000	1.00000	1.00000	1.00000	1.00000
	82	1.00000	1.00000	1.00000	1.00000	1.00000	1.00000	1.00000	1.00000	1.00000	1.00000	1.00000
	83	1.00000	1.00000	1.00000	1.00000	1.00000	1.00000	1.00000	1.00000	1.00000	1.00000	1.00000
	84	1.00000	1.00000	1.00000	1.00000	1.00000	1.00000	1.00000	1.00000	1.00000	1.00000	1.00000
	85	1.00000	1.00000	1.00000	1.00000	1.00000	1.00000	1.00000	1.00000	1.00000	1.00000	1.00000
	86	1.00000	1.00000	1.00000	1.00000	1.00000	1.00000	1.00000	1.00000	1.00000	1.00000	1.00000
	87	1.00000	1.00000	1.00000	1.00000	1.00000	1.00000	1.00000	1.00000	1.00000	1.00000	1.00000
	88	1.00000	1.00000	1.00000	1.00000	1.00000	1.00000	1.00000	1.00000	1.00000	1.00000	1.00000
	89	1.00000	1.00000	1.00000	1.00000	1.00000	1.00000	1.00000	1.00000	1.00000	1.00000	1.00000
	90	1.00000	1.00000	1.00000	1.00000	1.00000	1.00000	1.00000	1.00000	1.00000	1.00000	1.00000
	91	1.00000	1.00000	1.00000	1.00000	1.00000	1.00000	1.00000	1.00000	1.00000	1.00000	1.00000
	92	1.00000	1.00000	1.00000	1.00000	1.00000	1.00000	1.00000	1.00000	1.00000	1.00000	1.00000
	93	1.00000	1.00000	1.00000	1.00000	1.00000	1.00000	1.00000	1.00000	1.00000	1.00000	1.00000
	94	1.00000	1.00000	1.00000	1.00000	1.00000	1.00000	1.00000	1.00000	1.00000	1.00000	1.00000
	95	1.00000	1.00000	1.00000	1.00000	1.00000	1.00000	1.00000	1.00000	1.00000	1.00000	1.00000
	96	1.00000	1.00000	1.00000	1.00000	1.00000	1.00000	1.00000	1.00000	1.00000	1.00000	1.00000
	97	1.00000	1.00000	1.00000	1.00000	1.00000	1.00000	1.00000	1.00000	1.00000	1.00000	1.00000
	98	1.00000	1.00000	1.00000	1.00000	1.00000	1.00000	1.00000	1.00000	1.00000	1.00000	1.00000
	99	1.00000	1.00000	1.00000	1.00000	1.00000	1.00000	1.00000	1.00000	1.00000	1.00000	1.00000
	100	1.00000	1.00000	1.00000	1.00000	1.00000	1.00000	1.00000	1.00000	1.00000	1.00000	1.00000

포아송분포표-1

$$P[X \le c] = \sum_{x=0}^{c} \frac{e^{-m} m^x}{x!}$$

x \ m	0.1	0.2	0.3	0.4	0.5	0.6	0.7	0.8	0.9	1.0
0	0.9048	0.8187	0.7408	0.6703	0.6065	0.5488	0.4966	0.4493	0.4066	0.3679
1	0.9953	0.9825	0.9631	0.9384	0.9098	0.8781	0.8442	0.8088	0.7725	0.7358
2	0.9998	0.9989	0.9964	0.9921	0.9856	0.9769	0.9659	0.9526	0.9371	0.9197
3	1.0000	0.9999	0.9997	0.9992	0.9982	0.9966	0.9942	0.9909	0.9865	0.9810
4	1.0000	1.0000	1.0000	0.9999	0.9998	0.9996	0.9992	0.9986	0.9977	0.9963
5	1.0000	1.0000	1.0000	1.0000	1.0000	1.0000	0.9999	0.9998	0.9997	0.9994
6	1.0000	1.0000	1.0000	1.0000	1.0000	1.0000	1.0000	1.0000	1.0000	0.9999
7	1.0000	1.0000	1.0000	1.0000	1.0000	1.0000	1.0000	1.0000	1.0000	1.0000

x \ m	1.1	1.2	1.3	1.4	1.5	1.6	1.7	1.8	1.9	2.0
0	0.3329	0.3012	0.2725	0.2466	0.2231	0.2019	0.1827	0.1653	0.1496	0.1353
1	0.6990	0.6626	0.6268	0.5918	0.5578	0.5249	0.4932	0.4628	0.4337	0.4060
2	0.9004	0.8795	0.8571	0.8335	0.8088	0.7834	0.7572	0.7306	0.7037	0.6767
3	0.9743	0.9662	0.9569	0.9463	0.9344	0.9212	0.9068	0.8913	0.8747	0.8571
4	0.9946	0.9923	0.9893	0.9857	0.9814	0.9763	0.9704	0.9636	0.9559	0.9473
5	0.9990	0.9985	0.9978	0.9968	0.9955	0.9940	0.9920	0.9896	0.9868	0.9834
6	0.9999	0.9997	0.9996	0.9994	0.9991	0.9987	0.9981	0.9974	0.9966	0.9955
7	1.0000	1.0000	0.9999	0.9999	0.9998	0.9997	0.9996	0.9994	0.9992	0.9989
8	1.0000	1.0000	1.0000	1.0000	1.0000	1.0000	0.9999	0.9999	0.9998	0.9998
9	1.0000	1.0000	1.0000	1.0000	1.0000	1.0000	1.0000	1.0000	1.0000	1.0000

x \ m	2.1	2.2	2.3	2.4	2.5	2.6	2.7	2.8	2.9	3.0
0	0.1225	0.1108	0.1003	0.0907	0.0821	0.0743	0.0672	0.0608	0.0550	0.0498
1	0.3796	0.3546	0.3309	0.3084	0.2873	0.2674	0.2487	0.2311	0.2146	0.1991
2	0.6496	0.6227	0.5960	0.5697	0.5438	0.5184	0.4936	0.4695	0.4460	0.4232
3	0.8386	0.8194	0.7993	0.7787	0.7576	0.7360	0.7141	0.6919	0.6696	0.6472
4	0.9379	0.9275	0.9162	0.9041	0.8912	0.8774	0.8629	0.8477	0.8318	0.8153
5	0.9796	0.9751	0.9700	0.9643	0.9580	0.9510	0.9433	0.9349	0.9258	0.9161
6	0.9941	0.9925	0.9906	0.9884	0.9858	0.9828	0.9794	0.9756	0.9713	0.9665
7	0.9985	0.9980	0.9974	0.9967	0.9958	0.9947	0.9934	0.9919	0.9901	0.9881
8	0.9997	0.9995	0.9994	0.9991	0.9989	0.9985	0.9981	0.9976	0.9969	0.9962
9	0.9999	0.9999	0.9999	0.9998	0.9997	0.9996	0.9995	0.9993	0.9991	0.9989
10	1.0000	1.0000	1.0000	1.0000	0.9999	0.9999	0.9999	0.9998	0.9998	0.9997
11	1.0000	1.0000	1.0000	1.0000	1.0000	1.0000	1.0000	1.0000	0.9999	0.9999
12	1.0000	1.0000	1.0000	1.0000	1.0000	1.0000	1.0000	1.0000	1.0000	1.0000

포아송분포표-2

x \ m	3.1	3.2	3.3	3.4	3.5	3.6	3.7	3.8	3.9	4.0
0	0.0450	0.0408	0.0369	0.0334	0.0302	0.0273	0.0247	0.0224	0.0202	0.0183
1	0.1847	0.1712	0.1586	0.1468	0.1359	0.1257	0.1162	0.1074	0.0992	0.0916
2	0.4012	0.3799	0.3594	0.3397	0.3208	0.3027	0.2854	0.2689	0.2531	0.2381
3	0.6248	0.6025	0.5803	0.5584	0.5366	0.5152	0.4942	0.4735	0.4532	0.4335
4	0.7982	0.7806	0.7626	0.7442	0.7254	0.7064	0.6872	0.6678	0.6484	0.6288
5	0.9057	0.8946	0.8829	0.8705	0.8576	0.8441	0.8301	0.8156	0.8006	0.7851
6	0.9612	0.9554	0.9490	0.9421	0.9347	0.9267	0.9182	0.9091	0.8995	0.8893
7	0.9858	0.9832	0.9802	0.9769	0.9733	0.9692	0.9648	0.9599	0.9546	0.9489
8	0.9953	0.9943	0.9931	0.9917	0.9901	0.9883	0.9863	0.9840	0.9815	0.9786
9	0.9986	0.9982	0.9978	0.9973	0.9967	0.9960	0.9952	0.9942	0.9931	0.9919
10	0.9996	0.9995	0.9994	0.9992	0.9990	0.9987	0.9984	0.9981	0.9977	0.9972
11	0.9999	0.9999	0.9998	0.9998	0.9997	0.9996	0.9995	0.9994	0.9993	0.9991
12	1.0000	1.0000	1.0000	0.9999	0.9999	0.9999	0.9999	0.9998	0.9998	0.9997
13	1.0000	1.0000	1.0000	1.0000	1.0000	1.0000	1.0000	1.0000	0.9999	0.9999
14	1.0000	1.0000	1.0000	1.0000	1.0000	1.0000	1.0000	1.0000	1.0000	1.0000

x \ m	4.1	4.2	4.3	4.4	4.5	4.6	4.7	4.8	4.9	5.0
0	0.0166	0.0150	0.0136	0.0123	0.0111	0.0101	0.0091	0.0082	0.0074	0.0067
1	0.0845	0.0780	0.0719	0.0663	0.0611	0.0563	0.0518	0.0477	0.0439	0.0404
2	0.2238	0.2102	0.1974	0.1851	0.1736	0.1626	0.1523	0.1425	0.1333	0.1247
3	0.4142	0.3954	0.3772	0.3594	0.3423	0.3257	0.3097	0.2942	0.2793	0.2650
4	0.6093	0.5898	0.5704	0.5512	0.5321	0.5132	0.4946	0.4763	0.4582	0.4405
5	0.7693	0.7531	0.7367	0.7199	0.7029	0.6858	0.6684	0.6510	0.6335	0.6160
6	0.8786	0.8675	0.8558	0.8436	0.8311	0.8180	0.8046	0.7908	0.7767	0.7622
7	0.9427	0.9361	0.9290	0.9214	0.9134	0.9049	0.8960	0.8867	0.8769	0.8666
8	0.9755	0.9721	0.9683	0.9642	0.9597	0.9549	0.9497	0.9442	0.9382	0.9319
9	0.9905	0.9889	0.9871	0.9851	0.9829	0.9805	0.9778	0.9749	0.9717	0.9682
10	0.9966	0.9959	0.9952	0.9943	0.9933	0.9922	0.9910	0.9896	0.9880	0.9863
11	0.9989	0.9986	0.9983	0.9980	0.9976	0.9971	0.9966	0.9960	0.9953	0.9945
12	0.9997	0.9996	0.9995	0.9993	0.9992	0.9990	0.9988	0.9986	0.9983	0.9980
13	0.9999	0.9999	0.9998	0.9998	0.9997	0.9997	0.9996	0.9995	0.9994	0.9993
14	1.0000	1.0000	1.0000	0.9999	0.9999	0.9999	0.9999	0.9999	0.9998	0.9998
15	1.0000	1.0000	1.0000	1.0000	1.0000	1.0000	1.0000	1.0000	0.9999	0.9999

포아송분포표-3

x \ m	5.1	5.2	5.3	5.4	5.5	5.6	5.7	5.8	5.9	6.0
0	0.0061	0.0055	0.0050	0.0045	0.0041	0.0037	0.0033	0.0030	0.0027	0.0025
1	0.0372	0.0342	0.0314	0.0289	0.0266	0.0244	0.0224	0.0206	0.0189	0.0174
2	0.1165	0.1088	0.1016	0.0948	0.0884	0.0824	0.0768	0.0715	0.0666	0.0620
3	0.2513	0.2381	0.2254	0.2133	0.2017	0.1906	0.1800	0.1700	0.1604	0.1512
4	0.4231	0.4061	0.3895	0.3733	0.3575	0.3422	0.3272	0.3127	0.2987	0.2851
5	0.5984	0.5809	0.5635	0.5461	0.5289	0.5119	0.4950	0.4783	0.4619	0.4457
6	0.7474	0.7324	0.7171	0.7017	0.6860	0.6703	0.6544	0.6384	0.6224	0.6063
7	0.8560	0.8449	0.8335	0.8217	0.8095	0.7970	0.7841	0.7710	0.7576	0.7440
8	0.9252	0.9181	0.9106	0.9027	0.8944	0.8857	0.8766	0.8672	0.8574	0.8472
9	0.9644	0.9603	0.9559	0.9512	0.9462	0.9409	0.9352	0.9292	0.9228	0.9161
10	0.9844	0.9823	0.9800	0.9775	0.9747	0.9718	0.9686	0.9651	0.9614	0.9574
11	0.9937	0.9927	0.9916	0.9904	0.9890	0.9875	0.9859	0.9841	0.9821	0.9799
12	0.9976	0.9972	0.9967	0.9962	0.9955	0.9949	0.9941	0.9932	0.9922	0.9912
13	0.9992	0.9990	0.9988	0.9986	0.9983	0.9980	0.9977	0.9973	0.9969	0.9964
14	0.9997	0.9997	0.9996	0.9995	0.9994	0.9993	0.9991	0.9990	0.9988	0.9986
15	0.9999	0.9999	0.9999	0.9998	0.9998	0.9998	0.9997	0.9996	0.9996	0.9995
16	1.0000	1.0000	1.0000	0.9999	0.9999	0.9999	0.9999	0.9999	0.9999	0.9998
17	1.0000	1.0000	1.0000	1.0000	1.0000	1.0000	1.0000	1.0000	1.0000	0.9999

x \ m	6.1	6.2	6.3	6.4	6.5	6.6	6.7	6.8	6.9	7.0
0	0.0022	0.0020	0.0018	0.0017	0.0015	0.0014	0.0012	0.0011	0.0010	0.0009
1	0.0159	0.0146	0.0134	0.0123	0.0113	0.0103	0.0095	0.0087	0.0080	0.0073
2	0.0577	0.0536	0.0498	0.0463	0.0430	0.0400	0.0371	0.0344	0.0320	0.0296
3	0.1425	0.1342	0.1264	0.1189	0.1118	0.1052	0.0988	0.0928	0.0871	0.0818
4	0.2719	0.2592	0.2469	0.2351	0.2237	0.2127	0.2022	0.1920	0.1823	0.1730
5	0.4298	0.4141	0.3988	0.3837	0.3690	0.3547	0.3406	0.3270	0.3137	0.3007
6	0.5902	0.5742	0.5582	0.5423	0.5265	0.5108	0.4953	0.4799	0.4647	0.4497
7	0.7301	0.7160	0.7017	0.6873	0.6728	0.6581	0.6433	0.6285	0.6136	0.5987
8	0.8367	0.8259	0.8148	0.8033	0.7916	0.7796	0.7673	0.7548	0.7420	0.7291
9	0.9090	0.9016	0.8939	0.8858	0.8774	0.8686	0.8596	0.8502	0.8405	0.8305
10	0.9531	0.9486	0.9437	0.9386	0.9332	0.9274	0.9214	0.9151	0.9084	0.9015
11	0.9776	0.9750	0.9723	0.9693	0.9661	0.9627	0.9591	0.9552	0.9510	0.9467
12	0.9900	0.9887	0.9873	0.9857	0.9840	0.9821	0.9801	0.9779	0.9755	0.9730
13	0.9958	0.9952	0.9945	0.9937	0.9929	0.9920	0.9909	0.9898	0.9885	0.9872
14	0.9984	0.9981	0.9978	0.9974	0.9970	0.9966	0.9961	0.9956	0.9950	0.9943
15	0.9994	0.9993	0.9992	0.9990	0.9988	0.9986	0.9984	0.9982	0.9979	0.9976
16	0.9998	0.9997	0.9997	0.9996	0.9996	0.9995	0.9994	0.9993	0.9992	0.9990
17	0.9999	0.9999	0.9999	0.9999	0.9998	0.9998	0.9998	0.9997	0.9997	0.9996
18	1.0000	1.0000	1.0000	1.0000	0.9999	0.9999	0.9999	0.9999	0.9999	0.9999
19	1.0000	1.0000	1.0000	1.0000	1.0000	1.0000	1.0000	1.0000	1.0000	1.0000

포아송분포표-4

x \ m	7.1	7.2	7.3	7.4	7.5	7.6	7.7	7.8	7.9	8.0
0	0.0008	0.0007	0.0007	0.0006	0.0006	0.0005	0.0005	0.0004	0.0004	0.0003
1	0.0067	0.0061	0.0056	0.0051	0.0047	0.0043	0.0039	0.0036	0.0033	0.0030
2	0.0275	0.0255	0.0236	0.0219	0.0203	0.0188	0.0174	0.0161	0.0149	0.0138
3	0.0767	0.0719	0.0674	0.0632	0.0591	0.0554	0.0518	0.0485	0.0453	0.0424
4	0.1641	0.1555	0.1473	0.1395	0.1321	0.1249	0.1181	0.1117	0.1055	0.0996
5	0.2881	0.2759	0.2640	0.2526	0.2414	0.2307	0.2203	0.2103	0.2006	0.1912
6	0.4349	0.4204	0.4060	0.3920	0.3782	0.3646	0.3514	0.3384	0.3257	0.3134
7	0.5838	0.5689	0.5541	0.5393	0.5246	0.5100	0.4956	0.4812	0.4670	0.4530
8	0.7160	0.7027	0.6892	0.6757	0.6620	0.6482	0.6343	0.6204	0.6065	0.5925
9	0.8202	0.8096	0.7988	0.7877	0.7764	0.7649	0.7531	0.7411	0.7290	0.7166
10	0.8942	0.8867	0.8788	0.8707	0.8622	0.8535	0.8445	0.8352	0.8257	0.8159
11	0.9420	0.9371	0.9319	0.9265	0.9208	0.9148	0.9085	0.9020	0.8952	0.8881
12	0.9703	0.9673	0.9642	0.9609	0.9573	0.9536	0.9496	0.9454	0.9409	0.9362
13	0.9857	0.9841	0.9824	0.9805	0.9784	0.9762	0.9739	0.9714	0.9687	0.9658
14	0.9935	0.9927	0.9918	0.9908	0.9897	0.9886	0.9873	0.9859	0.9844	0.9827
15	0.9972	0.9969	0.9964	0.9959	0.9954	0.9948	0.9941	0.9934	0.9926	0.9918
16	0.9989	0.9987	0.9985	0.9983	0.9980	0.9978	0.9974	0.9971	0.9967	0.9963
17	0.9996	0.9995	0.9994	0.9993	0.9992	0.9991	0.9989	0.9988	0.9986	0.9984
18	0.9998	0.9998	0.9998	0.9997	0.9997	0.9996	0.9996	0.9995	0.9994	0.9993
19	0.9999	0.9999	0.9999	0.9999	0.9999	0.9999	0.9998	0.9998	0.9998	0.9997
20	1.0000	1.0000	1.0000	1.0000	1.0000	1.0000	0.9999	0.9999	0.9999	0.9999
21	1.0000	1.0000	1.0000	1.0000	1.0000	1.0000	1.0000	1.0000	1.0000	1.0000

x \ m	8.1	8.2	8.3	8.4	8.5	8.6	8.7	8.8	8.9	9.0
0	0.0003	0.0003	0.0002	0.0002	0.0002	0.0002	0.0002	0.0002	0.0001	0.0001
1	0.0028	0.0025	0.0023	0.0021	0.0019	0.0018	0.0016	0.0015	0.0014	0.0012
2	0.0127	0.0118	0.0109	0.0100	0.0093	0.0086	0.0079	0.0073	0.0068	0.0062
3	0.0396	0.0370	0.0346	0.0323	0.0301	0.0281	0.0262	0.0244	0.0228	0.0212
4	0.0940	0.0887	0.0837	0.0789	0.0744	0.0701	0.0660	0.0621	0.0584	0.0550
5	0.1822	0.1736	0.1653	0.1573	0.1496	0.1422	0.1352	0.1284	0.1219	0.1157
6	0.3013	0.2896	0.2781	0.2670	0.2562	0.2457	0.2355	0.2256	0.2160	0.2068
7	0.4391	0.4254	0.4119	0.3987	0.3856	0.3728	0.3602	0.3478	0.3357	0.3239
8	0.5786	0.5647	0.5507	0.5369	0.5231	0.5094	0.4958	0.4823	0.4689	0.4557
9	0.7041	0.6915	0.6788	0.6659	0.6530	0.6400	0.6269	0.6137	0.6006	0.5874
10	0.8058	0.7955	0.7850	0.7743	0.7634	0.7522	0.7409	0.7294	0.7178	0.7060
11	0.8807	0.8731	0.8652	0.8571	0.8487	0.8400	0.8311	0.8220	0.8126	0.8030
12	0.9313	0.9261	0.9207	0.9150	0.9091	0.9029	0.8965	0.8898	0.8829	0.8758
13	0.9628	0.9595	0.9561	0.9524	0.9486	0.9445	0.9403	0.9358	0.9311	0.9261
14	0.9810	0.9791	0.9771	0.9749	0.9726	0.9701	0.9675	0.9647	0.9617	0.9585
15	0.9908	0.9898	0.9887	0.9875	0.9862	0.9848	0.9832	0.9816	0.9798	0.9780
16	0.9958	0.9953	0.9947	0.9941	0.9934	0.9926	0.9918	0.9909	0.9899	0.9889
17	0.9982	0.9979	0.9977	0.9973	0.9970	0.9966	0.9962	0.9957	0.9952	0.9947
18	0.9992	0.9991	0.9990	0.9989	0.9987	0.9985	0.9983	0.9981	0.9978	0.9976
19	0.9997	0.9997	0.9996	0.9995	0.9995	0.9994	0.9993	0.9992	0.9991	0.9989
20	0.9999	0.9999	0.9998	0.9998	0.9998	0.9998	0.9997	0.9997	0.9996	0.9996
21	1.0000	1.0000	0.9999	0.9999	0.9999	0.9999	0.9999	0.9999	0.9998	0.9998
22	1.0000	1.0000	1.0000	1.0000	1.0000	1.0000	1.0000	1.0000	0.9999	0.9999

포아송분포표-5

x \ m	9.1	9.2	9.3	9.4	9.5	9.6	9.7	9.8	9.9	10.0
0	0.0001	0.0001	0.0001	0.0001	0.0001	0.0001	0.0001	0.0001	0.0001	0.0000
1	0.0011	0.0010	0.0009	0.0009	0.0008	0.0007	0.0007	0.0006	0.0005	0.0005
2	0.0058	0.0053	0.0049	0.0045	0.0042	0.0038	0.0035	0.0033	0.0030	0.0028
3	0.0198	0.0184	0.0172	0.0160	0.0149	0.0138	0.0129	0.0120	0.0111	0.0103
4	0.0517	0.0486	0.0456	0.0429	0.0403	0.0378	0.0355	0.0333	0.0312	0.0293
5	0.1098	0.1041	0.0986	0.0935	0.0885	0.0838	0.0793	0.0750	0.0710	0.0671
6	0.1978	0.1892	0.1808	0.1727	0.1649	0.1574	0.1502	0.1433	0.1366	0.1301
7	0.3123	0.3010	0.2900	0.2792	0.2687	0.2584	0.2485	0.2388	0.2294	0.2202
8	0.4426	0.4296	0.4168	0.4042	0.3918	0.3796	0.3676	0.3558	0.3442	0.3328
9	0.5742	0.5611	0.5479	0.5349	0.5218	0.5089	0.4960	0.4832	0.4705	0.4579
10	0.6941	0.6820	0.6699	0.6576	0.6453	0.6329	0.6205	0.6080	0.5955	0.5830
11	0.7932	0.7832	0.7730	0.7626	0.7520	0.7412	0.7303	0.7193	0.7081	0.6968
12	0.8684	0.8607	0.8529	0.8448	0.8364	0.8279	0.8191	0.8101	0.8009	0.7916
13	0.9210	0.9156	0.9100	0.9042	0.8981	0.8919	0.8853	0.8786	0.8716	0.8645
14	0.9552	0.9517	0.9480	0.9441	0.9400	0.9357	0.9312	0.9265	0.9216	0.9165
15	0.9760	0.9738	0.9715	0.9691	0.9665	0.9638	0.9609	0.9579	0.9546	0.9513
16	0.9878	0.9865	0.9852	0.9838	0.9823	0.9806	0.9789	0.9770	0.9751	0.9730
17	0.9941	0.9934	0.9927	0.9919	0.9911	0.9902	0.9892	0.9881	0.9870	0.9857
18	0.9973	0.9969	0.9966	0.9962	0.9957	0.9952	0.9947	0.9941	0.9935	0.9928
19	0.9988	0.9986	0.9985	0.9983	0.9980	0.9978	0.9975	0.9972	0.9969	0.9965
20	0.9995	0.9994	0.9993	0.9992	0.9991	0.9990	0.9989	0.9987	0.9986	0.9984
21	0.9998	0.9998	0.9997	0.9997	0.9996	0.9996	0.9995	0.9995	0.9994	0.9993
22	0.9999	0.9999	0.9999	0.9999	0.9999	0.9998	0.9998	0.9998	0.9997	0.9997
23	1.0000	1.0000	1.0000	1.0000	0.9999	0.9999	0.9999	0.9999	0.9999	0.9999
24	1.0000	1.0000	1.0000	1.0000	1.0000	1.0000	1.0000	1.0000	1.0000	1.0000

포아송분포표-6

x \ m	11	12	13	14	15	16	17	18	19	20
0	0.0000	0.0000	0.0000	0.0000	0.0000	0.0000	0.0000	0.0000	0.0000	0.0000
1	0.0002	0.0001	0.0000	0.0000	0.0000	0.0000	0.0000	0.0000	0.0000	0.0000
2	0.0012	0.0005	0.0002	0.0001	0.0000	0.0000	0.0000	0.0000	0.0000	0.0000
3	0.0049	0.0023	0.0011	0.0005	0.0002	0.0001	0.0000	0.0000	0.0000	0.0000
4	0.0151	0.0076	0.0037	0.0018	0.0009	0.0004	0.0002	0.0001	0.0000	0.0000
5	0.0375	0.0203	0.0107	0.0055	0.0028	0.0014	0.0007	0.0003	0.0002	0.0001
6	0.0786	0.0458	0.0259	0.0142	0.0076	0.0040	0.0021	0.0010	0.0005	0.0003
7	0.1432	0.0895	0.0540	0.0316	0.0180	0.0100	0.0054	0.0029	0.0015	0.0008
8	0.2320	0.1550	0.0998	0.0621	0.0374	0.0220	0.0126	0.0071	0.0039	0.0021
9	0.3405	0.2424	0.1658	0.1094	0.0699	0.0433	0.0261	0.0154	0.0089	0.0050
10	0.4599	0.3472	0.2517	0.1757	0.1185	0.0774	0.0491	0.0304	0.0183	0.0108
11	0.5793	0.4616	0.3532	0.2600	0.1848	0.1270	0.0847	0.0549	0.0347	0.0214
12	0.6887	0.5760	0.4631	0.3585	0.2676	0.1931	0.1350	0.0917	0.0606	0.0390
13	0.7813	0.6815	0.5730	0.4644	0.3632	0.2745	0.2009	0.1426	0.0984	0.0661
14	0.8540	0.7720	0.6751	0.5704	0.4657	0.3675	0.2808	0.2081	0.1497	0.1049
15	0.9074	0.8444	0.7636	0.6694	0.5681	0.4667	0.3715	0.2867	0.2148	0.1565
16	0.9441	0.8987	0.8355	0.7559	0.6641	0.5660	0.4677	0.3751	0.2920	0.2211
17	0.9678	0.9370	0.8905	0.8272	0.7489	0.6593	0.5640	0.4686	0.3784	0.2970
18	0.9823	0.9626	0.9302	0.8826	0.8195	0.7423	0.6550	0.5622	0.4695	0.3814
19	0.9907	0.9787	0.9573	0.9235	0.8752	0.8122	0.7363	0.6509	0.5606	0.4703
20	0.9953	0.9884	0.9750	0.9521	0.9170	0.8682	0.8055	0.7307	0.6472	0.5591
21	0.9977	0.9939	0.9859	0.9712	0.9469	0.9108	0.8615	0.7991	0.7255	0.6437
22	0.9990	0.9970	0.9924	0.9833	0.9673	0.9418	0.9047	0.8551	0.7931	0.7206
23	0.9995	0.9985	0.9960	0.9907	0.9805	0.9633	0.9367	0.8989	0.8490	0.7875
24	0.9998	0.9993	0.9980	0.9950	0.9888	0.9777	0.9594	0.9317	0.8933	0.8432
25	0.9999	0.9997	0.9990	0.9974	0.9938	0.9869	0.9748	0.9554	0.9269	0.8878
26	1.0000	0.9999	0.9995	0.9987	0.9967	0.9925	0.9848	0.9718	0.9514	0.9221
27	1.0000	0.9999	0.9998	0.9994	0.9983	0.9959	0.9912	0.9827	0.9687	0.9475
28	1.0000	1.0000	0.9999	0.9997	0.9991	0.9978	0.9950	0.9897	0.9805	0.9657
29	1.0000	1.0000	1.0000	0.9999	0.9996	0.9989	0.9973	0.9941	0.9882	0.9782
30	1.0000	1.0000	1.0000	0.9999	0.9998	0.9994	0.9986	0.9967	0.9930	0.9865
31	1.0000	1.0000	1.0000	1.0000	0.9999	0.9997	0.9993	0.9982	0.9960	0.9919
32	1.0000	1.0000	1.0000	1.0000	1.0000	0.9999	0.9996	0.9990	0.9978	0.9953
33	1.0000	1.0000	1.0000	1.0000	1.0000	0.9999	0.9998	0.9995	0.9988	0.9973
34	1.0000	1.0000	1.0000	1.0000	1.0000	1.0000	0.9999	0.9998	0.9994	0.9985
35	1.0000	1.0000	1.0000	1.0000	1.0000	1.0000	1.0000	0.9999	0.9997	0.9992
36	1.0000	1.0000	1.0000	1.0000	1.0000	1.0000	1.0000	0.9999	0.9998	0.9996
37	1.0000	1.0000	1.0000	1.0000	1.0000	1.0000	1.0000	1.0000	0.9999	0.9998
38	1.0000	1.0000	1.0000	1.0000	1.0000	1.0000	1.0000	1.0000	1.0000	0.9999
39	1.0000	1.0000	1.0000	1.0000	1.0000	1.0000	1.0000	1.0000	1.0000	0.9999

표준정규확률표

$$\phi(z) = \frac{1}{\sqrt{2\pi}} \exp\left(-\frac{1}{2} \cdot z^2\right)$$

z	*=0	*=1	*=2	*=3	*=4	*=5	*=6	*=7	*=8	*=9
0.0*	.3989	.3989	.3989	.3988	.3986	.3984	.3982	.3980	.3977	.3973
0.1*	.3970	.3965	.3961	.3956	.3951	.3945	.3939	.3932	.3925	.3918
0.2*	.3910	.3902	.3894	.3885	.3876	.3867	.3857	.3847	.3836	.3825
0.3*	.3914	.3802	.3970	.3778	.3765	.3752	.3739	.3725	.3712	.3697
0.4*	.3683	.3668	.3653	.3637	.3605	.3605	.3589	.3572	.3555	.3538
0.5*	.3521	.3503	.3485	.3467	.3448	.3429	.3410	.3391	.3372	.3352
0.6*	.3332	.3312	.3292	.3271	.3251	.3230	.3209	.3187	.3166	.3144
0.7*	.3123	.3101	.3079	.3056	.3034	.3011	.2989	.2966	.2943	.2920
0.8*	.2879	.2874	.2850	.2827	.2803	.2780	.2756	.2732	.2709	.2685
0.9*	.2661	.2637	.2613	.2589	.2565	.2541	.2516	.2492	.2468	.2444
1.0*	.2420	.2396	.2371	.2347	.2323	.2299	.2275	.2251	.2227	.2203
1.1*	.2179	.2155	.2131	.2107	.2083	.2059	.2036	.2012	.1989	.1965
1.2*	.1942	.1919	.1895	.1872	.1849	.1826	.1804	.1781	.1753	.1736
1.3*	.1714	.1691	.1669	.1647	.1626	.1604	.1582	.1561	.1539	.1518
1.4*	.1497	.1476	.1456	.1435	.1415	.1394	.1374	.1354	.1334	.1315
1.5*	.1295	.1276	.1257	.1238	.1219	.1200	.1182	.1163	.1146	.1127
1.6*	.1109	.1092	.1074	.1057	.1040	.1023	.1006	.09893	.09728	.09566
1.7*	.09405	.09246	.09089	.08933	.08780	.08628	.08478	.08329	.08183	.08038
1.8*	.07895	.07754	.07614	.07477	.07341	.07206	.07074	.06943	.06814	.06687
1.9*	.06562	.06438	.06316	.06195	.06077	.05959	.05844	.05730	.05618	.05508
2.0*	.05399	.05292	.05186	.05082	.04980	.04879	.04780	.04682	.04586	.04491
2.1*	.04398	.04307	.04217	.04128	.04041	.03955	.03871	.03788	.03706	.03626
2.2*	.03547	.03470	.03394	.03319	.03246	.03174	.03103	.03034	.02965	.02898
2.3*	.02833	.02768	.02705	.02643	.02582	.02522	.02763	.02406	.02349	.02294
2.4*	.02239	.02186	.02134	.02083	.02033	.01984	.01936	.01888	.01842	.01797
2.5*	.01753	.01709	.01667	.01625	.01585	.01545	.01506	.01468	.01431	.01394
2.6*	.01358	.01323	.01289	.01256	.01223	.01191	.01160	.01130	.01100	.01071
2.7*	.01042	.01014	.09871	$.0^{2}9606$	$.0^{2}9347$	$.0^{2}9094$	$.0^{2}8846$	$.0^{2}8605$	$.0^{2}8370$	$.0^{2}8140$
2.8*	$.0^{2}7915$	$.0^{2}7697$	$.0^{2}7483$	$.0^{2}7274$	$.0^{2}7071$	$.0^{2}6873$	$.0^{2}6679$	$.0^{2}6491$	$.0^{2}6307$	$.0^{2}6127$
2.9*	$.0^{2}5953$	$.0^{2}5782$	$.0^{2}5616$	$.0^{2}5454$	$.0^{2}5296$	$.0^{2}5143$	$.0^{2}4993$	$.0^{2}4847$	$.0^{2}4705$	$.0^{2}4567$
3.0*	$.0^{2}4432$	$.0^{2}4301$	$.0^{2}4173$	$.0^{2}4049$	$.0^{2}3928$	$.0^{2}3810$	$.0^{2}3695$	$.0^{2}3854$	$.0^{2}3475$	$.0^{2}3370$
3.1*	$.0^{2}3267$	$.0^{2}3167$	$.0^{2}3070$	$.0^{2}2975$	$.0^{2}2884$	$.0^{2}2794$	$.0^{2}2707$	$.0^{2}2623$	$.0^{2}2541$	$.0^{2}2461$
3.2*	$.0^{2}2384$	$.0^{2}2309$	$.0^{2}2236$	$.0^{2}2165$	$.0^{2}2096$	$.0^{2}2029$	$.0^{2}1964$	$.0^{2}1901$	$.0^{2}1840$	$.0^{2}1780$
3.3*	$.0^{2}1723$	$.0^{2}1667$	$.0^{2}1612$	$.0^{2}1560$	$.0^{2}1508$	$.0^{2}1459$	$.0^{2}1411$	$.0^{2}1364$	$.0^{2}1319$	$.0^{2}1275$
3.4*	$.0^{2}1232$	$.0^{2}1191$	$.0^{2}1151$	$.0^{2}1112$	$.0^{2}1075$	$.0^{2}1038$	$.0^{2}1003$	$.0^{3}9689$	$.0^{3}9358$	$.0^{3}9037$
3.5*	$.0^{3}8727$	$.0^{3}8426$	$.0^{3}8135$	$.0^{3}7853$	$.0^{3}7581$	$.0^{3}7317$	$.0^{3}7061$	$.0^{3}6814$	$.0^{3}6575$	$.0^{3}6343$
3.6*	$.0^{3}6119$	$.0^{3}5902$	$.0^{3}5693$	$.0^{3}5490$	$.0^{3}5294$	$.0^{3}5105$	$.0^{3}4921$	$.0^{3}4744$	$.0^{3}4573$	$.0^{3}4408$
3.7*	$.0^{3}4248$	$.0^{3}4093$	$.0^{3}3944$	$.0^{3}3800$	$.0^{3}3661$	$.0^{3}3526$	$.0^{3}3396$	$.0^{3}3721$	$.0^{3}3149$	$.0^{3}3032$
3.8*	$.0^{3}2919$	$.0^{3}2810$	$.0^{3}2705$	$.0^{3}2604$	$.0^{3}2506$	$.0^{3}2411$	$.0^{3}2320$	$.0^{3}2232$	$.0^{3}2147$	$.0^{3}2065$
3.9*	$.0^{3}1987$	$.0^{3}1910$	$.0^{3}1837$	$.0^{3}1766$	$.0^{3}1698$	$.0^{3}1633$	$.0^{3}1569$	$.0^{3}1508$	$.0^{3}1449$	$.0^{3}1393$
4.0*	$.0^{3}1338$	$.0^{3}1286$	$.0^{3}1235$	$.0^{3}1186$	$.0^{3}1140$	$.0^{3}1094$	$.0^{3}1051$	$.0^{3}1009$	$.0^{4}9687$	$.0^{4}9299$
4.1*	$.0^{4}8926$	$.0^{4}8567$	$.0^{4}8222$	$.0^{4}7890$	$.0^{4}7570$	$.0^{4}7263$	$.0^{4}6967$	$.0^{4}6683$	$.0^{4}6410$	$.0^{4}6147$
4.2*	$.0^{4}5894$	$.0^{4}5652$	$.0^{4}5418$	$.0^{4}5194$	$.0^{4}4979$	$.0^{4}4772$	$.0^{4}4573$	$.0^{4}4382$	$.0^{4}4199$	$.0^{4}4023$
4.3*	$.0^{4}3854$	$.0^{4}3691$	$.0^{4}3535$	$.0^{4}3386$	$.0^{4}3242$	$.0^{4}3104$	$.0^{4}2972$	$.0^{4}2845$	$.0^{4}2723$	$.0^{4}2606$
4.4*	$.0^{4}2494$	$.0^{4}2387$	$.0^{4}2284$	$.0^{4}2185$	$.0^{4}2090$	$.0^{4}1999$	$.0^{4}1912$	$.0^{4}1829$	$.0^{4}1749$	$.0^{4}1672$
4.5*	$.0^{4}1598$	$.0^{4}1628$	$.0^{4}1461$	$.0^{4}1393$	$.0^{4}1334$	$.0^{4}1275$	$.0^{4}1218$	$.0^{4}1164$	$.0^{4}1112$	$.0^{4}1062$
4.6*	$.0^{4}1014$	$.0^{5}9684$	$.0^{5}9248$	$.0^{5}8850$	$.0^{5}8430$	$.0^{5}8047$	$.0^{5}7681$	$.0^{5}7331$	$.0^{5}6996$	$.0^{5}6676$
4.7*	.06370	$.0^{5}6077$	$.0^{5}5797$	$.0^{5}5530$	$.0^{5}5374$	$.0^{5}5030$	$.0^{5}4796$	$.0^{5}4573$	$.0^{5}4360$	$.0^{5}4156$
4.8*	.03961	$.0^{5}3775$	$.0^{5}3598$	$.0^{5}3428$	$.0^{5}3267$	$.0^{5}3112$	$.0^{5}2965$	$.0^{5}2824$	$.0^{5}2690$	$.0^{5}2561$
4.9*	.02439	$.0^{5}2322$	$.0^{5}2211$	$.0^{5}2105$	$.0^{5}2003$	$.0^{5}1907$	$.0^{5}1811$	$.0^{5}1727$	$.0^{5}1643$	$.0^{5}1563$

표준정규분포표

$$\Phi(z)=\int_{-\infty}^{z}\frac{1}{\sqrt{2\pi}}\cdot\exp\left(-\frac{1}{2}t^2\right)dt=\int_{-\infty}^{z}\phi(t)dt=\Phi\left(\frac{t-\mu}{\sigma}\right)$$

z	$\Phi(z)$	z	$\Phi(z)$	z	$\Phi(z)$	z	$\Phi(z)$	z	$\Phi(z)$	z	$\Phi(z)$
.00	.50000	.60	.72575	1.20	.88493	1.80	.96047	2.40	.99180	3.00	.99865
.01	.50339	.61	.72907	1.21	.88686	1.81	.96485	2.41	.99202	3.01	.99869
.02	.50798	.62	.73237	1.22	.88877	1.82	.96562	2.42	.99224	3.02	.99874
.03	.51197	.63	.73565	1.23	.89065	1.83	.96638	2.43	.99245	3.03	.99878
.04	.51595	.64	.73891	1.24	.89251	1.84	.96762	2.44	.99266	3.04	.99882
.05	.51994	.65	.74215	1.25	.89435	1.85	.96784	2.45	.99286	3.05	.99886
.06	.52392	.66	.74537	1.26	.89617	1.86	.96856	2.46	.99305	3.06	.99889
.07	.52790	.67	.74857	1.27	.89795	1.87	.96926	2.47	.99324	3.07	.99893
.08	.53188	.68	.75175	1.28	.89973	1.88	.96995	2.48	.99343	3.08	.99896
.09	.53586	.69	.75490	1.29	.90147	1.89	.97062	2.49	.99361	3.09	.99900
.10	.53983	.70	.75804	1.30	.90320	1.90	.97128	2.50	.99379	3.10	.99903
.11	.54380	.71	.76115	1.31	.90490	1.91	.97193	2.51	.99396	3.11	.99906
.12	.54776	.72	.76424	1.32	.90658	1.92	.97257	2.52	.99413	3.12	.99910
.13	.55172	.73	.76731	1.33	.90824	1.93	.97320	2.53	.99430	3.13	.99913
.14	.55567	.74	.77035	1.34	.90988	1.94	.97381	2.54	.99446	3.14	.99916
.15	.55962	.75	.77337	1.35	.91149	1.95	.97441	2.55	.99461	3.15	.99918
.16	.56356	.76	.77637	1.36	.91308	1.96	.97500	2.56	.99477	3.16	.99921
.17	.56750	.77	.77935	1.37	.91466	1.97	.97558	2.57	.99492	3.17	.99924
.18	.57142	.78	.78230	1.38	.91621	1.98	.97615	2.58	.99506	3.18	.99926
.19	.57535	.79	.78524	1.39	.91774	1.99	.97670	2.59	.99520	3.19	.99929
.20	.57926	.80	.78814	1.40	.91924	2.00	.97725	2.60	.99534	3.20	.99931
.21	.58317	.81	.79103	1.41	.92073	2.01	.97778	2.61	.99557	3.21	.99934
.22	.58706	.82	.79389	1.42	.92220	2.02	.97831	2.62	.99560	3.22	.99936
.23	.59095	.83	.79673	1.43	.92364	2.03	.97882	2.63	.99573	3.23	.99938
.24	.59483	.84	.79955	1.44	.92507	2.04	.97932	2.64	.99585	3.24	.99940
.25	.59871	.85	.80234	1.45	.92647	2.05	.97982	2.65	.99598	3.25	.99942
.26	.60257	.86	.80511	1.46	.92785	2.06	.98030	2.66	.99609	3.26	.99944
.27	.60642	.87	.80785	1.47	.92922	2.07	.98077	2.67	.99621	3.29	.99946
.28	.61026	.88	.81057	1.48	.93056	2.08	.98124	2.68	.99632	3.28	.99948
.29	.61409	.89	.81327	1.49	.93189	2.09	.98169	2.69	.99643	3.29	.99950
.30	.61791	.90	.81594	1.50	.93319	2.10	.98214	2.70	.99653	3.30	.99952
.31	.62172	.91	.81858	1.51	.93448	2.11	.98257	2.71	.99664	3.31	.99953
.32	.62552	.92	.82121	1.52	.93574	2.12	.98300	2.72	.99674	3.32	.99955
.33	.62930	.93	.82381	1.53	.93699	2.13	.98341	2.73	.99683	3.33	.99957
.34	.63307	.94	.82639	1.54	.93822	2.14	.98382	2.74	.99693	3.34	.99958
.35	.63683	.95	.82894	1.55	.93943	2.15	.98422	2.75	.99702	3.35	.99960
.36	.64058	.96	.83147	1.56	.94062	2.16	.98461	2.76	.99711	3.36	.99961
.37	.64431	.97	.83398	1.57	.94179	2.17	.98500	2.77	.99720	3.37	.99962
.38	.64803	.98	.83646	1.58	.94295	2.18	.98537	2.78	.99728	3.38	.99964
.39	.65173	.99	.83891	1.59	.94408	2.19	.98574	2.79	.99736	3.39	.99965
.40	.65542	1.00	.84134	1.60	.94520	2.20	.98610	2.80	.99744	3.40	.99966
.41	.65910	1.01	.84375	1.61	.94630	2.21	.98645	2.81	.99752	3.41	.99968
.41	.66276	1.02	.84614	1.62	.94738	2.22	.98679	2.82	.99760	3.42	.99969
.43	.66640	1.03	.84850	1.63	.94845	2.23	.98713	2.83	.99767	3.43	.99970
.44	.67003	1.04	.85083	1.64	.94950	2.24	.98745	2.84	.99774	3.44	.99971
.45	.67364	1.05	.85314	1.65	.95053	2.25	.98778	2.85	.99781	3.45	.99972
.46	.67724	1.06	.85543	1.66	.95154	2.26	.93809	2.86	.99788	3.46	.99973
.47	.68082	1.07	.85769	1.67	.95254	2.27	.98840	2.87	.99795	3.47	.99974
.48	.68439	1.08	.85993	1.68	.95352	2.28	.98870	2.88	.99801	3.48	.99975
.49	.68793	1.09	.86214	1.69	.95449	2.29	.98899	2.89	.99807	3.49	.99976
.50	.69146	1.10	.86433	1.70	.95543	2.30	.98928	2.90	.99813	3.50	.99977
.51	.69497	1.11	.86650	1.71	.95637	2.31	.98956	2.91	.99819		
.52	.69847	1.12	.86864	1.72	.95728	2.32	.98983	2.92	.99825		
.52	.70194	1.13	.87076	1.73	.95818	2.33	.99010	2.93	.99831		
.54	.70540	1.14	.87286	1.74	.95907	2.34	.99036	2.94	.99836		
.55	.70884	1.15	.87493	1.75	.95994	2.35	.99061	2.95	.99841		
.56	.71226	1.16	.87698	1.76	.96080	2.36	.99086	2.96	.99846		
.57	.71566	1.17	.87900	1.77	.96164	2.37	.99111	2.97	.99851		
.58	.71904	1.18	.88100	1.78	.96246	2.38	.99134	2.98	.99856		
.59	.72240	1.19	.88298	1.79	.96327	2.39	.99158	2.99	.99861		

χ^2 분포표; $\Pr[X > \chi^2_\alpha]$

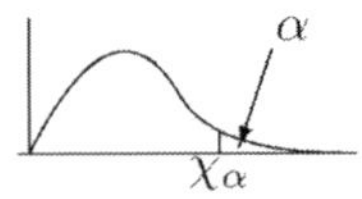

df	α							
	0.9995	0.999	0.995	0.99	0.975	0.95	0.900	0.800
1	0.000	0.000	0.000	0.000	0.001	0.004	0.016	0.064
2	0.001	0.002	0.010	0.020	0.051	0.103	0.211	0.446
3	0.015	0.024	0.072	0.115	0.216	0.352	0.584	1.005
4	0.064	0.091	0.207	0.297	0.484	0.711	1.064	1.649
5	0.158	0.210	0.412	0.554	0.831	1.145	1.610	2.343
6	0.299	0.381	0.676	0.872	1.237	1.635	2.204	3.070
7	0.485	0.598	0.989	1.239	1.690	2.167	2.833	3.822
8	0.710	0.857	1.344	1.646	2.180	2.733	3.490	4.594
9	0.972	1.152	1.735	2.088	2.700	3.325	4.168	5.380
10	1.265	1.479	2.156	2.558	3.247	3.940	4.865	6.179
11	1.587	1.834	2.603	3.053	3.816	4.575	5.578	6.989
12	1.934	2.214	3.074	3.571	4.404	5.226	6.304	7.807
13	2.305	2.617	3.565	4.107	5.009	5.892	7.042	8.634
14	2.697	3.041	4.075	4.660	5.629	6.571	7.790	9.467
15	3.108	3.483	4.601	5.229	6.262	7.261	8.547	10.307
16	3.536	3.942	5.142	5.812	6.908	7.962	9.312	11.152
17	3.980	4.416	5.697	6.408	7.564	8.672	10.085	12.002
18	4.439	4.905	6.265	7.015	8.231	9.390	10.865	12.857
19	4.912	5.407	6.844	7.633	8.907	10.117	11.651	13.716
20	5.398	5.921	7.434	8.260	9.591	10.851	12.443	14.578
21	5.896	6.447	8.034	8.897	10.283	11.591	13.240	15.445
22	6.404	6.983	8.643	9.542	10.982	12.338	14.041	16.314
23	6.924	7.529	9.260	10.196	11.689	13.091	14.848	17.187
24	7.453	8.085	9.886	10.856	12.401	13.848	15.659	18.062
25	7.991	8.649	10.520	11.524	13.120	14.611	16.473	18.940
26	8.538	9.222	11.160	12.198	13.844	15.379	17.292	19.820
27	9.093	9.803	11.808	12.879	14.573	16.151	18.114	20.703
28	9.656	10.391	12.461	13.565	15.308	16.928	18.939	21.588
29	10.227	10.986	13.121	14.256	16.047	17.708	19.768	22.475
30	10.804	11.588	13.787	14.953	16.791	18.493	20.599	23.364
40	16.906	17.916	20.707	22.164	24.433	26.509	29.051	32.345
50	23.461	24.674	27.991	29.707	32.357	34.764	37.689	41.449
60	30.340	31.738	35.534	37.485	40.482	43.188	46.459	50.641
70	37.467	39.036	43.275	45.442	48.758	51.739	55.329	59.898
80	44.791	46.520	51.172	53.540	57.153	60.391	64.278	69.207
100	59.896	61.918	67.328	70.065	74.222	77.929	82.358	87.945

χ^2 분포표; $\Pr[X > \chi^2_\alpha]$

	α							
df	0.200	0.100	0.050	0.025	0.010	0.005	0.001	0.0005
1	1.642	2.706	3.841	5.024	6.635	7.879	10.828	12.116
2	3.219	4.605	5.991	7.378	9.210	10.597	13.816	15.202
3	4.642	6.251	7.815	9.348	11.345	12.838	16.266	17.730
4	5.989	7.779	9.488	11.143	13.277	14.860	18.467	19.997
5	7.289	9.236	11.070	12.833	15.086	16.750	20.515	22.105
6	8.558	10.645	12.592	14.449	16.812	18.548	22.458	24.103
7	9.803	12.017	14.067	16.013	18.475	20.278	24.322	26.018
8	11.030	13.362	15.507	17.535	20.090	21.955	26.124	27.868
9	12.242	14.684	16.919	19.023	21.666	23.589	27.877	29.666
10	13.442	15.987	18.307	20.483	23.209	25.188	29.588	31.420
11	14.631	17.275	19.675	21.920	24.725	26.757	31.264	33.137
12	15.812	18.549	21.026	23.337	26.217	28.300	32.909	34.821
13	16.985	19.812	22.362	24.736	27.688	29.819	34.528	36.478
14	18.151	21.064	23.685	26.119	29.141	31.319	36.123	38.109
15	19.311	22.307	24.996	27.488	30.578	32.801	37.697	39.719
16	20.465	23.542	26.296	28.845	32.000	34.267	39.252	41.308
17	21.615	24.769	27.587	30.191	33.409	35.718	40.790	42.879
18	22.760	25.989	28.869	31.526	34.805	37.156	42.312	44.434
19	23.900	27.204	30.144	32.852	36.191	38.582	43.820	45.973
20	25.038	28.412	31.410	34.170	37.566	39.997	45.315	47.498
21	26.171	29.615	32.671	35.479	38.932	41.401	46.797	49.011
22	27.301	30.813	33.924	36.781	40.289	42.796	48.268	50.511
23	28.429	32.007	35.172	38.076	41.638	44.181	49.728	52.000
24	29.553	33.196	36.415	39.364	42.980	45.559	51.179	53.479
25	30.675	34.382	37.652	40.646	44.314	46.928	52.620	54.947
26	31.795	35.563	38.885	41.923	45.642	48.290	54.052	56.407
27	32.912	36.741	40.113	43.195	46.963	49.645	55.476	57.858
28	34.027	37.916	41.337	44.461	48.278	50.993	56.892	59.300
29	35.139	39.087	42.557	45.722	49.588	52.336	58.301	60.735
30	36.250	40.256	43.773	46.979	50.892	53.672	59.703	62.162
40	47.269	51.805	55.758	59.342	63.691	66.766	73.402	76.095
50	58.164	63.167	67.505	71.420	76.154	79.490	86.661	89.561
60	68.972	74.397	79.082	83.298	88.379	91.952	99.607	102.695
70	79.715	85.527	90.531	95.023	100.425	104.215	112.317	115.578
80	90.405	96.578	101.879	106.629	112.329	116.321	124.839	128.261
100	111.667	118.498	124.342	129.561	135.807	140.169	149.449	153.167

t 분포표; $\Pr[T > t_\alpha]$

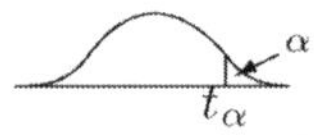

df	0.2	0.1	0.05	0.025	0.01	0.005	0.001	0.0005
1	1.3764	3.0777	6.3138	12.7062	31.8205	63.6567	318.3088	636.6192
2	1.0607	1.8856	2.9200	4.3027	6.9646	9.9248	22.3271	31.5991
3	0.9785	1.6377	2.3534	3.1824	4.5407	5.8409	10.2145	12.9240
4	0.9410	1.5332	2.1318	2.7764	3.7470	4.6041	7.1732	8.6103
5	0.9195	1.4759	2.0150	2.5706	3.3649	4.0322	5.8934	6.8688
6	0.9057	1.4398	1.9432	2.4469	3.1427	3.7074	5.2076	5.9588
7	0.8960	1.4149	1.8946	2.3646	2.9980	3.4995	4.7853	5.4079
8	0.8889	1.3968	1.8595	2.3060	2.8965	3.3554	4.5008	5.0413
9	0.8834	1.3830	1.8331	2.2622	2.8214	3.2498	4.2968	4.7809
10	0.8791	1.3722	1.8125	2.2281	2.7638	3.1693	4.1437	4.5869
11	0.8755	1.3634	1.7959	2.2010	2.7181	3.1058	4.0247	4.4370
12	0.8726	1.3562	1.7823	2.1788	2.6810	3.0545	3.9296	4.3178
13	0.8702	1.3502	1.7709	2.1604	2.6503	3.0123	3.8520	4.2208
14	0.8681	1.3450	1.7613	2.1448	2.6245	2.9768	3.7874	4.1405
15	0.8662	1.3406	1.7531	2.1314	2.6025	2.9467	3.7328	4.0728
16	0.8647	1.3368	1.7459	2.1199	2.5835	2.9208	3.6862	4.0150
17	0.8633	1.3334	1.7396	2.1098	2.5669	2.8982	3.6458	3.9651
18	0.8620	1.3304	1.7341	2.1009	2.5524	2.8784	3.6105	3.9216
19	0.8610	1.3277	1.7291	2.0930	2.5395	2.8609	3.5794	3.8834
20	0.8600	1.3253	1.7247	2.0860	2.5280	2.8453	3.5518	3.8495
21	0.8591	1.3232	1.7207	2.0796	2.5176	2.8314	3.5272	3.8193
22	0.8583	1.3212	1.7171	2.0739	2.5083	2.8188	3.5050	3.7921
23	0.8575	1.3195	1.7139	2.0687	2.4999	2.8073	3.4850	3.7676
24	0.8569	1.3178	1.7109	2.0639	2.4922	2.7969	3.4668	3.7454
25	0.8562	1.3163	1.7081	2.0595	2.4851	2.7874	3.4502	3.7251
26	0.8557	1.3150	1.7056	2.0555	2.4786	2.7787	3.4350	3.7066
27	0.8551	1.3137	1.7033	2.0518	2.4727	2.7707	3.4210	3.6896
28	0.8546	1.3125	1.7011	2.0484	2.4671	2.7633	3.4082	3.6739
29	0.8542	1.3114	1.6991	2.0452	2.4620	2.7564	3.3962	3.6594
30	0.8538	1.3104	1.6973	2.0423	2.4573	2.7500	3.3852	3.6460
40	0.8507	1.3031	1.6839	2.0211	2.4233	2.7045	3.3069	3.5510
50	0.8489	1.2987	1.6759	2.0086	2.4033	2.6778	3.2614	3.4960
100	0.8452	1.2901	1.6602	1.9840	2.3642	2.6259	3.1737	3.3905
∞	0.8416	1.2816	1.6449	1.9600	2.3263	2.5758	3.0902	3.2905

F 분포표; $F_{r_1, r_2; 0.1}$ 값: $\Pr[F > F_{r_1, r_2; 0.1}] = 0.1$

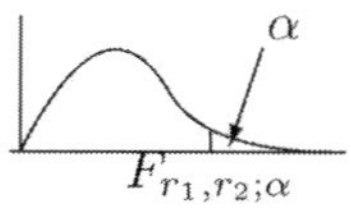

r_2	분자 자유도(r_1)									
	1	2	3	4	5	6	7	8	9	10
1	39.86	49.50	53.59	55.83	57.24	58.20	58.91	59.44	59.86	60.19
2	8.53	9.00	9.16	9.24	9.29	9.33	9.35	9.37	9.38	9.39
3	5.54	5.46	5.39	5.34	5.31	5.28	5.27	5.25	5.24	5.23
4	4.54	4.32	4.19	4.11	4.05	4.01	3.98	3.95	3.94	3.92
5	4.06	3.78	3.62	3.52	3.45	3.40	3.37	3.34	3.32	3.30
6	3.78	3.46	3.29	3.18	3.11	3.05	3.01	2.98	2.96	2.94
7	3.59	3.26	3.07	2.96	2.88	2.83	2.78	2.75	2.72	2.70
8	3.46	3.11	2.92	2.81	2.73	2.67	2.62	2.59	2.56	2.54
9	3.36	3.01	2.81	2.69	2.61	2.55	2.51	2.47	2.44	2.42
10	3.29	2.92	2.73	2.61	2.52	2.46	2.41	2.38	2.35	2.32
11	3.23	2.86	2.66	2.54	2.45	2.39	2.34	2.30	2.27	2.25
12	3.18	2.81	2.61	2.48	2.39	2.33	2.28	2.24	2.21	2.19
13	3.14	2.76	2.56	2.43	2.35	2.28	2.23	2.20	2.16	2.14
14	3.10	2.73	2.52	2.39	2.31	2.24	2.19	2.15	2.12	2.10
15	3.07	2.70	2.49	2.36	2.27	2.21	2.16	2.12	2.09	2.06
16	3.05	2.67	2.46	2.33	2.24	2.18	2.13	2.09	2.06	2.03
17	3.03	2.64	2.44	2.31	2.22	2.15	2.10	2.06	2.03	2.00
18	3.01	2.62	2.42	2.29	2.20	2.13	2.08	2.04	2.00	1.98
19	2.99	2.61	2.40	2.27	2.18	2.11	2.06	2.02	1.98	1.96
20	2.97	2.59	2.38	2.25	2.16	2.09	2.04	2.00	1.96	1.94
21	2.96	2.57	2.36	2.23	2.14	2.08	2.02	1.98	1.95	1.92
22	2.95	2.56	2.35	2.22	2.13	2.06	2.01	1.97	1.93	1.90
23	2.94	2.55	2.34	2.21	2.11	2.05	1.99	1.95	1.92	1.89
24	2.93	2.54	2.33	2.19	2.10	2.04	1.98	1.94	1.91	1.88
25	2.92	2.53	2.32	2.18	2.09	2.02	1.97	1.93	1.89	1.87
26	2.91	2.52	2.31	2.17	2.08	2.01	1.96	1.92	1.88	1.86
27	2.90	2.51	2.30	2.17	2.07	2.00	1.95	1.91	1.87	1.85
28	2.89	2.50	2.29	2.16	2.06	2.00	1.94	1.90	1.87	1.84
29	2.89	2.50	2.28	2.15	2.06	1.99	1.93	1.89	1.86	1.83
30	2.88	2.49	2.28	2.14	2.05	1.98	1.93	1.88	1.85	1.82
40	2.84	2.44	2.23	2.09	2.00	1.93	1.87	1.83	1.79	1.76
50	2.81	2.41	2.20	2.06	1.97	1.90	1.84	1.80	1.76	1.73
60	2.79	2.39	2.18	2.04	1.95	1.87	1.82	1.77	1.74	1.71
70	2.78	2.38	2.16	2.03	1.93	1.86	1.80	1.76	1.72	1.69
80	2.77	2.37	2.15	2.02	1.92	1.85	1.79	1.75	1.71	1.68
90	2.76	2.36	2.15	2.01	1.91	1.84	1.78	1.74	1.70	1.67
100	2.76	2.36	2.14	2.00	1.91	1.83	1.78	1.73	1.69	1.66
120	2.75	2.35	2.13	1.99	1.90	1.82	1.77	1.72	1.68	1.65

F 분포표; $F_{r_1, r_2; 0.1}$ 값: $\Pr[F > F_{r_1, r_2; 0.1}] = 0.1$

r_2	분자 자유도(r_1)										
	11	12	13	14	15	20	25	30	40	80	120
1	60.47	60.71	60.90	61.07	61.22	61.74	62.05	62.26	62.53	62.93	63.06
2	9.40	9.41	9.41	9.42	9.42	9.44	9.45	9.46	9.47	9.48	9.48
3	5.22	5.22	5.21	5.20	5.20	5.18	5.17	5.17	5.16	5.15	5.14
4	3.91	3.90	3.89	3.88	3.87	3.84	3.83	3.82	3.80	3.78	3.78
5	3.28	3.27	3.26	3.25	3.24	3.21	3.19	3.17	3.16	3.13	3.12
6	2.92	2.90	2.89	2.88	2.87	2.84	2.81	2.80	2.78	2.75	2.74
7	2.68	2.67	2.65	2.64	2.63	2.59	2.57	2.56	2.54	2.50	2.49
8	2.52	2.50	2.49	2.48	2.46	2.42	2.40	2.38	2.36	2.33	2.32
9	2.40	2.38	2.36	2.35	2.34	2.30	2.27	2.25	2.23	2.20	2.18
10	2.30	2.28	2.27	2.26	2.24	2.20	2.17	2.16	2.13	2.09	2.08
11	2.23	2.21	2.19	2.18	2.17	2.12	2.10	2.08	2.05	2.01	2.00
12	2.17	2.15	2.13	2.12	2.10	2.06	2.03	2.01	1.99	1.95	1.93
13	2.12	2.10	2.08	2.07	2.05	2.01	1.98	1.96	1.93	1.89	1.88
14	2.07	2.05	2.04	2.02	2.01	1.96	1.93	1.91	1.89	1.84	1.83
15	2.04	2.02	2.00	1.99	1.97	1.92	1.89	1.87	1.85	1.80	1.79
16	2.01	1.99	1.97	1.95	1.94	1.89	1.86	1.84	1.81	1.77	1.75
17	1.98	1.96	1.94	1.93	1.91	1.86	1.83	1.81	1.78	1.74	1.72
18	1.95	1.93	1.92	1.90	1.89	1.84	1.80	1.78	1.75	1.71	1.69
19	1.93	1.91	1.89	1.88	1.86	1.81	1.78	1.76	1.73	1.68	1.67
20	1.91	1.89	1.87	1.86	1.84	1.79	1.76	1.74	1.71	1.66	1.64
21	1.90	1.87	1.86	1.84	1.83	1.78	1.74	1.72	1.69	1.64	1.62
22	1.88	1.86	1.84	1.83	1.81	1.76	1.73	1.70	1.67	1.62	1.60
23	1.87	1.84	1.83	1.81	1.80	1.74	1.71	1.69	1.66	1.61	1.59
24	1.85	1.83	1.81	1.80	1.78	1.73	1.70	1.67	1.64	1.59	1.57
25	1.84	1.82	1.80	1.79	1.77	1.72	1.68	1.66	1.63	1.58	1.56
26	1.83	1.81	1.79	1.77	1.76	1.71	1.67	1.65	1.61	1.56	1.54
27	1.82	1.80	1.78	1.76	1.75	1.70	1.66	1.64	1.60	1.55	1.53
28	1.81	1.79	1.77	1.75	1.74	1.69	1.65	1.63	1.59	1.54	1.52
29	1.80	1.78	1.76	1.75	1.73	1.68	1.64	1.62	1.58	1.53	1.51
30	1.79	1.77	1.75	1.74	1.72	1.67	1.63	1.61	1.57	1.52	1.50
40	1.74	1.71	1.70	1.68	1.66	1.61	1.57	1.54	1.51	1.45	1.42
50	1.70	1.68	1.66	1.64	1.63	1.57	1.53	1.50	1.46	1.40	1.38
60	1.68	1.66	1.64	1.62	1.60	1.54	1.50	1.48	1.44	1.37	1.35
70	1.66	1.64	1.62	1.60	1.59	1.53	1.49	1.46	1.42	1.35	1.32
80	1.65	1.63	1.61	1.59	1.57	1.51	1.47	1.44	1.40	1.33	1.31
90	1.64	1.62	1.60	1.58	1.56	1.50	1.46	1.43	1.39	1.32	1.29
100	1.64	1.61	1.59	1.57	1.56	1.49	1.45	1.42	1.38	1.31	1.28
120	1.63	1.60	1.58	1.56	1.55	1.48	1.44	1.41	1.37	1.29	1.26

F 분포표; $F_{r_1, r_2; 0.05}$ 값: $\Pr[F > F_{r_1, r_2, 0.05}] = 0.05$

	분자 자유도(r_1)									
r_2	1	2	3	4	5	6	7	8	9	10
1	161.5	199.5	215.7	224.6	230.2	233.0	236.8	238.9	240.5	241.98
2	18.51	19.00	19.16	19.25	19.30	19.33	19.35	19.37	19.38	19.40
3	10.13	9.55	9.28	9.12	9.01	8.94	8.89	8.85	8.81	8.79
4	7.71	6.94	6.59	6.39	6.26	6.16	6.09	6.04	6.00	5.96
5	6.61	5.79	5.41	5.19	5.05	4.95	4.88	4.82	4.77	4.74
6	5.99	5.14	4.76	4.53	4.39	4.28	4.21	4.15	4.10	4.06
7	5.59	4.74	4.35	4.12	3.97	3.87	3.79	3.73	3.68	3.64
8	5.32	4.46	4.07	3.84	3.69	3.58	3.50	3.44	3.39	3.35
9	5.12	4.26	3.86	3.63	3.48	3.37	3.29	3.23	3.18	3.14
10	4.96	4.10	3.71	3.48	3.33	3.22	3.14	3.07	3.02	2.98
11	4.84	3.98	3.59	3.36	3.20	3.09	3.01	2.95	2.90	2.85
12	4.75	3.89	3.49	3.26	3.11	3.00	2.91	2.85	2.80	2.75
13	4.67	3.81	3.41	3.18	3.03	2.92	2.83	2.77	2.71	2.67
14	4.60	3.74	3.34	3.11	2.96	2.85	2.76	2.70	2.65	2.60
15	4.54	3.68	3.29	3.06	2.90	2.79	2.71	2.64	2.59	2.54
16	4.49	3.63	3.24	3.01	2.85	2.74	2.66	2.59	2.54	2.49
17	4.45	3.59	3.20	2.96	2.81	2.70	2.61	2.55	2.49	2.45
18	4.41	3.55	3.16	2.93	2.77	2.66	2.58	2.51	2.46	2.41
19	4.38	3.52	3.13	2.90	2.74	2.63	2.54	2.48	2.42	2.38
20	4.35	3.49	3.10	2.87	2.71	2.60	2.51	2.45	2.39	2.35
21	4.32	3.47	3.07	2.84	2.68	2.57	2.49	2.42	2.37	2.32
22	4.30	3.44	3.05	2.82	2.66	2.55	2.46	2.40	2.34	2.30
23	4.28	3.42	3.03	2.80	2.64	2.53	2.44	2.37	2.32	2.27
24	4.26	3.40	3.01	2.78	2.62	2.51	2.42	2.36	2.30	2.25
25	4.24	3.39	2.99	2.76	2.60	2.49	2.40	2.34	2.28	2.24
26	4.23	3.37	2.98	2.74	2.59	2.47	2.39	2.32	2.27	2.22
27	4.21	3.35	2.96	2.73	2.57	2.46	2.37	2.31	2.25	2.20
28	4.20	3.34	2.95	2.71	2.56	2.45	2.36	2.29	2.24	2.19
29	4.18	3.33	2.93	2.70	2.55	2.43	2.35	2.28	2.22	2.18
30	4.17	3.32	2.92	2.69	2.53	2.42	2.33	2.27	2.21	2.16
40	4.08	3.23	2.84	2.61	2.45	2.34	2.25	2.18	2.12	2.08
50	4.03	3.18	2.79	2.56	2.40	2.29	2.20	2.13	2.07	2.03
60	4.00	3.15	2.76	2.53	2.37	2.25	2.17	2.10	2.04	1.99
70	3.98	3.13	2.74	2.50	2.35	2.23	2.14	2.07	2.02	1.97
80	3.96	3.11	2.72	2.49	2.33	2.21	2.13	2.06	2.00	1.95
90	3.95	3.10	2.71	2.47	2.32	2.20	2.11	2.04	1.99	1.94
100	3.94	3.09	2.70	2.46	2.31	2.19	2.10	2.03	1.97	1.93
120	3.92	3.07	2.68	2.45	2.29	2.18	2.09	2.02	1.96	1.91

F 분포표; $F_{r_1, r_2; 0.05}$ 값: $\Pr[F > F_{r_1, r_2; 0.05}] = 0.05$

r_2	분자 자유도(r_1)										
	11	12	13	14	15	20	25	30	40	80	120
1	243.0	243.9	244.7	245.4	246.0	248.0	249.3	250.1	251.1	252.7	253.3
2	19.40	19.41	19.42	19.42	19.43	19.45	19.46	19.46	19.47	19.48	19.49
3	8.76	8.74	8.73	8.71	8.70	8.66	8.63	8.62	8.59	8.56	8.55
4	5.94	5.91	5.89	5.87	5.86	5.80	5.77	5.75	5.72	5.67	5.66
5	4.70	4.68	4.66	4.64	4.62	4.56	4.52	4.50	4.46	4.41	4.40
6	4.03	4.00	3.98	3.96	3.94	3.87	3.83	3.81	3.77	3.72	3.70
7	3.60	3.57	3.55	3.53	3.51	3.44	3.40	3.38	3.34	3.29	3.27
8	3.31	3.28	3.26	3.24	3.22	3.15	3.11	3.08	3.04	2.99	2.97
9	3.10	3.07	3.05	3.03	3.01	2.94	2.89	2.86	2.83	2.77	2.75
10	2.94	2.91	2.89	2.86	2.85	2.77	2.73	2.70	2.66	2.60	2.58
11	2.82	2.79	2.76	2.74	2.72	2.65	2.60	2.57	2.53	2.47	2.45
12	2.72	2.69	2.66	2.64	2.62	2.54	2.50	2.47	2.43	2.36	2.34
13	2.63	2.60	2.58	2.55	2.53	2.46	2.41	2.38	2.34	2.27	2.25
14	2.57	2.53	2.51	2.48	2.46	2.39	2.34	2.31	2.27	2.20	2.18
15	2.51	2.48	2.45	2.42	2.40	2.33	2.28	2.25	2.20	2.14	2.11
16	2.46	2.42	2.40	2.37	2.35	2.28	2.23	2.19	2.15	2.08	2.06
17	2.41	2.38	2.35	2.33	2.31	2.23	2.18	2.15	2.10	2.03	2.01
18	2.37	2.34	2.31	2.29	2.27	2.19	2.14	2.11	2.06	1.99	1.97
19	2.34	2.31	2.28	2.26	2.23	2.16	2.11	2.07	2.03	1.96	1.93
20	2.31	2.28	2.25	2.22	2.20	2.12	2.07	2.04	1.99	1.92	1.90
21	2.28	2.25	2.22	2.20	2.18	2.10	2.05	2.01	1.96	1.89	1.87
22	2.26	2.23	2.20	2.17	2.15	2.07	2.02	1.98	1.94	1.86	1.84
23	2.24	2.20	2.18	2.15	2.13	2.05	2.00	1.96	1.91	1.84	1.81
24	2.22	2.18	2.15	2.13	2.11	2.03	1.97	1.94	1.89	1.82	1.79
25	2.20	2.16	2.14	2.11	2.09	2.01	1.96	1.92	1.87	1.80	1.77
26	2.18	2.15	2.12	2.09	2.07	1.99	1.94	1.90	1.85	1.78	1.75
27	2.17	2.13	2.10	2.08	2.06	1.97	1.92	1.88	1.84	1.76	1.73
28	2.15	2.12	2.09	2.06	2.04	1.96	1.91	1.87	1.82	1.74	1.71
29	2.14	2.10	2.08	2.05	2.03	1.94	1.89	1.85	1.81	1.73	1.70
30	2.13	2.09	2.06	2.04	2.01	1.93	1.88	1.84	1.79	1.71	1.68
40	2.04	2.00	1.97	1.95	1.92	1.84	1.78	1.74	1.69	1.61	1.58
50	1.99	1.95	1.92	1.89	1.87	1.78	1.73	1.69	1.63	1.54	1.51
60	1.95	1.92	1.89	1.86	1.84	1.75	1.69	1.65	1.59	1.50	1.47
70	1.93	1.89	1.86	1.84	1.81	1.72	1.66	1.62	1.57	1.47	1.44
80	1.91	1.88	1.84	1.82	1.79	1.70	1.64	1.60	1.54	1.45	1.41
90	1.90	1.86	1.83	1.80	1.78	1.69	1.63	1.59	1.53	1.43	1.39
100	1.89	1.85	1.82	1.79	1.77	1.68	1.62	1.57	1.52	1.41	1.38
120	1.87	1.83	1.80	1.78	1.75	1.66	1.60	1.55	1.50	1.39	1.35

F 분포표; $F_{r_1, r_2; 0.025}$ 값: $\Pr[F > F_{r_1, r_2; 0.025}] = 0.025$

	분자 자유도(r_1)									
r_2	1	2	3	4	5	6	7	8	9	10
1	647.79	799.50	864.16	899.58	921.85	937.11	948.22	956.66	963.28	968.63
2	38.51	39.00	39.17	39.25	39.30	39.33	39.36	39.37	39.39	39.40
3	17.44	16.04	15.44	15.10	14.88	14.73	14.62	14.54	14.47	14.42
4	12.22	10.65	9.98	9.60	9.36	9.20	9.07	8.98	8.90	8.84
5	10.01	8.43	7.76	7.39	7.15	6.98	6.85	6.76	6.68	6.62
6	8.81	7.26	6.60	6.23	5.99	5.82	5.70	5.60	5.52	5.46
7	8.07	6.54	5.89	5.52	5.29	5.12	4.99	4.90	4.82	4.76
8	7.57	6.06	5.42	5.05	4.82	4.65	4.53	4.43	4.36	4.30
9	7.21	5.71	5.08	4.72	4.48	4.32	4.20	4.10	4.03	3.96
10	6.94	5.46	4.83	4.47	4.24	4.07	3.95	3.85	3.78	3.72
11	6.72	5.26	4.63	4.28	4.04	3.88	3.76	3.66	3.59	3.53
12	6.55	5.10	4.47	4.12	3.89	3.73	3.61	3.51	3.44	3.37
13	6.41	4.97	4.35	4.00	3.77	3.60	3.48	3.39	3.31	3.25
14	6.30	4.86	4.24	3.89	3.66	3.50	3.38	3.29	3.21	3.15
15	6.20	4.77	4.15	3.80	3.58	3.41	3.29	3.20	3.12	3.06
16	6.12	4.69	4.08	3.73	3.50	3.34	3.22	3.12	3.05	2.99
17	6.04	4.62	4.01	3.66	3.44	3.28	3.16	3.06	2.98	2.92
18	5.98	4.56	3.95	3.61	3.38	3.22	3.10	3.01	2.93	2.87
19	5.92	4.51	3.90	3.56	3.33	3.17	3.05	2.96	2.88	2.82
20	5.87	4.46	3.86	3.51	3.29	3.13	3.01	2.91	2.84	2.77
21	5.83	4.42	3.82	3.48	3.25	3.09	2.97	2.87	2.80	2.73
22	5.79	4.38	3.78	3.44	3.22	3.05	2.93	2.84	2.76	2.70
23	5.75	4.35	3.75	3.41	3.18	3.02	2.90	2.81	2.73	2.67
24	5.72	4.32	3.72	3.38	3.15	2.99	2.87	2.78	2.70	2.64
25	5.69	4.29	3.69	3.35	3.13	2.97	2.85	2.75	2.68	2.61
26	5.66	4.27	3.67	3.33	3.10	2.94	2.82	2.73	2.65	2.59
27	5.63	4.24	3.65	3.31	3.08	2.92	2.80	2.71	2.63	2.57
28	5.61	4.22	3.63	3.29	3.06	2.90	2.78	2.69	2.61	2.55
29	5.59	4.20	3.61	3.27	3.04	2.88	2.76	2.67	2.59	2.53
30	5.57	4.18	3.59	3.25	3.03	2.87	2.75	2.65	2.57	2.51
40	5.42	4.05	3.46	3.13	2.90	2.74	2.62	2.53	2.45	2.39
50	5.34	3.97	3.39	3.05	2.83	2.67	2.55	2.46	2.38	2.32
60	5.29	3.93	3.34	3.01	2.79	2.63	2.51	2.41	2.33	2.27
70	5.25	3.89	3.31	2.97	2.75	2.59	2.47	2.38	2.30	2.24
80	5.22	3.86	3.28	2.95	2.73	2.57	2.45	2.35	2.28	2.21
90	5.20	3.84	3.26	2.93	2.71	2.55	2.43	2.34	2.26	2.19
100	5.18	3.83	3.25	2.92	2.70	2.54	2.42	2.32	2.24	2.18
120	5.15	3.80	3.23	2.89	2.67	2.52	2.39	2.30	2.22	2.16

F 분포표; $F_{r_1, r_2; 0.025}$ 값: $\Pr[F > F_{r_1, r_2; 0.025}] = 0.025$

	분자 자유도(r_1)										
	11	12	13	14	15	20	25	30	40	80	120
1	973.0	976.7	979.8	982.5	984.9	993.1	998.1	1001.4	1005.6	1011.9	1014.0
2	39.41	39.41	39.42	39.43	39.43	39.45	39.46	39.46	39.47	39.49	39.49
3	14.37	14.34	14.30	14.28	14.25	14.17	14.12	14.08	14.04	13.97	13.95
4	8.79	8.75	8.71	8.68	8.66	8.56	8.50	8.46	8.41	8.33	8.31
5	6.57	6.52	6.49	6.46	6.43	6.33	6.27	6.23	6.18	6.10	6.07
6	5.41	5.37	5.33	5.30	5.27	5.17	5.11	5.07	5.01	4.93	4.90
7	4.71	4.67	4.63	4.60	4.57	4.47	4.40	4.36	4.31	4.23	4.20
8	4.24	4.20	4.16	4.13	4.10	4.00	3.94	3.89	3.84	3.76	3.73
9	3.91	3.87	3.83	3.80	3.77	3.67	3.60	3.56	3.51	3.42	3.39
10	3.66	3.62	3.58	3.55	3.52	3.42	3.35	3.31	3.26	3.17	3.14
11	3.47	3.43	3.39	3.36	3.33	3.23	3.16	3.12	3.06	2.97	2.94
12	3.32	3.28	3.24	3.21	3.18	3.07	3.01	2.96	2.91	2.82	2.79
13	3.20	3.15	3.12	3.08	3.05	2.95	2.88	2.84	2.78	2.69	2.66
14	3.09	3.05	3.01	2.98	2.95	2.84	2.78	2.73	2.67	2.58	2.55
15	3.01	2.96	2.92	2.89	2.86	2.76	2.69	2.64	2.59	2.49	2.46
16	2.93	2.89	2.85	2.82	2.79	2.68	2.61	2.57	2.51	2.42	2.38
17	2.87	2.82	2.79	2.75	2.72	2.62	2.55	2.50	2.44	2.35	2.32
18	2.81	2.77	2.73	2.70	2.67	2.56	2.49	2.44	2.38	2.29	2.26
19	2.76	2.72	2.68	2.65	2.62	2.51	2.44	2.39	2.33	2.24	2.20
20	2.72	2.68	2.64	2.60	2.57	2.46	2.40	2.35	2.29	2.19	2.16
21	2.68	2.64	2.60	2.56	2.53	2.42	2.36	2.31	2.25	2.15	2.11
22	2.65	2.60	2.56	2.53	2.50	2.39	2.32	2.27	2.21	2.11	2.08
23	2.62	2.57	2.53	2.50	2.47	2.36	2.29	2.24	2.18	2.08	2.04
24	2.59	2.54	2.50	2.47	2.44	2.33	2.26	2.21	2.15	2.05	2.01
25	2.56	2.51	2.48	2.44	2.41	2.30	2.23	2.18	2.12	2.02	1.98
26	2.54	2.49	2.45	2.42	2.39	2.28	2.21	2.16	2.09	1.99	1.95
27	2.51	2.47	2.43	2.39	2.36	2.25	2.18	2.13	2.07	1.97	1.93
28	2.49	2.45	2.41	2.37	2.34	2.23	2.16	2.11	2.05	1.94	1.91
29	2.48	2.43	2.39	2.36	2.32	2.21	2.14	2.09	2.03	1.92	1.89
30	2.46	2.41	2.37	2.34	2.31	2.20	2.12	2.07	2.01	1.90	1.87
40	2.33	2.29	2.25	2.21	2.18	2.07	1.99	1.94	1.88	1.76	1.72
50	2.26	2.22	2.18	2.14	2.11	1.99	1.92	1.87	1.80	1.68	1.64
60	2.22	2.17	2.13	2.09	2.06	1.94	1.87	1.82	1.74	1.63	1.58
70	2.18	2.14	2.10	2.06	2.03	1.91	1.83	1.78	1.71	1.59	1.54
80	2.16	2.11	2.07	2.03	2.00	1.88	1.81	1.75	1.68	1.55	1.51
90	2.14	2.09	2.05	2.02	1.98	1.86	1.79	1.73	1.66	1.53	1.48
100	2.12	2.08	2.04	2.00	1.97	1.85	1.77	1.71	1.64	1.51	1.46
120	2.10	2.05	2.01	1.98	1.94	1.82	1.75	1.69	1.61	1.48	1.43

부호검정통계량 T의 분포표

$T \sim \mathrm{Bin}(n,\ 1/2)$일 때, $P[T \geq b_\alpha(n,\ 1/2)] = \alpha$인 $b = b_\alpha(n,\ 1/2)$의 값

$p = 0.50$

b	n							
	10	11	12	13	14	15	16	17
5	0.6230							
6	0.3770	0.5000	0.6128					
7	0.1719	0.2744	0.3872	0.5000	0.6047			
8	0.0547	0.1133	0.1938	0.2905	0.3953	0.5000	0.5982	
9	0.0107	0.0327	0.0730	0.1334	0.2120	0.3036	0.4018	0.5000
10	0.0010	0.0059	0.0193	0.0461	0.0898	0.1509	0.2272	0.3145
11		0.0005	0.0032	0.0112	0.0287	0.0592	0.1051	0.1662
12			0.0002	0.0017	0.0065	0.0176	0.0384	0.0717
13				0.0001	0.0009	0.0037	0.0106	0.0245
14					0.0001	0.0005	0.0021	0.0064
15						0.0000	0.0003	0.0012
16							0.0000	0.0001
17								0.0000

$p = 0.50$

b	n							
	18	19	20	21	22	23	24	25
9	0.5927							
10	0.4073	0.5000	0.5881					
11	0.2403	0.3238	0.4119	0.5000	0.5841			
12	0.1189	0.1796	0.2517	0.3318	0.4159	0.5000	0.5806	
13	0.0481	0.0835	0.1316	0.1917	0.2617	0.3388	0.4194	0.5000
14	0.0154	0.0318	0.0577	0.0946	0.1431	0.2024	0.2706	0.3450
15	0.0038	0.0096	0.0207	0.0392	0.0669	0.1050	0.1537	0.2122
16	0.0007	0.0022	0.0059	0.0133	0.0262	0.0466	0.0758	0.1148
17	0.0001	0.0004	0.0013	0.0036	0.0085	0.0173	0.0320	0.0539
18	0.0000	0.0000	0.0002	0.0007	0.0022	0.0053	0.0113	0.0216
19		0.0000	0.0000	0.0001	0.0004	0.0013	0.0033	0.0073
20			0.0000	0.0000	0.0001	0.0002	0.0008	0.0020
21				0.0000	0.0000	0.0000	0.0001	0.0005
22					0.0000	0.0000	0.0000	0.0001
23						0.0000	0.0000	0.0000
24							0.0000	0.0000
25								0.0000

윌콕슨 부호순위검정 통계량 T^+의 분포표

$$P_{H_0}[T^+ \geq t(\alpha, n)] = \alpha \text{ 인 } x = t(\alpha, n) \text{ 값}$$

	n						
x	3	4	5	6	7	8	9
3	0.625						
4	0.375						
5	0.250	0.562					
6	0.125	0.438					
7		0.312					
8		0.188	0.500				
9		0.125	0.406				
10		0.062	0.312				
11			0.219	0.500			
12			0.156	0.422			
13			0.094	0.344			
14			0.062	0.281	0.531		
15			0.031	0.219	0.469		
16				0.156	0.406		
17				0.109	0.344		
18				0.078	0.289	0.527	
19				0.047	0.234	0.473	
20				0.031	0.188	0.422	
21				0.016	0.148	0.371	
22					0.109	0.320	
23					0.078	0.273	0.500
24					0.055	0.230	0.455
25					0.039	0.191	0.410
26					0.023	0.156	0.367
27					0.016	0.125	0.326
28					0.008	0.098	0.285
29						0.074	0.248
30						0.055	0.213
31						0.039	0.180
32						0.027	0.150
33						0.020	0.125
34						0.012	0.102
35						0.008	0.082
36						0.004	0.064
37							0.049
38							0.037
39							0.027
40							0.020
41							0.014
42							0.010
43							0.006
44							0.004
45							0.002

윌콕슨 부호순위검정 통계량 T^+의 분포표(계속)

x	n = 10	11	12	13	14	15
28	0.500					
29	0.461					
30	0.423					
31	0.385					
32	0.348					
33	0.312	0.517				
34	0.278	0.483				
35	0.246	0.449				
36	0.216	0.416				
37	0.188	0.382				
38	0.161	0.350				
39	0.138	0.319	0.515			
40	0.116	0.289	0.485			
41	0.097	0.260	0.455			
42	0.080	0.232	0.425			
43	0.065	0.207	0.396			
44	0.053	0.183	0.367			
45	0.042	0.160	0.339			
46	0.032	0.139	0.311	0.500		
47	0.024	0.120	0.285	0.473		
48	0.019	0.103	0.259	0.446		
49	0.014	0.087	0.235	0.420		
50	0.010	0.074	0.212	0.393		
51	0.007	0.062	0.190	0.368		
52	0.005	0.051	0.170	0.342		
53	0.003	0.042	0.151	0.318	0.500	
54	0.002	0.034	0.133	0.294	0.476	
55	0.001	0.027	0.117	0.271	0.452	
56		0.021	0.102	0.249	0.428	
57		0.016	0.088	0.227	0.404	
58		0.012	0.076	0.207	0.380	
59		0.009	0.065	0.188	0.357	
60		0.007	0.055	0.170	0.335	0.511
61		0.005	0.046	0.153	0.313	0.489
62		0.003	0.039	0.137	0.292	0.467
63		0.002	0.032	0.122	0.271	0.445
64		0.001	0.026	0.108	0.251	0.423
65		0.001	0.021	0.095	0.232	0.402
66		0.000	0.017	0.084	0.213	0.381
67			0.013	0.073	0.196	0.360
68			0.010	0.064	0.179	0.339
69			0.008	0.055	0.163	0.319
70			0.006	0.047	0.148	0.300
71			0.005	0.040	0.134	0.281
72			0.003	0.034	0.121	0.262
73			0.002	0.029	0.108	0.244
74			0.002	0.024	0.097	0.227
75			0.001	0.020	0.086	0.211
76			0.001	0.016	0.077	0.195
77			0.000	0.013	0.068	0.180

월콕슨 부호순위검정 통계량 T^+의 분포표(계속)

x	n					
	10	11	12	13	14	15
78			0.000	0.011	0.059	0.165
79				0.009	0.052	0.151
80				0.007	0.045	0.138
81				0.005	0.039	0.126
82				0.004	0.034	0.115
83				0.003	0.029	0.104
84				0.002	0.025	0.094
85				0.002	0.021	0.084
86				0.001	0.018	0.076
87				0.001	0.015	0.068
88				0.001	0.012	0.060
89				0.000	0.010	0.053
90				0.000	0.008	0.047
91				0.000	0.007	0.042
92					0.005	0.036
93					0.004	0.032
94					0.003	0.028
95					0.003	0.024
96					0.002	0.021
97					0.002	0.018
98					0.001	0.015
99					0.001	0.013
100					0.001	0.011
101					0.000	0.009
102					0.000	0.008
103					0.000	0.006
104					0.000	0.005
105					0.000	0.004
106						0.003
107						0.003
108						0.002
109						0.002
110						0.001
111						0.001
112						0.001
113						0.001
114						0.000
115						0.000
116						0.000
117						0.000
118						0.000
119						0.000
120						0.000

맨-위트니 검정통계량 U의 기각값

$u_{0.001}(n_1, n_2)$

	n_2														
n_1	6	7	8	9	10	11	12	13	14	15	16	17	18	19	20
1															
2															
3												0	0	0	0
4					0	0	0	1	1	1	2	2	3	3	3
5		0	0	1	1	2	2	3	3	4	5	5	6	7	7
6	0	1	2	2	3	4	4	5	6	7	8	9	10	11	12
7		2	3	3	5	6	7	8	9	10	11	13	14	15	16
8			5	5	6	8	9	11	12	14	15	17	18	20	21
9				7	8	10	12	14	15	17	19	21	23	25	26
10					10	12	14	17	19	21	23	25	27	29	32
11						15	17	20	22	24	27	29	32	34	37
12							20	23	25	28	31	34	37	40	42
13								26	29	32	35	38	42	45	48
14									32	36	39	43	46	50	54
15										40	43	47	51	55	59
16											48	52	56	60	65
17												57	61	66	70
18													66	71	76
19														77	82
20															88

$u_{0.01}(n_1, n_2)$

	n_2															
n_1	5	6	7	8	9	10	11	12	13	14	15	16	17	18	19	20
1																
2									0	0	0	0	0	0	1	1
3			0	0	1	1	1	2	2	2	3	3	4	4	4	5
4	0	1	1	2	3	3	4	5	5	6	7	7	8	9	9	10
5	1	2	3	4	5	6	7	8	9	10	11	12	13	14	15	16
6		3	4	6	7	8	9	11	12	13	15	16	18	19	20	22
7			6	8	9	11	12	14	16	17	19	21	23	24	26	28
8				10	11	13	15	17	20	22	24	26	28	30	32	34
9					14	16	18	21	23	26	28	31	33	36	38	40
10						19	22	24	27	30	33	36	38	41	44	47
11							25	28	31	34	37	41	44	47	50	53
12								31	35	38	42	46	49	53	56	60
13									39	43	47	51	55	59	63	67
14										47	51	56	60	65	69	73
15											56	61	66	70	75	80
16												66	71	76	82	87
17													77	82	88	93
18														88	94	100
19															101	107
20																114

맨-위트니 검정통계량 U의 기각값(계속)

$u_{0.025}(n_1, n_2)$

n_1	n_2=4	5	6	7	8	9	10	11	12	13	14	15	16	17	18	19	20
1																	
2					0	0	0	0	1	1	1	1	1	2	2	2	2
3		0	1	1	2	2	3	3	4	4	5	5	6	6	7	7	8
4	0	1	2	3	4	4	5	6	7	8	9	10	11	11	12	13	13
5		2	3	5	6	7	8	9	11	12	13	14	15	17	18	19	20
6			5	6	8	10	11	13	14	16	17	19	21	22	24	25	27
7				8	10	12	14	16	18	20	22	24	26	28	30	32	34
8					13	15	17	19	22	24	26	29	31	34	36	38	41
9						17	20	23	26	28	31	34	37	39	42	45	48
10							23	26	29	33	36	39	42	45	48	52	55
11								30	33	37	40	44	47	51	55	58	62
12									37	41	45	49	53	57	61	65	69
13										45	50	54	59	63	67	72	76
14											55	59	64	67	74	78	83
15												64	70	75	80	85	90
16													75	81	86	92	98
17														87	93	99	105
18															99	106	112
19																113	119
20																	127

$u_{0.05}(n_1, n_2)$

n_1	n_2=3	4	5	6	7	8	9	10	11	12	13	14	15	16	17	18	19	20
1																	0	0
2			0	0	0	1	1	1	1	2	2	3	3	3	3	4	4	4
3	0	0	1	2	2	3	4	4	5	5	6	7	7	8	9	9	10	11
4		1	2	3	4	5	6	7	8	9	10	11	12	14	15	16	17	18
5			4	5	6	8	9	11	12	13	15	16	18	19	20	22	23	25
6				7	8	10	12	14	16	17	19	21	23	25	26	28	30	32
7					11	13	15	17	19	21	24	26	28	30	33	35	37	39
8						15	18	20	23	26	28	31	33	36	39	41	44	47
9							21	24	27	30	33	36	39	42	45	48	51	54
10								27	31	34	37	41	44	48	51	55	58	62
11									34	38	42	46	50	54	57	61	65	69
12										42	47	51	55	60	64	68	72	77
13											51	56	61	65	70	75	80	84
14												61	66	71	77	82	87	92
15													72	77	83	88	94	100
16														83	89	95	101	107
17															96	102	109	115
18																109	116	123
19																	123	130
20																		138

런검정 통계량 V의 기각값

$v_{0.05}{}'(n_1, n_2)$

n_1	n_2													
	2	3	4	5	6	7	8	9	10	11	12	13	14	15
2											2	2	2	2
3					2	2	2	2	2	2	2	2	2	3
4				2	2	2	3	3	3	3	3	3	3	3
5			2	2	3	3	3	3	3	4	4	4	4	4
6		2	2	3	3	3	3	4	4	4	4	5	5	5
7		2	2	3	3	3	4	4	5	5	5	5	5	6
8		2	3	3	3	4	4	5	5	5	6	6	6	6
9		2	3	3	4	4	5	5	5	6	6	6	7	7
10		2	3	3	4	5	5	5	6	6	7	7	7	7
11		2	3	4	4	5	5	6	6	7	7	7	8	8
12	2	2	3	4	4	5	6	6	7	7	7	8	8	8
13	2	2	3	4	5	5	6	6	7	7	8	8	9	9
14	2	2	3	4	5	5	6	7	7	8	8	9	9	9
15	2	3	3	4	5	6	6	7	7	8	8	9	9	10

$v_{0.05}(n_1, n_2)$

n_1	n_2											
	4	5	6	7	8	9	10	11	12	13	14	15
4		9	9									
5	9	10	10	11	11							
6	9	10	11	12	12	13	13	13	13			
7		11	12	13	13	14	14	14	14	15	15	15
8		11	12	13	14	14	15	15	16	16	16	16
9			13	14	14	15	16	16	16	17	17	18
10			13	14	15	16	16	17	17	18	18	18
11			13	14	15	16	17	17	18	19	19	19
12			13	14	16	16	17	18	19	19	20	20
13				15	16	17	18	19	19	20	20	21
14				15	16	17	18	19	20	20	21	22
15				15	16	18	18	19	20	21	22	22

런검정 통계량 V의 기각값(계속)

$v_{0.01}{}'(n_1, n_2)$

n_1	n_2												
	3	4	5	6	7	8	9	10	11	12	13	14	15
3										2	2	2	2
4						2	2	2	2	2	2	2	3
5				2	2	2	2	3	3	3	3	3	3
6			2	2	2	3	3	3	3	3	3	4	4
7			2	2	3	3	3	3	4	4	4	4	4
8		2	2	3	3	3	3	4	4	4	5	5	5
9		2	2	3	3	3	4	4	5	5	5	5	6
10		2	3	3	3	4	4	5	5	5	5	6	6
11		2	3	3	4	4	5	5	5	6	6	6	7
12	2	2	3	3	4	4	5	5	6	6	6	7	7
13	2	2	3	3	4	5	5	5	6	6	7	7	7
14	2	2	3	4	4	5	5	6	6	7	7	7	8
15	2	3	3	4	4	5	6	6	7	7	7	8	8

$v_{0.01}(n_1, n_2)$

n_1	n_2										
	5	6	7	8	9	10	11	12	13	14	15
5		11									
6	11	12	13	13							
7		13	13	14	15	15	15				
8		13	14	15	15	16	16	17	17	17	
9			15	15	16	17	17	18	18	18	19
10			15	16	17	17	18	19	19	19	20
11			15	16	17	18	19	19	20	20	21
12				17	18	19	19	20	21	21	22
13				17	18	19	20	21	21	22	22
14				17	18	19	20	21	22	23	23
15					19	20	21	22	22	23	24

런검정에서 $P[V \le v | H_0$가 참$]$ 값

(n_1, n_2)	v								
	2	3	4	5	6	7	8	9	10
(2, 3)	0.200	0.500	0.900	1.000					
(2, 4)	0.133	0.400	0.800	1.000					
(2, 5)	0.095	0.333	0.714	1.000					
(2, 6)	0.071	0.286	0.643	1.000					
(2, 7)	0.056	0.250	0.583	1.000					
(2, 8)	0.044	0.222	0.533	1.000					
(2, 9)	0.036	0.200	0.491	1.000					
(2, 10)	0.030	0.182	0.455	1.000					
(3, 3)	0.100	0.300	0.700	0.900	1.000				
(3, 4)	0.057	0.200	0.543	0.800	0.971	1.000			
(3, 5)	0.036	0.143	0.429	0.714	0.929	1.000			
(3, 6)	0.024	0.107	0.345	0.643	0.881	1.000			
(3, 7)	0.017	0.083	0.283	0.583	0.833	1.000			
(3, 8)	0.012	0.067	0.236	0.533	0.788	1.000			
(3, 9)	0.009	0.055	0.200	0.491	0.745	1.000			
(3, 10)	0.007	0.045	0.171	0.455	0.706	1.000			
(4, 4)	0.029	0.114	0.371	0.629	0.886	0.971	1.000		
(4, 5)	0.016	0.071	0.262	0.500	0.786	0.929	0.992	1.000	
(4, 6)	0.010	0.048	0.190	0.405	0.690	0.881	0.976	1.000	
(4, 7)	0.006	0.033	0.142	0.333	0.606	0.833	0.954	1.000	
(4, 8)	0.004	0.024	0.109	0.279	0.533	0.788	0.929	1.000	
(4, 9)	0.003	0.018	0.085	0.236	0.471	0.745	0.902	1.000	
(4, 10)	0.002	0.014	0.068	0.203	0.419	0.706	0.874	1.000	
(5, 5)	0.008	0.040	0.167	0.357	0.643	0.833	0.960	0.992	1.000
(5, 6)	0.004	0.024	0.110	0.262	0.522	0.738	0.911	0.976	0.998
(5, 7)	0.003	0.015	0.076	0.197	0.424	0.652	0.854	0.955	0.992
(5, 8)	0.002	0.010	0.054	0.152	0.347	0.576	0.793	0.929	0.984
(5, 9)	0.001	0.007	0.039	0.119	0.287	0.510	0.734	0.902	0.972
(5, 10)	0.001	0.005	0.029	0.095	0.239	0.455	0.678	0.874	0.958
(6, 6)	0.002	0.013	0.067	0.175	0.392	0.608	0.825	0.933	0.987
(6, 7)	0.001	0.008	0.043	0.121	0.296	0.500	0.733	0.879	0.966
(6, 8)	0.001	0.005	0.028	0.086	0.226	0.413	0.646	0.821	0.937
(6, 9)	0.000	0.003	0.019	0.063	0.175	0.343	0.566	0.762	0.902
(6, 10)	0.000	0.002	0.013	0.047	0.137	0.288	0.497	0.706	0.864
(7, 7)	0.001	0.004	0.025	0.078	0.209	0.383	0.617	0.791	0.922
(7, 8)	0.000	0.002	0.015	0.051	0.149	0.296	0.514	0.704	0.867
(7, 9)	0.000	0.001	0.010	0.035	0.108	0.231	0.427	0.622	0.806
(7, 10)	0.000	0.001	0.006	0.024	0.080	0.182	0.355	0.549	0.743
(8, 8)	0.000	0.001	0.009	0.032	0.100	0.214	0.405	0.595	0.786
(8, 9)	0.000	0.001	0.005	0.020	0.069	0.157	0.319	0.500	0.702
(8, 10)	0.000	0.000	0.003	0.013	0.048	0.117	0.251	0.419	0.621
(9, 9)	0.000	0.000	0.003	0.012	0.044	0.109	0.238	0.399	0.601
(9, 10)	0.000	0.000	0.002	0.008	0.029	0.077	0.179	0.319	0.510
(10, 10)	0.000	0.000	0.001	0.004	0.019	0.051	0.128	0.242	0.414

런검정에서 $P[V \le v | H_0$가 참] 값(계속)

(n_1, n_2)	v 11	12	13	14	15	16	17	18	19	20
(2, 3)										
(2, 4)										
(2, 5)										
(2, 6)										
(2, 7)										
(2, 8)										
(2, 9)										
(2, 10)										
(3, 3)										
(3, 4)										
(3, 5)										
(3, 6)										
(3, 7)										
(3, 8)										
(3, 9)										
(3, 10)										
(4, 4)										
(4, 5)										
(4, 6)										
(4, 7)										
(4, 8)										
(4, 9)										
(4, 10)										
(5, 5)										
(5, 6)	1.000									
(5, 7)	1.000									
(5, 8)	1.000									
(5, 9)	1.000									
(5, 10)	1.000									
(6, 6)	0.998	1.000								
(6, 7)	0.992	0.999	1.000							
(6, 8)	0.984	0.998	1.000							
(6, 9)	0.972	0.994	1.000							
(6, 10)	0.958	0.990	1.000							
(7, 7)	0.975	0.996	0.999	1.000						
(7, 8)	0.949	0.988	0.998	1.000	1.000					
(7, 9)	0.916	0.975	0.994	0.999	1.000					
(7, 10)	0.879	0.957	0.990	0.998	1.000					
(8, 8)	0.900	0.968	0.991	0.999	1.000	1.000				
(8, 9)	0.843	0.939	0.980	0.996	0.999	1.000	1.000			
(8, 10)	0.782	0.903	0.964	0.990	0.998	1.000	1.000			
(9, 9)	0.762	0.891	0.956	0.988	0.997	1.000	1.000	1.000		
(9, 10)	0.681	0.834	0.923	0.974	0.992	0.999	1.000	1.000	1.000	
(10, 10)	0.586	0.758	0.872	0.949	0.981	0.996	0.999	1.000	1.000	1.000

스피어맨의 순위상관계수 r_s의 분포표

$P_{H_0}[r_s > r_s(\alpha, n)] = \alpha$인 $r_s(\alpha, n)$의 값

n	α					
	0.10	0.05	0.025	0.01	0.005	0.0025
4	1.000	1.000				
5	0.800	0.900	1.000	1.000		
6	0.657	0.829	0.886	0.943	1.000	1.000
7	0.571	0.714	0.786	0.893	0.929	0.964
8	0.524	0.643	0.738	0.833	0.881	0.905
9	0.483	0.600	0.700	0.783	0.833	0.867
10	0.455	0.564	0.648	0.745	0.794	0.830
11	0.427	0.536	0.618	0.709	0.755	0.800
12	0.406	0.503	0.587	0.678	0.727	0.769
13	0.385	0.484	0.560	0.648	0.703	0.747
14	0.367	0.464	0.538	0.626	0.679	0.723
15	0.354	0.446	0.521	0.604	0.654	0.700
16	0.341	0.429	0.503	0.582	0.635	0.679
17	0.328	0.414	0.485	0.566	0.615	0.662
18	0.317	0.401	0.472	0.550	0.600	0.643
19	0.309	0.391	0.460	0.535	0.584	0.628
20	0.299	0.380	0.447	0.520	0.570	0.612
21	0.292	0.370	0.435	0.508	0.556	0.599
22	0.284	0.361	0.425	0.496	0.544	0.586
23	0.278	0.353	0.415	0.486	0.532	0.573
24	0.271	0.344	0.406	0.476	0.521	0.562
25	0.265	0.337	0.398	0.466	0.511	0.551
26	0.259	0.331	0.390	0.457	0.501	0.541
27	0.255	0.324	0.382	0.448	0.491	0.531
28	0.250	0.317	0.375	0.440	0.483	0.522
29	0.245	0.312	0.368	0.433	0.475	0.513
30	0.240	0.306	0.362	0.425	0.467	0.504
31	0.236	0.301	0.356	0.418	0.459	0.496
32	0.232	0.296	0.350	0.412	0.452	0.489
33	0.229	0.291	0.345	0.405	0.446	0.482
34	0.225	0.287	0.340	0.399	0.439	0.475
35	0.222	0.283	0.335	0.394	0.433	0.468
36	0.219	0.279	0.330	0.388	0.427	0.462
37	0.216	0.275	0.325	0.383	0.421	0.456
38	0.212	0.271	0.321	0.378	0.415	0.450
39	0.210	0.267	0.317	0.373	0.410	0.444
40	0.207	0.264	0.313	0.368	0.405	0.439
41	0.204	0.261	0.309	0.364	0.400	0.433
42	0.202	0.257	0.305	0.359	0.395	0.428
43	0.199	0.254	0.301	0.355	0.391	0.423
44	0.197	0.251	0.298	0.351	0.386	0.419
45	0.194	0.248	0.294	0.347	0.382	0.414
46	0.192	0.246	0.291	0.343	0.378	0.410
47	0.190	0.243	0.288	0.340	0.374	0.405
48	0.188	0.240	0.285	0.336	0.370	0.401
49	0.186	0.238	0.282	0.333	0.366	0.397
50	0.184	0.235	0.279	0.329	0.363	0.393

감마함수표

$$\Gamma(x) = \int_0^\infty t^{x-1} \cdot e^{-t} dt \quad (x > 0)$$

x	$\Gamma(x)$	$10+\log_{10}\Gamma(x)$	x	$\Gamma(x)$	$10+\log_{10}\Gamma(x)$	x	$\Gamma(x)$	$10+\log_{10}\Gamma(x)$
1.00	1.00000	10.00000						
1.01	0.99433	9.99753	1.51	0.88659	9.94772	2.01	1.00427	0.00185
1.02	.98874	9.99513	1.52	.88704	9.94794	2.02	1.00862	.00373
1.03	.98355	9.99280	1.53	.88757	9.94820	2.03	1.01306	.00563
1.04	.97844	9.99053	1.54	.88818	9.94850	2.04	1.01758	.00757
1.05	.97350	9.98834	1.55	.88887	9.94884	2.05	0.02218	.00953
1.06	.96874	9.98621	1.56	.88964	9.94921	2.06	1.02687	.01151
1.07	.96415	9.98415	1.57	.89049	9.94963	2.07	1.03164	.01353
1.08	.95973	9.98215	1.58	.89142	9.95008	2.08	1.03650	.01557
1.09	.95546	9.98021	1.59	.89243	9.95057	2.09	1.04145	.01764
1.10	.95135	9.97834	1.60	.89352	9.95110	2.10	1.04649	.09173
1.11	.94740	9.97653	1.61	.89468	9.95167	2.11	1.05161	.02185
1.12	.94359	9.97478	1.62	.89592	9.95227	2.12	1.05682	.02400
1.13	.93993	9.97310	1.63	.89724	9.95291	2.13	1.06212	.02617
1.14	.93642	9.97147	1.64	.89864	9.95358	2.14	1.06751	.02837
1.15	.93304	9.96990	1.65	.90012	9.95430	2.15	1.07300	.03060
1.16	.92980	9.96839	1.66	.90167	9.95505	2.16	1.07857	.03285
1.17	.92670	9.96694	1.67	.90330	9.95583	2.17	1.08424	.03512
1.18	.92373	9.96554	1.68	.90500	9.95665	2.18	1.09000	.03743
1.19	.92089	9.96421	1.69	.90678	9.95750	2.19	1.09585	.03975
1.20	.91817	9.96292	1.70	.90864	9.95839	2.20	1.10180	.04210
1.21	.91558	9.96169	1.71	.91057	9.95931	2.21	1.10785	.04448
1.22	.91311	9.96052	1.72	.91258	9.96027	2.22	1.11399	.04688
1.23	.91075	9.95940	1.73	.91467	9.96126	2.23	1.12023	.04931
1.24	.90852	9.95834	1.74	.91683	9.96229	2.24	1.12657	.05176
1.25	.90640	9.95732	1.75	.91906	9.96335	2.25	1.13300	.05423
1.26	.90440	9.95636	1.76	.92137	9.96444	2.26	1.13954	.05673
1.27	.90250	9.95545	1.77	.92376	9.96556	2.27	1.14618	.05925
1.28	.90072	9.95459	1.78	.92623	9.96672	2.28	1.15292	.06180
1.29	.89904	9.95378	1.79	.92877	9.96791	2.29	1.15976	.06437
1.30	.89747	9.95302	1.80	.93138	9.96913	2.30	1.16671	.06696
1.31	.89600	9.95231	1.81	.93408	9.97038	2.31	1.17377	.06958
1.32	.89464	9.95165	1.82	.93685	9.97167	2.32	1.18093	.07222
1.33	.89338	9.95104	1.83	.93969	9.97298	2.33	1.18819	.07489
1.34	.89222	9.95047	1.84	.94261	9.97433	2.34	1.19557	.07757
1.35	.89115	9.94995	1.85	.94561	9.97571	2.35	1.20305	.08029
1.36	.89018	9.94948	1.86	.94869	9.97712	2.36	1.21065	.08302
1.37	.88931	9.94905	1.87	.95184	9.97856	2.37	1.21836	.08578
1.38	.88854	9.94868	1.88	.95507	9.98004	2.38	1.22618	.08855
1.39	.88785	9.94834	1.89	.95838	9.98154	2.39	1.23412	.09136
1.40	.88726	9.94805	1.90	.96177	9.98307	2.40	1.24217	.09418
1.41	.88676	9.94781	1.91	.96523	9.98463	2.41	1.25034	.09703
1.42	.88636	9.94761	1.92	.96877	9.98622	2.42	1.25863	.09990
1.43	.88604	9.94745	1.93	.97240	9.98784	2.43	1.26703	.10279
1.44	.88581	9.94734	1.94	.97610	9.98948	2.44	1.27555	.10570
1.45	.88566	9.94727	1.95	.97988	9.99117	2.45	1.28421	.10864
1.46	.88560	9.94724	1.96	.98374	9.99288	2.46	1.29298	.11159
1.47	.88563	9.94725	1.97	.98768	9.99462	2.47	1.30188	.11457
1.48	.88575	9.94731	1.98	.99171	9.99638	2.48	1.31091	.11757
1.49	.88595	9.94741	1.99	.99581	9.99818	2.49	1.32006	.12059
1.50	.88623	9.94754	2.00	1.00000	10.00000	2.50	1.32934	.12364

찾아보기

확률과 통계

지은이 김원배
펴낸이 조경희
펴낸곳 경문사
펴낸날 2015년 2월 5일 1판 1쇄
등 록 1979년 11월 9일 제313-1979-23호
주 소 121-818, 서울특별시 마포구 와우산로 174
전 화 (02)332-2004 팩스 (02)336-5193
이메일 kyungmoon@kyungmoon.com

값 32,000원

ISBN 978-89-6105-905-3

★ 경문사 홈페이지에 오시면 즐거운 일이 생깁니다.
http://www.kyungmoon.com

한국과학기술출판협회 회원사